面向21世纪课程教材

“十二五”普通高等教育
本科国家级规划教材

清华大学名优教材立项资助

“十二五”普通高等教育本科国家级规划教材

热工基础

REGONG JICHU

第三版

张学学　主　编
张学学　李桂馥　史　琳　编

中国教育出版传媒集团
高等教育出版社·北京

内容简介

本书是“十二五”普通高等教育本科国家级规划教材，是在第二版（普通高等教育“十一五”国家级规划教材）的基础上，总结近几年教学改革经验修订而成的。

本书是综合性热工技术理论基础教材，分为工程热力学与传热学两篇。工程热力学篇主要介绍工程热力学的基本概念和基本定律、常用工质的热物理性质、基本热力过程与典型热力循环分析及提高循环效率的途径；传热学篇主要介绍导热、对流换热、辐射换热的基本规律、求解方法以及控制（强化或削弱）热量传递过程的技术措施，换热器的热计算方法。

热工基础知识是工科各类专业人才工程素质的重要组成部分。本书对工程热力学和传热学的内容进行了精选，力求做到传统的经典内容与现代科学技术的发展相结合，并选编了适量的密切联系工程实际的例题、思考题及习题，有利于培养学生的工程意识，提高学生理论联系实际、分析解决实际问题的能力。为了满足多媒体教学的需求，本书还配套了多媒体课件。

本书可作为普通高等学校非能源动力类各专业48~64学时热工基础、热工学、工程热力学与传热学课程教材或教学参考书，也可供有关工程技术人员参考。

图书在版编目（CIP）数据

热工基础 / 张学学主编；张学学，李桂馥，史琳编．3版．—北京：高等教育出版社，2024.11（2025.8重印）．

ISBN 978-7-04-063389-4

Ⅰ.TK122

中国国家版本馆CIP数据核字第2024S1R489号

策划编辑 宋 晓　责任编辑 宋 晓　封面设计 张 楠　版式设计 马 云

责任校对 刁丽丽　责任印制 刁 毅

出版发行 高等教育出版社
社　　址 北京市西城区德外大街4号
邮政编码 100120
印　　刷 涿州市京南印刷厂
开　　本 787 mm × 960 mm　1/16
印　　张 26
字　　数 480千字
购书热线 010-58581118
咨询电话 400-810-0598
网　　址 http://www.hep.edu.cn
　　　　 http://www.hep.com.cn
网上订购 http://www.hepmall.com.cn
　　　　 http://www.hepmall.com
　　　　 http://www.hepmall.cn
版　　次 2000年9月第1版
　　　　 2024年11月第3版
印　　次 2025年8月第2次印刷
定　　价 52.00元

物 料 号 63389-00

第三版前言

本书是“十二五”普通高等教育本科国家级规划教材，是在第一版(教育部“高等教育面向21世纪教学内容和课程体系改革计划”中“热工课程教学内容和课程体系的改革与实践”项目的研究成果)和第二版(普通高等教育“十一五”国家级规划教材)的基础上，总结清华大学近年来热工课程教学经验修订而成的，编写过程中参考了国内已有的热工基础、热工学、工程热力学及传热学教材和国内外有关文献[1-48]。

本书在结构上仍然保持了传统的热工基础教材的内容体系，分为工程热力学篇与传热学篇，但根据现代工程与科学技术发展对人才培养的需要，在第二版的基础上适当拓宽了传热学篇，增加了导热的数值解法基础、热管的工作原理、太阳辐射等内容，使传热学篇和工程热力学篇在篇幅上大体相同。

构成热工基础理论的工程热力学与传热学是伴随着第一次工业革命中热能的利用、热机的发明逐渐形成和发展起来的，所以热工基础的基本内容，尤其是工程热力学篇的基本概念、基本定律的论述都是以热能利用、热机工作原理为背景展开的。但随着现代工业与科学技术的发展，热科学已深入到热能动力之外的机械、冶金、化工、环境、交通运输、电子、信息工程、航空航天及生物医学工程等领域，为解决这些领域中与热现象有关的技术难题发挥着重要作用。热现象的有关知识是现代工程技术人才必备的技术基础知识，是21世纪工科各类专业人才工程素质的重要组成部分。因此，为使本书适应21世纪人才培养的需要，一方面，对工程热力学和传热学的内容加以精选，力求做到传统的经典内容与现代科学技术的最新成果相结合，对基本概念、基本定律的阐述力求严谨、精练、准确，并突出工程热力学、传热学的宏观研究方法与工程应用；另一方面，为了拓宽本书的专业面和适用性，加强了热工基础理论的一般性、普适性的论述，在精心选择例题进行示范性分析的同时选编了适量的密切联系工程实际的思考题和习题，用以培养学生的工程意识，培养和提高学生理论联系实际、分析问题、解决问题的能力，并且适当地扩大了例题、思考题及习题的专业范围，力求使本书在内容的深度和广度上适应不同专业人才培养的需要。

本书在章节安排上与第二版基本相同，仅对部分内容进行了修改，加强了论述的科学性、严谨性。此外，为了满足多媒体教学的需求，本书配套了多媒体课件。该课件摘录了本书的重点内容，并按章节、教学顺序进行了编辑，目的是为使用本教材进行教学的教师提供一个制作多媒体教学课件的平台，他们可以在此基础上按照自己的教学思路进一步编排教学内容，可以节约大量文字、公式的录入时间，同时也为学生提供一个学习的辅导材料。

本书采用我国法定计量单位。

本书可作为高等学校非能源动力类各专业48～64学时热工基础、热工学课程教材或教学参考书，也可供有关工程技术人员参考。由于本书在结构上分为相对独立的工程热力学篇和传热学篇，所以也可作为低学时(如32学时)工程热力学或传热学课程的教材或参考书。本书是为满足64学时热工基础课程教学需要编写的，对于低学时热工基础课程，打*号的内容可根据教学要求自行选择。本书提供配套的多媒体课件，可扫描以下二维码登录网站下载后使用。

多媒体课件

本书第一版由清华大学张学学、李桂馥合编。第二版的修订工作及多媒体课件的制作由张学学、史琳承担。第三版的修订工作由张学学完成。张学学担任全书的主编。

本书第一、二版由哈尔滨工业大学杨玉顺教授和天津大学赵镇南教授审阅，第三版由北京科技大学冯俊小教授审阅，他们提出了许多宝贵的意见和建议，使本书的质量得到保证。在书稿的编写过程中得到了清华大学及兄弟院校热工界许多老师的关心和帮助。本书获得清华大学名优教材立项资助。在此一并表示诚挚的谢意。

由于编者水平有限，书中疏漏之处在所难免，敬请读者批评指正。

编　者

2024年8月于清华大学

目　录

第二篇 传 热 学

主要符号

拉丁字母

a 热扩散率，m^2/s

A 面积，m^2

b 宽度，m

c 比热容(质量热容)，$J/(kg \cdot K)$；声速、光速，m/s

c_f 流速，m/s；范宁摩擦系数

c_p 比定压热容，$J/(kg \cdot K)$

c_V 比定容热容，$J/(kg \cdot K)$

C_m 摩尔热容，$J/(mol \cdot K)$

d 含湿量，kg/kg(干空气)；直径，m

e 比总能量，J/kg

E 总能量，J；辐射力，W/m^2

E_k 宏观动能，J

E_p 宏观位能，J

e_x 比㶲，J/kg

E_x 㶲，J

$e_{x,H}$ 比焓㶲，J/kg

$E_{x,H}$ 焓㶲，J

$e_{x,Q}$ 比热量㶲，J/kg

$E_{x,Q}$ 热量㶲，J

f 阻力系数；频率，Hz

F 作用力，N

g 重力加速度，m/s^2

h 比焓，J/kg；高度，m；表面传热系数，$W/(m^2 \cdot K)$

H 焓，J；高度，m

I 作功能力损失，J

J 有效辐射，W/m^2

k 传热系数，$W/(m^2 \cdot K)$

l 长度，m；特征长度，m

m 质量，kg

M 摩尔质量，kg/mol

n 物质的量，mol；多变指数；折射率

p 绝对压力，Pa

p_b 大气压力，Pa

p_e 表压力，Pa

p_i 混合物组元 i 的分压力，Pa

p_v 真空度，Pa；水蒸气分压力，Pa

p_s 饱和压力，Pa

P 功率，W

q 比热量，J/kg；热流密度，W/m^2

q_m 质量流量；kg/s

Q 热量，J

r 汽化潜热，J/kg；半径，m

R 摩尔气体常数，$J/(mol \cdot K)$；热阻，K/W

R_g 气体常数，$J/(kg \cdot K)$

s 比熵，$J/(kg \cdot K)$；管间距，m

S 熵，J/K；形状因子

t 摄氏温度，℃

t_d 露点温度，℃

t_w 湿球温度，℃

t_s 饱和温度，℃

T 热力学温度，K；周期，s

u 比热力学能，J/kg；速度，m/s

U 热力学能，J

v 比体积，m^3/kg；速度，m/s

V 体积，m^3

V_m 摩尔体积，m^3/mol

V_c 余隙容积,m^3

w 比膨胀功,J/kg

w_i 混合物组元 i 的质量分数

w_s 比轴功,J/kg

w_t 比技术功,J/kg

w_f 比流动功,J/kg

w_{net} 比循环净功,J/kg

W 膨胀功,J

W_s 轴功,J

W_t 技术功,J

W_f 流动功,J

W_{net} 循环净功,J

x 干度;笛卡尔坐标

x_i 混合物组元 i 的摩尔分数

y,z 笛卡尔坐标

希腊字母

α 抽气量;体胀系数,K^{-1};吸收比

β 肋化系数

γ 比热容比

δ 厚度,m

ε 压缩比;制冷系数;发射率

ε' 供热系数

η 效率;动力粘度,Pa·s;量纲一的(无量纲)[①]距离

κ 绝热指数

θ 过余温度,K 或℃;平面角,rad

λ 升压比;波长,m 或 μm;热导率,W/(m·K)

π 增压比

ρ 密度,kg/m^3;预胀比;反射比

ν 运动粘度,m^2/s

φ 相对湿度;平面角,rad

φ_i 混合物组元 i 的体积分数

Φ 热流量,W

$\dot{\Phi}$ 内热源强度,W/m^3

Ω 立体角,sr

特征数

$Bi=\frac{hl}{\lambda}$ 毕渥数

$Fo=\frac{a\tau}{l^2}$ 傅里叶数

$Gr=\frac{g\alpha\Delta tl^3}{\nu^2}$ 格拉晓夫数

$Nu=\frac{hl}{\lambda}$ 努塞尔数

$Pr=\frac{\nu}{a}$ 普朗特数

$Re=\frac{ul}{\nu}$ 雷诺数

$St=\frac{Nu}{Re\ Pr}=\frac{h}{\rho uc_p}$ 斯坦顿数

① 现行国家标准 GB 3100—1993 规定用法为“量纲一”,习惯上称为无量纲,下同。

绪　论

能源是提供能量的物质资源，是人类社会赖以生存和发展的源泉。从原始的人力、畜力、水力、柴薪燃料的使用到今天化石燃料（煤、石油、天然气）的大量开采以及核能、太阳能、地热能、生物质能等各种新能源的开发，能源的开发利用极大地促进了人类社会的发展。能源建设是世界各国国民经济建设的基础，能源的开发利用水平是人类社会文明的重要标志之一。

学习热工基础课程的主要目的是认识和掌握能源开发利用的基本规律，为合理、高效地开发利用能源奠定理论基础。

0－1　能量与能源

1. 能量

世界是由物质构成的。一切物质都处于运动状态，能量是物质运动的度量。一切物质都具有能量，如果没有能量，世界就会永远处于静止状态，也就不会有生命存在。

能量是人类生存与社会进步的动力。人类在日常生活和生产过程中需要各种形式的能量。随着人类社会的发展，人们对能量的认识和利用水平不断提高，到目前为止，人类所认识和利用的能量主要有以下几种。

(1) 机械能

机械能主要包括物体的动能和势能，二者统称为宏观机械能，是人类最早认识和利用的能量。从古代水车、风车的使用到现代水力、风力发电都是人类利用机械能的典型范例。

(2) 热能

热能是指物质分子的热运动（包括移动、转动与振动）动能和由于分子间相互作用力而具有的位能，即不涉及化学变化和原子核反应的热力学能，习惯上也称为内热能。温度的高低反映物质分子热运动的强度，因此也是物体具有热能多少的宏观标志之一。热能也是人类较早认识和利用的能量，从钻木取火烧饭、取暖到现代各式各样的热力发动机（蒸汽机、内燃机、航空发动机、火箭发动机等)的发明,都是人类利用热能为日常生活和社会生产服务。

(3) 电能

电能是与电荷的运动与积蓄有关的能量,也是目前人类利用最普遍的能量之一。工业上和日常生活中所利用的电能通常是由其他形式的能量通过发电设备转换而来。

(4) 化学能

化学能与物质的分子结构有关,是通过物质的化学反应所释放的能量。例如,人类就是通过燃烧反应将储存在燃料(木柴、煤、柴油、汽油、天然气等)中的化学能转换成热能加以利用的。

(5) 核能

核能蕴藏在物质原子核的内部,是通过核反应(核裂变或核聚变)释放的能量。通过核反应堆将核能转换为热能或进一步转换为电能加以利用是人类和平利用核能的主要途径。

(6) 辐射能

按照电磁理论,辐射能是物体以电磁波的形式向外发射的能量。对人类生存和发展具有重大意义的太阳能就是一种辐射能。辐射能通常由其他形式的能量(如热能、核能)转换而来。

2. 能源

能源是指能够直接或间接提供能量的物质资源。地球上存在各种形式的能源,通常人们将能源按照以下几种方式分类。

(1) 根据初始来源

1) 地球本身蕴藏的能源 如核能、地热能等。

2) 来自地球以外天体的能源 如太阳能以及由太阳能转化而来的风能、水能、海洋波浪能、生物质能以及化石燃料(如煤、石油、天然气)等。

3) 地球与其他天体相互作用产生的能源 如潮汐能等。

(2) 按照开发步骤

1) 一次能源 即在自然界以自然形态存在可以直接开发利用的能源,如煤、石油、天然气、风能、水能、太阳能、地热能、海洋能等。

2) 二次能源 即由一次能源直接或间接转化而来的能源,如电力、煤气、汽油、沼气、氢气、甲醇、酒精等。

(3) 按照开发利用情况及其在社会经济生活中的地位

1) 常规能源 指开发时间较长,技术比较成熟,被广泛利用的能源,如煤炭、石油、天然气、水能等。

2) 新能源 指开发时间较短,因技术不成熟尚未被大规模开发利用的能源，如太阳能、风能、地热能、海洋能、生物质能以及核能等。

（4）按照能否再生

1）可再生能源　指不会因被开发利用而明显减少，具有自然恢复能力的能源，如太阳能、风能、海洋能、生物质能等。

2）非再生能源　指储量有限，随被开发利用而日益减少，最终将会枯竭的能源，如煤、石油、天然气等。

（5）按照开发利用过程中对环境的污染情况

1）清洁能源　即对环境无污染或污染很小的能源，如太阳能、风能、水能、海洋能等。

2）非清洁能源　即对环境污染较大的能源，如煤、石油、天然气等。

世界各国经济发展的实践证明，正常情况下，每个国家能源消费总量及增长速度与其国民经济总产值及增长速度成正比，而能源的人均消耗量的多少则反映国民生活水平的高低。因此，能源问题是全世界关注的重大问题，从 20 世纪 70 年代起，能源问题成为世界五大问题（能源、人口、粮食、环境、资源）之一。

能源建设是我国国民经济建设的战略重点之一。我国的能源建设面临的主要问题有：

（1）人均能源储备量少，远低于世界平均水平。例如，我国是煤炭生产大国，2012 年探明的可开采储量居世界第三，但由于我国拥有 14 多亿人口，所以人均储量远低于世界平均水平。

（2）能源开发利用设备和技术落后，能源利用率低，浪费严重。我国目前能源终端利用率仅为 33%，比发达国家低 10%以上。我国每千克标准煤生产的国民经济产值仅为 0.36 美元，而世界平均水平为 1.86 美元，日本平均水平为 5.58 美元，日本的平均水平是我国的 15.5 倍。

（3）环境污染严重。由于我国能源构成以煤炭为主，约 75%的能源需求由煤炭提供，绝大多数的工业锅炉以煤为燃料，众多城市人口的生活和取暖还在用煤，加上农村 6 亿多人口的生活用能还以燃烧柴薪、煤为主，烟气的排放使大气受到严重的污染。据世界银行报道，我国城市空气污染对人体健康和生产造成的损失估计每年超过 200 亿美元；酸雨使农作物每年减产损失达 50 亿美元。目前我国的 CO_2 排放量仅次于美国，居世界第二位，占世界总排放量的 13.6%[32]。

我国的能源建设要走可持续发展的道路，必须两条腿走路：一是合理利用能源，提高能源利用率，包括从技术上改进现有的能源利用系统和设备，将可用能的损失减少到最低限度，并积极开发高效、低污染的能源利用系统和先进的节能设备；二是大力开发对环境无污染或污染很小的新能源，如太阳能、风能、水能、地热能、海洋能、生物质能以及核能等。

3. 热能利用

能量的利用过程实质上是能量的传递与转换过程。

在上述能源中，风能、水能、海洋能可以通过风车、水轮机直接转换成机械能或者再通过发电机由机械能转换成电能；太阳能可以通过光合作用转换成生物质能，也可以通过太阳能集热器转换成热能，还可以通过光电反应直接转换成电能；氢、酒精等一些二次能源中的化学能可通过燃料电池直接转换成电能。除此之外，其他能源的能量（如煤、石油、天然气中的化学能以及核燃料中的核能等）通常都是通过燃烧或核反应转换成热能直接或间接加以利用。据统计，目前，通过热能形式被利用的能源在我国占总能源利用的 90%以上，世界其他各国也平均超过 85%。由此可见，在能量转换与利用过程中，热能不仅是最常见的形式，而且具有特殊重要的作用。热能的有效利用对于解决我国的能源问题乃至对人类社会的发展有着重大意义。

热能利用有两种基本方式：一种是热利用，即将热能直接用于加热物体，以满足做饭、采暖、烘干、熔炼等需要，这种利用方式已具有几千年的历史；另一种是动力利用，通常是指通过各种热力发动机（如火力发电厂的蒸汽动力装置、燃气轮机、内燃机等）将热能转换成机械能或者再通过发电机转换成电能，为人类的日常生活、工农业生产及交通运输提供动力。自从 18 世纪中叶发明蒸汽机以来，至今虽然只有 200 多年的历史，但却开创了热能动力利用的新纪元，使人类社会的生产力和科学技术的发展突飞猛进。然而，热能通过各种热机转换为机械能的有效利用程度（热效率）较低，早期蒸汽机的热效率只有 1%～2%，现代燃气轮机装置的热效率约为 37%～42%，蒸汽电站的热效率也只有 40%左右。如何更有效地实现热能和机械能之间的转换，提高热机的热效率，是十分重要的课题。

我国目前的热能利用技术水平与世界发达国家相比还有很大差距，主要是热能利用系统落后、热能利用率低、经济性差。为了更加有效、合理地利用热能，促进国民经济的发展，工程技术人员要熟悉和掌握热能利用的基本规律和提高热能利用率的方法。

0-2　热工基础的研究内容

热工基础（或称为热工理论基础）是由工程热力学和传热学两部分基本内容组成的综合性热工技术理论基础，主要研究热能利用的基本规律、提高热能利用率的方法以及热能利用过程和其他热现象中的热量传递的基本规律。

1. 工程热力学的研究内容与研究方法

工程热力学是热力学的一个分支，是热力学理论在工程上的具体应用。

工程热力学主要研究热能和机械能及其他形式的能量之间相互转换的规律。因为热能和机械能之间的相互转换是通过工质在热工设备中的循环状态变化过程来实现的，所以热能与机械能转换所必须遵循的基本规律——热力学第一定律和热力学第二定律是工程热力学的理论基础；工质的热力性质、热力过程和热力循环、热机与制冷装置的工作原理以及提高能量转换经济性的途径和技术措施，是工程热力学的主要研究内容。随着工业生产和科学技术的发展，工程热力学的研究范围逐步延伸到燃烧化学、溶液、低温超导、高能激光、海水淡化、气象以及生物等各个领域。

工程热力学采用经典热力学的宏观研究方法，它以热力学第一定律、第二定律作为分析和推理的基础，对宏观的热力过程进行研究，不涉及物质的微观结构和物质分子、原子的微观行为，因此分析推理的结果具有可靠性和普遍性。此外，工程热力学还普遍采用抽象、概括、理想化和简化处理方法，突出实际现象的本质和主要矛盾，忽略次要因素，建立合理简化的物理模型，集中反映热力过程的本质。

通过本书工程热力学篇的学习，不仅能使读者掌握工程热力学的基本概念、基本定律、基本热力过程和循环的分析计算方法、常用工质的热物理性质以及常用热力设备（动力装置、制冷装置等）的工作原理，树立节约能源、合理用能的观念，还能使读者了解工程热力学的辩证唯物主义的研究方法，有助于培养、树立辩证唯物主义的世界观和方法论。

2. 传热学的研究内容与研究方法

传热学主要研究热量传递的规律。

热量是指在温差作用下传递的能量。热力学第二定律指出，热量可以自发地由高温热源传给低温热源。这就是说，有温差就会有热量传递（简称传热）。在自然界以及在人们的日常生活和生产实践中，温差几乎无处不在，所以热量传递是普遍存在的物理现象，对人们的生活和生产实践有广泛而深刻的影响。因此，认识传热的规律，掌握控制与优化热量传递的方法和技术措施，对国民经济建设、改善人民生活具有重要的意义。

一切热能利用过程都离不开传热。工程热力学将热机的工作过程概括为：工质从高温热源吸取热量，将其中的一部分转变为机械能，其余部分传给低温热源。这说明，在热机的工作过程中自始至终都伴随着热量的传递。热力学第二定律指出，热量传递是一种不可逆过程，随着热量从高温热源传向低温热源，热量中的可用部分(即转换为机械能的部分)逐渐减少。这意味着热量从高温热源传向低温热源的过程中逐渐贬值,并且所经历的温度越大,热量可用部分的损失就越大。所以,热机的热效率和传热过程密切相关。热量是怎样从高温热源传向低温热源,如何通过控制和优化传热过程将可用能的损失减少到最低限度,这些问题属于传热学的研究内容。

随着现代高新技术的发展,传热学与其他学科领域,如机械工程、材料工艺、石油化工、环境控制工程、电子技术、信息工程、航空航天、生物技术、医学和生命科学等学科的关系愈来愈密切,并且不断深入这些学科领域,形成边缘学科、交叉学科,出现了新的学科交叉研究方向和许多前沿性的研究课题,如电子技术中为超大规模集成电路的冷却而产生的微尺度的传热问题,航天领域中为航天器、载人飞船的热控制而产生的微重力、零重力条件下的传热问题,生物医学领域中的生物活体组织的传热问题,等等。

传热技术是根据现代工业生产和科学实践的需要而蓬勃发展起来的科学技术,在能源、电力、冶金、动力机械、石油、化工、低温、建筑以及航空航天等许多工业领域发挥着极其重要的作用。例如:能源开发利用与工业生产必需的高效换热设备的设计制造都离不开传热技术;随着航空、航天及核聚变等高新技术的发展,各种热工设备的工作温度不断提高,为保证设备能够长时间、高效率地安全运行,需要用传热技术来控制热量传递过程;随着计算机技术的发展,电子元器件的集成度愈来愈高,功率愈来愈大,尺寸愈来愈小,为控制其工作温度,散热问题就成为制约计算机向大容量、小型化发展的重要因素,而解决电子元器件的散热问题需要传热技术。再如:载人飞船在太空运行时,由于太阳的高温热辐射和飞船表面向低温(约 3 K)太空背景的热辐射,飞船的向阳面与背阳面之间存在上百摄氏度的温差;在飞船重返大气层时,表面与大气摩擦将产生几千摄氏度的高温。在这样恶劣的环境下如何确保座舱内宇航员的正常生活与工作、仪器设备的安全运行,都是必须用传热技术解决的重要问题。此外,电力、冶金、石油、化工、低温以及建筑行业中为节能或安全生产而采取的隔热保温技术也都属于传热技术的范畴。

传热学主要采用理论分析、数值模拟和实验研究相结合的研究方法。通过本书传热学篇的学习,可以掌握传热学的基本概念、基本理论与基本分析计算和实验研究方法,为今后分析、研究、处理、解决实际的传热工程问题奠定必要的技术理论基础。

综上所述,热工基础是现代工程技术人才必备的技术基础知识,是 21 世纪工科各类专业人才工程素质的重要组成部分。除了能源动力类专业学生必须更进一步深入学习工程热力学与传热学之外,热工基础课程是机械类、交通运输类、航空航天类、武器类、土建类、材料类、化工制药类、轻工纺织食品类、环境科学类等各类专业大学本科生必修的一门技术基础课。

第一篇

工程热力学

第一章

基本概念

本章重点介绍工程热力学中常用的基本概念，了解和掌握这些基本概念是学习工程热力学的基础。

1-1 热力系统

凡是能将热能转换为机械能的机器统称为**热力发动机**，简称**热机**。例如蒸汽机、蒸汽轮机（也称蒸汽透平）、燃气轮机（也称燃气透平）、内燃机（汽油机、柴油机等）和喷气发动机等皆为热机。

热能和机械能之间的转换是通过媒介物质在热机中的一系列状态变化过程来实现的，这种媒介物质称为**工质**。例如空气、燃气、水蒸气等都是常用的工质。

工程热力学中，把热容量很大，并且在吸收或放出有限量热量时自身温度及其他热力学参数没有明显改变的物体称为**热源**。

工程热力学通常选取一定的工质或空间作为研究对象，称之为**热力系统**，简称**系统**。系统以外的物体称为**外界**或**环境**。系统与外界之间的分界面称为**边界**。边界可以是真实的，也可以是假想的；可以是固定的，也可以是移动的。本书用虚线表示热力系统的边界。

如图 1-1 所示，如果取气缸中的气体作为研究对象，则气缸内壁和活塞内表面即构成该系统的真实边界，并且一部分边界随活塞移动。

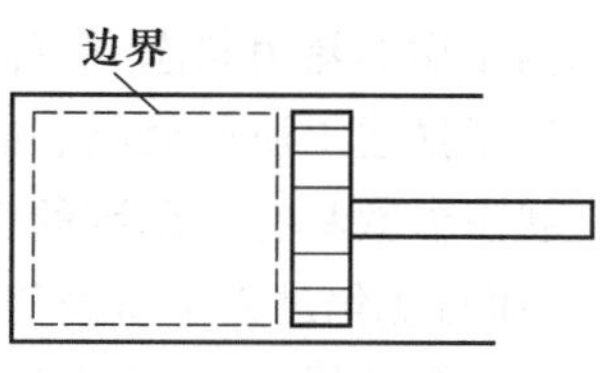

图 1-1　闭口系统示意图

系统通过边界与外界发生相互作用，进行物质和能量交换。按照系统与外界之间相互作用的具体情况，系统可分为以下几类：

(1) 闭口系统

与外界无物质交换的系统。如图 1-1 所示，当工质进出气缸的阀门关闭时，气缸内的工质就是闭口系统。由于系统的质量始终保持恒定，所以也常称为**控制质量系统**。

(2) 开口系统

与外界有物质交换的系统。如图 1－2 所示,运行中的汽轮机就可视为开口系统,因在运行过程中有蒸汽不断地流进流出。由于开口系统是一个划定的空间范围,所以开口系统又称为**控制容积系统**。

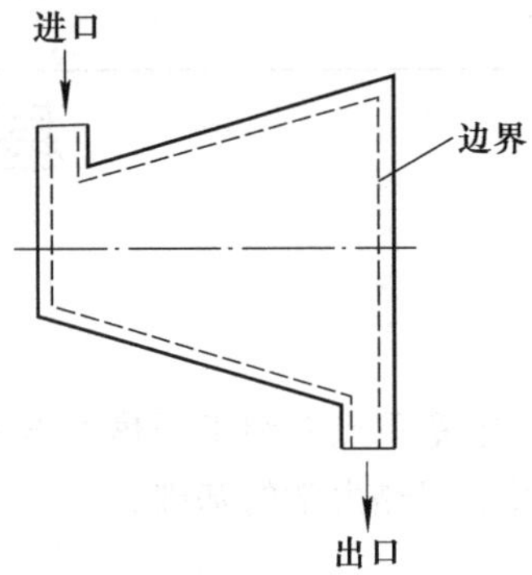

图 1－2 开口系统示意图

(3) 绝热系统

与外界无热量交换的系统。

(4) 孤立系统

与外界既无能量(功、热量)交换又无物质交换的系统。

严格地讲,自然界中不存在完全绝热或孤立的系统,但工程上却存在着接近于绝热或孤立的系统。用工程观点来处理问题时,只要抓住事物的本质,突出主要因素,就可以近似地将这样的系统看成是绝热系统或孤立系统,进而得出有指导意义的结论。

需要指出的是,由于工程热力学采用宏观的研究方法,所以选取的热力系统必须具有足够大的尺度,即和物质的微观尺度相比可以认为是无穷大,满足宏观的假定。

1－2 平衡状态与状态参数

1. 平衡状态

工质在膨胀或被压缩的过程中,其压力、温度、体积等物理量会随之发生变化,或者说工质本身的状况会发生变化。工质在某一瞬间所呈现的宏观物理状况称为工质的**热力状态**,简称**状态**。

用于描述工质所处状态的宏观物理量称为**状态参数**,如温度、压力、比体积等。状态参数具有点函数的性质,状态参数的变化只取决于给定的初始与最终状态,而与变化过程中所经历的一切中间状态或路径无关。

在不受外界影响(重力场除外)的条件下,工质(或系统)的状态参数不随时间而变化的状态称为**平衡状态**。当系统内部各部分的温度或压力不一致时,各部分间将发生热量的传递或相对位移,其状态将随时间而变化,这种状态称为**非平衡状态**。如果没有外界的影响,非平衡状态最后将过渡到平衡状态。

工质的平衡状态一旦确定,状态参数就具有确定的数值,与到达此状态的过程无关。如果工质处于非平衡状态,则不存在确定的状态参数。

2. 基本状态参数

在工程热力学中，常用的状态参数有压力、温度、比体积、热力学能、焓、熵等，其中压力、温度、比体积可以直接测量，称为**基本状态参数**。

(1) 压力

单位面积上所受到的垂直作用力称为**压力**(即压强)，用符号 p 表示，即

$$p=\frac{F}{A}$$

式中，F 为垂直作用于面积 A 上的力。根据分子运动论，气体的压力是大量分子与容器壁面碰撞作用力的统计平均值。

在国际单位制中，压力的单位为 Pa(帕)，1 Pa＝1 N/m^2。工程上，因单位 Pa 太小，常采用 kPa(千帕)和 MPa(兆帕)作为压力的单位，它们之间的关系为

$$1\ \text{MPa}=10^3\ \text{kPa}=10^6\ \text{Pa}$$

其他常用非法定的压力单位有 bar(巴)、mmH_2O、mmHg、atm(标准大气压)、at(工程大气压)等，并有 1 bar＝10^5 Pa，1 mmH_2O＝9.81 Pa，1 mmHg＝133.3 Pa，1 atm＝1.013×10^5 Pa，1 at＝0.981×10^5 Pa。

工程上常用弹簧管式压力表(图 1－3c)和测量微小压力的 U 形管压力表(图 1－3a、b)测量工质的压力。由于压力表本身总处在某种环境(通常是大气环境)中，因此压力表的读数通常是被测工质的压力与当地环境压力之间的差值，并非工质的真实压力。

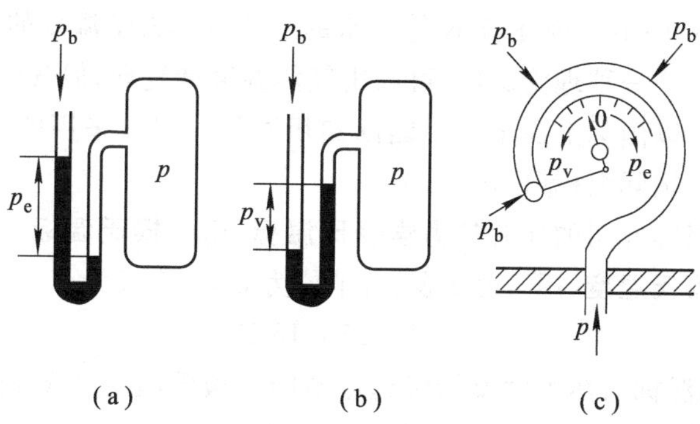

图 1－3 压力测量示意图

工质的真实压力称为**绝对压力**，用 p 表示。当绝对压力高于环境压力 p_b 时，压力表指示的数值称为**表压力**，用 p_e 表示，如图 1－3a 所示。显然

$$p=p_b+p_e \tag{1-1}$$

当工质的绝对压力低于环境压力时，如图 1－3b 所示，测压仪表指示的读数称为真空度，用 p_v 表示，此时

$$p=p_b-p_v \tag{1-2}$$

环境压力随测量时间、地点而不同，可用压力计测定。工程上，如被测工质的压力远高于环境压力，可将环境压力视为常数，一般近似地取为 0.1 MPa。如被测工质的压力较低，则需按当时当地环境压力的具体数值计算。总之，即使绝对压力不变，由于环境压力变化，表压力和真空度也会随之变化。只有绝对压力才能表征工质所处的状态，才是状态参数。

(2) 温度

温度是用来标志物体冷热程度的物理量。根据气体分子运动论，气体的温度是组成气体的大量分子平均移动动能的量度，温度越高，分子的热运动越剧烈。

当两个温度不同的物体相互接触时，它们之间将发生热量传递。如果不受其他物体影响，那么经过足够长的时间后，两者将达到相同的温度，即达到所谓**热平衡状态**。这一事实导致了**热力学第零定律**的建立。热力学第零定律表述为：**如果两个物体中的每一个都分别与第三个物体处于热平衡，则这两个物体彼此也必处于热平衡**。这第三个物体可用作温度计。温度概念的建立以及温度测量是以热力学第零定律为依据的，当温度计与被测物体达到热平衡时，温度计所指示的温度就等于被测物体的温度。

温度的数值表示法称为**温标**。国际单位制采用**热力学温标**作为基本温标，用这种温标确定的温度称为**热力学温度**，以符号 T 表示，单位为 K(开)。热力学温标取水的三相点(纯水的固、液、汽三相平衡共存的状态点)为基准点，并定义其温度为 273.16 K。因此，1 K 等于水的三相点热力学温度的 1/273.16。

热力学温标是一种理论温标，可以用气体温度计复现，但气体温度计装置复杂，使用不便，所以国际上决定采用**国际实用温标**。现在采用的是 1990 年国际计量大会通过的国际温标(ITS—90)。

与热力学温标并用的还有**热力学摄氏温标**，简称**摄氏温标**。用这种温标确定的温度称为**摄氏温度**，用符号 t 表示，单位为℃，并定义为

$$t=T-273.15\ \text{K} \tag{1-3}$$

由此可知，摄氏温标与热力学温标仅起点不同。摄氏温度 0 ℃相当于热力学温度 273.15 K。显然，水的三相点温度为 0.01℃。

(3) 比体积、密度

单位质量的工质所占有的体积称为**比体积**，用符号 v 表示，单位为 m^3/kg。如果质量为 m 的工质占有的体积为 V，则工质的比体积为

$$v=\frac{V}{m} \tag{1-4}$$

单位体积工质的质量称为**密度**，用符号 ρ 表示，单位为 kg/m^3。很明显，比

体积与密度互为倒数,即

$$\rho v = 1 \tag{1-5}$$

比体积和密度都是说明工质在某一状态下分子疏密程度的物理量,其中任一个都可以作为工质的状态参数,二者互不独立,通常采用比体积作为状态参数。

1-3 状态方程与状态参数坐标图

热力系统的平衡状态可以用状态参数来描述。系统有多个状态参数,它们各自从不同的角度描写系统某一宏观特性,并且互有联系。**状态公理**指出,对于和外界只有热量和体积变化功(膨胀功或压缩功)的简单可压缩系统,只需两个独立的状态参数便可确定它的平衡状态。例如,在工质的基本状态参数 p、v、T 中,只要其中任意两个确定,另一个也随之确定,如

$$p = f(v, T)$$

或表示成隐函数形式

$$F(p, v, T) = 0 \tag{1-6}$$

这种表示状态参数之间关系的方程式称为**状态方程式**。

由于两个独立的状态参数就可以确定简单可压缩系统的状态,所以在以两个独立状态参数为坐标的平面坐标图上,每一点都代表系统的一个平衡状态。如图 1-4 中 1、2 两点分别代表由独立状态参数 p_1、v_1 和 p_2、v_2 所确定的两个平衡状态。显然,非平衡状态无法在图中表示,因其没有确定的状态参数。

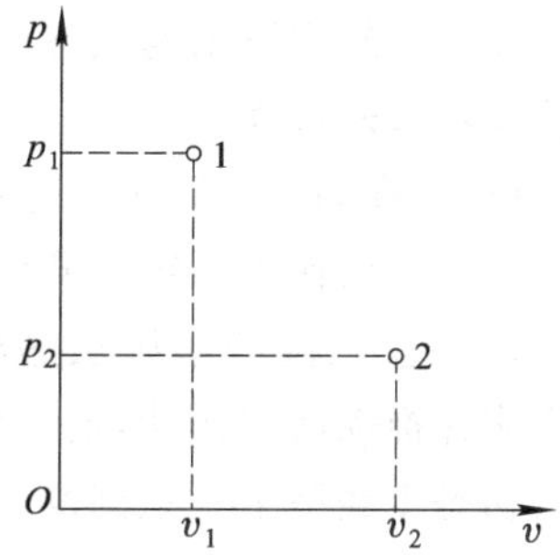

图 1-4 平衡状态在 $p-v$ 图上的表示

1-4 准平衡过程与可逆过程

1. 准平衡过程

系统由一个状态到达另一个状态的变化过程称为**热力过程**,简称**过程**。状态改变意味着系统原平衡态被破坏。实际热工设备中进行的过程,都是由于系统内部各处温度、压力或密度的不平衡而引起的,所以过程所经历的中间状态是不平衡的。

如果在热力过程中系统所经历的每一个状态都无限地接近平衡态,这种过程称为**准平衡过程**,又称为**准静态过程**,在状态参数坐标图上可以近似地用连续

的实线表示。由于非平衡过程所经历的不平衡状态没有确定的状态参数,所以不能表示在状态参数坐标图上。

既要使系统的状态发生变化,又要随时无限接近于平衡态,只有使过程进行得无限缓慢才有可能实现。实际过程都是以有限的速度、在有限时间内进行的,都是不平衡过程。理论上,在没有外界作用下,一个系统从非平衡态达到完全平衡态需要很长时间,但是从非平衡态趋近平衡态所需时间往往不很长,这段时间称为**弛豫时间**。实际上,在系统内外的不平衡势(如压力差、温度差等)不是很大的情况下,弛豫时间非常短,可以将实际过程近似地看作准平衡过程。例如:在活塞式热力机械中,活塞运动的速度一般在 10 m/s 以内,但气体的内部压力波的传播速度等于声速,通常每秒数百米,相对而言,活塞运动的速度很慢,这类情况就可按准平衡过程处理。

2. 可逆过程

如果系统完成了某一过程之后,能够沿着原路径逆行而回到原来的状态,外界也随之回复到原来的状态而不留下任何变化,则这一过程称为**可逆过程**。否则就是**不可逆过程**。

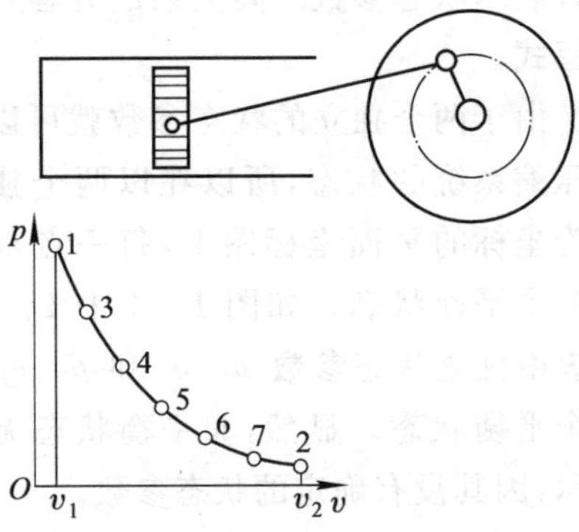

图 1-5　可逆过程示意图

例如,在图 1-5 所示的装置中,取气缸中的工质作为系统。开始时系统处于平衡状态 1,随着系统从热源吸热,体积膨胀并推动活塞作功,使飞轮转动,系统由初态 1 经历了一系列准平衡状态变化到终态 2。如果此装置是一理想的机器,不存在摩擦损失,那么工质的膨胀功将以动能的形式全部储存于飞轮中。如果利用飞轮的动能推动活塞缓慢逆行,则系统将被压缩,由状态 2 沿着原路径逆向回到初态 1,压缩过程所需要的功正好等于膨胀过程所作的功。与此同时,系统向热源放热,放热量与膨胀时的吸热量相等。于是,当系统回到原来的状态 1 时,整个装置和热源也都回到了原来的状态,或者说系统和外界全部恢复到原来的状态,未留下任何变化,这样的过程就是可逆过程。

不难想象,有摩擦(机械摩擦、工质内部的粘性摩擦等)的过程,都是不可逆过程。因为在正向过程中,有一部分膨胀功由于摩擦变成了热,而在逆向过程中还要再消耗一部分功用于克服摩擦而变成热,所以要使系统回到初态,外界必须提供更多的功。这样,工质虽然回到了初态,但外界却发生了变化。

温差传热、混合、扩散、渗透、溶解、燃烧、电加热等实际过程都是不可逆过程。对于一个均匀的无化学反应的系统来说，实现可逆过程最重要的条件是不仅系统的内部而且系统与外界之间都处于热和力的平衡，过程中不存在摩擦、粘性扰动、温差传热等消耗功或造成潜在作功能力损失的**耗散效应**。所以说，**可逆过程就是无耗散效应的准平衡过程**。

可逆过程是一种理想过程，是一切热力设备工作过程力求接近的目标。将实际过程近似简化为理想的可逆过程加以研究，对热力学分析及对指导工程实践具有十分重要的理论意义。

1-5　功量与热量

1. 功量与示功图

在力学中，功（或功量）定义为力与沿力作用方向位移的乘积。例如，若物体在力 F 作用下沿力的方向 x 产生了微小的位移 $\mathrm{d}x$，则该力所作的功量为

$$\delta W = F\mathrm{d}x$$

如果在力 F 作用下物体沿力的方向从 x_1 位移到 x_2，则力 F 所作的功为

$$W = \int_{x_1}^{x_2} F\mathrm{d}x$$

热能转换为机械能的过程是通过工质的体积膨胀实现的。工质在体积膨胀时所作的功称为**膨胀功**。

如图 1-6 所示，假定气缸中盛有质量为 m 的工质，其压力为 p，活塞面积为 A，则工质作用于活塞上的力为 pA。假设活塞在工质压力的作用下向前移动了一微小距离 $\mathrm{d}x$，由于工质的体积膨胀非常小，其压力几乎不变，这一微元过程可以看作准平衡过程，则工质对活塞所作的功为

$$\delta W = pA\mathrm{d}x = p\mathrm{d}V \qquad (1-7)$$

式中，$\mathrm{d}V$ 为活塞移动距离 $\mathrm{d}x$ 时气缸中工质体积的增量。如果活塞从位置 1 移动到位置 2，并且过程是准平衡过程，则工质所作的膨胀功为

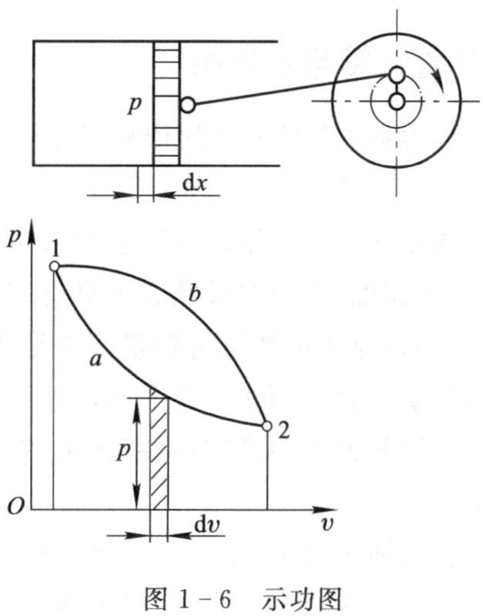

图 1-6　示功图

$$W = \int_1^2 p\,\mathrm{d}V \qquad (1-8)$$

单位质量工质所作的膨胀功称为**比膨胀功**,用 w 表示。由式(1-7)、(1-8)可得

$$\delta w = p\mathrm{d}v \tag{1-9}$$

$$w = \int_1^2 p\mathrm{d}v \tag{1-10}$$

由于可逆过程就是无耗散效应的准平衡过程,所以式(1-7)、(1-8)、(1-9)、(1-10)也是可逆过程膨胀功的计算公式。在具体计算时,除了工质的初、终态以外,还必须知道工质在状态变化过程中压力和比体积的变化规律,即 $p=f(v)$ 的函数关系。

一个可逆过程可以用以压力 p 为纵坐标、比体积 v 为横坐标的 $p-v$ 图上的一条曲线来表示,如图 1-6 中的 1a2 所示。根据微积分原理,比膨胀功 $w=\int_1^2 p\mathrm{d}v$ 的数值,可以用曲线下面的面积来表示,因此 $p-v$ 图也称为**示功图**。

如图 1-6 所示,过程 1a2 与 1b2 的膨胀功不同,可见膨胀功的大小不仅取决于工质的初、终状态,而且和过程的性质有关,所以功量是过程量而不是状态量。为了表示区别,微小功量用 δw 代表,而不用 $\mathrm{d}w$。

当工质被压缩时,以上各式同样适用,只不过 $\mathrm{d}v$ 为负值,计算出的功也是负值,表示外界压缩工质作功。

工程热力学中规定:系统对外界作功的值为正,外界对系统作功的值为负。

在国际单位制中,功的单位为 J(焦)或 kJ,比功的单位为 J/kg 或 kJ/kg。

2. 热量、熵与示热图

热力系统与外界之间依靠温差传递的能量称为**热量**,用 Q 表示,单位与功的单位相同,为 J 或 kJ。单位质量工质所传递的热量用 q 表示,单位为 J/kg 或 kJ/kg。

热量和功量一样,都是热力系统在与外界相互作用的过程中所传递的能量,因此,不能说"系统在某状态下具有多少热量,"或"系统在某状态下具有多少功量"。热量与功量都是过程量而不是状态量,因此微元过程中传递的热量分别用 δQ 和 δq 表示,而不用 $\mathrm{d}Q$ 和 $\mathrm{d}q$。

工程热力学中规定:系统吸收热量时热量值为正,系统放出热量时热量值为负。

在可逆过程中,系统与外界交换的热量的计算公式与功的计算公式具有相同的形式。对照式(1-9),对于微元可逆过程,单位质量工质与外界交换的热量可以表示为

$$\delta q = T\mathrm{d}s \tag{1-11}$$

式中,s 称为**比熵**,单位为 J/(kg·K)或 kJ/(kg·K)。比熵的定义式为

$$ds=\frac{\delta q}{T} \tag{1-12}$$

即：在微元可逆过程中，工质比熵的增加等于单位质量工质所吸收的热量除以工质的热力学温度所得的商。比熵 s 同比体积 v 一样是工质的状态参数。

对于质量为 m 的工质，

$$\delta Q=TdS \tag{1-13}$$

$$dS=\frac{\delta Q}{T} \tag{1-14}$$

式中，S 为质量为 m 的工质的**熵**，单位是 J/K。

这里仅作为基本概念给出了熵的定义，有关熵的物理意义将在第四章进一步深入讨论。

对于从状态 1 到状态 2 的可逆过程，工质与外界交换的热量可用下式计算：

$$q=\int_1^2 Tds \tag{1-15}$$

或

$$Q=\int_1^2 TdS \tag{1-16}$$

可见，式(1-15)、(1-16)与可逆过程膨胀功的计算式(1-10)、(1-8)的形式完全相同。

根据熵的变化，可以很容易地判断一个可逆过程中系统与外界之间热量交换的方向：若 $ds>0$，则 $\delta q>0$，系统吸热；若 $ds<0$，则 $\delta q<0$，系统放热；若 $ds=0$，则 $\delta q=0$，系统绝热，因此可逆绝热过程又称为**定熵过程**。

与 $p-v$ 图类似，在以热力学温度为纵坐标、以比熵为横坐标的 $T-s$ 图（温熵图）上，可以用一点代表一个平衡状态，用一条曲线代表一个可逆过程，如图 1-7 所示。由式(1-15)可知，在从状态 1 到状态 2 的可逆过程中，单位质量工质与外界所交换的热量可以用温熵图中过程曲线 12 下的面积 $12s_2s_11$ 来表示，所以温熵图也称为**示热图**。由于 $s_2>s_1$，1-2 过程是一个吸热过程。示热图与示功图一样，是对热力过程进行分析的重要工具。

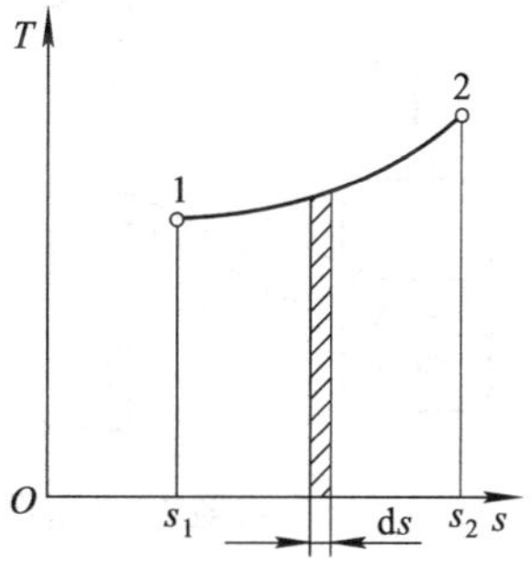

图 1-7　温熵图

思考题

1. 平衡状态与稳定状态有何区别？热力学中为什么要引入平衡状态的概念？
2. 表压力或真空度能否作为状态参数进行热力计算？若工质的压力不变，问测量其压力的压力表或真空计的读数是否可能变化？

3. 真空表指示数值愈大，被测对象的实际压力愈大还是愈小？

4. 准平衡过程与可逆过程有何区别？

5. 不可逆过程是无法恢复到初态的过程，这种说法是否正确？

6. 没有盛满开水的热水瓶，其瓶塞有时被自动顶开，有时被自动吸紧，这是什么原因？

7. 用U形管压力表测定工质的压力时，压力表液柱直径的大小对读数有无影响？

习　题

1-1　已知大气压力计读数为755 mmHg，试完成以下计算：

(1) 表压力为13.6 MPa时的绝对压力(kPa)；

(2) 绝对压力为2.5 bar时的表压力；

(3) 真空表读数为700 mmHg时的绝对压力；

(4) 绝对压力为0.5 bar时相应的真空度(mbar)。

1-2　图1-8表示常用的斜管式微压计的工作原理。由于有引风机的抽吸，锅炉设备的烟道中的压力将略低于大气压力。如果微压计的斜管倾斜角 $\alpha=30°$，斜管内水柱长度 $l=200$ mm，当时大气压力计读数为756 mmHg，求烟气的绝对压力(mmHg)。已知水的密度 $\rho=1\ 000\ kg/m^3$。

1-3　某容器被一刚性壁分为两部分，在容器不同部位装有3个压力表，如图1-9所示。压力表B的读数为1.75 bar，压力表A的读数为1.10 bar。如果大气压力计读数为0.97 bar，试确定压力表C的读数及两部分容器内气体的绝对压力。

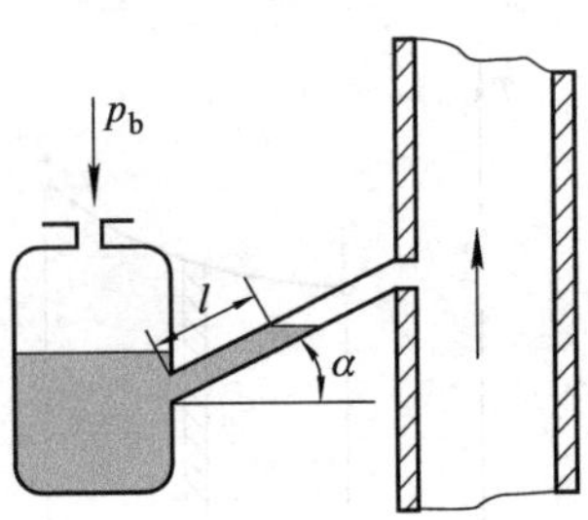

图1-8　习题1-2附图

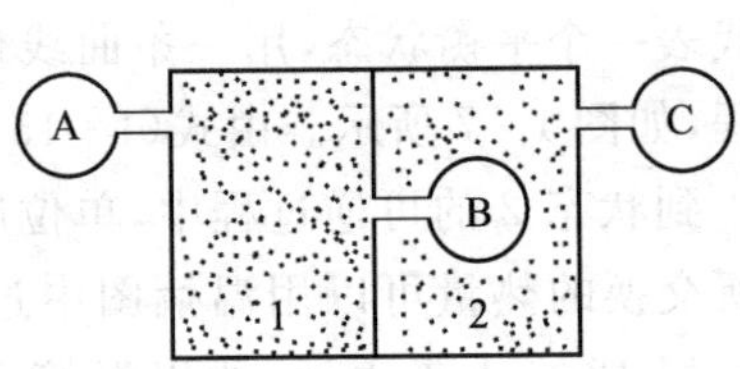

图1-9　习题1-3附图

1-4　图1-10所示的圆筒形容器，其直径为450 mm，压力表A的读数为360 kPa，压力表B的读数为170 kPa，大气压力为100 mmHg。试求：

(1) 真空室及1、2两室的绝对压力；

(2) 压力表C的读数；

(3) 圆筒顶面所受的作用力。

1-5　用图1-11所示的水银压力计测量容器中气体的压力时，为防止水银蒸发危害人体健康，在水银柱上加一段水。测得汞柱高800 mm、水柱高300 mm，已知大气压力为760 mmHg，求容器内气体的压力(bar)。

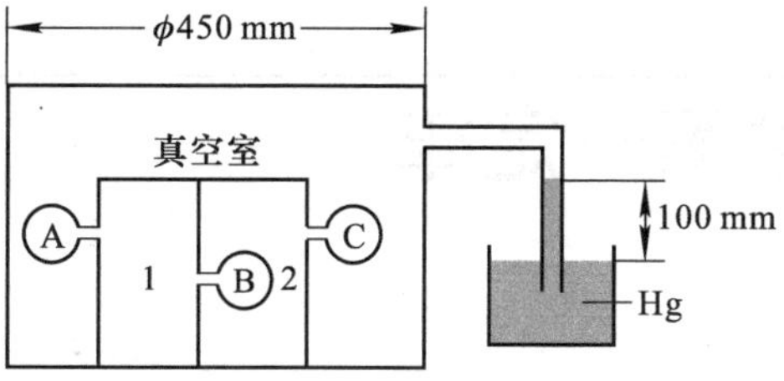

图 1-10 习题 1-4 附图

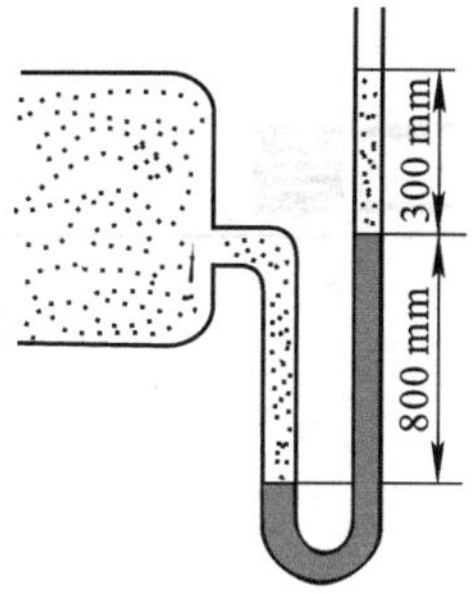

图 1-11 习题 1-5 附图

1-6 气体初态时 $p_1=0.5$ MPa、$V_1=0.4\ m^3$，在压力不变的条件下膨胀到 $V_2=0.8\ m^3$。求气体所作的膨胀功。

1-7 一热力系发生状态变化，压力随体积的变化关系为 $pV^{1.3}=$常数。若热力系初态为 $p_1=600$ kPa、$V_1=0.3\ m^3$，问当系统体积膨胀至 $V_2=0.5\ m^3$ 时对外作功为多少？

1-8 一气球直径为 0.3 m，球内充满压力为 150 kPa 的空气。由于加热，气球直径可逆地增大到 0.4 m。已知空气压力正比于气球直径而变化，试求该过程空气所作的功。

1-9 某气缸中气体由 $0.1\ m^3$ 膨胀至 $0.3\ m^3$，若气体的压力及容积分别以 MPa 和 m^3 为单位计算，则膨胀过程中气体的压力和体积的函数关系为 $p=0.24V+0.04$。试求气体所作的膨胀功。

1-10 利用储气罐中的压缩空气在温度不变的情况下给气球充气。开始时气球内没有气体，故可认为其初始体积为零；充满气体后气球的体积为 $2\ m^3$。若大气压力为 0.09 MPa，求充气过程中气体所作的功。

1-11 上题中，若储气罐的体积为 $2\ m^3$，试求储气罐中气体压力为以下三种情况时气体所作的功：

(1) 压力为 0.3 MPa；

(2) 压力为 0.182 MPa；

(3) 压力为 0.15 MPa。

第二章

热力学第一定律

热力学第一定律就是一切热力过程所必须遵循的能量转换与守恒定律。本章重点阐述热力学第一定律的实质与数学描述，为热力过程计算奠定理论基础。

2-1 热力系统的储存能

储存于热力系统的能量称为热力系统的**储存能**。工程热力学所涉及的热力系统的储存能主要有两类：一类是取决于系统本身热力状态的**热力学能**；另一类是与系统的宏观运动速度有关的宏观动能和与系统在重力场中所处的位置有关的宏观位能。

1. 热力学能

在工程热力学中，热力学能是指不涉及化学能和原子能的物质分子热运动动能和分子之间由于相互作用力而具有的位能之和，即所谓的热能。由物理学可知，气体分子动能的大小主要取决于气体的温度，位能的大小主要与气体的比体积有关。

质量为 m 的工质的热力学能用 U 表示，单位为 J 或 kJ；单位质量（即 1 kg）工质的热力学能称为**比热力学能**，用 u 表示，单位为 J/kg 或 kJ/kg。

气体工质的比热力学能只取决于工质的热力学温度和比体积，即取决于工质的热力状态，是状态参数，可表示为

$$u=f(T,v)$$

物质的运动是永恒的，不存在热力学能为零的状态。在工程热力学中，经常遇到的是工质从一个状态变化到另一个状态，需要计算的是热力学能的变化量，而不是它的绝对值。因此，热力学能的基准点（零点）可以人为地选定，例如取 0 K或 0 ℃时气体的热力学能为零。

2. 宏观动能与宏观位能

除了热力学能之外，热力系统还由于其宏观运动速度具有**宏观动能**和由于

其在重力场中所处的位置具有**宏观位能**，分别用 E_k、E_p 表示，单位为 J 或 kJ。

如果质量为 m 的系统的运动速度为 c_f，则系统的宏观动能为

$$E_k=\frac{1}{2}mc_f^{\ 2}$$

如果质量为 m 的系统的质量中心在系统外部参考坐标系中的高度为 z，则系统的宏观位能为

$$E_p=mgz$$

式中，g 为重力加速度。

系统的热力学能、宏观动能与宏观位能之和称为系统的**储存能**，用 E 表示，即

$$E=U+E_k+E_p$$

单位质量工质的储存能称为**比储存能**，用 e 表示，单位为 J/kg 或 kJ/kg，即

$$e=u+e_k+e_p$$

2-2 热力学第一定律的实质

热力学第一定律的实质就是热力过程中的能量守恒和转换定律，它建立了热力过程中的能量守恒关系，是热力学宏观分析方法的主要依据之一。

热力学第一定律可表述为：**在热能与其他形式能的互相转换过程中，能的总量始终不变。**

根据热力学第一定律，要想得到机械能就必须花费热能或其他能量，幻想创造一种不花费能量就可以产生动力的机器是不可能的。因此，热力学第一定律也可以表述为：**不花费能量就可以产生功的第一类永动机是不可能制造成功的。**

热力学第一定律适用于一切热力系统和热力过程，不论是开口系统还是闭口系统，热力学第一定律均可表达为：

进入系统的能量－离开系统的能量＝系统储存能量的变化　　(2-1)

2-3 闭口系统的热力学第一定律表达式

如图 1-5 所示，取封闭在气缸里的工质作为分析对象，这显然是一个闭口系统。设工质由平衡态 1 变化到平衡态 2 的状态变化过程中从外界吸取的热量为 Q，对外所作的膨胀功为 W，根据式(2-1)，该闭口系统的热力学第一定律的表达式为

$$Q-W=\Delta U$$

即
$$Q=\Delta U+W \tag{2-2}$$
式中，$\Delta U=U_2-U_1$ 为工质由状态 1 变化到状态 2 时本身热力学能的变化。

对于微元过程，
$$\delta Q=\mathrm{d}U+\delta W \tag{2-3}$$

对于可逆过程（或准平衡过程），式（2－2）、（2－3）可分别表示为
$$Q=\Delta U+\int_1^2 p\mathrm{d}V \tag{2-4}$$
$$\delta Q=\mathrm{d}U+p\mathrm{d}V \tag{2-5}$$
对于单位质量工质的微元过程，可相应得出
$$q=\Delta u+w \tag{2-6}$$
$$\delta q=\mathrm{d}u+\delta w \tag{2-7}$$
对于单位质量工质的可逆过程（或准平衡过程），则有
$$q=\Delta u+\int_1^2 p\mathrm{d}v \tag{2-8}$$
$$\delta q=\mathrm{d}u+p\mathrm{d}v \tag{2-9}$$

式（2－2）、（2－3）和式（2－6）、（2－7）为闭口系统的热力学第一定律表达式，适用于闭口系统的一切过程，不受过程性质和工质性质的限制。式（2－4）、（2－5）和式（2－8）、（2－9）只适用于可逆过程（或准平衡过程）。

2－4 开口系统的稳定流动能量方程式

1. 稳定流动与流动功

工程上，加热、冷却、膨胀、压缩等过程一般都是在工质不断流过加热器、冷凝器、锅炉、内燃机、压缩机等热工设备时进行的。工质流经热工设备时，可以与外界进行热量交换与功量交换，本身状态也随之发生变化。工程上常用的热工设备除启动、停止或者加减负荷外，大部分时间是在外界影响不变的条件下稳定运行的。这时，工质的流动状况不随时间而改变，即任一流通截面上工质的状态不随时间而改变，各流通截面工质的质量流量相等，且不随时间而改变，这种流动状况称为**稳定流动**。

对于连续周期性工作的热工设备，如活塞式压气机或内燃机，工质的出入是不连续的，但按照同样的循环过程重复着，整个工作过程仍可按稳定流动来处理。

工质在流过热工设备时，必须受外力推动，这种推动工质流动而作的功称为**流动功**，也称为**推进功**。

如图 2－1 所示，当质量为 $\mathrm{d}m$ 的工质在外力的推动下克服压力 p 移动距离

$\mathrm{d}x$，并通过面积为 A 的截面进入系统时，则外界所作的流动功为

$$\delta W_f = pA\mathrm{d}x = p\mathrm{d}V = pv\mathrm{d}m$$

对于单位质量工质，流动功为

$$w_f = \frac{\delta W_f}{\mathrm{d}m} = pv$$

可见，对单位质量工质所作的流动功在数值上等于工质的压力和比体积的乘积 pv。流动功是由泵或风机加给被输送工质并随着工质的流动而向前传递的一种能量，不是工质本身具有的能量。

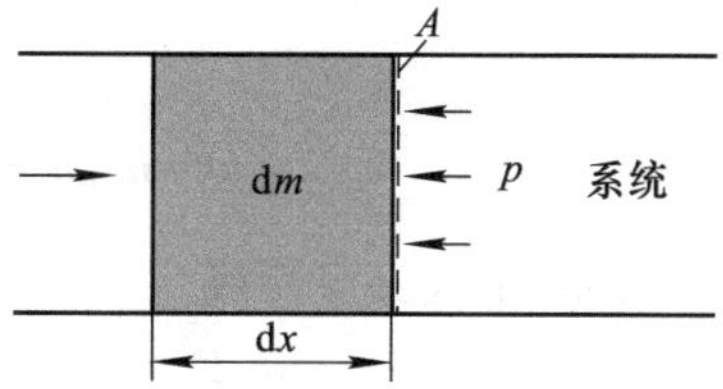

图 2-1　流动功推导示意图

2. 开口系统的稳定流动能量方程

图 2-2 是一个概括性热工设备的示意图，有工质不断地流进、流出。取进、出口截面 1-1、2-2 以及设备壁面作为系统边界，如图中虚线所示，这显然是一个开口系统。假设在时间 τ 内，质量为 m_1 的工质以流速 c_{f1} 跨过截面 1-1 流入系统，与此同时，质量为 m_2 的工质以流速 c_{f2} 跨过截面 2-2 流出系统，系统与外界交换的热量为 Q，工质通过机轴对外输出的功（通常称为轴功）为 W_s。

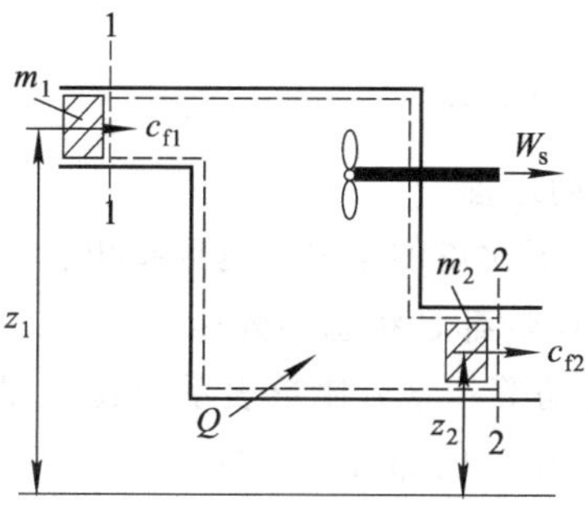

图 2-2　开口系统示意图

假设系统满足稳定流动条件，$m_1 = m_2 = m$，于是，在 τ 时间内进入系统的能量为

$$Q + m\left(u_1 + \frac{1}{2}c_{f1}^2 + gz_1\right) + mp_1v_1 = Q + m\left(u_1 + \frac{1}{2}c_{f1}^2 + gz_1 + p_1v_1\right)$$

离开系统的能量为

$$W_s + m\left(u_2 + \frac{1}{2}c_{f2}^2 + gz_2\right) + mp_2v_2 = W_s + m\left(u_2 + \frac{1}{2}c_{f2}^2 + gz_2 + p_2v_2\right)$$

由于在稳定流动过程中系统内工质的数量和状态参数都不随时间而改变，系统与外界交换的热量、功量也不随时间而改变，所以系统的总能量也保持不变。于是，由热力学第一定律可得

$$\left[Q + m\left(u_1 + p_1v_1 + \frac{1}{2}c_{f1}^2 + gz_1\right)\right] - \left[W_s + m\left(u_2 + p_2v_2 + \frac{1}{2}c_{f2}^2 + gz_2\right)\right] = 0$$

令 $u + pv = h$，由于 u、p、v 都是工质的状态参数，所以 h 也一定是状态参数，称之为**比焓**。对于流动工质，比焓表示每千克工质沿流动方向向前传递的总能量中取决于热力状态的部分。于是上式可整理成

$$Q=m\left(h_2+\frac{1}{2}c_{f2}^2+gz_2\right)-m\left(h_1+\frac{1}{2}c_{f1}^2+gz_1\right)+W_s$$

或

$$Q=m\Delta h+\frac{1}{2}m\Delta c_f^2+mg\Delta z+W_s$$

令 $H=mh$，上式又可写成

$$Q=\Delta H+\frac{1}{2}m\Delta c_f^2+mg\Delta z+W_s \tag{2-10}$$

上式称为**开口系统的稳定流动能量方程式**。对于单位质量工质，稳定流动能量方程式为

$$q=\Delta h+\frac{1}{2}\Delta c_f^2+g\Delta z+w_s \tag{2-11}$$

对于微元过程，稳定流动能量方程式(2-10)、(2-11)可分别表示为

$$\delta Q=\mathrm{d}H+\frac{1}{2}m\mathrm{d}c_f^2+mg\mathrm{d}z+\delta W_s$$

$$\delta q=\mathrm{d}h+\frac{1}{2}\mathrm{d}c_f^2+g\mathrm{d}z+\delta w_s$$

式(2-10)、(2-11)适用于任何工质的稳定流动过程。

在上述稳定流动能量方程式的推导中引进了比焓的定义。需要指出：

(1) 无论对于流动工质还是不流动工质，比焓都是状态参数；

(2) 对于流动工质，单位质量工质的流动功等于 pv，比焓表示单位质量工质沿流动方向向前传递的总能量中取决于热力状态的那部分能量；

(3) 对于不流动工质，不存在流动功，比焓也不表示能量，仅是状态参数。

比焓是工质的重要状态参数，它的引入给热力过程的分析计算带来很多方便，尤其在涉及工质流动的问题分析中，其应用更为广泛。与热力学能一样，工程上一般关心的是工质经历某一热力过程后焓的变化量，而不是其绝对值的大小，所以焓值的基准点可人为地规定。

3. 技术功

在稳定流动能量方程式(2-10)与式(2-11)中，等号右边除焓差外，其余三项是不同类型的机械能，它们都是工程技术上可以直接利用的。在工程热力学中，将这三项之和称为**技术功**，用 W_t 表示，即

$$W_t=\frac{1}{2}m\Delta c_f^2+mg\Delta z+W_s$$

对于单位质量工质

$$w_t=\frac{1}{2}\Delta c_f^2+g\Delta z+w_s \tag{2-12}$$

于是式(2-10)与式(2-11)可改写为

$$Q=\Delta H+W_t \tag{2-13}$$

$$q=\Delta h+w_t \tag{2-14}$$

对微元热力过程

$$\delta Q=\mathrm{d}H+\delta W_t \tag{2-15}$$

$$\delta q=\mathrm{d}h+\delta w_t \tag{2-16}$$

对于开口系统的稳定流动过程，由于系统内各点的状态都不随时间发生变化，所以整个流动过程的总效果，相当于一定质量的工质从进口截面处的状态1变化到出口截面处的状态2，并与外界进行了热量和功量的交换。因此，也可以将这一定质量的工质作为闭口系统加以研究，所得的能量方程式和上述稳定流动能量方程式是等效的。

将闭口系统的热力学第一定律表达式(2-6)和式(2-11)进行比较，可得

$$w=(p_2v_2-p_1v_1)+\frac{1}{2}(c_{f2}^2-c_{f1}^2)+g(z_2-z_1)+w_s \tag{2-17}$$

式中，w 为单位质量工质由于体积变化所作的膨胀功，是由热能转变而来。由上式可见，工质在稳定流动过程中所作的膨胀功，一部分用于维持工质流动所必须作出的净流动功$(p_2v_2-p_1v_1)$，一部分用于增加工质本身的宏观动能和位能，其余部分才作为热力设备输出的轴功 w_s。根据技术功的定义式(2-12)，式(2-17)可改写为

$$w=(p_2v_2-p_1v_1)+w_t$$

即

$$w_t=w-(p_2v_2-p_1v_1) \tag{2-18}$$

上式说明，工质稳定流经热力设备时所作的技术功等于膨胀功减去净流动功，而轴功只是技术功的一部分，当 $p_2v_2=p_1v_1$ 时技术功等于膨胀功。

对可逆过程，膨胀功为

$$w=\int_1^2 p\mathrm{d}v$$

代入式(2-18)，可得可逆过程的技术功为

$$\begin{aligned}w_t&=\int_1^2 p\mathrm{d}v-(p_2v_2-p_1v_1)\\&=\int_1^2 p\mathrm{d}v-\int_1^2\mathrm{d}(pv)\\&=-\int_1^2 v\mathrm{d}p\end{aligned} \tag{2-19}$$

式中，v 恒为正值，负号表示技术功的正负与 $\mathrm{d}p$ 相反，即：过程中工质压力降低时，技术功为正，对外作功；反之，若工质的压力增加，技术功为负，则外界对工质作功。

据式(2-19),可逆过程的技术功 w_t 在 $p-v$ 图上可以用过程曲线与纵坐标之间的面积表示,如图 2-3 所示。

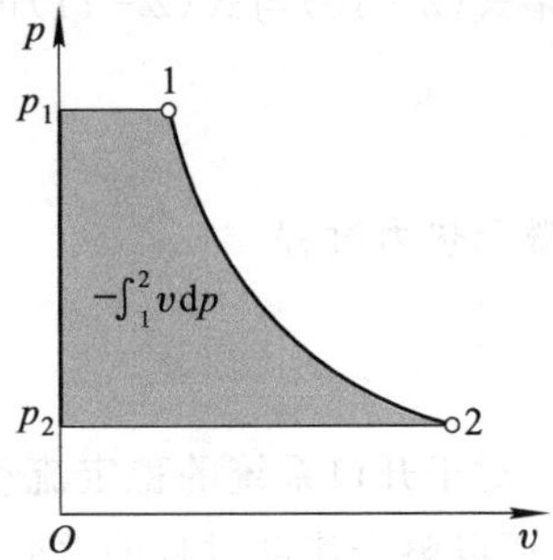

图 2-3 技术功在 $p-v$ 图上的表示

将式(2-19)代入式(2-14),可将可逆过程稳定流动能量方程式表示为

$$q=\Delta h-\int_1^2 v\mathrm{d}p \tag{2-20}$$

对于微元可逆过程,则

$$\delta q=\mathrm{d}h-v\mathrm{d}p \tag{2-21}$$

例题 2-1 一台 JN 型农用深井水泵,水的体积流率为 $q_V=45.0\ \mathrm{m^3/h}$,水泵扬程(即水泵进出口的压差)p_2-p_1 为 18.8 m 水柱,水泵效率 $\eta=$理想功率/实际功率$=80\%$,问此水泵需配备多大功率的电动机?

解 若将泵壁及进、出口截面选作系统边界,则这是一个开口系统。由于水的不可压缩性,可认为水泵进、出口水的体积不变,且进、出口水的动能和位能变化都很小,根据式(2-19),每千克水在定容流动过程中对外作的可逆轴功为

$$w_s=-\int_{p_1}^{p_2} v\mathrm{d}p=-v(p_2-p_1)$$

水泵的实际功率为

$$P=\frac{mw_s}{\eta}=-\frac{V(p_2-p_1)}{\eta}$$

$$=-\frac{45.0\ \mathrm{m^3}\times(18.8\times1\ 000\times9.81)\mathrm{Pa}}{3\ 600\ \mathrm{s}\times0.8}=-2.88\ \mathrm{kW}$$

轴功为负值,说明外界对系统作功。为水泵所配电动机的功率应大于水泵功率。查产品目录,可选功率为 4.0 kW 的电动机。

2-5 稳定流动能量方程式的应用

稳定流动能量方程式在应用于各种热工设备时常常可以简化。例如,一般热工设备的进出口标高相差只有几米,工质在进出口的位能差和系统与外界交换的功量和热量相比要小得多,因此可以忽略。当工质的流速在 50 m/s 以下时,动能的变化为$(c_2^2-c_1^2)/2<1.25\ \mathrm{kJ/kg}$,与系统和外界交换的功量和热量相比也很小,当计算精度要求不高时也可忽略不计。于是,稳定流动能量方程可简化为

$$q=\Delta h+w_s \tag{2-22}$$

对比式(2-14)可见,当忽略动能、位能变化时,技术功等于轴功。工程上,除了

出口流速很大的喷管和进口流速很大的扩压管这两种特殊管道外，常见热工设备的进出口动能、位能的变化一般都可以忽略不计。

下面以几种常见的热工设备为例，说明稳定流动能量方程式的应用。

1. 热交换器

热交换器也称换热器，如工程上的各种加热器、冷却器、散热器、蒸发器和冷凝器等都属这类设备。工质流过这类设备时与外界无功量交换，即 $w_s=0$，且动能、位能的变化可以忽略，故据式(2－22)可得

$$q=h_2-h_1 \tag{2-23}$$

即单位质量工质与外界交换的热量等于换热器进、出口处工质比焓的变化。

2. 动力机械

各种热力发动机，如燃气轮机、蒸汽轮机等，都是利用工质膨胀作功，对外输出轴功 w_s。图 2－4 是这一类热机的示意图。由于采用了良好的保温隔热措施，通过设备外壳的散热量极少，可以认为其中的热力过程是绝热过程，即 $q=0$，如果再忽略动能、位能变化，由式(2－22)可得

$$w_s=h_1-h_2 \tag{2-24}$$

即对外输出的轴功等于工质的焓降。

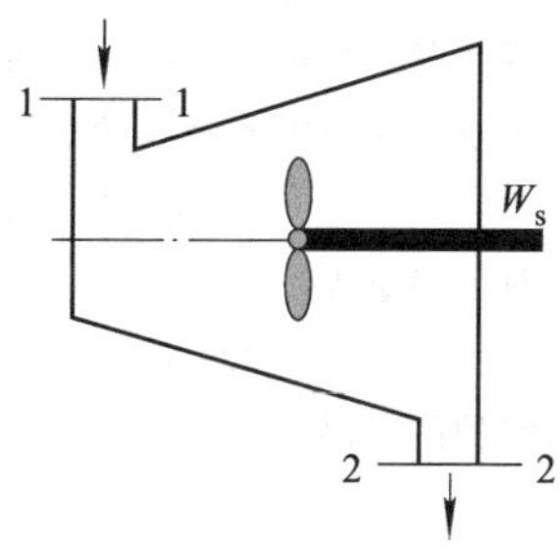

图 2－4　动力机械示意图

当工质流经风机、水泵、压气机等压缩机械时，压力升高，外界对工质作轴功，情况与动力机械恰恰相反。如果设备无专门冷却措施，也可以认为是绝热的，即 $q=0$，同样可得到式(2－24)，但此时算出的 w_s 为负值。

3. 绝热节流

工质在管内流动时，如果流通截面突然缩小，例如流经阀门或流量孔板等，在缩口处工质的流速突然增加，压力急剧下降，并在缩口附近产生漩涡，流过缩口后流速减慢，压力又回升，这种现象称为**节流**，如图 2－5 所示。实际上，由于孔板的局部阻力，工质流过孔板后压力总有不同程度的降低，下降的程度取决于管径和缩口的大小、流速的高低及流体的性质等因素。

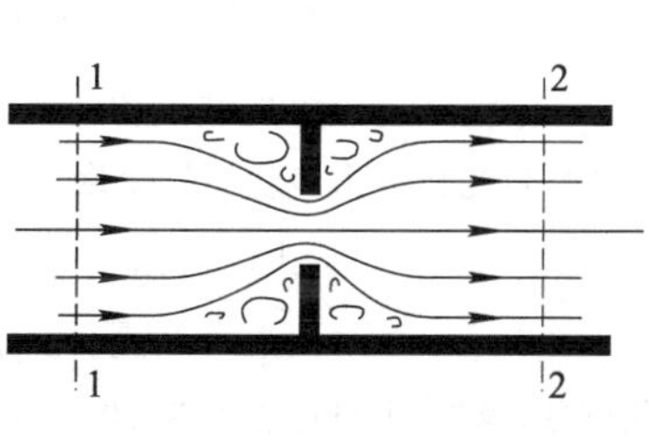

图 2－5　绝热节流示意图

节流是典型的不可逆过程，在缩口附近存在涡流，工质处于不稳定的非平衡状态，

所以严格说节流是不稳定流动。但观察发现，在离缩口稍远的1－1和2－2截面上，流动情况基本稳定，如果选择这两个截面的中间部分为开口系统，可以近似地用稳定流动能量方程式进行分析。由于两个截面上流速差别不大，动能变化可以忽略；节流过程对外不作轴功；工质流过两个截面之间的时间很短，与外界的热量交换很少，可以近似认为节流过程是绝热的，即 $q=0$。于是，运用稳定流动能量方程式可得

$$h_2=h_1 \tag{2-25}$$

上式表明，在忽略动能、位能变化的绝热节流过程中，节流前后工质的焓值相等。但是，在两个截面之间，特别是缩口附近，由于流速变化很大，焓值并非处处相等，因此不可将绝热节流过程理解为定焓过程。

例题 2－2　一台供热用锅炉，蒸发量为 2 t/h，给水进入锅炉时的焓 $h_1=210$ kJ/kg，水蒸气离开锅炉时的焓 $h_2=2\ 768$ kJ/kg。已知煤的发热量为 23 000 kJ/kg，锅炉的效率为 70%，试计算每小时用煤量。

解　以锅炉进出口截面为系统边界，这是一开口系统的稳定流动，据式(2－23)可计算每千克工质在锅炉中所吸收的热量，为

$$q=h_2-h_1=(2\ 768-210)\ \text{kJ/kg}=2\ 558\ \text{kJ/kg}$$

每小时吸热量为

$$Q=mq=2\ 000\ \text{kg/h}\times 2\ 558\ \text{kJ/kg}=5.116\times 10^6\ \text{kJ/h}$$

于是锅炉的耗煤量为

$$\frac{5.116\times 10^6\ \text{kJ/h}}{23\ 000\times 0.70\ \text{kJ/kg}}=318\ \text{kg/h}$$

例题 2－3　已知新蒸汽进入汽轮机时的焓为 3 232 kJ/kg，流速 $c_{f1}=50$ m/s，作功后的乏汽流出汽轮机时的焓 $h_2=2\ 300$ kJ/kg，流速 $c_{f2}=120$ m/s，散热损失及位能变化可略去不计。求：(1) 每千克蒸汽流经汽轮机时对外所作的功；(2) 汽轮机进、出口动能的变化占其作功量的百分数；(3) 蒸汽流量为 10^4 kg/h 时，汽轮机发出的功率。

解　(1) 蒸汽流经汽轮机也是开口系统稳定流动的例子。由式(2－11)并结合题意 $q=0$，$z_2-z_1=0$，于是，每千克蒸汽所作的轴功为

$$\begin{aligned} w_s &=(h_1-h_2)-\frac{1}{2}(c_{f2}^2-c_{f1}^2)\\ &=(3\ 232-2\ 300)\ \text{kJ/kg}-\frac{1}{2}\times(120^2-50^2)\times 10^{-3}\ \text{kJ/kg}\\ &=926.05\ \text{kJ/kg} \end{aligned}$$

(2) 汽轮机进出口动能的变化占其作功量的百分数为

$$\frac{\frac{1}{2}\times(120^2-50^2)\times 10^{-3}\ \text{kJ/kg}}{926.05\ \text{kJ/kg}}\times 100\%=0.64\%$$

由此可见，当进、出口速度差为 70 m/s 时，动能变化也仅占输出轴功的 0.64%，故动能变化在一般情况下均可忽略不计。

（3）汽轮机发出的功率为

$$P=w_s q_m=\frac{926.05\ \text{kJ/kg}\times 10^4\ \text{kg/h}}{3\ 600\ \text{s/h}}=2\ 572\ \text{kW}$$

思考题

1. 一绝热刚性容器，中间用隔板分为两部分，左边盛有空气，右边为真空，抽掉隔板，空气将充满整个容器。问：

（1）空气的热力学能如何变化？

（2）空气是否作了功？

（3）能否在坐标图上表示此过程？为什么？

2. 下列说法是否正确：

（1）气体膨胀时一定对外作功。

（2）气体被压缩时一定消耗外功。

（3）气体膨胀时必须对其加热。

（4）气体边膨胀边放热是可能的。

（5）气体边被压缩边吸入热量是不可能的。

（6）对工质加热，其温度反而降低，这种情况不可能。

3. “任何没有体积变化的过程就一定不对外作功”的说法是否正确？

4. 试比较图 2-6 所示过程 1-2 与过程 1-a-2 中下列各量的大小：(1) W_{12} 与 W_{1a2}；(2) ΔU_{12} 与 ΔU_{1a2}；(3) Q_{12} 与 Q_{1a2}。

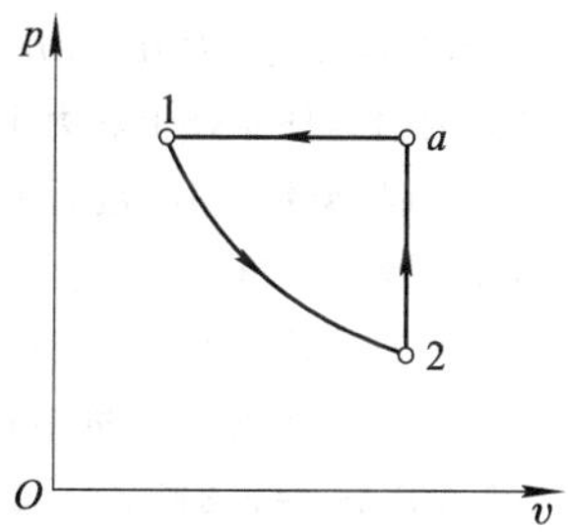

图 2-6 思考题 4 附图

5. 说明下列各式的应用条件：

（1）$q=\Delta u+w$

（2）$q=\Delta u+\int p\mathrm{d}v$

（3）$q=\Delta u+(p_2 v_2-p_1 v_1)$

（4）$q=\Delta u+p(v_2-v_1)$

6. 膨胀功、轴功、技术功、流动功之间有何区别与联系？流动功的大小与过程特性有无关系？

习题

2-1 定量气体吸收热量 50 kJ，同时热力学能增加了 80 kJ，问此过程是膨胀过程，还是压缩过程？外功多大？

2-2 某热机每完成一个循环，工质由高温热源吸热 2 000 kJ，向低温热源放热 1 200 kJ。在压缩过程中工质得到外功 650 kJ，试求在膨胀过程中工质所作的功。

2-3　某房间夏日使用的电风扇的功率为 2 kW，若室外高温空气向室内传递的热量忽略不计，试求每小时室内空气的热力学能变化多少？

2-4　如图 2-7 所示。某闭口系统，工质沿 $a-c-b$ 由状态 a 变化到状态 b 时，吸热 100 kJ，对外作功 40 kJ。当工质沿过程 $a-d-b$ 变化到状态 b 时，对外作功 20 kJ，试求过程 $a-d-b$ 中工质与外界交换的热量。当工质沿曲线从 b 返回初态 a 时，外界对系统作功 30 kJ，试求此过程中工质与外界交换的热量；如果 $U_a=0$ kJ，$U_d=40$ kJ，求过程 $a-d$、$d-b$ 与外界交换的热量。

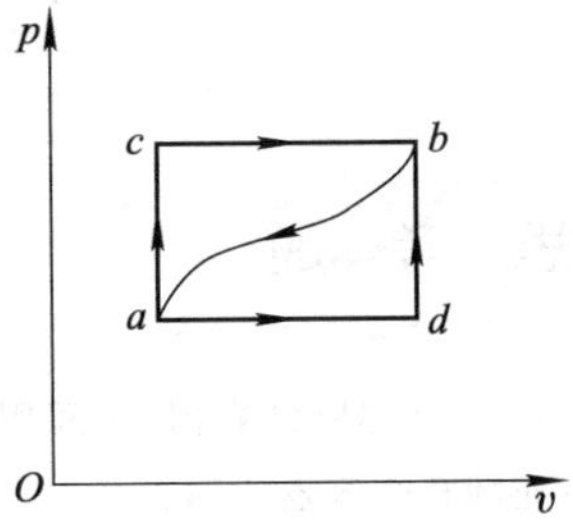

图 2-7　习题 2-4 附图

2-5　定量工质，经历了由下表所列的 4 个过程组成的循环，请填充下表中空缺的数据。

过程	Q/kJ	W/kJ	ΔU/kJ
1-2		0	1 390
2-3	0	395	
3-4		0	−1 000
4-1	0		

2-6　水在一个标准大气压下定压汽化，温度为 100℃，比体积从 0.001 m^3/kg 增加到 1.674 m^3/kg，汽化潜热为 2 257 kJ/kg，试求水在汽化过程中热力学能与焓的变化。

2-7　如图 2-8 所示，气缸内充有空气，活塞截面积为 100 cm^2，活塞距底面高度为 10 cm，活塞及其上负载的总质量为 195 kg，当地大气压力为 771 mmHg，环境温度 $t_0=27$℃，气缸内气体此时恰与外界处于热力平衡。若将活塞上的负载减少 100 kg，活塞将突然上升，最后重新达到热力平衡。假设活塞与气缸壁无摩擦，气体可通过气缸壁充分与外界换热，求活塞上升的距离及气体与外界交换的热量。

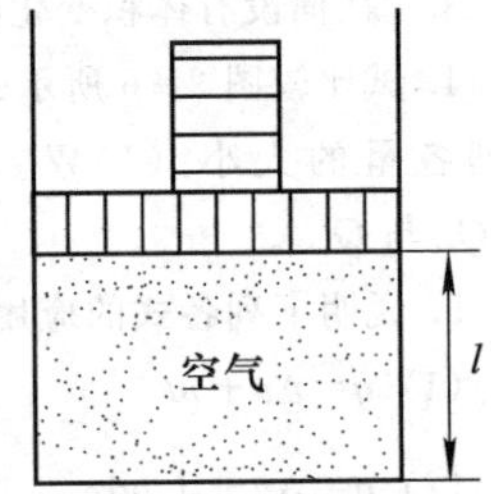

图 2-8　习题 2-7 附图

2-8　空气在某压气机中被压缩，压缩前空气的参数为 $p_1=0.1$ MPa，$v_1=0.845$ m^3/kg；压缩后为 $p_2=0.8$ MPa，$v_2=0.175$ m^3/kg。若在压缩过程中每千克空气的热力学能增加为 146.5 kJ，同时向外界放热 50 kJ，压气机每分钟生产压缩空气 10 kg，试求：

(1) 压缩过程中对每千克空气所作的压缩功；

(2) 生产 1 kg 压缩空气所需的轴功；

(3) 带动此压气机所需功率至少为多少(kW)？

2-9　某车间，冬季每小时通过墙壁和门窗传给外界的热量为 3×10^5 kJ，车间各种工作机器所消耗的动力中有 50 kW 将转化为热量，室内还经常亮着 50 盏 100 W 的电灯。为使车间在冬季维护某一合适的温度，是否需要外加采暖设备？若需要，则外供热量为多少？

2-10　8 kg 气体在塑性容器内从 1 MPa、1 m^3 膨胀到 0.5 MPa。过程中气体热力学能的变化量为 −40 kJ/kg，$pv^{1.2}$=定值，试求气体与外界交换的热量。

2-11　一燃气轮机装置如图 2-9 所示。空气由 1 进入压缩机，升压后流至 2，然后流入

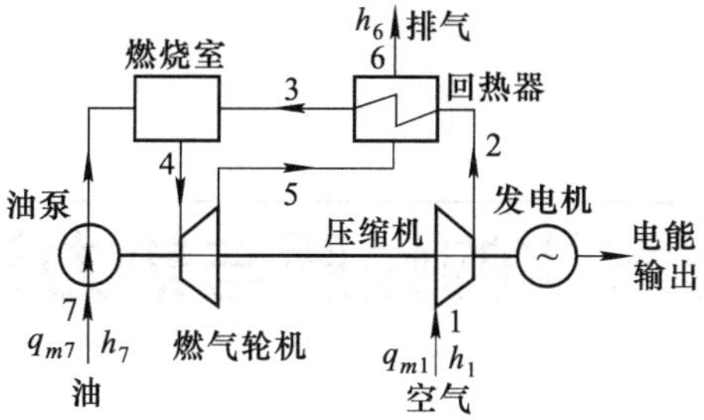

图 2-9　习题 2-11 附图

回热器，吸收从燃气轮机排出的废气中的一部分热量后，经 3 进入燃烧室。在燃烧室中与油泵送来的油混合，燃烧产生热量，高温燃烧产物经 4 进入燃气轮机作功。排出的废气由 5 送入回热器，最后由 6 排至大气。其中，压缩机、油泵、发电机均由燃气轮机带动。试建立整个系统的能量平衡式；若空气质量流量 $q_{m1}=50$ t/h，进口焓 $h_1=12$ kJ/kg，燃油的质量流量 $q_{m7}=700$ kg/h，燃油进口的焓 $h_7=42$ kJ/kg，油的发热量 $q=41\ 800$ kJ/kg，排出废气的焓 $h_6=418$ kJ/kg，求发电机发出的功率。

2-12　某稳定流动系统，已知进口处的气体参数为 $p_1=0.62$ MPa，$v_1=0.37$ m^3/kg，$u_1=2\ 100$ kJ/kg，$c_{f1}=300$ m/s；出口参数为 $p_2=0.13$ MPa，$v_2=1.2$ m^3/kg，$u_2=1\ 500$ kJ/kg，$c_{f2}=150$ m/s。气体的质量流量 $q_m=4$ kg/s，流过系统时向外传出的热量为 30 kJ/kg。假定气体流过系统时重力位能的变化忽略不计，求气体流过系统时对外输出的功率。

第三章

理想气体的性质与热力过程

从物理学已知，理想气体是一种经过科学抽象的假想气体，在自然界中并不存在，但在工程上的许多情况下，气体工质的性质接近于理想气体。因此，研究理想气体的性质具有重要的工程实用价值。本章重点讨论理想气体的性质、状态参数与热力过程的特点及计算方法。

3-1 理想气体状态方程式

1. 理想气体与实际气体

热能与机械能之间的转换需以工质为媒介，转换的效率与工质的性质密切相关。因此，在研究热能与机械能的转换规律时，必须研究工质的热力性质。

热机中的工质皆采用体积容易变化的气态物质，包括气体和蒸气。气体是指远离液态、不易液化的气态物质，而蒸气则是指离液态较近、容易液化的气态物质，两者之间并无严格的界限。

在工质的热力性质中，压力 p、比体积 v、温度 T 之间的关系具有特别重要的意义。对于实际气体，这种关系一般比较复杂。但是，通过大量实验发现，当密度比较小，也就是比体积比较大的时候，处于平衡状态的气态物质的基本状态参数之间将近似地保持一种简单的关系。为此，人们提出了**理想气体**的模型：气体分子之间的平均距离相当大，分子体积与气体的总体积相比可忽略不计；分子之间无作用力；分子之间的互相碰撞以及分子与容器壁的碰撞都是弹性碰撞。

实验证明，当气体的压力不太高，温度不太低时，气体分子间的作用力及分子本身的体积皆可忽略，气体的性质就比较接近理想气体，气体可以作为理想气体处理。例如，在常温下，只要压力不超过 5 MPa，工程上常用的 O_2、N_2、H_2、CO 等气体以及主要由这些气体组成的气体混合物，都可以作为理想气体处理，不会产生很大误差。另外，大气或燃气中所含的少量水蒸气，由于其分压力很低，比体积很大，也可作为理想气体处理。但是火力发电厂中所使用的水蒸气，压力比较高，密度比较大，离液态不远，不能看作理想气体。

2. 理想气体状态方程式

通过大量的实验，人们发现理想气体的三个基本状态参数之间存在着一定的函数关系，这就是物理学中**波义耳-马略特定律**、**盖-吕萨克定律**和**查理定律**所表达的内容。这三条定律可以综合表达为

$$pv=R_g T \tag{3-1}$$

式(3-1)称为**理想气体状态方程式**，1834年由**克拉贝龙**(Clapeyron)首先导出，因此也称为**克拉贝龙方程式**。对质量为 m 的理想气体，状态方程式的形式为

$$pV=mR_g T \tag{3-2}$$

以上两式中：p 为气体的绝对压力，Pa；v 为气体的比体积，m^3/kg；V 为质量为 m 的气体的体积，m^3；T 为气体的热力学温度，K；R_g 为气体常数，J/(kg·K)，其数值只与气体的种类有关而与气体的状态无关。一些常用气体的 R_g 值见附表21。

在国际单位制中，物质的量以mol(摩)为单位。1 mol物质的质量称为**摩尔质量**，用 M 表示，单位为kg/mol。1 kmol物质的质量的数值与气体的相对分子质量的数值相同。例如，氧、氮和空气的摩尔质量分别为 32.00×10^{-3} kg/mol，28.02×10^{-3} kg/mol和 28.96×10^{-3} kg/mol。1 mol物质的体积称为**摩尔体积**，用 V_m 表示，$V_m=Mv$。

对于理想气体，由式(3-1)可得

$$pV_m=MR_g T$$

令 $R=MR_g$，则得

$$pV_m=RT \tag{3-3}$$

根据阿伏伽德罗定律，在同温、同压下，所有气体的摩尔体积 V_m 都相等。所以由式(3-3)可得，所有气体的 R 都相等，并且其数值与气体所处的具体状态无关。R 称为**摩尔气体常数**，其值可由气体在任意一状态下的参数确定，如在标准状态($p_0=101\ 325$ Pa，$T_0=273.15$ K)下，1 kmol任何气体所占的体积皆为22.414 10 m^3，代入上式可得

$$R=\frac{p_0 V_{m0}}{T_0}=\frac{101\ 325\ \text{Pa}\times22.414\ 10\ \text{m}^3}{273.15\ \text{K}\times1\ 000\ \text{mol}}=8.314\ \text{J/(mol·K)}$$

只要知道气体的摩尔质量(或相对分子质量)，任何一种气体的气体常数 R_g 就可按下式确定：

$$R_g=\frac{R}{M} \tag{3-4}$$

利用摩尔气体常数，质量为 m 的理想气体的状态方程式(3-2)还可以写成

$$pV=nRT \tag{3-5}$$

式中 $n=\dfrac{m}{M}$，n 称为物质的量。

例题 3-1 长期放在室内的一个氧气瓶，体积为 25 L，压力表指示的瓶内氧气的表压力为 5 bar，室温为 20 ℃，大气压力为 1 bar，试求瓶内所存氧气的质量。

解 据题意可知，瓶内氧气的热力参数分别为

$$p=(5+1)\ \mathrm{bar}=6\ \mathrm{bar}=6\times10^{5}\ \mathrm{Pa},T=(20+273)\ \mathrm{K}=293\ \mathrm{K}$$

$V=25\ \mathrm{L}=0.025\ \mathrm{m}^3$，氧的摩尔质量 $M=32.00\times10^{-3}\ \mathrm{kg/mol}$，由式(3-4)及式(3-2)得

$$R_g=\frac{R}{M}=\frac{8.314\ 5\ \mathrm{J/(mol\cdot K)}}{32.00\times10^{-3}\ \mathrm{kg/mol}}=259.8\ \mathrm{J/(kg\cdot K)}$$

$$m=\frac{pV}{R_gT}=\frac{6\times10^{5}\ \mathrm{Pa}\times0.025\ \mathrm{m}^3}{259.8\ \mathrm{J/(kg\cdot K)}\times293\ \mathrm{K}}=0.197\ \mathrm{kg}$$

例题 3-2 一体积为 4 m³ 的容器内充有 $p=9.81\times10^{4}$ Pa、$t=20$ ℃的空气，抽气后容器的真空度 $p_v=700$ mmHg，当时当地大气压力 $p_b=735.6$ mmHg。若抽气前后温度保持不变，试求：

(1) 抽气后容器内空气的绝对压力为多少(bar)？

(2) 抽气后容器内空气的质量为多少(kg)？

(3) 必须抽走多少千克的空气，才能保证容器中的真空度为 700 mmHg？

解 以 1 和 2 分别表示抽气前后的状态。

(1) 根据式(1-2)，可得

$$p_2=p_b-p_v=(735.6-700)\ \mathrm{mmHg}=35.6\ \mathrm{mmHg}=0.047\ 5\ \mathrm{bar}$$

(2) 据题意，抽气后容器内空气的热力参数为 $p_2=0.047\ 5\ \mathrm{bar}$、$T_2=(20+273)\ \mathrm{K}=293\ \mathrm{K}$、$V=4\ \mathrm{m}^3$。由式(3-4)可算出空气的 $R_g=287\ \mathrm{J/(kg\cdot K)}$。于是，据式(3-2)得

$$m_2=\frac{p_2V}{R_gT_2}=\frac{0.047\ 5\times10^{5}\ \mathrm{Pa}\times4\ \mathrm{m}^3}{287\ \mathrm{J/(kg\cdot K)}\times293\ \mathrm{K}}=0.226\ \mathrm{kg}$$

(3) 所抽走的空气量为 Δm，抽气前容器内的空气量 m_1 为

$$m_1=\frac{p_1V}{R_gT_1}=\frac{9.81\times10^{4}\ \mathrm{Pa}\times4\ \mathrm{m}^3}{287\ \mathrm{J/(kg\cdot K)}\times293\ \mathrm{K}}=4.67\ \mathrm{kg}$$

所以

$$\Delta m=m_1-m_2=(4.67-0.226)\ \mathrm{kg}=4.44\ \mathrm{kg}$$

例题 3-3 试用理想气体状态方程式计算 CO 在压力为 100 atm、温度为 300 K 时的密度 ρ，并与实验值 $\rho_{实验}=114.5\ \mathrm{kg/m^3}$ 进行比较。

解 CO 的摩尔质量 $M=28.01\times10^{-3}\ \mathrm{kg/mol}$，由式(3-4)算得

$$R_g=\frac{R}{M}=\frac{8.314\ 5\ \mathrm{J/(mol\cdot K)}}{28.01\times10^{-3}\ \mathrm{kg/mol}}=296.8\ \mathrm{J/(kg\cdot K)}$$

根据式(3-1)，CO 的密度为

$$\rho=\frac{1}{v}=\frac{p}{R_gT}=\frac{100\times101\ 325\ \mathrm{Pa}}{296.8\ \mathrm{J/(kg\cdot K)}\times300\ \mathrm{K}}=113.8\ \mathrm{kg/m^3}$$

相对误差为

$$\frac{\rho-\rho_{实验}}{\rho}=\frac{113.8\ \mathrm{kg/m^3}-114.5\ \mathrm{kg/m^3}}{113.8\ \mathrm{kg/m^3}}\times100\%=-0.6\%$$

用同样的方法还可以计算空气在 200 atm、−20 ℃时的密度或比体积，并与实验值进行比较，其相对误差也不超过 4%。由此可见，对于工程上常用的气体，如 O_2、N_2、H_2、CO、空气等，在压力不太高、温度不太低的情况下，用理想气体状态方程式计算其基本状态参数不会产生很大的误差。

3-2　理想气体的热容、热力学能、焓和熵

1. 热容的定义

物体温度升高 1 K(或 1 ℃)所需要的热量称为该物体的**热容量**，简称**热容**。如果工质在一个微元过程中吸收热量 δQ，温度升高 $\mathrm{d}T$，则该工质的热容量可表示为

$$C=\frac{\delta Q}{\mathrm{d}T}=\frac{\delta Q}{\mathrm{d}t} \tag{3-6}$$

单位质量物质的热容量称为该物质的**比热容**(质量热容)，用 c 表示，单位为 J/(kg·K)或 kJ/(kg·K)。于是

$$c=\frac{\delta q}{\mathrm{d}T}=\frac{\delta q}{\mathrm{d}t} \tag{3-7}$$

1 mol 物质的热容量称为**摩尔热容**，以 C_m 表示，单位为 J/(mol·K)。摩尔热容与比热容的关系如下：

$$C_\mathrm{m}=Mc \tag{3-8}$$

因为热量是与过程性质有关的量，如果工质初、终态相同而过程不同，吸入或放出的热量就不同，工质的比热容也就不同，所以工质的比热容与过程的性质有关。在热工计算中常涉及定容过程和定压过程，所以**比定容热容**和**比定压热容**是两种常用的比热容，分别用 c_V 和 c_p 表示，定义如下

$$c_V=\frac{\delta q_V}{\mathrm{d}T} \tag{3-9}$$

$$c_p=\frac{\delta q_p}{\mathrm{d}T} \tag{3-10}$$

式中，δq_V 和 δq_p 分别代表微元定容过程和微元定压过程中工质与外界交换的热量。

据热力学第一定律，对微元可逆过程，有

$$\delta q=\mathrm{d}u+p\mathrm{d}v \tag{a}$$

$$\delta q=\mathrm{d}h-v\mathrm{d}p \tag{b}$$

比热力学能是状态参数，$u=u(T,v)$，其全微分为

$$du = \left(\frac{\partial u}{\partial T}\right)_v dT + \left(\frac{\partial u}{\partial v}\right)_T dv$$

将其代入(a)式，得

$$\delta q = \left(\frac{\partial u}{\partial T}\right)_v dT + \left[\left(\frac{\partial u}{\partial v}\right) + p\right]_T dv$$

对定容过程，$dv=0$，由上式可得

$$\delta q_V = \left(\frac{\partial u}{\partial T}\right)_v dT$$

代入式(3－9)得

$$c_V = \frac{\delta q_V}{dT} = \left(\frac{\partial u}{\partial T}\right)_v \tag{3-11}$$

由此可见，比定容热容是在体积不变的情况下比热力学能对温度的偏导数，其数值等于在体积不变的情况下物质温度变化 1 K 时比热力学能的变化量。

同理，焓也是状态参数，$h=h(T, p)$，其全微分为

$$dh = \left(\frac{\partial h}{\partial T}\right)_p dT + \left(\frac{\partial h}{\partial p}\right)_T dp$$

代入式(b)得

$$\delta q = \left(\frac{\partial h}{\partial T}\right)_p dT + \left[\left(\frac{\partial h}{\partial p}\right)_T - v\right] dp$$

对于定压过程，$dp=0$，则

$$\delta q_p = \left(\frac{\partial h}{\partial T}\right)_p dT$$

将上式代入式(3－10)得

$$c_p = \frac{\delta q_p}{dT} = \left(\frac{\partial h}{\partial T}\right)_p \tag{3-12}$$

即，比定压热容是在压力不变的情况下比焓对温度的偏导数，其数值等于在压力不变的情况下物质温度变化 1 K 时比焓的变化量。

2. 理想气体的比热容

(1) 比定容热容与比定压热容

理想气体分子间不存在相互作用力，因此理想气体的热力学能仅包含与温度有关的分子动能，也就是说，理想气体的热力学能只是温度的单值函数。于是，由式(3－11)可得理想气体的比定容热容为

$$c_V = \frac{du}{dT} \tag{3-13}$$

对于理想气体，根据焓的定义

$$h = u + pv = u + R_g T$$

由上式可见，理想气体的焓也是温度的单值函数，于是由式(3－12)可将理想气体的比定压热容表示为

$$c_p=\frac{\mathrm{d}h}{\mathrm{d}T} \tag{3-14}$$

根据焓的定义式和理想气体状态方程式，可以进一步推得理想气体的 c_p 与 c_V 之间的关系：

$$\begin{aligned}c_p&=\frac{\mathrm{d}h}{\mathrm{d}T}=\frac{\mathrm{d}(u+pv)}{\mathrm{d}T}=\frac{\mathrm{d}u}{\mathrm{d}T}+\frac{\mathrm{d}(R_\mathrm{g}T)}{\mathrm{d}T}\\&=c_V+R_\mathrm{g}\end{aligned}$$

即

$$c_p-c_V=R_\mathrm{g} \tag{3-15}$$

将上式两边乘以摩尔质量 M，可得

$$C_{p,\mathrm{m}}-C_{V,\mathrm{m}}=R \tag{3-16}$$

$C_{p,\mathrm{m}}$、$C_{V,\mathrm{m}}$分别为**摩尔定压热容**和**摩尔定容热容**。式(3－15)、(3－16)称为**迈耶公式**，表示理想气体定容热容与定压热容之间的关系。

由迈耶公式可见，气体的比定压热容大于比定容热容，这是因为定容时气体不对外膨胀作功，所加入的热量全部用于增加气体本身的热力学能，使温度升高；而在定压过程中，气体在受热温度升高的同时，还要克服外力对外膨胀作功，因此相同质量的气体在定压过程中温度同样升高 1 K 要比在定容过程中需要更多的热量。对于不可压缩流体及固体，比定压热容和比定容热容相等。

c_p 与 c_V 的比值称为**比热容比**，用符号 γ 表示，即

$$\gamma=c_p/c_V \tag{3-17}$$

由式(3－15)与(3－17)可得

$$c_p=\frac{\gamma}{\gamma-1}R_\mathrm{g} \tag{3-18}$$

$$c_V=\frac{1}{\gamma-1}R_\mathrm{g} \tag{3-19}$$

例题 3－4　一理想气体的比热容比为 $\gamma=1.40$，比定压热容为 $c_p=1\ 042\ \mathrm{J/(kg\cdot K)}$，试求该气体的相对分子质量。

解　由迈耶公式和式(3－17)可得

$$\begin{aligned}R_\mathrm{g}&=c_p-c_V=c_p-c_p/\gamma\\&=1\ 042\ \mathrm{J/(kg\cdot K)}-1\ 042\ \mathrm{J/(kg\cdot K)}/1.40=298\ \mathrm{J/(kg\cdot K)}\end{aligned}$$

$$M=\frac{R}{R_\mathrm{g}}=\frac{8.314\ 5\ \mathrm{J/(mol\cdot K)}}{298\ \mathrm{J/(kg\cdot K)}}=27.9\times10^{-3}\ \mathrm{kg/mol}$$

(2) 真实比热容与平均比热容

由于理想气体的热力学能和焓是温度的单值函数，所以由式(3－13)和式

(3-14)可知,理想气体的比定容热容和比定压热容也是温度的单值函数。一般来说,温度越高,比热容越大,这是因为温度增高,双原子和多原子分子内部的原子振动动能增大的缘故。这种函数关系通常近似表示成多项式的形式,例如

$$c_p = a_0 + a_1 T + a_2 T^2 + a_3 T^3 \tag{3-20}$$

$$c_V = a'_0 + a_1 T + a_2 T^2 + a_3 T^3 \tag{3-21}$$

式中,a_0、a'_0、a_1、a_2 和 a_3 为常数[①],且 $a_0 - a'_0 = R_g$。对于不同的气体,各常数有不同的数值,可由实验确定。因为这种由多项式定义的比热容能比较真实地反映比热容与温度的关系,所以称为**真实比热容**。

利用式(3-20)、(3-21)可计算每千克理想气体温度从 T_1 升高到 T_2 所需要的热量。例如,对于定压过程

$$q = \int_{T_1}^{T_2} c_p \mathrm{d}T = \int_{T_1}^{T_2} (a_0 + a_1 T + a_2 T^2 + a_3 T^3)\mathrm{d}T$$

为工程计算方便,引入**平均比热容**的概念:每千克气体从温度 t_1 升高到 t_2 所需要的热量 $q_{1\text{-}2}$ 除以温度变化($t_2 - t_1$)所得的商,称为该气体在 t_1 到 t_2 的温度范围内的平均比热容,用 $c|_{t_1}^{t_2}$ 表示,即

$$c|_{t_1}^{t_2} = \frac{q_{1\text{-}2}}{t_2 - t_1} = \frac{\int_{t_1}^{t_2} c\mathrm{d}t}{t_2 - t_1} \tag{3-22}$$

由于气体从 t_1 加热到 t_2 所需要的热量 $q_{1\text{-}2}$ 等于从 0 ℃加热到 t_2 所需要的热量 $q_{0\text{-}2}$ 与从 0 ℃加热到 t_1 所需要的热量 $q_{0\text{-}1}$ 之差,即

$$\begin{aligned} q_{1\text{-}2} = q_{0\text{-}2} - q_{0\text{-}1} &= \int_0^{t_2} c\mathrm{d}t - \int_0^{t_1} c\mathrm{d}t \\ &= c|_0^{t_2} t_2 - c|_0^{t_1} t_1 \end{aligned} \tag{3-23}$$

因此,气体的平均比热容可以表示为

$$c|_{t_1}^{t_2} = \frac{q_{1\text{-}2}}{t_2 - t_1} = \frac{c|_0^{t_2} t_2 - c|_0^{t_1} t_1}{t_2 - t_1} \tag{3-24}$$

只要有了从 0 ℃到 t_1 和从 0 ℃到 t_2 之间的平均比热容 $c|_0^{t_1}$ 和 $c|_0^{t_2}$,就可以由式(3-24)求得从 t_1 到 t_2 之间的平均比热容。工程上,将常用气体从 0 ℃到 t 之间的平均比热容 $c|_0^t$ 列成表格,以供查用。由于 $c|_0^t$ 的下限固定在 0 ℃,因此 $c|_0^t$ 仅是 t 的函数。附表 2 和附表 3 提供了一些常用气体从 0 ℃→t 的平均比定压热容和平均比定容热容的数值。

在对计算要求不需十分精确的情况下,可以不考虑温度对比热容的影响,将比热容看成常数。根据气体分子运动论及能量按自由度均分的原则,原子数目相同的气体具有相同的摩尔热容。表 3-1 列举了单原子气体、双原子气体及多

---

① a_0、a'_0、a_1、a_2、a_3 习惯上称为常数,实际上是常量。以下也有类似情况,仍按习惯称为常数。

原子气体的摩尔热容，也称为**定值摩尔热容**，其中对多原子气体给出的是实验值。

表 3-1　理想气体的定值摩尔热容

	单原子气体	双原子气体	多原子气体
$C_{V,m}$	$\frac{3}{2}R$	$\frac{5}{2}R$	$\frac{7}{2}R$
$C_{p,m}$	$\frac{5}{2}R$	$\frac{7}{2}R$	$\frac{9}{2}R$
γ	1.67	1.40	1.29

上表中所列的比热容与由实验所得的实际比热容相比，对于单原子气体，在相当大的温度范围内二者数值极为吻合，基本上与温度无关，这是因为单原子气体分子内部的原子本身没有振动能，与气体分子运动论不考虑分子内部原子振动自由度相一致；对双原子气体，如 O_2、N_2、H_2、CO 等，在常温下二者大致相近，这是因为双原子气体分子内部原子在常温下的振动能还处于基态，尚未激发，温度变化 1 ℃，振动能没有什么变化，在 0～200 ℃温度范围内，按表 3-1 计算的空气的比热容值与附表 2 和附表 3 所列的空气的平均比热容实际值相当接近；而对于多原子气体，如 CO_2、H_2O、NH_3、CH_4 等，在常温下内部原子振动能已大多处于激发状态，温度升高 1 ℃，振动能增加显著，因而与只考虑能量按移动和转动自由度均分的气体分子运动论得出的数值相差较大。

例题 3-5　一锅炉设备的空气预热器，要求每小时加热 3 500 Nm^3 的空气，使之在 0.11 MPa的压力下从 25 ℃升高到 250 ℃，试计算每小时所需供给的热量。

解　空气的质量流量为

$$q_m=\frac{3\ 500\ \mathrm{Nm^3/h}}{22.4\times10^{-3}\ \mathrm{Nm^3/mol}}\times29\times10^{-3}\ \mathrm{kg/mol}=4.53\times10^{3}\ \mathrm{kg/h}$$

(1) 如果采用表 3-1 给定的比热容计算，则空气的比热容为

$$c_p=\frac{C_m}{M}=\frac{7}{2}\ \frac{R}{M}=\frac{7}{2}\times\frac{8.314\ \mathrm{J/(mol\cdot K)}}{29\times10^{-3}\ \mathrm{kg/mol}}=1\ 003.4\ \mathrm{J/(kg\cdot K)}$$

所以，需供给空气的热量为

$$\begin{aligned}Q&=q_mc_p(t_2-t_1)=4.53\times10^{3}\ \mathrm{kg/h}\times1\ 003.4\ \mathrm{J/(kg\cdot K)}\times(250-25)\ \mathrm{K}\\&=1.023\times10^{9}\ \mathrm{J/h}\end{aligned}$$

(2) 如果用平均比热容计算，由附表 3 查得

$$c_p|_0^{250}=1\ 016\ \mathrm{J/(kg\cdot K)}$$

$$c_p|_0^{25}=1\ 005\ \mathrm{J/(kg\cdot K)}$$

由式(3-23)可得

$$\begin{aligned}Q&=q_mq=q_m(c_p|_{0℃}^{250℃}\times250\ ℃-c_p|_{0℃}^{25℃}\times25\ ℃)\\&=4.53\times10^{3}\ \mathrm{kg/h}\times[1.016\ \mathrm{kJ/(kg\cdot K)}\times250\ ℃-1.005\ \mathrm{kJ/(kg\cdot K)}\times25\ ℃]\\&=1.04\times10^{9}\ \mathrm{J/h}\end{aligned}$$

在以上两种计算方法中，用平均比热容计算比较准确。在解决实际问题时用何种比热容为宜，可根据所要求的精度而定。

3. 理想气体的热力学能、焓和熵

(1) 理想气体的热力学能和焓

如前所述，理想气体的热力学能和焓都是温度的单值函数，由式(3-13)、(3-14)可得

$$du = c_V dT \tag{3-25}$$

$$dh = c_p dT \tag{3-26}$$

以上两式适用于理想气体的任何过程。

根据式(3-25)和式(3-26)，理想气体在任一过程中热力学能和焓的变化 Δu 和 Δh 可以分别由以下积分式求得

$$\Delta u = \int_1^2 c_V dT \tag{3-27}$$

$$\Delta h = \int_1^2 c_p dT \tag{3-28}$$

工程上，根据计算精度的要求，可以选用真实比热容或平均比热容进行计算，还可以直接查取热力学能-温度表和焓-温度表。书末附表 4 中列有空气的热力学能和焓的值，该表规定 $T=0$ K 时 $h=0$，$u=0$。如前所述，基准点的选择是任意的，对 Δu 和 Δh 的计算无影响，但是，只有以 0 K 为基准时 h 和 u 才同时为零。

例题 3-6 空气在加热器中由 300 K 加热到 400 K，求每千克空气流经加热器所吸收的热量。试分别用附表 3 的平均比热容、表 3-1 及空气的焓-温度表进行计算。

解 (1) 用附表 3 计算

因空气流经加热器时技术功为零，根据热力学第一定律

$$\begin{aligned} q &= \Delta h = h_2 - h_1 = (h_2 - h_0) - (h_1 - h_0) \\ &= c_p |_0^{t_2} t_2 - c_p |_0^{t_1} t_1 \end{aligned}$$

查附表 3，用内插法求得

$$t_1 = 27\ ℃\text{时}\ c_p |_0^{t_1} = 1.004\ 5\ \text{kJ/(kg·K)}$$

$$t_2 = 127\ ℃\text{时}\ c_p |_0^{t_2} = 1.007\ 6\ \text{kJ/(kg·K)}$$

所以 $$q = \Delta h = (1.007\ 6 \times 127 - 1.004\ 5 \times 27)\ \text{kJ/kg} = 100.85\ \text{kJ/kg}$$

(2) 用表 3-1 计算

空气可视为双原子气体，其

$$c_p = \frac{C_m}{M} = \frac{7}{2}\frac{R}{M} = \frac{7}{2} \times \frac{8.314\ \text{J/(mol·K)}}{29 \times 10^{-3}\ \text{kg/mol}} = 1\ 003.4\ \text{J/(kg·K)}$$

所以

$$q=\Delta h=1\ 003.4\ \mathrm{J/(kg\cdot K)}\times(400-300)\ \mathrm{K}=100\ 340\ \mathrm{J/kg}=100.34\ \mathrm{kJ/kg}$$

(3) 用空气的热力性质表计算

查附表 4,得

$$T_1=300\ \mathrm{K}\ 时,h_1=300.19\ \mathrm{kJ/kg}$$

$$T_2=400\ \mathrm{K}\ 时,h_2=400.98\ \mathrm{kJ/kg}$$

所以

$$q=\Delta h=400.98\ \mathrm{kJ/kg}-300.19\ \mathrm{kJ/kg}=100.79\ \mathrm{kJ/kg}$$

三种方法计算的结果非常接近。可以看出,在这一温度范围内,用定比热容计算是可以满足工程需要的。

(2) 理想气体的熵

根据熵的定义式及热力学第一定律表达式,可得

$$\mathrm{d}s=\frac{\delta q}{T}=\frac{\mathrm{d}u+p\mathrm{d}v}{T}=\frac{\mathrm{d}u}{T}+\frac{p}{T}\mathrm{d}v$$

$$\mathrm{d}s=\frac{\delta q}{T}=\frac{\mathrm{d}h-v\mathrm{d}p}{T}=\frac{\mathrm{d}h}{T}-\frac{v}{T}\mathrm{d}p$$

对于理想气体,$\mathrm{d}u=c_V\mathrm{d}T$,$\mathrm{d}h=c_p\mathrm{d}T$,$pv=R_gT$,分别代入上面两式,可得

$$\mathrm{d}s=c_V\frac{\mathrm{d}T}{T}+R_g\frac{\mathrm{d}v}{v}\tag{3-29}$$

$$\mathrm{d}s=c_p\frac{\mathrm{d}T}{T}-R_g\frac{\mathrm{d}p}{p}\tag{3-30}$$

将式(3-29)、(3-30)两边积分,可得任一热力过程熵变化的计算公式

$$\Delta s=\int_1^2 c_V\frac{\mathrm{d}T}{T}+R_g\ln\frac{v_2}{v_1}\tag{3-31}$$

$$\Delta s=\int_1^2 c_p\frac{\mathrm{d}T}{T}-R_g\ln\frac{p_2}{p_1}\tag{3-32}$$

当比热容为定值时

$$\Delta s=c_V\ln\frac{T_2}{T_1}+R_g\ln\frac{v_2}{v_1}\tag{3-33}$$

$$\Delta s=c_p\ln\frac{T_2}{T_1}-R_g\ln\frac{p_2}{p_1}\tag{3-34}$$

将理想气体状态方程式微分,可得

$$\frac{\mathrm{d}p}{p}+\frac{\mathrm{d}v}{v}=\frac{\mathrm{d}T}{T}$$

将上式代入式(3-30),可得

$$\mathrm{d}s=c_p\left(\frac{\mathrm{d}p}{p}+\frac{\mathrm{d}v}{v}\right)-R_g\frac{\mathrm{d}p}{p}$$

$$=(c_p-R_g)\frac{\mathrm{d}p}{p}+c_p\frac{\mathrm{d}v}{v}$$

$$=c_V\frac{\mathrm{d}p}{p}+c_p\frac{\mathrm{d}v}{v} \tag{3-35}$$

将上式积分，可得

$$\Delta s=\int_1^2 c_V\frac{\mathrm{d}p}{p}+\int_1^2 c_p\frac{\mathrm{d}v}{v} \tag{3-36}$$

当比热容为定值时

$$\Delta s=c_V\ln\frac{p_2}{p_1}+c_p\ln\frac{v_2}{v_1} \tag{3-37}$$

以上分别是以 T 和 v、T 和 p、p 和 v 表示的理想气体任意过程熵变的计算式。与热力学能和焓一样，在一般的热工计算中，只涉及熵的变化量，计算结果与基准点（零点）的选择无关。由于 c_p 和 c_V 都只是温度的函数，与过程的特性无关，即 $\int_1^2 c_V\frac{\mathrm{d}T}{T}$ 和 $\int_1^2 c_p\frac{\mathrm{d}T}{T}$ 仅取决于 T_1 和 T_2，因此从以上各式不难看出，理想气体的熵变完全取决于初态和终态，而与过程所经历的途径无关。也就是说，理想气体的熵是一个状态函数。因此，以上各熵变计算式对于理想气体的任何过程都适用。

3-3 理想混合气体

工程上常用的气态物质，往往不是单纯一种气体，而是由多种气体组成的混合气体。例如：空气就是一种混合气体，主要成分是 O_2 和 N_2，此外还有 H_2O、CO_2 及 Ar 等稀有气体；燃料燃烧后生成的燃气（烟气）是由 CO_2、N_2、O_2、H_2O 等气体组成的混合气体。

如果混合气体中各组成气体（简称组元）都具有理想气体的性质，则整个混合气体也具有理想气体的性质，其 p、v、T 之间的关系也符合理想气体状态方程式，这样的混合气体称为**理想混合气体**（以下简称**混合气体**）。在混合气体中，各组元之间不发生化学反应，它们各自互不影响地充满整个容器，每一种气体的行为就如同它们单独存在时一样。因此，混合气体的性质实际上就是各组元性质的组合，可以根据各组元的性质以及它们在混合气体中的组成份额，确定混合气体的密度、相对分子质量及气体常数等。

1. 理想混合气体的基本定律

(1) 分压力与分压力定律

因为混合气体中每一种组元的分子都会撞击容器壁，从而产生各自的压力。

通常将各组元单独占有混合气体体积 V 并处于混合气体温度 T 时所呈现的压力称为该组元的**分压力**，用 p_i 表示。

显然，混合气体的总压力应该等于各组元分压力之和，即

$$p=\sum_{i=1}^{k} p_i \tag{3-38}$$

式中：p 为混合气体的总压力；p_i 为第 i 种组元的分压力。式(3－38)所表示的规律称为**道尔顿定律**，如图 3－1 所示。

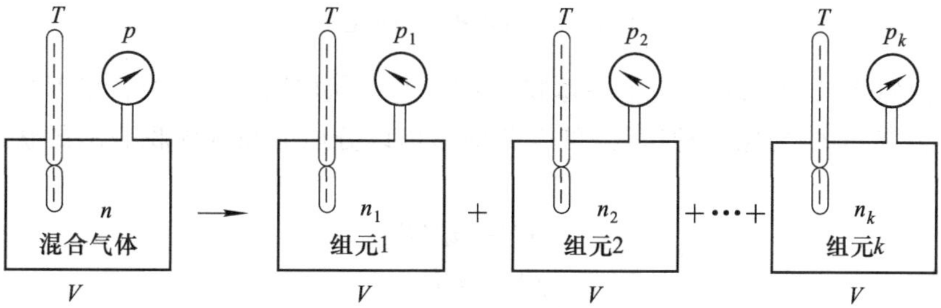

图 3－1　道尔顿定律示意图

其实，道尔顿定律表达式可以根据理想气体状态方程式导出。对理想混合气体，

$$pV=nRT \tag{a}$$

因为混合气体的物质的量等于各组元的物质的量之和，所以有

$$n=n_1+n_2+\cdots+n_k \tag{b}$$

对各组元，以分压力表示的状态方程式为

$$p_1V=n_1RT$$
$$p_2V=n_2RT$$
$$\cdots\cdots$$
$$p_kV=n_kRT$$

以上各式分别解出 n、n_i 并代入式(b)可得

$$\frac{pV}{RT}=\frac{p_1V}{RT}+\frac{p_2V}{RT}+\cdots+\frac{p_kV}{RT}$$

于是可得

$$p=p_1+p_2+\cdots+p_k=\sum_{i=1}^{k} p_i$$

值得注意的是，道尔顿定律仅适用于理想混合气体，因为实际混合气体中各组元气体之间存在着相互作用与影响。

(2) 分体积与分体积定律

混合气体中第 i 种组元处于与混合气体相同压力 p 和相同温度 T 时所单

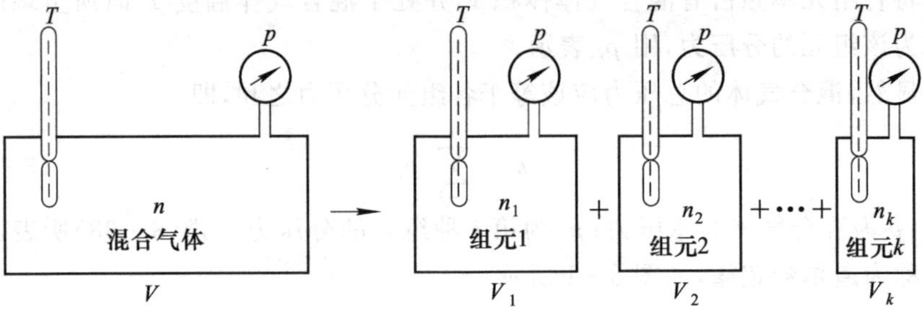

图 3-2　分体积定律示意图

独占据的体积，称为该组元的**分体积**，用 V_i 表示，如图 3-2 所示。根据理想气体状态方程式，对第 i 种组元，可以分别写出以分压力和分体积表示的状态方程式

$$p_i V = n_i RT$$
$$p V_i = n_i RT$$

比较两式，可得

$$\frac{p_i}{p} = \frac{V_i}{V} \tag{3-39}$$

可见，任一组元的分压力与混合气体的压力之比，等于其分体积与混合气体的总体积之比。

对于各组元，可以分别写出以分体积表示的状态方程式：

$$pV_1 = n_1 RT$$
$$pV_2 = n_2 RT$$
$$\cdots\cdots$$
$$pV_k = n_k RT$$

从式(a)和以上各式中分别解出 n 与 n_i，并代入式(b)可得

$$\frac{pV}{RT} = \frac{pV_1}{RT} + \frac{pV_2}{RT} + \cdots + \frac{pV_k}{RT}$$

因此

$$V = V_1 + V_2 + \cdots + V_k = \sum_{i=1}^{k} V_i \tag{3-40}$$

式(3-40)说明，理想混合气体的总体积等于各组元的分体积之和，这一规律也常称为**分体积相加定律**。

2. 混合气体的成分

各组元在混合气体中所占的数量份额称为混合气体的**成分**。按所用数量单位的不同，成分的表示方法分为三种：**质量分数**、**摩尔分数**与**体积分数**。

(1) 质量分数

如果混合气体由 k 种组元气体组成，其中第 i 种组元的质量 m_i 与混合气体总质量 m 的比值称为该组元的**质量分数**，用 w_i 表示，即

$$w_i=\frac{m_i}{m} \tag{3-41}$$

由于混合气体的总质量 m 等于各组元质量 m_i 的总和，即

$$m=\sum_{i=1}^{k} m_i \tag{3-42}$$

所以，各组元质量分数之和等于 1，即

$$\sum_{i=1}^{k} w_i=1 \tag{3-43}$$

(2) 摩尔分数

混合气体中，第 i 种组元的物质的量 n_i 与混合气体的物质的量 n 的比值，称为该组元的**摩尔分数**，用 x_i 表示，即

$$x_i=\frac{n_i}{n} \tag{3-44}$$

同样，由于混合气体的总物质的量 n 等于各组元的物质的量 n_i 之和，即

$$n=\sum_{i=1}^{k} n_i \tag{3-45}$$

因此，各组元气体的摩尔分数之和也等于 1，即

$$\sum_{i=1}^{k} x_i=1 \tag{3-46}$$

(3) 体积分数

混合气体中，第 i 种组元的分体积 V_i 与混合气体总体积 V 的比值，称为该组元的**体积分数**，用 φ_i 表示，即

$$\varphi_i=\frac{V_i}{V} \tag{3-47}$$

根据分体积定律，各组成气体的体积分数之和也等于 1，即

$$\sum_{i=1}^{k} \varphi_i=1 \tag{3-48}$$

(4) 各成分间的关系

对于第 i 种组元和混合气体，状态方程可分别表示为

$$pV_i=n_iRT$$

$$pV=nRT$$

比较两式，可得

$$\frac{V_i}{V}=\frac{n_i}{n}$$

即

$$\varphi_i = x_i \tag{3-49}$$

即理想混合气体中，各组元的体积分数 φ_i 与其摩尔分数 x_i 相等，所以混合气体的成分表示法实际上只有两种。

由式(3－39)与式(3－49)可得

$$p_i = \varphi_i p = x_i p \tag{3-50}$$

式(3－50)是计算各组成气体分压力的基本公式。

质量分数 w_i 和摩尔分数 x_i 是常用的两种成分表示法。如果用 M_i 代表第 i 种组元的摩尔质量，则

$$w_i = \frac{m_i}{m} = \frac{n_i M_i}{\sum\limits_{i=1}^{k} n_i M_i} = \frac{\frac{n_i}{n} M_i}{\sum\limits_{i=1}^{k} \frac{n_i}{n} M_i} = \frac{x_i M_i}{\sum\limits_{i=1}^{k} x_i M_i} \tag{3-51}$$

同理

$$\begin{aligned} x_i &= \frac{n_i}{n} = \frac{n_i}{\sum\limits_{i=1}^{k} n_i} = \frac{m_i/M_i}{\sum\limits_{i=1}^{k} (m_i/M_i)} \\ &= \frac{m_i/(mM_i)}{\sum\limits_{i=1}^{k} m_i/(mM_i)} = \frac{w_i/M_i}{\sum\limits_{i=1}^{k} w_i/M_i} \end{aligned} \tag{3-52}$$

已知一种成分，可以由以上两式换算成另一种成分。

3. 混合气体的平均摩尔质量和平均气体常数

混合气体的平均摩尔质量是为了计算方便而引入的一个假想的量。若混合气体的总质量为 m，总物质的量为 n，则混合气体的平均摩尔质量为

$$M = \frac{m}{n}$$

如果混合气体的质量分数 w_i 已知，则根据混合气体的总物质的量等于各组成气体物质的量之和，即

$$n = n_1 + n_2 + \cdots + n_k$$

亦即

$$\frac{m}{M} = \frac{m_1}{M_1} + \frac{m_2}{M_2} + \cdots + \frac{m_k}{M_k}$$

于是

$$M = \frac{1}{\frac{m_1}{mM_1} + \frac{m_2}{mM_2} + \cdots + \frac{m_k}{mM_k}} = \frac{1}{\sum\limits_{i=1}^{k} \frac{w_i}{M_i}} \tag{3-53}$$

可见，只要知道了各组元的种类及其质量分数，就可根据式(3-53)方便地计算出平均摩尔质量 M。

如果已知混合气体的摩尔分数 x_i(或体积分数 φ_i)，则根据

$$m=m_1+m_2+\cdots+m_k$$

即

$$nM=n_1M_1+n_2M_2+\cdots+n_kM_k$$

可得混合气体的平均摩尔质量为

$$M=\sum_{i=1}^{k}x_iM_i=\sum_{i=1}^{k}\varphi_iM_i \tag{3-54}$$

当各组元的种类及摩尔分数(或体积分数)已知时，用式(3-54)计算 M 更为方便。

在求得混合气体平均摩尔质量的基础上，平均气体常数 R_g 即可由下式求得

$$R_g=\frac{R}{M}=R\sum_{j=1}^{k}\frac{w_i}{M_i}=\frac{R}{\sum_{i=1}^{k}x_iM_i}=\frac{R}{\sum_{i=1}^{k}\varphi_iM_i} \tag{3-55}$$

例题 3-7 已知干空气的体积分数为 $\varphi_{O_2}=21.000\%$，$\varphi_{N_2}=78.070\%$，$\varphi_{Ar}=0.930\%$，试求：(1) 干空气的平均摩尔质量和平均气体常数；(2)组成气体的质量分数；(3)标准状态下的比体积和密度。

解 氧、氮和氩的相对分子质量分别为 32.00、28.013 和 39.948。

(1) 由式(3-54)得干空气的平均摩尔质量为

$$\begin{aligned}M&=\sum_{i=1}^{k}\varphi_iM_i\\&=(0.21\times32.00\times10^{-3}+0.780\ 70\times28.013\times10^{-3}+\\&\quad 0.093\ 0\times39.948\times10^{-3})\ \text{kg/mol}\\&=28.961\times10^{-3}\ \text{kg/mol}\end{aligned}$$

由式(3-55)得平均气体常数为

$$R_g=\frac{8.314\ 5\ \text{J/(mol}\cdot\text{K)}}{28.961\times10^{-3}\ \text{kg/mol}}=287.09\ \text{J/(kg}\cdot\text{K)}$$

(2) 根据式(3-51)及式(3-49)，各组元的质量分数为

$$w_i=x_i\frac{M_i}{M}=\varphi_i\frac{M_i}{M}$$

$$w_{O_2}=0.21\times\frac{32.00\times10^{-3}\ \text{kg/mol}}{28.961\times10^{-3}\ \text{kg/mol}}=0.232\ 03$$

$$w_{N_2}=0.780\ 7\times\frac{28.013\times10^{-3}\ \text{kg/mol}}{28.961\times10^{-3}\ \text{kg/mol}}=0.755\ 14$$

$$w_{Ar}=0.009\ 30\times\frac{39.948\times10^{-3}\ \text{kg/mol}}{28.961\times10^{-3}\ \text{kg/mol}}=0.012\ 83$$

(3) 根据理想气体状态方程式，在标准状态下

$$v_0=\frac{R_g T_0}{p_0}=\frac{287.09\ \mathrm{J/(kg\cdot K)}\times 273.15\ \mathrm{K}}{101\ 325\ \mathrm{Pa}}=0.773\ 9\ \mathrm{m^3/kg}$$

$$\rho_0=\frac{1}{v_0}=1.292\ \mathrm{kg/m^3}$$

4. 混合气体的比热容

对质量为 m 的混合气体加热时，如果不发生化学反应，则使混合气体的温度升高 1 K 所需要的热量就等于各组元分别升高 1 K 所需热量的总和，即

$$mc=\sum_{i=1}^{k} m_i c_i$$

由上式可得

$$c_p=\sum_{i=1}^{k} w_i c_{p,i} \tag{3-56}$$

$$c_V=\sum_{i=1}^{k} w_i c_{V,i} \tag{3-57}$$

即混合气体的比热容等于各组元的比热容与各自的质量分数乘积的总和。同理可得

$$C_{p,\mathrm{m}}=Mc_p=\sum_{i=1}^{k} x_i M_i c_{p,i}=\sum_{i=1}^{k} x_i C_{p,\mathrm{m},i} \tag{3-58}$$

$$C_{V,\mathrm{m}}=Mc_V=\sum_{i=1}^{k} x_i M_i c_{V,i}=\sum_{i=1}^{k} x_i C_{V,\mathrm{m},i} \tag{3-59}$$

即混合气体的摩尔热容等于各组元的摩尔热容与各自摩尔分数乘积的总和。

例题 3-8　由 2 kg CO_2 和 3 kg CO 所组成的混合气体，压力为 0.2 MPa、温度为 80 ℃。对混合气体进行可逆绝热压缩，使其压力升高到 1 MPa、温度升高到 268 ℃。如混合气体及各组成气体的比热容皆可视为定值，试求混合气体的比热容比、气体常数以及热力学能和焓的变化。

解　CO_2 为三原子理想气体，$\gamma=1.29$；CO 为双原子理想气体，$\gamma=1.40$。

则

$$c_{V,\mathrm{CO_2}}=\frac{R_g}{\gamma-1}=\frac{8.314\ 5\ \mathrm{J/(mol\cdot K)}}{44\times 10^{-3}\ \mathrm{kg/mol}\times(1.29-1)}=0.652\ \mathrm{kJ/(kg\cdot K)}$$

$$c_{p,\mathrm{CO_2}}=\gamma c_{V,\mathrm{CO_2}}=1.29\times 0.652\ \mathrm{kJ/(kg\cdot K)}=0.841\ \mathrm{kJ/(kg\cdot K)}$$

$$c_{V,\mathrm{CO}}=\frac{R_g}{\gamma-1}=\frac{8.314\ 5\ \mathrm{J/(mol\cdot K)}}{28\times 10^{-3}\ \mathrm{kg/mol}\times(1.40-1)}=0.742\ \mathrm{kJ/(kg\cdot K)}$$

$$c_{p,\mathrm{CO}}=\gamma c_{V,\mathrm{CO}}=1.40\times 0.742\ \mathrm{kJ/(kg\cdot K)}=1.039\ \mathrm{kJ/(kg\cdot K)}$$

各组成气体的质量分数为

$$w_{\mathrm{CO_2}}=\frac{2\ \mathrm{kg}}{2\ \mathrm{kg}+3\ \mathrm{kg}}=\frac{2}{5}$$

$$w_{CO}=\frac{3\ kg}{2\ kg+3\ kg}=\frac{3}{5}$$

混合气体的 c_V、c_p、比热容比 γ 及 R_g 为

$$\begin{aligned}c_V&=\sum_{i=1}^{k}w_i c_{V,i}=w_{CO_2}c_{V,CO_2}+w_{CO}c_{V,CO}\\&=\left(\frac{2}{5}\times0.652+\frac{3}{5}\times0.742\right)\ kJ/(kg\cdot K)=0.706\ kJ/(kg\cdot K)\end{aligned}$$

$$\begin{aligned}c_p&=\sum_{i=1}^{k}w_i c_{p,i}=w_{CO_2}c_{p,CO_2}+w_{CO}c_{p,CO}\\&=\left(\frac{2}{5}\times0.841+\frac{3}{5}\times1.039\right)\ kJ/(kg\cdot K)=0.960\ kJ/(kg\cdot K)\end{aligned}$$

$$\gamma=\frac{c_p}{c_V}=\frac{0.960\ kJ/(kg\cdot K)}{0.706\ kJ/(kg\cdot K)}=1.36$$

$$R_g=c_p-c_V=(0.960-0.706)\ kJ/(kg\cdot K)=0.254\ kJ/(kg\cdot K)$$

混合气体的热力学能和焓的变化分别为

$$\begin{aligned}\Delta U&=mc_V(T_2-T_1)\\&=5\ kg\times0.706\ kJ/(kg\cdot K)\times(541-353)\ K=663.6\ kJ\end{aligned}$$

$$\begin{aligned}\Delta H&=mc_p(T_2-T_1)\\&=5\ kg\times0.960\ kJ/(kg\cdot K)\times(541-353)\ K=902.4\ kJ\end{aligned}$$

3-4　理想气体的热力过程

1. 热力过程的研究目的与方法

热能和机械能的相互转换是借助工质在热工设备中的热力过程来实现的，不同的热力过程在不同的外部条件下产生。研究热力过程的目的，就是要了解外部条件对热能和机械能转换的影响，以便通过有利的外部条件，合理地安排工质的热力过程，达到提高热能和机械能之间转换效率的目的。

根据过程进行的条件，确定过程中工质状态参数的变化规律并分析过程中的能量转换关系，是研究热力过程的基本任务。热力学第一定律的表达式、理想气体状态方程式以及可逆过程的特征关系式，是分析理想气体热力过程的基本依据。

工程实际的热力过程是多种多样的，有些过程比较复杂，而且一般情况下都是些程度不同的不可逆过程。为了便于分析研究，通常采用抽象、概括的方法，将复杂的实际不可逆过程简化为可逆过程来分析，然后借助某些经验系数对分析结果进行修正。有时为了突出实际过程中状态参数变化的主要特征，将实际过程近似为具有简单规律的典型过程，如定容、定压、定温、定熵过程

等。这些典型过程在理论上可以用比较简单的方法进行分析计算，并且所得结果一般与实际过程相近，因此常被用来定性地分析与评价热工设备的工作情况。

本章仅限于分析理想气体的可逆过程。分析的方法是将一般规律与过程的特征相结合，导出适用于具体过程的计算公式。分析的内容和步骤可概括为以下几点：

(1) 确定过程中状态参数的变化规律，如

$$p=f_1(v),T=f_2(v),v=f_3(T)$$

这种状态参数变化规律反映了过程的特征，称为**过程方程式**。

(2) 根据已知参数及过程方程式，确定未知参数以及过程中热力学能和焓的变化。

(3) 将过程中状态参数的变化规律表示在 $p-v$ 图和 $T-s$ 图上。

(4) 根据可逆过程的特征，求膨胀功 w 和技术功 w_t。

(5) 用热力学第一定律表达式或用比热容计算过程中的热量。

2. 理想气体的基本热力过程

(1) 定容过程

气体比体积保持不变的过程称为**定容过程**。例如，在刚性密闭容器中气体的加热或冷却过程。工程上，某些热力设备中的加热过程是在接近定容的情况下进行的。例如，汽油机中燃料的燃烧过程，由于燃烧极为迅速，在活塞还来不及运动的短时间内，气体的温度、压力急剧上升，这样的过程就可以看成定容加热过程。

1) 过程方程式及初、终状态参数关系式

定容过程方程式为

$$v=\text{常数} \tag{3-60}$$

根据过程方程式和理想气体状态方程式，定容过程初、终态基本状态参数间的关系为

$$v_2=v_1$$

$$\frac{p_2}{p_1}=\frac{T_2}{T_1} \tag{3-61}$$

理想气体的热力学能和焓都是温度的单值函数，对理想气体所经历的任何过程，热力学能和焓的变化均可按下面两式分别计算：

$$\Delta u=\int_1^2 c_V\,\mathrm{d}T$$

$$\Delta h=\int_1^2 c_p\,\mathrm{d}T$$

2）定容过程在 $p-v$ 图与 $T-s$ 图上的表示

由于 v=常数，定容过程在 $p-v$ 图上为一条垂直于 v 轴的直线(图 3－3a)。

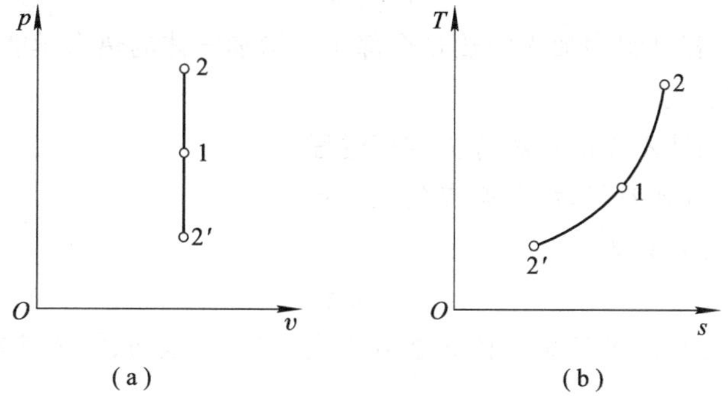

图 3－3　定容过程

在 $T-s$ 图上，定容过程的过程曲线的形状可用下面的方法确定：

$$ds = c_V \frac{dT}{T}$$

如果比热容取为定值，将上式积分

$$\int_{s_0}^{s} ds = \int_{T_0}^{T} c_V \frac{dT}{T}$$

得

$$T = T_0 e^{(s-s_0)/c_V} \tag{3-62}$$

由上式可见，定容过程线在 $T-s$ 图上为一指数函数曲线，其斜率为

$$\left(\frac{\partial T}{\partial s}\right)_v = \frac{T}{c_V} \tag{3-63}$$

由于 T 与 c_V 都不会是负值，所以定容过程在 $T-s$ 图上是一条斜率为正值的指数曲线，温度愈高，斜率愈大，如图 3－3b 所示。

3）功量和热量

因为 v=常数，$dv=0$，所以定容过程中气体的膨胀功为零，即

$$w = \int_1^2 p dv = 0$$

定容过程的技术功为

$$w_t = -\int_1^2 v dp = v(p_1 - p_2) \tag{3-64}$$

上式说明，对于定容流动过程，技术功等于流体在进、出口处流动功之差。当压力降低时技术功为正，对外作技术功；反之，技术功为负，则需外界对系统作技术功。

定容过程吸收或放出的热量可以用比热容进行计算：

$$q = \int_1^2 c_V dT$$

如图 3-3 所示，1-2 为定容吸热过程，1-2′为定容放热过程。还可以根据热力学第一定律计算定容过程的热量。由于容积不变，$w=0$，由式(2-6)可得

$$q=\Delta u \tag{3-65}$$

由此可见，在定容过程中加入的热量全部用于增加气体的热力学能。

(2) 定压过程

气体压力保持不变的过程称为**定压过程**。

1) 过程方程式及初、终状态参数关系式

定压过程方程式为

$$p=\text{常数} \tag{3-66}$$

根据过程方程式及理想气体状态方程式，定压过程初、终态基本状态参数间的关系为

$$\begin{aligned} p_2&=p_1 \\ \frac{v_2}{v_1}&=\frac{T_2}{T_1} \end{aligned} \tag{3-67}$$

2) 定压过程在 $p-v$ 图与 $T-s$ 图上的表示

由于 $p=$常数，所以定压过程线在 $p-v$ 图上为一平行于 v 轴的直线(图 3-4a)。

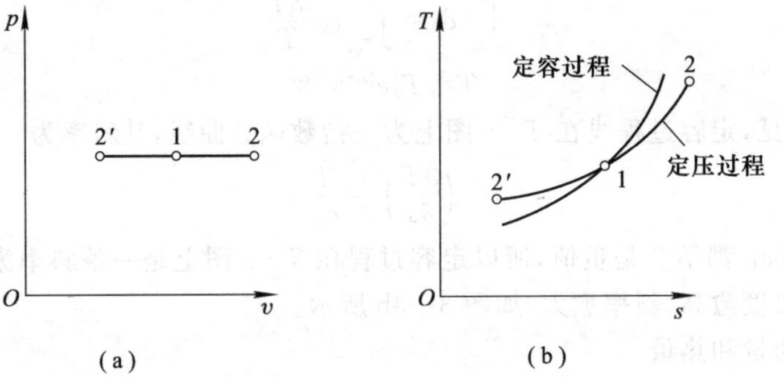

图 3-4 定压过程

在 $T-s$ 图上，定压过程的过程曲线形状可仿照定容过程的方法确定：

$$\mathrm{d}s=c_p\,\frac{\mathrm{d}T}{T}$$

若比热容取为定值，将上式积分可得

$$T=T_0\,\mathrm{e}^{(s-s_0)/c_p} \tag{3-68}$$

由上式可见，定压过程线在 $T-s$ 图上也是一指数函数曲线，其斜率为

$$\left(\frac{\partial T}{\partial s}\right)_p=\frac{T}{c_p} \tag{3-69}$$

由此可见，在 $T-s$ 图上定压过程线也是一条斜率大于零的指数曲线，如图 3-4b

所示。图中 1－2 为定压加热过程，1－2′为定压放热过程。

在 $T-s$ 图上，定压线与定容线同为指数曲线，二者的斜率分别为

$$(\partial T/\partial s)_p = T/c_p \quad 和 \quad (\partial T/\partial s)_v = T/c_V$$

由于 $c_p > c_V$，所以在相同的温度下，定容线的斜率必大于定压线的斜率。如果从同一初态出发，二者的相对位置如图 3－4b 所示。

3）功量和热量

由于 p＝常数，所以定压过程对外作的膨胀功为

$$w = \int_1^2 p\mathrm{d}v = p(v_2 - v_1) = R_g(T_2 - T_1) \tag{3-70}$$

定压过程的技术功为

$$w_t = -\int_1^2 v\mathrm{d}p = 0$$

根据热力学第一定律表达式，气体在定压过程中吸收或放出的热量为

$$q = h_2 - h_1 \tag{3-71}$$

即气体在定压过程中吸收或放出的热量等于其焓的变化。

气体在定压过程中吸收或放出的热量，也可以用比定压热容计算，即

$$q = \int_1^2 c_p\mathrm{d}T$$

(3) 定温过程

气体温度保持不变的过程称为**定温过程**。

1）过程方程式及初、终状态参数关系式

定温过程的过程方程式为

$$T = 常数$$

根据理想气体状态方程式，定温过程的过程方程式也可表示为

$$pv = 常数$$

定温过程中初、终态基本状态参数间的关系为

$$T_2 = T_1$$

$$\frac{p_2}{p_1} = \frac{v_1}{v_2} \tag{3-72}$$

2）定温过程在 $p-v$ 图与 $T-s$ 图上的表示

由于 pv＝常数，在 $p-v$ 图上定温过程线为一等边双曲线，在 $T-s$ 图上定温过程为一水平线，如图 3－5 所示，其中 1－2 代表定温吸热过程，1－2′代表定温放热过程。

3）功量和热量

定温过程的膨胀功为

$$w = \int_1^2 p\mathrm{d}v = \int_1^2 \frac{R_g T}{v}\mathrm{d}v = R_g T\ln\frac{v_2}{v_1} = R_g T\ln\frac{p_1}{p_2} \tag{3-73}$$

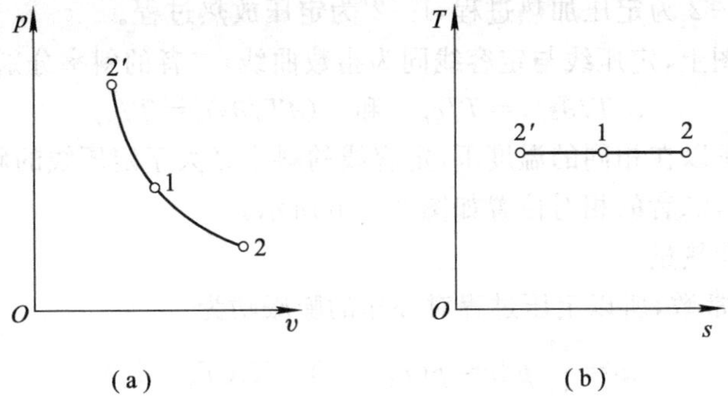

图 3-5　定温过程

定温流动过程的技术功为

$$w_t = -\int_1^2 v\mathrm{d}p = -\int_1^2 \frac{R_g T}{p}\mathrm{d}p = R_g T\ln\frac{p_1}{p_2} \tag{3-74}$$

可见，定温过程中，膨胀功与技术功在数值上相等。

对于理想气体定温过程，$\Delta u = \Delta h = 0$，所以根据热力学第一定律表达式，定温过程中的热量分别为

$$q = \Delta u + w = w$$
$$q = \Delta h + w_t = w_t$$

结合式(3-73)、(3-74)，理想气体定温过程中的热量为

$$q = w = w_t = R_g T\ln\frac{v_2}{v_1} = R_g T\ln\frac{p_1}{p_2} \tag{3-75}$$

上式说明，理想气体定温膨胀时，加入的热量等于对外所作的功量；定温压缩时，对气体所作的功量等于气体向外放出的热量。

此外，定温过程的热量也可以由熵的变化进行计算：

$$q = \int_1^2 T\mathrm{d}s = T(s_2 - s_1) \tag{3-76}$$

上式对实际气体或液体的可逆定温过程同样适用。

值得注意的是，定温过程中的比热容 $c = \delta q/\mathrm{d}T$ 趋于无穷大，故不能用 $q = \int_1^2 c\mathrm{d}T$ 来计算热量。

(4) 定熵过程

气体与外界没有热量交换的状态变化过程称为**绝热过程**。对于可逆绝热过程，有

$$\mathrm{d}s = \frac{\delta q}{T} = 0 \tag{3-77}$$

因此，可逆绝热过程也称为**定熵过程**。

1）过程方程式及初、终状态参数关系式

根据理想气体熵的微分式(3－35)可得

$$\frac{\mathrm{d}p}{p}+\gamma\frac{\mathrm{d}v}{v}=0$$

当取比热容比 γ 为定值时，上式积分可得

$$\ln p+\gamma\ln v=\text{常数}$$

即

$$pv^{\gamma}=\text{常数}\tag{3-78}$$

式(3－78)即为理想气体定熵过程的过程方程式，其中理想气体的比热容比 γ 也称为定熵指数(绝热指数)，通常用 κ 表示，因此式(3－78)又可表示为

$$pv^{\kappa}=\text{常数}\tag{3-79}$$

各种理想气体的定熵指数可参阅表 3－1。

根据过程方程式以及理想气体状态方程式，可得理想气体定熵过程初、终状态基本状态参数间的关系为

$$\frac{p_2}{p_1}=\left(\frac{v_1}{v_2}\right)^{\kappa}\tag{3-80}$$

将 $p=R_gT/v$ 代入过程方程式(3－79)，得

$$Tv^{\kappa-1}=\text{常数}$$

于是可得

$$\frac{T_2}{T_1}=\left(\frac{v_1}{v_2}\right)^{\kappa-1}\tag{3-81}$$

同样，将 $v=R_gT/p$ 代入过程方程式，得

$$Tp^{-(\kappa-1)/\kappa}=\text{常数}$$

于是可得

$$\frac{T_2}{T_1}=\left(\frac{p_2}{p_1}\right)^{(\kappa-1)/\kappa}\tag{3-82}$$

由上述关系式可以看出，当气体定熵膨胀($v_2>v_1$)时，p 与 T 均降低；当气体被定熵压缩($v_2<v_1$)时，p 与 T 均增高。定熵过程中压力与温度的变化趋势是一致的。

2）定熵过程在 $p-v$ 图与 $T-s$ 图上的表示

从过程方程式 $pv^{\kappa}=$常数可以看出，在 $p-v$ 图上，定熵过程线为一高次双曲线。根据过程方程式可导得定熵过程曲线的斜率为

$$\left(\frac{\partial p}{\partial v}\right)_s=-\kappa\frac{p}{v}\tag{3-83}$$

可知，过程线斜率为负。而定温过程线在 $p-v$ 图上的斜率为

$$\left(\frac{\partial p}{\partial v}\right)_T=-\frac{p}{v}\tag{3-84}$$

由于 κ 值总是大于 1，因此在 $p-v$ 图上的同一状态点(如状态 1)，定熵线斜率的绝对值大于定温线斜率的绝对值，如图 3－6a 所示。

在 $T-s$ 图上，定熵过程线为一垂直线，如图 3-6b 所示。其中，1-2 代表定熵膨胀；1-2′代表定熵压缩。

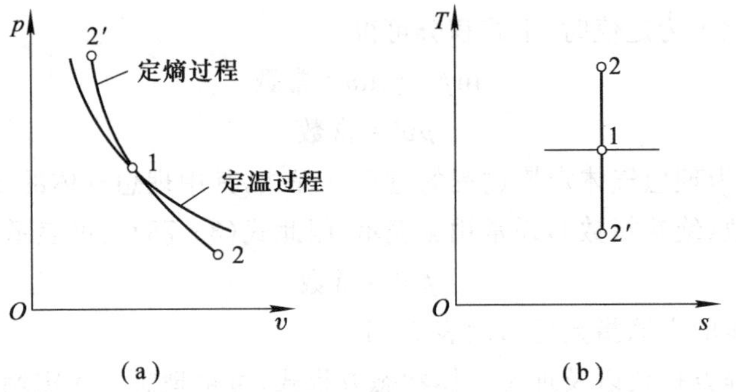

图 3-6 定熵过程

3）功量和热量

对于绝热过程，

$$q=0$$

根据热力学第一定律，过程的膨胀功为

$$w=-\Delta u=u_1-u_2 \tag{3-85}$$

即工质经绝热过程所作的膨胀功等于热力学能的减少，这一结论适用于任何工质的可逆或不可逆绝热过程。

对于比热容为定值的理想气体，上式可进一步表示为

$$w=c_V(T_1-T_2)=\frac{R_g}{\kappa-1}(T_1-T_2)$$

$$=\frac{1}{\kappa-1}(p_1v_1-p_2v_2) \tag{3-86}$$

对于理想气体可逆绝热（定熵）过程，运用过程初、终状态参数间的关系，式(3-86)可变为

$$w=\frac{R_gT_1}{\kappa-1}\left[1-\left(\frac{p_2}{p_1}\right)^{\frac{\kappa-1}{\kappa}}\right] \tag{3-87}$$

同理，根据热力学第一定律，绝热过程的技术功为

$$w_t=-\Delta h=h_1-h_2$$

即流动工质经绝热过程所作的技术功等于焓的减少。此结论同样适用于任何流动工质的可逆与不可逆绝热过程。

对于比热容为定值的理想气体，上式可进一步表示为

$$w_t=c_p(T_1-T_2)=\frac{\kappa}{\kappa-1}R_g(T_1-T_2)$$

$$=\frac{\kappa}{\kappa-1}(p_1v_1-p_2v_2) \tag{3-88}$$

对于理想气体可逆绝热(定熵)过程,式(3-88)可变为

$$w_t=\frac{\kappa}{\kappa-1}R_gT_1\left[1-\left(\frac{p_2}{p_1}\right)^{\frac{\kappa-1}{\kappa}}\right] \tag{3-89}$$

将上式与膨胀功的计算式(3-87)对比,不难发现

$$w_t=\kappa w \tag{3-90}$$

即定熵过程的技术功是膨胀功的 κ 倍。

3. 多变过程

(1) 多变过程的定义及过程方程式

前面讨论了四种典型热力学过程,其特点是在过程中工质的某一状态参数保持不变或者与外界无热量交换。一般在实际热力过程中,工质的状态参数都会发生变化,并且与外界有热量交换。通过研究发现,许多过程可以近似地用下面的关系式描述:

$$pv^n=常数 \tag{3-91}$$

式中,n 称为**多变指数**。满足这一规律的过程就称为**多变过程**,式(3-91)即为多变过程的过程方程式。

不同的多变过程,具有不同的 n 值。理论上,n 可以是 $-\infty\sim+\infty$ 之间的任何一个实数,相应的多变过程也可以有无穷多种。当多变指数为某些特定的值时,多变过程便表现为某些典型的热力过程。如:

$n=0$:$p=$常数,为定压过程;

$n=1$:$pv=$常数,为定温过程;

$n=\kappa$:pv^κ 常数,为定熵过程;

$n=\pm\infty$:$v=$常数,为定容过程。

对于一些复杂的实际过程,可以将其分成几段具有不同 n 值的多变过程来加以分析。

(2) 多变过程中状态参数的变化规律

将多变过程的过程方程式与定熵过程的过程方程式进行比较,可以发现,只要将绝热指数 κ 换成多变指数 n,定熵过程的初、终状态参数关系式就可用于多变过程,即

$$\frac{p_2}{p_1}=\left(\frac{v_1}{v_2}\right)^n \tag{3-92}$$

$$\frac{T_2}{T_1}=\left(\frac{v_1}{v_2}\right)^{n-1} \tag{3-93}$$

$$\frac{T_2}{T_1}=\left(\frac{p_2}{p_1}\right)^{\frac{n-1}{n}} \tag{3-94}$$

Δu、Δh、Δs 可按理想气体的有关公式进行计算。

(3) 多变过程在 $p-v$ 图与 $T-s$ 图上的表示

在 $p-v$ 图与 $T-s$ 图上从同一初态出发，画出的四种基本热力过程的过程线如图 3-7 所示。通过比较过程线的斜率，可以说明它们的分布规律。

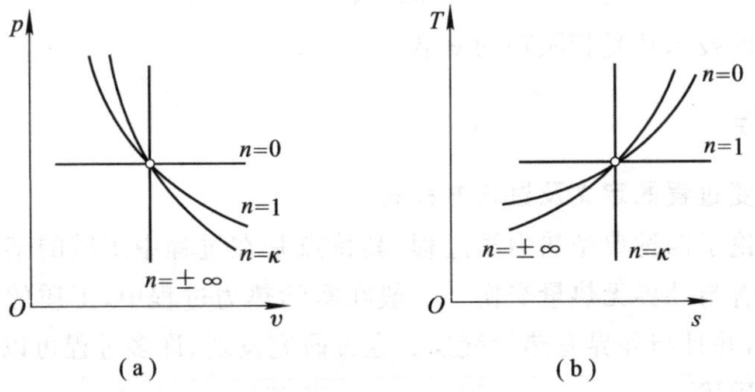

图 3-7 多变过程

在 $p-v$ 图上，多变过程线的斜率为

$$\frac{\mathrm{d}p}{\mathrm{d}v}=-n\frac{p}{v} \tag{3-95}$$

如果从同一初态出发，其 p、v 值相同，过程线的斜率取决于 n 值，即

$n=0$：$\frac{\mathrm{d}p}{\mathrm{d}v}=0$，定压线为一水平线；

$n=1$：$\frac{\mathrm{d}p}{\mathrm{d}v}=-\frac{p}{v}<0$，定温线为一斜率为负的等边双曲线；

$n=\kappa$，$\frac{\mathrm{d}p}{\mathrm{d}v}=-\kappa\frac{p}{v}<0$，定熵线为一高次双曲线，其斜率的绝对值大于定温线；

$n\to\pm\infty$，$\frac{\mathrm{d}p}{\mathrm{d}v}\to\infty$，定容线为一垂直线。

由图 3-7 可以看出，在 $p-v$ 图上，多变过程线的分布规律为：从定容线出发，多变指数 n 由 $-\infty$ 至 $+\infty$ 按顺时针方向递增。

在 $T-s$ 图上，多变过程线的斜率可根据 $\delta q=T\mathrm{d}s=c_n\mathrm{d}T$ 得出，即

$$\frac{\mathrm{d}T}{\mathrm{d}s}=\frac{T}{c_n} \tag{3-96}$$

过程线的斜率也随 n 而变化，即

$n=0$：$c_n=c_p$，$\frac{\mathrm{d}T}{\mathrm{d}s}=\frac{T}{c_p}>0$，定压线为一斜率为正的指数曲线；

$n=1$：$c_n \to \infty$，$\dfrac{\mathrm{d}T}{\mathrm{d}s}=0$，定温线为一水平线；

$n=\kappa$：$c_n \to 0$，$\dfrac{\mathrm{d}T}{\mathrm{d}s} \to \infty$，定熵线为一垂直线；

$n \to \pm\infty$：$c_n=c_V$，$\dfrac{\mathrm{d}T}{\mathrm{d}s}=\dfrac{T}{c_V}>0$，定容线也是一条斜率为正的指数曲线，从同一状态出发，定容线的斜率大于定压线的斜率。

在 $T-s$ 图上，多变过程线的分布规律也是从定容线开始，多变指数 n 按顺时针方向递增。

(4) 过程中的功量和热量

1）膨胀功

$$w=\int_1^2 p\mathrm{d}v$$

当 $n\neq1$ 时，将过程方程式 $p=p_1v_1{}^n/v^n$ 代入上式，积分后可得

$$w=\frac{1}{n-1}(p_1v_1-p_2v_2)=\frac{1}{n-1}R_\mathrm{g}(T_1-T_2) \tag{3-97}$$

当 $n\neq0$ 和 $n\neq1$ 时，上式可进一步表示为

$$w=\frac{1}{n-1}R_\mathrm{g}T_1\left[1-\left(\frac{p_2}{p_1}\right)^{\frac{n-1}{n}}\right] \tag{3-98}$$

2）技术功

对于可逆过程，技术功为

$$w_\mathrm{t}=-\int_1^2 v\mathrm{d}p$$

将过程方程式微分，可得 $v\mathrm{d}p=-np\mathrm{d}v$。当 $n\neq\infty$时，代入上式得

$$w_\mathrm{t}=n\int_1^2 p\mathrm{d}v=nw \tag{3-99}$$

3）热量

当 $n=1$ 时，为定温过程，由热力学第一定律可得

$$q=w$$

当 $n\neq1$ 时，若取比热容为定值，则

$$\begin{aligned} q&=\Delta u+w=c_V(T_2-T_1)+\frac{1}{n-1}R_\mathrm{g}(T_1-T_2)\\ &=\left(c_V-\frac{R_\mathrm{g}}{n-1}\right)(T_2-T_1) \end{aligned} \tag{3-100}$$

将 $c_V=\dfrac{R_\mathrm{g}}{\kappa-1}$代入上式，得

$$q=\frac{n-\kappa}{n-1}c_V(T_2-T_1)=c_n(T_2-T_1) \tag{3-101}$$

式中，$c_n=\frac{n-\kappa}{n-1}c_V$，称为**多变比热容。**

如上所述，当 n 取不同的特定值时，多变过程变为前面讨论过的四种典型热力过程，多变过程的比热容也就分别取相应数值，即

当 $n=0$ 时：$c_n=c_p$　　（定压过程）

当 $n=1$ 时：$c_n\to\infty$　　（定温过程）

当 $n=\kappa$ 时：$c_n\to 0$　　（定熵过程）

当 $n=\pm\infty$ 时：$c_n=c_V$　　（定容过程）

过程中功和热量值的正负可按下面的方法判断：

膨胀功 w 的正负应以过起点的定容线为分界线。在 $p-v$ 图上，由同一起点出发的多变过程线若位于定容线的右方，比体积增大，$w>0$；反之，$w<0$。在 $T-s$ 图上，$w>0$ 的过程线位于定容线的右下方，$w<0$ 的过程线位于定容线的左上方。

技术功 w_t 的正负应以过起点的定压线为分界线。在 $p-v$ 图上，由同一起点出发的多变过程线若位于定压线的下方，$w_t>0$；反之，$w_t<0$。在 $T-s$ 图上，$w_t>0$ 的过程线位于定压线的右下方，$w_t<0$ 的过程线位于定压线的左上方。

热量 q 的正负应以过起点的定熵线为分界线。在 $p-v$ 图上，吸热过程线位于绝热线的右上方，放热过程线位于绝热线的左下方。在 $T-s$ 图上，$q>0$ 的过程线位于绝热线的右方，$q<0$ 的过程线位于绝热线的左方。

以上分别讨论了四种典型的基本热力过程和多变过程，为了便于对比，将四种典型热力过程和多变过程的计算公式汇总在表 3-2 中。

表 3-2　各种热力过程的计算公式

过程	过程方程式	初、终状态参数间的关系	交换的功量		交换的热量
			$w/(\mathrm{J/kg})$	$w_t/(\mathrm{J/kg})$[①]	$q/(\mathrm{J/kg})$[②]
定容	$v=$定数	$v_2=v_1$；$\frac{T_2}{T_1}=\frac{p_2}{p_1}$	0	$v(p_2-p_1)$	$c_V(T_2-T_1)$
定压	$p=$定数	$p_2=p_1$；$\frac{T_2}{T_1}=\frac{v_2}{v_1}$	$p(v_2-v_1)$ 或 $R_g(T_2-T_1)$	0	$c_p(T_2-T_1)$
定温	$pv=$定数	$T_2=T_1$；$\frac{p_2}{p_1}=\frac{v_1}{v_2}$	$p_1v_1\ln\frac{v_2}{v_1}$	w	w
定熵	$pv^\kappa=$定数	$\frac{p_2}{p_1}=\left(\frac{v_1}{v_2}\right)^\kappa$ $\frac{T_2}{T_1}=\left(\frac{v_1}{v_2}\right)^{\kappa-1}$ $\frac{T_2}{T_1}=\left(\frac{p_2}{p_1}\right)^{\frac{\kappa-1}{\kappa}}$	$\frac{p_1v_1-p_2v_2}{\kappa-1}$ 或 $\frac{R_g}{\kappa-1}(T_1-T_2)$	κw	0

续表

过程	过程方程式	初、终状态参数间的关系	交换的功量		交换的热量
			$w/(\mathrm{J/kg})$	$w_t/(\mathrm{J/kg})$①	$q/(\mathrm{J/kg})$②
多变	$pv^n=$定数	$\dfrac{p_2}{p_1}=\left(\dfrac{v_1}{v_2}\right)^n$ $\dfrac{T_2}{T_1}=\left(\dfrac{v_1}{v_2}\right)^{n-1}$ $\dfrac{T_2}{T_1}=\left(\dfrac{p_2}{p_1}\right)^{\frac{n-1}{n}}$	$\dfrac{p_1v_1-p_2v_2}{n-1}$ 或 $\dfrac{R_g}{n-1}(T_1-T_2)$	nw③	$c_n(T_2-T_1)$ $=\left(c_V-\dfrac{R_g}{n-1}\right)\cdot$ (T_2-T_1)

① 忽略工质动能的变化。

② 如果需要精确地计算，可以用平均比热容代替表内的 c_V 或 c_p。

③ $n=\infty$时除外。

例题 3-9　初态为 $p_1=0.1\ \mathrm{MPa}$、$t_1=40\ ℃$的空气，$V_1=0.052\ \mathrm{m^3}$，在气缸中被可逆多变地压缩到 $p_2=0.565\ \mathrm{MPa}$、$V_2=0.013\ \mathrm{m^3}$。试求此多变过程的多变指数 n，压缩后的温度 t_2，过程中空气与外界交换的功量和热量，压缩过程中气体热力学能、焓和熵的变化。

解　气缸内定量气体被压缩，取为闭口系统，被压缩的空气质量为

$$m=\frac{p_1V_1}{R_gT_1}=\frac{0.1\times10^6\ \mathrm{Pa}\times0.052\ \mathrm{m^3}}{287\ \mathrm{J/(kg\cdot K)}\times313\ \mathrm{K}}=0.058\ \mathrm{kg}$$

根据多变过程方程式，则有

$$p_1v_1^n=p_2v_2^n$$

对于一定量气体

$$p_1V_1^n=p_2V_2^n$$

由上式可求得多变指数为

$$n=\frac{\ln(p_2/p_1)}{\ln(V_1/V_2)}=\frac{\ln(0.565\ \mathrm{MPa}/0.1\ \mathrm{MPa})}{\ln(0.052\ \mathrm{m^3}/0.013\ \mathrm{m^3})}=1.25$$

压缩终了的温度为

$$T_2=T_1\left(\frac{V_1}{V_2}\right)^{n-1}=313\ \mathrm{K}\times\left(\frac{0.052\ \mathrm{m^3}}{0.013\ \mathrm{m^3}}\right)^{1.25-1}=442\ \mathrm{K}$$

压缩过程中热力学能、焓、熵的变化量为

$$\Delta U=mc_V(T_2-T_1)=0.058\ \mathrm{kg}\times0.717\ \mathrm{kJ/(kg\cdot K)}\times(442-313)\mathrm{K}=5.36\ \mathrm{kJ}$$

$$\Delta H=mc_p(T_2-T_1)=0.058\ \mathrm{kg}\times1.004\ \mathrm{kJ/(kg\cdot K)}\times(442-313)\mathrm{K}=7.51\ \mathrm{kJ}$$

$$\begin{aligned}\Delta S&=m\left(c_V\ln\frac{T_2}{T_1}+R_g\ln\frac{v_2}{v_1}\right)=m\left(c_V\ln\frac{T_2}{T_1}+R_g\ln\frac{V_2}{V_1}\right)\\&=0.058\ \mathrm{kg}\times\left(0.717\ \mathrm{kJ/(kg\cdot K)}\times\ln\frac{442\ \mathrm{K}}{313\ \mathrm{K}}+0.287\ \mathrm{kJ/(kg\cdot K)}\times\ln\frac{0.013\ \mathrm{m^3}}{0.052\ \mathrm{m^3}}\right)\\&=-0.008\ 7\ \mathrm{kJ/K}\end{aligned}$$

空气与外界交换的热量为

$$\begin{aligned}Q&=mq=m\frac{n-\kappa}{n-1}c_V(T_2-T_1)\\&=0.058\ \mathrm{kg}\times\frac{1.25-1.40}{1.25-1}\times0.717\ \mathrm{kJ/(kg\cdot K)}\times(442-313)\mathrm{K}=-3.21\ \mathrm{kJ}\end{aligned}$$

式中负号说明过程中空气向外界放热。

空气作的膨胀功为

$$W=\int_1^2 p\mathrm{d}V=\frac{1}{n-1}(p_1V_1-p_2V_2)$$

$$=\frac{1}{1.25-1}\times(0.1\times10^6\ \mathrm{Pa}\times0.052\ \mathrm{m^3}-0.565\times10^6\ \mathrm{Pa}\times0.013\ \mathrm{m^3})$$

$$=-8\ 580\ \mathrm{J}=-8.58\ \mathrm{kJ}$$

或

$$W=\frac{1}{n-1}p_1V_1\left[1-\left(\frac{p_2}{p_1}\right)^{\frac{n-1}{n}}\right]$$

$$=\frac{1}{1.25-1}\times0.1\times10^6\ \mathrm{Pa}\times0.052\ \mathrm{m^3}\times\left[1-\left(\frac{0.565\ \mathrm{MPa}}{0.1\ \mathrm{MPa}}\right)^{\frac{1.25-1}{1.25}}\right]$$

$$=-8\ 580\ \mathrm{J}=-8.58\ \mathrm{kJ}$$

式中，负号说明空气被压缩，得到外功。

*3-5 气体压缩

工业上经常需要压力较高的气体，并称之为压缩气体。用于产生压缩气体的设备称为压气机（或压缩机）。压气机广泛地用于动力工程，也是压缩制冷装置中的主要设备。

压气机的种类很多，可分为活塞式（或称往复式）和叶轮式（或称回转式）两大类，如图 3-8 所示。家用风扇以及工业用的离心式和轴流式风机属于后一类。

各种类型的压气机虽然构造不同，工作压力范围不同，但它们的压气过程并无本质区别，都要经过吸气、压缩、排气三个阶段，都必须消耗外功。下面主要介绍活塞式压气机的工作过程。

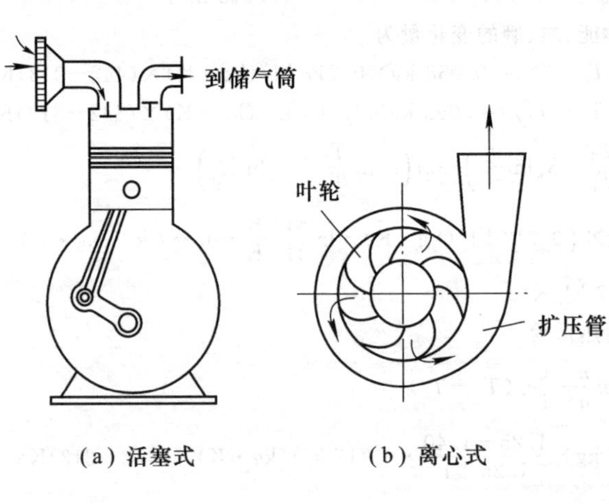

(a) 活塞式　　(b) 离心式

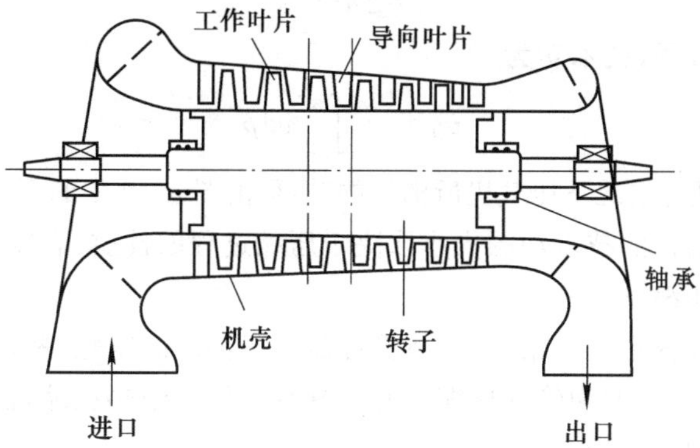

(c) 轴流式

图 3-8　压气机示意图

1. 单级活塞式压气机的理想工作过程

图 3-9 为一单级活塞式压气机及其理想工作过程示意图。

假设活塞从气缸的左顶端开始向右移动，这时外界空气就会在大气压力作用下推开吸气阀进入气缸，直至活塞移动到**右死点**，这是压气机的**吸气过程**，如 $p-V$ 图中的 4-1 所示。在吸气过程中，气缸里气体的数量增加，但状态不变。

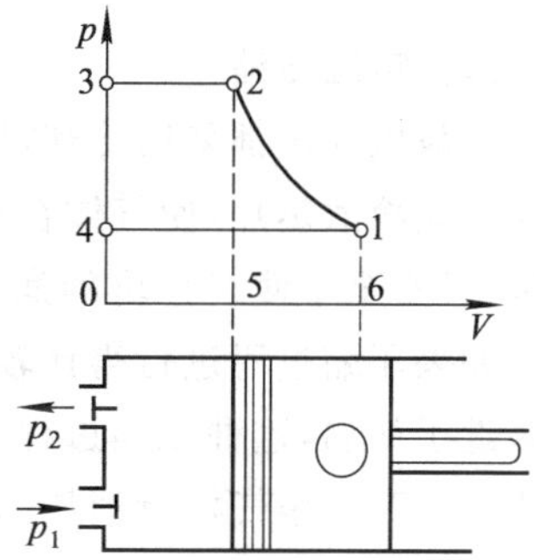

图 3-9　压气过程示意图

当活塞从右死点向左移动时，吸气阀自动关闭，已吸入气缸里的气体被压缩，压力升高，体积缩小，直至预定的压力 p_2，这是气体的**压缩过程**，如 $p-V$ 图中的 1-2 所示。压缩过程中，气体的终压 p_2 与初压 p_1 之比 p_2/p_1 称为**增压比**，用符号 π 表示。

活塞继续左行，排气阀自动开启，压缩气体被排出气缸，直至活塞移动到气缸的左顶端，所有压缩气体被排出气缸，这是压气机的**排气过程**，如 $p-V$ 图中 2-3 所示。排气过程中气缸里气体的数量减少，但状态不变，直到气缸里的气体全部排出为止。

可见，活塞式压气机的工作循环由吸气、压缩、排气三个过程组成。在此三个过程中，只有压缩过程才是气体状态发生变化的热力过程。

由于压气机在正常运行时，入口气体状态和出口气体状态维持不变，所以气体流过压缩机的过程可按开口系统的稳定流动工况来分析。如果忽略气体的动能、位能变化，稳定流动能量方程式为

$$q = \Delta h + w_t$$

对于可逆流动过程，技术功为

$$w_t = -\int_{p_1}^{p_2} v\mathrm{d}p$$

该技术功即为理想情况下压气机所消耗的功，可由图 3-9 中的面积 41234 表示。

压气机所消耗的技术功的大小取决于压缩过程的性质，有以下三种情况。

(1) 绝热压缩

如果压缩过程进行得很快，气体流经压气机的时间很短，和外界交换的热量甚微，压缩过程可近似为绝热压缩。对于理想气体的绝热压缩，根据式(3-89)，压气机所消耗的技术功为

$$w_{t,s} = \frac{\kappa}{\kappa-1}R_g T_1\left[1-\left(\frac{p_2}{p_1}\right)^{\frac{\kappa-1}{\kappa}}\right] = \frac{\kappa}{\kappa-1}R_g T_1(1-\pi^{\frac{\kappa-1}{\kappa}})$$

$$= \frac{\kappa}{\kappa-1}p_1 v_1(1-\pi^{\frac{\kappa-1}{\kappa}}) \tag{3-102}$$

压缩终了时的气体温度为

$$T_{2s} = T_1 \pi^{\frac{\kappa-1}{\kappa}} \tag{3-103}$$

(2) 定温压缩

一般压气机都采用冷却措施，即在气缸壁内制成冷却水套夹层或在气缸外壁加装风冷散热片，使气体在压缩过程中不断向外散热。这样既可以节省压气功量，又不至于使气缸里的润滑油因升温过高而碳化变质，保证压气机安全运行。如果压缩过程进行得比较缓慢，散热条件良好，则压缩过程中气体的温度始终接近于初温，这种压缩过程可近似为定温压缩。对于理想气体的定温压缩，根据式(3-74)，压气机所消耗的技术功为

$$w_{t,T} = -R_g T_1 \ln\pi = -p_1 v_1 \ln\pi \tag{3-104}$$

压缩终了时的气体温度为

$$T_{2T} = T_1$$

(3) 多变压缩

实际的压缩过程，气体既向外散热，温度也有所升高，是一个指数 n 介于 1 与 κ 之间的多变压缩过程。对于理想气体的多变压缩，压气机所消耗的技术功为

$$w_{t,n} = \frac{n}{n-1}R_g T_1(1-\pi^{\frac{n-1}{n}}) = \frac{n}{n-1}p_1 v_1(1-\pi^{\frac{n-1}{n}}) \tag{3-105}$$

压缩终了时的气体温度为

$$T_{2n} = T_1 \pi^{\frac{n-1}{n}} \tag{3-106}$$

图 3-10 是以上三种压缩过程的 $p-V$ 图与 $T-s$ 图，其中 $1-2_s$ 代表定熵压缩，$1-2_T$ 代表定温压缩，$1-2_n$ 代表多变压缩。可以看出，定温压缩消耗的技

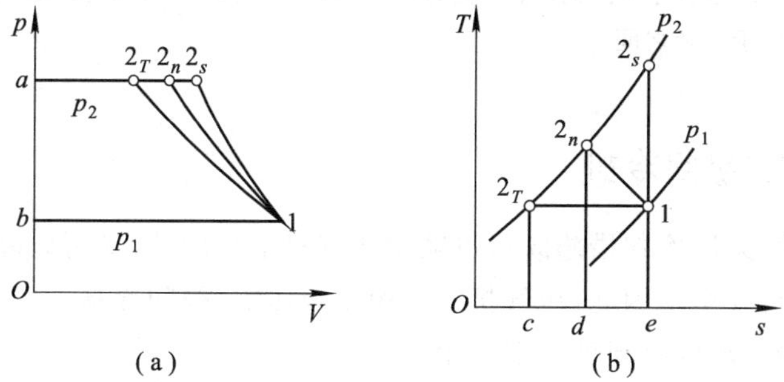

图 3-10　三种压缩过程

术功最少，压缩终了时气体的温度最低；绝热压缩消耗的技术功最多，压缩终了时气体的温度最高；多变压缩介于两者之间。即

$$|w_{t,s}|>|w_{t,n}|>|w_{t,T}|$$

$$T_{2s}>T_{2n}>T_{2T}$$

例题 3-10　将初态压力 $p_1=1\times10^5$ Pa、温度 $t_1=30$ ℃、质量为 1 kg 的空气压缩到 $p_2=10\times10^5$ Pa，试求在下列三种情况下压缩终了时的温度和压缩所消耗的技术功：

(1) 可逆绝热压缩过程；

(2) 可逆定温压缩过程；

(3) 可逆多变压缩过程，$n=1.3$。

解　(1) 绝热压缩过程

$$T_{2s}=T_1\pi^{\frac{\kappa-1}{\kappa}}=303\ \text{K}\times10^{(1.4-1)/1.4}=585\ \text{K}$$

$$w_{t,s}=\frac{\kappa}{\kappa-1}R_g T_1(1-\pi^{\frac{\kappa-1}{\kappa}})$$

$$=\frac{1.4}{1.4-1}\times0.287\ \text{kJ/(kg·K)}\times303\ \text{K}\times[1-10^{(1.4-1)/1.4}]$$

$$=-284\ \text{kJ/kg}$$

(2) 定温压缩过程

$$T_2=T_1=(30+273)\text{K}=303\ \text{K}$$

$$w_{t,T}=-R_g T_1\ln\pi=-0.287\ \text{kJ/(kg·K)}\times303\ \text{K}\times\ln10=-200\ \text{kJ/kg}$$

(3) $n=1.3$ 的多变压缩过程

$$T_{2n}=T_1\pi^{\frac{n-1}{n}}=303\ \text{K}\times10^{(1.3-1)/1.3}=516\ \text{K}$$

$$w_{t,n}=\frac{n}{n-1}R_g T_1(1-\pi^{\frac{n-1}{n}})$$

$$=\frac{1.3}{1.3-1}\times0.287\ \text{kJ/(kg·K)}\times303\ \text{K}\times[1-10^{(1.3-1)/1.3}]$$

$$=-265\ \text{kJ/kg}$$

可见，三种压缩过程中，绝热压缩消耗的技术功最多，终温最高；定温压缩消耗的技术功最少；多变压缩介于二者之间。

2. 多级压缩、级间冷却

如前所述，采用冷却措施既可以减少压气机消耗的功，又可以降低压缩气体的温度，使运行安全。因此，压气机常采用多级压缩、级间冷却。

多级压缩、级间冷却就是将气体从低压到高压依次在几个气缸中压缩，从前一个气缸排出的压缩气体首先引入冷却器冷却，然后再引入下一级气缸继续压缩。图 3－11 是两级压缩、中间冷却的压气机示意图。

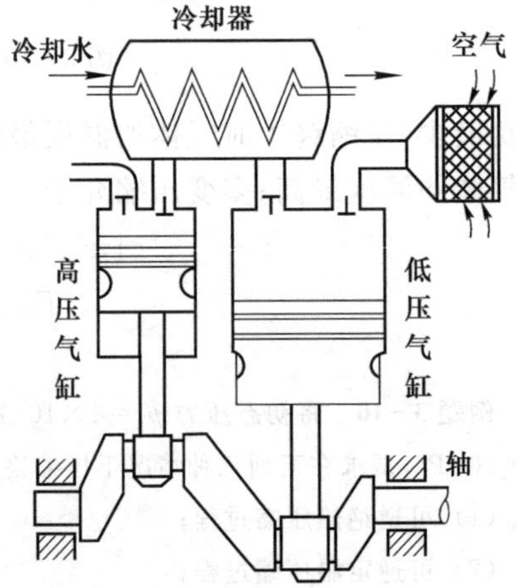

图 3－11 两级压缩、中间冷却压气机示意图

图 3－12 是两级压缩、中间冷却压气机的压缩过程的 $p-V$ 图与 $T-s$ 图。其中 7－1 为低压气缸的吸气过程；1－2 为低压气缸的压缩过程；2－6 为低压气缸的排气过程；6－2 为压缩气体进入中间冷却器的过程；2－3 为冷却器中气体的定压冷却过程，气体被冷却到压缩前的温度，即 $T_3=T_1$；3－6 为冷却后的压缩气体从冷却器的排出过程；6－3 为高压气缸的吸气过程；3－4 为高压气缸的压缩过程；4－5 为高压气缸的排气过程。

两级压缩压气机消耗的技术功量为每一级耗功的总和，用 $p-V$ 图上的面积 7123457 表示。如果不分级，从同一初压压缩到同一终压，压气机消耗的功量

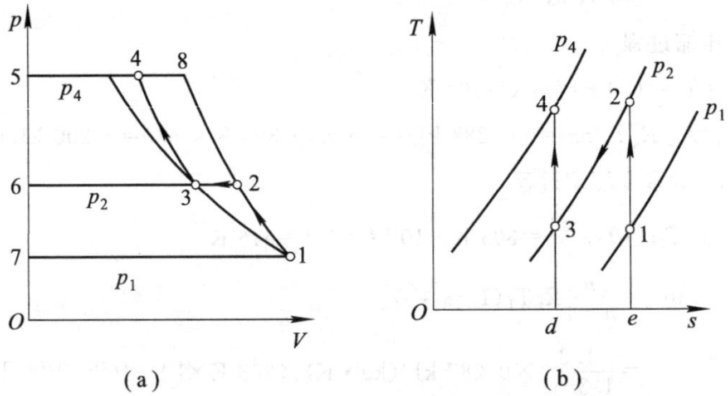

图 3－12 两级压缩、中间冷却过程示意图

用 $p-V$ 图上的面积 71857 表示。可见，两级压缩的耗功量比单级压缩少。如果每一级压缩的多变指数 n 都相同，则两级压缩压气机的总耗功量为

$$\begin{aligned} w_{t,n} &= w_{t,n}^{1} + w_{t,n}^{2} \\ &= \frac{n}{n-1} R_g T_1 \left[1-\left(\frac{p_2}{p_1}\right)^{\frac{n-1}{n}}\right] + \frac{n}{n-1} R_g T_{2'} \left[1-\left(\frac{p_3}{p_2}\right)^{\frac{n-1}{n}}\right] \\ &= \frac{n}{n-1} R_g T_1 \left[2-\left(\frac{p_2}{p_1}\right)^{\frac{n-1}{n}} - \left(\frac{p_3}{p_2}\right)^{\frac{n-1}{n}}\right] \end{aligned} \tag{3-107}$$

由上式可以看到，在初压 p_1 和终压 p_3 给定的条件下，两级压缩压气机的总耗功量与级间压力 p_2 的大小有关，理论上存在一个使总耗功量最小的 p_2 值。令

$$\frac{dw_{t,n}}{dp_2} = 0$$

可求得使总耗功量最小的 p_2 值为

$$p_2 = \sqrt{p_1 p_3}$$

或写成

$$\frac{p_2}{p_1} = \frac{p_3}{p_2} = \sqrt{\frac{p_3}{p_1}}$$

上式表明，当两级压缩的增压比相等时，压气机总耗功量最小，此时两级压缩的耗功量相同，每级压缩的气体温升也相同。对于 z 级压缩，要使压气机的总耗功量最小，可按照等增压比的原则进行分级压缩、中间冷却，每级的增压比应为

$$\pi = \left(\frac{p_{z+1}}{p_1}\right)^{1/z} \tag{3-108}$$

理论上，分级愈多，消耗的功量愈少，因为级数愈多，通过级间冷却，过程愈趋近于理想的定温压缩。但级数过多会使压气机构造过于复杂，造价增高，因此实用上一般不超过 3 到 4 级。当所需压缩气体的压力在 0.6～0.7 MPa 以下时，一般采用单级压缩。

例题 3-11　如图 3-13 所示，空气的初态为 $p_1=0.1$ MPa、$t_1=20$ ℃，经过三级压气机压缩后，压力提高到 12.5 MPa。假设气体进入各级气缸时的温度相同，各级间压力按最有利的情况确定，且各级压缩过程的多变指数相同，均为 $n=1.25$。试求输出 1 kg 压缩空气压气机所消耗的功和各级的排气温度。如果采用单级压气机，一次压缩到 12.5 MPa，压缩过程的多变指数同样为 $n=1.25$，问压气机所消耗的功及气缸排气温度各为多少？

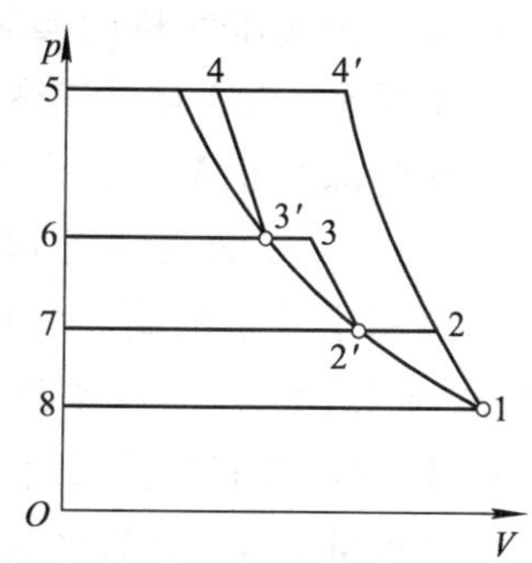

图 3-13　例题 3-11 附图

解　该三级压气机各级的增压比为

$$\pi = \left(\frac{p_{z+1}}{p_1}\right)^{1/z} = \left(\frac{12.5\ \text{MPa}}{0.1\ \text{MPa}}\right)^{1/3} = 5$$

各级气缸的排气温度为

$$T_2=T_3=T_4=T_1\left(\frac{p_2}{p_1}\right)^{\frac{n-1}{n}}=293\ \text{K}\times5^{(1.25-1)/1.25}=404\ \text{K}(131\ ℃)$$

三级压气机所需的总技术功为

$$w_t=3w_t^1=3\frac{n}{n-1}R_gT_1\left[1-\left(\frac{p_2}{p_1}\right)^{\frac{n-1}{n}}\right]$$

$$=3\times\frac{1.25}{1.25-1}\times0.287\ \text{kJ/(kg}\cdot\text{K)}\times293\ \text{K}\times[1-5^{(1.25-1)/1.25}]=-479\ \text{kJ/kg}$$

单级压气机的排气温度为

$$T_{4'}=T_1\left(\frac{p_{4'}}{p_1}\right)^{\frac{n-1}{n}}=293\ \text{K}\times\left(\frac{12.5\ \text{MPa}}{0.1\ \text{MPa}}\right)^{\frac{1.25-1}{1.25}}=769.6\ \text{K}(496.6\ ℃)$$

这样高的温度是不允许的，润滑油会很快碳化变质，严重时会引起燃烧，甚至爆炸。通常压缩后的气体温度限制在 150～160 ℃以下，所以必须采用多级压缩。

单级压气机所需的技术功为

$$w_t=\frac{n}{n-1}R_gT_1\left[1-\left(\frac{p_4}{p_1}\right)^{\frac{n-1}{n}}\right]$$

$$=\frac{1.25}{1.25-1}\times0.287\ \text{kJ/(kg}\cdot\text{K)}\times293\ \text{K}\times\left[1-\left(\frac{12.5\ \text{MPa}}{0.1\ \text{MPa}}\right)^{\frac{1.25-1}{1.25}}\right]$$

$$=-684\ \text{kJ/kg}$$

可见，每输出 1 kg 压缩空气，单级压缩比多级压缩多消耗 205 kJ 的技术功，而且由于排气温度的限制，不可能用单级压气机将气体压缩到很高的压力。

3. 单级活塞式压气机的实际过程

实际上，在活塞式压气机的排气过程中，不允许活塞与气缸盖或进、排气阀发生碰撞，否则会损坏机器。因此，在排气终了时活塞与气缸盖之间必须留有一定的空隙，这个空隙称为**余隙容积**。它能起到气垫和减振作用，使压气机运转平稳。

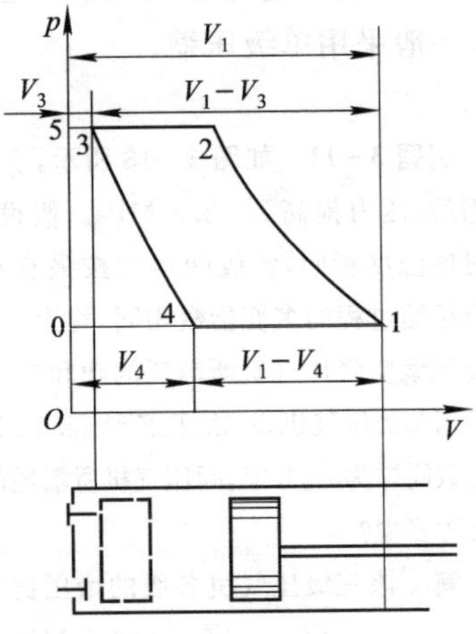

图 3-14 单级实际压缩过程示意图

单级活塞式压气机的实际压缩过程如图 3-14 所示。由于在排气终了时有高压气体残留在余隙容积 V_3 内，所以活塞的排气量 $V_h=V_1-V_3$。在下一个吸气行程中，只有余隙容积中残留的高压气体膨胀到进气压力 p_1 时（过程 3-4），才能从外界吸入新气。因此，气缸的有效吸气量 $V=V_1-V_4$，V 小于活塞排量 V_h，二者的比值反映了气缸容积的有效利用程度，称为**容积效率**，用 η_V 表

示，即

$$\eta_V=\frac{V}{V_h}=\frac{V_1-V_4}{V_1-V_3} \tag{3-109}$$

因为 $V_4/V_3=(p_3/p_4)^{1/n}=(p_2/p_1)^{1/n}$，所以

$$\begin{aligned}\eta_V &=\frac{(V_1-V_3)-(V_4-V_3)}{V_1-V_3}\\ &=1-\frac{V_3}{V_1-V_3}\left(\frac{V_4}{V_3}-1\right)\\ &=1-C_V(\pi^{1/n}-1)\end{aligned} \tag{3-110}$$

式中 $C_V=V_3/V_h$ 称为**余隙比**。从上式可以看出，余隙比增加，η_V 降低；增压比提高，η_V 也降低。工程上，余隙容积一般为 0.03～0.08，单级压气机的增压比一般限制在 6～7 以下。

如图 3－14 所示，如果压缩过程 1－2 与膨胀过程 3－4 具有相同的多变指数 n，则压气机所消耗的技术功为

$$W_{t,n}=\frac{n}{n-1}p_1V_1\left[1-\left(\frac{p_2}{p_1}\right)^{\frac{n-1}{n}}\right]-\frac{n}{n-1}p_4V_4\left[1-\left(\frac{p_3}{p_4}\right)^{\frac{n-1}{n}}\right]$$

由于 $p_1=p_4$，$p_2=p_3$，所以

$$\begin{aligned}W_{t,n}&=\frac{n}{n-1}p_1(V_1-V_4)\left[1-\left(\frac{p_2}{p_1}\right)^{\frac{n-1}{n}}\right]\\ &=\frac{n}{n-1}p_1V\left[1-\left(\frac{p_2}{p_1}\right)^{\frac{n-1}{n}}\right]=\frac{n}{n-1}mR_gT_1\left[1-\left(\frac{p_2}{p_1}\right)^{\frac{n-1}{n}}\right]\end{aligned}$$

于是压缩单位质量气体所消耗的技术功为

$$w_{t,n}=\frac{n}{n-1}R_gT_1\left[1-\left(\frac{p_2}{p_1}\right)^{\frac{n-1}{n}}\right]=\frac{n}{n-1}mR_gT_1\left[1-\pi^{\frac{n-1}{n}}\right]$$

该式与式(3－105)完全相同，说明余隙容积的存在不影响压气机所消耗的功，因为理论上余隙容积中的压缩气体在膨胀过程中所作的功和压缩过程中所需要的功正好相等。但实际上，由于存在摩擦损失，余隙容积中的气体在压缩过程中所需要的功必然大于在膨胀过程中所作的功，因而余隙容积的存在使压气机多消耗功。除此之外，它还使气缸的进气量减少，气缸容积不能充分利用，所以在设计制造活塞式压气机时应尽量减少余隙容积。

*3－6　气体在喷管中的流动

喷管是一种使流体压力降低而流速增加的特殊形状的管段，在工程上有着广泛的应用。例如，在燃气轮机和蒸汽轮机中，高温、高压的工质首先流经喷管获得高速，然后利用高速气流的动能推动叶轮快速转动而对外作功。喷气式发

动机和火箭发动机是利用尾部喷管在喷出气流时的反作用力推动飞行器前进的。另外，工业上常用的各种喷射泵、引射器、抽气器等也都用到喷管。

与喷管相反，所谓**扩压管**是将高速气流自一端引入，而在另一端得到压力较高的气体。因为气体在扩压管中所经历的过程是喷管中过程的逆过程，所以本书仅介绍气体在喷管中的流动过程。

1. 喷管中的稳定流动基本方程式

喷管中的实际流动过程是稳定的或接近稳定的。这里仅限于分析一维稳定流动的情况，即气体的参数（包括热力参数和力学参数）只沿喷管的轴向发生变化。实际上，在垂直于流动方向的同一截面上各点的参数并不完全相同，可近似地取截面平均值进行计算。

(1) 连续性方程式

气体在喷管中稳定流动应满足质量守恒定律，单位时间流过喷管各个截面的质量流量应当相等，即

$$q_m=\frac{Ac_\mathrm{f}}{v}=\text{常数} \tag{3-111}$$

式中，A 为截面面积，c_f 为流速。

将上式微分

$$\mathrm{d}q_m=\mathrm{d}\left(\frac{Ac_\mathrm{f}}{v}\right)=0$$

可得

$$\frac{\mathrm{d}A}{A}+\frac{\mathrm{d}c_\mathrm{f}}{c_\mathrm{f}}-\frac{\mathrm{d}v}{v}=0 \tag{3-112}$$

上式称为**连续性方程式**，它表达了气体流经喷管时流速变化与比体积变化及喷管截面变化之间的制约关系，适用于任何工质的可逆与不可逆稳定流动过程。

(2) 稳定流动能量方程式

气体在喷管中流动，必须遵循热力学第一定律，即满足开口系统的稳定流动能量方程式。喷管一般都很短，流体流过时速度高、时间短，来不及与外界进行热交换，可视为绝热稳定流动，即 $q=0$。另外，流动过程对外不作功，$w_\mathrm{s}=0$；喷管进、出口高度相差不大，可认为 $\Delta z=0$。因此，稳定流动能量方程式可简化为

$$\Delta h+\frac{1}{2}\Delta(c_\mathrm{f}^2)=0$$

或写成

$$h+\frac{1}{2}c_\mathrm{f}^2=\text{常数} \tag{3-113}$$

上式表明，喷管任一截面上的焓与动能之和保持定值。上式的微分形式为

$$\mathrm{d}h+c_\mathrm{f}\mathrm{d}c_\mathrm{f}=0 \tag{3-114}$$

(3) 过程方程式

如上所述,气体在喷管中的流动可视为绝热过程,此外喷管内表面光滑,摩擦阻力很小,加之形状设计合理,可避免漩涡发生,因此可近似认为流动过程是可逆的。当气体为理想气体且比热容为常量时,喷管中的可逆绝热过程方程式为

$$pv^{\kappa}=\text{常数}$$

对于微元过程

$$\frac{\mathrm{d}p}{p}+\kappa\frac{\mathrm{d}v}{v}=0 \tag{3-115}$$

若比热容随过程变化,则 κ 取过程范围内的平均值。对水蒸气这样的实际气体,上式仍然可用,但此时 κ 不再等于 c_p/c_V,而是一个纯经验数据。

2. 喷管截面的变化规律

喷管的设计应该使喷管在给定的进口状态和出口压力下,尽可能获得更多的动能。这就要求喷管的流道形状符合流动过程的规律,不产生任何能量损失,使气体在喷管中进行可逆绝热流动,即定熵流动。这时喷管截面积的变化和气体流速变化、状态变化之间的关系,就可由上述喷管流动基本方程式求得。

对于喷管定熵稳定流动过程,根据热力学第一定律

$$\mathrm{d}h=v\mathrm{d}p$$

对比式(3-114),可得

$$c_{\mathrm{f}}\mathrm{d}c_{\mathrm{f}}=-v\mathrm{d}p \tag{a}$$

根据过程方程式(3-115)

$$\mathrm{d}p=-\kappa p\frac{\mathrm{d}v}{v} \tag{b}$$

将式(b)代入式(a),得

$$c_{\mathrm{f}}\mathrm{d}c_{\mathrm{f}}=\kappa pv\frac{\mathrm{d}v}{v}$$

上式可改写成

$$\frac{\mathrm{d}v}{v}=\frac{c_{\mathrm{f}}^{2}}{\kappa pv}\frac{\mathrm{d}c_{\mathrm{f}}}{c_{\mathrm{f}}} \tag{c}$$

将式(c)代入式(3-112),得

$$\frac{\mathrm{d}A}{A}=(Ma^{2}-1)\frac{\mathrm{d}c_{\mathrm{f}}}{c_{\mathrm{f}}} \tag{3-116}$$

式中,$Ma=c_{\mathrm{f}}/c$ 称为**马赫数**。c 为声速,即声音在介质中的传播速度。由物理学可知,气体中的声速为

$$c=\sqrt{\left(\frac{\partial p}{\partial \rho}\right)_{s}}=\sqrt{-v^{2}\left(\frac{\partial p}{\partial v}\right)_{s}}$$

对于理想气体，由过程方程式(3－115)可得

$$\left(\frac{\partial p}{\partial v}\right)_s=-\kappa\frac{p}{v}$$

代入上式可得

$$c=\sqrt{\kappa p v}=\sqrt{\kappa R_g T} \tag{3-117}$$

可见，声速与传播介质的热力状态有关，理想气体中的声速只取决于其热力学温度。因此，将介质处于某一状态的声速称为**当地声速**。

式(3－116)表明，喷管截面与气流速度之间的变化规律取决于马赫数 Ma。

当 $Ma<1$ 时，若 $\mathrm{d}c_f>0$，则 $\mathrm{d}A<0$，说明亚声速气流若要加速，其流通截面沿流动方向应逐渐收缩，这样的喷管称为**渐缩喷管**，如图 3－15a 所示。

当 $Ma=1$ 时，气流速度等于声速，$\mathrm{d}A=0$。

当 $Ma>1$ 时，若 $\mathrm{d}c_f>0$，则 $\mathrm{d}A>0$，说明超声速气流若要加速，其截面沿流动方向应逐渐扩大，这种喷管称为**渐扩喷管**，如图 3－15b 所示。

通过对式(3－116)的分析可知，通过渐缩喷管，气流速度的最大值只能达到声速。欲使气流在喷管中自亚声速连续增加至超声速，其截面变化应该是先收缩而后扩张，这样的喷管称为**缩放喷管或拉伐尔喷管**，如图 3－15c 所示。其中渐缩部分在亚声速范围内工作，而渐扩部分在超声速范围内工作。其最小截面处(称为喉部)，流速恰好达到当地声速，此处是气流从亚声速变化到超声速的转折点，通常称为**临界截面**。临界截面处的气体参数称为**临界参数**，用下角标 cr 表示，如临界压力 p_{cr}、临界比体积 v_{cr}、临界流速 $c_{f,cr}$ 等。

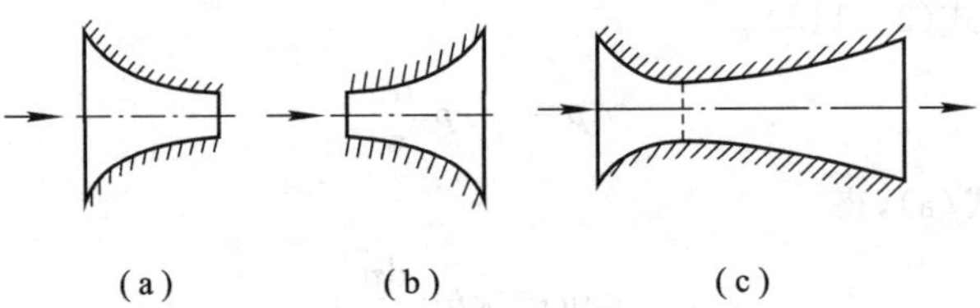

图 3－15　喷管示意图

3. 喷管中气体的流速和流量

(1) 气体的流速

根据能量方程式(3－113)

$$\frac{1}{2}(c_{f2}{}^2-c_{f1}{}^2)=h_1-h_2$$

一般情况下喷管进口流速 c_{f1} 与出口流速 c_{f2} 相比很小，可以忽略，于是出口截面处的气体流速为

$$c_{f2}=\sqrt{2(h_1-h_2)} \tag{3-118}$$

当 $c_{f1}<50\ \mathrm{m/s}$ 时，上式的计算误差小于 1%；当 $c_{f1}<100\ \mathrm{m/s}$ 时，上式的计算误差小于 3%。上式是直接根据能量方程导出的，因此适用于任何工质的可逆和不可逆过程。

对于理想气体，$h_1-h_2=c_p(T_1-T_2)$，$c_p=\dfrac{\kappa R_g}{\kappa-1}$，代入上式可得

$$\begin{aligned}c_{f2}&=\sqrt{\frac{2\kappa}{\kappa-1}R_gT_1\left(1-\frac{T_2}{T_1}\right)}\\&=\sqrt{\frac{2\kappa}{\kappa-1}R_gT_1\left[1-\left(\frac{p_2}{p_1}\right)^{\frac{\kappa-1}{\kappa}}\right]}\\&=\sqrt{\frac{2\kappa}{\kappa-1}p_1v_1\left[1-\left(\frac{p_2}{p_1}\right)^{\frac{\kappa-1}{\kappa}}\right]}\end{aligned} \tag{3-119}$$

由上式可见，喷管出口截面的流速取决于工质的性质、进口截面处工质的状态与进出口截面处工质的压力比 p_2/p_1。当工质与进口截面处的状态确定时，喷管出口截面的流速只取决于压力比 p_2/p_1，并且随 p_2/p_1 的减小而增大。

前面的分析已指出，$Ma=1$ 的截面称为临界截面，该截面处的压力为临界压力 p_{cr}、流速为临界流速 $c_{f,cr}$（即当地声速）。压力比 p_{cr}/p_1 称为**临界压力比**，用 ν_{cr}表示。由式(3-117)、(3-119)可得临界流速为

$$c_{f,cr}=c_{cr}=\sqrt{\frac{2\kappa}{\kappa-1}p_1v_1\left[1-\left(\frac{p_{cr}}{p_1}\right)^{\frac{\kappa-1}{\kappa}}\right]}=\sqrt{\kappa p_{cr}v_{cr}}$$

根据过程方程式 $p_1v_1{}^{\kappa}=p_{cr}v_{cr}{}^{\kappa}=$常数，由上式可求得临界压力比为

$$\nu_{cr}=\frac{p_{cr}}{p_1}=\left(\frac{2}{\kappa+1}\right)^{\frac{\kappa}{\kappa-1}} \tag{3-120}$$

由于 $\kappa=c_p/c_V$，可见临界压力比仅取决于气体的热力性质。当比热容为定值时，一些气体的临界压力比的数值如下：

双原子理想气体：$\kappa=1.4$，$\nu_{cr}=0.528$；

三原子理想气体：$\kappa=1.3$，$\nu_{cr}=0.546$；

过热水蒸气：$\kappa=1.3$，$\nu_{cr}=0.546$；

干饱和水蒸气：$\kappa=1.135$，$\nu_{cr}=0.577$。

临界压力比是喷管设计计算的一个重要参数，是选择喷管形状的重要依据。由前面的分析可知，当 $p_2/p_1\geqslant\nu_{cr}$，即 $p_2\geqslant p_{cr}$时，应选择渐缩喷管；当 $p_2/p_1<\nu_{cr}$，即 $p_2<p_{cr}$时，应选择缩放喷管。

将式(3-120)代入式(3-119)，可得临界流速为

$$c_{f,cr}=\sqrt{\frac{2\kappa}{\kappa+1}p_1v_1}=\sqrt{\frac{2\kappa}{\kappa+1}R_gT_1} \tag{3-121}$$

例题 3-12 燃气的压力为 0.8 MPa、温度为 900 ℃，欲使其通过一喷管流入压力为 0.1 MPa的空间。已知燃气的气体常数 $R_g=0.287\ \text{kJ/(kg}\cdot\text{K)}$、绝热指数 $\kappa=1.34$，试求下列情况下喷管的出口速度：(1)采用渐缩喷管；(2)采用缩放喷管。假设喷管入口速度为 $c_{f1}=0$。

解 (1) 采用渐缩喷管

渐缩喷管出口截面的最低压力为临界压力，即

$$p_2=p_{cr}=p_1\left(\frac{2}{\kappa+1}\right)^{\frac{\kappa}{\kappa-1}}$$

$$=0.8\times10^6\ \text{Pa}\times\left(\frac{2}{1.34+1}\right)^{\frac{1.34}{0.34}}$$

$$=0.431\times10^6\ \text{Pa}=0.431\ \text{MPa}$$

可见，燃气在喷管出口截面的压力仍高于空间压力(0.1 MPa)，将继续自发膨胀，造成一部分能量损失。

渐缩喷管出口截面的流速等于临界流速

$$c_{f2}=c_{cr}=\sqrt{\frac{2\kappa}{\kappa+1}R_gT_1}=\sqrt{\frac{2\times1.34}{1.34+1}\times287\ \text{J/(kg}\cdot\text{K)}\times1\ 173\ \text{K}}=621\ \text{m/s}$$

(2) 采用缩放喷管

缩放喷管出口截面的压力可以降低到空间压力，出口流速为

$$c_{f2}=\sqrt{\frac{2\kappa}{\kappa-1}R_gT_1\left[1-\left(\frac{p_2}{p_1}\right)^{\frac{\kappa-1}{\kappa}}\right]}$$

$$=\sqrt{\frac{2\times1.34}{1.34-1}\times287\ \text{J/(kg}\cdot\text{K)}\times1\ 173\ \text{K}\times\left[1-\left(\frac{0.1\times10^6\ \text{Pa}}{0.8\times10^6\ \text{Pa}}\right)^{\frac{0.34}{1.34}}\right]}$$

$$=1\ 044\ \text{m/s}$$

(2) 喷管中气体的流量

根据连续性方程式(3-111)

$$q_m=\frac{Ac_f}{v}$$

因为流过喷管任何截面的质量流量都相同，所以原则上可用任一截面的参数进行计算，通常选用最小截面。

对于理想气体在渐缩喷管中的流动

$$v_2=v_1\left(\frac{p_2}{p_1}\right)^{\frac{1}{\kappa}}$$

根据式(3-119)

$$c_{f2}=\sqrt{\frac{2\kappa}{\kappa-1}p_1v_1\left[1-\left(\frac{p_2}{p_1}\right)^{\frac{\kappa-1}{\kappa}}\right]}$$

将以上两式代入连续性方程式，整理后可得

$$q_m=A_2\sqrt{\frac{2\kappa}{\kappa-1}\frac{p_1}{v_1}\left[\left(\frac{p_2}{p_1}\right)^{\frac{2}{\kappa}}-\left(\frac{p_2}{p_1}\right)^{\frac{\kappa-1}{\kappa}}\right]}\tag{3-122a}$$

或写成

$$q_m = A_{\min}\sqrt{\frac{2\kappa}{\kappa-1}\frac{p_1}{v_1}\left[\left(\frac{p_2}{p_1}\right)^{\frac{2}{\kappa}}-\left(\frac{p_2}{p_1}\right)^{\frac{\kappa-1}{\kappa}}\right]} \tag{3-122b}$$

由上式可见，在喷管出口截面面积与进口参数 p_1、v_1 保持不变的情况下，流量 q_m 只取决于压力比 p_2/p_1，二者之间的关系如图3-16所示。可以看出，当 $p_2/p_1=1$ 时，$q_m=0$。随着 p_2/p_1 的减小，流量 q_m 逐渐增加，直到 $p_2/p_1=\nu_{cr}$时，q_m 达到最大值 $q_{m,\max}$。之后，尽管继续减小喷管出口所在的空间压力(也称为**背压**，用 p_b 表示)，出口截面的压力仍维持临界压力 $p_2=p_{cr}$不变，即压力比保持临界压力比 ν_{cr}不变，流量保持最大值 $q_{m,\max}$不变。

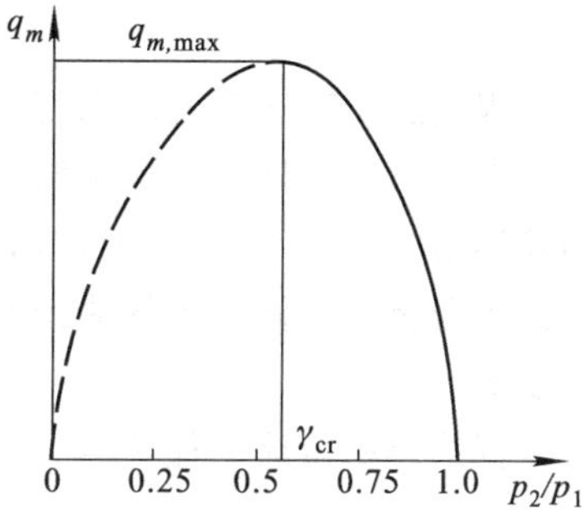

图 3-16　渐缩喷管的流量随压力比的变化

将式(3-120)代入上式，可得

$$q_{m,\max} = A_{\min}\sqrt{\frac{2\kappa}{\kappa+1}\left(\frac{2}{\kappa+1}\right)^{\frac{2}{\kappa-1}}\frac{p_1}{v_1}} \tag{3-123}$$

由于缩放喷管一般都工作在背压 $p_b<p_{cr}$的情况下，其喉部截面上的压力总保持为临界压力 p_{cr}，其流量总保持最大值 $q_{m,\max}$，不随背压 p_b 的降低而增大，所以上式同样适用于缩放喷管。

例题 3-13　在例题 3-12 中，如果渐缩喷管的出口截面面积和缩放喷管的最小截面面积都为 10 cm²，试求通过这两种喷管的燃气流量。

解　将燃气看作理想气体，根据理想气体状态方程式

$$v_1=\frac{R_g T_1}{p_1}=\frac{287\ \text{J/(kg·K)}\times 1\,173\ \text{K}}{0.8\times 10^6\ \text{Pa}}=0.421\ \text{m}^3/\text{kg}$$

渐缩喷管的背压与进口压力之比为

$$\frac{p_b}{p_1}=\frac{0.1\times 10^6\ \text{Pa}}{0.8\times 10^6\ \text{Pa}}=0.125<\nu_{cr}=0.528$$

因此，出口截面上的压力与进口压力之比一定等于临界压力比 ν_{cr}，喷管的流量已达到最大值 $q_{m,\max}$。根据式(3-123)

$$\begin{aligned} q_m &= A_{\min}\sqrt{\frac{2\kappa}{\kappa+1}\left(\frac{2}{\kappa+1}\right)^{\frac{2}{\kappa-1}}\frac{p_1}{v_1}} \\ &= 10\times 10^{-4}\ \text{m}^2\times\sqrt{\frac{2\times 1.34}{1.34+1}\times\left(\frac{2}{1.34+1}\right)^{\frac{2}{1.34-1}}\times\frac{0.8\times 10^6\ \text{Pa}}{0.421\ \text{m}^3/\text{kg}}}=0.93\ \text{kg/s} \end{aligned}$$

因为缩放喷管的最小截面面积与渐缩喷管相同，所以在进口参数与背压相同的情况下

最大质量流量也相同,只是缩放喷管的出口速度要高于声速。

*3-7 绝热滞止

工程上测量高速气流的温度以及设计在大气中作高速运动的飞行体时,都必须考虑气流在物体表面发生滞止所引起的温度升高现象。气体在绝热流动中遇到障碍物时,由于粘性力的作用,在物体表面处气体速度会降至零,这一过程称为**绝热滞止**。气体在绝热滞止时的状态称为滞止状态,这时的状态参数称为**滞止参数**。

根据绝热稳定流动能量方程式(3-113)

$$h+\frac{1}{2}c_{\mathrm{f}}^{2}=\text{常数}$$

由上式可知,气体的焓值随流速的减小而增大,在滞止点,焓达到最大值,等于工质未滞止时的焓与动能的总和,即所谓**滞止焓**,用 h_0 表示:

$$h_0=h+\frac{1}{2}c_{\mathrm{f}}^{2} \tag{3-124}$$

对于理想气体,若比热容取为定值,则由上式可得

$$c_pT_0=c_pT+\frac{1}{2}c_{\mathrm{f}}^{2}$$

于是

$$T_0=T+\frac{c_{\mathrm{f}}^{2}}{2c_p} \tag{3-125}$$

T_0 称为**滞止温度**。它由两项组成,一项是气流未滞止时的温度 T,也称为**静温**;另一项 $c_{\mathrm{f}}^2/2c_p$ 是由动能转化为焓而使气流产生的温升,也称为**动温**。显然,动温与气体的性质和流速有关,流速愈大,动温愈高。

气流滞止时的压力称为**滞止压力**,用 p_0 表示:

$$p_0=p\left(\frac{T_0}{T}\right)^{\frac{\kappa}{\kappa-1}} \tag{3-126}$$

可见,气流的总压高于未滞止时的**静压**,且流速愈大,二者的差别也愈大。

如果将 $c_p=\dfrac{\kappa}{\kappa-1}R_{\mathrm{g}}$,$c=\sqrt{\kappa R_{\mathrm{g}}T}$ 及 $Ma=c_{\mathrm{f}}/c$ 引入式(3-125),可得

$$\frac{T_0}{T}=1+\frac{\kappa-1}{2}Ma^2 \tag{3-127}$$

于是由式(3-126)可得

$$\frac{p_0}{p}=\left(\frac{T_0}{T}\right)^{\frac{\kappa}{\kappa-1}}=\left(1+\frac{\kappa-1}{2}Ma^2\right)^{\frac{\kappa}{\kappa-1}} \tag{3-128}$$

例题 3-14 空气以马赫数为 0.2、0.8、2.0 的三种流速流动。若空气温度为 T，求每种情况下的 T_0/T；如果空气温度为 27 ℃，求 $Ma=2.0$ 时的滞止温度。假设比热容为定值。

解 空气的比热容比 $\kappa=1.40$。根据式(3-127)：

当 $Ma=0.2$ 时，$\dfrac{T_0}{T}=1+\dfrac{\kappa-1}{2}Ma^2=1+\dfrac{0.4}{2}\times0.2^2=1.008$

当 $Ma=0.8$ 时，$\dfrac{T_0}{T}=1+\dfrac{\kappa-1}{2}Ma^2=1+\dfrac{0.4}{2}\times0.8^2=1.128$

当 $Ma=2.0$ 时，$\dfrac{T_0}{T}=1+\dfrac{\kappa-1}{2}Ma^2=1+\dfrac{0.4}{2}\times2.0^2=1.80$

当空气的温度 $t=27$ ℃、马赫数 $Ma=2.0$ 时

$$\begin{aligned}T_0&=T\left(1+\frac{\kappa-1}{2}Ma^2\right)=(273+27)\text{K}\times\left(1+\frac{0.4}{2}\times2.0^2\right)\\&=540\ \text{K}=267\ ℃\end{aligned}$$

可见，当马赫数较小时，滞止温度和气体的温度差别较小，但当马赫数较大时这一差别就很大。

思考题

1. 理想气体的 c_p 和 c_V 之差及 c_p 和 c_V 之比是否在任何温度下都等于一个常数？

2. 如果比热容是温度 t 的单调增函数，当 $t_2>t_1$ 时平均比热容 $c|_0^{t_1}$、$c|_0^{t_2}$、$c|_{t_1}^{t_2}$ 中哪一个最大？哪一个最小？

3. 如果某种工质的状态方程式遵循 $pv=R_gT$，这种物质的比热容一定是常数吗？这种物质的比热容仅是温度的函数吗？

4. 在 $p-v$ 图上画出定比热容理想气体的可逆定容加热过程、可逆定压加热过程、可逆定温加热过程和可逆绝热膨胀过程。

5. 将满足空气下列要求的多变过程表示在 $p-v$ 图和 $T-s$ 图上：

(1) 空气升压、升温，又放热；

(2) 空气膨胀、升温，又吸热；

(3) $n=1.6$ 的膨胀过程，并判断 q、w、Δu 的正负；

(4) $n=1.3$ 的压缩过程，并判断 q、w、Δu 的正负。

6. 在 $T-s$ 图上，如何将理想气体任意两状态间的热力学能和焓的变化表示出来。

7. 凡质量分数较大的组元气体，其摩尔分数是否也一定较大？试举例说明之。

8. 理想混合气体的比热力学能是否是温度的单值函数？其 c_p-c_V 是否仍遵循迈耶公式？

9. 有人认为，由理想气体组成的封闭系统吸热后其温度必定增加，这是否完全正确？你认为哪一种状态参数必定增加？

10. 图 3-17 所示的管段，在什么情况下适合作喷管？在什么情况下适合作扩压管？

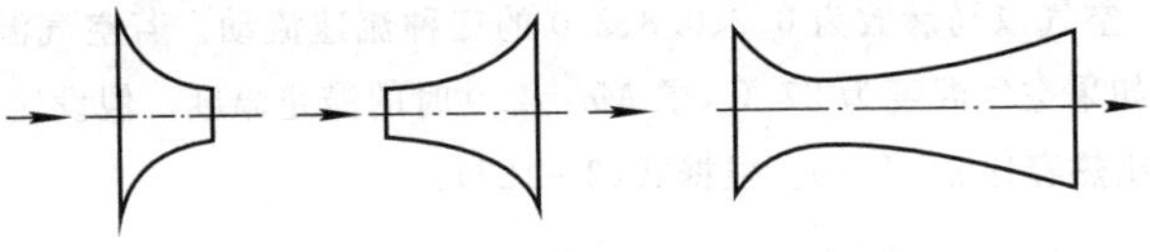

图 3-17 思考题 10 附图

习题

3-1 质量 m 已知的某理想气体由给定的 p_1、T_1 定熵压缩到 p_2，又由同样的初态定温压缩到 p_2，已知两个终态的熵差为 ΔS，求 p_2。

3-2 体积为 0.027 m^3 的刚性储气筒，装有压力为 7×10^5 Pa、温度为 20 ℃的空气。筒上装有一排气阀，压力达到 8.75×10^5 Pa 时就开启，压力降为 8.4×10^5 Pa 时才关闭。若由于外界加热的原因，造成阀门开启，问：(1)当阀门开启时，筒内温度为多少？(2)因加热而失掉多少空气？设筒内空气温度在排气过程中保持不变。

3-3 一绝热刚体气缸，被一导热的无摩擦的活塞分成两部分。最初活塞被固定在某一位置，气缸的一侧储有 0.4 MPa、30 ℃的理想气体 0.5 kg，而另一侧储有 0.12 MPa、30 ℃、0.5 kg 的同样气体。然后放松活塞任其自由移动，最后两侧达到平衡。设比热容为定值，试求：(1)平衡时的温度(℃)；(2)平衡时的压力(MPa)。

3-4 5 kg 的 Ar 气体经历了一热力学能不变的过程，初态为 $p_1=6.0\times10^5$ Pa、$T_1=600$ K，膨胀终了的体积 $V_2=3V_1$。Ar 气体可作为理想气体，设比热容为定值，$R_g=0.208$ kJ/(kg·K)，求终温、终压及总熵变量。

3-5 如图 3-18 所示的两室(图中剖面线代表绝热)，由绝热且与气缸间无摩擦的活塞隔开。开始时，两室的体积均为 0.1 m^3，分别储有空气和氢气，压力各为 $0.980\,7\times10^5$ Pa，温度各为 15 ℃。若对空气侧加热，直到两室内气体压力升高到 $1.961\,4\times10^5$ Pa 为止，求空气的终温及外界加入的热量。已知空气的 $c_V=715.94$ J/(kg·K)，$\kappa_{H_2}=1.41$。

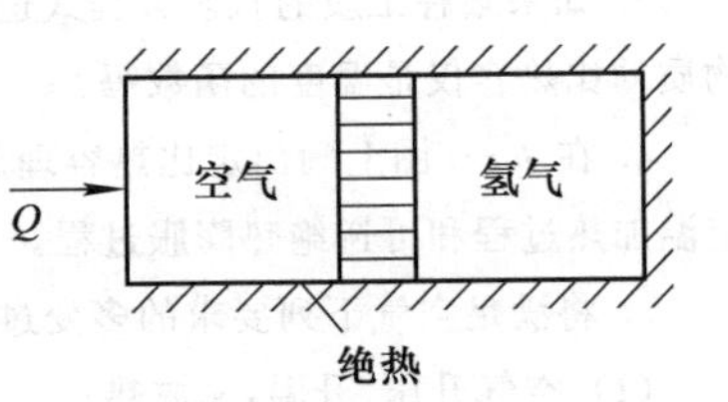

图 3-18 习题 3-5 附图

3-6 参看习题 2-7，若气缸壁和活塞都是绝热的，但两者之间无摩擦，此时活塞上升距离如何？气体最终状态如何？

3-7 6 kg 的空气，由初态 $p_1=0.3$ MPa、$t_1=30$ ℃经下列不同过程膨胀到同一终压 $p_2=0.1$ MPa：(1)定温；(2)定熵；(3)$n=1.2$。试比较不同过程中空气对外作的膨胀功、交换的热量和终温。

3-8 一氧气瓶的体积为 0.04 m^3，内盛 $p_1=147.1\times10^5$ Pa 的氧气，其温度与室温相同，即 $t_1=t_0=20$ ℃。如开启阀门，使压力迅速下降到 $p_2=73.55\times10^5$ Pa，求此时氧气的温度 t_2 和所放出的氧气的质量 Δm；阀门关闭后，瓶内氧气的温度与压力将怎样变化；如放气极为缓慢，以致瓶内气体与外界随时处于热平衡，当压力自 147.1×10^5 Pa 降到 73.55×10^5 Pa 时，所放出的氧气较第一种情况是多还是少？

3-9　2 kg 的某种理想气体按可逆多变过程膨胀到原有体积的 3 倍，温度从 300 ℃降为 60 ℃，膨胀期间作膨胀功 418.68 kJ，吸热 83.736 kJ，求 c_p 和 c_V。

3-10　某锅炉每小时烧煤 500 kg，据估算，每千克煤燃烧时可产生 10 m^3 标准状态下的烟气。测得烟囱出口处烟气的压力为 0.1 MPa、温度为 200 ℃，烟气的流速 $c=3$ m/s。若烟囱截面为圆形，求烟囱出口处的内直径为多少？

3-11　柴油机气缸中的燃气，膨胀过程开始时的状态为 $p_1=8$ MPa、$t_1=1\ 300$ ℃，过程终了时的状态为 $p_2=0.4$ MPa、$t_2=400$ ℃。假定燃气具有空气的性质，且过程为可逆，试按平均比热容计算燃气比熵的变化量，并判断过程是吸热还是放热。

3-12　刚性容器 A 与弹性球罐 B 通过阀门相连。二者皆充有处于环境温度 $t_0=27$ ℃的空气。容器 A 的体积 $V_A=0.283$ m^3，空气的压力 $p_A=0.276$ MPa；弹性球罐 B 的初始直径为 0.3 m，空气的初始压力 $p_B=0.103\ 4$ MPa。打开阀门使二者相通。假定球罐内终温仍为 27 ℃，且球罐内压力与直径成正比。试求球罐 B 终态的压力和体积。

3-13　某气体的摩尔质量为 29×10^{-3} kg/mol，由 $t_1=320$ ℃定容加热到 $t_2=940$ ℃。若过程中热力学能变化量 $\Delta u=700$ kJ/kg，试按理想气体计算其焓和熵的变化量。

3-14　1 kmol 的理想气体，从初态 $p_1=0.5$ MPa、$T_1=340$ K 绝热膨胀到原来体积的 2 倍。已知气体的 $C_{p,m}=33.44$ J/(mol·K)、$C_{V,m}=25.12$ J/(mol·K)。试确定在下述情况下气体的终温、对外所作的功及熵的变化量，并将过程表示在 $p-v$ 与 $T-s$ 图上：

(1) 可逆绝热膨胀；

(2) 气体向真空自由膨胀。

3-15　空气进入活塞式压气机的状态为 $p_1=0.1$ MPa、$t_1=27$ ℃，经可逆绝热过程压缩到 $t_2=207$ ℃，求压缩过程终了空气的压力、热力学能的变化量及过程中空气与外界交换的功量。(1)按定值比热容计算；(2)按空气热力性质表的数据计算。

3-16　在锅炉设备的空气预热器里，利用排入烟囱以前的烟气余热加热供应燃烧所需要的空气。若空气流量为 108 000 m^3(标准状态)/h，并在 $p=830$ mmHg 的压力下从 $t_1=20$ ℃升高到 $t_2=270$ ℃，试求烟气每小时所需提供的热量和从预热器引出时空气的体积流量。求解时：(1)用附录中的平均比定压热容数据计算；(2)将空气视为双原子理想气体，用定比热容进行计算。

3-17　烟气各成分的质量分数为 $w_{CO_2}=0.14$、$w_{O_2}=0.06$、$w_{H_2O}=0.05$、$w_{N_2}=0.75$；空气各成分的质量分数为 $w_{O_2}=0.232$，$w_{N_2}=0.768$。将 50 kg 的烟气用 75 kg 的空气稀释，试求混合后的质量分数、折合相对分子质量、折合气体常数。

3-18　已知锅炉每燃烧 1 kg 煤产生烟气 10 m^3(标准状态)，锅炉的煤耗量为 30 t/h。由气体分析仪测得烟气各成分的体积分数为 $\varphi_{CO_2}=0.12$、$\varphi_{O_2}=0.05$、$\varphi_{N_2}=0.79$、$\varphi_{H_2O}=0.04$。烟道中烟气的温度为 280 ℃、压力为 0.98×10^5 Pa。试求烟气的气体常数、折合相对分子质量和烟道中烟气的体积流量。

3-19　氮气和二氧化碳组成的混合气体，在温度为 40 ℃、压力为 5×10^5 Pa 时，比体积为 0.166 m^3/kg，求混合气体的质量分数。

3-20　2 kg 氧气与 3 kg 某种未知的气体混合，混合气体的体积为 2 m^3、压力为 0.2 MPa、温度为 283.69 K，试计算：

(1) 该未知气体的气体常数 R_g 及摩尔质量 M；

(2) 该未知气体的分压力。

3-21 试导出理想气体定比热容多变过程熵差的计算式为

$$s_2-s_1=\frac{n-\kappa}{n(\kappa-1)}R_g\ln\frac{p_2}{p_1}$$

及

$$s_2-s_1=\frac{(n-\kappa)R_g}{(n-1)(\kappa-1)}\ln\frac{T_2}{T_1},n\neq 1$$

3-22 试证明，理想气体在 $T-s$ 图上任意两条定压线（或定容线）之间的水平距离相等。

3-23 某理想气体，比热容比为 1.35，气体常数 $R_g=260.28\ \text{J/(kg·K)}$，压力为 1.05×10^5 Pa，温度为 25 ℃；经历一压缩过程后压力为 4.2×10^5 Pa，温度为 200 ℃。求每千克气体热力学能和熵的变化。

3-24 某理想气体在定压过程中吸收了 3 349 kJ 的热量，设 $c_V=0.741\ \text{kJ/(kg·K)}$，$R_g=0.297\ \text{kJ/(kg·K)}$，求其对外所作的功及热力学能的变化。

3-25 某理想气体由初态 $p_1=0.517$ MPa、$V_1=0.142\ \text{m}^3$，经一热力过程至 $p_2=0.172$ MPa、$V_2=0.274\ \text{m}^3$，过程中气体的焓变 $\Delta H=-65.4$ kJ。已知其比定容热容为 $c_V=1.4\ \text{kJ/(kg·K)}$，求：(1)气体热力学能的变化 ΔU；(2)气体的比定压热容 c_p。

3-26 某闭口系统内有 1 kmol 的空气，初态体积为 1 m³，终态体积为 10 m³。试计算当初态及终态温度均为 100 ℃时，该闭口系统对外所作的功及熵的变化：

(1) 可逆膨胀；

(2) 向真空膨胀；

(3) 在外压恒为 0.1 MPa 的环境中膨胀。

3-27 喷管入口截面的空气状态为 $p_1=0.7$ MPa、$t_1=750$℃，喷管的背压 $p_b=0.5$ MPa，质量流量 $q_m=0.6$ kg/s。忽略入口截面的流速，不计摩擦损失，试确定喷管的形状及出口截面面积。

3-28 某渐缩喷管的出口截面面积为 5 cm²，进口截面处的空气参数为 $p_1=0.6$ MPa、$t_1=580$ ℃，试问背压多大时可达最大质量流量 $q_{m,\max}$？$q_{m,\max}$ 为多少？

3-29 空气在渐缩喷管内可逆绝热流动，某截面 a 的参数为 $p_a=0.5$ MPa、$t_a=400$ ℃、$c_{f,a}=148$ m/s，喷管出口截面面积为 25 mm²，试求喷管的最大质量流量、出口速度及背压。

3-30 空气以 120 m/s 的速度在管道内流动，用水银温度计测量空气的温度。若温度计的读数为 60 ℃，试求空气的实际温度。

3-31 $p_1=2.5$ MPa、$t_1=80$ ℃的压缩空气，流过渐缩喷管后压力降为 1.8 MPa。若喷管出口截面面积为 16 cm²，喷管效率（喷管出口截面工质的实际动能与理论动能之比）为 0.9，试求空气流量以及出口截面的流速和温度。

3-32 压力为 0.1 MPa、温度 20 ℃的空气，分别以 100 m/s、200 m/s、400 m/s 的速度流动，求空气完全滞止时的滞止温度和滞止压力。

3-33 两绝热容器 A 和 B 通过阀门相连，A 容器的体积为 V_A，开始时盛有压力为 p_A、温度为 t_A 的氩气；B 容器体积为 V_B，最初盛有压力为 p_B、温度为 t_B 的乙烷。打开阀门直至二者混合均匀，求：

(1) 终态压力和温度；

(2) 过程的熵变；

要求先写出求解这一问题的计算机通用程序，以两个容器的体积以及氩和乙烷的初始状态作为输入的变量，然后对下面一组数据进行运算：

$V_A = 1\ m^3, p_A = 300\ kPa, t_A = 10\ ℃$；

$V_B = 2\ m^3, p_B = 200\ kPa, t_B = 50\ ℃$。

3-34　一个配有活塞的气缸中有 0.2 kg 空气，其初压为 100 kPa，初温为 20 ℃。对空气进行压缩，过程中空气的压力与体积的变化符合多变过程 $pV^{1.25}$ = 常数的规律，直到终温达到 300 ℃为止。请先编一个表示终压力和传热量一般解的程序，以所有状态参数 p、v、t 和多变指数 n 作为输入量，然后将结果计算出来。

第四章

热力学第二定律

热力学第一定律阐明了热能和机械能以及其他形式的能量在传递和转换过程中数量上的守恒关系。但经验告诉我们，不是所有满足热力学第一定律的热力过程都能实现，热力过程的发生是有方向、条件和限度的。热力学第二定律正是揭示了这一规律。

4-1 自发过程的方向性与热力学第二定律的表述

1. 自发过程的方向性

所谓**自发过程**就是不需要任何外界作用而自动进行的过程。例如热量由高温物体传向低温物体就是一个自发过程，反之则不能自发进行，这是人所共知的常识。

机械能通过摩擦转变为热能的过程也是一个自发过程。例如，行驶中的汽车刹车时，汽车的动能通过摩擦全部变成热能，造成地面和轮胎升温，最后散失于环境。反之，如果将同等数量的热加给轮胎与地面，却不能使汽车行驶。这说明，机械能可以自发地转变为热能，而热能却不能自发地转变为机械能。

实践证明，不仅热量传递、热能与机械能的相互转换具有方向性，自然界的一切自发过程都具有方向性。例如，水自动地由高处向低处流动，气体自动地由高压区向低压区膨胀，电流自动地由高电势流向低电势，不同气体的混合过程，燃烧过程等，都只能自发地向一个方向进行。如果要想使自发过程逆向进行，就必须付出某种代价，或者说给外界留下某种变化。也就是说，**自发过程是不可逆的**。

2. 热力学第二定律的表述

热力学第二定律揭示了自然界中一切热过程进行的方向、条件和限度。自然界中热过程的种类很多,因此热力学第二定律的表述方式也很多。由于各种表述所揭示的是一个共同的客观规律,因而它们彼此是等效的。下面介绍两种具有代表性的表述。

克劳修斯表述:不可能将热从低温物体传至高温物体而不引起其他变化。

这是从热量传递的角度表述的热力学第二定律,由克劳修斯于 1850 年提出。它指明了热量只能自发地从高温物体传向低温物体,反之的非自发过程并非不能实现,而是必须花费一定的代价。例如,压缩制冷装置就是以消耗机械能为代价来实现热量从低温物体转移至高温物体。

开尔文-普朗克表述:不可能从单一热源取热,并使之完全转变为功而不产生其他影响。

这是从热功转换的角度表述的热力学第二定律,于 1851 年由开尔文提出,1897 年普朗克也发表了内容相同的表述,后来称之为开尔文-普朗克表述。“不产生其他影响”是这一表述不可缺少的部分。例如:理想气体定温膨胀过程进行的结果,就是从单一热源取热并将其全部变成了功。但与此同时,气体的压力降低,体积增大,即气体的状态发生了变化,或者说“产生了其他影响”。因此,并非热不能完全变为功,而是必须有其他影响为代价才能实现。

通常人们把假想的从单一热源取热并使之完全变为功的热机称为第二类永动机。它虽然不违反热力学第一定律,转变过程能量是守恒的,但却违反了热力学第二定律。如果这种热机可以制造成功,就可以利用大气、海洋等作为单一热源,将大气、海洋中取之不尽的热能转变为功,维持它永远转动,这显然是不可能的。因此,热力学第二定律又可表述为:**第二类永动机是不可能制造成功的。**

热力学第二定律的以上两种表述,各自从不同的角度反映了热过程的方向性,实质上是统一的、等效的,如果违反了其中一种表述,也必然违反另一种表述,这在普通物理学中已有证明。

热力学第一定律与热力学第二定律都是建立在无数事实基础上的经验定律,从这两个定律出发的一切推论都符合客观实际。

4-2 卡诺循环与卡诺定理

1. 热力循环

由热力学第一定律可知,通过工质的体积变化(膨胀)可以将热能转变为机械能。但是单一的膨胀过程所作的功是有限的,因为任何一种膨胀过程都不可能无限制地继续下去,一则工质的状态将会变化到不能继续膨胀作功的状态(与外界平衡),二则机器设备的尺寸总是有限的。因此,要使热能连续不断地转变为机械能,必须使膨胀后的工质经历某些过程再回复到原来的状态,使其重新具有作功的能力。工质经过一系列的状态变化,重新回复到原来状态的全部过程称为**热力循环**。

根据循环所产生的效果不同,可分为**正向循环**和**逆向循环**。

将热能转变为机械能的循环称为正向循环。所有热力发动机都是按正向循环工作的,所以正向循环也称为**动力循环**或**热机循环**。

在 $p-v$ 图与 $T-s$ 图上,正向循环都是按顺时针方向进行的,如图 4-1 所示。在 $p-v$ 图上,$1-a-2$ 为膨胀作功过程,功的大小可用面积 $1a2341$ 表示,膨胀过程中工质从高温热源吸收热量 Q_1(取绝对值);$2-b-1$ 是为使工质回复到初态所进行的压缩过程,压缩功的大小用面积 $2b1432$ 表示,压缩过程中工质向低温热源放出热量 Q_2(取绝对值)。在这一循环过程中,工质对外输出的净功 W_{net} 为膨胀功与压缩功之差,即循环曲线所包围的面积 $1a2b1$。

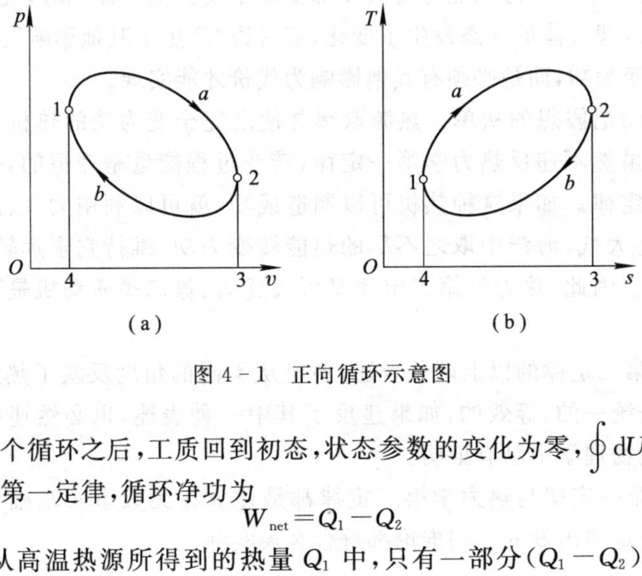

图 4-1 正向循环示意图

经过一个循环之后,工质回到初态,状态参数的变化为零,$\oint dU=0$。于是,根据热力学第一定律,循环净功为

$$W_{net}=Q_1-Q_2 \tag{4-1}$$

可见,工质从高温热源所得到的热量 Q_1 中,只有一部分(Q_1-Q_2)可以转换为功,而另一部分(Q_2)则传给了低温热源。因此,正向循环总的效果是:一部分热能转换为机械能,另一部分热能不可避免地转移到了低温热源,这是热能连续不断地转变为机械能所必要的补充条件。

正向循环所作的净功 W_{net}(收益)与循环中高温热源加给工质的热量 Q_1(代价)之比值称为**循环热效率**,用 η_t 表示,即

$$\eta_t=\frac{W_{net}}{Q_1}=\frac{Q_1-Q_2}{Q_1}=1-\frac{Q_2}{Q_1} \tag{4-2}$$

η_t 说明循环中热量被有效利用的程度,通常用来评价正向循环的热经济性。根

据热力学第二定律，η_t 总是小于 1 的。上式普遍适用于各种类型的热力循环，是分析计算各种热力循环热效率的基本公式。

与正向循环相反，逆向循环是消耗外界提供的功，将热量从低温热源传递到高温热源的循环，例如制冷装置及热泵的工作循环。在 $p-v$ 图与 $T-s$ 图上，逆向循环是按逆时针方向进行的，如图 4-2 所示。在 $p-v$ 图上，$1-b-2$ 为作功膨胀过程，工质从低温热源吸收热量 Q_2（取绝对值）；$2-a-1$ 为使工质回到初态所进行的压缩过程，同时工质向高温热源放出热量 Q_1（取绝对值）。

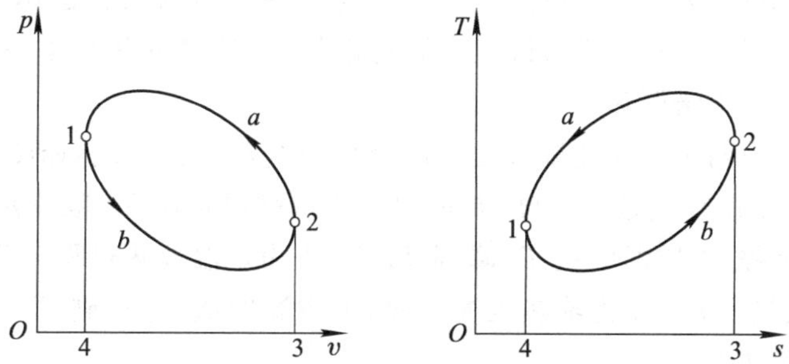

(a)　　(b)

图 4-2　逆向循环示意图

在逆向循环中，工质所消耗的净功为压缩功与膨胀功之差，即循环曲线 $1b2a1$ 所包围的面积。根据热力学第一定律，可得

$$W_{net}=Q_1-Q_2$$

或写成

$$Q_1=Q_2+W_{net} \tag{4-3}$$

由此可见，通过逆向循环可以将热量 Q_2 从低温热源转移到高温热源，但必须消耗功，这部分功将转变为热量与 Q_2 一起转移到高温热源。所以，消耗功是将热量从低温热源转移到高温热源所付出的代价。

通常用**工作系数**评价逆向循环的热经济性。所谓工作系数，是逆向循环的收益与代价之比。制冷装置与热泵都是按逆向循环工作的，但它们的任务不同：制冷装置的任务是将热量自低温的冷藏室取出，排向大气（高温热源），维持冷藏室的低温，热泵的任务是从低温热源吸取热量，送到温度较高的高温热源。

制冷装置的工作系数称为**制冷系数**，用 ε 表示，即

$$\varepsilon=\frac{Q_2}{W_{net}}=\frac{Q_2}{Q_1-Q_2} \tag{4-4}$$

热泵的工作系数称为**供热系数**，用 ε' 表示，即

$$\varepsilon'=\frac{Q_1}{W_{net}}=\frac{Q_1}{Q_1-Q_2} \tag{4-5}$$

可见，ε'总是大于1，而ε值可能大于1，也可能小于1，在一般制冷条件下ε通常大于1。

全部由可逆过程组成的循环称为**可逆循环**。如果循环中有部分过程或全部过程是不可逆的，则是**不可逆循环**。

2. 卡诺循环

热力学第二定律指出，热机的热效率不可能达到100%。那么，在一定条件下，热机的热效率最大能达到多少？它又与哪些因素有关？法国工程师**卡诺**(S. Carnot)在深入考察了蒸汽机工作的基础上，于1824年提出了一种理想的热机工作循环——**卡诺循环**。

卡诺循环由两个可逆定温过程和两个可逆绝热过程组成，如图4-3所示。图中：1-2为定温吸热过程，单位质量的工质从高温热源T_1吸收热量q_1；2-3为绝热膨胀过程，工质温度从T_1降到T_2；3-4为定温放热过程，工质向低温热源T_2放出热量q_2；4-1为绝热压缩过程，工质温度从T_2升到T_1，工质完成一个循环又回到初态。

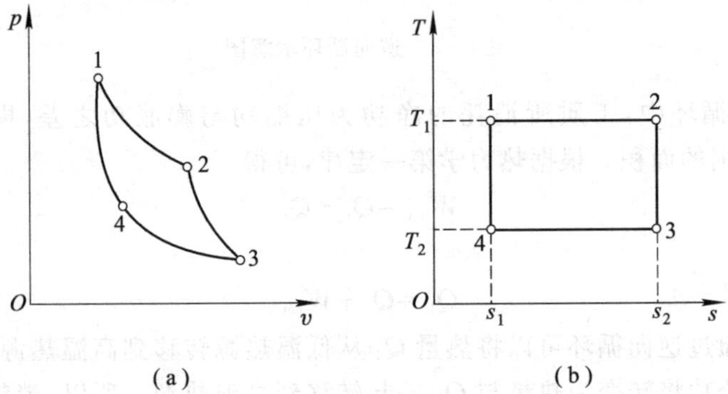

图4-3　卡诺循环示意图

根据式(4-2)，热机循环的热效率为

$$\eta_t=\frac{w_{net}}{q_1}=1-\frac{q_2}{q_1}$$

对于卡诺循环，由图4-3中的$T-s$图很容易得出卡诺循环的热效率为

$$\eta_C=1-\frac{T_2(s_2-s_1)}{T_1(s_2-s_1)}=1-\frac{T_2}{T_1} \tag{4-6}$$

由式(4-6)可以得出以下结论：

(1) 因为式(4-6)的导出过程并没有限定什么工质，所以卡诺循环的热效率只取决于高温热源的温度T_1与低温热源的温度T_2，而与工质的性质无关。提高T_1，降低T_2，可以使卡诺循环的热效率提高。

(2) 卡诺循环的热效率总是小于1,不可能等于1,因为 $T_1 \to \infty$ 或 $T_2 = 0$ K 都是不可能的。这说明,通过热机循环不可能将热能全部转变为机械能。

(3) 当 $T_1 = T_2$ 时,卡诺循环的热效率等于零。这说明,没有温差是不可能连续不断地将热能转变为机械能的,只有一个热源的第二类永动机是不可能的。

如果沿卡诺循环逆向进行,就形成**卡诺制冷循环**和**卡诺热泵循环**。根据式(4-4)和式(4-5),可分别求出卡诺制冷循环的制冷系数 ε_C 和卡诺热泵循环的供热系数 $\varepsilon_C{}'$,分别为

$$\varepsilon_C = \frac{T_2}{T_1 - T_2} \tag{4-7}$$

$$\varepsilon_C{}' = \frac{T_1}{T_1 - T_2} \tag{4-8}$$

3. 卡诺定理

卡诺在对热机效率进行深入研究的基础上提出了著名的**卡诺定理**。其表述如下:

定理一:在相同的高温热源和低温热源间工作的一切可逆热机具有相同的热效率,与工质的性质无关。

下面用反证法对这一定理进行证明。假设在温度为 T_1 的高温热源与温度为 T_2 的低温热源间工作有两个任意的可逆热机 R_1 和 R_2,如图 4-4a 所示,其热效率分别为 $\eta_{t,R1}$ 和 $\eta_{t,R2}$。假如 $\eta_{t,R1} > \eta_{t,R2}$,则当两个热机从高温热源吸取的热量都为 Q_1 时,根据热效率的定义可知,$W_{R1} > W_{R2}$,$Q_2 < Q_2'$。这时可让热机 R_1 按正向循环工作,用输出功 W_{R1} 中的一部分 W_{R2} 带动热机 R_2 逆向循环工作,如图 4-4b 所示。联合运行的结果,是每一循环从低温热源吸收热量 $Q_2' - Q_2$,对外作功 $W_{R1} - W_{R2} = Q_2' - Q_2$,高温热源没有任何变化,相当于一台单一热源的热机,即第二类永动机。这显然违背了热力学第二定律,因此 $\eta_{t,R1} > \eta_{t,R2}$ 是不可能的。同样可以证明,$\eta_{t,R1} < \eta_{t,R2}$ 也是不可能的。于是只有一种可能性,即 $\eta_{t,R1} =$

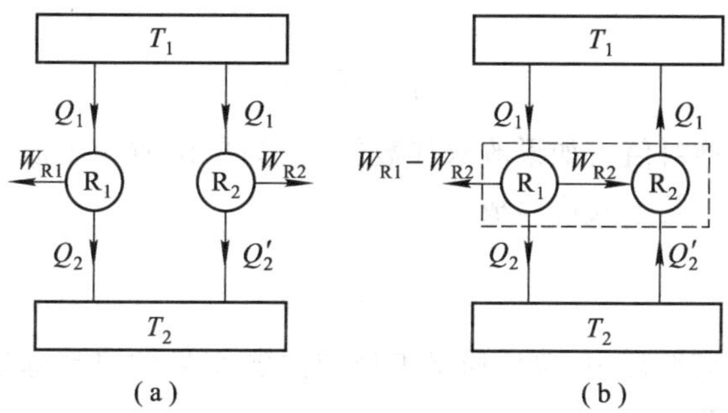

图 4-4　卡诺定理证明示意图

$\eta_{t,R2}$。由于上述证明没有限定工质的性质，所以结论对使用任何工质的可逆热机都适用。

定理二：在相同高温热源和低温热源间工作的任何不可逆热机的热效率，都小于可逆热机的热效率。

定理二可以同样采用反证法证明，思路与定理一的证明相同，请读者自己练习，本书不再赘述。

卡诺循环与卡诺定理从理论上确定了通过热机循环实现热能转变为机械能的条件，指出了提高热机热效率的方向，是研究热机性能不可缺少的准绳。卡诺循环与卡诺定理的提出和研究对热力学的发展，特别是对热力学第二定律的建立具有重大意义。

4-3 熵

1. 熵的导出

在第一章已给出了熵的概念，并指出比熵是状态参数。比熵是由热力学第二定律导出的状态参数，有多种导出方法，这里只介绍一种传统的熵的导出方法。

根据卡诺定理，不管采用什么工质，在温度分别为 T_1 与 T_2 的恒温热源间工作的一切可逆热机的热效率都相同，为

$$\eta_t = 1 - \frac{q_2}{q_1} = 1 - \frac{T_2}{T_1}$$

由上式可得

$$\frac{q_2}{q_1} = \frac{T_2}{T_1}$$

即

$$\frac{q_1}{T_1} = \frac{q_2}{T_2} \tag{a}$$

式中，q_1、q_2 均为绝对值。如果改取代数值，q_2 为单位质量工质传给低温热源的热量，应为负值，于是上式可写成

$$\frac{q_1}{T_1} + \frac{q_2}{T_2} = 0 \tag{b}$$

式(b)说明，在卡诺循环中，单位质量工质与热源交换的热量除以热源的热力学温度所得商的代数和等于零。

可以证明，以上结论同样适用于任何可逆循环。例如，对于图 4-5 所示的

任意可逆循环 $1A2B1$,可以用一组可逆绝热线将其分割成许多个微元循环。这些微元循环都是由两个可逆绝热过程及两个微小过程组成的。如微元循环 $abfga$,当微元循环的数目极大,也就是绝热线间隔极小时,微小过程 ab 与 fg 就接近于定温过程,则微元循环 $abfga$ 就是一个微元卡诺循环,循环 $1A2B1$ 也就被分割成无数个微元卡诺循环。

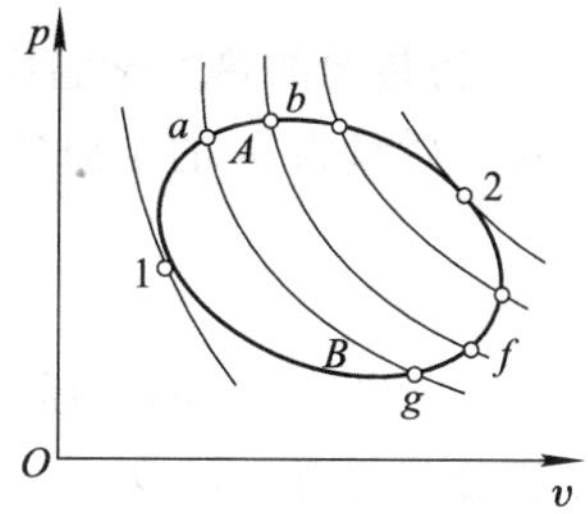

图 4-5 熵的导出

对每一个微元卡诺循环,如果在 T_1 温度下吸热量为 δq_1,在 T_2 温度下放热量为 δq_2,则由式(b)可得

$$\frac{\delta q_1}{T_1}+\frac{\delta q_2}{T_2}=0 \tag{c}$$

对全部微元卡诺循环积分,则得

$$\int_{1A2}\frac{\delta q_1}{T_1}+\int_{2B1}\frac{\delta q_2}{T_2}=0 \tag{d}$$

式中:δq_1 与 δq_2 代表微元循环与外界交换的热量,本身为代数值,吸热为正,放热为负,因此可统一用 δq 表示;T_1、T_2 分别为微元循环对外进行热交换时热源的温度,统一用 T 表示。于是式(d)可表示为

$$\int_{1A2}\frac{\delta q}{T}+\int_{2B1}\frac{\delta q}{T}=0 \tag{e}$$

即

$$\oint\frac{\delta q}{T}=0 \tag{4-9}$$

式(4-9)称为**克劳修斯积分等式**。它表明,工质经历一个任意可逆循环后,$\frac{\delta q}{T}$沿整个循环的积分为零。从数学意义上说,$\frac{\delta q}{T}$一定是某一参数的全微分。

再由式(e)可得

$$\int_{1A2}\frac{\delta q}{T}=\int_{1B2}\frac{\delta q}{T}$$

可见,从状态 1 到状态 2,$\frac{\delta q}{T}$的积分与积分路径无关。根据状态参数的特性可知,$\frac{\delta q}{T}$一定是某一状态参数的全微分。这一状态参数称为**比熵**,用 s 表示,单位为 J/(kg·K)。于是

$$ds=\frac{\delta q}{T} \tag{4-10}$$

式中，T 为热源的热力学温度，由于是可逆过程，T 也就等于工质的热力学温度。

对于质量为 m 的工质的微元可逆过程

$$dS=\frac{\delta Q}{T} \tag{4-11}$$

式中，S 是质量为 m 的工质（或系统）的熵①，单位为 J/K。对于可逆循环，克劳修斯积分等式可表示成

$$\oint\frac{\delta Q}{T}=0 \tag{4-12}$$

2. 克劳修斯不等式与不可逆过程熵的变化

(1) 克劳修斯不等式

根据卡诺定理，在相同的高温热源和低温热源条件下，可逆机循环效率最高，热经济性最好。而实际热机循环都是不可逆的，尽可能地使循环过程接近可逆循环是提高热机循环效率的基本途径。过程不可逆性的大小反映过程与理想过程之间的差距，因此寻找一个能够度量实际过程不可逆性大小的尺度很有必要。

如果某一循环中有一部分或全部过程是不可逆的，则此循环为**不可逆循环**。根据卡诺定理，在相同的恒温高温热源 T_1 和恒温低温热源 T_2 之间工作的不可逆热机的热效率小于可逆热机的热效率，即

$$1-\frac{Q_2}{Q_1}<1-\frac{T_2}{T_1}$$

由上式可得

$$\frac{Q_2}{T_2}>\frac{Q_1}{T_1}$$

同样，将 Q_1、Q_2 取代数值则有

$$\frac{Q_1}{T_1}+\frac{Q_2}{T_2}<0$$

上式说明，在相同的高温热源与低温热源间工作的不可逆循环中，工质与热源间交换的热量除以热源的热力学温度所得商的代数和小于零。

用上述推导克劳修斯积分等式相同的方法，将一个不可逆循环用无数可逆绝热线分割成无数微元循环，则对任意一个微元不可逆循环，交换的热量除以热源的热力学温度所得商的代数和小于零，即

---

① 式(4-11)是在19世纪中叶首先由德国数学家、物理学家克劳修斯(R. Clausius)引入的，式中 S 从1865年起称为 entropy 或 entrople，由刘仙洲教授译成中文为“熵”。

$$\frac{\delta Q_1}{T_1}+\frac{\delta Q_2}{T_2}<0$$

对整个不可逆循环积分，可得

$$\oint\frac{\delta Q}{T}<0 \tag{4-13}$$

式(4－13)称为**克劳修斯不等式**，表明工质经历任意一个不可逆循环，$\delta Q/T$ 沿整个循环的积分小于零。

综合式(4－12)与式(4－13)，可写成

$$\oint\frac{\delta Q}{T}\leqslant 0 \tag{4-14}$$

式中等号用于可逆循环，不等号用于不可逆循环。式(4－14)是热力学第二定律的数学表达式之一，可以作为判据，用于判断一个循环是否可能，是否可逆。

(2) 不可逆过程熵的变化

图 4－6 表示的是一个不可逆循环 $1a2b1$，它由不可逆过程 $1-a-2$ 与可逆过程 $2-b-1$ 组成，根据式(4－13)，有

$$\oint\frac{\delta Q}{T}<0$$

或写成

$$\int_{1a2}\frac{\delta Q}{T}+\int_{2b1}\frac{\delta Q}{T}<0 \tag{a}$$

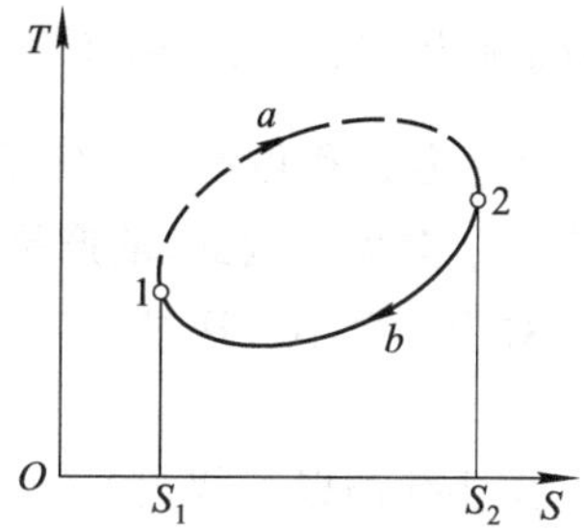

图 4－6　不可逆过程熵的变化

由于 $2-b-1$ 为可逆过程，根据式(4－11)，有

$$\int_{2b1}\frac{\delta Q}{T}=S_1-S_2$$

代入式(a)，得

$$\int_{1a2}\frac{\delta Q}{T}+(S_1-S_2)<0$$

即

$$S_2-S_1>\int_{1a2}\frac{\delta Q}{T} \tag{b}$$

假若 $1-a-2$ 为可逆过程，则由式(4－11)可得

$$S_2-S_1=\int_{1a2}\frac{\delta Q}{T} \tag{c}$$

综合式(b)与式(c)，可写成

$$S_2-S_1\geqslant\int_1^2\frac{\delta Q}{T} \tag{4-15}$$

式中，等号适用于可逆过程，不等号适用于不可逆过程。

对于微元过程，式(4－15)可写成

$$dS \geqslant \frac{\delta Q}{T} \tag{4-16}$$

式(4-16)是热力学第二定律的另一数学表达式，它也可以作为判据，用于判断过程能否进行，是否可逆。

由式(4-16)可知，如果工质经历了微元不可逆过程，则 dS 大于 $\delta Q/T$，二者差值愈大，偏离可逆过程愈远，或者说过程的不可逆性愈大。这时，$\delta Q/T$ 仅是熵变的一部分，完全是由于工质与热源之间的热交换所引起的熵变，称之为**熵流**，用 dS_f 表示。而熵变的另一部分，即 $\left(dS-\frac{\delta Q}{T}\right)$，完全是由于不可逆因素造成的，称为**熵产**，用 dS_g 表示。于是可得到

$$dS = dS_f + dS_g \tag{4-17}$$

式(4-17)称为**闭口系统的熵方程**，普遍适用于闭口系统的各种过程或循环。式中，熵流为 $dS_f=\frac{\delta Q}{T}$，若工质吸热，$dS_f>0$；若工质放热，$dS_f<0$；若工质绝热，$dS_f=0$。若过程可逆，熵产 $dS_g=0$；若过程不可逆，则 $dS_g>0$，且不可逆性愈大，熵产 dS_g 愈大。因此，**熵产是过程不可逆性大小的度量**。

对于一个不可逆过程

$$\Delta S = \Delta S_f + \Delta S_g \tag{4-18}$$

需要强调以下两点：

(1) 比熵既然是状态参数，则状态一定，比熵就应有确定的值。

(2) 初、终态之间熵的变化与过程的路径无关，只要初、终态相同，无论工质经历的是可逆过程还是不可逆过程，工质熵的变化都相等。因此，不可逆过程的熵变，可在给定的初、终态之间任选一可逆过程进行计算。第三章中的式(3-31)、(3-34)、(3-37)就是计算理想气体熵变的基本关系式，不论是可逆过程还是不可逆过程，只要初、终态已知，即可任选一式进行计算。

对于固体或液体，由于其压缩性很小，所以过程中 dV 近似为零，且一般情况下，$c_p=c_V=c$，所以根据式 $\delta Q=dU+p dV$，有

$$dS=\frac{\delta Q}{T}=\frac{dU}{T}=\frac{mc dT}{T}$$

当比热容为定值时

$$\Delta S = mc\ln\frac{T_2}{T_1} \tag{4-19}$$

3. 孤立系统熵增原理与作功能力损失

(1) 孤立系统熵增原理

对于孤立系统，因为和外界没有任何能量交换，$dS_f=0$，所以由式(4-16)

可得

$$dS_{iso} = dS_g \geqslant 0 \tag{4-20}$$

式中等号用于可逆过程，不等号用于不可逆过程。式(4-20)表明，**孤立系统的熵只能增大，或者不变，绝不能减小**，这一规律就称为**孤立系统熵增原理**。孤立系统的熵增完全由熵产组成，其大小只取决于系统内部的不可逆性。一切实际过程都一定朝着使孤立系统熵增大的方向进行，任何使孤立系统熵减少的过程都是不能发生的。

式(4-20)揭示了一切热力过程进行时所必须遵循的客观规律，突出地反映了热力学第二定律的本质，是热力学第二定律的另一种数学表达式。

例题 4-1　某热机工作在 $T_1 = 2\,000$ K 和 $T_2 = 300$ K 的两热源之间，问能否实现作功 1 200 kJ，向低温热源放热 800 kJ？

解　根据热力学第一定律，可计算热机由高温热源吸收的热量为

$$Q_1 = W + Q_2 = 1\,200 \text{ kJ} + 800 \text{ kJ} = 2\,000 \text{ kJ}$$

此热机的热效率为

$$\eta_t = \frac{W}{Q_1} = \frac{1\,200 \text{ kJ}}{2\,000 \text{ kJ}} = 0.60$$

在 T_1、T_2 两热源间工作的卡诺循环的热效率为

$$\eta_{t,C} = 1 - \frac{T_2}{T_1} = 1 - \frac{300 \text{ K}}{2\,000 \text{ K}} = 0.85$$

$\eta_t < \eta_{t,C}$，由卡诺定理可知，这是一种不可逆热机，有可能实现。

例题 4-2　证明：多热源间工作的可逆循环的热效率小于最高和最低温度范围相同的卡诺循环的热效率。

证明　如图 4-7 所示，循环 $e-f-g-h-e$ 是在最高温度 T_1 和最低温度 T_2 的热源间工作的任意一个可逆循环，$e-f-g$ 为吸热过程，$g-h-e$ 为放热过程。工质的温度是变化的，所以为保证循环可逆，必须具有无穷多个热源，其中热源的最高温度等于 T_1，热源的最低温度等于 T_2。循环 $a-b-c-d-a$ 是与循环 $e-f-g-h-e$ 工作在相同温度范围（T_1 与 T_2 之间）的卡诺循环。

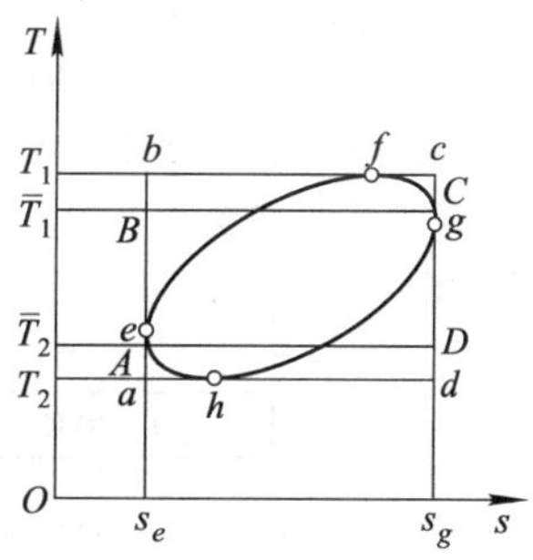

图 4-7　例题 4-2 附图

由图 4-7 可以发现，循环 $e-f-g-h-e$ 的吸热量 q_1 小于卡诺循环 $a-b-c-d-a$ 的吸热量 q_1'，而循环 $e-f-g-h-e$ 的放热量 q_2 却大于卡诺循环 $a-b-c-d-a$ 的放热量 q_2'。

根据循环热效率的计算式，可得

$$\eta_t = 1 - \frac{q_2}{q_1} < \eta_C = 1 - \frac{q_2'}{q_1'}$$

即循环 $e-f-g-h-e$ 的热效率小于循环 $a-b-c-d-a$ 的热效率。

若以温度为 $\overline{T}_1$ 的假想定温过程 BC 代替任何可逆循环 $e-f-g-h-e$ 的加热过程 $e-f-g$，使其吸热量和熵的变化与原过程相同，则温度 $\overline{T}_1$ 就称为加热过程的平均温度，即

$$\overline{T}_1=\frac{q_1}{s_g-s_e}=\frac{\int_{efg}T\mathrm{d}s}{s_g-s_e}$$

同理，以温度为 $\overline{T}_2$ 的假想定温过程 DA 代替原放热过程 $g-h-e$，使其放热量（取绝对值）和熵的变化与原过程相同，则温度 $\overline{T}_2$ 称为放热过程的平均温度，即

$$\overline{T}_2=\frac{q_2}{s_g-s_e}=\frac{\int_{ehg}T\mathrm{d}s}{s_g-s_e}$$

于是，可逆循环 $e-f-g-h-e$ 可等效折合为卡诺循环 $A-B-C-D-A$，即循环 $e-f-g-h-e$ 的热效率等于卡诺循环 $A-B-C-D-A$ 的热效率。与卡诺循环 $a-b-c-d-a$ 比较，显然 $\overline{T}_1<T_1$，$\overline{T}_2>T_2$。根据卡诺循环热效率公式 $\eta_C=1-\frac{T_2}{T_1}$ 可知，循环 $e-f-g-h-e$ 的热效率小于工作在相同温度范围内的卡诺循环 $a-b-c-d-a$ 的热效率。

例题 4-3 在温度分别为 1 000 K 和 300 K 的两个恒温热源间有一循环装置，已知工质与高温热源交换的热量为 2 000 kJ，与外界交换的功量为 1 200 kJ，试判断此装置为热机还是制冷机？

解 由已知条件，$|Q_1|=2\ 000\ \mathrm{kJ}$、$|W|=1\ 200\ \mathrm{kJ}$。根据热力学第一定律，可求出工质与低温热源交换的热量：

$$|Q_2|=|Q_1|-|W|=2\ 000\ \mathrm{kJ}-1\ 200\ \mathrm{kJ}=800\ \mathrm{kJ}。$$

方法一：用克劳修斯不等式判断。

首先假设此装置为热机，如图 4-8a 所示。按已知条件，$Q_1=2\ 000\ \mathrm{kJ}$，$Q_2=-800\ \mathrm{kJ}$，则

$$\oint\frac{\delta Q}{T}=\frac{Q_1}{T_1}+\frac{Q_2}{T_2}=\frac{2\ 000\ \mathrm{kJ}}{1\ 000\ \mathrm{K}}+\frac{-800\ \mathrm{kJ}}{300\ \mathrm{K}}$$
$$=2\ \mathrm{kJ/K}-2.67\ \mathrm{kJ/K}=-0.67\ \mathrm{kJ/K}<0\ \mathrm{kJ/K}$$

满足克劳修斯不等式，因此此装置是一台不可逆热机。

如果假设此装置为制冷机，如图 4-8b 所示。按已知条件，$Q_1=-2\ 000\ \mathrm{kJ}$，$Q_2=800\ \mathrm{kJ}$，则

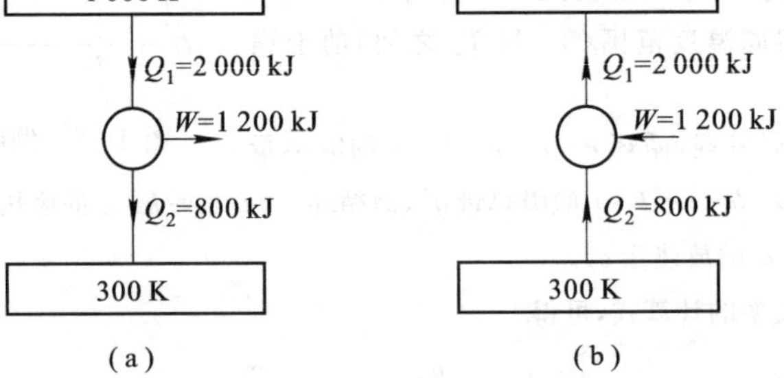

图 4-8 例题 4-3 附图

$$\oint \frac{\delta Q}{T}=\frac{Q_1}{T_1}+\frac{Q_2}{T_2}=\frac{-2\ 000\ \text{kJ}}{1\ 000\ \text{K}}+\frac{800\ \text{kJ}}{300\ \text{K}}$$

$$=-2\ \text{kJ/K}+2.67\ \text{kJ/K}=0.67\ \text{kJ/K}>0\ \text{kJ/K}$$

可见，积分结果违背克劳修斯不等式，即违反热力学第二定律，所以此装置不可能是制冷机。

方法二：用孤立系统熵增原理判断。

将热源 T_1、T_2 和循环装置（包括设想的接受功或提供功的设备）共取为一个复合系统，此系统与外界既无质量交换也无能量交换，即为孤立系统。

先假设此装置为热机，则此孤立系统熵的变化变为

$$\Delta S_{\text{iso}}=\Delta S_{T_1}+\Delta S_{T_2}+\Delta S$$

式中：ΔS 为工质的熵变，当工质完成一个循环时，$\Delta S=0$；ΔS_{T_1} 与 ΔS_{T_2} 分别为高温热源与低温热源的熵变。由于热源都是恒温热源，所以

$$\Delta S_{T_1}=\frac{Q_1}{T_1}=\frac{-2\ 000\ \text{kJ}}{1\ 000\ \text{K}}=-2\ \text{kJ/K}$$

$$\Delta S_{T_2}=\frac{Q_2}{T_2}=\frac{800\ \text{kJ}}{300\ \text{K}}=2.67\ \text{kJ/K}$$

于是可得孤立系统的总熵变为

$$\Delta S_{\text{iso}}=\Delta S_{T_1}+\Delta S_{T_2}+0\ \text{kJ/K}$$

$$=-2\ \text{kJ/K}+2.67\ \text{kJ/K}=0.67\ \text{kJ/K}>0\ \text{kJ/K}$$

结果满足孤立系统的熵增原理，因此这是一个不可逆热机。

如果假设此装置为制冷机，取与上述同样的孤立系统，则其熵变为

$$\Delta S_{\text{iso}}=\Delta S_{T_1}+\Delta S_{T_2}+\Delta S$$

$$=\Delta S_{T_1}+\Delta S_{T_2}+0$$

$$=\frac{2\ 000\ \text{kJ}}{1\ 000\ \text{K}}+\frac{-800\ \text{kJ}}{300\ \text{K}}$$

$$=2\ \text{kJ/K}-2.67\ \text{kJ/K}=-0.67\ \text{kJ/K}<0\ \text{kJ/K}$$

可见，结果违背了孤立系统的熵增原理，即违反了热力学第二定律，因此该装置不可能为制冷机。

例题 4－4　100 kg 温度为 20 ℃的水与 200 kg 温度为 80 ℃的水在绝热容器中混合，求混合前后水的熵变。已知水的比热容 $c=4.187\ \text{kJ/(kg·K)}$。

解　首先求混合后水的温度 t_{m}。由于混合过程是在绝热条件下进行的，根据水的热平衡，可得

$$m_1c_1(t_{\text{m}}-t_1)=m_2c_2(t_2-t_{\text{m}})$$

$$100\ \text{kg}\times 4.187\ \text{kJ/(kg·K)}\times(t_{\text{m}}-20\ ℃)$$

$$=200\ \text{kg}\times 4.187\ \text{kJ/(kg·K)}\times(80\ ℃-t_{\text{m}})$$

解得

$$t_{\text{m}}=60\ ℃$$

混合前后容器内水的熵变为

$$\Delta S=\Delta S_1+\Delta S_2=\int_{T_1}^{T_{\text{m}}}\frac{m_1c_1\text{d}T}{T}+\int_{T_2}^{T_{\text{m}}}\frac{m_2c_2\text{d}T}{T}=m_1c_1\ln\frac{T_{\text{m}}}{T_1}+m_2c_2\ln\frac{T_{\text{m}}}{T_2}$$

$$=100\ \text{kg}\times 4.187\ \text{kJ/(kg·K)}\times\ln\frac{333\ \text{K}}{293\ \text{K}}+200\ \text{kg}\times 4.187\ \text{kJ/(kg·K)}\times\ln\frac{333\ \text{K}}{353\ \text{K}}$$

$$=4.739\ \text{kJ/K}$$

(2) 作功能力的损失

所谓系统(或工质)的**作功能力**,是指在给定的环境条件下,系统达到与环境热力平衡时可能作出的最大有用功。因此,通常将环境温度 T_0 作为衡量作功能力的基准温度。

实践告诉我们,任何过程只要有不可逆因素存在,就将造成系统作功能力的损失,而不可逆过程进行的结果又将使包含该系统在内的孤立系统的熵增加。下面说明孤立系统熵增与系统作功能力损失之间的联系。

假设在温度为 T 的热源与温度为 T_0 的环境之间同时工作着可逆热机 R 和不可逆热机 IR,各自与热源交换的热量、对外输出的功如图 4-9 所示。由卡诺定理可知,$\eta_{t,R} > \eta_{t,IR}$,即

$$\frac{W_R}{Q_1} > \frac{W_{IR}}{Q_1'} \tag{a}$$

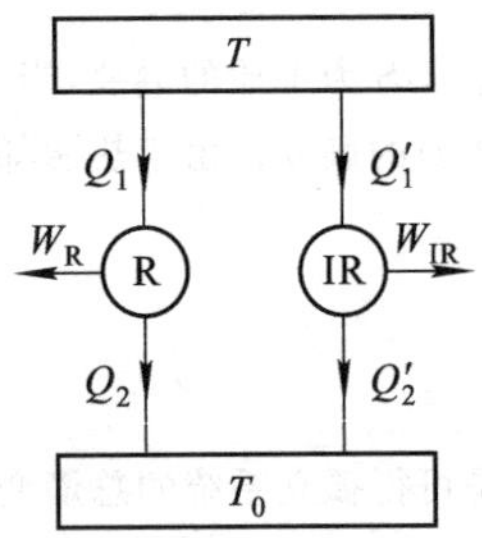

图 4-9 作功能力损失导出示意图

令两热机从热源吸收的热量相同,即 $Q_1 = Q_1'$,由式(a)可得 $W_R > W_{IR}$。于是,由于不可逆引起的功的损失为

$$\begin{aligned} I &= W_R - W_{IR} = (Q_1 - Q_2) - (Q_1' - Q_2') \\ &= Q_2' - Q_2 \end{aligned} \tag{b}$$

如果将温度为 T_1 的热源、温度为 T_0 的环境、可逆热机 R、不可逆热机 IR 及蓄功器一起看作一个孤立系统,则经过一个工作循环后此孤立系统的熵增为

$$\begin{aligned} \Delta S_{iso} &= \Delta S_T + \Delta S_{T_0} \\ &= \frac{Q_1}{T} - \frac{Q_1'}{T} + \frac{Q_2}{T_0} + \frac{Q_2'}{T_0} \end{aligned} \tag{c}$$

根据卡诺定理,对可逆热机,有 $Q_1/T = Q_2/T_0$,同时考虑到 $Q_1' = Q_1$,则式(c)可改写为

$$\begin{aligned} \Delta S_{iso} &= \frac{Q_2'}{T_0} - \frac{Q_2}{T_0} \\ &= \frac{Q_2' - Q_2}{T_0} \end{aligned} \tag{d}$$

将式(d)代入式(b),得

$$I = T_0 \Delta S_{iso} \tag{4-21}$$

由此可见,当环境的热力学温度 T_0 确定后,作功能力的损失与孤立系统的熵增成正比。所以,孤立系统的熵增是衡量系统作功能力损失的尺度。

式(4-21)适用于计算任何不可逆因素引起的系统作功能力的损失。

*4-4　㶲

1. 㶲的定义

热力学第二定律指出，单一热源的热机是不可能的，热效率 η_t 永远小于 1，并且任何热机循环的热效率都不可能超出工作在相同温度范围的卡诺循环的热效率。热力学第二定律指出了热量和功量的不等价性：热量可以转变为功的数量（或者说热量的作功能力）与热源的温度以及环境温度有关，热源与环境的温差愈小，热量的作功能力愈小，如果热源温度低到与环境温度相同，那么不论热量有多大，其作功能力都为零。例如，同样是 10^7 J 的热量，当热源温度为 100 ℃时其作功能力与热源温度为 800 ℃时的作功能力相比，前者仅是后者的三分之一左右。再如，大气、海洋中蕴藏着数量巨大的热能，但却几乎不能转变成机械能而加以利用，因为难以找到温度更低的环境。而机械能、电能、水能和风能则不同，它们理论上可以百分之百地转换为其他形式的能量，所以对人们来说是更宝贵、质量更高的能量。由此可知，仅从能量的数量上衡量其价值是不够的，不同形式的能量，其动力利用价值并不相同，或者说不同形式的能量具有质的区别。为此，引入一个新的参数——㶲，作为综合衡量能量的“质”与“量”的统一尺度，它表示能量的可用性或作功能力。

当系统由任意状态可逆地变化到与给定的环境状态相平衡时，系统能量中理论上可以转换为其他任何形式能的最大数量，称为㶲。

2. 热量㶲

在给定的环境条件（环境温度为 T_0）下，热量 Q 中最大可能转变为有用功的部分称为**热量㶲**。用 $E_{x,Q}$表示。

假设有一温度为 T 的热源（$T>T_0$），传出的热量为 Q，则其热量㶲等于在该热源与温度为 T_0 的环境之间工作的卡诺热机所能作出的功，即

$$E_{x,Q}=Q\left(1-\frac{T_0}{T}\right) \tag{4-22}$$

如果热源的温度随热量的传递而变化，可将传热过程分解为无穷多个微元过程，每个微元过程传递的热量为 δQ，假想在热源与环境之间有无穷多个微卡诺循环进行工作，所有微卡诺循环作功的总和即为总传热量 Q 的热量㶲，即

$$E_{x,Q}=\int\left(1-\frac{T_0}{T}\right)\delta Q \tag{4-22a}$$

由于环境温度 T_0 一般变化不大，可视为恒温，所以热量㶲的大小主要与热

量 Q 及热源温度 T 有关。

3. 稳定流动工质的㶲

大多数热工设备都可以看作工质在其内部稳定流动的开口系统，当除环境外无其他热源时，稳定流动的工质由所处的状态可逆地变化到与环境相平衡的状态时所能作出的最大有用功称为该工质的㶲。

假设有一开口系统，工质在其中作稳定流动，入口温度为 T、压力为 p、焓为 h、熵为 s，入口状态如图 4－10 中的 A 点所示；出口状态与环境状态相同，状态参数为 p_0、T_0、h_0、s_0，如图 4－10 中的 0 点所示。假设工质的动能、位能相对于其焓值小到可以忽略不计。

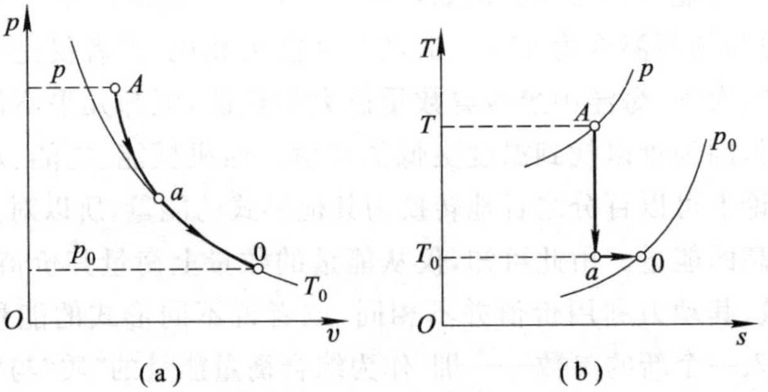

图 4－10 焓㶲导出示意图

为使工质由入口状态可逆地变化到与环境相平衡的出口状态，可以设想工质由入口状态 A 首先经历一可逆绝热膨胀过程达到状态 a，如图 4－10 中的 $A—a$ 所示。在这一过程中，工质的温度由 T 降为环境温度 T_0，压力由 p 降为 p_a，单位质量工质对外作功为 $w_{s,A-a}$。然后工质再经历可逆定温过程膨胀到 0 点，工质的状态变为 p_0、T_0、h_0、s_0，与环境平衡，在这一过程中单位质量工质对外作功 $w_{s,a-0}$，并从环境可逆吸热。这样，工质由状态 A 经状态 a 变化到状态 0 的过程全部为可逆过程，可作出最大有用功为

$$w_{s,\max}=w_{s,A-a}+w_{s,a-0} \tag{a}$$

对于可逆绝热过程 $A-a$，由于 $q=0$，根据热力学第一定律，可得

$$w_{s,A-a}=h-h_a \tag{b}$$

对于可逆定温过程 $a-0$，可得

$$w_{s,a-0}=h_a-h_0+q_{a-0} \tag{c}$$

式中 q_{a-0} 为可逆定温过程中从环境吸收的热量，所以

$$q_{a-0}=T_0(s_0-s_a)=T_0(s_0-s) \tag{d}$$

将式(d)代入式(c)，得

$$w_{s,a-0}=h_a-h_0+T_0(s_0-s) \tag{e}$$

将式(b)、(e)代入式(a)，可得单位质量工质在稳定流动过程中由任意状态变化到与环境相平衡的状态时所能作出的最大有用功 $w_{s,\max}$ 为

$$\begin{aligned}w_{s,\max}&=w_{s,A-a}+w_{s,a-0}\\&=(h-h_0)-T_0(s-s_0)\end{aligned}$$

此最大有用功就是单位质量稳定流动工质的㶲，也称为**比焓㶲**，用 $e_{x,H}$ 表示，即

$$e_{x,H}=h-h_0-T_0(s-s_0) \tag{4-23}$$

由上式可见，对于恒定不变的环境而言，稳定流动工质的比焓㶲只与进口处工质的热力状态有关。

质量为 m 的流动工质的焓㶲为

$$E_{x,H}=(H-H_0)-T_0(S-S_0) \tag{4-24}$$

如果工质从状态 1 稳定流动变化到状态 2，理论上所能作出的最大有用功等于两状态的焓㶲之差，即

$$W_{s,\max}=E_{x,H_1}-E_{x,H_2}=(H_1-H_2)-T_0(S_1-S_2) \tag{4-25}$$

对于单位质量的稳定流动工质，如果由状态 1 变化到状态 2 的过程中还从环境以外的热源吸收了热量 q，则在这一过程中，理论上所能作出的最大有用功还应包括热量 q 中最大可能转变为功的部分，即**比热量㶲** $e_{x,Q}$。于是

$$w_{s,\max}=e_{x,H_1}-e_{x,H_2}+e_{x,Q} \tag{4-26}$$

上式说明，理论上稳定流动工质通过可逆过程对外作出的最大功，等于进入系统的㶲($e_{x,H_1}+e_{x,Q}$)与离开系统的㶲(e_{x,H_2})之差。而实际过程是不可逆的，必然有作功能力的损失，即㶲损失，用 $e_{x,I}$ 表示，则不可逆稳定流动过程中工质对外输出的功 w_{out} 为

$$w_{out}=w_{s,\max}-e_{x,I}=e_{x,Q}+e_{x,H_1}-e_{x,H_2}-e_{x,I}$$

由上式可得㶲损失为

$$e_{x,I}=e_{x,Q}+e_{x,H_1}-e_{x,H_2}-w_{out} \tag{4-27}$$

式(4-27)称为**㶲平衡方程式**。

热工设备的热能利用程度可以通过㶲分析进行评价，即列出系统的㶲平衡方程式来加以分析。因为㶲既考虑了能量的数量又考虑了能量的质量，所以对实际热力过程进行㶲分析，可以清楚地揭示出导致作功能力损失的原因和部位，从而为系统的改进提供了有力的依据。㶲分析对合理用能及节能具有重要的指导意义。

例题 4-5　某燃气轮机装置，燃气进入气轮机时的状态为 $t_1=900$ ℃、$p_1=0.85$ MPa，燃气在气轮机中绝热膨胀作功后状态变为 $t_2=477$ ℃、$p_2=0.103$ MPa，而排向大气。已知燃气的 $c_p=1.10$ kJ/(kg·K)、$R_g=0.287$ kJ/(kg·K)，大气温度 $t_0=25$ ℃、大气压力 $p_0=$

0.1 MPa,求:(1)燃气进入和离开气轮机时的㶲;(2)当燃气的宏观动能及重力位能忽略不计时,该过程中燃气在理论上作出的有用功;(3)气轮机中不可逆膨胀过程所造成的㶲损失。

解 假设燃气可看作理想气体。

(1) 根据式(4-23)

$$e_{x,H_1}=(h_1-h_0)-T_0(s_1-s_0)=c_p(T_1-T_0)-T_0\left(c_p\ln\frac{T_1}{T_0}-R_g\ln\frac{p_1}{p_0}\right)$$

$$=1.10\ \text{kJ/(kg·K)}\times(1\,173-298)\ \text{K}-298\ \text{K}\times$$

$$\left[1.10\ \text{kJ/(kg·K)}\times\ln\frac{1\,173\ \text{K}}{298\ \text{K}}-0.287\ \text{kJ/(kg·K)}\times\ln\frac{0.85\ \text{MPa}}{0.1\ \text{MPa}}\right]$$

$$=696\ \text{kJ/kg}$$

根据式(4-23)

$$e_{x,H_2}=(h_2-h_0)-T_0(s_2-s_0)=c_p(T_2-T_0)-T_0\left(c_p\ln\frac{T_2}{T_0}-R_g\ln\frac{p_2}{p_0}\right)$$

$$=1.10\ \text{kJ/(kg·K)}\times(750-298)\ \text{K}-298\ \text{K}\times$$

$$\left[1.10\ \text{kJ/(kg·K)}\times\ln\frac{750\ \text{K}}{298\ \text{K}}-0.287\ \text{kJ/(kg·K)}\times\ln\frac{0.103\ \text{MPa}}{0.1\ \text{MPa}}\right]$$

$$=197.2\ \text{kJ/kg}$$

(2) 根据式(4-25),理论上燃气作出的有用功为

$$w_s=e_{x,H_1}-e_{x,H_2}=(696-197.2)\ \text{kJ/kg}=498.8\ \text{kJ/kg}$$

(3) 燃气在气轮机中实际输出的功可根据热力学第一定律求得,即

$$w_{out}=h_1-h_2$$

根据式(4-27),因为是绝热膨胀过程,$e_{x,Q}=0$,故㶲损失为

$$e_{x,I}=e_{x,H_1}-e_{x,H_2}-w_{out}$$

$$=(h_1-h_2)-T_0(s_1-s_2)-(h_1-h_2)$$

$$=T_0(s_2-s_1)=T_0\left(c_p\ln\frac{T_2}{T_1}-R_g\ln\frac{p_2}{p_1}\right)$$

$$=298\ \text{K}\times\left[1.10\ \text{kJ/(kg·K)}\times\ln\frac{750\ \text{K}}{1\,173\ \text{K}}-0.287\ \text{kJ/(kg·K)}\times\ln\frac{0.103\ \text{MPa}}{0.85\ \text{MPa}}\right]$$

$$=34\ \text{kJ/kg}$$

思考题

1. 循环的热效率公式

$$\eta_t=1-\frac{q_2}{q_1}\quad 和\quad \eta_t=1-\frac{T_2}{T_1}$$

有何区别?各适用什么场合?

2. 循环输出净功愈大,则热效率愈高;可逆循环的热效率都相等;不可逆循环的热效率一定小于可逆循环的热效率。这些说法是否正确?为什么?

3. 热力学第二定律可否表述为"机械能可以全部变为热能,而热能不可能全部变为机械能"?

4. 下列说法是否正确？为什么？

(1) 熵增大的过程为不可逆过程；

(2) 不可逆过程的熵变 ΔS 无法计算；

(3) 若工质从某一初态经可逆与不可逆途径到达同一终态，则不可逆途径的 ΔS 必大于可逆途径的 ΔS；

(4) 工质经历不可逆循环后 $\Delta S>0$；

(5) 自然界的过程都是朝着熵增的方向进行的，因此熵减小的过程不可能实现；

(6) 工质被加热熵一定增大，工质放热熵一定减小。

5. 若工质从同一初态出发，分别经历可逆绝热过程与不可逆绝热过程膨胀到相同的终压力，两过程终态的熵哪个大？对外作的功哪个大？试用坐标图进行分析。

6. 如果工质从同一初态出发，分别经历可逆定压过程与不可逆定压过程，从同一热源吸收了相同的热量，工质终态的熵是否相同？为什么？

7. 工质由初态经过一不可逆绝热过程膨胀到终态，问能否通过一个绝热过程使工质回到初态？

8. 系统在某过程中从热源吸热 20 kJ，对外作功 25 kJ，请问能否通过可逆绝热过程使系统回到初态？为什么？能否通过不可逆绝热过程使系统回到初态？

9. 闭口系统经历了一不可逆过程对外作功 10 kJ，同时放出热量 5 kJ，问系统的熵变是正、是负，还是不能确定？

习　题

4-1　某发明者自称已设计出一台在 540 K 和 300 K 的热源之间循环工作的热机，该热机从高温热源每吸收 1 000 J 的热量可作出 450 J 的净功。他的设计合理吗？

4-2　冬季室外平均温度为 -5 ℃，使室内温度保持在 20 ℃时所需供给的热量为 2×10^4 kJ/h。当采用电炉取暖时需要功率为多少千瓦(kW)的电炉？如果改用电动机带动卡诺热泵取暖，需输入的功率为多少？它是电炉采暖的几分之几？

4-3　某可逆热机工作在温度为 150 ℃的高温热源和温度为 10 ℃的低温热源之间，试求：

(1) 热机的热效率为多少？

(2) 当热机输出的功为 2.7 kJ 时，从高温热源吸收的热量及向低温热源放出的热量各为多少？

(3) 如将该热机逆向作为热泵运行在两热源之间，热泵的供热系数为多少？当工质从温度为 10 ℃的低温热源吸收 4.5 kJ/s 的热量时，要求输入的功率为多少？

4-4　用热效率 $\eta_t=0.30$ 的热机驱动制冷系数 $\varepsilon=4$ 的制冷机，求制冷机从冷藏室每取出 1 kJ 的热量时热机从热源需吸收多少热量？

4-5　有两个容器，A 容器的 $V=3\ m^3$，内有 $p=0.7$ MPa、$t=17$ ℃的空气。B 容器的 $V=1\ m^3$，为真空。现将两容器连通，让 A 容器的空气流入 B 容器直至两容器压力相同。若整个过程中空气与外界无热交换，试计算过程前后空气的温度、压力、热力学能及熵的变化。

4-6 将 1 kmol 理想气体在 400 K 下从 0.1 MPa 缓慢地定温压缩到 1.0 MPa，试计算下列三种情况下此过程气体的熵变、热源的熵变及总熵变：

(1) 过程无摩擦，热源温度为 400 K；

(2) 过程无摩擦，热源温度为 300 K；

(3) 过程有摩擦，比可逆压缩多消耗 20% 的功，热源温度为 300 K。

4-7 两质量相同、比热容相同（为常数）的物体 A、B，初温各为 T_A 与 T_B。用它们作高温和低温热源，使可逆机在其间工作，直至两物体温度相等为止。试求：

(1) 平衡时温度 T_m；

(2) 可逆机的总功量；

(3) 如果两物体直接进行热交换至温度相等，求此平衡温度 T_m 及两物体的总熵变。

4-8 一绝热容器被一导热活塞分成两部分，初始时活塞被销钉固定，左右两部分的体积为 $V_1=V_2=0.001\ m^3$，内盛空气，温度均为 300 K，左边压力 $p_1=2\times10^5$ Pa，右边压力 $p_2=1\times10^5$ Pa，突然拔掉销钉，最后达到新的平衡，试求左、右两部分体积及整个容器内空气的熵变。

4-9 闭口系统经历某一过程后，熵增为 25 kJ/K，从 300 K 的恒温热源吸热 8 000 kJ。试问此过程可逆、不可逆，还是不可能？

4-10 图 4-11 为一烟气余热回收方案图。设烟气比热容 $c_p=1\ 400$ J/(kg·K)，$c_V=1\ 000$ J/(kg·K)，求：

(1) 烟气流经换热器传给热机工质的热量；

(2) 热机排给大气的最小热量 Q_2；

(3) 热机输出的最大功 W。

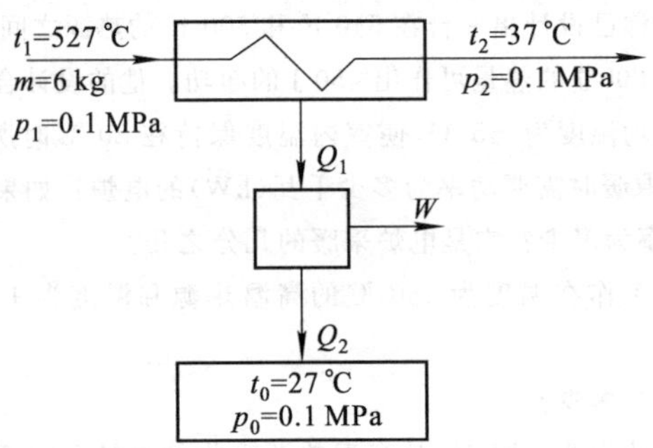

图 4-11 习题 4-10 附图

4-11 绝热刚体容器中有 1 kg 空气，外力使一个螺旋桨在其中搅动，使空气温度由 15 ℃升高到 20 ℃，求空气的熵变及过程中作功能力的损失。

4-12 空气稳定地流过压气机，从 $p_1=0.1$ MPa、$t_1=17$ ℃被绝热压缩到 0.4 MPa。如忽略进、出口动能和位能的变化，压缩过程所耗轴功为 180 kJ/kg，环境温度为 17℃，试计算 1 kg空气在压气过程中作功能力的损失。

4-13 质量为 m、温度为 T_1 的水和质量为 m、温度为 T_2 的水在绝热容器中定压混合。试证明混合过程的总熵变为

$$\Delta S=2mc_p\ln\frac{T_1+T_2}{2\sqrt{T_1T_2}}$$

4-14 某热机在温度分别为600 ℃和40 ℃的两个恒温热源之间工作，并用该热机带动一个制冷机。制冷机在温度为40 ℃和-18 ℃的两个恒温热源间工作。当600 ℃的热源提供给热机2 100 kJ的热量时，用热机带动制冷机联合运行并有370 kJ的功输出。如热机的热效率为可逆机的40%，制冷机的制冷系数为可逆制冷机的40%，求40 ℃热源共得到多少热量？

4-15 有一台空气压缩机，空气进口温度为17 ℃、压力为0.1 MPa，经历不可逆绝热压缩后温度为207 ℃、压力为0.4 MPa。若大气的温度为17 ℃、压力为0.1 MPa，求：

(1) 压气机实际消耗的轴功；

(2) 进、出口空气的㶲；

(3) 压气机所需的最小有用功；

(4) 㶲损失(作功能力损失)。

4-16 用一可逆热机输出的功驱动一可逆制冷机。在热机循环中，工质从温度为$T_H=204$ ℃的高温热源吸热，向温度$T_0=32$ ℃的低温热源放热；在制冷机中，工质从$T_L=-29$ ℃冷藏室吸热，向温度为T_0的热源放热。试求制冷机从冷藏室吸取的热量Q_L与热源T_H供给热机的热量Q_H之比。

4-17 某热泵冬季用于供暖，夏季用于制冷，要求冬、夏季房间温度皆保持20 ℃。已知当室内外温差为1 ℃时，通过墙壁等围护结构的热流量为1 200 kJ/h，求：

(1) 冬季室外温度为-4 ℃时驱动热泵的最小功率；

(2) 如果消耗与冬季相同的功率，夏季室内仍保持20 ℃，室外最高允许温度为多少？

4-18 比热容为定值且摩尔定压热容为29 J/(mol·K)的理想气体，经历了一可逆多变压缩过程。已知多变指数$n=1.40$，试判断该过程是吸热、放热、还是绝热？

4-19 气体在气缸中被压缩，压缩过程中外界对气体作功200 kJ/kg，气体的热力学能变化为60 kJ/kg，熵变为-0.274 kJ/(kg·K)。温度为20 ℃的环境可与气体发生热交换。试确定每压缩1 kg气体时的熵产。

第五章

水蒸气与湿空气

工程上用的气态工质可以分为两类，即气体和蒸气，两者之间并无严格的界限。蒸气泛指刚刚脱离液态或比较接近液态的气态物质，在被冷却或被压缩时，很容易变回液态。一般地说，蒸气分子间的距离较小，分子间的作用力及分子本身的体积不能忽略，因此蒸气一般不能作为理想气体处理。

工程上常用的蒸气有水蒸气、氨蒸气、氟利昂蒸气等。由于水蒸气来源丰富，生产成本低，无毒无味，比热容大，传热好，有良好的膨胀和载热性能，是热工技术上应用最广泛的一种工质。

各种物质的蒸气虽然各有特点，但其热力性质及物态变化规律都有许多类似之处。本章仅以水蒸气(蒸汽)为例，对它的产生、状态的确定及其基本热力过程进行分析。

5-1 水蒸气的产生过程

蒸气是由液体汽化而产生的。液体汽化有两种形式：**蒸发**和**沸腾**。

由于液体中的分子在不停地进行着无规则的热运动，每个分子的动能大小不等，在液体表面总会有一些动能大的分子克服邻近分子的引力而逸出液面。形成蒸气，这就是蒸发。蒸发是在液体表面进行的汽化现象。蒸发可以在任何温度下进行，但温度愈高，能量较大的分子愈多，蒸发愈强烈。

与蒸发不同，在给定的压力下，沸腾是在特定温度下发生、在液体内部和表面同时进行并且伴随着大量气泡产生的剧烈的汽化现象。实验证明，液体沸腾时，尽管对其继续加热，但液体的温度保持不变。

无论蒸发还是沸腾，如果液面上方是和大气相连的自由空间，那么一般情况下汽化过程可以一直进行到液体全部变为蒸气为止。当液体在有限的密闭空间内汽化时，则不仅有分子逸出液体表面而进入蒸气空间，而且也会有分子从蒸气空间落到液体表面，回到液体中。开始时，单位时间从液面逸出的分子多于返回液面的分子，蒸气空间中的分子数不断增加。但当蒸气空间中蒸气的密度达到一定程度时，在同一时间内逸出液面的分子就会与回到液面的分子数目相等，气、液两相达到了动态平衡，这种状态称为**饱和状态**。饱和状态下的液体和蒸气分别称为**饱和液体**和**饱和蒸气**。饱和蒸气的压力和温度分别称为**饱和压力**（用 p_s 表示）和**饱和温度**（用 t_s 表示），二者一一对应，且饱和压力愈高，饱和温度也愈高。例如：对于水蒸气，当 $p_s = 0.101\ 325$ MPa 时，$t_s = 100$ ℃；当 $p_s = 1$ MPa 时，$t_s = 179.916$ ℃。

工程上应用的水蒸气，通常是在锅炉内对水定压加热产生的。下面用图 5－1 说明水蒸气的产生过程：假设一筒状容器中盛有 1 kg、温度为 t 的水，在水面上有一个可以移动的活塞，可施加一定的压力 p，并在容器底部对水加热。水蒸气的产生过程一般可以分为以下 3 个阶段。

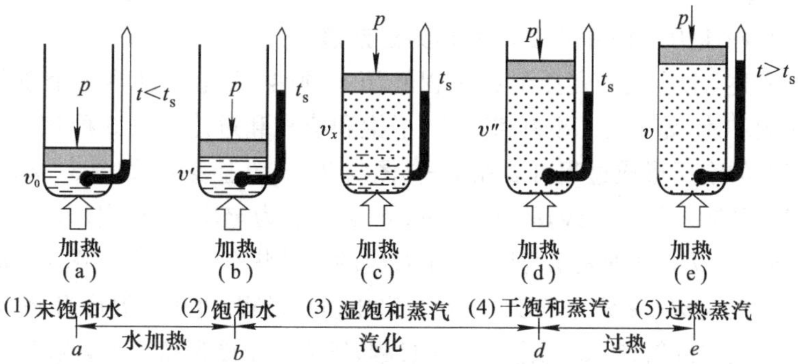

图 5－1　水蒸气产生过程示意图

(1) 水定压预热

假设容器中水的初始状态的压力为 p，温度为 $t(<t_s)$，如图 5－1a 所示。这时水温低于压力 p 对应的饱和温度 t_s，所以称为**未饱和水**。随着热量的加入，水的温度逐渐升高，比体积也略有增加。当水的主体温度升高到压力 p 所对应的饱和温度 t_s 时，达到饱和状态，成为**饱和水**，如图 5－1b 所示。饱和水的参数用相应参数上方加一撇表示，如 v'、h' 和 s' 分别表示饱和水的比体积、比焓和比熵。从图 a 到图 b 的过程为定压预热过程。

(2) 饱和水定压汽化

对饱和水继续加热，水开始汽化（沸腾），不断地变为蒸汽，水温保持饱和温度不变。这时容器内汽、液两相共存，统称为**湿饱和蒸汽**，简称**湿蒸汽**。由于湿蒸汽的温度和压力是两个互相依赖的参数，所以给出湿蒸汽的温度和压力并不能确定湿蒸汽的状态。由于湿蒸汽是由压力、温度相同的干饱和蒸汽和饱和水按不同的质量比例所组成，所以要具体地确定湿蒸汽所处的状态，除了说明它的压力或温度外，还必须指出干饱和蒸汽和饱和水的质量比例。湿蒸汽中所含有的干饱和蒸汽的质量分数，称为湿蒸汽的**干度**，用 x 表示，即

$$x=\frac{m_v}{m_w+m_v} \tag{5-1}$$

式中，m_v 和 m_w 分别表示湿蒸汽中所含干饱和蒸汽和饱和水的质量。

当对湿蒸汽继续加热直到最后一滴水变为蒸汽时，容器中的蒸汽称为**干饱和蒸汽**，简称**干蒸汽**，如图 5－1d 所示。干蒸汽的比体积、焓和熵分别用 v''、h''和 s''表示。从图 b 到图 d 为水的定压汽化过程，整个汽化过程吸收的热量称为**汽化潜热**，以 r 表示，单位为 J/kg。

(3) 干蒸汽定压过热

对干饱和蒸汽继续加热，蒸汽的温度又开始上升，超过了该压力对应的饱和温度，其比体积也继续增加，这时的蒸汽称为**过热蒸汽**，如图 5－1e 所示。从图 d 到图 e 为蒸汽的定压过热过程，这一过程吸收的热量称为过热热量。过热蒸汽的温度与同压力下饱和温度之差称为**过热度**。

综上所述，水蒸气的定压形成过程经历了预热、汽化和过热 3 个阶段，并先后经历未饱和水、饱和水、湿饱和蒸汽、干饱和蒸汽和过热蒸汽 5 种状态。

水蒸气的定压形成过程可以在 $p-v$ 图与 $T-s$ 图上表示，如图 5－2 所示。在 $p-v$ 图上，它是一条水平线，$a-b$、$b-d$、$d-e$ 分别为定压预热、定压汽化、定压过热过程。a、b、c、d、e 分别表示与图 5－1 对应的五种状态。在 $T-s$ 图上，水蒸气的定压形成过程线 $abcde$ 分为三段：$a-b$ 为定压预热过程，过程中温度升高，熵增大，过程线向右上方倾斜；$b-d$ 为定压汽化过程，压力和温度保持不变，熵增大，在 $T-s$ 图上为一水平线；$d-e$ 为定压过热过程，温度开始升高，熵继续增加，过程线向右上方倾斜。工质所吸收的总热量由 $T-s$ 图上 $abcde$ 过程线下的面积表示。

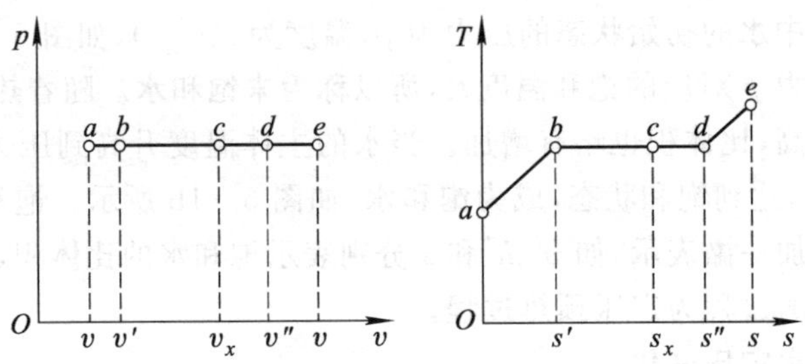

图 5－2 水蒸气的定压产生过程

如果将不同压力下蒸汽的形成过程表示在 $p-v$ 图与 $T-s$ 图上，并将不同压力下对应的状态点连接起来，就得到了图 5－3 中的 $a_1a_2a_3\cdots$线、$b_1b_2b_3\cdots$线以及 $d_1d_2d_3\cdots$线，它们分别表示各种压力下的水、饱和水以及干饱和蒸汽状态。$a_1a_2a_3\cdots$线近乎一条垂直线，这是因为低温时的水几乎不可压缩，压力升高，比体积基本不变。$b_1b_2b_3\cdots$线称为**饱和水线**或**下界线**，它表示的是不同压力下饱和水的状态。$d_1d_2d_3$…线称为**干饱和蒸汽线**或**上界线**，它表示的是不同压力下干饱和蒸汽的状态。

由图 5-3 可以清楚地看到，随着压力的增加，饱和水与干饱和蒸汽两点间的距离逐渐缩短。当压力增加到某一临界值时，饱和水与干饱和蒸汽不仅具有相同的压力和比体积，而且还具有相同的温度和熵，这时的饱和水与干饱和蒸汽之间的差异已完全消失，在图中由同一点 C 表示。这个点称为**临界点**，这样一种特殊的状态称为**临界状态**。临界状态的各热力参数都加下角标“cr”，如水的临界参数为：$p_{cr}=22.064\ \text{MPa}$、$t_{cr}=373.99\ ℃$、$v_{cr}=0.003\ 106\ \text{m}^3/\text{kg}$、$h_{cr}=2\ 085.9\ \text{kJ/kg}$、$s_{cr}=4.409\ 2\ \text{kJ/(kg·K)}$。水在临界压力 p_{cr} 下定压加热到临界温度 t_{cr} 时，不存在汽液分界线和汽液共存的汽化过程，再加热就直接成为过热蒸汽。

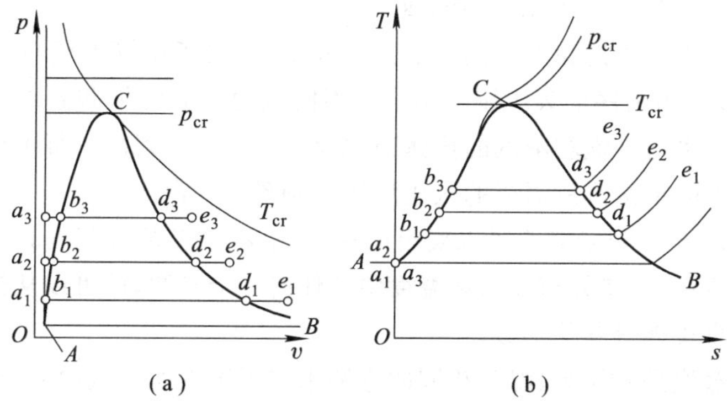

图 5-3 不同压力下水蒸气的产生过程

饱和水线 CA 与干饱和蒸汽线 CB 分别将 $p-v$ 图和 $T-s$ 图分为 3 个区域：CA 线的左方是未饱和水区；CA 线与 CB 线之间为汽液两相共存的湿蒸汽区；CB 线右方为过热蒸汽区。

综上所述，在表示水的汽化过程的 $p-v$ 图与 $T-s$ 图上，有 1 点（临界点）、2 线（上、下界线）、3 区（液相区，汽液两相区，汽相区）和 5 态（未饱和水、饱和水、湿蒸汽、干蒸汽、过热蒸汽）。

5-2 水蒸气的状态参数

水蒸气的性质与理想气体差别很大，其 p、v、T 的关系不满足理想气体状态方程式 $pv=R_gT$，水蒸气的热力学能和焓也不是温度的单值函数，数学表达式形式很复杂。为了便于工程计算，将不同温度和不同压力下的未饱和水、饱和水、干饱和蒸汽和过热蒸汽的比体积、焓、熵等各种状态参数列成表或绘成线算图，利用它们可以很容易地确定水蒸气的状态参数。

1. 水与水蒸气表

有两种表，一种是饱和水与饱和蒸汽表，另一种是未饱和水与过热蒸汽表。为了使用方便，饱和水与饱和蒸汽表又分为以温度为序和以压力为序的两种，分别见附录表 5 和附录表 6。

遵循国际规定，蒸汽表取三相点（即固、液、汽三相共存状态）液相水的热力学能和熵为零。在三相点，液相水的状态参数分别为 $p=611.7\ \text{Pa}$、$v=0.001\,000\,21\ \text{m}^3/\text{kg}$、$T=273.16\ \text{K}$、$u=0\ \text{kJ/kg}$、$s=0\ \text{kJ/(kg·K)}$。根据焓的定义，三相点液相水的焓为

$$
\begin{aligned}
h &= u+pv=0\ \text{kJ/kg}+611.7\ \text{Pa}\times 0.001\,000\,21\ \text{m}^3/\text{kg}\\
&=0.000\,61\ \text{kJ/kg}\approx 0\ \text{kJ/kg}
\end{aligned}
$$

在以温度为序的饱和水与饱和水蒸气表中，列出了不同温度对应的饱和压力 p_s；而在以压力为序的表中则列出了与不同压力对应的饱和温度 t_s。两种表都列出了饱和水与干饱和蒸汽的比体积、焓和熵，同时还列出了每千克饱和水蒸发为同温度下的干蒸汽所需要的汽化潜热 r，显然 $r=h''-h'$。

利用附录表 5、附录表 6 可以确定饱和水、干蒸汽以及湿蒸汽的状态。对于饱和水与干蒸汽，只要知道压力和温度中的任何一个参数，就可以从饱和水与饱和蒸汽表中直接查得其他参数。

由于湿蒸汽是由压力、温度相同的饱和水与干蒸汽所组成的混合物，要确定其状态，除知道它的压力（或温度）外，还必须知道它的干度 x。因为 1 kg 湿蒸汽是由 x kg 干蒸汽和 $(1-x)$kg 饱和水混合而成的，因此 1 kg 湿蒸汽的各有关参数就等于 x kg 干蒸汽的相应参数与 $(1-x)$kg 饱和水的相应参数之和，即

$$v_x=xv''+(1-x)v'=v'+x(v''-v') \tag{5-2}$$

$$h_x=xh''+(1-x)h'=h'+x(h''-h') \tag{5-3}$$

$$s_x=xs''+(1-x)s'=s'+x(s''-s') \tag{5-4}$$

比热力学能 u 值一般不列入表中，需要时可由 $u=h-pv$ 计算。计算时应注意单位的统一，表中 h 的单位是 kJ/kg，因此计算时 p 的单位要用 kPa。

附录表 7 是未饱和水和过热蒸汽表。表中粗黑线以上为未饱和水的参数，粗黑线以下为过热蒸汽的参数。对于未饱和水和过热蒸汽，已知任何两个状态参数都可以由附录表 7 确定出其他状态参数。以上三张表中没有列出的状态，可以通过直线内插法求得。

例题 5-1　利用水蒸气表确定下列各点所处的状态：(1) $t=200\ ℃$，$v=0.001\,156\,41\ \text{m}^3/\text{kg}$；(2) $t=120\ ℃$，$v=0.892\,19\ \text{m}^3/\text{kg}$；(3) $p=5\ \text{kPa}$，$s=6.504\,2\ \text{kJ/(kg·K)}$；(4) $p=0.5\ \text{MPa}$，$v=0.545\ \text{m}^3/\text{kg}$。

解　(1) 由 $t=200$ ℃查以温度为序的饱和蒸汽热力性质表(附录表5),则对应于该温度的饱和水的比体积 $v'=0.001\ 156\ 41\ \text{m}^3/\text{kg}$,所以该状态为饱和水。

(2) 由 $t=120$ ℃查饱和蒸汽热力性质表,得 $v''=0.892\ 19\ \text{m}^3/\text{kg}$,所以该点为干饱和蒸汽。

(3) 由 $p=5$ kPa 查饱和蒸汽热力性质表(附录表6),得 $s'=0.476\ 1\ \text{kJ/(kg·K)}$,$s''=8.393\ 0\ \text{kJ/(kg·K)}$,而 $s'<s<s''$,故此状态为湿蒸汽,其干度为

$$x=\frac{s-s'}{s''-s'}=\frac{(6.504\ 2-0.476\ 1)\text{kJ/(kg·K)}}{(8.393\ 0-0.476\ 1)\text{kJ/(kg·K)}}=0.76$$

(4) 由 $p=0.5$ MPa 查饱和蒸汽热力性质表,得 $v''=0.374\ 86\ \text{m}^3/\text{kg}$,因 $v>v''$,故该状态为过热蒸汽。由附录表7,通过内插法确定其温度,查过热蒸汽热力性质表,得

$$300\ ℃,v=0.522\ 55\ \text{m}^3/\text{kg}$$

$$350\ ℃,v=0.570\ 12\ \text{m}^3/\text{kg}$$

所以 $v=0.545\ \text{m}^3/\text{kg}$ 时过热蒸汽的温度为

$$t=300\ ℃+\frac{(0.545-0.522\ 55)\text{m}^3/\text{kg}}{(0.570\ 12-0.522\ 55)\text{m}^3/\text{kg}}\times 50=323.60\ ℃$$

例题 5-2　已知某冷凝器中蒸汽的压力为 5 kPa,比体积 $v=25.38\ \text{m}^3/\text{kg}$,求此蒸汽的状态及 t、h、s 的值。

解　由 $p=5$ kPa,查饱和蒸汽热力性质表(附录表6),得 $v'=0.001\ 005\ 3\ \text{m}^3/\text{kg}$、$v''=28.191\ \text{m}^3/\text{kg}$。$v'<v<v''$,故冷凝器中的蒸汽为湿蒸汽。由饱和蒸汽热力性质表继续查得 $t_s=32.879\ 3$ ℃,$h'=137.72\ \text{kJ/kg}$,$h''=2\ 560.55\ \text{kJ/kg}$,$s'=0.476\ 1\ \text{kJ/(kg·K)}$,$s''=8.393\ 0\ \text{kJ/(kg·K)}$。

求湿蒸汽的干度:

$$x=\frac{v-v'}{v''-v'}=\frac{(25.38-0.001\ 005\ 3)\text{m}^3/\text{kg}}{(28.191-0.001\ 005\ 3)\text{m}^3/\text{kg}}=0.90$$

于是,根据式(5-3)、式(5-4)得

$$\begin{aligned}h_x&=xh''+(1-x)h'=0.90\times 2\ 560.55\ \text{kJ/kg}+(1-0.90)\times 137.72\ \text{kJ/kg}\\&=2\ 318.3\ \text{kJ/kg}\end{aligned}$$

$$\begin{aligned}s_x&=xs''+(1-x)s'=0.90\times 8.393\ 0\ \text{kJ/(kg·K)}+(1-0.90)\times 0.476\ 1\ \text{kJ/(kg·K)}\\&=7.601\ 3\ \text{kJ/(kg·K)}\end{aligned}$$

而湿蒸汽的温度 $t=t_s=32.879\ 3$ ℃。

*2. 水蒸气的焓熵图

利用蒸汽表确定蒸汽的状态虽然准确度高,但往往需要内插。此外,从水蒸气表上并不能直接查得湿蒸汽的参数,如果根据表中的数据制成状态图,则将克服以上不足。尤其对水蒸气的热力过程进行分析计算时,图比表更直观方便。

工程上分析水蒸气的热力过程时,最常用的是水蒸气的焓熵图($h-s$ 图),其结构如图 5-4 所示。图中,C 为临界点,CA 为 $x=0$ 的下界线(即饱和水线),CB 为 $x=1$ 的上界线(即干饱和蒸汽线)。ACB 线的下面为湿蒸汽区,曲线 CB 的右上

方为过热蒸汽区。图中标有定压线簇和定温线簇，在湿蒸汽区内还标有定干度线。

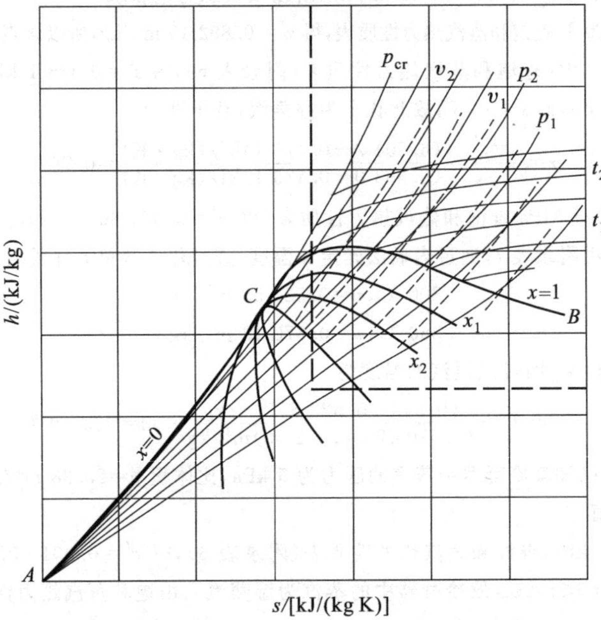

图 5-4 $h-s$ 图结构示意图

湿蒸汽区的定压线是倾斜直线。因为根据热力学第一定律，$\delta q = \mathrm{d}h + \delta w_t$，对于可逆过程，$T\mathrm{d}s = \mathrm{d}h - v\mathrm{d}p$，于是可得定压线的斜率为$(\partial h/\partial s)_p = T$。由于湿蒸汽的压力与温度是互相依赖的，所以湿蒸汽区的定压线也就是定温线。

在过热蒸汽区，从干饱和蒸汽线开始，定压线不再是直线。其斜率随温度升高而增大，是向右上方翘的曲线。定温线与定压线在上界线处开始分离，而且随温度的升高及压力的降低定温线逐渐接近于水平的定焓线。这表明，此时过热蒸气的性质逐渐接近于理想气体。

在工程计算用的详图中还标有定容线，一般用红线标出，其斜率大于定压线。

在焓熵图中，水及 $x<0.6$ 的湿蒸汽区域里曲线密集，查图所得数据误差很大，如果需要水或干度比较小的湿蒸汽的参数，可以查水与水蒸气表。由于工程上使用的多是过热蒸汽或 $x>0.7$ 的湿蒸汽，所以实用的焓熵图只限于图 5-4 中右上方用虚线框出的部分，工程上用的 $h-s$ 图就是将这部分放大后绘制而成的。

此外，在 150 ℃以内，水的比热容可近似地取为 4.187 kJ/(kg·K)或 1 kcal/(kg·K)，所以温度不超过 150 ℃时，水的焓 $h \approx 4.187\{t\}_{℃}$[①] kJ/kg 或 $h \approx \{t\}_{℃}$ kcal/kg。

① $\{t\}_{℃}$表示以℃为单位的 t 的数值。

5-3　水蒸气的基本热力过程

与理想气体一样，分析水蒸气热力过程的目的，是为了解过程中工质状态的变化规律，确定过程中工质与外界的能量交换。

在热工计算中，经常遇到蒸汽的定压过程和绝热过程。蒸汽的形成与凝结过程都是在定压下进行的，这种情况下蒸汽与外界之间无功量交换，与外界交换的热量可以用焓差表示。蒸汽在蒸汽机或汽轮机中的膨胀作功过程，可近似认为是绝热过程，如不考虑摩擦损失，则为可逆绝热过程，在 $h-s$ 图上为一垂直线，过程中与外界之间的功量交换也可用焓差表示。所以，$h-s$ 图用于水蒸气热力过程的定量计算极为方便。

具体分析计算时，一般按下列步骤进行：

(1) 根据初态的给定条件，在 $h-s$ 图上(或水蒸气表中)查出初态的其他参数值。

(2) 根据初态和过程的特点以及终态的一个参数值，确定终态，查出终态的其他参数值，并将过程表示在坐标图上，如图 5-5 所示。

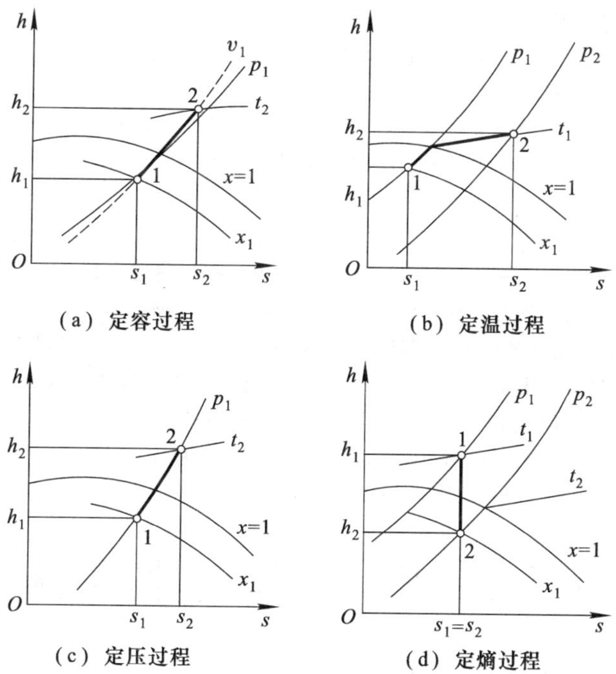

图 5-5　水蒸气的基本热力过程

(3) 根据热力学基本定律，结合过程的特点，计算过程中工质与外界交换的能量，所采用的计算公式如下：

定容过程　$w=0, w_t=v(p_1-p_2)$

$q=u_2-u_1=(h_2-h_1)-(p_2-p_1)v$

定压过程　$w=p(v_2-v_1), w_t=0$

$q=h_2-h_1$

定温过程　$w=q-\Delta u=T(s_2-s_1)-(h_2-h_1)+(p_2v_2-p_1v_1)$

$w_t=q-\Delta h=T(s_2-s_1)-(h_2-h_1)$

$q=\int_1^2 T\mathrm{d}s=T(s_2-s_1)$

定熵过程　$w=u_1-u_2, w_t=h_1-h_2, q=0$

例题 5-3　水在 $p_1=10$ MPa、$t_1=220$ ℃的状态下送入锅炉，定压加热至$t_2=550$ ℃生成水蒸气流出锅炉，求每千克水在锅炉中吸收的热量。

解　查饱和蒸汽热力性质表，得 10 MPa 对应的饱和温度 $t_s=311.037$ ℃，所以 $t_1=220$ ℃时为未饱和水，$t_2=500$ ℃时为过热蒸汽。查未饱和水与过热蒸汽热力性质表得

$$h_1=945.71\ \text{kJ/kg},\quad h_2=3\ 499.1\ \text{kJ/kg}$$

$$q=h_2-h_1=(3\ 499.1-945.71)\text{kJ/kg}=2\ 553.39\ \text{kJ/kg}$$

例题 5-4　水蒸气由 $p_1=1$ MPa、$t_1=300$ ℃可逆绝热膨胀到 $p_2=0.1$ MPa，求每千克蒸汽所作出的轴功和膨胀功。

解　首先用水蒸气热力性质表查出初态参数。根据 $p_1=1$ MPa、$t_1=300$ ℃查未饱和水和过热蒸汽热力性质表，得

$$h_1=3\ 050.4\ \text{kJ/kg},\quad v_1=0.257\ 93\ \text{m}^3/\text{kg}$$

$$s_1=7.121\ 6\ \text{kJ/(kg·K)}$$

$$\begin{aligned}u_1&=h_1-p_1v_1\\&=3\ 050.4\ \text{kJ/kg}-1\times10^6\ \text{Pa}\times0.257\ 93\ \text{m}^3/\text{kg}\times10^{-3}\ \text{kJ/J}=2\ 792.47\ \text{kJ/kg}\end{aligned}$$

根据 $p_2=0.1$ MPa、$s_2=s_1=7.121\ 6$ kJ/(kg·K)，查出终态参数。首先应根据 p_2 和 s_2 值确定终态时水蒸气的状态。具体做法是，先查出 $p=0.1$ MPa 时饱和水与干饱和蒸汽的熵：$s'=1.302\ 8$ kJ/(kg·K)、$s''=7.358\ 9$ kJ/(kg·K)。因 $s'<s_2<s''$，故状态 2 是湿蒸汽，其参数不能从蒸汽热力性质表上直接查到，而需根据饱和水与干饱和蒸汽参数进行计算。为此，先查出 $p=0.1$ MPa 时饱和水与干饱和蒸汽的各有关参数，即

$$v'=0.001\ 043\ 1\ \text{m}^3/\text{kg},\quad v''=1.694\ 3\ \text{m}^3/\text{kg}$$

$$h'=417.52\ \text{kJ/kg},\quad h''=2\ 675.1\ \text{kJ/kg}$$

计算湿蒸汽的干度：

$$x_2=\frac{s_2-s'}{s''-s'}=\frac{(7.121\ 6-1.302\ 8)\text{kJ/(kg·K)}}{(7.358\ 9-1.302\ 8)\text{kJ/(kg·K)}}=0.960\ 8$$

于是可求出

$$\begin{aligned}h_2&=(1-x_2)h'+x_2h''\\&=(1-0.960\ 8)\times417.52\ \text{kJ/kg}+0.960\ 8\times2\ 675.1\ \text{kJ/kg}\\&=2\ 586.6\ \text{kJ/kg}\end{aligned}$$

$$v_2 = (1-x_2)v' + x_2 v''$$
$$= (1-0.960\,8)\times 0.001\,043\,1\ \text{m}^3/\text{kg} + 0.960\,8\times 1.694\,3\ \text{m}^3/\text{kg}$$
$$= 1.627\,9\ \text{m}^3/\text{kg}$$
$$u_2 = h_2 - p_2 v_2 = 2\,586.6\ \text{kJ/kg} - 0.1\times 10^6\ \text{Pa}\times 1.627\,9\ \text{m}^3/\text{kg}\times 10^{-3}\ \text{kJ/J}$$
$$= 2\,423.8\ \text{kJ/kg}$$

于是可得蒸汽对外所作的轴功和膨胀功为

$$w_s = h_1 - h_2 = 3\,050.4\ \text{kJ/kg} - 2\,586.6\ \text{kJ/kg} = 463.8\ \text{kJ/kg}$$
$$w = u_1 - u_2 = 2\,792.47\ \text{kJ/kg} - 2\,423.8\ \text{kJ/kg} = 368.67\ \text{kJ/kg}$$

蒸汽在蒸汽机或汽轮机内膨胀时，如果忽略散热并假定没有摩擦损失，就可以按理想绝热过程进行计算。

工程上常利用蒸汽节流来测量湿蒸汽的干度。图 5-6 为一节流式湿蒸汽干度测定仪（简称干度计）的示意图。蒸汽管内为待测湿蒸汽。如前所述，湿蒸汽的压力和温度是互相依赖的，若只知道管内的压力和温度，则无法确定湿蒸汽的干度。如果让湿蒸汽先通过节流阀降低压力，直至变为过热蒸汽。这时压力和温度就成为两个互相独立的参数，根据测得的节流后的参数 p_2 和 t_2，即可在 $h-s$ 图上定出过热蒸汽的状态点 2。由于绝热节流前后蒸汽的焓值不变，于是由点 2 出发，沿水平线（等焓线）与测得的节流前湿蒸汽的压力 p_1 线的交于点 1，就可以从点 1 确定湿蒸汽的干度，如图 5-7 所示。

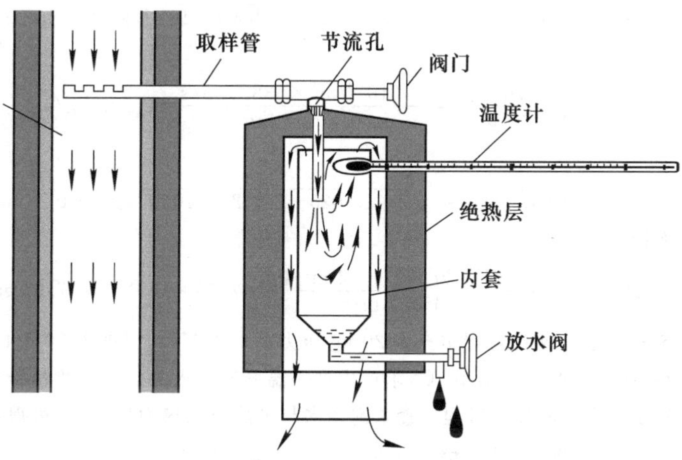

图 5-6　湿蒸汽干度测定示意图

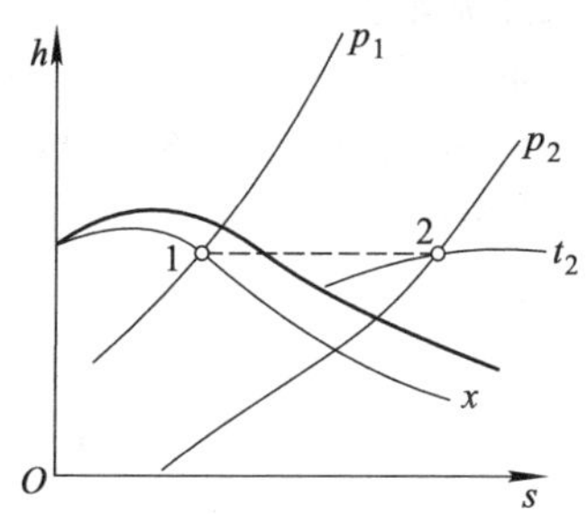

图 5-7　湿蒸汽的绝热节流过程

例题 5-5 $p_1=2\ \mathrm{MPa}$、$t_1=300\ ℃$的水蒸气，经过一拉伐尔喷管流入压力为 0.1 MPa 的空间。已知喷管的最小截面面积 $A_{\min}=2\ \mathrm{cm}^2$，求理想情况下的临界流速、出口流速、每秒流量及出口截面面积。

解 根据 $p_1=2\ \mathrm{MPa}$、$t_1=300\ ℃$，由 $h-s$ 图可知水蒸气处于过热状态。因此其临界压力比为

$$\frac{p_{\mathrm{cr}}}{p_1}=\left(\frac{2}{\kappa+1}\right)^{\frac{\kappa}{\kappa-1}}=\left(\frac{2}{1.3+1}\right)^{\frac{1.3}{1.3-1}}=0.546$$

则

$$p_{\mathrm{cr}}=0.546\times 2=1.092\ \mathrm{MPa}$$

根据 p_1、t_1 由水蒸气 $h-s$ 图查得 $h_1=3\ 025\ \mathrm{kJ/kg}$，从初态 1 作垂直线与 $p_{\mathrm{cr}}=1.092\ \mathrm{MPa}$ 及 $p_2=0.1\ \mathrm{MPa}$ 的等压线分别相交，查得

$$h_{\mathrm{cr}}=2\ 880\ \mathrm{kJ/kg},\quad v_{\mathrm{cr}}=0.20\ \mathrm{m^3/kg}$$

$$h_2=2\ 452\ \mathrm{kJ/kg},\quad v_2=1.52\ \mathrm{m^3/kg}$$

所以，临界流速为

$$c_{\mathrm{f,cr}}=\sqrt{2(h_1-h_{\mathrm{cr}})}=\sqrt{2\times(3\ 025-2\ 880)\times 10^3\ \mathrm{J/kg}}=538.5\ \mathrm{m/s}$$

质量流量为

$$q_m=\frac{A_{\min}c_{\mathrm{f,cr}}}{v_{\mathrm{cr}}}=\frac{2\times 10^{-4}\ \mathrm{m^2}\times 538.5\ \mathrm{m/s}}{0.20\ \mathrm{m^3/kg}}=0.539\ \mathrm{kg/s}$$

出口流速为

$$c_{\mathrm{f2}}=\sqrt{2(h_1-h_2)}=\sqrt{2\times(3\ 025-2\ 452)\times 10^3\ \mathrm{J/kg}}=1\ 071\ \mathrm{m/s}$$

出口截面面积为

$$A_2=\frac{q_m v_2}{c_{\mathrm{f2}}}=\frac{0.539\ \mathrm{kg/s}\times 1.52\ \mathrm{m^3/kg}}{1\ 071\ \mathrm{m/s}}=7.65\times 10^{-4}\ \mathrm{m^2}=7.65\ \mathrm{cm^2}$$

例题 5-6 在一刚性容器中充满 20 kg 压力为 0.1 MPa、温度为 20 ℃的水。如果由于意外的加热，使其温度上升到 40 ℃，求产生这一温升所加入的热量以及容器所承受的压力。

解 这是一个定容加热过程。查未饱和水与过热蒸汽热力性质表，可得：$p_1=0.1\ \mathrm{MPa}$、$t_1=20\ ℃$时，$v_1=0.001\ 001\ 8\ \mathrm{m^3/kg}$，$h_1=83.87\ \mathrm{kJ/kg}$。定容加热后，$t_2=40\ ℃$，$v_1=v_2=0.001\ 001\ 8\ \mathrm{m^3/kg}$。根据 t_2、v_2 在未饱和水与过热蒸汽热力性质表上查得

$$p_2=14\ \mathrm{MPa},\quad h_2=179.86\ \mathrm{kJ/kg}$$

可见，为了对付这种意外情况，容器至少要能承受 14 MPa 的压力。为了安全，除了设计盛有液体的容器要有足够的耐压强度之外，还应设置安全阀，防止出现事故。

定容加热量

$$\begin{aligned}Q&=m(u_2-u_1)=m[(h_2-h_1)-v(p_2-p_1)]\\&=20\ \mathrm{kg}\times[(179.86-83.87)\mathrm{kJ/kg}-0.001\ 001\ 8\ \mathrm{m^3/kg}\times(14-0.1)\mathrm{MPa}\times 10^{-3}\ \mathrm{kJ/J}]\\&=1\ 641\ \mathrm{kJ}\end{aligned}$$

5-4 湿空气的性质

在自然界中，由于江河湖海里水的蒸发，使空气中总含有一些水蒸气。这种

含有水蒸气的空气称为**湿空气**。完全不含水蒸气的空气称为**干空气**。由于湿空气中水蒸气的含量极少，在某些情况下往往可以忽略水蒸气的影响。但是，在干燥、空气调节以及精密仪表和电绝缘的防潮等对空气中的水蒸气特殊敏感的领域，则必须考虑空气中水蒸气的影响。由于湿空气中水蒸气的分压力很低，可视水蒸气为理想气体。所以，一般情况下湿空气可以看作理想混合气体。根据道尔顿定律，湿空气的总压力 p 等于水蒸气的分压力 p_v 与干空气的分压力 p_a 之和，即

$$p=p_v+p_a \tag{5-5}$$

式中，下标 v 代表水蒸气，a 代表干空气。

1. 未饱和湿空气与饱和湿空气

根据湿空气中所含水蒸气的状态是否饱和，或者根据湿空气是否具有吸收水分的能力，可分为**未饱和湿空气与饱和湿空气**。

如果湿空气中所含水蒸气的分压力 p_v 低于湿空气温度 T 所对应的水蒸气的饱和压力 $p_s(T)$，则水蒸气处于过热状态（如图 5-8 中的 1 点所示），或者说湿空气还具有吸收水分的能力，这样的湿空气称为未饱和湿空气。

如果维持未饱和湿空气的温度不变，而使其中的水蒸气含量增加，其压力 p_v 也随之不断地增大。当 p_v 等于湿空气的温度 T 所对应的饱和压力 $p_s(T)$ 时，湿空气中的水蒸气达到饱和状态，湿空气不再具有吸收水分的能力，如图 5-8 中的点 3。这种由干空气与饱和水蒸气组成的湿空气，称为饱和湿空气。

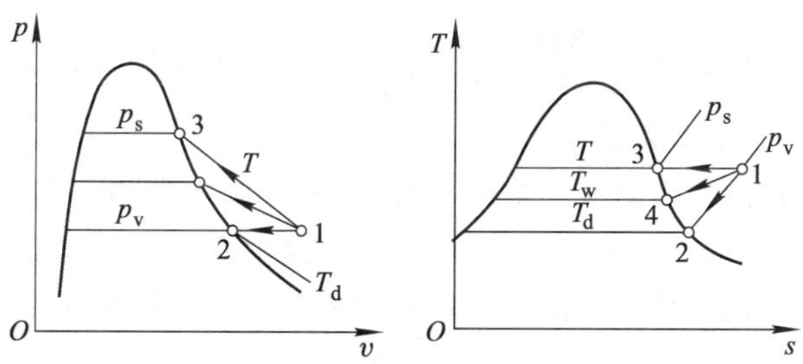

图 5-8　湿空气中水蒸气的状态

当饱和湿空气的温度提高时，饱和湿空气即变成未饱和湿空气。例如，当湿空气的温度为 20 ℃、水蒸气的分压力 $p_v=0.002\ 338\ 5$ MPa 时，是饱和湿空气。而在定压下将湿空气的温度提高到 30 ℃时，对应的饱和压力 $p_s=0.004\ 245\ 1$ MPa。因 $p_s>p_v$，这时的湿空气就是未饱和湿空气。

2. 露点

如果将未饱和湿空气（其中水蒸气的状态由图 5-8 中的点 1 代表）在定压

下逐渐冷却，由于湿空气的总压力、干空气和水蒸气的分压力均不变，所以过程中水蒸气的状态将沿着分压力 p_v 不变的过程 1－2 变化。当温度降到与水蒸气分压力相对应的饱和温度(如图 5－8 中的点 2 所示)时，湿空气中的水蒸气便由过热状态变为饱和状态，相应的湿空气也就由未饱和湿空气变为饱和湿空气。若继续冷却降温，则其中的部分水蒸气将凝结为水，即出现所谓的**结露**现象。结露在初秋早晨的草地上最为常见，即使在盛夏，当空气湿度较大时，在自来水管的外表面也会出现结露。湿空气中水蒸气分压力 p_v 所对应的饱和温度，称为**露点温度**，简称**露点**，以 T_d 表示。如果露点温度低于 0 ℃，就会出现结霜，因此测定露点还可以预报是否会有霜冻出现。

3. 绝对湿度、相对湿度和含湿量

湿空气的**湿度**是指湿空气中水蒸气的含量。前面已指出，水蒸气的分压力可以表示湿空气中所含水蒸气的多少。此外，湿空气中水蒸气的含量还可以用绝对湿度、相对湿度和含湿量来表示。

(1) 绝对湿度

1 m^3 的湿空气中所含水蒸气的质量称为湿空气的**绝对湿度**。它等于按湿空气的温度 T 和水蒸气的分压力 p_v 所确定的水蒸气的密度 ρ_v，

$$\rho_v=\frac{m}{V}=\frac{p_v}{R_{g,v}T} \tag{5-6}$$

式中，$R_{g,v}$ 为水蒸气的气体常数。已知水蒸气的相对分子质量为 $M_{r,v}=18.016$，所以

$$R_{g,v}=\frac{R}{M_v}=\frac{8.314\ \mathrm{J/(mol\cdot K)}}{18.016\times10^{-3}\ \mathrm{kg/mol}}=461.5\ \mathrm{J/(kg\cdot K)}$$

式中，M_v 为水蒸气的摩尔质量。

由式(5－6)可知，当温度一定时，绝对湿度随湿空气中水蒸气分压力 p_v 的增加而增大。当水蒸气分压力 p_v 达到湿空气温度 T 所对应的饱和压力 p_s 时，绝对湿度达到最大值，此时的湿空气就是饱和湿空气。最大绝对湿度可表示为

$$\rho_s=\frac{p_s}{R_{g,v}T} \tag{5-7}$$

具有相同绝对湿度的湿空气，由于所处的温度不同，吸湿能力也就有所不同，所以绝对湿度的大小还不能完全说明湿空气的吸湿能力，即不能说明湿空气的干燥或潮湿程度。为了说明湿空气的潮湿程度，引进相对湿度的概念。

(2) 相对湿度

湿空气的绝对湿度 ρ_v 与同温度下湿空气的最大绝对湿度，即饱和湿空气的绝对湿度 ρ_s 之比称为湿空气的**相对湿度**，用 φ 表示，即

$$\varphi=\frac{\rho_v}{\rho_s}$$

根据理想气体状态方程式 $\rho_v = p_v / R_{g,v}T$，$\rho_s = p_s / R_{g,v}T$，可得

$$\varphi = \frac{\rho_v}{\rho_s} = \frac{p_v}{p_s} \tag{5-8}$$

相对湿度 φ 的数值范围为 0～1。φ 值愈小，湿空气中水蒸气偏离饱和状态愈远，空气愈干燥，吸湿能力愈强；对于干空气，$\varphi=0$；反之，φ 值愈大，则湿空气中的水蒸气愈接近饱和状态，空气愈潮湿，吸湿能力愈弱；当 $\varphi=1$ 时，湿空气为饱和湿空气，不具有吸湿能力。

例题 5－7　如果空气的温度为 20 ℃，压力为 0.1 MPa，相对湿度 $\varphi=0.60$，问气温降到多少时才会出现露水？此时的绝对湿度、相对湿度各为多少？

解　由饱和水与饱和水蒸气热力性质表（附录表 5）查得，20 ℃时水蒸气的饱和压力为

$$p_s = 0.023\ 385 \times 10^5\ \text{Pa}$$

根据式（5－8），空气中水蒸气的分压力为

$$p_v = \varphi p_s = 0.60 \times 0.023\ 385 \times 10^5\ \text{Pa} = 0.014\ 03 \times 10^5\ \text{Pa}$$

查附录表 6 得，该压力对应的饱和温度为 11.2 ℃，此温度即为露点。可见当温度降到 11.2 ℃时就会出现露水。此时相对湿度 $\varphi=1$，根据式（5－6），绝对湿度为

$$\rho_v = \frac{p_v}{R_{g,v}T} = \frac{0.014\ 03 \times 10^5\ \text{Pa}}{461.5\ \text{J/(kg·K)} \times (273+11.2)\text{K}} = 0.010\ 7\ \text{kg/m}^3$$

气温 20 ℃时，空气的绝对湿度为

$$\rho_v = \frac{p_v}{R_{g,v}T} = \frac{0.014\ 03 \times 10^5\ \text{Pa}}{461.5\ \text{J/(kg·K)} \times (273+20)\text{K}} = 0.010\ 4\ \text{kg/m}^3$$

计算表明，空气温度从 20 ℃下降到 11.2 ℃时，相对湿度有较大的变化，从 60％增加到 100％；而绝对湿度变化很小，从 10.4 g/m³ 变到 10.7 g/m³。

（3）含湿量

在空调或干燥过程中，湿空气中水蒸气的含量会有变化，而干空气的含量则不改变。因此，为了分析和计算上的方便，通常采用单位质量干空气作为计算基准。在湿空气中，与单位质量干空气共存的水蒸气的质量，称为湿空气的**含湿量**或**比湿度**，用 d 表示，即

$$d = \frac{m_v}{m_a} = \frac{\rho_v}{\rho_a} \tag{5-9}$$

d 的单位为 kg/kg（干空气）。

根据理想气体状态方程式，可得

$$\rho_v = \frac{p_v}{R_{g,v}T}$$

$$\rho_a = \frac{p_a}{R_{g,a}T}$$

其中 $R_{g,v}=461.5$ J/(kg·K)，$R_{g,a}=287$ J/(kg·K)，并考虑到湿空气的总压力

为 $p=p_v+p_a$，代入式(5-9)可得

$$d=0.622\frac{p_v}{p-p_v} \tag{5-10}$$

式(5-10)说明，当湿空气压力 p 一定时，含湿量 d 只取决于水蒸气的分压力 p_v，即 $d=f(p_v)$。因为 $p_v=\varphi p_s$，所以

$$d=0.622\frac{\varphi p_s}{p-\varphi p_s} \tag{5-11}$$

例题 5-8 测得某车间内空气的压力 $p=0.1$ MPa、温度 $t=30$ ℃、相对温度 $\varphi=0.80$，求该车间内空气的含湿量 d、水蒸气的分压力 p_v 和露点温度 t_d。

解 由饱和水与饱和水蒸气热力性质表(附录表 5)查得，$t=30$ ℃时对应的饱和压力

$$p_s=0.042\ 451\times10^5\ \text{Pa}$$

根据式(5-8)，水蒸气分压力 p_v 为

$$p_v=\varphi p_s=0.80\times0.042\ 451\times10^5\ \text{Pa}=0.033\ 96\times10^5\ \text{Pa}$$

根据式(5-10)，含湿量为

$$\begin{aligned}d&=0.622\frac{p_v}{p-p_v}=0.622\times\frac{0.033\ 96\times10^5\ \text{Pa}}{(1.0-0.033\ 96)\times10^5\ \text{Pa}}\\&=0.021\ 9\ \text{kg/kg(干空气)}\\&=21.9\ \text{g/kg(干空气)}\end{aligned}$$

水蒸气分压力 p_v 所对应的饱和温度就是露点，根据 $p_v=0.033\ 96\times10^5$ MPa，由附录表 6 查得 $t_d=26$ ℃。

总之，要确定湿空气的状态，除压力 p、温度 t 之外还需知道湿蒸汽的水蒸气含量，即需要知道参数 ρ_v、φ、d、p_v、t_d 中的一个。如果湿空气压力为大气压力，且变化不大，可取 $p=0.1$ MPa。

4. 湿空气的相对分子质量、气体常数及密度

干空气的相对分子质量为 $M_{r,a}=28.97$，水蒸气的相对分子质量为 $M_{r,v}=18.016$。湿空气的平均相对分子质量可由混合气体的体积分数 φ_i 或摩尔分数 x_i 计算如下：

$$\begin{aligned}M_r&=\varphi_a M_{r,a}+\varphi_v M_{r,v}=\frac{V_a}{V}M_{r,a}+\frac{V_v}{V}M_{r,v}=\frac{p_a}{p}M_{r,a}+\frac{p_v}{p}M_{r,v}\\&=\frac{p-p_v}{p}M_{r,a}+\frac{p_v}{p}M_{r,v}=M_{r,a}-\frac{p_v}{p}(M_{r,a}-M_{r,v})\\&=28.97-\frac{p_v}{p}\times(28.97-18.016)=28.97-10.954\frac{p_v}{p}\end{aligned} \tag{5-12}$$

于是湿空气的气体常数为

$$R_g=\frac{R}{M_v}=\frac{8.314\ \text{J/(mol·K)}}{\left(28.97-10.954\,\frac{p_v}{p}\right)\times 10^{-3}\ \text{kg/mol}}=\frac{287}{1-0.378\,\frac{p_v}{p}}\ \text{J/(kg·K)} \tag{5-13}$$

由式(5-12)可知,湿空气的平均相对分子质量将随着水蒸气分压力的增大而减小,并且始终小于干空气的相对分子质量。水蒸气分压力愈大,水蒸气的含量愈多,湿空气的平均相对分子质量就愈小。而由式(5-13)可知,湿空气的气体常数将随着水蒸气分压力的提高而增大。

每立方米湿空气所具有的质量就是湿空气的密度。因此

$$\begin{aligned}\rho&=\frac{m}{V}=\frac{m_a+m_v}{V}=\rho_a+\rho_v\\&=\frac{p_a}{R_{g,a}T}+\frac{p_v}{R_{g,v}T}=\frac{p-p_v}{R_{g,a}T}+\frac{p_v}{R_{g,v}T}\\&=\frac{p}{R_{g,a}T}-\left(\frac{1}{R_{g,a}}-\frac{1}{R_{g,v}}\right)\frac{p_v}{T}\end{aligned}$$

将 $R_{g,a}=\frac{8.314\ \text{J/(mol·K)}}{28.97\times 10^{-3}\ \text{kg/mol}}=287\ \text{J/(kg·K)}$、$R_{g,v}=\frac{8.314\ \text{J/(mol·K)}}{18.016\times 10^{-3}\ \text{kg/mol}}=461.5\ \text{J/(kg·K)}$ 代入上式,得

$$\begin{aligned}\rho&=\frac{p}{287T}-0.001\,317\,\frac{p_v}{T}\\&=\frac{p}{287T}-0.001\,317\,\frac{\varphi p_s}{T}\end{aligned} \tag{5-14}$$

由式(5-14)可以看出,在大气压力和温度相同的情况下,湿空气的密度将永远小于干空气的密度,且湿度增大时湿空气的密度减小。

5. 湿空气的焓

湿空气的焓等于干空气的焓与水蒸气的焓之和,即

$$H=m_a h_a+m_v h_v$$

考虑到湿空气中水蒸气的质量在热力过程中常常是变化的,而干空气的质量往往是恒定的,所以湿空气的比焓 h 通常以单位质量的干空气为基准计算,即

$$h=\frac{H}{m_a}=h_a+dh_v \tag{5-15}$$

h 的单位为 kJ/kg(干空气)。

由于湿空气中干空气和水蒸气的分压力都不高,温度与室温相差也不大,可以认为它们的比热容分别为常数,通常干空气的比定压热容取为 1.005 kJ/(kg·K),水蒸气的比定压热容取为 1.842 kJ/(kg·K)。工程上常取 0 ℃时干空气的焓值为零,所以温度为 t 的干空气的比焓为

$$h_a = c_p t = 1.005 \text{ kJ/(kg·K)}·t \quad \text{kJ/kg(干空气)}$$

水蒸气的焓可按下列经验式计算：

$$h_v = 2\,501 \text{ kJ/kg} + 1.842 \text{ kJ/(kg·K)}·t \quad \text{kJ/kg(水蒸气)}$$

式中，2 501 kJ/kg 是 0 ℃时饱和水蒸气的焓值。将 h_a 与 h_v 的计算式代入式(5-15)，可得湿空气焓的计算式为

$$\begin{aligned} h &= h_a + dh_v \\ &= 1.005 \text{ kJ/(kg·K)}·t + d[2\,501 \text{ kJ/kg} + \\ &\quad 1.842 \text{ kJ/(kg·K)}·t] \text{ kJ/kg(干空气)} \end{aligned} \tag{5-16}$$

6. 湿空气的焓-湿图

为了便于湿空气的计算，人们绘制了湿空气的**焓-湿图**($h-d$ 图)。利用 $h-d$ 图可以很方便地表示湿空气的状态变化过程，确定湿空气的状态参数，是有关湿空气工程计算的重要工具。

$h-d$ 图的主要结构如图 5-9 所示，图中绘出了在大气压力 $p=0.1$ MPa 下湿空气的焓 h、含湿量 d、温度 t、相对湿度 φ、水蒸气分压力 p_v 等主要参数的定值线簇，分别介绍如下。

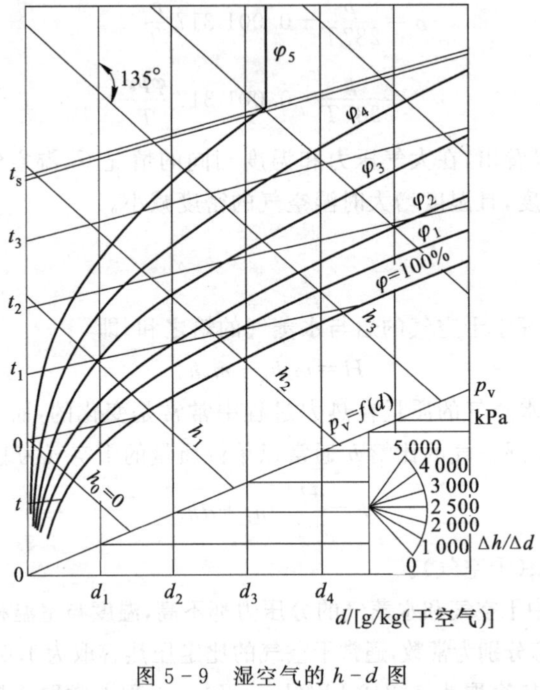

图 5-9 湿空气的 $h-d$ 图

(1) 定焓线簇

为了读数方便，定焓线绘成一组与纵坐标轴（与定 d 线）成 135°夹角的相互平行的倾斜直线，并取温度 $t=0$ ℃时的焓值为零。

(2) 定含湿量线簇

定 d 线是一组平行于纵坐标轴的垂直线，因此纵坐标轴即为 $d=0$ 的定含湿量线。自左向右，d 值逐渐增加。由式(5-10)可知，在一定的总压力下，水蒸气的分压力 p_v 与 d 值一一对应，因此定 d 线也就是定 p_v 线。另外，湿空气的露点 t_d 仅取决于水蒸气的分压力 p_v，所以定 d 线也是定 t_d 线。实用上，为避免图面过大，一般取水平线作为 d 轴。

(3) 定温线簇

根据式(5-16)，当 t 为定值时，h 与 d 成线性关系，其斜率为 2 501 kJ/kg+1.842 kJ/(kg·K)·t。显然，不同的定温线斜率各不相同，t 值愈高，斜率愈大，但由于 2 501 kJ/kg 远大于 1.842 kJ/(kg·K)·t，所以这种差别并不显著。

(4) 定相对湿度线簇

定相对湿度线簇是一组向上弯曲的曲线，随温度的降低，相对湿度增大。因此，$\varphi=1$ 的定相对湿度线处于最下位置，称为**饱和湿空气线**，线上各点分别代表不同温度下的饱和湿空气。饱和湿空气线将 $h-d$ 图分为上、下两部分，上部是未饱和湿空气。$\varphi=1$ 的定相对湿度线也是不同含湿量时的露点线。$\varphi=0$ 时，$d=0$，即为干空气，所以纵坐标轴就是 $\varphi=0$ 的定相对湿度线。

(5) 水蒸气的分压力线

由式(5-10)

$$d=0.622\frac{p_v}{p-p_v}$$

可知，当大气压力 p 一定时，水蒸气的分压力仅是含湿量 d 的函数，$p_v=f(d)$。由于湿空气中水蒸气的分压力一般很小，所以 $p-p_v$ 近似为一常数，于是 p_v 和 d 的关系接近直线，且 p_v 随 d 的增大而增大。二者之间的函数关系通常绘制在 $\varphi=1$ 的饱和湿空气线下部，并在右边的纵轴上标出水蒸气分压力的数值。

焓-湿图都是在一定的大气压力下绘制而成的。书后附图是在大气压力 $p=0.1$ MPa 的条件下绘制的。大气压力在(0.1±0.01)MPa 的范围内时，按此图计算引起的误差不超过 2%。

要确定湿空气的状态，必须知道三个独立的状态参数。由于 $h-d$ 图都是在一定的大气压力下绘制的，所以只要给出湿空气的另外两个独立参数，就可以利用 $h-d$ 图确定其他参数。

例题 5-9 已知湿空气的压力为 0.1 MPa、温度为 30 ℃、相对湿度 $\varphi=0.60$，试用 $h-d$

图求空气的含湿量 d、露点 t_d、水蒸气分压力 p_v、湿空气的焓 h。

解 (1) 求 h 及 d

首先在 $h-d$ 图上找到 $t=30$ ℃与 $\varphi=0.60$ 的交点 1，如图 5-10 所示，查得

$$d=16.3\ \text{g/kg(干空气)}$$
$$h=71.7\ \text{kJ/kg(干空气)}$$

(2) 求 t_d 和 p_v

由点 1 沿定 d 线垂直向下与 $\varphi=100\%$ 的饱和湿空气线交于点 3，点 3 的温度即为露点，查得 $t_d=21.4$ ℃。

由点 1 沿定 d 线继续向下与 $p_v=f(d)$ 线相交，从交点向右引水平线与右边纵轴相交，即可在纵轴上查得水蒸气的分压力为

$$p_{v,1}=2.5\ \text{kPa}$$

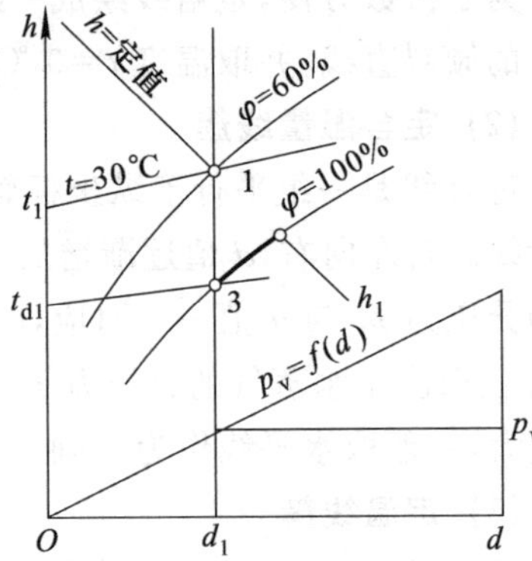

图 5-10 例题 5-9 附图

5-5 湿空气的基本热力过程

1. 加热吸湿过程

工程上经常会遇到干燥处理过程，如谷物、木材、药材、纺织品、食品、造纸等的许多加工工艺都需要烘干。

如果将被干燥物体放在适当的场地自然干燥，则不仅时间长，且容易受气候条件的限制，干燥效果也不易控制。所以，工程上一般采用人工干燥的方法，利用未饱和湿空气来吸收被干燥物体的水分，达到干燥的目的。为了提高湿空气的吸湿能力，通常先对湿空气进行加热。由于加热过程中湿空气的含湿量 d 不变，但随着温度 t 升高，相对湿度 φ 降低，湿空气的吸湿能力增强。加热过程一般在加热器中进行，其过程曲线如图 5-11 中的 1-2 所示。

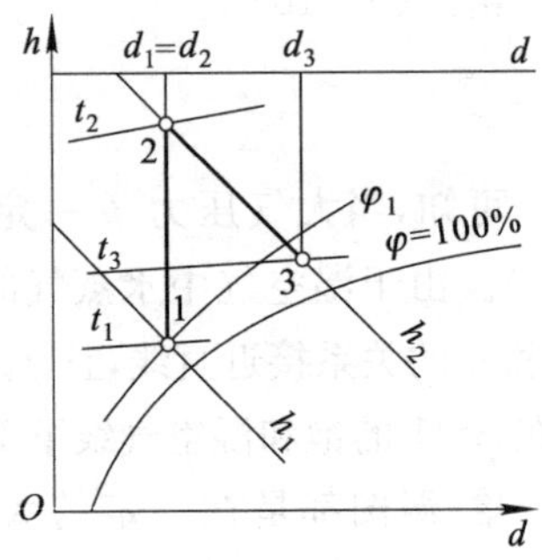

图 5-11 湿空气的加热吸湿过程

加热后的湿空气送入干燥室，吸收被干燥物料的水分，湿空气的含湿量 d 和相对湿度 φ 皆增加。由于湿空气在吸湿过程中与外界基本绝热，水分蒸发所吸收的潜热完全来自湿空气本身，因此是一绝热加湿过程。在这一过程中，湿空气的焓值基本不变，过程沿着等 h 线向 d 和 φ 增大、t 降低的方向进行，其过程

曲线如图 5 - 11 中的 2 - 3 所示。

例题 5 - 10 已知空气的温度 $t_1=20$ ℃、相对湿度 $\varphi_1=0.60$，大气压力为 0.1 MPa。将空气在加热器中加热到 $t_2=50$ ℃后送入干燥室，从干燥室排出时温度为 $t_3=30$ ℃。求离开干燥室时湿空气的相对湿度 φ_3 及每蒸发 1 kg 水分所需要的空气量及加热量。

解 参看图 5 - 11。根据已知条件，可将过程表示在 $h-d$ 图上。首先由 t_1、φ_1 确定点 1，由点 1 向上引定 d 线与 $t_2=50$ ℃的定温线交于点 2，再由点 2 引定焓线与 $t_3=30$ ℃的定温线交于点 3。查书后湿空气的 $h-d$ 图可得

$$d_1=8.9\ \text{g/kg(干空气)},\quad h_1=42.8\ \text{kJ/kg(干空气)}$$

$$h_2=73.5\ \text{kJ/kg(干空气)},\quad d_2=d_1$$

$$d_3=17.0\ \text{g/kg(干空气)},\quad \varphi_3=0.63$$

$$h_3=h_2=73.5\ \text{kJ/kg(干空气)}$$

含 1 kg 干空气的湿空气所吸收的水分为

$$d_3-d_2=d_3-d_1=17.0-8.9=8.1\ \text{g/kg(干空气)}$$

每蒸发 1 kg 水分所需要的干空气量为

$$m_a=1\,000\ \text{g}/8.1\ \text{g/kg}=123\ \text{kg}$$

含 123 kg 干空气的状态 1 的湿空气量为

$$123\ \text{kg}\times(1+d_1)=123\ \text{kg}\times1.008\,9=124\ \text{kg}$$

所需加热量为

$$\begin{aligned}Q&=123\ \text{kg}(h_2-h_1)=123\ \text{kg}(73.5\ \text{kJ/kg}-42.8\ \text{kJ/kg})\\&=3\,776\ \text{kJ}\end{aligned}$$

2. 冷却去湿过程

湿空气被冷却时，温度降低。在温度降至露点以前其含湿量保持不变，相对湿度逐渐增加；当相对湿度等于 1 时，再继续被冷却，则过程将沿着 $\varphi=1$ 的饱和曲线向含湿量减少、温度降低的方向进行，同时析出水分，如图 5 - 12 中的 1 - 2 所示。

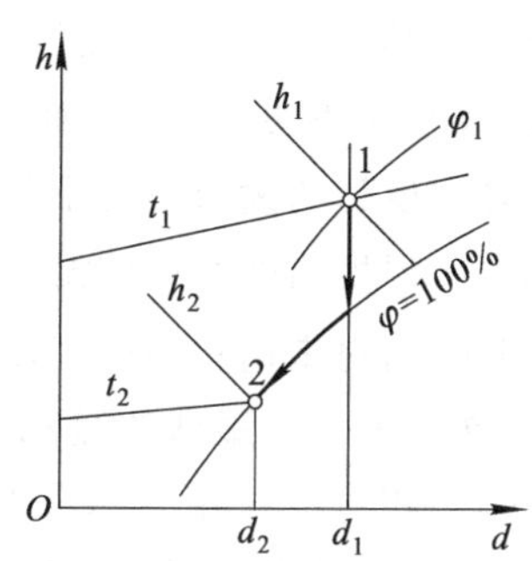

图 5 - 12 湿空气的冷却去湿过程

例题 5 - 11 将大气压力 $p=0.1$ MPa、温度 $t=30$ ℃、相对湿度 $\varphi=0.80$ 的湿空气进行降温去湿处理，先将温度降至 $t=10$ ℃，析出部分水分，然后加热到 20 ℃，送入室内。试求去湿过程中析出的水分、加热过程中空气所吸收的热量以及送入室内空气的相对湿度。

解 如图 5 - 13 所示，空气先在含湿量不变的情况下从状态 1 降温至露点，相对湿度 φ

增加到 100%；继续降温，过程将沿饱和湿空气线至 $t_2=10$ ℃，析出水分(d_1-d_2)；然后在含湿量不变的情况下加热至温度 $t_3=20$ ℃。

由书后所附的湿空气 $h-d$ 图查得

$d_1=22$ g/kg(干空气)， $h_1=86$ kJ/kg(干空气)

$d_2=7.7$ g/kg(干空气)， $h_2=29.2$ kJ/kg(干空气)

$h_3=40$ kJ/kg(干空气)， $\varphi_3=0.52$

去湿过程中析出的水分为

$$d_1-d_2=22\ \text{g/kg}-7.7\ \text{g/kg}=14.3\ \text{g/kg(干空气)}$$

加热过程 2－3 所吸收的热量为

$$h_3-h_2=40\ \text{kJ/kg}-29.2\ \text{kJ/kg}=10.8\ \text{kJ/kg(干空气)}$$

送入室内空气的相对湿度为 $\varphi_3=0.52$。

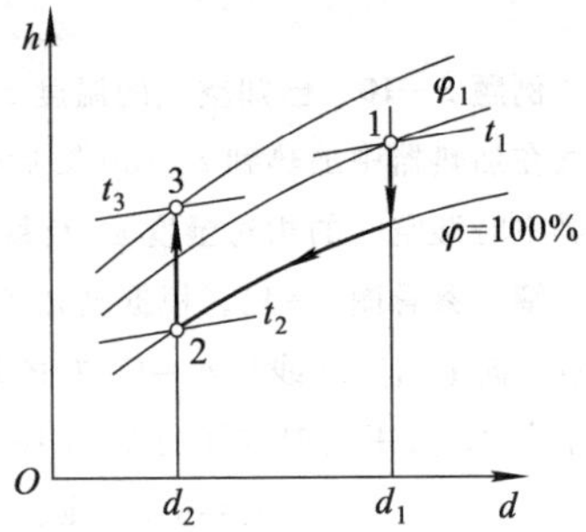

图 5－13 例题 5－11 附图

*5－6 干湿球温度计

空气相对湿度的测量方法有多种，这里仅介绍常用的干湿球温度计的测量原理。干湿球温度计由两支相同的玻璃管水银温度计组成，如图 5－14 所示。一支用来测定湿空气的温度 t，称为**干球温度计**；另一支的水银球用湿纱布包着，用来测定湿球温度 t_w，故称为**湿球温度计**。将干湿球温度计置于通风良好的湿空气中，如果被测对象是未饱和湿空气，湿布上的水分将蒸发并吸收汽化潜热，使浸入湿纱布中的水温降低，即湿球温度计的指示温度下降。于是，湿空气与湿纱布中的水之间出现了温度差，热量将从湿空气传向湿纱布。当水分蒸发所需要的热量等于周围空气所传给的热量时，湿球温度计的读数不再下降，维持在某一数值不变，这一温度值即为湿球温度 t_w。

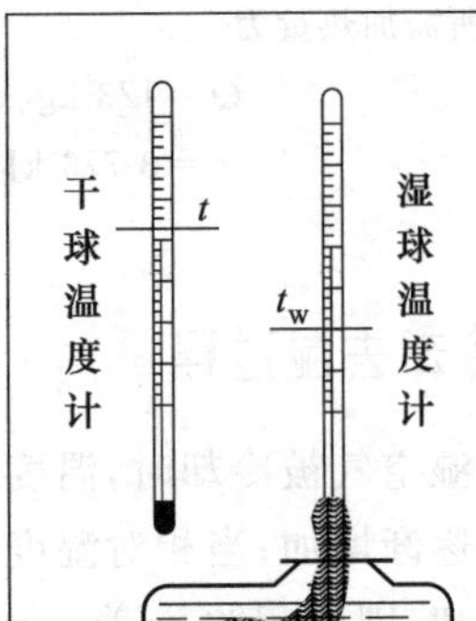

图 5－14 干湿球温度计

很明显，对未饱和湿空气，$t_w<t$，且相对湿度愈小，水分蒸发得愈快，需要的汽化潜热愈多，干、湿球的温度差就愈大；反之，相对湿度越大，干、湿球温度之差就愈小；当相对湿度等于 1，即湿空气为饱和湿空气时，干球温度与湿球温度相等，$t-t_w=0$。由此可见，干、湿球温度之差可以表征空气的相对湿度的大小，它们之间的关系可以表达成如下的一般函数形式：

$$\varphi=f(t,t_w)$$

但这个函数关系比较复杂，通常由实验测得大量数据后，整理成线算图表，根据测得的干、湿球温度值直接由图表上查得空气的相对湿度。

湿球温度的形成过程可以用 $T-s$ 图上的水蒸气的状态变化过程曲线 1－4 表示，如图 5－15 所示。说明如下：由于湿球温度计上湿纱布中的水分不断地蒸发，邻近空气的相对湿度将逐渐增加，紧贴湿纱布形成一个很薄的饱和湿空气层，该饱和湿空气层的温度近似地等于湿球温度 T_w。饱和湿空气层的形成过程可以看成是对湿纱布周围湿空气绝热加湿使其达到饱和的过程，如图 5－15 中的状态变化曲线 1－4 所示。由于水分蒸发，湿空气层中水蒸气的分压力增加，同时，水蒸发吸热使湿空气层的温度（也就是湿纱布包的水银球的温度）降低。所以，在 $\varphi<1$ 时，湿球温度 T_w 高于露点温度 T_d 而低于干球温度 T。不难理解，当 $\varphi=1$ 时，干球温度、湿球温度、露点温度将相等。所以湿球温度的高低也可以显示空气相对湿度的大小。

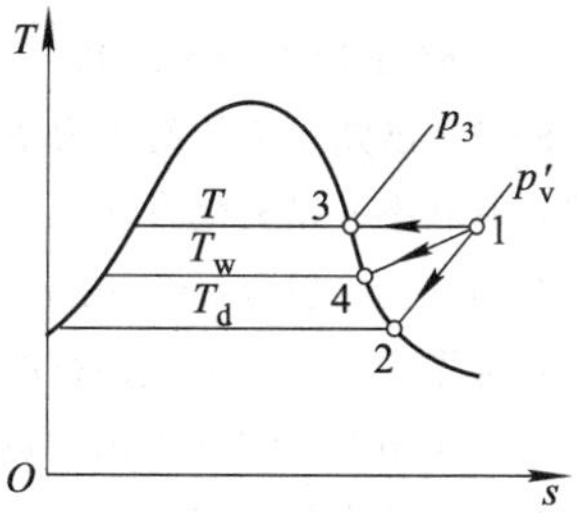

图 5－15　湿球温度的形成

思考题

1. 热水泵必须安装在热水容器下面距容器有一定高度的地方，而不能安装在热水容器上面，为什么？

2. 锅炉产生的水蒸气在定温过程中是否满足 $q=w$ 的关系？为什么？

3. 有无 0 ℃或低于 0 ℃的蒸汽存在？有无低于 0 ℃的水存在？为什么？

4. 25 MPa 的水，是否也像 1 MPa 的水那样经历汽化过程？为什么？

5. $dh=c_p dT$ 适用于任何工质的定压过程。水蒸气定压汽化过程中 $dT=0$，由此得出结论，水定压汽化时 $dh=c_p dT=0$。此结论是否正确？为什么？

6. 试解释湿空气、湿蒸汽、饱和湿空气。

7. 对未饱和湿空气与饱和湿空气，分别判断其干球温度、湿球温度、露点温度三者的大小。

8. 在相同的温度及压力下，湿空气与干空气相比，哪个密度大？

9. 同一地区，阴雨天的大气压力为什么比晴朗天气的大气压力低？

10. 两种湿空气的总压力和相对湿度相同，问：温度高的湿空气含湿量大，还是温度低的湿空气含湿量大？为什么？

习题

5－1　试利用水蒸气表确定下列各点的状态，并确定各状态的焓、熵或干度及比体积：

(1) $p=20$ MPa，$t=300$ ℃；

(2) p=9 MPa,v=0.017 m³/kg;

(3) p=4.5 MPa,t=450 ℃;

(4) p=1 MPa,x=0.90。

5-2 已知水蒸气的压力 p=0.5 MPa、比体积 v=0.35 m³/kg,分别用水蒸气表及 $h-s$ 图确定其状态并求其他参数。

5-3 一体积为1 m³ 的密闭容器内盛有压力为0.35 MPa的干饱和蒸汽,问容器内蒸汽的质量为多少?若对蒸汽进行冷却,问当压力降到0.2 MPa时容器内的蒸汽处于什么状态?冷却过程中由蒸汽向外传出的热量为多少?

5-4 某容器盛有0.5 kg、t=120 ℃的干饱和蒸汽,在定容下冷却至80 ℃,求冷却过程中蒸汽放出的热量。

5-5 某汽轮机入口蒸汽的压力 p_1=1.3 MPa、t_1=350 ℃,出口蒸汽压力 p_2=0.005 MPa。假定蒸汽在汽轮机内进行理想绝热膨胀,忽略进、出口动能差,求每千克蒸汽流过汽轮机所作的轴功及乏汽(排汽)的温度和干度。

5-6 一台锅炉的产汽率为20 t/h,蒸汽的压力为4.5 MPa、温度为480 ℃,在同样的压力下进入锅炉的给水的温度为100 ℃。若锅炉效率为0.9,煤的发热量为23 000 kJ/kg,求一小时需多少煤?锅炉效率等于蒸汽总吸热量与燃料总发热量之比。

5-7 蒸汽在 p=1.5 MPa、x=0.95 的状态下进入过热器,被定压加热成为过热蒸汽后进入汽轮机,理想绝热膨胀至 p=0.005 MPa、x=0.90 的出口状态,求每千克蒸汽在过热器中吸热的热量。

5-8 在蒸汽锅炉的汽锅里储有 p=0.4 MPa、x=0.04 的汽水混合物共8 250 kg。如果关死出汽阀,炉内燃料燃烧每分钟供给汽锅17 000 kJ 的热量,求汽锅内压力上升到1 MPa所需的时间。

5-9 p_1=3.5 MPa、t=430 ℃的蒸汽流经一拉伐尔喷管后压力降为 p_2=1 MPa,求理想情况下喷管出口处汽流的速度。

5-10 测得大气的相对湿度 φ=0.60、t=25 ℃,已知大气压力为0.1 MPa,试求大气的含湿量 d。

5-11 进入烘干装置的空气温度为10 ℃,相对湿度 φ=0.25,在加热器里被加热到50 ℃,从干燥室排出时的温度为30 ℃。求每蒸发1 kg 水分所需的空气流量及所消耗的热量。

5-12 为了保证精密仪表的精度及电绝缘的质量,要求保管及使用场所的大气不能太潮湿。如果大气温度为35 ℃,相对湿度 φ=0.80,则需进行去湿处理。现将其冷却到10 ℃,问每千克干空气的湿空气将有多少水分被分离出来?当这种含湿量已降低的湿空气再次被加热到25 ℃时,相对湿度为多少?加热量为多少?

5-13 已知房间墙壁的温度为16 ℃。如果室内空气的温度为21 ℃,试问为防止在墙壁上发生凝结现象,空气允许的最大相对湿度为多少?

5-14 一刚性容器,装有0.7 kg 的干空气,开始的压力和温度分别为 10^5 Pa 和22 ℃,然后向容器内引入水蒸气,直至成为22 ℃的饱和湿空气。求:

(1) 加入了多少水蒸气?

（2）混合气体的总压力为多少？

5-15　已知湿空气的温度 $t=18$ ℃、露点 $t_d=8$ ℃，试求其相对湿度、绝对湿度及含湿量。如将上述湿空气加热到 40 ℃，其相对湿度、绝对湿度各为多少？已知大气压力为 0.1 MPa。

5-16　一个空心钢球，内径为 0.5 m，壁厚 2 mm，内盛 2 MPa、250 ℃的过热水蒸气。这个盛水蒸气的钢球系统最终被冷却到环境温度 30 ℃。求该系统及环境在此冷却过程中的总熵变。已知钢的比热容 $c=0.450$ kJ/(kg·K)、密度 $\rho=7\ 840$ kg/m^3。

第六章

动力装置循环

将热能转换为机械能的设备称为**热能动力装置**或**热力发动机**，简称**热机**。在热机中，热能连续地转换为机械能是通过工质的热力循环过程来实现的。热机的工作循环称为**动力循环**(或**热机循环**)。根据工质的不同，动力循环可分为**蒸汽动力循环**(如蒸汽机、蒸汽轮机的工作循环)和**气体动力循环**(如内燃机、燃气轮机装置的工作循环)两大类。

从热力学的角度来分析热机循环，重点是分析其热能利用的经济性(即循环热效率)及其影响因素，研究提高循环热效率的途径。

所有实际动力循环过程都是十分复杂的，并且是不可逆的。因此在进行循环分析时，首先建立实际循环的简化热力学模型，用简单、典型的可逆过程和循环来近似实际复杂的不可逆过程和循环，通过热力学分析和计算，找出其基本特性和规律。只要这种简化的热力学模型是合理的、接近实际的，那么分析和计算的结果就具有理论上的指导意义。必要时还可以进一步考虑各种不可逆因素的影响，对分析结果进行必要的修正，以提高其精度。

本章将分别介绍几种动力装置的工作原理，并对相应的理想循环进行分析。

6-1　蒸汽动力装置循环

利用固体、液体或气体燃料燃烧放出的热量进行发电的工厂称为热力发电厂(或称为火力发电厂)。现代大型热力发电厂都是由锅炉、汽轮机和发电机等主要设备构成的，其中由锅炉、汽轮机、凝汽器、水泵等主要热力设备组成的整套装置称为**蒸汽动力装置**。近年来，我国已成批生产功率分别为 200 MW、300 MW、600 MW 的锅炉、汽轮机和发电机组，我国建成的大型火力发电厂的装机容量可达 1 000 MW 以上。

热力发电厂的蒸汽动力装置以水蒸气作为工质，其工作循环称为**蒸汽动力循环**。

1. 朗肯循环

朗肯循环是在实际蒸汽动力循环的基础上经简化处理得到的最简单、最基本的理想蒸汽动力循环，是研究其他复杂的蒸汽动力循环的基础。朗肯循环系统由给水泵、锅炉、汽轮机和冷凝器等四种主要设备组成，工作过程如下：水由给水泵加压送入锅炉，在锅炉中加热汽化形成高温高压的过热蒸汽，过热蒸汽在汽轮机中膨胀作功，作功后的低压蒸汽（乏汽）在冷凝器中被冷凝成水后送往给水泵，完成一个工作循环，如图 6－1 所示。如果忽略给水泵、汽轮机中的摩擦和散热以及工质在锅炉、冷凝器中的压力变化，上述工质的循环过程就可以简化为由以下 4 个理想化的可逆过程组成的朗肯循环：

（1）水在给水泵中的可逆绝热压缩过程 3－4；

（2）水与水蒸气在锅炉中的可逆定压加热过程 4－5－6－1；

（3）水蒸气在汽轮机中的可逆绝热膨胀过程 1－2；

（4）乏汽在冷凝器中的定压放热过程 2－3。

朗肯循环在 $T-s$ 图中的表示如图 6－1b 所示。

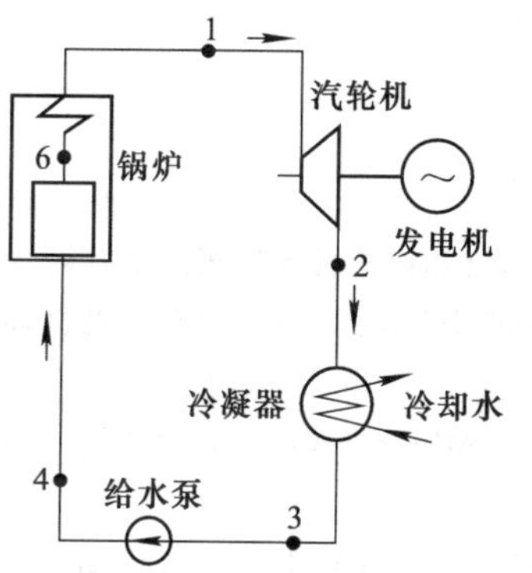

(a)

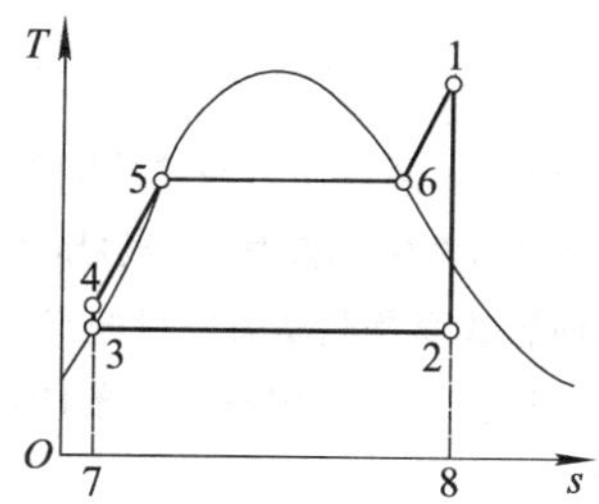

(b)

图 6－1 朗肯循环

2. 朗肯循环的净功及热效率

在朗肯循环中，每千克蒸汽对外所作出的净功 w_{net} 应等于蒸汽流过汽轮机所作的功 $w_{s,1-2}$ 与水在给水泵内被绝热压缩所消耗的功 $w_{s,3-4}$ 之差。根据稳定流动能量方程式

$$w_{s,1-2}=h_1-h_2,\quad w_{s,3-4}=h_4-h_3$$

于是

$$w_{net}=(h_1-h_2)-(h_4-h_3)$$

锅炉中每千克蒸汽的定压吸热量为

$$q_1=h_1-h_4$$

冷凝器中，每千克蒸汽的定压放热量为

$$q_2=h_2-h_3$$

根据循环热效率的定义式(4-2)，可得朗肯循环的热效率为

$$\eta_t=\frac{w_{net}}{q_1}=\frac{w_{s,1-2}-w_{s,3-4}}{q_1}=\frac{(h_1-h_2)-(h_4-h_3)}{h_1-h_4}$$

或

$$\eta_t=\frac{w_{net}}{q_1}=\frac{q_1-q_2}{q_1}=\frac{(h_1-h_4)-(h_2-h_3)}{h_1-h_4}$$

$$=\frac{(h_1-h_2)-(h_4-h_3)}{h_1-h_4} \tag{6-1}$$

由于水的压缩性很小，水的比体积又比水蒸气的比体积小得多，因此水泵消耗的功与汽轮机作出的功相比甚小，一般情况下可忽略不计，即 $h_4-h_3\approx 0$。于是式(6-1)可简化为

$$\eta_t=\frac{h_1-h_2}{h_1-h_4}=\frac{h_1-h_2}{h_1-h_3} \tag{6-2}$$

蒸汽动力装置每输出 1 kW·h(即 3 600 kJ)功量所消耗的蒸汽量称为**汽耗率**，用符号 d 表示，单位为 kg/(kW·h)，即

$$d=\frac{3\,600}{w_{net}} \tag{6-3}$$

例题 6-1 一蒸汽动力装置按朗肯循环工作，已知汽轮机入口蒸汽压力 $p_1=3.5$ MPa、温度 $t_1=435$ ℃，汽轮机排汽(乏汽)压力 $p_2=0.005$ MPa，求每千克蒸汽在此循环中所作出的净功，循环热效率及此动力装置的汽耗率。

解 参照图 6-1b。根据已知条件，由 $p_1=3.5$ MPa、$t_1=435$ ℃从水蒸气 $h-s$ 图(或附表 7)可查得 $h_1=3\,305$ kJ/kg。

从点 1 作定熵线与定压线 $p_2=0.005$ MPa 相交于点 2，查得 $h_2=2\,120$ kJ/kg。

根据 $p_2=0.005$ MPa，由饱和水与饱和水蒸气表(附录表 6)查得点 3 饱和水的焓 $h_3=137.72$ kJ/kg。

忽略泵功，得循环净功为

$$w_{net}=h_1-h_2=(3\,305-2\,120)\text{kJ/kg}=1\,185\ \text{kJ/kg}$$

循环效率为

$$\eta_t=\frac{h_1-h_2}{h_1-h_3}=\frac{1\,185\ \text{kJ/kg}}{(3\,305-137.72)\text{kJ/kg}}=37.4\%$$

汽耗率为

$$d=\frac{3\,600}{w_{net}}=\frac{3\,600\ \text{kJ/(kW·h)}}{1\,185\ \text{kJ/kg}}=3.04\ \text{kg/(kW·h)}$$

由于汽轮机内部有摩擦，沿途管路有阻力，各处还有散热损失，所以实际的热效率要低于 37.4%。

3. 蒸汽参数对朗肯循环热效率的影响

由式(6－2)可知，朗肯循环的热效率取决于汽轮机进口蒸汽的焓 h_1、乏汽的焓 h_2 以及凝结水的焓 h_3。汽轮机入口新蒸汽的焓 h_1 取决于新蒸汽的压力 p_1 与温度 t_1；h_2 除了与 p_1、t_1 有关外，还取决于乏汽的压力 p_2；h_3 是压力 p_2 对应的饱和水的焓。由此可见，朗肯循环的热效率 η_t 与新蒸汽的压力 p_1(初压)、温度 t_1(初温)以及乏汽的压力(终压)有关。

运用 $T-s$ 图研究蒸汽参数对循环热效率的影响极为方便。在 $T-s$ 图上，可将朗肯循环折合成熵变相等、吸(放)热量相同、热效率相同的卡诺循环，如图 6－2 所示。其中，吸热平均温度 $\bar{T}_1$ 为

$$\bar{T}_1=\frac{q_1}{s_a-s_b}$$

式中，s_a-s_b 为工质吸收热量 q_1 引起的熵变。

放热平均温度 $\bar{T}_2$ 就是压力 p_2 对应的饱和温度 T_2，于是朗肯循环的热效率可以用等效卡诺循环的热效率表示为

$$\eta_t=\frac{h_1-h_2}{h_1-h_3}=1-\frac{\bar{T}_2}{\bar{T}_1}=1-\frac{T_2}{\bar{T}_1}$$

由上式可见，提高吸热平均温度或降低放热平均温度都可以提高循环的热效率。

下面分析蒸汽参数变化对循环热效率的影响。

(1) 蒸汽初温的影响

如图 6－3 所示，当保持蒸汽的初压 p_1、终压 p_2 不变时，将初温由 T_1 提高到 $T_{1'}$，则朗肯循环的吸热平均温度提高，在放热平均温度不变的情况下，循环的热效率将有所提高。由图 6－3 还可以发现，提高初温使汽轮机出口的乏汽干度比原来有所增加($x_{2'}>x_2$)，这有利于汽轮机安全工作。但是，蒸汽的初温度愈高，对锅炉的过热器及汽轮机的高压部分所使用金属的耐热及强度要求也愈高，

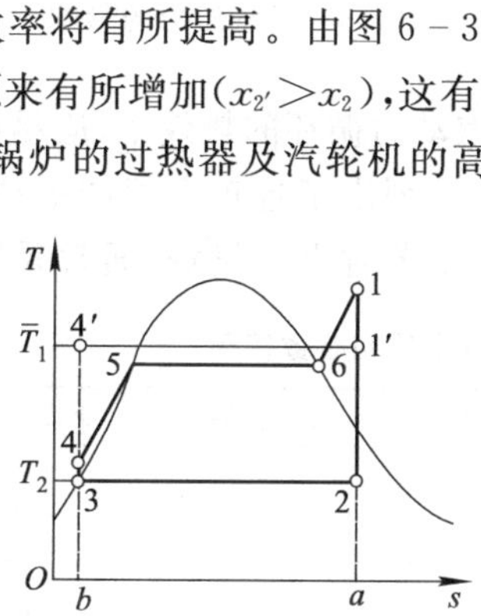

图 6－2　朗肯循环与等效卡诺循环

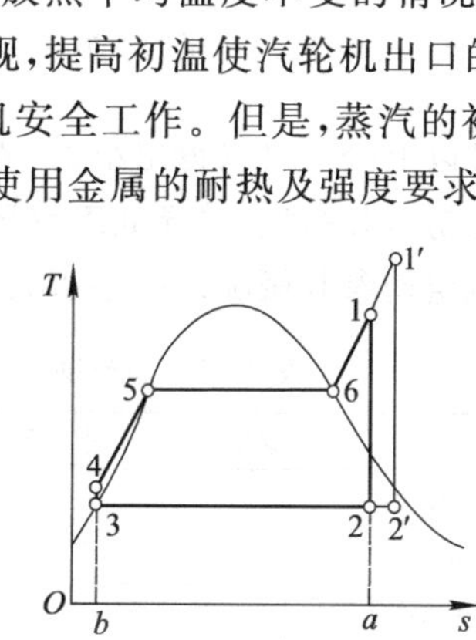

图 6－3　蒸汽初温的影响

就不得不采用耐热合金钢(如镍铬钢、铬钼钢等)。在目前的火力发电厂中,最高初温一般在 550 ℃左右。

(2) 蒸汽初压的影响

如图 6-4 所示,当保持蒸汽的初温 T_1、终压 p_2 不变时,提高初压 p_1,将会提高循环吸热平均温度,而放热平均温度保持不变,因此提高初压可以提高循环的热效率。然而,随着初压力的提高,汽轮机出口乏汽的干度减小,这意味着乏汽中所含水分增加,将会冲击和侵蚀汽轮机最后几级叶片,影响其使用寿命,并使汽轮机内部摩擦损失增加。工程上,通常在提高初压的同时提高初温,以保证乏汽的干度不低于 0.85～0.88。

(3) 乏汽压力的影响

如图 6-5 所示,如果保持蒸汽初参数 p_1、T_1 不变,降低乏汽压力 p_2,则与之对应的饱和温度 T_2(即放热温度)降低,而吸热平均温度变化很小,因此循环热效率将有所提高。但是,终压 p_2 的降低受冷凝器冷却介质温度(通常是环境温度)的限制,不能任意降低。p_2 最低只能降低到 0.003 5～0.005 MPa,相应的饱和温度约为 27～33 ℃,已接近实际上可能达到的最低限度。

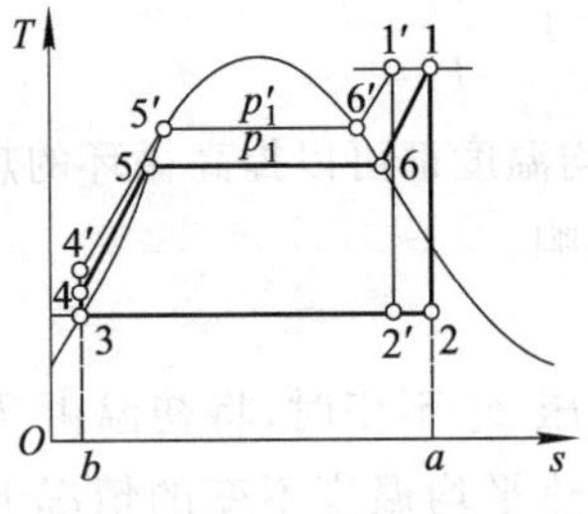

图 6-4　蒸汽初压的影响

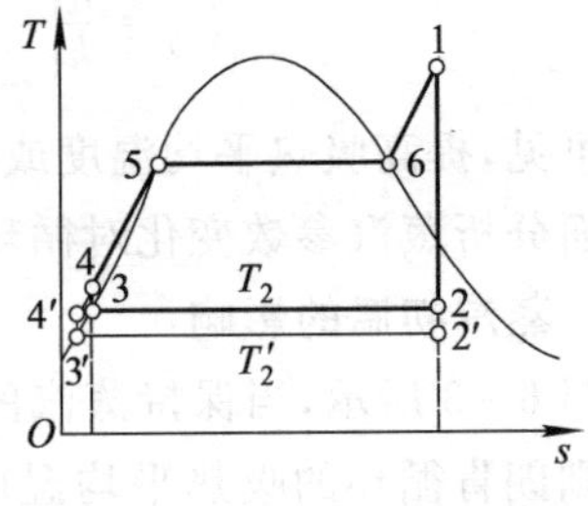

图 6-5　乏汽压力的影响

通过以上分析可以得出结论:为了提高蒸汽动力循环的热效率,应尽可能提高蒸汽的初压和初温,并降低乏汽压力。表 6-1 列出了近年来国产锅炉、汽轮机发电机组初参数概况。中小型火力发电厂为了节省设备投资,通常采用中低

表 6-1　国产锅炉、汽轮机发电机组的初参数简表

	低参数	中参数	高参数	超高参数	亚临界参数
汽轮机进汽压力 p/MPa	1.3	3.5	9.0	13.5	16.5
汽轮机进汽温度 t/℃	340	435	535	550 535	550 535
发电机功率 P/kW	1 500～3 000	6 000～25 000	$5\times10^4\sim10\times10^4$	12.5×10^4, 20×10^4	20×10^4, 30×10^4, 60×10^4

参数汽轮发电机组，所以热效率较低。大型火力发电厂为提高热效率，正朝着大功率、超高参数和自动控制的方向发展。对火力发电厂来说，提高热效率、节省燃料是十分重要的。例如，一个 100 MW 的火力发电厂每天大约消耗 1 000 t 标准煤，如果将其热效率提高百分之一，每天就可节省几十吨煤。

尽管提高蒸汽的初参数或降低乏汽的压力可提高朗肯循环的热效率，但前者受现有的耐高温、高强度合金材料的限制，后者则受环境温度的限制。因此，为了进一步提高热效率，在采用上述措施的同时，可以在蒸汽朗肯循环的基础上加以改进，形成新的蒸汽动力循环。

4. 提高蒸汽动力循环热效率的其他途径

(1) 再热循环

如上所述，提高蒸汽的初压力，可以提高朗肯循环的热效率。但如果蒸汽的初温度不能同时提高，则蒸汽在汽轮机内膨胀终了时的干度降低，影响汽轮机的安全运行。因此，为了提高蒸汽的初压又不致使乏气的干度过低，常采用蒸汽中间再过热的方法。

如图 6 - 6 所示，新蒸汽在高压汽轮机中膨胀作功到某一中间压力以后，全部抽出导入锅炉中的再热器，吸收烟气放出的热量，然后再导入低压汽轮机继续膨胀作功到终压力 p_2。这种循环称为蒸汽再热循环，简称**再热循环**。

一次再热循环在 $T-s$ 图中的表示如图 6 - 7 所示。可以看出，蒸汽经中间再过热以后，其乏汽的干度明显地提高了。再热循环的吸热平均温度将高于基本的朗肯循环，使整个再热循环的热效率有所提高。

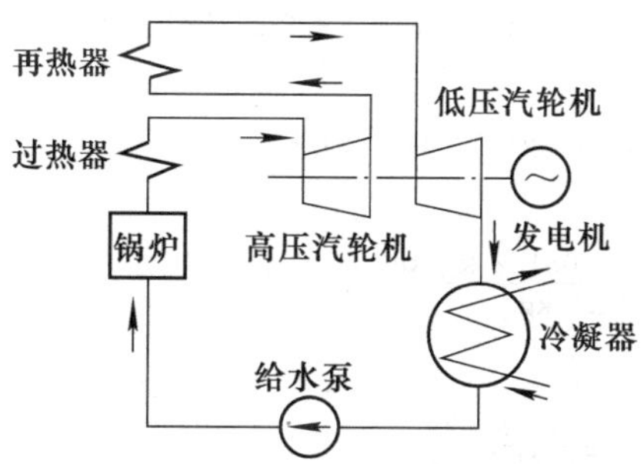

图 6 - 6　再热循环系统示意图

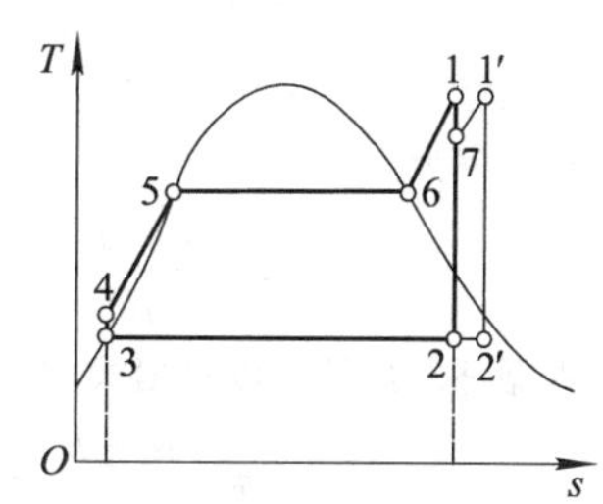

图 6 - 7　一次再热循环

工质在一次再热循环中吸收的总热量为

$$q_1=(h_1-h_4)+(h_{1'}-h_7)$$

对外放热量为

$$q_2=h_{2'}-h_3$$

再热循环的热效率为

$$\eta_t=\frac{q_1-q_2}{q_1}=\frac{(h_1-h_4)+(h_{1'}-h_7)-(h_{2'}-h_3)}{(h_1-h_4)+(h_{1'}-h_7)} \tag{6-4}$$

再热的目的主要在于增加蒸汽的干度，以便在初温度限制下可以采用更高的初压力，从而提高循环热效率。中间再热最佳压力需要根据给定的条件进行全面的经济技术分析确定，一般在蒸汽初压力的20%～30%之间。通常一次再热可使热效率提高2%～3.5%。由于实现再热循环的实际设备和管路都比较复杂，投资费用也很大，一般只有大型火力发电厂且蒸汽压力在13 MPa以上时才采用。现代大型机组很少采用两次再热，因为再热次数增多，不仅增加设备费用，且给运行带来不便。

例题6-2 某蒸汽动力装置采用一次再热循环，汽轮机入口压力为17 MPa、温度为540 ℃，膨胀到4 MPa时进行再热，再热器出口温度为540 ℃，排汽压力为0.008 MPa。试确定乏汽干度和循环热效率，并与相同初、终参数的朗肯循环进行比较。

解 将一次再热循环表示在$T-s$图上，如图6-7所示。根据已知条件，由蒸汽图表查出各有关状态点的焓值为

$$h_1=3\,400\ \text{kJ/kg},\quad h_7=2\,990\ \text{kJ/kg}$$
$$h_{1'}=3\,535\ \text{kJ/kg},\quad h_{2'}=2\,255\ \text{kJ/kg}$$
$$h_2=2\,000\ \text{kJ/kg},\quad h_3=173.81\ \text{kJ/kg}$$
$$h_4\approx h_3,\quad x_2=0.76,\quad x_{2'}=0.866$$

则循环吸热量为

$$\begin{aligned}q_1&=(h_1-h_4)+(h_{1'}-h_7)\\&=(h_1-h_3)+(h_{1'}-h_7)\\&=(3\,400\ \text{kJ/kg}-173.81\ \text{kJ/kg})+(3\,535\ \text{kJ/kg}-2\,990\ \text{kJ/kg})\\&=3\,771.2\ \text{kJ/kg}\end{aligned}$$

循环放热量 $q_2=h_{2'}-h_3=2\,255\ \text{kJ/kg}-173.81\ \text{kJ/kg}=2\,081.2\ \text{kJ/kg}$

循环热效率为

$$\eta_t=\frac{q_1-q_2}{q_1}=\frac{3\,771.2\ \text{kJ/kg}-2\,081.2\ \text{kJ/kg}}{3\,771.2\ \text{kJ/kg}}=0.448$$

而朗肯循环的热效率可根据式(6-2)计算为

$$\eta_t=\frac{h_1-h_2}{h_1-h_3}=\frac{3\,400\ \text{kJ/kg}-2\,000\ \text{kJ/kg}}{3\,400\ \text{kJ/kg}-173.81\ \text{kJ/kg}}=0.434$$

可见，采用再热循环后，循环热效率及乏汽的干度都得到了提高。必须指出，上述比较不很合理，因为与再热循环具有相同初、终参数的朗肯循环的排汽干度只有0.76。

(2) 回热循环

由以上分析可知，提高蒸汽的初温可以提高朗肯循环的吸热平均温度，从而使其热效率得到提高。由图6-1b可以看出，朗肯循环的吸热平均温度不高，主

要是水的预热过程 4－5 温度太低，实际上是锅炉给水的温度太低，因为锅炉给水的温度就是凝汽器压力 p_2 对应的饱和温度。例如，当 $p_2=0.005$ MPa 时，给水温度约为 32.9 ℃。如果用在汽轮机内作功后的蒸汽潜热加热进入锅炉之前的给水，减少从高温热源的吸热量，则循环的吸热平均温度将会有较大的提高。但是，利用乏汽加热是不可能的，因为乏汽的温度与给水的温度相等。目前采用的一种切实可行的方案是从汽轮机中间抽出部分已作过功但压力尚不太低的少量蒸汽来加热进入锅炉之前的低温给水。这种方法称为**给水回热**。有给水回热的蒸汽循环称为**蒸汽回热循环**，在现代蒸汽功力循环中普遍采用，可以有效地提高循环热效率。

图 6－8 为一次抽汽的蒸汽回热循环系统示意图，图 6－9 为该回热循环的 $T-s$ 图。1 kg 压力为 p_1 的新蒸汽进入汽轮机膨胀作功，状态由 1 变化到 7。此时抽出 α kg($\alpha<1$)蒸汽引入回热加热器，在其中沿过程线 7－8－9 凝结放热，其余 $(1-\alpha)$kg 蒸汽继续在汽轮机中膨胀作功直至乏汽压力 p_2，然后进入冷凝器被冷凝成水，经凝结水泵升压进入回热加热器，接受 α kg 抽汽凝结时放出的潜热并与之混合成为抽汽压力下的 1 kg 饱和水，最后经水泵加压进入锅炉吸热、汽化、过热成为新蒸汽，完成一个循环。

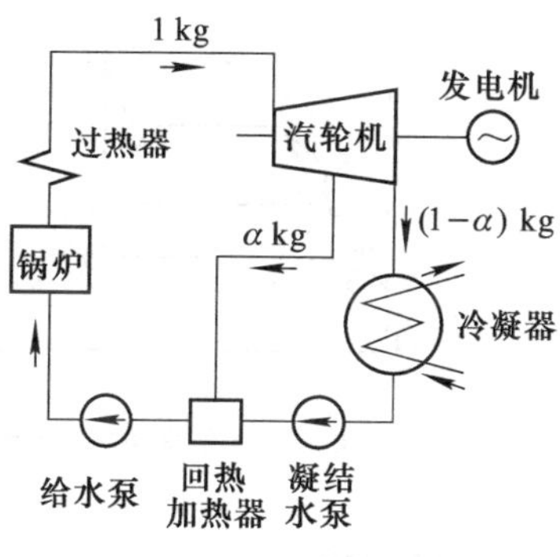

图 6－8 一次抽汽的蒸汽回热循环系统示意图

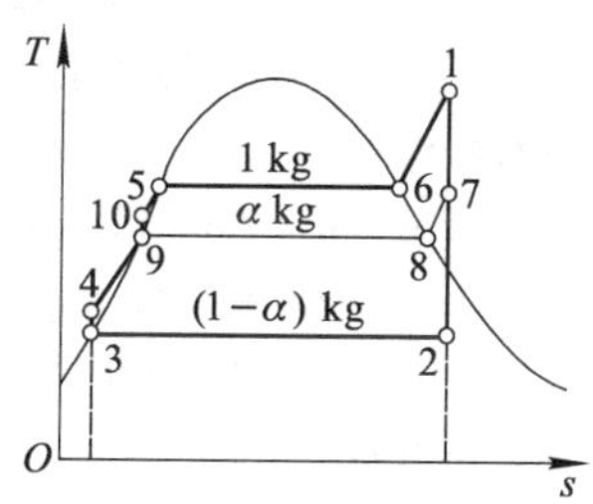

图 6－9 一次抽汽回热循环

抽汽量 α kg 的大小是根据质量守恒和能量守恒的原则确定的，应使 α kg 抽汽在回热器中所放出的热量恰好使 $(1-\alpha)$kg 的凝结水从 T_4 被加热到抽汽压力下的饱和水温度 T_9。根据热力学第一定律，回热加热器中的能量平衡式为

$$\alpha(h_7-h_9)=(1-\alpha)(h_9-h_4)$$

则

$$\alpha=\frac{h_9-h_4}{h_7-h_4}$$

如果忽略泵功，则 $h_4\approx h_3$，所以

$$\alpha=\frac{h_9-h_3}{h_7-h_3} \tag{6-5}$$

循环热效率为

$$\eta_t=1-\frac{q_2}{q_1}=1-\frac{(1-\alpha)(h_2-h_3)}{h_1-h_9} \tag{6-6}$$

抽汽压力的选择是必须考虑的问题，它取决于锅炉前给水温度的高低，过高或过低都达不到提高循环热效率的目的。理论和实践表明，对于一次抽汽回热（也称一级回热），给水回热温度以选定新蒸汽饱和温度与乏汽饱和温度的中间平均值较好，并由此确定抽汽压力。不同压力下抽汽次数（回热级数）愈多，给水回热温度和热效率愈高，但设备投资费用将相应增加。因此，小型火力发电厂回热级数一般为 1～3 级，中大型火力发电厂一般为 4～8 级。

例题 6-3 某蒸汽动力装置采用一次抽汽回热，已知新蒸汽参数为 $p_1=2.4$ MPa、$t_1=390$ ℃、抽汽压力 $p_7=0.12$ MPa、乏汽压力为 0.005 MPa，求回热循环的热效率 $\eta_{t,R}$ 和汽耗率 d_R，并与原朗肯循环的热效率 η_t 和汽耗率 d 比较。

解 回热循环如图 6-10 所示。由已知条件查水蒸气图表，得各状态点参数如下：

点 1（过热蒸汽）：

$$p_1=2.4\ \text{MPa}、t_1=390\ ℃$$

由 $h-s$ 图查得

$$h_1=3\ 220\ \text{kJ/kg}$$
$$s_1=7.00\ \text{kJ/(kg·K)}$$

点 7（湿蒸汽）：

$$s_7=s_1=7.00\ \text{kJ/(kg·K)}$$
$$p_7=0.12\ \text{MPa}$$
$$h_7=2\ 570\ \text{kJ/kg}$$

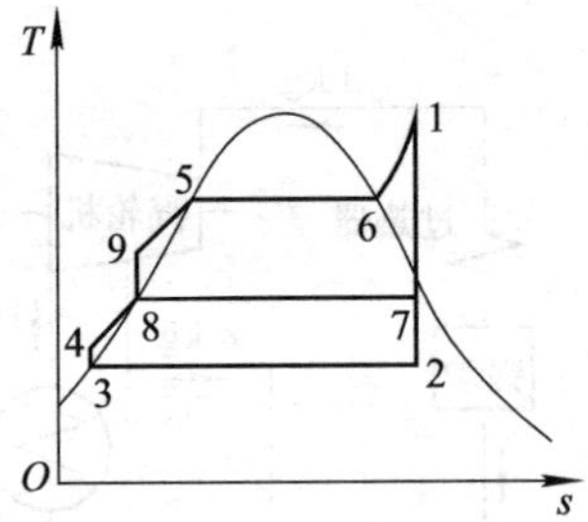

图 6-10 例题 6-3 附图

点 2（湿蒸汽）：

$$s_2=s_1=7.00\ \text{kJ/(kg·K)}, p_2=0.005\ \text{MPa},$$
$$h_2=2\ 133\ \text{kJ/kg}$$

点 3(4)：忽略泵功，

$$h_4\approx h_3=137.72\ \text{kJ/kg}$$

点 8(9)：忽略泵功，

$$h_9\approx h_8=439.37\ \text{kJ/kg}$$

计算抽汽量 α：

$$\alpha(h_7-h_8)=(1-\alpha)(h_8-h_3)$$

$$\alpha=\frac{h_8-h_3}{h_7-h_3}=\frac{(439.37-137.72)\text{kJ/kg}}{(2\ 570-137.72)\text{kJ/kg}}=0.124\ 0$$

回热循环的热效率和汽耗率分别为

$$\eta_{tR}=1-\frac{(1-\alpha)(h_2-h_3)}{h_1-h_9}$$

$$=1-\frac{(1-0.124\ 0)\times(2\ 133-137.72)\text{kJ/kg}}{(3\ 220-439.37)\text{kJ/kg}}$$

$$=37.14\%$$

$$d_R=\frac{3\ 600}{w}=\frac{3\ 600}{\alpha(h_1-h_7)+(1-\alpha)(h_1-h_2)}$$

$$=\frac{3\ 600\ \text{kJ/(kW}\cdot\text{h)}}{0.124\ 0\times(3\ 220-2\ 570)\text{kJ/kg}+(1-0.124\ 0)\times(3\ 220-2\ 133)\text{kJ/kg}}$$

$$=3.486\ \text{kg/(kW}\cdot\text{h)}$$

朗肯循环的热效率和汽耗率为

$$\eta_t=\frac{h_1-h_2}{h_1-h_3}=\frac{(3\ 220-2\ 133)\text{kJ/kg}}{(3\ 220-137.72)\text{kJ/kg}}=35.27\%$$

$$d=\frac{3\ 600}{h_1-h_2}=\frac{3\ 600\ \text{kJ/(kW}\cdot\text{h)}}{(3\ 220-2\ 133)\text{kJ/kg}}=3.312\ \text{kg/(kW}\cdot\text{h)}$$

显然，回热循环的热效率提高了，但由于回热循环抽汽后在汽轮机内每千克蒸汽所作的功减少了，所以汽耗率增加了。

(3) 热电联供循环

在现代火力发电厂中，尽管采用了高参数、再热、回热等措施，但循环热效率仍低于 50%，即燃料所发出的热量中有 50%以上没有得到利用。其中大部分被排放于冷却水或大气中，这部分热能数量虽大，但因温度接近于环境温度，故不能用来转换为机械能。与此同时，厂矿企业的生产用汽、建筑物采暖及生活用热常需要一些温度不太高的蒸汽或热水，为此热用户常自建一些中小型锅炉，其热效率较低，可用能损失很大。为了充分利用热能，自然地联想到用发电厂作了功的蒸汽的余热来满足热用户的需要，这种作法称为**热电联供**。既发电又供热的电厂习惯上称为热电厂。

热电联供循环分为两种类型：一种是采用背压式汽轮机的热电联供循环，另一种是采用抽汽式汽轮机的热电联供循环。

图 6－11 是采用背压式汽轮机热电联供循环系统示意图，其中背压式汽轮机的排汽压力高于 0.1 MPa。它的排汽不通过冷凝器，而是直接供给热用户，排汽压力根据用户需要而定。其主要缺点是供电供热彼此互相牵制，不能同时独立地满足热负荷与电负荷变化的需要。

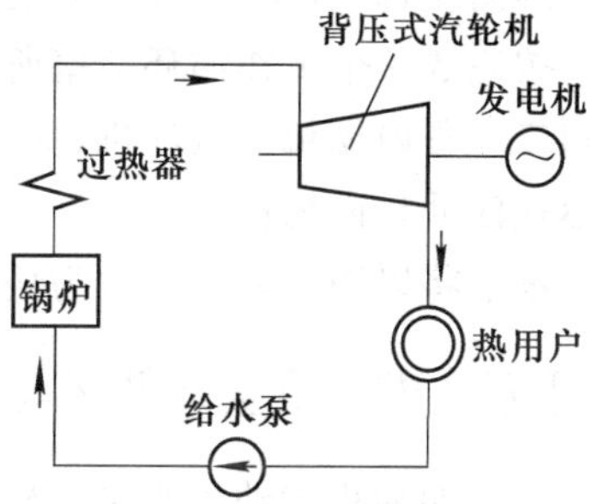

图 6－11　采用背压式汽轮机的热电联供循环系统

图 6－12 是采用抽汽式汽轮机的热电联供循环系统示意图。采用抽汽式汽轮机供

热，可以自动调节热、电供应比例，以满足不同用户的需要。

在热电联供循环中，工质所吸收的热量除一部分用于发电外，同时还向热用户供热。因此，评价热电联供循环的热经济性指标除热效率 η_t 外，还有能量利用系数 K：

$$K=\frac{\text{已被利用的能量}}{\text{工质从热源得到的能量}}$$

对背压式热电联供循环，理论上 K 可以达到1，但实际上由于各种损失及泄漏，K 值只有 0.85 左右。热电联供循环的热经济性应该用 K 和 η_t 两个指标来衡量。

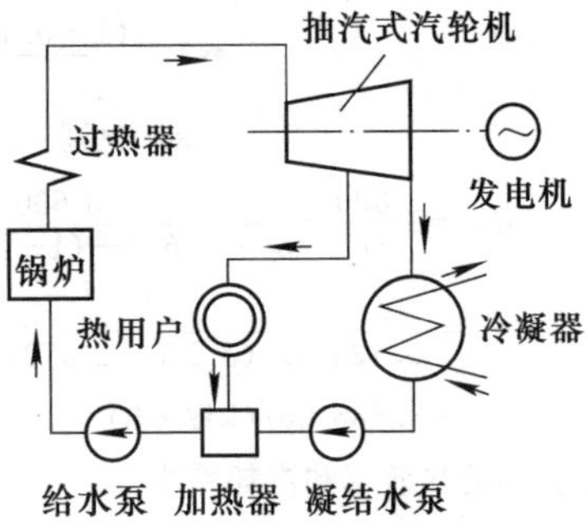

图 6-12 采用抽汽式汽轮机的热电联供循环系统

6-2 活塞式内燃机循环

内燃机一般都是活塞式（或称往复式）的，燃料直接在气缸里燃烧，用燃烧的产物作为工质推动活塞作功，再由连杆带动曲轴转动。与蒸汽动力装置相比，内燃机结构紧凑、重量轻、体积小、管理方便，是一种轻便、有较高热效率的热机，被广泛用于各种汽车、拖拉机、地质钻探机械、土建施工机械、船舶、舰艇及铁路机车等方面。

根据使用的燃料不同，活塞式内燃机分为汽油机、柴油机、煤气机等。图 6-13 为单缸汽油机构造示意图。由于燃料的性质不同，燃烧方法和燃料供给系统方面有所差别，点火的方式也不同，因此内燃机分为**点燃式**和**压燃式**两大类。点燃式内燃机吸气时吸入的气体是燃料和空气的混合物，经压缩后，由电火花点火燃烧；而压燃式内燃机吸入的气体则仅仅是空气，经压缩后使空气温度上升到燃料自燃的温度，而后喷入燃料燃烧。

按完成一个工作循环活塞所经历的冲程数不同，内燃机又分为**四冲程内燃机**和**二冲程内燃机**。汽油机、煤气机一般是点燃式四冲程内燃机，而柴油机则是压燃式四冲程内燃机。

本节将以四冲程内燃机为例介绍其工作原理和循环过程。

1. 活塞式内燃机实际循环与理想循环

现以四冲程柴油机为例分析其实际工作循环。这种内燃机的每个工作循环有四个冲程，即每个循环活塞在汽缸内往返两次。图 6-14 是用示功器在柴油机上测绘出来的示功图，从图中可以看到活塞式内燃机实际工作时，气缸内工质

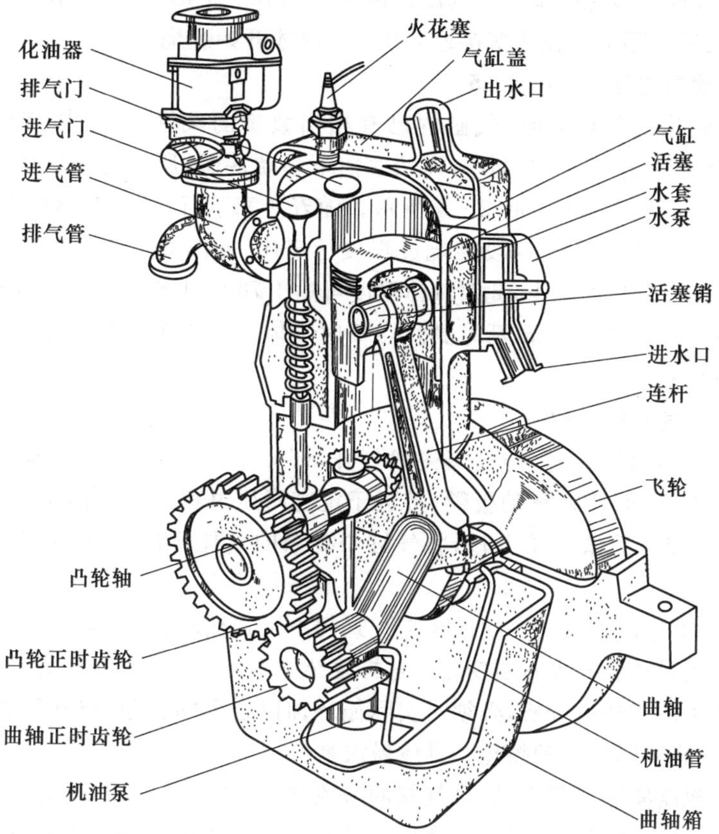

图 6－13　单缸汽油机构造示意图

的压力与容积变化的情况。

柴油机工作循环的四个冲程分别如下：

(1) 进气冲程 0－1

活塞从汽缸上死点下行，进气阀开启，吸入空气。由于进气阀的节流作用，气缸内气体的压力低于大气压力。

(2) 压缩冲程 1－2

活塞到达下死点 1 时，进气阀关闭，活塞上行，压缩空气，当行至上死点 2 前的点 2′时，空气的压力可达3～5 MPa，温度达 600～800 ℃，大大超过了柴油的自燃温度(3 MPa 时柴油的自燃温度约为 205 ℃)。

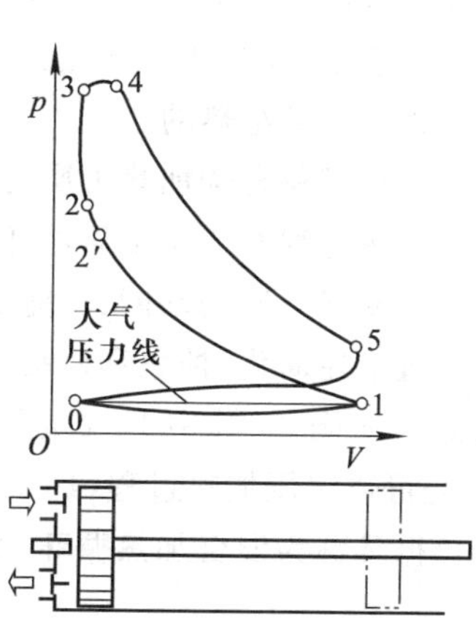

图 6－14　四冲程柴油机实际示功图

这时柴油经高压雾化喷嘴喷入气缸。由于柴油有一个滞燃期,而且柴油机的转速较高,柴油实际上是在活塞接近上死点 2 时才开始燃烧。

(3) 动力冲程 2-3-4-5

活塞到达上死点 2 时,气缸内已有相当数量的柴油,一旦燃烧就十分迅猛,压力迅速上升至 5～9 MPa,而活塞向下移动甚微,所以这一燃烧过程接近定容过程,如图 6-14 中的 2-3 所示。随着活塞下行,喷油和燃烧继续进行,此时缸内压力变化不大,这段燃烧过程接近定压,如图 6-14 中的 3-4 所示。活塞到达点 4 时喷油结束,此时气体温度可达 1 700～1 800 ℃。高温高压气体膨胀作功,压力、温度下降,活塞到达点 5 时气体的压力下降到 0.3～0.5 MPa,温度约 500 ℃。

(4) 排气冲程 5-0

活塞移动到点 5 时,排气阀突然打开,部分废气排入大气,气缸中气体的压力迅速下降,而活塞移动极微,接近于定容降压过程。当气体压力降至略高于大气压力时,活塞开始上行,将气缸中剩余的气体排出,至此完成了一个实际循环。

显然,上述内燃机的实际循环是开式的不可逆循环,并且是不连续的,过程中工质的质量和成分也不断变化。这样复杂的不可逆循环给分析计算带来很大困难。为了便于理论分析,必须对实际循环加以合理的抽象、概括和简化,忽略次要因素,将实际循环理想化。具体做法是:

(1) 忽略实际过程中进、排气阀的节流损失,认为进、排气都是在大气压力下进行的,进气过程中工质对活塞作的功与排气过程中活塞对工质作的功互相抵消,认为废气与吸入的新鲜空气状态相同。忽略喷入的油量,假设一定量的工质在气缸中进行封闭循环。

(2) 假定工质是化学成分不变、比热容为常数的理想气体——空气。

(3) 忽略工质、活塞、气缸壁之间的热交换及摩擦阻力,认为工质的膨胀和压缩过程是可逆绝热的。

(4) 将燃料燃烧加热工质的过程,看成是工质从高温热源可逆吸热的过程,将排气放热过程看成是工质可逆地向低温热源放热的过程。

(5) 忽略工质的动能、位能变化。

经过上述简化、抽象和概括,可将实际柴油机循环理想化为如图 6-15 所示的理想可逆循环,其中 1-2 是可逆绝热压缩过程,2-3 是可逆定容加热过程,3-4 是可逆定压加热过程,4-5 是可逆绝热膨胀过程,5-1 是可逆定容放热过程。该循环称为**混合加热循环**,又称**萨巴德**(Sabathe)**循环**。

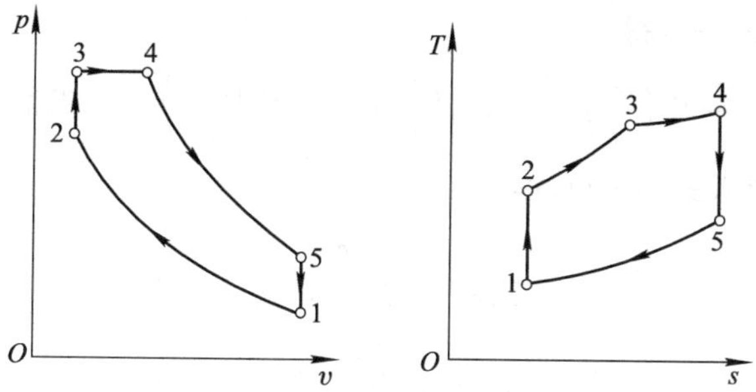

图 6-15 混合加热循环

2. 活塞式内燃机理想循环分析

(1) 混合加热循环

为了说明内燃机的工作过程对循环热效率的影响，首先引入内燃机的下列特性参数：

压缩比 $\varepsilon = v_1/v_2$，表示压缩过程中工质体积被压缩的程度。

升压比 $\lambda = p_3/p_2$，表示定容加热过程中工质压力升高的程度。

预胀比 $\rho = v_4/v_3$，表示定压加热时工质体积膨胀的程度。

对于图 6-15 所示的混合加热循环，如果已知进气状态 1(即初态)以及 ε、λ、ρ 等参数，即可确定循环热效率及循环净功。

在混合加热循环中，单位质量工质从高温热源吸收的热量 q_1 及向低温热源放出的热量 q_2 分别为

$$q_1 = c_V(T_3 - T_2) + c_p(T_4 - T_3)$$

$$q_2 = c_V(T_5 - T_1)$$

根据循环热效率的公式

$$\begin{aligned}\eta_t &= 1 - \frac{q_2}{q_1} = 1 - \frac{c_V(T_5 - T_1)}{c_V(T_3 - T_2) + c_p(T_4 - T_3)} \\ &= 1 - \frac{T_5 - T_1}{(T_3 - T_2) + \kappa(T_4 - T_3)}\end{aligned} \tag{6-7}$$

由可逆绝热过程 1-2 得

$$T_2 = T_1\left(\frac{v_1}{v_2}\right)^{\kappa-1} = T_1\varepsilon^{\kappa-1}$$

由可逆定容过程 2-3 得

$$T_3 = T_2\,\frac{p_3}{p_2} = T_2\lambda = T_1\varepsilon^{\kappa-1}\lambda$$

由可逆定压过程 3-4 得

$$T_4 = T_3\,\frac{v_4}{v_3} = T_3\rho = T_1\varepsilon^{\kappa-1}\lambda\rho$$

由可逆绝热过程 4-5 得

$$T_5 = T_4\left(\frac{v_4}{v_5}\right)^{\kappa-1} = T_4\left(\frac{\rho v_3}{v_1}\right)^{\kappa-1} = T_4\left(\frac{\rho v_2}{v_1}\right)^{\kappa-1} = T_1\lambda\rho^{\kappa}$$

将以上各温度代入式(6-7)，得

$$\begin{aligned}\eta_t &= 1-\frac{T_1(\lambda\rho^{\kappa}-1)}{T_1\varepsilon^{\kappa-1}[(\lambda-1)+\kappa\lambda(\rho-1)]} \\ &= 1-\frac{\lambda\rho^{\kappa}-1}{\varepsilon^{\kappa-1}[(\lambda-1)+\kappa\lambda(\rho-1)]}\end{aligned} \tag{6-8}$$

由式(6-8)可以看出，混合加热循环的热效率与多种因素有关，当压缩比 ε 增加、升压比 λ 增加以及预胀比 ρ 减少时，都会使混合加热循环的热效率提高。

(2) 定容加热循环

当定压预胀比 $\rho=1$ 时，图 6-15 中的 4 与 3 重合为一点，成为如图 6-16 所示的**定容加热循环**，又称**奥托**(Otto)**循环**，它是汽油机和煤气机的理想循环。在汽油机中，吸气过程吸入的是汽油与空气的混合物，经活塞压缩到上死点时由火花塞点火而迅速燃烧。在此过程中活塞位移极小，可以认为是定容燃烧过程。根据 $\rho=1$，直接由式(6-8)得到定容加热循环的热效率为

$$\eta_t = 1-\frac{1}{\varepsilon^{\kappa-1}} \tag{6-9}$$

可见，定容加热循环的热效率只与压缩比 ε 有关，且随压缩比的增大而提高。

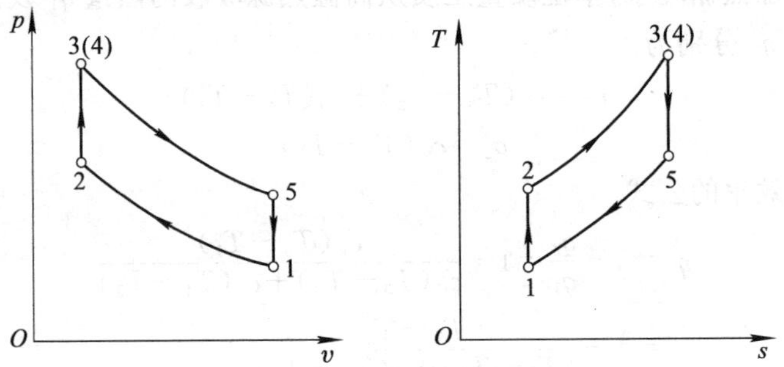

图 6-16 定容加热循环

(3) 定压加热循环

当 $\lambda=1$ 时，图 6-15 中的 3 与 2 重合为一点，成为图 6-17 所示的**定压加热循环**，又称为**狄塞尔**(Diesel)**循环**。早期的低速柴油机就属于这情况，柴油喷入汽缸燃烧的同时，活塞向下移动，汽缸内的压力变化很小，近于在定压下燃烧。定压加热循环的热效率可根据 $\lambda=1$ 直接由式(6-8)得到：

$$\eta_t = 1-\frac{1}{\varepsilon^{\kappa-1}}\frac{\rho^{\kappa}-1}{\kappa(\rho-1)} \tag{6-10}$$

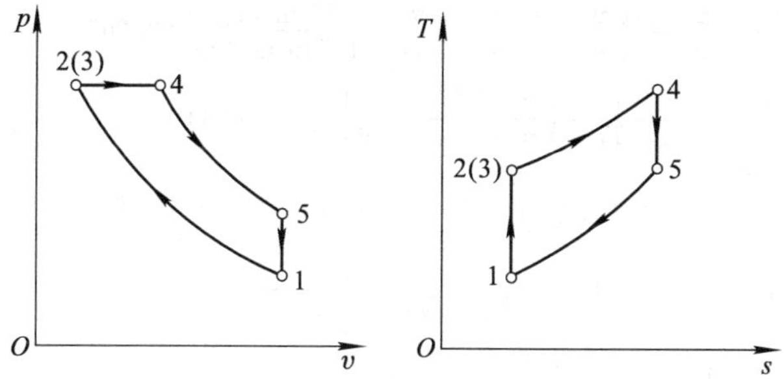

图 6-17 定压加热循环

这种柴油机是由高压空气将柴油喷入气缸进行雾化。尽管其喷油雾化好,但由于转速低,活塞移动慢,同时还需附带喷油用的压气机,整个设备从外形到重量都较庞大,现已为按混合加热循环工作的柴油机所代替,因此将不对其详细讨论。

例题 6-4 以 1 kg 空气为工质的混合加热循环,压缩开始时压力 $p_1=0.1$ MPa、温度 $T_1=300$ K、压缩比 $\varepsilon=15$,定容下加入的热量为 700 kJ,定压下加入的热量为 1 160 kJ。试求:

(1) 循环的最高压力 $p_{\max}$;

(2) 循环的最高温度 $T_{\max}$;

(3) 循环热效率 η_t;

(4) 循环净功 w_{net}。

解 (1) 参看图 6-15,可得

$$v_1=R_g T_1/p_1=287\ \text{J/(kg·K)}\times 300\ \text{K}/0.1\times 10^6\ \text{Pa}=0.861\ \text{m}^3/\text{kg}$$

$$v_2=v_1/\varepsilon=0.861\ \text{m}^3/\text{kg}/15=0.057\ 4\ \text{m}^3/\text{kg}$$

$$T_2=T_1(v_1/v_2)^{\kappa-1}=300\ \text{K}\times 15^{1.40-1}=886\ \text{K}$$

$$p_2=p_1(v_1/v_2)^{\kappa}=0.1\ \text{MPa}\times 15^{1.40}=4.43\ \text{MPa}$$

因为

$$q_{2-3}=c_V(T_3-T_2)$$

所以

$$T_3=\frac{q_{2-3}}{c_V}+T_2=700\ \text{kJ/kg}/0.716\ \text{kJ/(kg·K)}+886\ \text{K}=1\ 864\ \text{K}$$

$$\frac{p_3}{p_2}=\frac{T_3}{T_2}$$

$$p_{\max}=p_3=p_2\frac{T_3}{T_2}=4.43\ \text{MPa}\times\frac{1\ 864\ \text{K}}{886\ \text{K}}=9.32\ \text{MPa}$$

(2) $$q_{3-4}=c_p(T_4-T_3)=1.005\ \text{kJ/(kg·K)}(T_4-1\ 864\ \text{K})=1\ 160\ \text{kJ/kg}$$

$$T_{\max}=T_4=\frac{1\ 160\ \text{kJ/kg}}{1.005\ \text{kJ/(kg·K)}}+T_3=\frac{1\ 160\ \text{kJ/kg}}{1.005\ \text{kJ/(kg·K)}}+1\ 864\ \text{K}$$
$$=3\ 018\ \text{K}$$

(3) $$\frac{v_4}{v_3}=\frac{T_4}{T_3}=\frac{3\ 018\ \text{K}}{1\ 864\ \text{K}}=1.619$$

$$\frac{v_5}{v_4}=\frac{v_5}{v_3}\frac{v_3}{v_4}=\frac{v_1}{v_2}\frac{v_3}{v_4}=\varepsilon\frac{v_3}{v_4}=\frac{15\ \mathrm{m^3/kg}}{1.619\ \mathrm{m^3/kg}}=9.265$$

$$\frac{T_5}{T_4}=\left(\frac{v_4}{v_5}\right)^{\kappa-1}=\frac{1}{9.265^{1.40-1}}=0.410$$

$$T_5=T_4\left(\frac{v_4}{v_5}\right)^{\kappa-1}=3\ 018\ \mathrm{K}\times0.410=1\ 237\ \mathrm{K}$$

$$\begin{aligned}\eta_t&=1-\frac{q_2}{q_1}=1-\frac{c_V(T_5-T_1)}{c_V(T_3-T_2)+c_p(T_4-T_3)}\\&=1-\frac{T_5-T_1}{(T_3-T_2)+\kappa(T_4-T_3)}\\&=1-\frac{(1\ 237-300)\mathrm{K}}{(1\ 864-886)\mathrm{K}+1.40\times(3\ 018-1\ 864)\mathrm{K}}=0.639\end{aligned}$$

(4)
$$\begin{aligned}w_{\mathrm{net}}&=\eta_t q_1=\eta_t(q_{2-3}+q_{3-4})\\&=0.639\times(700+1\ 160)\mathrm{kJ/kg}=1\ 189\ \mathrm{kJ/kg}\end{aligned}$$

3. 影响内燃机理想循环热效率的主要因素

(1) 压缩比 ε 的影响

由式(6－8)、(6－9)和式(6－10)可以发现，对于以上三种循环，压缩比 ε 愈大，热效率愈高。图 6－18 绘出了升压比 λ、预胀比 ρ 一定时热效率 η_t 随压缩比 ε 的变化。

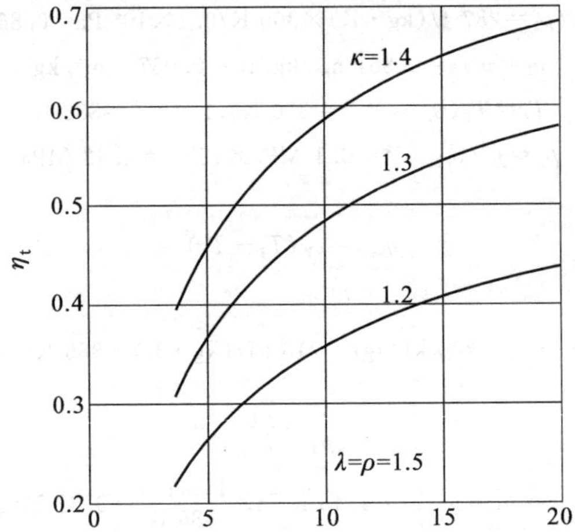

图 6－18　热效率 η_t 随压缩比 ε 的变化

提高压缩比是提高内燃机循环热效率的主要途径之一。但是，过高的压缩比也会给内燃机的工作带来不利的影响。

对于汽油机，吸入缸内被压缩的是空气和汽油的均匀混合物，如果压缩比过高，在压缩过程中混合气体的温度就会超过它的自燃温度，以致点火前就会发生爆燃，使汽缸出现爆震现象。爆震不仅对机件有损伤，而且使功率显著下降。因此，用提高压缩比的办法来改善点燃式内燃机（汽油机、煤气机）的经济性实际上受到严格的限制。对汽油机，压缩比通常为 6～10。

在柴油机压缩过程中被压缩的是纯空气，不存在以上所说的爆震问题，提高压缩比不受这方面的限制。但是，压缩比过大，压缩终了时气缸里的压力太高，致使气缸和活塞等机件受力过大，如果采用粗大的部件，就会使机器过于笨重，也增加了机件的磨损；压缩比过小，则不能保证喷油自燃，尤其会使柴油机的冷启动发生困难。因此，柴油机的压缩比通常限制在 14～22。

（2）绝热指数 κ 的影响

由式(6－8)、(6－9)和式(6－10)可知，内燃机循环的热效率与绝热指数 κ 有关，κ 值增大，各循环的热效率都增加。κ 的影响从图 6－18 也可以看出。κ 值大小取决于工质的种类和温度，对同种工质，κ 值随温度的增加而减小，但变化范围不大。

（3）升压比 λ 和预胀比 ρ 的影响

当压缩比 ε 和绝热指数 κ 一定时，升压比 λ 和预胀比 ρ 的大小对热效率的影响从图 6－19 可以看出：当预胀比 ρ 不变时，热效率 η_t 随升压比 λ 的升高而增加；当升压比 λ 不变时，热效率 η_t 随预胀比 ρ 的升高而降低。

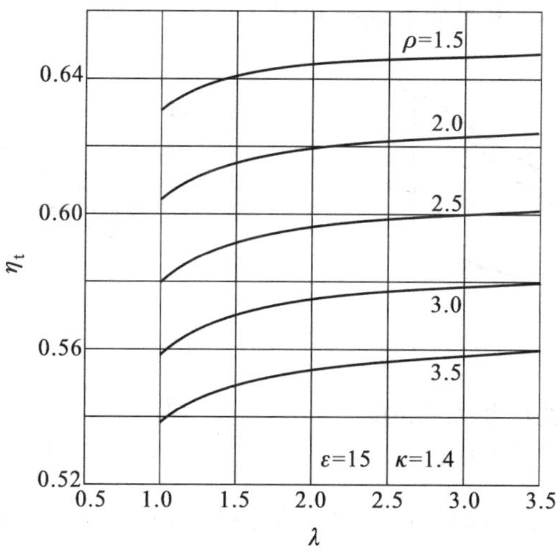

图 6－19　热效率 η_t 随升压比 λ 和预胀比 ρ 的变化

4. 三种活塞式内燃机理想循环的比较

以上介绍了 3 种活塞式内燃机的理想循环，下面用下角标 V、m、p 分别表示定容加热循环、混合加热循环、定压加热循环中的各有关量，并在相同的条件下对它们的热工性能(如热效率)进行比较。

(1) 进气状态、最高压力、最高温度彼此相同

这种比较条件实际上是指内燃机的使用场合、机械强度与受热强度相同。

图 6-20 所示的 $T-s$ 图示出了满足这种条件的三种理想循环：123451 为混合加热循环；12′451为定容加热循环；12″451 为定压加热循环。可以看出，三种理想循环的放热量相同，即

$$q_{2,V}=q_{2,\mathrm{m}}=q_{2,p}$$

而三种理想循环的吸热量的比较为

$$q_{1,V}<q_{1,\mathrm{m}}<q_{1,p}$$

于是由热效率公式 $\eta_{\mathrm{t}}=1-q_2/q_1$ 可得

$$\eta_{\mathrm{t},V}<\eta_{\mathrm{t,m}}<\eta_{\mathrm{t},p} \tag{6-11}$$

式(6-11)说明，在进气状态、最高压力和最高温度相同的条件下，定压加热循环的热效率最高，定容加热循环的热效率最低。实际上，最高温度不易控制。另外，在这种比较条件下，三种循环的燃料消耗量(q_1)是不同的，因此这种比较方法也不尽合理。

(2) 进气状态、最高压力、吸热量彼此相同

这种比较条件的实质是，各不同方式工作的内燃机在同一地区使用，机器所承受的机械强度相同，燃料的消耗量相同。

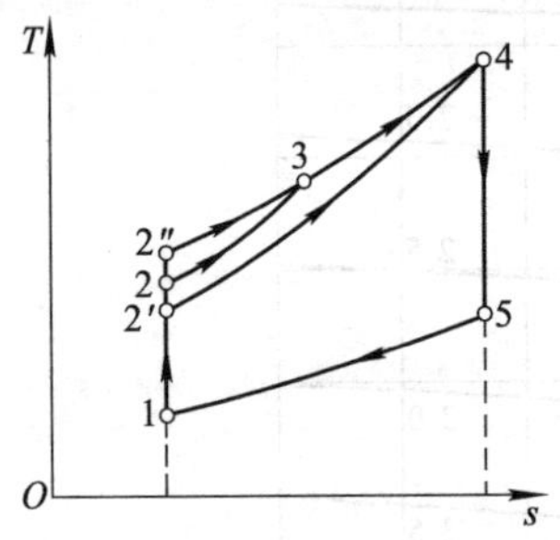

图 6-20　最高压力、最高温度相同时三种循环的比较

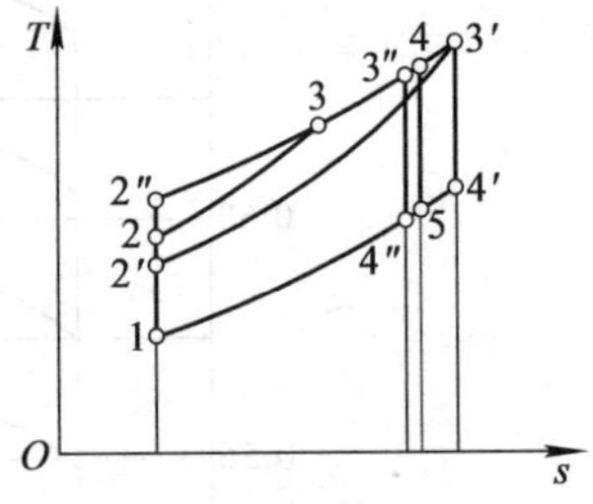

图 6-21　最高压力、吸热量相同时三种循环的比较

如图 6-21 所示，123451 是混合加热循环；12′3′4′1 是定容加热循环；12″3″4″1是定压加热循环。很明显，三种理想循环的放热量之间存在下列关系：

$$q_{2,p}<q_{2,\mathrm{m}}<q_{2,V}$$

根据比较条件

$$q_{1,p}=q_{1,\mathrm{m}}=q_{1,V}$$

所以，由热效率公式 $\eta_{\mathrm{t}}=1-q_2/q_1$ 可得

$$\eta_{\mathrm{t},p}>\eta_{\mathrm{t,m}}>\eta_{\mathrm{t},V} \tag{6-12}$$

式(6－12)说明，在进气状态、最高压力、吸热量彼此相同的情况下，定压加热循环热效率最高。但是在这种情况下，定压加热循环的压缩比大于混合加热循环的压缩比，对机械强度的要求较高。此外，定压加热循环对柴油的雾化要求也较高。

实际上，压燃式内燃机(柴油机)的压缩比比汽油机高出很多，柴油机的热效率高于汽油机，且比较省油，柴油储运也比较安全，但柴油机比较笨重，机械效率较低(为75％～80％)，噪声和振动都比同功率的汽油机大，且喷油设备构造精细，对工艺和材料的要求都比较高。因此，柴油机适合用于功率较大的场合，如载重汽车、火车、轮船、电站等；对于要求轻便和间断操作的场合，多半采用汽油机。

*6－3　燃气轮机装置的理想循环

往复式内燃机的压缩、燃烧和膨胀都在同一气缸里顺序、重复地进行，气流的不连续性以及活塞往复运动时惯性力对转速的影响都使发动机的功率受到很大的限制。如果让压气、燃烧和膨胀分别在压气机、燃烧室和燃气轮机三种设备里进行，就构成了一种新型的内燃动力装置——燃气轮机装置。

图6－22是燃气轮机装置示意图。空气首先被吸入轴流式压气机，压缩升压后送入燃烧室，同时燃油泵连续地将燃料油喷入燃烧室，与高压空气混合，在定压下进行燃烧，高温、高压燃气进入燃气轮机膨胀作功，作功后的废气则排入大气，并在大气中放热冷却，从而完成一个开式循环。

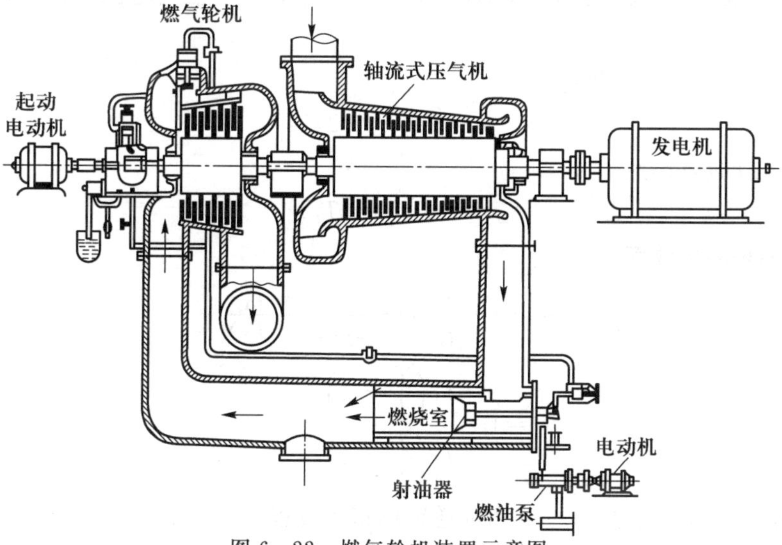

图6－22　燃气轮机装置示意图

为了对循环进行热力学分析，首先对实际循环进行理想化处理：

(1) 假设工质是比热容为定值的理想气体——空气，忽略喷入燃料的质量；

(2) 工质经历的所有过程都是可逆过程；

(3) 在压气机和燃气轮机中，工质所经历的过程皆为绝热过程；

(4) 燃烧室中工质所经历的是定压加热过程；

(5) 工质向大气的放热过程为定压放热过程。

图 6-23 是上述理想循环的 $p-v$ 图和 $T-s$ 图。图中，1—2 为空气在压气机中的可逆绝热压缩过程；2—3 为空气在燃烧室中的可逆定压加热过程；3—4 为空气在燃气轮机中的可逆绝热膨胀过程；4—1 为空气在大气中的可逆定压放热过程。

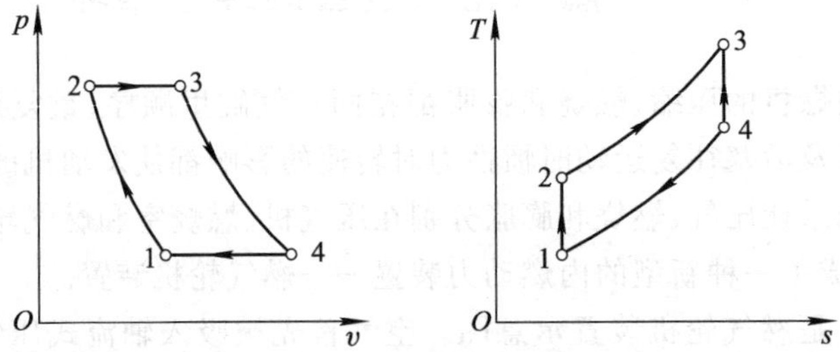

图 6-23　定压加热燃气轮机装置循环

由于加热过程是在定压下进行的，所以上述循环称为**定压加热燃气轮机装置循环**，也称为**布雷登循环**(Brayton cycle)。它是简单燃气轮机装置的理想热力循环。

循环中工质的吸热量为

$$q_1=c_p(T_3-T_2)$$

工质放出的热量为

$$q_2=c_p(T_4-T_1)$$

因此，循环的热效率为

$$\eta_t=1-\frac{q_2}{q_1}=1-\frac{c_p(T_4-T_1)}{c_p(T_3-T_2)}$$

$$=1-\frac{T_1\left(\dfrac{T_4}{T_1}-1\right)}{T_2\left(\dfrac{T_3}{T_2}-1\right)}$$

对于可逆绝热压缩过程 1—2 和可逆绝热膨胀过程 3—4，有

$$\frac{T_2}{T_1}=\left(\frac{p_2}{p_1}\right)^{\frac{\kappa-1}{\kappa}},\quad \frac{T_3}{T_4}=\left(\frac{p_3}{p_4}\right)^{\frac{\kappa-1}{\kappa}}$$

因为

$$p_2=p_3, p_1=p_4$$

所以

$$\frac{T_2}{T_1}=\frac{T_3}{T_4} \quad 或 \quad \frac{T_4}{T_1}=\frac{T_3}{T_2}$$

令 $p_2/p_1=\pi$，称为工质的**增压比**，则

$$\frac{T_2}{T_1}=\left(\frac{p_2}{p_1}\right)^{\frac{\kappa-1}{\kappa}}=\pi^{\frac{\kappa-1}{\kappa}}$$

所以，该理想循环的热效率为

$$\eta_t=1-\frac{T_1}{T_2}=1-\frac{1}{\pi^{\frac{\kappa-1}{\kappa}}} \tag{6-13}$$

由式(6－13)可知，简单燃气轮机装置理想循环的热效率 η_t 与增压比 π 和绝热指数 κ 有关。因为假定工质是空气，比热容为定值，则 κ 也为定值，所以 η_t 只与 π 有关。π 增大，η_t 也随之增大。通常 π 在 3～8 之间，最大不超过 10。如果 π 值过高，一方面压缩空气时压气机消耗的功增加；另一方面，压缩后空气的压力愈高，进入燃烧室的空气温度也就愈高。如果离开燃烧室进入燃气轮机的燃气温度不变(这是因为要保证燃气轮机长期安全运转，必须限制燃气进入燃气轮机时的最高温度，目前为 700～800 ℃)，那么每千克工质在燃烧室中吸收的热量就减少了。

燃气轮机装置是一种旋转式的燃气动力装置，直接用燃气作为工质，不需要像蒸汽动力装置那样的从燃气到工质的庞大换热设备，也没有内燃机那样的往复运动机构，它可以采用很高的转速，可以连续进气，因此可以制成大功率的动力装置。由于其运转平稳，力矩均匀，结构紧凑轻巧，管理简便，启动迅速，特别适用于作航空发动机，也广泛用作机车、舰船及电站的动力装置。

思考题

1. 试画出简单蒸汽动力装置的系统图、简单蒸汽动力装置循环的 $p-v$ 图与 $T-s$ 图。

2. 既然利用抽气回热可以提高蒸汽动力装置循环的热效率，能否将全部蒸汽抽出来用于回热？为什么回热能提高热效率？

3. 蒸汽动力装置循环热效率不高的原因是冷凝器放热损失太大，如取消冷凝器而用压缩机将乏汽直接升压送回锅炉是否可以？

4. 卡诺循环优于相同温度范围的其他循环，为什么蒸汽动力循环不采用卡诺循环？

5. 如果柴油机在使用过程中喷油嘴保养不好，致使燃油雾化不良，燃烧延迟，问此时柴油机的经济性如何？

6. 今有两个内燃机的混合加热循环，它们的压缩比、初态、总的加热量相同，但二者的定

容升压比 λ 不同。(1)请在 $p-v$ 图与 $T-s$ 图上表示出这两个循环的相对位置;(2)利用 $T-s$ 图定性地比较这两个循环的热效率。

7. 燃气轮机装置循环与内燃机循环相比有何优点？为什么前者的热效率低于后者？

8. 试述动力循环的共同特点。

习　题

6-1　某朗肯循环,新蒸汽的参数为 $p_1=4$ MPa、$t_1=400$ ℃,乏汽的压力 $p_2=4$ kPa。忽略泵功,试计算此循环的循环净功、加热量、热效率及乏汽的干度 x。若 $t_1=550$ ℃,p_1 和 p_2 不变,以上各量为多少?

6-2　某蒸汽动力装置,汽轮机入口蒸汽的参数为 $p_1=13$ MPa、$t_1=535$ ℃,在汽轮机内膨胀作功至干饱和蒸汽后被送入再热器,在定压下重新加热到 535 ℃,再进入汽轮机后半部继续膨胀至乏汽压力 7 kPa。如蒸汽流量为 200 t/h,忽略泵功,试计算汽轮机的轴功、循环热效率及乏汽干度 x。设煤的发热量为 2×10^4 kJ/kg,求理论煤耗率。

6-3　某船用理想蒸汽动力装置,汽轮机入口新蒸汽的参数为 $p_1=6$ MPa、$t_1=560$ ℃,冷凝器内蒸汽压力为 6 kPa,忽略泵功,试求循环热效率。若该装置的功率为 10 MW,试求每小时耗汽量。

6-4　某蒸汽动力装置采用一次抽汽回热循环,汽轮机入口蒸汽的参数为 $p_1=10$ MPa、$t_1=400$ ℃,冷凝器压力 $p_2=0.05$ MPa。当蒸汽膨胀至 2 MPa 时 1 kg 蒸汽中抽出 α kg 蒸汽进入混合式加热器,定压放热以加热来自冷凝器的 $(1-\alpha)$kg 冷凝水,使其成为抽汽压力下的饱和水,并经水泵加压后送回锅炉。求此循环的热效率及 1 kg 工质所作的轴功。

6-5　一内燃机定容加热循环 12341,如图 6-24 所示。已知 $p_1=0.1$ MPa、$t_1=60$ ℃、$\varepsilon=6$,工质为空气,比热容为定值,循环中吸热量 $q_1=880$ kJ/kg,求此循环的热效率。如果绝热膨胀不在点 4 停止,而是让其一直膨胀到点 5,使 $p_5=p_1$,试求循环 123451 的热效率。后一循环使工质达到了充分膨胀,从经济性考虑是有利的,为什么汽油机不采取这一方案?

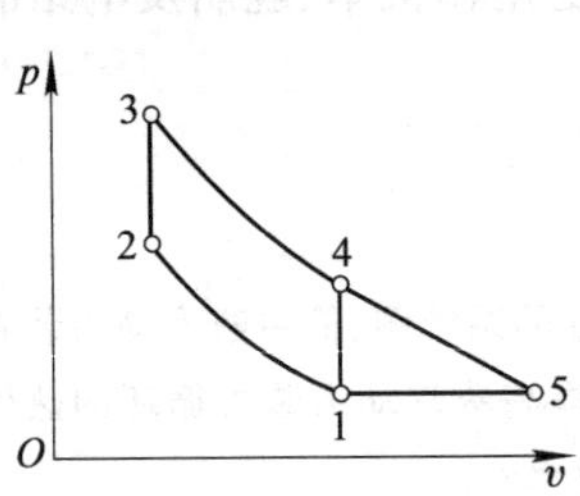

图 6-24　习题 6-5 附图

6-6　压缩比为 7.5 的奥托循环,吸气状态为 98 kPa 和 285 K,试分别计算绝热指数 $\kappa=1.3$ 和 $\kappa=1.4$ 的两种情况下,压缩冲程终了时的压力、温度以及循环热效率。

6-7　一压缩比为 6 的奥托循环,进气状态为 $p_1=100$ kPa、$T_1=300$ K,在定容过程中吸热 540 kJ/kg,空气的质量流量为 100 kg/h。已知 $\kappa=1.4$,$c_V=0.71$ kJ/(kg·K),试求输出功

率及循环热效率。

6-8　某内燃机混合加热循环，吸热量为 2 600 kJ/kg，其中定容过程与定压过程的吸热量各占一半，压缩比 $\varepsilon=14$，压缩过程的初始状态为 $p_1=100$ kPa、$t_1=27$ ℃，试计算输出净功及循环热效率。

6-9　某内燃机混合加热循环，如图 6-25 所示。其中 $t_1=90$ ℃、$t_2=400$ ℃、$t_3=590$ ℃、$t_5=300$ ℃，工质可视为空气，比热容为定值，求循环的热效率及相同温度范围卡诺循环的热效率。

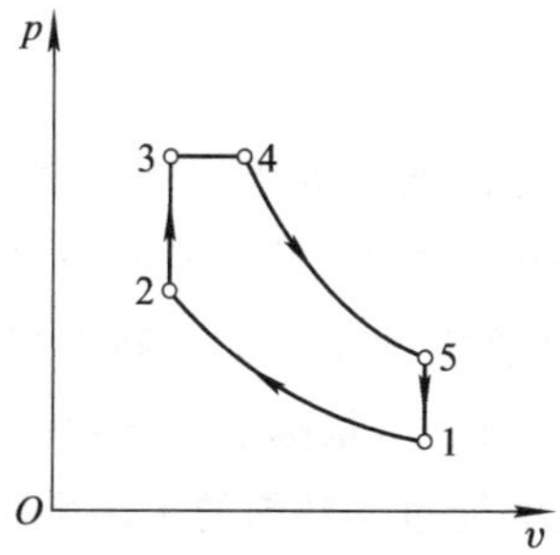

图 6-25　习题 6-9 附图

6-10　一内燃机混合加热循环，已知 $p_1=0.1$ MPa、$t_1=27$ ℃、$\varepsilon=16$、$\lambda=1.5$，循环加热量 $q_1=1\ 298$ kJ/kg，工质可视为空气，比热容为定值，求循环热效率及循环最高压力。若保持 ε 与 q_1 不变，而将定容增压比 λ 分别提高到 1.75 与 2.25，试再求这两种情况下循环的热效率。

6-11　某柴油机压缩前的空气温度为 90 ℃，柴油的着火温度为 400 ℃。试问：为了引燃柴油，最低压缩比为多少？已知空气的绝热指数 $\kappa=1.40$。

6-12　某燃气轮机的进气状态为 $p_1=0.1$ MPa、$t_1=22$ ℃，循环增压比 $\pi=8$，工质为空气，比热容是常数，定压吸热后的温度为 600 ℃。试计算压气机所消耗的轴功、燃气轮机所作的轴功、燃气轮机装置输出的净功及循环热效率。

6-13　某燃气轮机装置的进气状态为 $p_1=0.1$ MPa、$t_1=27$ ℃，循环增压比 $\pi=4$，在燃烧室中的加热量为 333 kJ/kg，经绝热膨胀到 0.1 MPa。设比热容为定值，试求循环的最高温度和循环的热效率。

第七章

制冷装置循环

制冷是指人为地维持物体的温度低于周围自然环境的温度，这就必须不断地将热量从该物体中取出并排向温度较高的物体（通常是自然环境，如大气、河水等）。能够获得并维持物体低温的设备称为**制冷装置**。

制冷装置循环是一种逆向循环，根据热力学第二定律，制冷装置工作时外界必须消耗机械能或其他形式的能量。**热泵**的工作循环也是逆向循环，不过其目的是从低温物体提取热量供给高温物体（如需供暖的房间），维持高温物体的温度。

压缩制冷装置是目前使用广泛的一种制冷装置，绝大多数家用冰箱、空调、冷柜等都是采用压缩式制冷。如果制冷工质（即**制冷剂**）在循环过程中一直处于气态，则称制冷循环为**气体压缩式制冷循环**。如果制冷工质的状态变化跨越液、气两态，则制冷循环称为**蒸气压缩式制冷循环**。除此之外，还有吸收式制冷循环、吸附式制冷循环、蒸汽喷射式制冷循环以及半导体制冷等。

本章主要介绍两种压缩式制冷循环、吸收式制冷循环以及热泵的工作原理。

7-1 空气压缩式制冷循环

从第三章的内容已知，当空气绝热膨胀作功时，其温度也随之降低。空气压缩式制冷装置就是利用这一原理获得低温。

图 7-1 是空气压缩式制冷循环装置示意图。从冷藏室换热器出来的空气被压缩机吸入并进行压缩，提高压力和温度后进入冷却器，被冷却后进入膨胀机膨胀作功，压力和温度大幅度下降，低温低压空气进入冷藏室吸取热量，从而达到维持冷藏室低温（即制冷）的目的。吸热升温后的空气再次被吸入压缩机进行下一个循环。

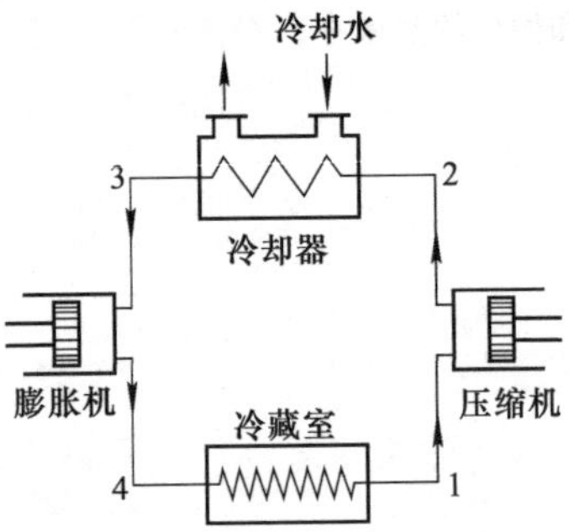

图 7-1 空气压缩式制冷循环装置示意图

如果忽略空气在冷却器、冷藏室内的压力变化以及在压气机、膨胀机中的散热，可以将空气压缩式制冷装置的实际工作循环理想化为图 7-2 所示的可逆制冷循环。其中：1-2 为可逆绝热压缩过程；2-3 为可逆定压放热过程；3-4 为可逆绝热膨胀过程；4-1 为可逆定压吸热过程。

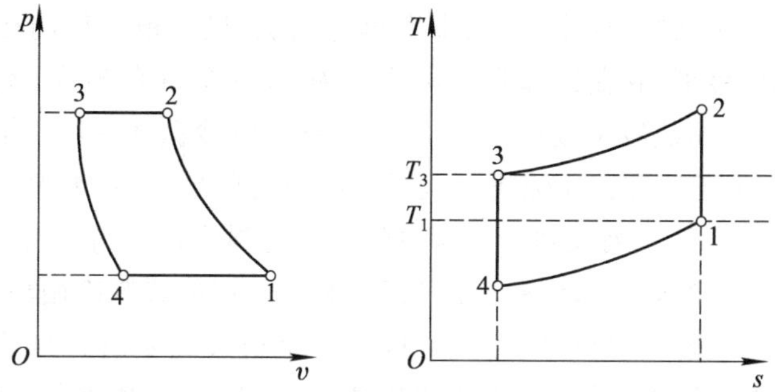

图 7-2　空气压缩式制冷循环

若空气的比热容为定值，则单位质量空气在冷却器中放出的热量为

$$q_1=h_2-h_3=c_p(T_2-T_3)$$

在冷藏室中，空气从低温物体吸收的热量为

$$q_2=h_1-h_4=c_p(T_1-T_4)$$

于是，空气压缩式制冷循环的制冷系数为

$$\varepsilon=\frac{q_2}{q_1-q_2}=\frac{T_1-T_4}{(T_2-T_3)-(T_1-T_4)}$$

$$=\frac{1}{\dfrac{T_2-T_3}{T_1-T_4}-1}$$

对于可逆绝热过程 1-2 及 3-4，有

$$\frac{T_2}{T_1}=\left(\frac{p_2}{p_1}\right)^{\frac{\kappa-1}{\kappa}},\frac{T_3}{T_4}=\left(\frac{p_3}{p_4}\right)^{\frac{\kappa-1}{\kappa}}$$

因为 $p_2=p_3$、$p_1=p_4$，所以

$$\frac{T_2}{T_1}=\frac{T_3}{T_4}=\frac{T_2-T_3}{T_1-T_4}$$

于是可得空气压缩式制冷循环的制冷系数为

$$\varepsilon=\frac{1}{\dfrac{T_2}{T_1}-1}=\frac{1}{\left(\dfrac{p_2}{p_1}\right)^{\frac{\kappa-1}{\kappa}}-1}=\frac{1}{\pi^{\frac{\kappa-1}{\kappa}}-1}\tag{7-1}$$

如图 7-2 中的 T-s 图所示，在相同的大气温度 T_3 和冷藏室温度 T_1 下，逆向卡诺循环的制冷系数为

$$\varepsilon_C=\frac{T_1}{T_3-T_1}=\frac{1}{\frac{T_3}{T_1}-1}$$

对比式(7-1)，由于 $T_3<T_2$，所以空气压缩式制冷循环的制冷系数小于逆向卡诺循环的制冷系数。

空气以其容易获得、成本低、无毒安全等优点，最早被用作制冷工质。但由于空气的液化温度低，在制冷循环中不出现液、气之间相的转变，不能利用汽化潜热，加上空气的比热容又较小，因而空气压缩式制冷循环单位质量空气的制冷量 q_2 比较小。由于活塞式压缩机一次吸入的空气质量不多，否则压缩机体积很大、很笨重，所以空气压缩式制冷装置单位时间的制冷量受到限制。

由式(7-1)可知，降低增压比 π 可以提高空气压缩式制冷循环的制冷系数。但是，π 愈小，每一循环的制冷量愈小，这是一个很大的矛盾。为了获得一定的制冷量，可采用叶轮式压缩机和膨胀机以增加空气流量，再辅以回热措施，组成**回热式空气压缩式制冷装置**，可以很好地解决上述矛盾。

图 7-3a 是一回热式空气压缩式制冷装置的示意图，图 7-3b 是其理想循环的 $T-s$ 图。图中：1-2 为空气在回热器中的定压预热过程；2-3 为空气在压缩机中的绝热压缩过程；3-4 为空气在冷却器中的定压放热过程；4-5 为空气在回热器中的定压放热过程；5-6 为空气在膨胀机中的绝热膨胀过程；6-1 为空气在冷藏室中的定压吸热过程。这样就构成了一个理想的回热式空气压缩制冷循环 1234561。因为是理想回热，过程 4-5 中空气所放出的热量恰好等于过程 1-2 中空气所吸收的热量，即面积 $456'4'4$ 与面积 $122'1'1$ 相等。与不采用回热的空气压缩式制冷循环 $13'5'61$ 相比，可以看出，当两种循环的最高温度相等时，每完成一个循环，二者的制冷量(即 q_2)相等，均为 $T-s$ 图中的面积 $611'6'6$；它们在冷却器中的放热量(即 q_1)也相等，即面积 $344'2'3$ 等于面积 $3'5'6'1'3'$。

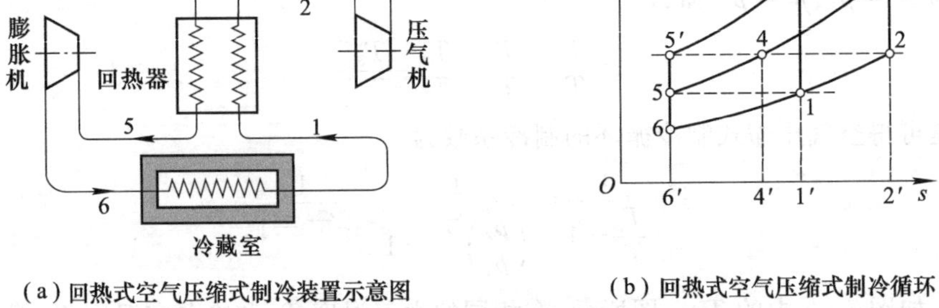

(a) 回热式空气压缩式制冷装置示意图　　(b) 回热式空气压缩式制冷循环

图 7-3　回热式空气压缩式制冷装置及其循环

可见两种循环的制冷系数相同。但是，与不采用回热的空气压缩式制冷循环相比，空气在压缩机中的压力升高值（或者说增压比）却减小了，这就为采用增压比不能很高的叶轮式压缩机和膨胀机提供了条件。叶轮式压缩机具有大流量的特性，从而可以大大地增加工质流量，提高制冷量。

7-2　蒸气压缩式制冷循环

空气压缩式制冷循环在制冷技术发展的初期曾广泛使用，但由于其吸热、放热过程均在定压下进行，较大地偏离逆卡诺循环，因此经济性差，并且制冷量小，虽然在采用回热以及叶轮式压缩机和膨胀机之后，在制冷量方面有所提高，但空气的比定压热容较小，单位质量的制冷量小这个事实却无法得到改善，这是由空气的热力性质以及空气压缩制冷式循环本身所决定的。如果采用低沸点物质（指在大气压力下，其沸点 $t_s \leqslant 0$ ℃）作为制冷剂，就可以利用其在定温定压下汽化吸热和凝结放热的相变特性，实现定温吸、放热过程，可以大大地提高制冷量和经济性。因此，采用低沸点工质的蒸气压缩式制冷循环是一种广泛应用的制冷循环。

1. 蒸气压缩式制冷循环分析

图 7-4、图 7-5 分别是蒸气压缩式制冷装置及其理想制冷循环示意图。该制冷装置主要由压缩机、冷凝器、膨胀阀（或称节流阀）和蒸发器四大部件组成，其工作循环如下：从蒸发器出来的状态 1 的干饱和蒸气被吸入压缩机进行绝热压缩过程 1-2，升压、升温至过热蒸气状态 2；然后进入冷凝器，进行定压放热过程 2-3，先从过热蒸气状态 2 定压下冷却为干饱和蒸气 2′，然后继续在定压、定温下凝结为饱和液体 3；从冷凝器出来的饱和液体经过膨胀阀绝热节流，使部分液体蒸发，降压降温至湿蒸气状态 4；干度比较小的湿蒸气进入蒸发器（冷库），进行定压蒸发吸热过程 4-1，离开蒸发器时已成为干饱和蒸气，从而完成了一个循环 12341。图 7-5a 是蒸气压缩式制冷理想循环的 $T-s$ 图，其中绝热节流过程 3-4 是不可逆过程，所以用虚线表示。

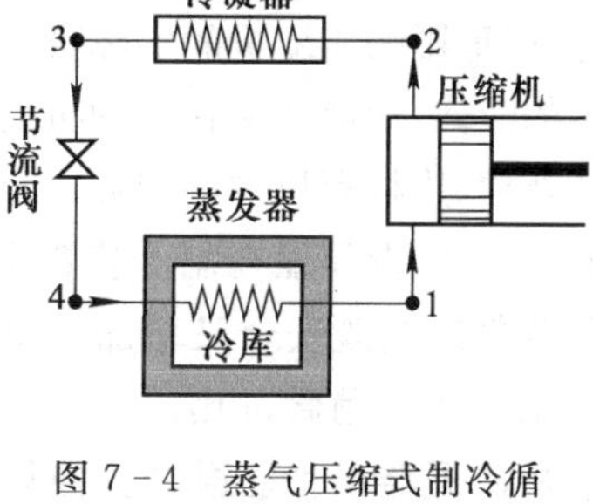

图 7-4　蒸气压缩式制冷循环装置示意图

循环中，每完成一个循环，每千克制冷剂在蒸发器中吸收的热量为

$$q_2 = h_1 - h_4 = h_1 - h_3$$

在冷凝器中放出的热量为

$$q_1 = h_2 - h_3$$

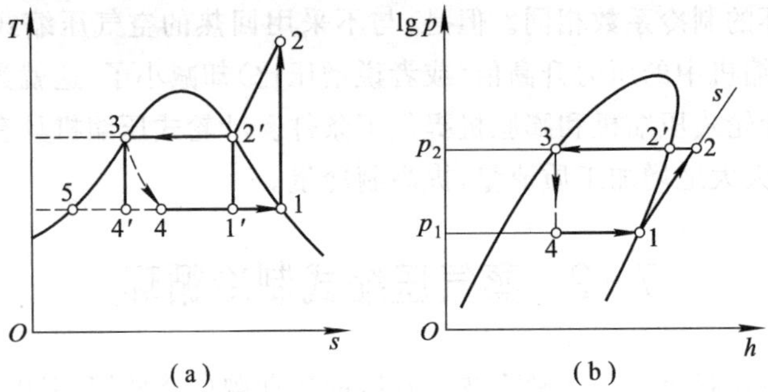

图 7-5 蒸气压缩式制冷循环

所以，循环的制冷系数为

$$\varepsilon=\frac{q_2}{q_1-q_2}=\frac{h_1-h_3}{(h_2-h_3)-(h_1-h_3)}=\frac{h_1-h_3}{h_2-h_1} \tag{7-2}$$

式中：h_1 是压力 p_1 下干饱和蒸气的焓，h_3 是压力 p_2 下饱和液体的焓，皆可由饱和蒸气表查得；h_2 可根据 p_2 和 $s_2(s_2=s_1)$ 由过热蒸气表确定。由以上各式可见，蒸气压缩制冷循环的吸热量、放热量以及所需功量皆可用工质在各状态点的焓差来表示。由于循环中包含两个定压换热过程，因此用以压力为纵坐标、焓为横坐标所绘成的制冷剂的压焓图进行制冷循环的热力计算非常方便。通常，压焓图的纵坐标采用对数坐标，所以又称 $\lg p-h$ 图。图中共给出 6 种线簇，即定焓 h 线、定压 p 线、定温 t 线、定容 v 线、定熵 s 线和定干度 x 线。在压焓图上也绘有饱和液体($x=0$)线和干饱和蒸气($x=1$)线。蒸气压缩式制冷循环 12341 在压焓图中的表示如图 7-5b 所示。制冷量、冷凝放热量以及压缩所需的功都可以用图中线段的长度表示。在工程热力学的教材中，一般都附有氨的压焓图，详见参考文献[6-14]。

理论上，蒸气压缩式制冷循环可以完全实现逆卡诺循环，如图 7-5a 所示的逆向卡诺循环 1′2′34′1′。可见，绝热压缩过程与绝热膨胀过程都处于湿蒸气区。湿蒸气的压缩有难以克服的缺点：一方面，压缩终了时，气缸内往往留有液体工质，当压缩机进行再吸气时，残留在余隙里的液滴将首先因缸内压力降低而汽化，严重影响压缩机的实际吸气量；另一方面，液体是不可压缩的，当气缸内混有较多的液体，而活塞又在电动机的驱动下强行压缩时，缸内的压力会上升过高，造成活塞销、连杆等机件的损坏，甚至使气缸解体，出现通常所说的“液击”或“敲缸”现象。因此，湿压缩在制冷装置中不被采用，而代之以干蒸气压缩过程 1-2。这比湿蒸气压缩既安全又增加了单位质量工质的制冷量。实际上，压缩机入口蒸气的状态还常稍微过热。

从冷凝器出来已凝结为液体的工质，由于它能作出的膨胀功很小，如果采用结构简单、造价低廉的节流阀代替膨胀机，将可逆绝热膨胀变成不可逆绝热节流膨胀，这样虽然损失了一点可回收的功，但是从实用观点来看，节流阀结构简单、体积小、造价低、调节方便，极易控制所需的制冷温度。因此，实际的蒸气压缩式制冷循环是以图 7-4 所示的装置为基础的。有的蒸气压缩式制冷装置为了更有效、安全地运行，还添加一些设备，如节流阀前将液体过冷，节流阀后蒸发器前加气液分离器，采用回热和多级压缩等。

必须指出，虽然实际制冷设备不能完全按逆卡诺循环工作，但是逆卡诺循环对改进实际制冷循环具有很重要的指导意义。根据逆卡诺循环，提高低温物体的温度和降低高温物体的温度，可以减少功耗，提高制冷系数。

例题 7-1　某压缩式制冷设备用氨作制冷剂。已知氨的蒸发温度为 -10 ℃，冷凝温度为 38 ℃，压缩机入口是干饱和氨蒸气，要求制冷量为 10^5 kJ/h，试计算制冷剂流量、压缩机消耗的功率和制冷系数。

解　参见图 7-5b，根据题意，$t_1=-10$ ℃、$t_3=38$ ℃。由氨的 $\lg p-h$ 图查出各状态点的参数为

$$h_1=1\ 430\ \text{kJ/kg},\quad p_1=0.29\ \text{MPa}$$
$$h_2=1\ 670\ \text{kJ/kg},\quad p_2=1.5\ \text{MPa}$$
$$h_4=h_3=350\ \text{kJ/kg}$$

（1）制冷剂流量

$$q_2=h_1-h_4=(1\ 430-350)\text{kJ/kg}=1\ 080\ \text{kJ/kg}$$

氨的质量流量

$$q_m=10^5\ \text{kJ/h}/1\ 080\ \text{kJ/kg}=92.6\ \text{kg/h}\quad 或\quad 0.025\ 7\ \text{kg/s}$$

（2）压缩机消耗的功率

$$w=h_2-h_1=(1\ 670-1\ 430)\text{kJ/kg}=240\ \text{kJ/kg}$$
$$P=q_m w=0.025\ 7\ \text{kg/s}\times 240\ \text{kJ/kg}=6.17\ \text{kW}$$

（3）制冷系数

$$\varepsilon=\frac{q_2}{w}=\frac{1\ 080\ \text{kJ/kg}}{240\ \text{kJ/kg}}=4.5$$

*2. 制冷剂

制冷装置的结构、材料、工作压力等与制冷工质（即制冷剂）的性质有密切关系。理论上，要求制冷剂应具有下列特点：

（1）对应大气温度的饱和压力不要太高，以降低对设备强度和密封的要求，并且与冷库温度对应的饱和压力不要太低，最好不使装置在负压下运行。否则，装置必须有很高的密封性，以防止外界空气、水蒸气等侵入，这样会造成压气量减少、制冷系数下降、冰堵等一系列问题。

（2）汽化潜热要大，蒸气比体积要小。这样既可减小装置的尺寸，又使单位

质量制冷剂的制冷量增加。

(3) 具有较高的临界温度，从而使大部分放热过程在两相区内定温地进行。

(4) 液体的比热容要小，这样 $T-s$ 图上下界线的斜率就大，因节流而损失的制冷量就小。

(5) 具有化学上的稳定性，在制冷装置的工作温度范围内不分解，不腐蚀设备，使用安全，对人体无毒，泄漏时不易起火和爆炸，不污染环境(即对臭氧层无破坏作用，温室效应低)，价格低廉，来源充足等。

目前还没有一种工质能够满足以上所有要求，所以在选择制冷剂时应根据具体情况决定。氨的汽化潜热大，饱和压力适中，价格较低，缺点是有毒，混有水分时对铜有很强的腐蚀性。由于一些大型制冷装置所需的制冷工质可能达到数十吨之多，价格便宜与否成为一个关键问题。因此，目前我国许多大中型食品冷藏及石油化工企业一般采用氨作制冷工质。

氟利昂是一族卤碳化合物的总称，种类繁多，从 20 世纪 30 年代开始被广泛用作冰箱和空气调节中的制冷剂。它们的化学稳定性好，无毒、安全，但汽化潜热较小，价格较高。

由于作为制冷剂被人们广泛运用的氟利昂族中的氯氟烃物质 CFCs(s 代表许多种，如 CFC11、CFC12、CFC113 等)以及含氢的氯氟烃物质 HCFC 相当稳定，挥发到大气中长期不会分解，可逐渐穿越大气的对流层而进入平流层(同温层)，在大气层 20～50 km 高度与臭氧相遇。由于在平流层受到强紫外线照射，含氯的氟利昂分子便分解出游离的氯离子，而氯离子可催化分解臭氧分子，破坏臭氧层。臭氧层的破坏大大地削弱了对紫外线的吸收能力，大量的紫外线直接照射到地球表面，对地球上的生物将是极大的威胁。据预测，臭氧每减少 1%，紫外线辐射约增加 2%，皮肤癌发病率将增加 4%～6%，海洋浮游生物及虾蟹的幼体和贝类将大量死亡，小麦、水稻等将减产。

国际上为禁止使用这种严重损害大气臭氧层的有害物质，1985 年联合国通过了“保护臭氧层维也纳公约”。我国 1989 年 7 月参加了这一公约。另外，1987 年几十个国家又共同制定了保护臭氧层的“蒙特利尔协议书”，我国政府于 1991 年 6 月提出参加并于 1992 年 8 月正式成为缔约国。按照协议书规定，发达国家从 2000 年、发展中国家从 2010 年起禁止使用与生产 CFC 物质，后进一步将这一限制期限提前为：发达国家从 1996 年 1 月 1 日起，发展中国家从 2006 年 1 月 1 日起禁止使用与生产 CFC 物质。这两项公约的签订，迫使世界冰箱生产行业竭尽全力开发用作冰箱发泡剂和制冷剂的氟利昂 11(CFC11)和氟利昂 12(CFC12)的替代物。

到目前为止，国际上已形成的用来替代 CFC11、CFC12 的主要技术有两种，一种是以美国为代表的，采用 HCFC141b 作发泡剂，HFC134a 作制冷剂；另一种是以德国为代表的，采用天然碳氢化合物作制冷剂和发泡剂。这两种技术均已成熟，并具备大规模商业化生产的条件。

我国科技工作者和家用冰箱生产行业也正加快 CFCs 替代技术的研究，目前采用 HFC134a 作为制冷剂的冰箱已投入商业化生产。HFC134a 是一种含氢的氟代烃物质（分子式为 $CH_2F—CF_3$），由于它不含氯原子，所以不会破坏臭氧层，对温室效应的影响仅为 CFC12 的 30%左右。毒性实验结果表明，HFC134a 的毒性等于或低于 CFC12，不可燃，而且其正常沸点以及蒸气压曲线都与 CFC12 十分接近，热工性能也接近于 CFC12，因此它是 CFC12 最合适的替代物，已经广泛用于中低温制冷与空调系统，如家用或商业用冰箱、汽车空调、各类中低温冷水机组等。

不同用途的制冷装置需要不同种类的制冷剂，人们寻找更优良的制冷剂的努力不会停止。

*7-3　吸收式制冷循环

在蒸气压缩式制冷装置中，从蒸发器出来的低温低压蒸气是由压缩机压缩到高温、高压过热蒸气状态的。其实，工质的压缩方式也可以通过其他途径来实现。吸收式制冷循环中的压缩方式就是利用溶质（制冷剂）在溶剂（吸收剂）中的溶解度随温度变化（温度低，溶解度大；温度高，溶解度小）的特性，使制冷工质在较低的温度下被吸收剂吸收形成二元溶液，加热后又在较高的压力下从溶液中逸出，从而完成制冷工质的压缩过程。

根据所需要的温度范围不同，制冷剂和吸收剂的组合也不同。如果用于低温冷冻（包括冰箱），则选用氨为制冷剂，水为吸收剂；如果用于大型空调制冷，如纺织厂、化工厂，则选用水为制冷剂，溴化锂作吸收剂。

图 7-6 所示为氨-水吸收式制冷装置，其工作过程如下：从冷库蒸发器出来的低温低压氨蒸气进入吸收器被水吸收成为浓氨水溶液，溶解放出的热量由冷却水带走，浓氨水溶液由溶液泵升压送入蒸气发生器，由外部加热提高温度。由于一定温度下氨的饱和压力高于水的饱和压力，氨液更容易蒸发，于是大量的氨从浓氨水溶液中蒸发出来，得到较高压力和温度的氨蒸气。高温高压的氨蒸气进入冷凝器凝结放热，经节流阀降压降温，然后进入冷库的蒸发器吸热蒸发，再进入吸收

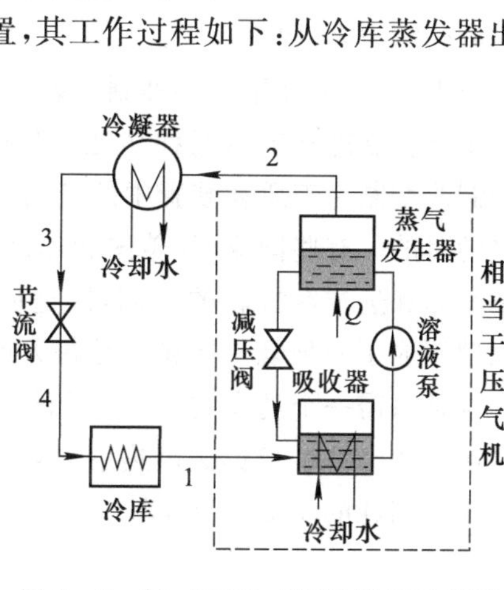

图 7-6　氨-水吸收式制冷装置示意图

器进行下一个循环。在蒸气发生器中，氨蒸发后留下的稀溶液经减压阀降压降温后送回吸收器，继续吸收来自蒸发器（冷库）的氨蒸气，成为浓氨水溶液。这样，通过吸收-蒸发循环不断地把工质升压升温，起到了压缩机的作用。

吸收式制冷装置的优点是用液体压缩（液泵）代替气体压缩，因而大大节省了机械能，其代价主要是消耗热能来加热蒸气发生器。

吸收式制冷循环的经济性指标是**热量利用系数**，用ξ表示：

$$\xi=\frac{Q_2}{Q}$$

式中：Q_2 为从冷库吸收的热量（即制冷量）；Q 为供给蒸气发生器的热量。由于输送液体的溶液泵消耗的功相对很少，在计算经济性指标时一般忽略不计。

吸收式制冷装置对热源的温度要求不高，100 ℃左右的热水都可以利用，所以吸收式制冷是工矿企业利用低温余热制冷的较好方式。也可以用太阳能作为热源，称为太阳能吸收式制冷装置。实际上就是用太阳能集热器取代图 7-6 中的蒸气发生器，但目前太阳能集热器的造价还比较高，并且地面上所能得到的太阳照射是间断的，所以如何利用这种装置获得连续的制冷效果，还有待进一步探索。

*7-4　热　泵

热泵装置与制冷装置的工作原理没有什么差别，只是二者的工作目的不同，制冷装置是为了制冷，而热泵装置则是为了供热。如果将图 7-4 中的蒸发器放在室外，冷凝器放在室内，则当上述装置工作时，就可以从室外环境中吸取热量并释放到室内来，用于取暖。

原则上，上面介绍的几种制冷装置都可以作为热泵装置使用，而且可以使一套设备具备制冷和供热两种功能。如图 7-7 所示，如果用一只四通换向阀 A 来控制改变制冷工质在装置中的流向，就可以达到夏季对室内制冷、冬季对室内供热的目的。有些国家（如美国和加拿大）早已将这种采暖与制冷兼用装置用于火车车厢和远洋客货轮的空调，以适应长途旅行运输时各地区气候上的变化。英国曾制成了一种既是冰箱又是每天可供应 300 L、60 ℃热水的热水器的装置，整套设备只需一个功率约 0.7 kW 的小电动机带动。

热泵的经济性指标是供热系数 ε'，它等于制冷剂在冷凝器中放出的热量 q_1 与压缩机消耗的功 w 之比，即

$$\varepsilon'=\frac{q_1}{w}$$

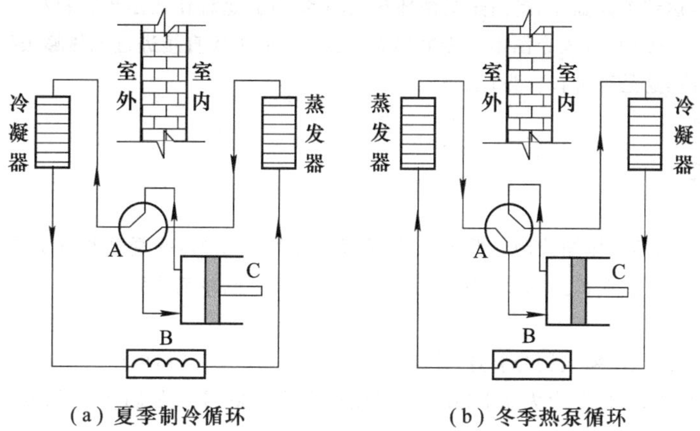

图 7-7　制冷与热泵两用装置示意图

A—四通换向阀；B—毛细节流装置；C—压缩机

由于 $q_1 = w + q_2$，代入上式可得供热系数与制冷系数之间的关系为

$$\varepsilon' = \frac{w + q_2}{w} = 1 + \varepsilon$$

热泵的供热系数恒大于 1，它优于其他供暖装置（如电加热器等）之处，就在于消耗同样多的机械功对室内供暖，可比用其他方法得到更多的热量，即除了由机械功所转换的热量外，还包括制冷剂在蒸发器中所吸收的热量。

热泵装置还可以将大量较低品位（即较低温度）的热能提升为较高品位（即较高温度）的热能，以满足生产上的需要。另外，采用热泵供热取代锅炉供热还有利于保护环境不受污染。但是，热泵的使用受到其他条件的限制，例如，我国东北地区冬季室外温度在 $-20 \sim -30$ ℃或更低，用热泵供热就很不经济，并且由于室内外温差太大，热泵的供热系数将很低，不利于节能；又例如，对工业欠发达的国家或地区，热泵装置的造价往往比其他采暖设备高出很多，这也影响了热泵的使用与推广。随着世界性节能和环保压力的增大，以及热泵技术（如水源热泵、地源热泵技术）的发展，热泵的应用将越来越广泛。

思考题

1. 空气压缩式制冷循环能否用节流阀代替膨胀机，为什么？
2. 绝热节流过程有什么特点？
3. 如图 7-5a 所示，若蒸气压缩式制冷循环按 122′351 运行，循环耗功量没有变化，仍为 $h_2 - h_1$，而制冷量则由 $h_1 - h_4$ 增大为 $h_1 - h_5$，这显然是有利的，但为什么没有被采用？
4. 热泵与制冷装置有何区别？
5. 使用制冷装置可以获得低温，有人试图以制冷装置得到的低温物质作为热机循环中的低温热源，达到扩大温差、提高热机循环热效率的目的，这种作法是否有利？

6. 在图 7-4 中，有人企图不用冷凝器而使状态 2 的工质直接进行绝热膨胀降温，然后去冷库吸热制冷，这是否可行？为什么？

习 题

7-1 某氨蒸气压缩式制冷循环，已知蒸发温度为 -10 ℃，冷凝温度为 30 ℃，压缩机吸入的是干饱和蒸气，制冷量为 2×10^5 kJ/h，求该制冷循环制冷剂的质量流量及压缩机所需的理论功率。

7-2 一空气压缩式制冷装置，冷藏室的温度为 -10 ℃，环境温度为 15 ℃，空气的最高压力为 0.5 MPa、最低压力为 0.1 MPa，试求制冷系数、1 kg 空气的制冷量及制冷装置所消耗的功。

7-3 一逆卡诺制冷循环，制冷系数 $\varepsilon=4$，问高温热源与低温热源的温度之比是多少？如果输入功率是 6 kW，问制冷量为多少？如果将其用作热泵，求供热系数以及所提供的热量。

7-4 某采用节流阀的氨压缩制冷装置，其中压缩机的理论功率为 50 kW，氨的蒸发温度为 -15 ℃；氨在压缩机入口为湿蒸气，经可逆绝热压缩后流出压缩机时为干饱和蒸气，饱和温度为 25 ℃。问此装置的制冷量为多少 kW？

7-5 冬天，可把习题 7-1 所述的氨压缩式制冷装置改装成热泵，用于室内取暖。此时，蒸发器放在室外，氨从室外冷空气中吸收热量 Q_2；冷凝器放在室内，让氨蒸气凝结放出热量 Q_1，以加热室内空气。设室外大气平均温度为 -10 ℃，室内温度为 20 ℃，当向室内供热 $Q_1=22$ kW 时，整个装置所消耗的功率和相应的供热系数为多少？如果直接用电炉供暖供应相同的热量，电炉的功率应是多少(kW)？

7-6 一空气压缩式热泵，从室外大气吸取热量向室内供热，以保证冬季室内维持 20 ℃。若大气平均温度为 -5 ℃，供热量为 10 kW，空气的 $c_p=1.02$ kJ/(kg·K)、$\kappa=1.40$，压缩机的增压比为 10，求热泵消耗的功率及供热系数。

7-7 某制冷机以 HFC134a 为工质，蒸发器的温度为 -20 ℃，压缩机入口为干饱和蒸气，冷凝器内的冷凝温度为 30 ℃，工质被冷凝为饱和液体后进入节流阀。若制冷量为 1 kW，求此制冷循环的制冷系数、压缩机的功率及制冷剂流量。

7-8 冬季取暖所用的热泵以 HFC134a 为工质，压缩机入口为干饱和蒸气，工质在冷凝器内被冷凝为饱和液体后进入节流阀。室外温度为 -10 ℃。如欲维持室内温度为 20 ℃，热泵的供热系数为多少？如果维持室内温度为 30 ℃，供热系数又为多少？从舒适与经济两方面考虑，室内温度以多少为宜？

第二篇

传 热 学

第二卷

第八章

热量传递的基本方式

热量传递有三种基本方式:**热传导**、**热对流**和**热辐射**。在实际的热量传递过程中,有时只存在一种热量传递基本方式,有时两种或三种基本方式同时进行。本章将分别介绍这三种热量传递基本方式的特点及传热过程。

8-1 热 传 导

在物体内部或相互接触的物体表面之间,由于分子、原子及自由电子等微观粒子的热运动而产生的热量传递现象称为**热传导**(简称**导热**)。例如,手握金属棒的一端,将另一端伸进灼热的火炉,就会有热量通过金属棒传到手掌,这种热量传递现象就是由导热而引起的。导热现象既可以发生在固体内部,也可发生在静止的液体或气体之中。

按照热力学的观点,温度是物体微观粒子热运动强度的宏观标志。当物体内部或相互接触的物体表面之间存在温差时,热量就会通过微观粒子的热运动(位移、振动)或碰撞从高温传向低温。有关导热微观机理的详细论述已超出本书的范围,这里只讨论导热的宏观规律。

在工业上和日常生活中,大平壁的导热是最简单、最常见的导热问题,例如通过炉墙以及房屋墙壁的导热等。当平壁两表面分别维持均匀恒定的温度时,可以近似地认为平壁内的温度只沿着垂直于壁面的方向发生变化,并且不随时间而变,热量也只沿着垂直于壁面的方向传递,如图 8-1 所示,这样的导热称为**一维稳态导热**。

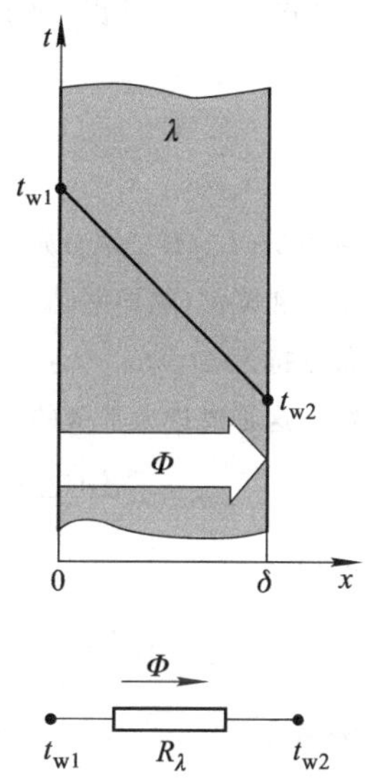

图 8-1 大平壁的稳态导热

在传热学中,单位时间传递的热量称为**热流量**,用 Φ 表示,单位为 W。

实验证实，平壁一维稳态导热的热流量与平壁的表面面积 A 及两侧表面的温差 $t_{w1}-t_{w2}$ 成正比，与平壁的厚度 δ 成反比，并与平壁材料的导热性能有关，可表示为

$$\Phi=\lambda A\frac{t_{w1}-t_{w2}}{\delta} \tag{8-1}$$

式中的比例系数 λ 称为材料的**热导率**，或称**导热系数**，单位为 W/(m·K)，其数值大小反映材料的导热能力，热导率愈大，材料导热能力愈强。例如：常温(20 ℃)下，纯铜的热导率为 398 W/(m·K)，而干空气的热导率只有 0.025 9 W/(m·K)。材料的热导率一般由实验测定，其性质在第九章将做进一步的讨论。

借鉴电学中欧姆定律表达式的形式(电流＝电位差/电阻)，式(8－1)可改写成"热流＝温度差/热阻"的形式：

$$\Phi=\frac{t_{w1}-t_{w2}}{\dfrac{\delta}{A\lambda}}=\frac{t_{w1}-t_{w2}}{R_\lambda} \tag{8-1a}$$

式中，$R_\lambda=\dfrac{\delta}{A\lambda}$ 称为平壁的**导热热阻**，单位为 K/W。平壁的厚度愈大，导热热阻愈大；平壁材料的热导率愈大，导热热阻愈小。平壁的导热可以用图 8－1 下方所示的热阻网络来表示。

像电阻在电学中所起的作用一样，热阻是传热学中的一个重要概念，它表示物体对热量传递的阻力，热阻愈小，传热愈强。

单位时间通过单位面积的热流量称为**热流密度**，用 q 来表示，单位为 W/m²。由式(8－1)可得，通过平壁一维稳态导热的热流密度为

$$q=\frac{\Phi}{A}=\lambda\frac{t_{w1}-t_{w2}}{\delta} \tag{8-2}$$

例题 8－1　有三块分别由纯铜(热导率 $\lambda_1=398$ W/(m·K))、黄铜(热导率 $\lambda_2=109$ W/(m·K))和碳钢(热导率 $\lambda_3=40$ W/(m·K))制成的大平板，厚度 δ 均为 10 mm，两侧表面的温差都维持为 $\Delta t=t_{w1}-t_{w2}=50$ ℃不变，试求通过每块平板的导热热流密度。

解　这是通过大平壁的一维稳态导热问题。根据式(8－2)，对于纯铜板

$$q_1=\lambda_1\frac{t_{w1}-t_{w2}}{\delta}=398\ \text{W/(m·K)}\times\frac{50\ \text{K}}{0.01\ \text{m}}=1.99\times10^6\ \text{W/m}^2$$

对于黄铜板

$$q_2=\lambda_2\frac{t_{w1}-t_{w2}}{\delta}=109\ \text{W/(m·K)}\times\frac{50\ \text{K}}{0.01\ \text{m}}=0.545\times10^6\ \text{W/m}^2$$

对于碳钢板

$$q_3=\lambda_3\frac{t_{w1}-t_{w2}}{\delta}=40\ \text{W/(m·K)}\times\frac{50\ \text{K}}{0.01\ \text{m}}=0.2\times10^6\ \text{W/m}^2$$

8-2 热 对 流

热对流是指由于流体的宏观运动使温度不同的流体相对位移而产生的热量传递现象。显然，热对流只能发生在流体之中，而且必然伴随有微观粒子热运动产生的导热。

在日常生活和生产实践中，经常遇到流体和它所接触的固体表面之间的热量交换，如锅炉水管中的水和管壁之间、室内空气和暖气片表面及墙壁面之间的热量交换等。一般情况下，当流体流过物体表面时，由于黏滞作用，紧贴物体表面的流体是静止的，热量传递只能以导热的方式进行。离开物体表面，流体有宏观运动，热对流方式将发生作用。所以，流体与固体表面之间的热量传递是热对流和导热两种基本传热方式共同作用的结果，这种传热现象在传热学中称为**对流换热**。

1701 年，牛顿提出了对流换热的基本计算公式，称之为**牛顿冷却公式**，形式如下：

$$\Phi = Ah(t_w - t_f) \tag{8-3}$$

$$q = h(t_w - t_f) \tag{8-4}$$

式中：t_w 为固体壁面温度，℃；t_f 为流体温度，℃；h 称为对流换热的**表面传热系数**，习惯上称为对流换热系数，单位为 $W/(m^2 \cdot K)$。

牛顿冷却公式也可以写成欧姆定律表达式的形式：

$$\Phi = \frac{t_w - t_f}{\dfrac{1}{Ah}} = \frac{t_w - t_f}{R_h} \tag{8-3a}$$

式中，$R_h = \dfrac{1}{Ah}$称为**对流换热热阻**，单位为 K/W。于是，对流换热也可以用图 8-2 下方的热阻网络来表示。

表面传热系数的大小反映对流换热的强弱，它不仅取决于流体的物性（热导率、粘度、密度、比热容等）、流动的形态（层流、湍流）、流动的成因（自然对流或强迫对流）、物体表面的形状和尺寸，还与换热时流体有无相变（沸腾或凝结）等因素有关。如何确定表面传热系数的大小是本书第十章讨论的主要内容。为了使读者对表面传热系数的大小有一个初步的印象，在表 8-1 中列举了一些对流换热表面传热系数的数值范围。

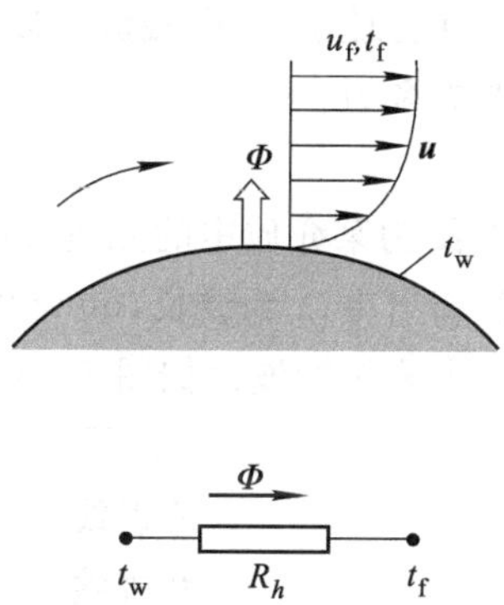

图 8-2 对流换热

表 8-1 一些对流换热的表面传热系数数值范围

对流换热类型	表面传热系数 h/[W/(m² · K)]
空气自然对流换热	1～10
水自然对流换热	100～1 000
空气强迫对流换热	10～100
水强迫对流换热	1 000～15 000
水沸腾	2 500～35 000
水蒸气凝结	5 000～25 000

例题 8-2 一室内暖气片的散热面积 $A=3\ m^2$，表面温度 $t_w=50\ ℃$，与温度为 20 ℃的室内空气之间自然对流换热的表面传热系数 $h=4\ W/(m^2 \cdot K)$。试问该暖气片相当于多大功率的电暖气？

解 暖气片和室内空气之间是稳态的自然对流换热，根据式(1-3)

$$\Phi=Ah(t_w-t_f)=3\ m^2\times4\ W/(m^2\cdot K)\times(50-20)K=360\ W=0.36\ kW$$

即相当于功率为 0.36 kW 的电暖气。

8-3 热 辐 射

从普通物理学中已得知，辐射是指物体受某种因素的激发而向外发射辐射能的现象。有多种原因可以诱使物体向外发射辐射能。由于物体内部微观粒子的热运动(或者说由于物体自身的温度)而使物体向外发射辐射能的现象称为**热辐射**。

目前，对辐射现象的解释有两种理论：经典的电磁理论认为，辐射能是由电磁波传输的能量；量子理论认为，辐射能是不连续的微观粒子(光子)所携带的能量。光子与电磁波一样以光速进行传播。

在物理学中，电磁波可以用光速 c、波长 λ 和频率 ν 三个参数来描述，三者之间的关系为

$$c=\lambda\nu \tag{8-5}$$

式中：c 为某介质中的光速，$c=c_0/n$，$c_0\approx3.0\times10^8\ m/s$ 为真空中的光速，n 为介质的折射率；λ 为波长，m(常用单位 μm，1 μm$=10^{-6}$ m)；ν 为频率，s^{-1}。

电磁波的波谱如图 8-3 所示，按波长范围不同，电磁波可分为：

γ 射线	$\lambda<5\times10^{-5}$ μm
X 射线	$5\times10^{-7}<\lambda<5\times10^{-2}$ μm
紫外线	$4\times10^{-3}<\lambda<0.38$ μm
可见光	$0.38<\lambda<0.76$ μm

红外线　　$0.76<\lambda<10^3\ \mu m$

无线电波　　$\lambda>10^3\ \mu m$

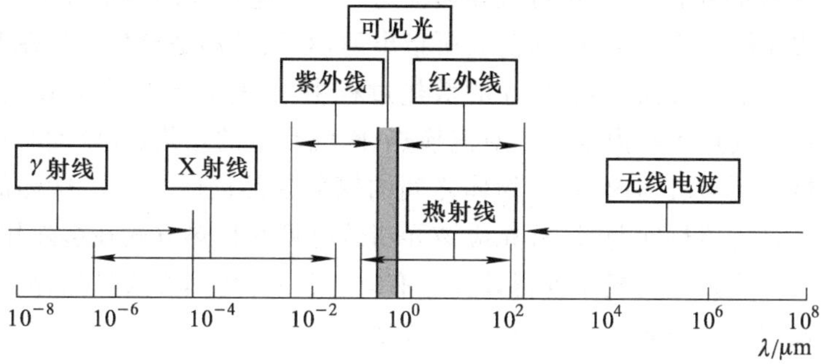

图 8-3　电磁波谱

其中，可见光又可按波长从长到短分为红、橙、黄、绿、蓝、靛、紫七色光，红外线又可分为近红外(0.76～25 μm)和远红外(25～1 000 μm)。波长在 10^3～10^6 μm 范围的电磁波称为微波。微波炉就是利用微波加热食物的，因为微波可以穿透塑料、玻璃和陶瓷制品，但会被食物中水分子吸收，产生内热源，使食物均匀受热。

理论上，热辐射的波长范围从零到无穷大，但在日常生活和工业上常见的温度范围内，热辐射的波长主要在 0.1～100 μm 之间，包括部分紫外线、可见光和部分红外线三个波段。

所有温度大于 0 K 的实际物体都具有发射热辐射的能力，并且温度愈高，发射热辐射的能力愈强。物体发射热辐射时，其热能转化为辐射能。所有实际物体也都具有吸收热辐射的能力，在物体吸收热辐射时，辐射能又转化为物体的热能。当物体之间存在温差时，以热辐射的方式进行能量交换的结果使高温物体失去热量，低温物体获得热量，这种热量传递现象称为**辐射换热**。

热辐射具有以下特点：

(1) 热辐射总是伴随着热能与辐射能这两种能量形式之间的相互转化。

(2) 热辐射不依靠中间媒介，可以在真空中传播，太阳辐射穿过浩瀚的太空到达地球就是典型的实例。

(3) 物体间以热辐射的方式进行的热量传递是双向的。当两个物体温度不同时，高温物体向低温物体发射热辐射，低温物体也向高温物体发射热辐射，即使两个物体温度相等，辐射换热量等于零，但它们之间的热辐射交换仍在进行，只不过处于动态平衡而已。

任何实际物体都在不断地发射热辐射和吸收热辐射，物体之间的辐射换热量既与物体本身的温度、辐射特性有关，也与物体的大小、几何形状及相对位置有关。关于热辐射的基本规律和辐射换热的计算方法将在第十一章详细讨论。

以上分别介绍了导热、热对流和热辐射三种热量传递的基本方式。实际上，这三种方式往往不单独出现，如前面所指出的，对流换热是导热和对流两种方式共同作用的结果。再如，在暖气片的散热过程中，三种基本传热方式同时存在：暖气片内蒸汽或热水与内壁面的对流换热、暖气片壁的导热、外壁面与周围空气的对流换热以及与房间内墙壁、物体之间的辐射换热同时发生。这样的例子数不胜数。在分析传热问题时，首先应该弄清楚有哪些传热方式在起作用，然后再按照每一种传热方式的规律进行计算。有时，某一种传热方式虽然存在，但与其他传热方式相比作用非常小，往往可以忽略。

8-4 传热过程简介

工程上经常遇到固体壁面两侧流体之间的热量交换，例如热量从蒸汽管道内的高温蒸汽通过管壁传给周围空气的过程，热量从暖气片中的热水（或蒸汽）传给室内空气的过程，电厂冷凝器中热量从乏汽通过冷凝管传给冷却水的过程，以及电冰箱散热片中热量从制冷剂传给室内空气的过程，等等。在传热学中，这种热量从固体壁面一侧的流体通过固体壁面传递到另一侧流体的过程称为**传热过程**。

这里定义的传热过程有其特定的含义，并非泛指热量传递。一般来说，传热过程由三个相互串联的热量传递环节组成（图 8-4）：

(1) 热量以对流换热的方式从高温流体传给壁面，有时还存在高温流体与壁面之间的辐射换热，如炉膛内高温烟气与水冷壁之间的热量交换；

(2) 热量以导热的方式从高温流体侧壁面传递到低温流体侧壁面；

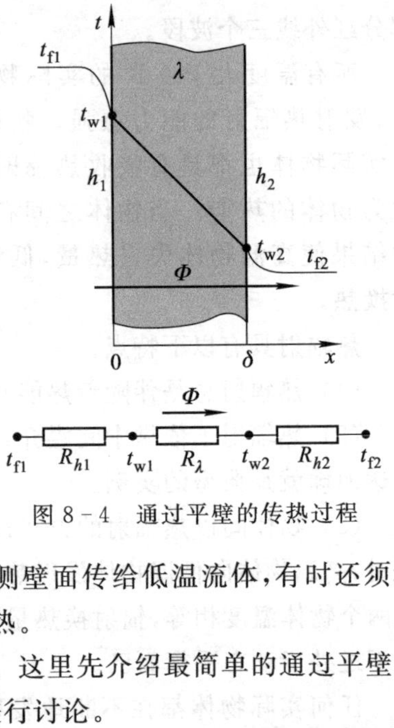

图 8-4 通过平壁的传热过程

(3) 热量以对流换热的方式从低温流体侧壁面传给低温流体，有时还须考虑壁面与低温流体及周围环境之间的辐射换热。

传热过程存在于各种类型的换热设备中。这里先介绍最简单的通过平壁的稳态传热过程，其他传热过程将在第十二章进行讨论。

如图 8-4 所示，一个热导率 λ 为常数、厚度为 δ 的大平壁，平壁左侧远离壁

面处的流体温度为 t_{f1}，表面传热系数为 h_1，平壁右侧远离壁面处的流体温度 t_{f2}，表面传热系数为 h_2，且 $t_{f1}>t_{f2}$。假设平壁两侧的流体温度及表面传热系数都不随时间变化。显然，这是一个稳态的传热过程，由平壁左侧的对流换热、平壁的导热及平壁右侧的对流换热三个相互串联的热量传递环节组成。

对于平壁左侧流体与左侧壁面之间的对流换热，根据牛顿冷却公式(8-3)、(8-3a)

$$\Phi=Ah_1(t_{f1}-t_{w1})=\frac{t_{f1}-t_{w1}}{\dfrac{1}{Ah_1}}=\frac{t_{f1}-t_{w1}}{R_{h1}} \tag{a}$$

对于平壁的导热，根据式(8-1)、(8-1a)

$$\Phi=A\lambda\frac{t_{w1}-t_{w2}}{\delta}=\frac{t_{w1}-t_{w2}}{\dfrac{\delta}{A\lambda}}=\frac{t_{w1}-t_{w2}}{R_\lambda} \tag{b}$$

对于平壁右侧流体与右侧壁面之间的对流换热，同样可得

$$\Phi=Ah_2(t_{w2}-t_{f2})=\frac{t_{w2}-t_{f2}}{\dfrac{1}{Ah_2}}=\frac{t_{w2}-t_{f2}}{R_{h2}} \tag{c}$$

式中，R_{h1}、R_λ、R_{h2} 分别为平壁左侧对流换热热阻、平壁导热热阻和平壁右侧对流换热热阻。在稳态情况下，由式(a)、(b)、(c)计算得到的热流量 Φ 是相同的，由此可得

$$\Phi=\frac{t_{f1}-t_{f2}}{\dfrac{1}{Ah_1}+\dfrac{\delta}{A\lambda}+\dfrac{1}{Ah_2}}=\frac{t_{f1}-t_{f2}}{R_{h1}+R_\lambda+R_{h2}}$$

$$=\frac{t_{f1}-t_{f2}}{R_k} \tag{8-6}$$

上式中的总热阻 R_k 称为**传热热阻**，单位为 K/W，它由三个热阻串联而成，如图 8-4 中的热阻网络所示。上式还可以写成

$$\Phi=Ak(t_{f1}-t_{f2})=Ak\Delta t \tag{8-7}$$

式中：

$$k=\frac{1}{\dfrac{1}{h_1}+\dfrac{\delta}{\lambda}+\dfrac{1}{h_2}} \tag{8-8}$$

称为**总传热系数**，单位为 $W/(m^2\cdot K)$；Δt 为传热温差。

通过单位面积平壁的热流密度为

$$q=k(t_{f1}-t_{f2})=\frac{t_{f1}-t_{f2}}{\dfrac{1}{h_1}+\dfrac{\delta}{\lambda}+\dfrac{1}{h_2}} \tag{8-9}$$

利用上述公式，可以很容易求得通过平壁的热流量 Φ、热流密度 q 及壁面温

度 t_{w1}、t_{w2}。

例题 8-3 一房屋的混凝土外墙厚度 $\delta=150$ mm，混凝土的热导率 $\lambda=1.5$ W/(m·K)。冬季室外空气温度 $t_{f2}=-10$ ℃，有风天室外空气与墙壁之间的表面传热系数 $h_2=20$ W/(m²·K)；室内空气温度 $t_{f1}=25$ ℃，与墙壁之间的表面传热系数 $h_1=5$ W/(m²·K)。假设墙壁及两侧的空气温度及表面传热系数都不随时间而变化，求单位面积墙壁的散热损失及内外墙壁面的温度 t_{w1}、t_{w2}。

解 由给定条件可知，这是一个稳态传热过程。

根据式(8-9)，通过墙壁的热流密度，即单位面积墙壁的散热损失为

$$q=\frac{t_{f1}-t_{f2}}{\dfrac{1}{h_1}+\dfrac{\delta}{\lambda}+\dfrac{1}{h_2}}$$

$$=\frac{[25-(-10)]\text{K}}{\dfrac{1}{5\ \text{W/(m}^2\cdot\text{K)}}+\dfrac{0.15\ \text{m}}{1.5\ \text{W/(m}\cdot\text{K)}}+\dfrac{1}{20\ \text{W/(m}^2\cdot\text{K)}}}=100\ \text{W/m}^2$$

根据牛顿冷却公式(8-4)，对于内、外墙面与空气之间的对流换热

$$q=h_1(t_{f1}-t_{w1})$$

$$q=h_2(t_{w2}-t_{f2})$$

于是可求得

$$t_{w1}=t_{f1}-q\frac{1}{h_1}=25\ ℃-100\ \text{W/m}^2\times\frac{1}{5\ \text{W/(m}^2\cdot\text{K)}}=5\ ℃$$

$$t_{w2}=t_{f2}+q\frac{1}{h_2}=-10\ ℃+100\ \text{W/m}^2\times\frac{1}{20\ \text{W/(m}^2\cdot\text{K)}}=-5\ ℃$$

思 考 题

1. 试说明热传导(导热)、热对流和热辐射三种热量传递基本方式之间的联系与区别。

2. 试说明热对流与对流换热之间的联系与区别。

3. 请用生活和生产中的实例说明导热、对流换热、辐射换热与哪些因素有关。

4. 热导率(导热系数)和表面传热系数是物性参数吗？请写出它们的定义式，并说明其物理意义。

5. 平壁的导热热阻与哪些因素有关，请写出其表达式。

6. 试从传热的角度说明暖气片和家用空调机放在室中什么位置合适。

7. 试说明暖水瓶的散热过程与保温机理。

8. 在深秋晴朗无风的夜晚，气温高于 0 ℃，但清晨却看见草地上披上一身白霜，但如果阴天或有风，在同样的气温下草地却不会出现白霜，试解释这种现象。

9. 在有空调的房间内，夏天和冬天的室温均控制在 20 ℃，夏天只需穿衬衫，但冬天穿衬衫会感到冷，这是为什么？

10. 在计算机主机箱中为什么在 CPU 处理器上和电源旁要加风扇？试说明 CPU 处理器散热过程的基本传热方式。

习　题

8-1　一大平板，高 3 m，宽 2 m，厚 0.02 m，导热系数为 45 W/(m·K)，两侧表面温度分别为 $t_1=100$ ℃、$t_2=50$ ℃，试求该板的热阻、热流量、热流密度。

8-2　空气在一根内径为 50 mm、长 2.5 m 的管子内流动并被加热，已知空气平均温度为 80 ℃，管内对流换热的表面传热系数 $h=70$ W/(m^2·K)，热流密度 $q=5\ 000$ W/m^2，试求管壁温度及热流量。

8-3　一单层玻璃窗，高 1.2 m，宽 1 m，玻璃厚 0.3 mm，玻璃的导热系数 $\lambda=1.05$ W/(m·K)，室内、外的空气温度分别为 20 ℃和 5 ℃，室内、外空气与窗玻璃之间对流换热的表面传热系数分别为 $h_1=5$ W/(m^2·K)和 $h_2=20$ W/(m^2·K)，试求玻璃窗的散热损失及玻璃的导热热阻、两侧的对流换热热阻。

8-4　如果采用双层玻璃窗，玻璃窗的大小、玻璃的厚度及室内外的对流换热条件与习题 1-3 相同，双层玻璃间的空气夹层厚度为 5 mm，夹层中的空气完全静止，空气的导热系数 $\lambda=0.025$ W/(m·K)。试求玻璃窗的散热损失及空气夹层的导热热阻。

8-5　有一厚度 $\delta=400$ mm 的房屋外墙，热导率 $\lambda=0.5$ W/(m·K)。冬季，室内空气温度 $t_1=20$ ℃，与墙内壁面之间对流换热的表面传热系数 $h_1=4$ W/(m^2·K)；室外空气温度 $t_2=-10$ ℃，与外墙之间对流换热的表面传热系数 $h_2=6$ W/(m^2·K)。如果不考虑热辐射，试求通过墙壁的传热系数、单位面积的传热量和内外壁面温度。

8-6　冬季，室外为大风天气时，室外空气与外墙之间对流换热的表面传热系数 $h_2=10$ W/(m^2·K)，其他条件和习题 8-5 相同，并假设室内空气只通过外墙与室外有热量交换。试问：要保持室内空气温度不变，需要多大功率的电暖气？

第八章

导 热

第八章已指出，导热是由于物体内部微观粒子的热运动而产生的热量传递现象，但是本章并不讨论物体的微观结构和微观粒子的热运动规律，而是从连续介质的假设出发，从宏观的角度来讨论导热的基本规律及计算方法。一般情况下，绝大多数固体、液体及气体都可以看作连续介质，但是当分子的平均自由行程与物体的宏观尺寸相比不能忽略时，如压力降低到一定程度的稀薄气体，就不能认为是连续介质，因此也就不在本章讨论的范围之内。

本章首先阐述导热的基本概念、基本定律及导热问题的数学描述方法，为求解导热问题奠定必要的理论基础，然后讨论几种简单的稳态导热、非稳态导热的分析解法，最后简要介绍导热问题的数值解法。

9-1 导热理论基础

本节主要讨论与导热有关的基本概念、基本定律和导热现象的数学描述方法，为进一步求解导热问题奠定必要的理论基础。

1. 导热基本概念

(1) 温度场

温差是热量传递的动力，每一种传热方式都和物体的温度密切相关。在某一时刻 τ，物体内所有各点的温度分布称为该物体在 τ 时刻的**温度场**。一般情况下，温度场是空间坐标和时间的函数，在直角坐标系中温度场可表示为

$$t=f(x,y,z,\tau) \tag{9-1}$$

式中，t 表示温度，x、y、z 为空间直角坐标。

随时间变化的温度场称为**非稳态温度场**。非稳态温度场中的导热称为**非稳态导热**。

不随时间变化的温度场$\left(\dfrac{\partial t}{\partial \tau}=0\right)$称为**稳态温度场**，可表示为

$$t=f(x,y,z) \tag{9-2}$$

稳态温度场中的导热称为**稳态导热**。

根据温度在空间三个方向的变化情况，温度场又可分为一维温度场、二维温度场和三维温度场。

(2) 等温面与等温线

在同一时刻，温度场中温度相同的点所连成的线或面称为**等温线**或**等温面**。等温面上的任何一条线都是等温线。如果用一个平面和一组等温面相交，就会得到一组温度各不相同的等温线。物体的温度场可以用一组等温面或等温线来表示。很显然，在同一时刻，物体中温度不同的等温面或等温线不能相交，因为任何一点在同一时刻不可能具有两个或两个以上的温度值。此外，在连续介质的假设条件下，等温面（或等温线）或者在物体中构成封闭的曲面（或曲线），或者终止于物体的边界，不可能在物体中中断。

(3) 温度梯度

参照图 9－1，在温度场中，温度沿某一方向 x 的变化在数学上可以用该方向上的温度变化率（即偏导数）来表示，即

$$\frac{\partial t}{\partial x}=\lim_{\Delta x\to 0}\frac{\Delta t}{\Delta x}$$

温度变化率$\frac{\partial t}{\partial x}$是标量。很明显，沿等温面法线方向的温度变化最剧烈，即温度变化率最大。数学上，也可以用矢量——**温度梯度**表示等温面法线方向的温度变化：

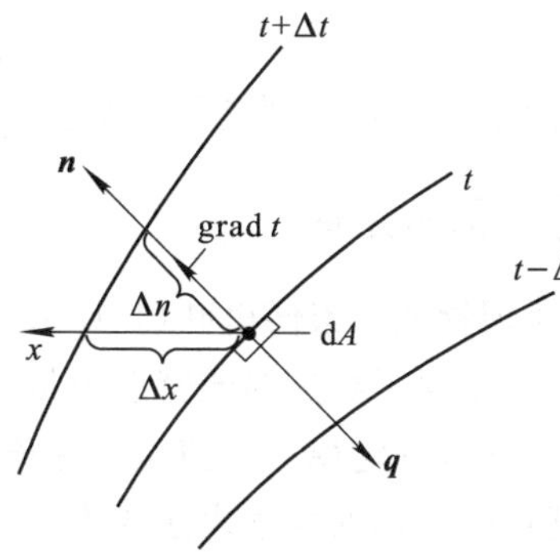

图 9－1 等温面、温度梯度与热流示意图

$$\mathrm{grad}\ t=\frac{\partial t}{\partial n}\boldsymbol{n} \tag{9-3}$$

式中：grad t 为温度梯度；$\frac{\partial t}{\partial n}$为等温面法线方向的温度变化率（偏导数）；$\boldsymbol{n}$ 为等温面法线方向的单位矢量，指向温度增加的方向。

温度梯度是矢量，其方向沿等温面的法线指向温度增加的方向，如图 9－1 所示。

在直角坐标系中，温度梯度可表示为

$$\mathrm{grad}\ t=\frac{\partial t}{\partial x}\boldsymbol{i}+\frac{\partial t}{\partial y}\boldsymbol{j}+\frac{\partial t}{\partial z}\boldsymbol{k} \tag{9-4}$$

式中：$\frac{\partial t}{\partial x}$、$\frac{\partial t}{\partial y}$、$\frac{\partial t}{\partial z}$分别为温度在 x、y、z 方向的偏导数；$\boldsymbol{i}$、$\boldsymbol{j}$、$\boldsymbol{k}$ 分别为 x、y、z 方向的单位矢量。

(4) 热流密度

如图 9-1 所示，dA 是等温面 t 上的微元面积。假设垂直通过 dA 上的导热热流量为 $d\Phi$，其流向必定指向温度降低的方向，则 dA 上的导热热流密度为

$$q=\frac{d\Phi}{dA}$$

导热热流密度的大小和方向可以用**热流密度矢量 $\boldsymbol{q}$** 表示：

$$\boldsymbol{q}=-\frac{d\Phi}{dA}\boldsymbol{n} \tag{9-5}$$

式中负号表示 $\boldsymbol{q}$ 的方向与 $\boldsymbol{n}$ 的方向相反，即和温度梯度的方向相反。

在直角坐标系中，热流密度矢量可以表示为

$$\boldsymbol{q}=q_x\boldsymbol{i}+q_y\boldsymbol{j}+q_z\boldsymbol{k} \tag{9-5a}$$

式中的 q_x、q_y、q_z 分别是热流密度矢量 $\boldsymbol{q}$ 在三个坐标方向的分量的大小。

2. 导热基本定律

法国物理学家傅里叶(J. B. J. Fourier)在对导热过程进行大量实验研究的基础上，发现了导热热流密度矢量与温度梯度之间的关系，于 1822 年提出了著名的导热基本定律——**傅里叶定律**。对于物性参数不随方向变化的**各向同性物体**，傅里叶定律的数学表达式为

$$\boldsymbol{q}=-\lambda \operatorname{grad} t=-\lambda\frac{\partial t}{\partial n}\boldsymbol{n} \tag{9-6}$$

傅里叶定律表明，导热热流密度的大小与温度梯度的绝对值成正比，其方向与温度梯度的方向相反。

标量形式的傅里叶定律表达式为

$$q=-\lambda\frac{\partial t}{\partial n}$$

对于各向同性材料，各个方向上的热导率 λ 相等，由式(9-4)、(9-5a)和(9-6)可得

$$\boldsymbol{q}=-\lambda\left(\frac{\partial t}{\partial x}\boldsymbol{i}+\frac{\partial t}{\partial y}\boldsymbol{j}+\frac{\partial t}{\partial z}\boldsymbol{k}\right) \tag{9-6a}$$

$$q_x=-\lambda\frac{\partial t}{\partial x},\quad q_y=-\lambda\frac{\partial t}{\partial y},\quad q_z=-\lambda\frac{\partial t}{\partial z}$$

由傅里叶定律可知，要计算通过物体的导热热流量，除了需要知道物体材料的热导率之外，还必须知道物体的温度场。所以，求解温度场是导热分析的主要任务。

需要指出，傅里叶定律只适用于各向同性物体。然而有许多天然和人造材料，其热导率随方向而变化，存在热导率具有最大值和最小值的方向，这类物体称为**各向异性物体**，例如木材、石英、沉积岩、经过冷冲压处理的金属、层压板、强化纤

维板、一些工程塑料等。在各向异性物体中,热流密度矢量的方向不仅与温度梯度有关,还与热导率的方向性有关,因此热流密度矢量与温度梯度不一定在同一条直线上。对各向异性物体中导热的一般性分析比较复杂,已超出本书的范围。

还需要指出,对于工程技术中的一般稳态和非稳态导热问题,傅里叶定律表达式(9-6)都适用,已由无数实践所证明。但对于极低温(接近于 0 K)的导热问题和极短时间产生极大热流密度的瞬态导热过程,如大功率、短脉冲(脉冲宽度可达 $10^{-12}\sim10^{-15}$ s)激光瞬态加热等,傅里叶定律表达式(9-6)不再适用。对于这类所谓非傅里叶导热问题,可参阅文献[45,46]。

3. 热导率

热导率是物质的重要热物性参数,表示该物质导热能力的大小。根据傅里叶定律的数学表达式,有

$$\lambda=\frac{q}{|\mathrm{grad}\ t|} \tag{9-7}$$

该式说明,热导率的值等于温度梯度的绝对值为 1 K/m 时的热流密度值。绝大多数材料的热导率值都是根据上式通过实验测得的。

各种材料热导率数值的差别很大,为了使读者对不同类型材料的热导率数值的量级有所了解,表 9-1 中列出了一些典型材料在常温下的热导率数值。书后附表 13、14 中摘录了一些工程上常用材料在特定温度下的热导率数值,可供读者进行一般工程计算时参考。对于特殊材料或者在特殊条件下的热导率数值,请参阅有关工程手册或专著。

表 9-1 一些典型材料在 20 ℃时的热导率数值

材料名称	λ/[W/(m·K)]	材料名称	λ/[W/(m·K)]
金属(固体):		松木(平行木纹)	0.35
纯银	427	冰(0 ℃)	2.22
纯铜	398	液体:	
黄铜(70%Cu,30%Zn)	109	水(0 ℃)	0.551
纯铝	236	水银(汞)	7.90
铝合金(87%Al,13%Si)	162	变压器油	0.124
纯铁	81.1	柴油	0.128
碳钢(约 0.5%C)	49.8	润滑油	0.146
非金属(固体):		气体:(大气压力)	
石英晶体(0 ℃,平行于轴)	19.4	空气	0.025 7
石英玻璃(0 ℃)	1.13	氮气	0.025 6
大理石	2.70	氢气	0.177
玻璃	0.65~0.71	水蒸气(0 ℃)	0.018 3
松木(垂直木纹)	0.15		

从表 9-1 可以看出,物质的热导率在数值上具有下述特点:

1) 对于同一种物质来说,固态的热导率值最大,气态的热导率值最小。例如,同样是在 0 ℃时,冰的热导率为 2.22 W/(m·K),水的热导率为 0.551 W/(m·K),水蒸气的热导率为 0.018 3 W/(m·K)。

2) 一般金属的热导率大于非金属的热导率(相差 1~2 个数量级)。金属的导热机理与非金属有很大区别,金属的导热主要靠自由电子的运动,而非金属的导热主要依靠分子或晶格的振动。

3) 导电性能好的金属,其导热性能也好。金属的导热和导电都主要依靠自由电子的运动。如表 9-1 中的银,是最好的导电体,也是最好的导热体。

4) 纯金属的热导率大于它的合金。例如,纯铜在 20 ℃时的热导率为 398 W/(m·K),而黄铜的热导率只有 109 W/(m·K),其他金属也如此。这主要是由于合金中的杂质(或其他金属)破坏了晶格的结构,并且阻碍自由电子运动。

5) 对于各向异性物体,热导率的数值与方向有关。例如松木,顺木纹方向的热导率数值为 0.35 W/(m·K),而垂直于木纹方向的热导率只有 0.15 W/(m·K)。这是由于一般木材顺纹方向的质地密实,而垂直于木纹方向的质地较为疏松的缘故。

6) 对于同一种物质而言,晶体的热导率要大于非晶体物体的热导率。例如,石英晶体(各向异性物体)在平行于轴的方向上的热导率为 19.4 W/(m·K),而石英玻璃(非晶体石英)的热导率要比石英晶体小一个数量级,约为 1.13 W/(m·K)。

热导率的影响因素较多,主要取决于物质的种类、物质结构与物理状态,此外温度、密度、湿度等因素对热导率也有较大的影响。由于导热是在非均匀的温度场中进行的,所以温度对热导率的影响尤为重要。一般地说,所有物质的热导率都是温度的函数,在工业上和日常生活中常见的温度范围内,绝大多数材料的热导率可以近似地认为随温度线性变化,并可表示为

$$\lambda=\lambda_0(1+bt) \qquad (9-8)$$

式中:λ_0 为按上式计算的 0 ℃下的热导率值,并非材料在 0 ℃下的热导率真实值 $\lambda(0)$,如图 9-2 所示;b 为由实验确定的常量,其数值与物质的种类有关。

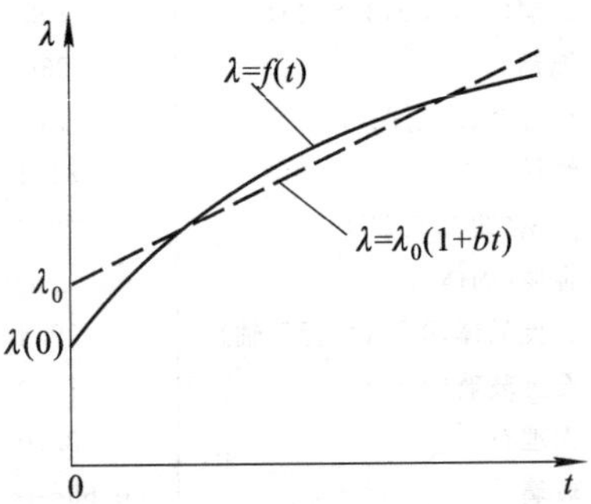

图 9-2 热导率 λ 与温度 t 的关系

各种物质的热导率随温度的变化规律大不相同,下面分别对固体、液体及气体热导率的特点加以说明。

(1) 固体的热导率

由于导热机理上的区别,各类固体热

导率的数值范围相差很大，随温度的变化规律也不相同。

低温下，纯金属具有非常高的热导率。例如：在 10 K 的温度下，纯铜的热导率可达 12 000 W/(m·K)；在 15 K 的温度下，纯铝的热导率可达 7 000 W/(m·K)。纯金属的热导率随温度的升高而减小，而一般合金的热导率随温度的升高而增大。

一般非金属的热导率随温度的升高而增大。

绝大多数建筑材料和绝热材料都具有多孔或纤维结构（如砖、混凝土、石棉、炉渣等），不是均匀介质，所以将傅里叶定律应用于这些物体的导热计算是有条件的，只有当孔隙的大小与物体的总体几何尺寸相比非常小时，才可以近似地把这些物体看作均匀介质。多孔材料的热导率是指它的**表观热导率**，或称**折算热导率**，它相当于和多孔材料物体具有相同的形状、尺寸和边界温度，且通过的导热热流量也相同的某种均质物体的热导率。

一般多孔材料的孔隙中充满空气，由于空气的热导率要比多孔材料中固体的热导率小得多，所以多孔材料的热导率都较小。之所以多孔材料的热导率随温度的升高而增大，主要原因是由于孔隙中气体的热导率随温度的升高而增大，此外随着温度的升高，孔隙内壁面间的辐射传热加强，使综合的表观热导率增大。

多孔材料的热导率与密度有关。一般密度愈小，多孔材料的孔隙率就愈大，热导率就愈小。如石棉的密度从 800 kg/m^3 减小到 400 kg/m^3 时，热导率从 0.248 W/(m·K)减小到 0.105 W/(m·K)。但是，当密度小到一定程度后，由于孔隙较大，孔隙中的空气出现宏观流动，由于对流换热的作用反而使多孔材料的表观热导率增大。

多孔材料的热导率受湿度的影响较大。湿材料的热导率比干材料和水的热导率都大。例如，干砖的热导率为 0.35 W/(m·K)，水的热导率为 0.60 W/(m·K)，而湿砖的热导率为 1.0 W/(m·K)。这一方面是由于水分的渗入，替代了多孔材料孔隙中的空气，水的热导率要比空气大很多；另一方面，由于毛细力的作用，高温区的水分向低温区迁移，由此而产生热量传递，使湿材料的表观热导率增大。

国家标准 GB/T 4272—2008 中规定，将温度低于 350 ℃时热导率小于 0.12 W/(m·K)的材料称为**保温材料**（或**绝热材料**），如膨胀塑料、膨胀珍珠岩、矿渣绵等。常温下空气的热导率为 0.025 7 W/(m·K)，是很好的保温材料。

(2) 液体的热导率

液体的热导率数值在 0.07～0.7 W/(m·K)的范围内。大多数液体的热导率随温度的升高而减小，而水、甘油等强缔合液体的热导率随温度的升高而增大。

(3) 气体的热导率

气体热导率的数值在 0.006～0.6 W/(m·K)的范围内。在一般的温度和压力范围内，气体的导热可认为是由于分子的热运动及相互碰撞产生的热量传递，因此气体的热导率随着温度的升高而增大。在气体中，氢和氦的热导率比其他气体要大4～9倍，这是由于氢和氦的分子质量很小，其分子平均运动速度较大的缘故。

理想气体的热导率随压力的变化很小，在 $2.66\times10^3\sim2\times10^9$ Pa 的压力范围内几乎不变。但水蒸气等实际气体的热导率与理想气体有很大的区别，受压力的影响较大。

混合气体的热导率不等于各组元的热导率之和，一般需要通过实验方法测定。

4. 导热微分方程式及其单值性条件

(1) 导热微分方程式的导出

由傅里叶定律可知，要计算物体的导热热流量，必须知道物体的温度场，例如，在直角坐标系下，必须知道函数

$$t=f(x,y,z,\tau)$$

为求得温度场，必须首先建立描述温度场一般性规律的微分方程式——**导热微分方程式**。

导热微分方程式是根据在导热物体内选取的微元控制体（简称微元体）的能量守恒和傅里叶定律导出的，为了使分析简化，做下列假设：

1） 所研究的物体由各向同性的连续介质构成。

2） 物体内部具有内热源，例如物体内部存在放热或吸热化学反应或通电加热等。内热源强度记作 $\dot{\Phi}$，单位为 W/m^3，表示单位时间、单位体积内的内热源生成热。

导热微分方程式的导出分下面几个步骤进行：

1） 根据物体的形状，选择合适的坐标系，选取物体中的微元体作为研究对象；

2） 分析导热过程中进、出微元体边界的能量及微元体内部的能量变化；

3） 根据能量守恒定律，建立微元体的热平衡方程式；

4） 根据傅里叶定律及已知条件，对热平衡方程式进行整理，最后得出导热微分方程式。

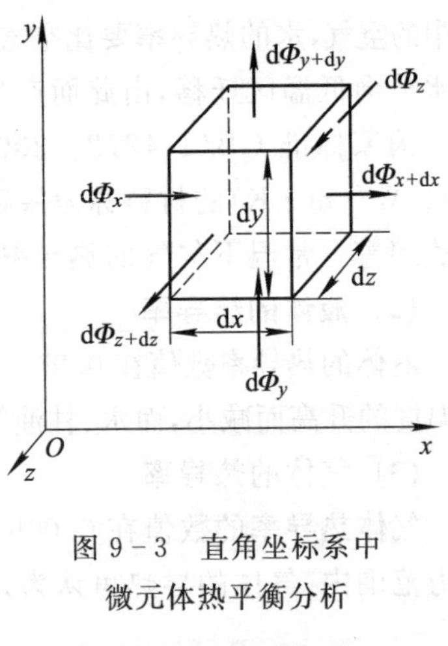

图 9-3 直角坐标系中微元体热平衡分析

如图 9-3 所示，在直角坐标系中，选取平行六面微元体作为研究对象，其边长分别为 dx、dy、dz。虽然从数学观点看，微元体的体积为无穷小，但从物理观点来看，它与微观尺度相比足够大，仍然可以作为连续介质处

理。$d\Phi_x$、$d\Phi_y$、$d\Phi_z$ 分别为单位时间内在 x、y、z 三个方向上导入微元体的热量；$d\Phi_{x+dx}$、$d\Phi_{y+dy}$、$d\Phi_{z+dz}$ 分别为单位时间内在 x、y、z 三个方向上导出微元体的热量。

在导热过程中，微元体的热平衡可表述为：单位时间内，净导入微元体的热流量 $d\Phi_\lambda$ 与微元体内热源的生成热 $d\Phi_V$ 之和，等于微元体热力学能的增加 dU，即

$$d\Phi_\lambda + d\Phi_V = dU \tag{9-9}$$

下面对上式中的各项分别进行讨论。

1）净导入微元体的热流量

$d\Phi_\lambda$ 等于从 x、y、z 三个坐标方向净导入微元体的热量之和，即

$$d\Phi_\lambda = d\Phi_{\lambda x} + d\Phi_{\lambda y} + d\Phi_{\lambda z}$$

x 方向净导入微元体的热量为

$$d\Phi_{\lambda x} = d\Phi_x - d\Phi_{x+dx} = q_x dydz - q_{x+dx} dydz$$

在所研究的范围内，热流密度函数 q 是连续的，所以可以展开成泰勒级数的形式：

$$q_{x+dx} = q_x + \frac{\partial q_x}{\partial x}dx + \frac{\partial^2 q_x}{\partial x^2}\frac{dx^2}{2!} + \cdots$$

dx 为无穷小量，所以可以近似地取级数的头两项，即

$$q_{x+dx} = q_x + \frac{\partial q_x}{\partial x}dx$$

于是

$$\begin{aligned} d\Phi_{\lambda x} &= q_x dydz - \left(q_x + \frac{\partial q_x}{\partial x}dx\right)dydz \\ &= -\frac{\partial q_x}{\partial x}dxdydz \end{aligned}$$

将傅里叶定律表达式

$$q_x = -\lambda\frac{\partial t}{\partial x}$$

代入上式，可得从 x 方向净导入微元体的热流量为

$$\begin{aligned} d\Phi_{\lambda x} &= -\frac{\partial}{\partial x}\left(-\lambda\frac{\partial t}{\partial x}\right)dxdydz \\ &= \frac{\partial}{\partial x}\left(\lambda\frac{\partial t}{\partial x}\right)dxdydz \end{aligned}$$

同样也可以得出，在单位时间内从 y 和 z 方向净导入微元体的热流量分别为

$$d\Phi_{\lambda y} = \frac{\partial}{\partial y}\left(\lambda\frac{\partial t}{\partial y}\right)dxdydz$$

$$d\Phi_{\lambda z}=\frac{\partial}{\partial z}\left(\lambda\frac{\partial t}{\partial z}\right)dxdydz$$

于是，在单位时间内从三个方向净导入微元体的热流量之和为

$$d\Phi_{\lambda}=\left[\frac{\partial}{\partial x}\left(\lambda\frac{\partial t}{\partial x}\right)+\frac{\partial}{\partial y}\left(\lambda\frac{\partial t}{\partial y}\right)+\frac{\partial}{\partial z}\left(\lambda\frac{\partial t}{\partial z}\right)\right]dxdydz \tag{a}$$

2）单位时间内，微元体内热源的生成热

$$d\Phi_V=\dot{\Phi}dxdydz \tag{b}$$

3）单位时间内，微元体热力学能的增加

$$dU=\rho c\frac{\partial t}{\partial \tau}dxdydz \tag{c}$$

式中：ρ 为物体的密度，kg/m^3；c 为物体的比热容，J/(kg・K)。对于固体和不可压缩流体，比定压热容 c_p 和比定容热容 c_V 相差很小，$c_p=c_V=c$。

将式(a)、(b)、(c)代入微元体的热平衡表达式(9－9)，并消去 $dxdydz$，可得

$$\rho c\frac{\partial t}{\partial \tau}=\left[\frac{\partial}{\partial x}\left(\lambda\frac{\partial t}{\partial x}\right)+\frac{\partial}{\partial y}\left(\lambda\frac{\partial t}{\partial y}\right)+\frac{\partial}{\partial z}\left(\lambda\frac{\partial t}{\partial z}\right)\right]+\dot{\Phi} \tag{9-10}$$

该式称为**导热微分方程式**。它建立了导热过程中物体的温度随时间和空间变化的函数关系。

当热导率 λ 为常数时，导热微分方程式(9－10)可简化为

$$\frac{\partial t}{\partial \tau}=\frac{\lambda}{\rho c}\left(\frac{\partial^2 t}{\partial x^2}+\frac{\partial^2 t}{\partial y^2}+\frac{\partial^2 t}{\partial z^2}\right)+\frac{\dot{\Phi}}{\rho c} \tag{9-11}$$

或写成

$$\frac{\partial t}{\partial \tau}=a\nabla^2 t+\frac{\dot{\Phi}}{\rho c} \tag{9-11a}$$

式中，∇^2是拉普拉斯算子。在直角坐标系中

$$\nabla^2 t=\frac{\partial^2 t}{\partial x^2}+\frac{\partial^2 t}{\partial y^2}+\frac{\partial^2 t}{\partial z^2}$$

$a=\dfrac{\lambda}{\rho c}$，称为**热扩散率**，也称**导温系数**，单位为 m^2/s。热扩散率 a 是对非稳态导热过程有重要影响的热物性参数，其大小反映物体被瞬态加热或冷却时物体内温度变化的快慢。由式(9－11)也可以看出，热扩散率 a 愈大，温度随时间的变化率$\partial t/\partial \tau$ 愈大，即温度变化愈快。例如，一般木材的热扩散率约为 $a=1.5\times10^{-7}$ m^2/s，紫铜（纯铜）的热扩散率约为 $a=5.33\times10^{-5}$ m^2/s，是木材的 355 倍。如果两手分别握住同样长短、粗细的木棒和紫铜棒，同时将另一端伸到灼热的火炉中，则当拿紫铜棒的手感到很烫时，拿木棒的手尚无热的感觉。这说明，在紫铜棒中温度的变化要比在木棒中快得多。

对于特殊的情况，导热微分方程式(9－11)还可以进一步简化，例如：

1）物体无内热源（$\dot{\Phi}=0$）

$$\frac{\partial t}{\partial \tau}=a\nabla^2 t \tag{9-12}$$

2）稳态导热$\left(\frac{\partial t}{\partial \tau}=0\right)$

$$a\nabla^2 t+\frac{\dot{\Phi}}{\rho c}=0 \tag{9-13}$$

3）稳态导热、无内热源

$$\nabla^2 t=0$$

即

$$\frac{\partial^2 t}{\partial x^2}+\frac{\partial^2 t}{\partial y^2}+\frac{\partial^2 t}{\partial z^2}=0 \tag{9-14}$$

当所研究的对象是圆柱状（圆柱、圆筒壁等）物体时，采用圆柱坐标系(r,φ,z)比较方便，如图 9-4 所示。采用和直角坐标系相同的方法，分析圆柱坐标系中微元体在导热过程中的热平衡，同样可推导出圆柱坐标系中的导热微分方程式。这里只给出推导结果：

$$\rho c\frac{\partial t}{\partial \tau}=\frac{1}{r}\frac{\partial}{\partial r}\left(\lambda r\frac{\partial t}{\partial r}\right)+\frac{1}{r^2}\frac{\partial}{\partial \varphi}\left(\lambda\frac{\partial t}{\partial \varphi}\right)+\frac{\partial}{\partial z}\left(\lambda\frac{\partial t}{\partial z}\right)+\dot{\Phi} \tag{9-15}$$

当λ为常数时，上式可简化为

$$\frac{\partial t}{\partial \tau}=a\left(\frac{\partial^2 t}{\partial r^2}+\frac{1}{r}\frac{\partial t}{\partial r}+\frac{1}{r^2}\frac{\partial^2 t}{\partial \varphi^2}+\frac{\partial^2 t}{\partial z^2}\right)+\frac{\dot{\Phi}}{\rho c} \tag{9-15a}$$

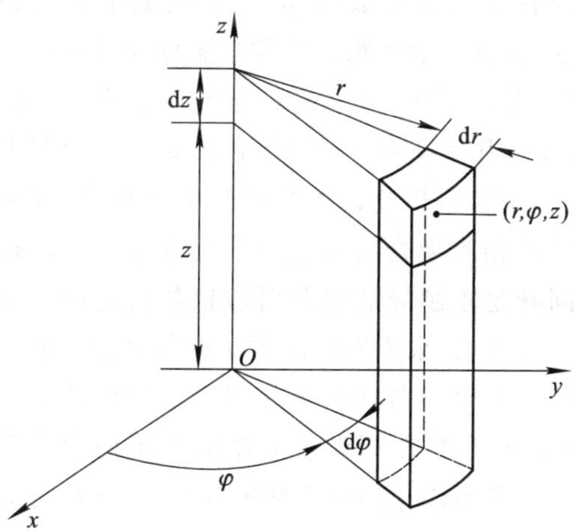

图 9-4　圆柱坐标系中的微元体

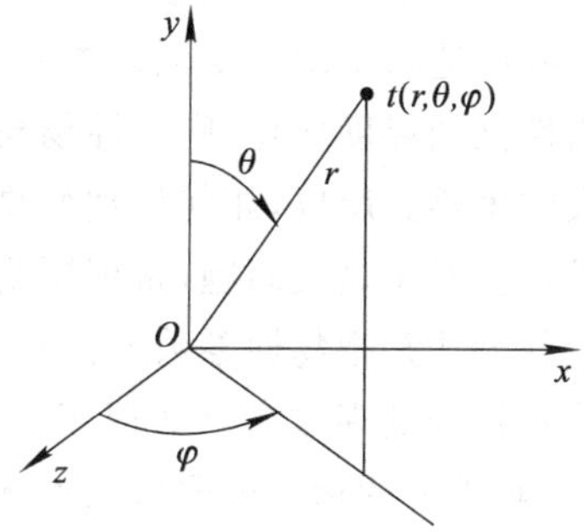

图 9-5　球坐标系

当所研究的对象是球状物体时，采用图 9-5 所示的球坐标系(r,θ,φ)比较方便。球坐标系中的导热微分方程式为

$$\rho c\frac{\partial t}{\partial \tau}=\frac{1}{r^{2}}\frac{\partial}{\partial r}\left(\lambda r^{2}\frac{\partial t}{\partial r}\right)+\frac{1}{r^{2}\sin\theta}\frac{\partial}{\partial \theta}\left(\lambda\sin\theta\frac{\partial t}{\partial \theta}\right)+\frac{1}{r^{2}\sin^{2}\theta}\frac{\partial}{\partial \varphi}\left(\lambda\frac{\partial t}{\partial \varphi}\right)+\dot{\Phi} \tag{9-16}$$

当 λ 为常数时，上式可简化为

$$\frac{\partial t}{\partial \tau}=a\left[\frac{1}{r}\frac{\partial^{2}(rt)}{\partial r^{2}}+\frac{1}{r^{2}\sin\theta}\frac{\partial t}{\partial \theta}\left(\sin\theta\frac{\partial t}{\partial \theta}\right)+\frac{1}{r^{2}\sin^{2}\theta}\frac{\partial^{2} t}{\partial \varphi^{2}}\right]+\frac{\dot{\Phi}}{\rho c} \tag{9-16a}$$

(2) 单值性条件

导热微分方程式是在一定的假设条件下根据微元体在导热过程中的能量守恒建立起来的，是描写物体的温度随空间坐标及时间变化的一般性关系式，在推导过程中没有涉及导热过程的具体特点，所以它适用于无穷多个的导热过程，也就是说它有无穷多个解。为了完整地描写某个具体的导热过程，除了给出导热微分方程式之外，还必须说明导热过程的具体特点，即给出导热微分方程的**单值性条件**或**定解条件**，使导热微分方程式具有唯一解。导热微分方程式与单值性条件一起构成了具体导热过程完整的数学描述。

单值性条件一般包括下面 4 个方面：

1）几何条件

说明参与导热过程的物体的几何形状及尺寸大小。很明显，在其他条件相同的情况下，物体的几何形状及尺寸对其温度场的影响非常大，它决定了温度场的空间分布特点和进行分析时所采用的坐标系。

2）物理条件

说明导热物体的物理性质，例如给出热物性参数（λ、ρ、c 等）的数值及其特点，是常物性（物性参数为常数）还是变物性（一般指物性参数随温度而变化）等。热物性参数对物体中的温度分布具有显著的影响，尤其是稳态导热过程中的热导率 λ、非稳态导热过程中的热扩散率 a。几乎所有工程材料的热物性参数都不同程度地随温度而变化。本来温度场的求解是以物性参数已知为条件的，如果物性又随温度变化，则物性场与温度场的相互耦合给问题的分析求解带来了很大的困难。所以，如何处理变物性的问题是求解导热以及对流换热问题的一个难点。对于这类问题，常根据实际情况和要求，采用不同的方法进行处理。最简单的办法是把物性参数取作常数（一般取物性参数在所涉及温度范围内的平均值），这种处理方法只适用于材料的热物性参数在所涉及的温度范围内变化不大、对求解的精确度要求又不高的场合。若不能作为常物性来处理，应该尽可能将物性参数随温度的变化规律加以简化，例如前面在热导率一节中所讲的，在一定的温度范围内，可以认为材料的热导率随温度线性变化，这种近似处理方法往往可使问题的求解大为简化。

此外，物体有无内热源以及内热源的释热规律等也属于物理条件的范畴。

3）时间条件

说明导热过程进行的时间上的特点，例如是稳态导热还是非稳态导热。对于非稳态导热过程，还应该给出过程开始时物体内部的温度分布规律：

$$t|_{\tau=0}=f(x,y,z) \tag{9-17}$$

称之为非稳态导热过程的**初始条件**。如果过程开始时物体内部的温度分布均匀，则初始条件简化为

$$t|_{\tau=0}=t_0=\text{常数}$$

4）边界条件

因为物体内部的导热现象总是在外部环境的作用下发生的，所以需要说明导热物体边界上的热状态以及与周围环境之间的相互作用，例如边界上的温度、热流密度分布以及物体通过边界与周围环境之间的热量传递情况等。

常见的边界条件有下面 3 类：

(a) 第一类边界条件

第一类边界条件给出物体边界上的温度分布及其随时间的变化规律

$$t_w=f(x,y,z,\tau) \tag{9-18}$$

如果在整个导热过程中物体边界上的温度为定值，则上式简化为

$$t_w=\text{常数}$$

(b) 第二类边界条件

第二类边界条件给出物体边界上的热流密度分布及其随时间的变化规律

$$q_w=f(x,y,z,\tau) \tag{9-19}$$

根据傅里叶定律表达式

$$q_w=-\lambda\left(\frac{\partial t}{\partial n}\right)_w$$

可得

$$\left(\frac{\partial t}{\partial n}\right)_w=-\frac{q_w}{\lambda} \tag{9-20}$$

所以，第二类边界条件给出了边界面法线方向的温度变化率，但边界温度 t_w 未知，如图 9-6 所示。用电热片加热物体表面可实现第二类边界条件。

如果在导热过程中，物体的某一表面是绝热的，即 $q_w=0$，则

$$\left(\frac{\partial t}{\partial n}\right)_w=0$$

在这种情况下，物体内部的等温面或等温线与该绝热表面垂直相交。

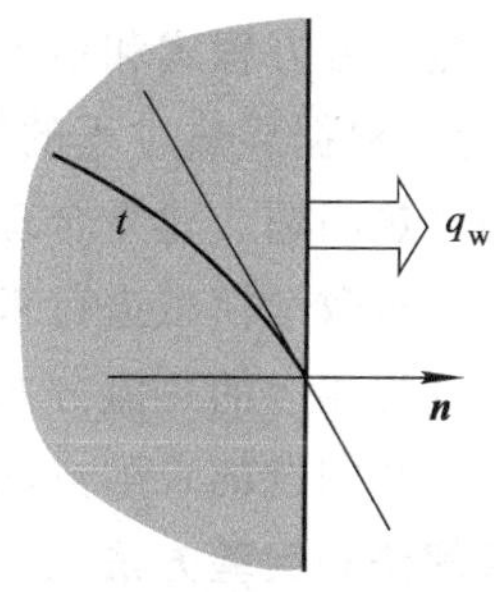

图 9-6　第二类边界条件

(c) 第三类边界条件

第三类边界条件给出了与物体表面进行对流换热的流体的温度 t_f 及表面传热系数 h(图 9-7)。

根据边界面的热平衡，由物体内部导向边界面的热流密度应该等于从边界面传给周围流体的热流密度，于是由傅里叶定律和牛顿冷却公式可得

$$-\lambda\left(\frac{\partial t}{\partial n}\right)_w=h(t_w-t_f) \qquad (9-21)$$

该式建立了物体内部温度在边界处的变化率与边界处对流换热之间的关系，所以第三类边界条件也称为对流换热边界条件。

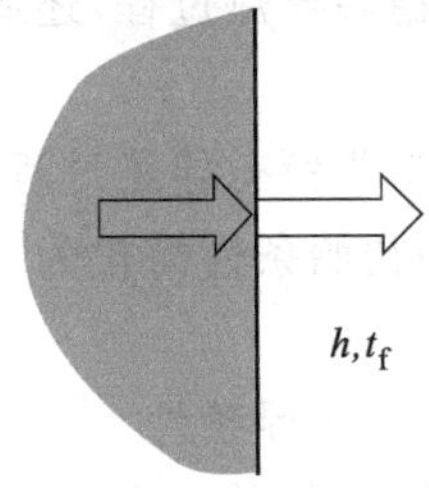

图 9-7 第三类边界条件

对于稳态的对流换热，t_f 与 h 为常数；对于非稳态的对流换热，还应给出 t_f、h 与时间的函数关系。

从第三类边界条件表达式可以看出，当 h 非常大时，边界面温度近似等于已知的流体温度，$t_w\approx t_f$，第三类边界条件转化为第一类边界条件；当 h 非常小时，$h\approx 0$，$q_w=0$，相当于第二类边界条件的特例。

上述三类边界条件概括了导热问题中的大部分实际情况，并且都是线性的，所以也称为线性边界条件。如果导热物体的边界处除了对流换热还存在与周围环境之间的辐射换热，则物体边界面的热平衡表达式为

$$-\lambda\left(\frac{\partial t}{\partial n}\right)_w=h(t_w-t_f)+q_r \qquad (9-22)$$

式中的 q_r 为物体边界面与周围环境之间的净辐射换热热流密度。从第十一章可知，q_r 与物体边界面和周围环境温度的四次方有关，此外还与物体边界面与周围环境的辐射特性有关，所以上式是温度的复杂函数。这种对流换热与辐射换热叠加的复合换热边界条件是**非线性的边界条件**。本书只限于讨论具有线性边界条件的导热问题。

综上所述，对一个具体导热过程完整的数学描述(即导热数学模型)，应该包括导热微分方程式和单值性条件两个方面，缺一不可。在建立数学模型的过程中，应该根据导热过程的特点，进行合理的简化，力求能够比较真实地描述所研究的导热问题。建立合理的数学模型，是求解导热问题的第一步，也是最重要的一步。对数学模型进行求解，就可以得到物体的温度场，进而根据傅里叶定律就可以确定相应的热流分布。

导热问题的求解方法有很多种，目前应用最广泛的方法有三种：**分析解法、数值解法**和**实验方法**，这也是求解所有传热学问题的三种基本方法。本章主要介绍导热问题的分析解法和数值解法。

9-2　稳态导热

稳态导热是指温度场不随时间变化的导热过程。例如，当热力设备长时间处于稳定运行状态时，其一些部件内发生的导热过程就是稳态导热。

下面分别讨论日常生活和工程上常见的平壁、圆筒壁、球壁及肋壁的一维稳态导热问题，而对一些工程上常见的二维或三维稳态导热问题的形状因子解法以及接触热阻的概念，只作简单的介绍。

1. 平壁的稳态导热

第八章已指出，当平壁的两表面分别维持均匀恒定的温度时，平壁的导热为一维稳态导热。下面对第一类边界条件下单层和多层平壁的一维稳态导热问题进行分析。

(1) 单层平壁的稳态导热

假设平壁的表面面积为 A，厚度为 δ，热导率 λ 为常数，无内热源，平壁两侧表面分别保持均匀恒定的温度 t_{w1}、t_{w2}，且 $t_{w1}>t_{w2}$。选取坐标轴 x 与壁面垂直，如图 9-8 所示。

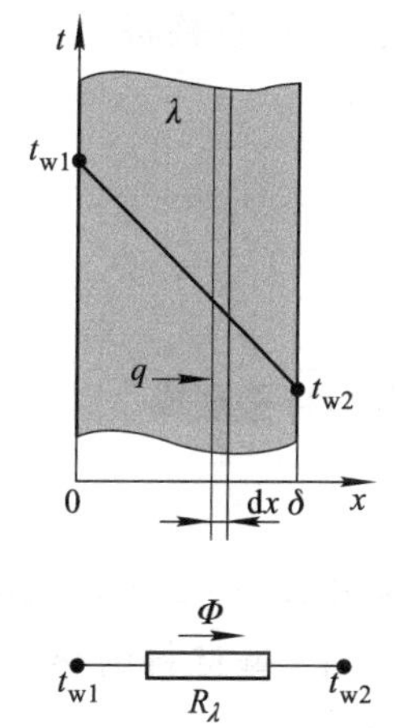

图 9-8　平壁的稳态导热

平壁的导热微分方程式为

$$\frac{d^2t}{dx^2}=0 \tag{9-23}$$

边界条件为

$$x=0,t=t_{w1}$$

$$x=\delta,t=t_{w2}$$

式(9-23)和边界条件构成了平壁稳态导热的完整的数学模型。式(9-23)比较简单，可以用直接积分法求得通解

$$t=C_1x+C_2 \tag{a}$$

代入边界条件，可得

$$C_2=t_{w1}$$

$$C_1=-\frac{t_{w1}-t_{w2}}{\delta}$$

将 C_1、C_2 代入通解，平壁内的温度分布为

$$t=t_{w1}-\frac{t_{w1}-t_{w2}}{\delta}x \tag{b}$$

可见，当热导率 λ 为常数时，平壁内的温度呈线性分布，温度分布曲线的斜率为

$$\frac{\mathrm{d}t}{\mathrm{d}x}=-\frac{t_{w1}-t_{w2}}{\delta} \tag{c}$$

通过平壁的热流密度可由傅里叶定律得出

$$q=-\lambda\frac{\mathrm{d}t}{\mathrm{d}x}=\lambda\frac{t_{w1}-t_{w2}}{\delta} \tag{9-24}$$

可见，通过平壁的热流密度为常数，与坐标 x 无关。

通过整个平壁的热流量为

$$\Phi=Aq=A\lambda\frac{t_{w1}-t_{w2}}{\delta} \tag{9-25}$$

式(9-24)、(9-25)和式(8-1)、(8-2)的形式完全相同。

上面介绍了根据导热微分方程式及边界条件进行求解的一般过程。实际上，对于无内热源平壁的一维稳态导热问题，平壁内任意位置的热流密度 q 都相等，可以直接将傅里叶定律表达式分离变量，并按照已知的边界条件积分求解：

$$q=-\lambda\frac{\mathrm{d}t}{\mathrm{d}x}$$

$$q\int_0^{\delta}\mathrm{d}x=-\lambda\int_{t_{w1}}^{t_{w2}}\mathrm{d}t$$

积分后可整理成

$$q=\lambda\frac{t_{w1}-t_{w2}}{\delta}$$

结果和式(9-24)完全相同，但求解方法简单。

当平壁材料的热导率是温度的函数时，一维稳态导热微分方程式的形式为

$$\frac{\mathrm{d}}{\mathrm{d}x}\left(\lambda\frac{\mathrm{d}t}{\mathrm{d}x}\right)=0 \tag{9-26}$$

当温度变化范围不大时，可以近似地认为材料的热导率随温度线性变化，即

$$\lambda=\lambda_0(1+bt)$$

将上式代入式(9-26)，通过两次积分，并代入边界条件，可求得平壁内的温度分布为

$$t+\frac{1}{2}bt^2=-\frac{1}{\delta}(t_{w1}-t_{w2})\left[1+\frac{1}{2}b(t_{w1}+t_{w2})\right]x+t_{w1}+\frac{1}{2}bt_{w1}^2 \tag{9-27}$$

由上式可见，当平壁材料的热导率随温度线性变化时，平壁内的温度分布为二次曲线。根据傅里叶定律表达式

$$q=-\lambda\frac{\mathrm{d}t}{\mathrm{d}x}=-\lambda_0(1+bt)\frac{\mathrm{d}t}{\mathrm{d}x}$$

可得

$$\frac{\mathrm{d}t}{\mathrm{d}x}=-\frac{q}{\lambda_0(1+bt)}$$

当 $t_{\mathrm{w1}}>t_{\mathrm{w2}}$ 时，热流的方向与 x 轴同向，q 为正值，而热导率的数值永远为正，所以由上式可见，温度变化率$\frac{\mathrm{d}t}{\mathrm{d}x}$为负值。如果 $b>0$，即热导率 λ 随温度的降低而减小，$\frac{\mathrm{d}t}{\mathrm{d}x}$的绝对值随温度的降低而增大，温度曲线向上弯曲；如果 $b<0$，则正好相反；当 $b=0$ 时，即热导率 λ 为常数，壁内的温度分布为直线，如图 9－9 所示。

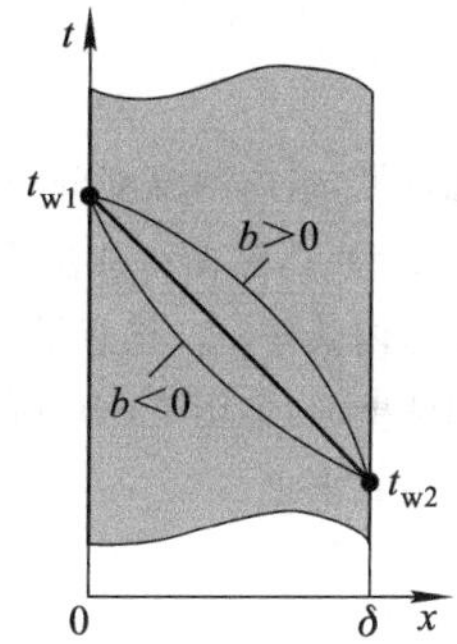

图 9－9 热导率随温度线性变化时平壁内的温度分布

根据傅里叶定律，由式(9－27)可求得通过平壁的热流密度

$$\begin{aligned}q&=\frac{\lambda_0}{\delta}(t_{\mathrm{w1}}-t_{\mathrm{w2}})\left[1+\frac{b}{2}(t_{\mathrm{w1}}+t_{\mathrm{w2}})\right]\\&=\frac{t_{\mathrm{w1}}-t_{\mathrm{w2}}}{\delta}\lambda_0(1+bt_{\mathrm{m}})\\&=\lambda_{\mathrm{m}}\frac{t_{\mathrm{w1}}-t_{\mathrm{w2}}}{\delta}\end{aligned}\tag{9-28}$$

式中，$t_{\mathrm{m}}=\frac{t_{\mathrm{w1}}+t_{\mathrm{w2}}}{2}$为平壁的算术平均温度，该温度下的热导率为 $\lambda_{\mathrm{m}}=\lambda_0(1+bt_{\mathrm{m}})$。上式与式(9－24)的形式完全相同。这说明，当热导率随温度线性变化时，通过平壁的热流量可用热导率为常数时的计算公式来计算，只需要将公式中的热导率 λ 改为平壁算术平均温度下的热导率 λ_{m} 即可。

例题 9－1 假设平壁两侧表面同样分别保持均匀恒定的温度 t_{w1}、t_{w2}，但平壁内具有均匀分布的内热源，强度为 $\dot{\Phi}$，平壁材料的热导率 λ 为常数，试分析平壁内的温度分布规律及温度极值点的位置。

解 平壁一维稳态导热微分方程式为

$$\frac{\mathrm{d}^2t}{\mathrm{d}x^2}+\frac{\dot{\Phi}}{\lambda}=0\tag{9-29}$$

边界条件与无内热源时相同，仍为第一类边界条件：

$$x=0,t=t_{\mathrm{w1}}$$

$$x=\delta,t=t_{\mathrm{w2}}$$

对微分方程式(9－29)进行积分，得

$$\frac{\mathrm{d}t}{\mathrm{d}x}=-\frac{\dot{\Phi}}{\lambda}x+C_1$$

$$t=-\frac{\dot{\Phi}}{2\lambda}x^2+C_1x+C_2$$

将边界条件代入上式，可求得积分常数：

$$C_2 = t_{w1}$$

$$C_1 = -\frac{t_{w1} - t_{w2}}{\delta} + \frac{\dot{\Phi}\delta}{2\lambda}$$

于是，壁内的温度分布为

$$t = -\frac{\dot{\Phi}}{2\lambda}x^2 - \left(\frac{t_{w1} - t_{w2}}{\delta} + \frac{\dot{\Phi}\delta}{2\lambda}\right)x + t_{w2} \tag{9-30}$$

由此可见，壁内的温度分布为抛物线。因为一般情况下 $\dot{\Phi}>0$，所以温度分布曲线向上弯曲，并且 $\dot{\Phi}$ 愈大，弯曲得愈厉害，当 $\dot{\Phi}$ 大于一定数值后，温度分布曲线在壁内某处 x_{max} 具有最大值 t_{max}，壁内热流的方向从 x_{max} 处指向两侧壁面，如图 9－10 所示。平壁内部温度具有最大值的位置可由下式求出：

$$\left.\frac{\mathrm{d}t}{\mathrm{d}x}\right|_{x=x_{max}} = 0$$

由式(9－30)可得

$$x_{max} = \frac{\delta}{2} - \frac{1}{\dot{\Phi}}\frac{\lambda(t_{w1} - t_{w2})}{\delta} \tag{9-31}$$

由上式不难得出，当 $t_{w1}>t_{w2}$ 时，如果 $\dot{\Phi}<\frac{2\lambda(t_{w1}-t_{w2})}{\delta^2}$，则 $x_{max}<0$。这显然是不符合实际的，x_{max} 的位置不可能在平壁的外面。在这种情况下，应该是 $x_{max}=0$，即 $t_{max}=t_{w1}$。

当 $t_{w1}=t_{w2}$ 时，$x_{max}=\frac{\delta}{2}$，即温度最大值的位置在平壁中心处。

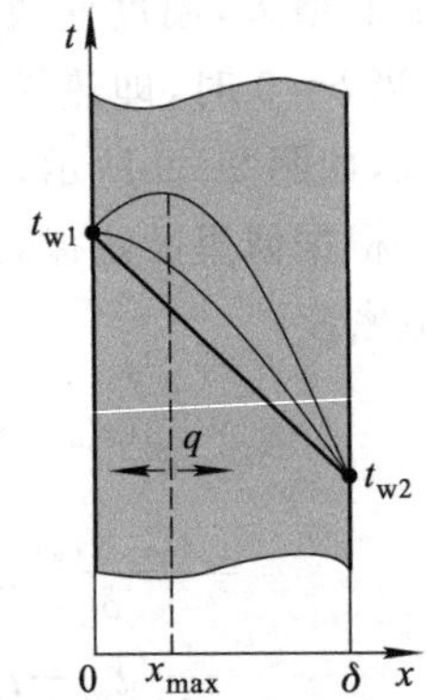

图 9－10　具有均匀内热源的平壁的稳态导热

通过有内热源平壁的热流密度可以根据傅里叶定律由(9－30)式求出：

$$q = -\lambda\frac{\mathrm{d}t}{\mathrm{d}x}$$

$$= \frac{\lambda(t_{w1} - t_{w2})}{\delta} - \left(\frac{\delta}{2} - x\right)\dot{\Phi} \tag{9-32}$$

由上式可以看出，有内热源时单层平壁稳态导热的热流密度不再像无内热源那样等于常数，而是 x 的函数，并且热流的方向不一定指向一个方向，而取决于壁面温差($t_{w1}-t_{w2}$)的大小以及内热源强度 $\dot{\Phi}$ 的大小。

(2) 多层平壁的稳态导热

在日常生活与工程上，经常遇到由几层不同材料组成的多层平壁。例如房屋的墙壁，一般由白灰内层、水泥砂浆层和红砖(或青砖)主体层构成，高级的楼房还有一层水泥沙砾或瓷砖修饰层。再如锅炉的炉墙，一般由耐火砖砌成的内层、用于隔热的夹气层或保温层以及普通砖砌的外墙构成，大型锅炉还外包一层钢板。当这种多层平壁的两表面分别维持均匀恒定的温度时，其导热也是一维稳态导热。

运用热阻的概念，很容易分析多层平壁的一维稳态导热问题。下面以图

9 - 11 所示具有第一类边界条件的三层平壁为例进行分析。

假设三层平壁材料的热导率分别为 λ_1、λ_2、λ_3，且为常数；厚度分别为 δ_1、δ_2、δ_3；各层之间的接触非常紧密，因此相互接触的表面具有相同的温度，分别为 t_{w2}、t_{w3}；平壁两侧外表面分别保持均匀恒定的温度 t_{w1}、t_{w4}。显然，通过此三层平壁的导热为稳态导热，通过各层的热流量相同。根据单层平壁稳态导热的计算公式，

$$\Phi=\frac{t_{w1}-t_{w2}}{\dfrac{\delta_1}{A\lambda_1}}=\frac{t_{w1}-t_{w2}}{R_{\lambda1}} \tag{a}$$

$$\Phi=\frac{t_{w2}-t_{w3}}{\dfrac{\delta_2}{A\lambda_2}}=\frac{t_{w2}-t_{w3}}{R_{\lambda2}} \tag{b}$$

$$\Phi=\frac{t_{w3}-t_{w4}}{\dfrac{\delta_3}{A\lambda_3}}=\frac{t_{w3}-t_{w4}}{R_{\lambda3}} \tag{c}$$

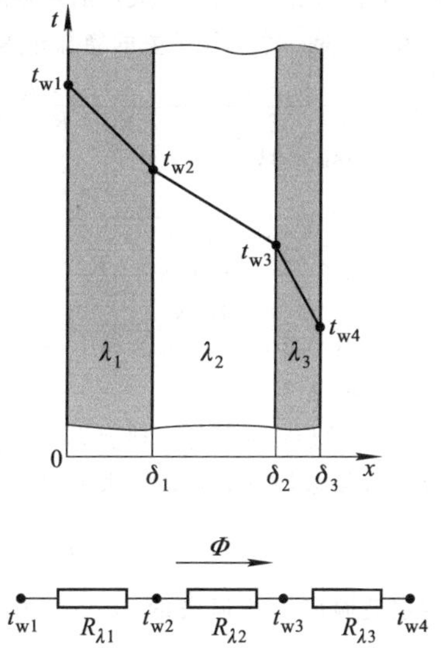

图 9 - 11　三层平壁的稳态导热

由以上三式可得

$$\Phi=\frac{t_{w1}-t_{w4}}{\dfrac{\delta_1}{A\lambda_1}+\dfrac{\delta_2}{A\lambda_2}+\dfrac{\delta_3}{A\lambda_3}}=\frac{t_{w1}-t_{w4}}{R_{\lambda1}+R_{\lambda2}+R_{\lambda3}} \tag{9-33}$$

可见，三层平壁稳态导热的总导热热阻 R_λ 为各层导热热阻之和，可以用图 9 - 11 中的热阻网络来表示。

由此类推，对于 n 层平壁的稳态导热，热流量的计算公式应为

$$\Phi=\frac{t_{w1}-t_{w(n+1)}}{\sum\limits_{i=1}^{n}R_{\lambda i}} \tag{9-34}$$

式中，分子为多层平壁两侧外壁面之间的温差，分母为总导热热阻，是各层导热热阻之和。

可见，利用热阻的概念，可以很容易地求得通过多层平壁稳态导热的热流量，进而求出各层间接触面的温度。

例题 9 - 2　一双层玻璃窗，高 2 m，宽 1 m，玻璃厚 3 mm，玻璃的导热系数 $\lambda=0.75$ W/(m·K)。双层玻璃间的空气夹层厚度为 5 mm，夹层中的空气完全静止，空气的导热系数 $\lambda=$

0.025 W/(m·K)。如果测得冬季室内外玻璃表面温度分别为 15 ℃和 5 ℃，试求玻璃窗的散热损失，并比较玻璃与空气夹层的导热热阻。

解 这是一个三层平壁的稳态导热问题。根据式(9-33)

$$\Phi=\frac{t_{w1}-t_{w4}}{\frac{\delta_1}{A\lambda_1}+\frac{\delta_2}{A\lambda_2}+\frac{\delta_3}{A\lambda_3}}=\frac{t_{w1}-t_{w4}}{R_{\lambda1}+R_{\lambda2}+R_{\lambda3}}$$

$$=\frac{(15-5)\ \mathrm{K}}{\frac{0.003\ \mathrm{m}}{2\ \mathrm{m}^2\times0.75\ \mathrm{W/(m\cdot K)}}+\frac{0.005\ \mathrm{m}}{2\ \mathrm{m}^2\times0.025\ \mathrm{W/(m\cdot K)}}+\frac{0.003\ \mathrm{m}}{2\ \mathrm{m}^2\times0.75\ \mathrm{W/(m\cdot K)}}}$$

$$=\frac{10\ \mathrm{K}}{(0.002+0.1+0.002)\mathrm{K/W}}$$

$$=96.2\ \mathrm{W}$$

可见，单层玻璃的导热热阻为 0.002 K/W，空气夹层的导热热阻为 0.1 K/W，是玻璃的 50 倍。如果采用单层玻璃窗，则散热损失为

$$\Phi'=\frac{10\ \mathrm{K}}{0.002\ \mathrm{K/W}}=5\ 000\ \mathrm{W}$$

是双层玻璃窗散热损失的 52 倍。可见，采用双层玻璃窗可以大大减少散热损失，节约能源。

请读者思考：为了进一步减小双层玻璃窗的散热损失，是否可以加大空气夹层的厚度？

2. 圆筒壁的稳态导热

圆形管道在工业和日常生活中的应用非常广泛，如发电厂的蒸汽管道，化工厂的各种液、气输送管道以及供暖热水管道等。下面主要讨论这类管壁在稳态导热过程中的壁内温度分布及导热热流量。

(1) 单层圆筒壁的稳态导热

如图 9-12 所示，已知一单层圆筒壁的内、外半径分别为 r_1、r_2，长度为 l，热导率 λ 为常数，无内热源($q_V=0$)，内、外壁面维持均匀恒定的温度 t_{w1}、t_{w2}，且 $t_{w1}>t_{w2}$。

根据上述给定条件，壁内的温度只沿径向变化，如果采用圆柱坐标系，则圆筒壁内的导热为一维稳态导热，导热微分方程式为

$$\frac{\mathrm{d}}{\mathrm{d}r}\left(r\frac{\mathrm{d}t}{\mathrm{d}r}\right)=0 \qquad (9-35)$$

第一类边界条件

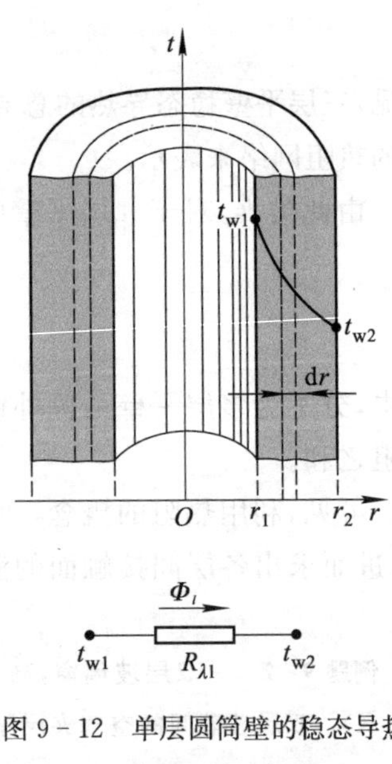

图 9-12 单层圆筒壁的稳态导热

$$r=r_1, t=t_{w1}$$

$$r=r_2, t=t_{w2}$$

对式(9－35)进行两次积分,可得导热微分方程式的通解为

$$t=C_1\ln r+C_2$$

代入边界条件,得

$$C_1=-\frac{t_{w1}-t_{w2}}{\ln(r_2/r_1)}$$

$$C_2=t_{w1}+\frac{t_{w1}-t_{w2}}{\ln(r_2/r_1)}\ln r_1$$

将 C_1、C_2 代入通解,可得圆筒壁内的温度分布为

$$t=t_{w1}-(t_{w1}-t_{w2})\frac{\ln(r/r_1)}{\ln(r_2/r_1)}$$

可见,壁内的温度分布为对数曲线。温度沿 r 方向的变化率为

$$\frac{\mathrm{d}t}{\mathrm{d}r}=-\frac{t_{w1}-t_{w2}}{\ln(r_2/r_1)}\frac{1}{r}$$

上式说明,温度变化率的绝对值沿 r 方向逐渐减小。

根据傅里叶定律,圆筒壁沿 r 方向的热流密度为

$$q=-\lambda\frac{\mathrm{d}t}{\mathrm{d}r}=\lambda\frac{t_{w1}-t_{w2}}{\ln(r_2/r_1)}\frac{1}{r}$$

由上式可见,径向热流密度不等于常数,而是 r 的函数,并且随着 r 的增加,热流密度逐渐减小。但是,对于稳态导热,通过整个圆筒壁的热流量是不变的,其计算公式为

$$\Phi=2\pi rlq=\frac{t_{w1}-t_{w2}}{\frac{1}{2\pi\lambda l}\ln\frac{r_2}{r_1}}=\frac{t_{w1}-t_{w2}}{\frac{1}{2\pi\lambda l}\ln\frac{d_2}{d_1}}=\frac{t_{w1}-t_{w2}}{R_\lambda} \tag{9-36}$$

式中,R_λ 为整个圆筒壁的导热热阻,单位为 K/W。

单位长度圆筒壁的热流量为

$$\Phi_l=\frac{\Phi}{l}=\frac{t_{w1}-t_{w2}}{\frac{1}{2\pi\lambda}\ln\frac{d_2}{d_1}}=\frac{t_{w1}-t_{w2}}{R_{\lambda l}} \tag{9-37}$$

式中,$R_{\lambda l}$ 为单位长度圆筒壁的导热热阻,单位为 m·K/W。于是,单层圆筒壁的稳态导热可以用图 9－12 中的热阻网络来表示。

上面介绍了根据导热微分方程式及边界条件进行求解的一般过程。实际上,对于无内热源的圆筒壁一维稳态导热问题,单位长度圆筒壁的热流量 Φ_l 在壁内任意位置都相等,根据傅里叶定律

$$\Phi_l=-2\pi r\lambda\frac{\mathrm{d}t}{\mathrm{d}r}$$

将上式分离变量，并按照相应的边界条件积分求解，同样可以得出式(9－37)。

(2) 多层圆筒壁的稳态导热

在单层圆筒壁稳态导热分析的基础上，运用热阻的概念，很容易分析多层圆筒壁的稳态导热问题。

图 9－13 所示的是一个三层圆筒壁，无内热源，各层的热导率为常数，分别为 λ_1、λ_2、λ_3，内、外壁面维持均匀恒定的温度 t_{w1}、t_{w4}。这显然也是一维稳态导热问题，通过各层圆筒壁的热流量相等，总导热热阻等于各层导热热阻之和，可以用图中的热阻网络表示。单位长度圆筒壁的导热热流量为

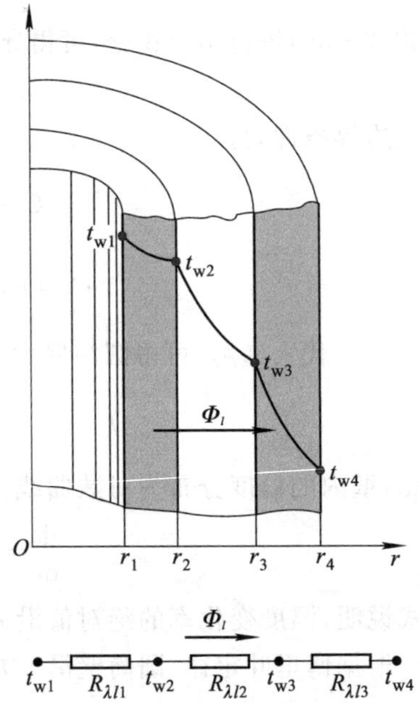

图 9－13 多层圆筒壁的稳态导热

$$\Phi_l=\frac{t_{w1}-t_{w4}}{R_{\lambda l1}+R_{\lambda l2}+R_{\lambda l3}}=\frac{t_{w1}-t_{w4}}{\frac{1}{2\pi\lambda_1}\ln\frac{d_2}{d_1}+\frac{1}{2\pi\lambda_2}\ln\frac{d_3}{d_2}+\frac{1}{2\pi\lambda_3}\ln\frac{d_4}{d_3}}$$

以此类推，对于 n 层不同材料组成的多层圆筒壁的稳态导热，单位管长的热流量为

$$\Phi_l=\frac{t_{w1}-t_{w(n+1)}}{\sum_{i=1}^{n}R_{\lambda li}}=\frac{t_{w1}-t_{w(n+1)}}{\sum_{i=1}^{n}\frac{1}{2\pi\lambda_i}\ln\frac{d_{i+1}}{d_i}} \tag{9-38}$$

例题 9－3 热电厂中有一直径为 0.2 m 的过热蒸汽管道，钢管壁厚 8 mm，钢材的导热系数 $\lambda_1=45\ \mathrm{W/(m\cdot K)}$。管外包有厚度 $\delta=0.12$ m 的保温层，保温材料的导热系数为 $\lambda_2=0.1\ \mathrm{W/(m\cdot K)}$，管内壁面温度为 $t_{w1}=300$ ℃，保温层外壁面温度为 $t_{w3}=50$ ℃。试求单位管长的散热损失(不考虑辐射换热)

解 这是一个通过二层圆筒壁的稳态导热问题。根据式(9－38)

$$\Phi_l=\frac{t_{w1}-t_{w3}}{\frac{1}{2\pi\lambda_1}\ln\frac{d_2}{d_1}+\frac{1}{2\pi\lambda_2}\ln\frac{d_3}{d_2}}$$

$$=\frac{(300-50)\mathrm{K}}{\frac{1}{2\pi\times45\ \mathrm{W/(m\cdot K)}}\times\ln\frac{(0.2+2\times0.008)\mathrm{m}}{0.2\ \mathrm{m}}+\frac{1}{2\pi\times0.1\ \mathrm{W/(m\cdot K)}}\times\ln\frac{(0.216+2\times0.12)\mathrm{m}}{0.216\ \mathrm{m}}}$$

$$=\frac{250\ \mathrm{K}}{(0.272\times10^{-3}+1.189)\mathrm{m\cdot K/W}}=210.3\ \mathrm{W/m}$$

从以上计算过程可以看出，钢管壁的导热热阻与保温层的导热热阻相比非常小，可以忽略。

如果题中给出的是第三类边界条件，即管内蒸汽温度 $t_{f1}=300$ ℃，表面传热系数 $h_1=150\ \mathrm{W/(m^2\cdot K)}$，周围空气温度 $t_{f2}=20$ ℃，表面传热系数 $h_1=10\ \mathrm{W/(m^2\cdot K)}$，请读者计算

单位管长的散热损失及钢管内壁面和保温层外壁面温度，并比较各热阻的大小。

*3. 球壁的稳态导热

在工业上和日常生活中，常常遇到球形容器，如球形储气罐、储液罐等，因此研究通过球壁的导热具有实际意义。

(1) 球壁稳态导热分析解

如图 9-14 所示，一空心单层球壁，内、外半径分别为 r_1、r_2，球壁材料的热导率 λ 为常数，无内热源，球壁内、外侧壁面分别维持均匀恒定的温度 t_{w1}、t_{w2}，且 $t_{w1}>t_{w2}$。根据上述条件，温度只沿径向发生变化，采用球坐标系，则球壁的导热是一个具有第一类边界条件的一维稳态导热问题。由球坐标系下的一般导热微分方程式(9-16)，可写出该球壁的导热微分方程式为

$$\frac{d}{dr}\left(r^2\frac{dt}{dr}\right)=0 \tag{9-39}$$

边界条件为

$$r=r_1,t=t_{w1}$$
$$r=r_2,t=t_{w2}$$

采用直接积分的方法，可求得球壁内的温度分布为

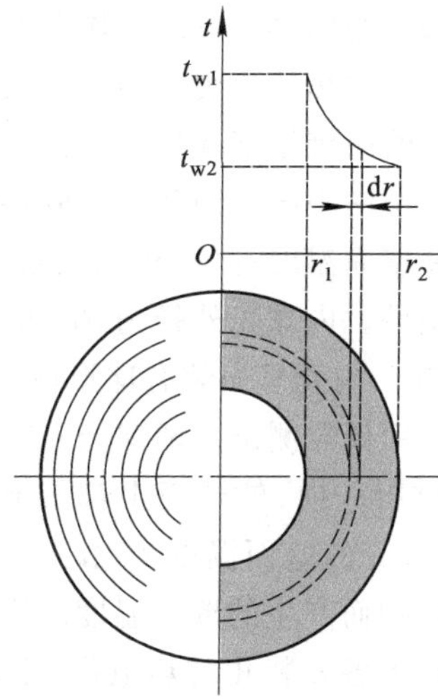

图 9-14 单层球壁的稳态导热

$$t=t_{w1}-\frac{t_{w1}-t_{w2}}{1/r_1-1/r_2}(1/r_1-1/r) \tag{9-40}$$

可见，球壁内的温度分布曲线为双曲线，如图 9-14 所示。

根据傅里叶定律，可求得通过球壁的热流密度为

$$q=-\lambda\frac{dt}{dr}=\lambda\frac{t_{w1}-t_{w2}}{1/r_1-1/r_2}\frac{1}{r^2} \tag{9-41}$$

此式表明，通过球壁的热流密度是变化的，沿 r 方向逐渐减小。通过整个球壁的热流量为

$$\begin{aligned}\Phi&=Aq=4\pi r^2q=\frac{4\pi\lambda(t_{w1}-t_{w2})}{1/r_1-1/r_2}\\&=\frac{2\pi\lambda(t_{w1}-t_{w2})}{1/d_1-1/d_2}=\pi\lambda\frac{d_1d_2}{\delta}(t_{w1}-t_{w2})\end{aligned} \tag{9-42}$$

式中，δ 为球壁的厚度。在稳态情况下，通过整个球壁的热流量为常数。上式也可以改写成欧姆定律表达式的形式：

$$\Phi=\frac{t_{w1}-t_{w2}}{\dfrac{\delta}{\pi\lambda d_1 d_2}}=\frac{t_{w1}-t_{w2}}{R_\lambda} \tag{9-43}$$

式中，R_λ 为球壁的导热热阻，单位为 K/W。

对于热导率 λ 为常数、无内热源球壁的一维稳态导热问题，球壁内的热流量 Φ 为常数，因此可以直接对

$$\Phi=-A\lambda\frac{\mathrm{d}t}{\mathrm{d}r}=-4\pi\lambda r^2\frac{\mathrm{d}t}{\mathrm{d}r}$$

分离变量，并按照相应的边界条件积分，同样可求得式(9－43)。

(2) 圆球导热仪的工作原理

圆球导热仪是用来测量颗粒或粉末状材料热导率的仪器，其工作原理是基于球壁的一维稳态导热计算公式(9－42)。如图 9－15 所示，圆球导热仪的主体是由两层同心的纯铜球壳组成，之所以采用纯铜材料，是因为纯铜的热导率高，容易使壁面温度均匀，进而实现等壁温(即第一类)边界条件。内球壳外径为 d_1，外球壳内径为 d_2，d_1、d_2 已知。内壳里面装有球形电加热器，其加热功率 P 由专用仪器测出。两球壳夹层空间用来均匀填充待测材料。内、外球壳上都装有热电偶，用来测量内、外球壳的壁面温度 t_{w1}、t_{w2}。考虑到由于各种因素的影响而产生的壁面温度的不均匀性，通常在内、外球壁上各安装几对热电偶，用来测量球壁的平均壁面温度。这样，就可以根据已知的 d_1、d_2 及测得的 Φ、t_{w1}、t_{w2}，由式(9－42)求得所测材料在 $t_{w1}\sim t_{w2}$ 温度范围内的平均热导率。

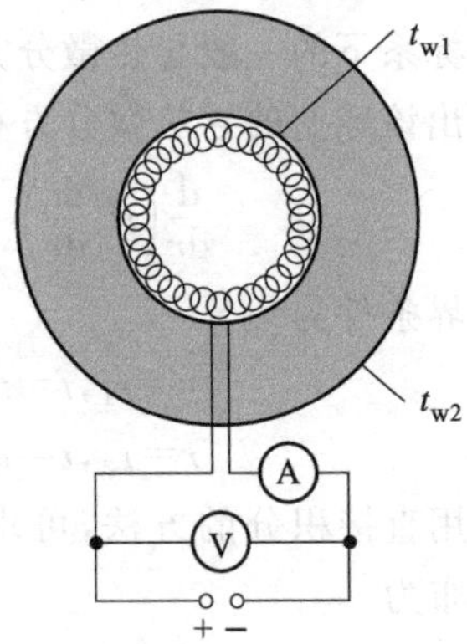

图 9－15　圆球导热仪示意图

4. 肋片的稳态导热

由计算对流换热的牛顿冷却公式(8－3)

$$\Phi=Ah(t_w-t_f)$$

可以看出，增加换热面积 A 是强化对流换热的有效方法之一。在换热表面上加装肋片是增加换热面积的主要措施，在工业上及日常生活中得到了广泛的应用。例如房屋供暖用的钢串片式暖气片、汽车水箱散热器及家用空调的冷凝器等，结构如图 9－16 所示。肋片的形状有多种，图 9－17 示出了几种常见的肋片。

下面以等截面直肋为例，说明肋片稳态导热的求解方法。

(1) 等截面直肋的稳态导热

图 9－17a、b 所示的矩形肋和圆柱形肋都属于等截面直肋，下面以矩形肋为例进行分析。

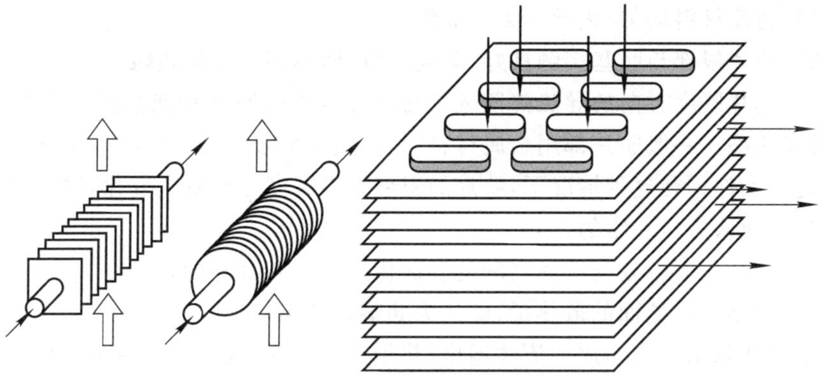

图 9 - 16 肋片应用示意图

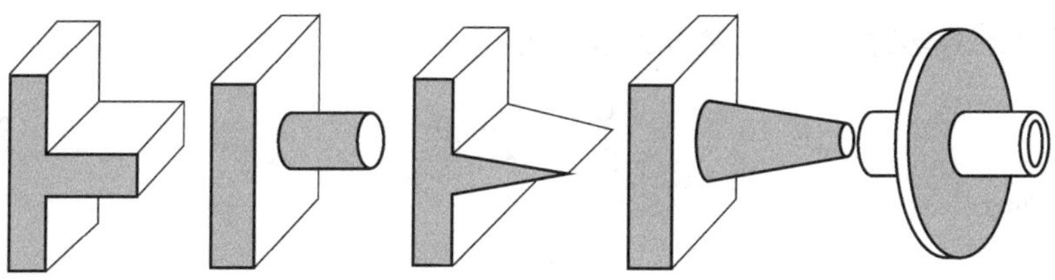

图 9 - 17 几种常见形状的肋片

如图 9 - 18 所示，矩形肋的高度为 H，厚度为 δ，宽度为 l，与高度方向垂直的横截面积为 A，横截面的周长为 U。为简化分析，做下例假设：

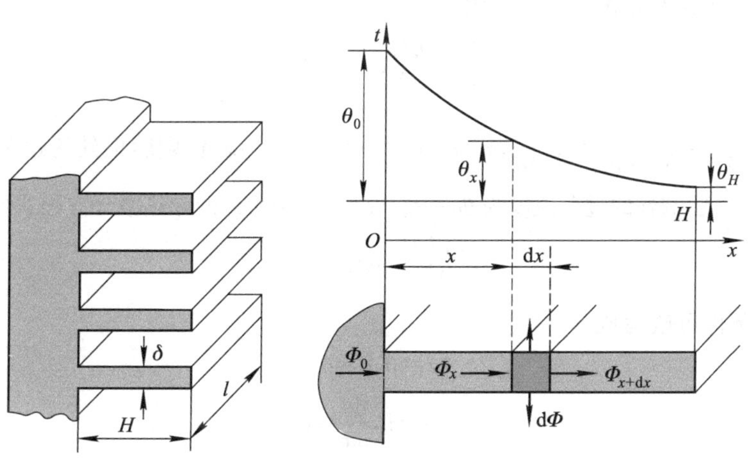

图 9 - 18 矩形肋的稳态导热分析

1）肋片材料均匀，热导率 λ 为常数。

2）肋片根部与肋基接触良好，温度一致，即不存在接触热阻。

3）肋片厚度方向的导热热阻 δ/λ 与肋片表面的对流换热热阻 $1/h$ 相比很小，可以忽略。一般肋片都用金属材料制造，热导率很大，肋片很薄，基本上都能满足这一条件。在这种情况下，肋片的温度只沿高度方向发生变化，肋片的导热可以近似地认为是一维的。

4）肋片表面各处与流体之间的表面传热系数 h 都相同。

5）忽略肋片端面的散热量，即认为肋端面是绝热的。

假设肋片温度高于周围流体温度，热量从肋基导入肋片，然后从肋根导向肋端，沿途不断有热量从肋的侧面以对流换热的方式散给周围的流体。这种情况可以当作肋片具有负的内热源来处理。于是，肋片的导热过程是具有负内热源的一维稳态导热过程，导热微分方程式为

$$\frac{\mathrm{d}^2 t}{\mathrm{d}x^2}-\frac{\dot{\Phi}}{\lambda}=0 \tag{9-44}$$

边界条件为

$$x=0,\ t=t_0$$

$$x=H,\ \frac{\mathrm{d}t}{\mathrm{d}x}=0$$

内热源强度 $\dot{\Phi}$ 为单位容积的发热(或吸热)量。对于图 9-18b 所示的微元段

$$\dot{\Phi}=\frac{U\mathrm{d}x\cdot h(t-t_\infty)}{A\mathrm{d}x}=\frac{Uh(t-t_\infty)}{A}$$

代入导热微分方程式(9-44)，得

$$\frac{\mathrm{d}^2 t}{\mathrm{d}x^2}-\frac{hU}{\lambda A}(t-t_\infty)=0 \tag{a}$$

令 $m=\sqrt{\frac{hU}{\lambda A}}\approx\sqrt{\frac{h\times 2l}{\lambda\delta l}}=\sqrt{\frac{2h}{\lambda\delta}}$；$\theta=t-t_\infty$。$\theta$ 称为过余温度，则肋根处的过余温度为 $\theta_0=t_0-t_\infty$，肋端处的过余温度为 $\theta_H=t_H-t_\infty$。于是肋片的导热微分方程式可写成

$$\frac{\mathrm{d}^2\theta}{\mathrm{d}x^2}-m^2\theta=0 \tag{9-45}$$

而边界条件可改写成

$$x=0,\ \theta=\theta_0$$

$$x=H,\ \frac{\mathrm{d}\theta}{\mathrm{d}x}=0$$

肋片的导热微分方程式(9-45)是直接从有内热源的一维稳态导热微分方程式(9-44)导出的，将肋片表面向周围流体的散热按肋片具有负内热源处理。如果肋片的温度低于流体的温度，可按肋片具有正内热源处理，同样也可以导出

式(9－45)。实际上,如果以图 9－18b 所示的微元段作为研究对象,分析其热平衡,同样可以推导出肋片的导热微分方程式(9－45)。

式(9－45)的通解为

$$\theta = C_1 e^{mx} + C_2 e^{-mx} \tag{b}$$

代入边界条件,可求得常数 C_1、C_2：

$$C_1 = \theta_0 \frac{e^{-mH}}{e^{mH}+e^{-mH}}$$

$$C_2 = \theta_0 \frac{e^{mH}}{e^{mH}+e^{-mH}}$$

代入通解(b),可得肋片过余温度的分布函数为

$$\theta = \theta_0 \frac{e^{m(H-x)}+e^{-m(H-x)}}{e^{mH}+e^{-mH}} \tag{c}$$

根据双曲余弦函数的定义式

$$\mathrm{ch}x = \frac{e^x + e^{-x}}{2}$$

可将式(c)改写为

$$\theta = \theta_0 \frac{\mathrm{ch}[m(H-x)]}{\mathrm{ch}(mH)} \tag{9-46}$$

可见,肋片的过余温度从肋根开始沿高度方向按双曲余弦函数的规律变化,如图 9－18b 所示。

图 9－19 给出了矩形肋的无量纲过余温度 θ/θ_0 随无量纲横坐标 x/H 的变化曲线,参变量 $mH=\sqrt{\frac{2h}{\lambda\delta}}H$。可以看出,肋片的过余温度从肋根开始沿高度方向逐渐降低,mH 较小时温度降低缓慢,mH 较大时温度降低较快。mH 的大小

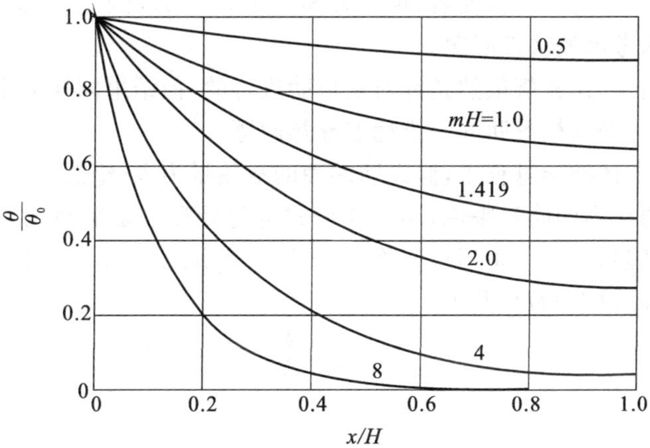

图 9－19　矩形肋的温度分布

取决于肋片的几何尺寸、肋片材料的热导率及肋片与周围流体之间的表面传热系数。在实际应用中，一般取 $0.7<mH<2$。当 $mH>2$ 时，肋片温度下降非常迅速，靠近肋片端部的面积由于过余温度太低而散热效果差。

由式(9-46)可得肋端的过余温度为

$$\theta_H=\theta_0\frac{1}{\mathrm{ch}(mH)}\qquad(9-47)$$

函数 $\frac{1}{\mathrm{ch}(mH)}$ 随 mH 的变化如图 9-20 所示。结合上式可以看出，肋端的过余温度随 mH 的增加而降低。

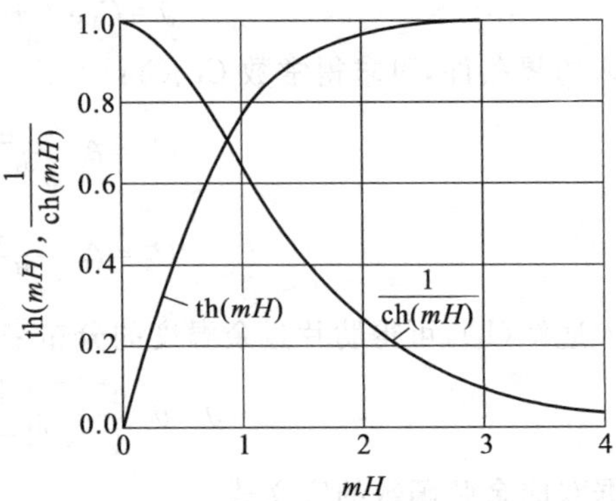

图 9-20　双曲函数随 mH 的变化曲线

在稳态情况下，整个肋片的散热量应等于从肋根导入肋片的热量。因此，根据傅里叶定律，肋片的散热量为

$$\Phi=-A\lambda\left.\frac{\mathrm{d}\theta}{\mathrm{d}x}\right|_{x=0}=\theta_0\left.\frac{m\mathrm{sh}[m(H-x)]}{\mathrm{ch}(mH)}\right|_{x=0}$$

$$=A\lambda m\theta_0\frac{\mathrm{sh}(mH)}{\mathrm{ch}(mH)}=A\lambda m\theta_0\,\mathrm{th}(mH)$$

$$=\sqrt{h\lambda UA}\theta_0\,\mathrm{th}(mH)\qquad(9-48)$$

图 9-20 中也示出了双曲正切函数 $\mathrm{th}(mH)$ 随 mH 的变化曲线。结合上式可以看出，随着 mH 的增大，肋片的散热量随之逐渐增加，且开始时增加很迅速，后来越来越缓慢，逐渐趋于一渐近值。这说明，增大 mH 虽然可以增加肋片的散热量，但增加到一定程度后，再增大 mH 所产生的效果已不显著，因此在设计肋片时应该考虑经济性问题。

需要指出，上述分析虽然是针对矩形肋进行的，但结果同样适用于其他形状的等截面直肋，如圆柱形肋的一维稳态导热问题。

此外，在上述推导过程中，假设肋端面的散热量为零(绝热)。这对于实际采用的大多数薄而高的肋片来说，用上述公式进行计算已足够精确。如果必须考虑肋端面的散热，也可以采用近似修正方法，将肋端面面积折算到侧面上去，相当于将肋加高($H+\Delta H$)，其中

$$\Delta H=\frac{A}{U}$$

对于矩形肋

$$\Delta H=\frac{l\delta}{2(l+\delta)}\approx\frac{\delta}{2}$$

还需要指出，对工程上绝大多数薄而高的矩形或细而长的圆柱形金属肋片来说，将肋片的温度场近似为一维的处理结果已足够精确。但对于肋片厚度方向的导热热阻 δ/λ 与肋表面的对流换热热阻 $1/h$ 相比不可忽略的情况来说，肋片的导热不能认为是一维的，上述公式不再适用。此外，上述推导没有考虑辐射换热的影响，对一些温差较大的场合，必须加以考虑。

(2) 肋片效率

如上所述，加装肋片的目的是扩大散热面积，增大散热量。但随着肋片高度的增加，肋片的平均过余温度会逐渐降低，即肋片单位质量的散热量会逐渐减小。这就提出了一个加装肋片的效果问题。为了衡量肋片散热的有效程度，引进**肋片效率**的概念。肋片效率定义为肋片的实际散热量 Φ 与假设整个肋片都具有肋基温度时的理想散热量 Φ_0 之比，用符号 η_f 表示，即

$$\eta_f=\frac{\Phi}{\Phi_0}=\frac{UHh(t_m-t_\infty)}{UHh(t_0-t_\infty)}=\frac{\theta_m}{\theta_0} \tag{9-49}$$

式中：t_m、θ_m 分别为肋面的平均温度和平均过余温度；t_0、θ_0 分别为肋基温度与肋基过余温度。由于 $\theta_m<\theta_0$，所以肋片效率 η_f 小于 1。

因为前面假设肋表面各处 h 都相等，所以等截面直肋的平均过余温度可按下式计算：

$$\theta_m=\frac{1}{H}\int_0^H\theta\mathrm{d}x=\frac{1}{H}\int_0^H\theta_0\ \frac{\mathrm{ch}[m(H-x)]}{\mathrm{ch}(mH)}\mathrm{d}x=\frac{\theta_0}{mH}\mathrm{th}(mH)$$

代入式(9-49)，可得

$$\eta_f=\frac{\mathrm{th}(mH)}{mH} \tag{9-50}$$

上式表示了等截面直肋的肋片效率 η_f 随 mH 的变化规律，变化曲线如图 9-21

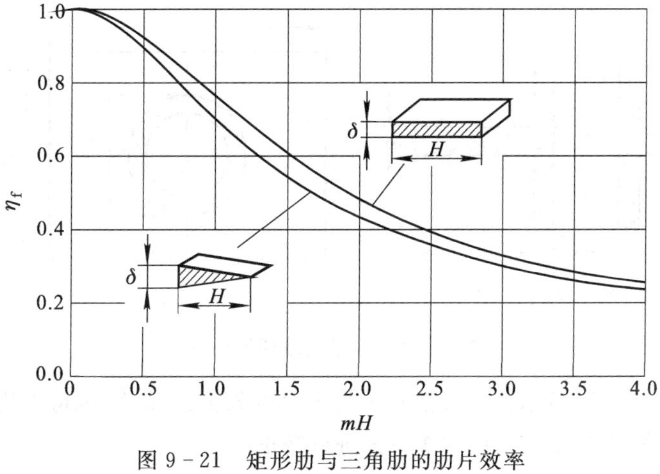

图 9-21 矩形肋与三角肋的肋片效率

所示。由图可见,mH 愈大,肋片效率愈低。

对于矩形肋,$mH=\sqrt{\dfrac{2h}{\lambda\delta}}H$,由此可以看出影响矩形肋片效率的主要因素有:

(1) 肋片材料的热导率 λ。热导率愈大,肋片效率愈高。

(2) 肋片高度 H。肋片愈高,肋片效率愈低。

(3) 肋片厚度 δ。肋片愈厚,肋片效率愈高。

(4) 表面传热系数 h。h 愈大,即对流换热愈强,肋片效率愈低。

对于工程上经常采用的三角形剖面肋片,通过同样的分析,也可以由温度分布得到类似于式(9－50)的肋片效率公式:

$$\eta_f=\frac{\text{th}(\varphi mH)}{\varphi mH} \tag{9-51}$$

式中,φ 为修正系数,可近似地表示为

$$\varphi=0.991\ 01+0.314\ 84\ \frac{\text{th}(0.744\ 85\ mH)}{mH} \tag{9-52}$$

式中,$mH=\sqrt{\dfrac{2h}{\lambda\delta}}H$,$\delta$ 为肋根的厚度。当 $mH<5$ 时,上式的误差小于 0.05%。图 9－21 中也给出了三角形肋片的效率曲线。

对于图 9－22a 所示的工程上常用的等厚度环形肋片,史密特(Th. E. Schmidt)给出了一个形式与式(9－51)完全一样的近似计算公式,式中

$$\varphi=1+0.35\ \ln\left(1+\frac{H}{r_0}\right) \tag{9-53}$$

当 $\eta_f>0.5$ 时,上式的计算结果与精确值的偏差小于 1%。

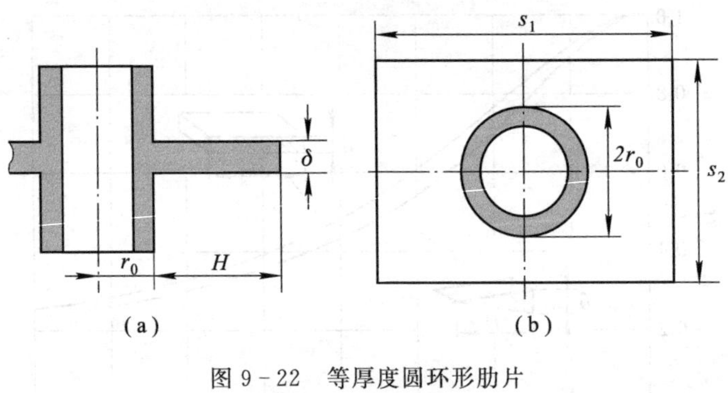

图 9－22　等厚度圆环形肋片

对于图 9－22b 所示的工程上常用的等厚度长方形肋片,也可以用式(9－51)计算肋片效率,不过肋片高度要按下式进行修正:

$$H=0.64\ \sqrt{s_2(s_1-0.2s_2)}-r_0 \tag{9-54}$$

式中 $s_1 > s_2$。

例题 9-4 为了测量管道内的热空气温度和保护测温元件——热电偶，采用金属测温套管，热电偶端点镶嵌在套管的端部，如图 9-23 所示。套管长 $H=100\ \text{mm}$，外径 $d=15\ \text{mm}$，壁厚 $\delta=1\ \text{mm}$，套管材料的导热系数 $\lambda=45\ \text{W/(m·K)}$。已知热电偶的指示温度为 200 ℃，套管根部的温度 $t_0=50$ ℃，套管外表面与空气之间对流换热的表面传热系数为 $h=40\ \text{W/(m}^2\text{·K)}$。试分析产生测温误差的原因并求出测温误差。

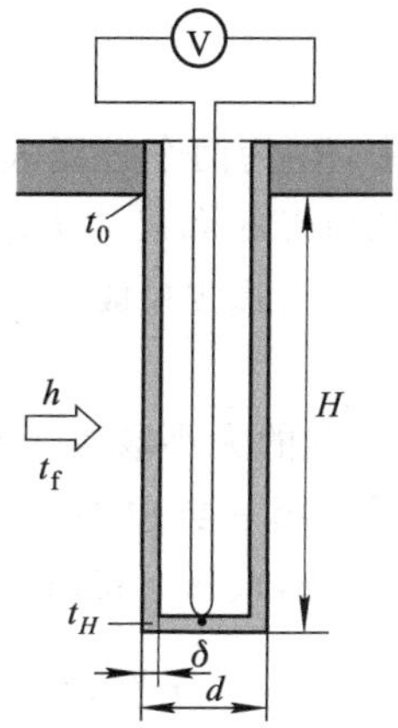

图 9-23　套管温度计示意图

解　由于热电偶是镶嵌在套管的端部，所以热电偶指示的是测温套管端部的温度 t_H。测温套管与周围环境的热量交换情况如下：热量以对流换热的方式由热空气传给测温套管，测温套管再通过热辐射和导热将热量传给空气管道壁面。有关套管和周围环境之间的辐射换热引起的测温误差留在第十一章进行讨论，这里只考虑套管的导热。在稳态情况下，测温套管热平衡的结果使测温套管端部的温度不等于空气的温度，测温误差就是套管端部的过余温度 $\theta_H = t_H - t_\infty$。

如果忽略测温套管横截面上的温度变化，并认为套管端部绝热，则套管可以看成是等截面直肋。根据式(9-47)

$$t_H - t_\infty = \frac{t_0 - t_\infty}{\text{ch}(mH)} \tag{a}$$

套管截面面积 $A=\pi d\delta$，套管换热周长 $U=\pi d$。根据 m 的定义

$$mH = \sqrt{\frac{hU}{\lambda A}}H = \sqrt{\frac{h}{\lambda\delta}}H = \sqrt{\frac{40\ \text{W/(m}^2\cdot\text{K)}}{45\ \text{W/(m}\cdot\text{K)}\times 0.001\ \text{m}}}\times 0.1\ \text{m} = 2.98 \tag{b}$$

查数学手册或直接由定义式计算可求得 ch 2.98=9.87，代入式(a)，可解得 $t_\infty=216.9$ ℃。于是测温误差为

$$t_H - t_\infty = -16.9\ ℃$$

由式(a)、(b)可以看出，在表面传热系数不变的情况下，测温误差取决于套管的长度、厚度以及套管材料的导热系数。如何减小测温误差，请读者自行分析。

*5. 多维稳态导热的形状因子解法

前面讨论了简单的一维稳态导热的分析解法，对于多维稳态导热问题，分析解法要困难得多，只有少数几何形状、边界条件简单的情况，才能获得分析解。近些年来，随着计算机的发展和计算方法的进步，数值方法被愈来愈多地用于求解多维导热问题，其基本原理将在第 9-4 节介绍，这里先介绍求解多维稳态导热的形状因子解法。

假设一个任意形状的物体，其材料的热导率 λ 为常数，无内热源，具有两个

温度均匀、恒定的表面，温度分别为 t_1、t_2，且 $t_1>t_2$，其他表面绝热。这显然是一个多维稳态导热问题。运用热阻的概念，这两个等温表面之间的热流量可表示为

$$\Phi=\frac{t_1-t_2}{R_\lambda}$$

式中，R_λ 为两个等温表面之间的导热热阻。显然，R_λ 只与物体的热导率、物体的几何形状和尺寸大小有关，并且与热导率 λ 成反比。

将上式改写成

$$\Phi=S\lambda(t_1-t_2) \tag{9-55}$$

式中，S 的大小取决于物体的几何形状及尺寸，称为**形状因子**，单位为 m。对于具有第一类边界条件的单层平壁、圆筒壁、球壁的一维稳态导热问题，对照式(9－24)、(9－36)和(9－42)可知，形状因子分别为

$$平壁：S=\frac{A}{\delta}；圆筒壁：S=\frac{2\pi l}{\ln(d_2/d_1)}；球壁：S=\frac{\pi d_1 d_2}{\delta}。$$

利用式(9－55)可以计算满足上述条件的多维稳态导热问题的热流量，公式的形式虽然简单，但难点在于如何确定物体的形状因子 S。大量工程上有用的形状因子计算公式已利用数学分析或数值方法求出，并收集在有关手册或文献之中。表 9－2 中摘录了几种工程上常见几何条件的形状因子计算公式。

表 9－2 几种工程上常见几何条件下的形状因子 S(单位为 m)

半无限大物体表面与水平埋管表面之间的导热	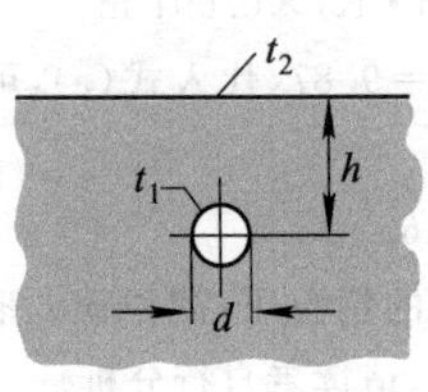	管长 $l\gg d$、$h<1.5\,d$ 时 $S=\dfrac{2\pi l}{\operatorname{arch}\dfrac{2h}{d}}$ 管长 $l\gg d$、$h>1.5\,d$ 时 $S=\dfrac{2\pi l}{\ln\dfrac{4h}{d}}$
半无限大物体表面与垂直埋管表面之间的导热	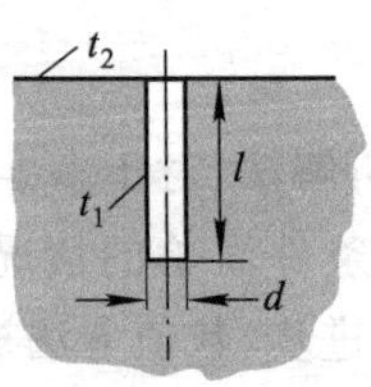	管长 $l\gg d$ 时 $S=\dfrac{2\pi l}{\ln\dfrac{4h}{d}}$

续表

管道表面与偏心热绝缘层表面之间的导热	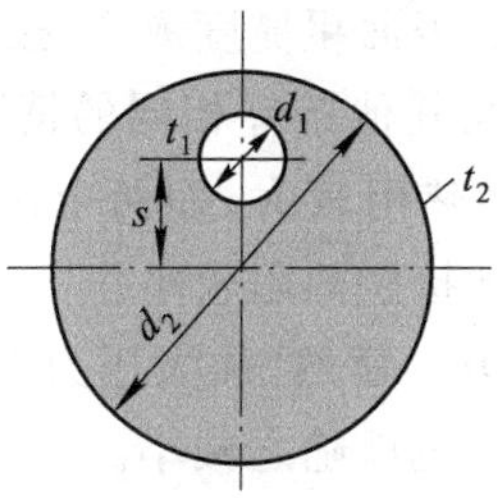	管长 $l \gg d_2$ 时 $S=\dfrac{2\pi l}{\operatorname{arch}\dfrac{d_1^2+d_2^2-4s^2}{2d_1d_2}}$
无限大物体中两圆管表面之间的导热	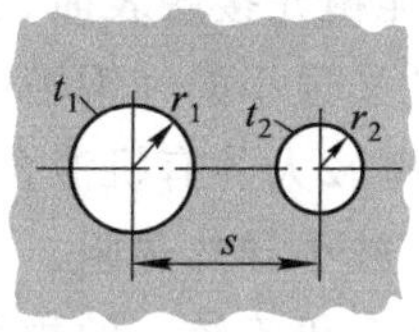	管长 $l \gg d_1$、$l \gg d_2$ 时 $S=\dfrac{2\pi l}{\operatorname{arch}\dfrac{s^2-r_1^2-r_2^2}{2r_1r_2}}$

如果热导率随温度变化，则式(9-55)中的热导率 λ 用 $t_1 \sim t_2$ 温度范围内的平均热导率 λ_m 取代。若热导率随温度线性变化，即 $\lambda=\lambda_0(1+bt)$，则

$$\lambda_m=\lambda_0\left(1+b\frac{t_1+t_2}{2}\right) \tag{9-56}$$

*6. 接触热阻

前面在分析多层平壁、多层圆筒壁及肋片的导热时，都假设层与层之间、肋根与肋基之间接触非常紧密，相互接触的表面具有相同的温度。实际上，无论固体表面看起来多么光滑，都不是一个理想的平整表面，总存在一定的粗糙度，两个固体表面之间不可能完全接触，只能是局部的，甚至存在点接触，如图 9-24 所示。当未接触的空隙中充满空气或其他气体时，由于气体的热导率远小于固体，将会对两个固体间的导热产生热阻 R_c，称之为**接触热阻**。由于接触热阻的存在，使两个接触表面之间出现温差 Δt_c。根据热阻的定义，有

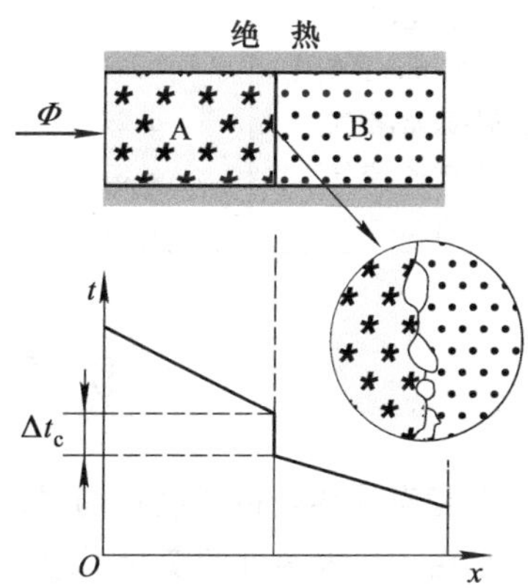

图 9-24 接触热阻

$$\Delta t_c=\Phi R_c$$

可见，热流量 Φ 愈大，接触热阻产生的温差就愈大。对于高热流密度的场合，接触热阻的影响不容忽视。例如大功率可控硅元件，热流密度高于 $10^6\ W/m^2$，元件与散热器之间的接触热阻产生较大的温差，影响可控硅元件的散热，必须设法减小接触热阻。

接触热阻的主要影响因素有：

(1) 相互接触的物体表面的粗糙度。表面粗糙度愈高，接触热阻愈大。

(2) 相互接触的物体表面的硬度。在其他条件相同的情况下，两个都比较坚硬的表面之间接触面积较小，因此接触热阻较大；而两个硬度较小或者一个硬、一个软的表面之间接触面积较大，因此接触热阻较小。

(3) 相互接触的物体表面之间的压力。显然，加大压力会使两个物体直接接触的面积加大，中间空隙变小，接触热阻也就随之减小。

工程上，为了减小接触热阻，除了尽可能抛光接触表面、加大接触压力之外，有时在接触表面之间加一层热导率大、硬度又很小的纯铜箔或银箔，或者在接触面上涂一层导热油(亦称导热姆，一种热导率较大的有机混合物)，在一定的压力下可将接触空隙中的气体排挤掉，从而显著减小导热热阻。

由于接触热阻的影响因素非常复杂，至今仍无统一的规律可循，只能通过实验加以确定。为使读者对接触热阻有一个进一步的了解，在表 9－3 中列举了几种情况下的接触热阻数据。

表 9－3　几种不同情况下的接触热阻

接触表面材料及状况	表面粗糙尺度/μm	温度/℃	压力/MPa	接触热阻 R_c/(m²·K/W)
铝/铝：抛光，空气	2.54	150	1.2～2.5	0.88×10^{-4}
铝/铝：抛光，空气	0.25	150	1.2～2.5	0.18×10^{-4}
铝/铝：抛光，空气 夹 0.025 mm 黄铜片	2.54	150	1.2～2.0	1.23×10^{-4}
铜/铜：抛光，空气	1.27	20	1.2～2.0	0.07×10^{-4}
铜/铜：铣平，空气	3.81	20	1.0～5.0	0.18×10^{-4}
铜/铜：抛光，真空	0.25	30	0.7～7.0	0.88×10^{-4}

9－3　非稳态导热

非稳态导热是指温度场随时间变化的导热过程。绝大多数的非稳态导热过程都是由于边界条件的变化引起。例如：一年四季或一天 24 小时大气温度的变化引起的地表层、房屋建筑墙壁的温度变化与导热过程，动力机械(如蒸汽轮机、内燃机及喷气发动机等)在启动、停机或改变工况时引起的零部件内的温度变化与导热过程，热加工、热处理工艺中工件在加热或冷却时的温度变化和导热过程，火车在制动时由刹车瓦与车轮之间的摩擦热而引起的车轮的温度变化与导热过程，等等。

根据温度场随时间的变化规律不同，非稳态导热分为周期性非稳态导热和非周期性非稳态导热。周期性非稳态导热是在周期性变化边界条件下发生的导热过程,如内燃机气缸的气体温度随热力循环周期性变化引起的汽缸壁的导热就是周期性非稳态导热。非周期性非稳态导热通常是在瞬间变化的边界条件下发生的导热过程,例如热处理工件的加热或冷却等。本书仅讨论非周期性非稳态导热,有关周期性非稳态导热问题,可参阅文献[20,24]。

了解和掌握非稳态导热过程中温度场的变化规律及换热量的计算方法,对解决诸如热处理工艺中加热或冷却过程的优化控制等工程实际问题具有重要意义。

本节主要讨论一维非稳态导热的分析解及求解非稳态导热问题的集总参数法。

1. 一维非稳态导热问题的分析解

第三类边界条件下大平壁、长圆柱及球体的加热或冷却是工程上常见的一维非稳态导热问题,下面重点讨论大平壁。

(1) 无限大平壁冷却或加热问题的分析解简介

如图 9-25 所示,一厚度为 2δ 的无限大平壁,材料的热导率 λ、热扩散率 a 为常数,无内热源,初始温度与两侧的流体相同,均为 t_0。突然将两侧流体温度降低为 t_∞,并保持不变。假设平壁表面与流体间对流换热的表面传热系数 h 为常数。考虑到温度场的对称性,选取坐标系如图所示,x 坐标原点位于平壁中心,因此仅需讨论半个平壁的导热问题。显然,这是一个一维的非稳态导热问题,其导热微分方程式为

$$\frac{\partial t}{\partial \tau}=a\frac{\partial^2 t}{\partial x^2} \tag{9-57}$$

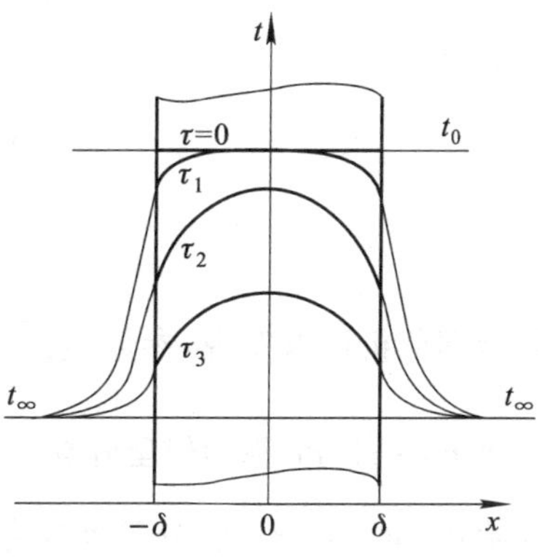

图 9-25　第三类边界条件下无限大平壁的一维非稳态导热

初始条件

$$\tau=0, t=t_0$$

边界条件

$$x=0, \frac{\partial t}{\partial x}=0\text{(对称性)}$$

$$x=\delta, -\lambda\frac{\partial t}{\partial x}=h(t-t_\infty)$$

以上导热微分方程式及单值性条件组成了该非稳态导热问题的数学模型。引进过余温度 $\theta=t-t_\infty$,于是式(9-57)和单值性条件变为

$$\frac{\partial \theta}{\partial \tau}=a\frac{\partial^2 \theta}{\partial x^2} \tag{9-58}$$

初始条件

$$\tau=0,\theta=\theta_0=t_0-t_\infty$$

边界条件

$$x=0,\frac{\partial\theta}{\partial x}=0$$

$$x=\delta,-\lambda\frac{\partial\theta}{\partial x}=h\theta$$

再引进无量纲过余温度 $\Theta=\theta/\theta_0$、坐标 $X=x/\delta$，可将导热微分方程及单值性条件无量纲化为

$$\frac{\partial\Theta}{\partial\tau}=\frac{a}{\delta^2}\frac{\partial^2\Theta}{\partial X^2}$$

即

$$\frac{\partial\Theta}{\partial\left(\frac{a\tau}{\delta^2}\right)}=\frac{\partial^2\Theta}{\partial X^2} \tag{9-59}$$

初始条件

$$\tau=0,\Theta=\Theta_0=1$$

边界条件

$$X=0,\frac{\partial\Theta}{\partial X}=0$$

$$X=1,\frac{\partial\Theta}{\partial X}=-\frac{h\delta}{\lambda}\Theta$$

通过量纲分析可以发现，参数组$\frac{a\tau}{\delta^2}$、$\frac{h\delta}{\lambda}$均为无量纲量。

令 $Fo=\frac{a\tau}{\delta^2}$，$Fo$ 称为**傅里叶数**。从 $Fo=\frac{a\tau}{\delta^2}=\frac{\tau}{\delta^2/a}$可见：分子为从非稳态导热过程开始到 τ 时刻的时间；分母也具有时间的量纲，并可理解为温度变化波及 δ^2 面积所需要的时间。所以，Fo 为两个时间之比，是非稳态导热过程的无量纲时间。

令 $Bi=\frac{h\delta}{\lambda}$，$Bi$ 称为**毕渥数**。从 $Bi=\frac{h\delta}{\lambda}=\frac{\delta/\lambda}{1/h}$可见，$Bi$ 为物体内部的导热热阻 δ/λ 与边界处的对流换热热阻 $1/h$ 之比。

Fo、Bi 称为**特征数**，习惯上也称为**准则数**，具有特定的物理意义。

由式(9-59)和单值性条件可知，Θ 是 Fo、Bi、X 三个无量纲量的函数，可表示为

$$\Theta=f(Bi,Fo,X)$$

或

$$\frac{\theta}{\theta_0}=f(Bi,Fo,X) \tag{9-60}$$

确定上式所表达的函数关系，是求解该非稳态导热问题的主要任务。

采用分离变量法可由式(9-58)及其单值性条件求得分析解，详细求解过程请参考文献[20]，这里只给出求解结果：

$$\frac{\theta(x,\tau)}{\theta_0}=\sum_{n=1}^{\infty}\frac{2\sin\beta_n}{\beta_n+\sin\beta_n\cos\beta_n}\cos\left(\beta_n\frac{x}{\delta}\right)e^{-\beta_n^2 Fo} \tag{9-61}$$

可见,解的函数形式为无穷级数,式中 β_1、β_2、…、β_n 是超越方程

$$\tan\beta=\frac{Bi}{\beta} \tag{9-62}$$

的根,有无穷多个,是毕渥数 Bi 的函数。

由式(9-61)也可以看出,无量纲过余温度 $\Theta=\frac{\theta(x,\tau)}{\theta_0}$ 确实是三个无量纲参数 Bi、Fo、X 的函数,与前面由无量纲导热微分方程式(9-59)分析得出的结果相一致。

(2) 分析解的讨论

1) 傅里叶数 Fo 对温度分布的影响

无论 Bi 取何值,超越方程式(9-62)的根 β_1、β_2、…、β_n 都是正的递增数列,所以从函数形式可以看出,式(9-61)是一个快速收敛的无穷级数。计算结果表明,当傅里叶数 $Fo\geqslant0.2$ 时,取级数的第一项来近似整个级数所产生的误差很小,对工程计算已足够精确。因此,当 $Fo\geqslant0.2$ 时,可取

$$\frac{\theta(x,\tau)}{\theta_0}=\frac{2\sin\beta_1}{\beta_1+\sin\beta_1\cos\beta_1}\cos\left(\beta_1\frac{x}{\delta}\right)e^{-\beta_1^2 Fo} \tag{9-63}$$

表 9-4 中列出了一些 Bi 数值下的 β_1 值。

表 9-4 一些 Bi 数值下的 β_1 值

Bi	0.1	0.5	1.0	2.0	5.0	10	50	100	∞
β_1	0.311 1	0.653 3	0.860 3	1.076 9	1.313 8	1.428 9	1.540 0	1.555 2	1.570 8

因为 $Fo=\frac{a\tau}{\delta^2}$,所以将式(9-63)左、右两边取对数,可得

$$\ln\theta=-m\tau+\ln\left[\theta_0\frac{2\sin\beta_1}{\beta_1+\sin\beta_1\cos\beta_1}\cos\left(\beta_1\frac{x}{\delta}\right)\right]$$

式中,$m=\beta_1^2\frac{a}{\delta^2}$。因为 β_1 为超越方程式(9-62)的第一个根,只与 Bi 有关,即只取决于第三类边界条件、平壁的物性与几何尺寸,所以当平壁及其边界条件给定之后,m 为一常数,与时间 τ、地点 x/δ 无关。而式右边的第二项只与 Bi、x/δ 有关,与时间 τ 无关,简写成 $C(Bi,x/\delta)$,于是上式可改为

$$\ln\theta=-m\tau+C(Bi,x/\delta) \tag{9-64}$$

上式说明,当 $Fo\geqslant0.2$,即 $\tau\geqslant\tau'=0.2\delta^2/a$ 时,平壁内所有各点过余温度的对数都随时

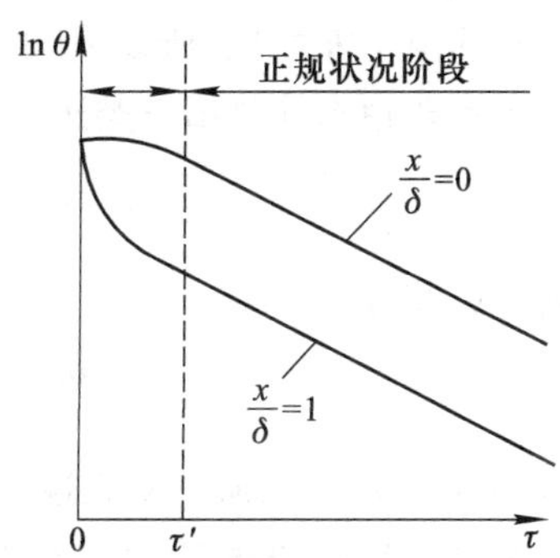

图 9-26 正规状况阶段示意图

间线性变化，并且变化曲线的斜率都相等，如图 9－26 所示。这一温度变化阶段称为非稳态导热的**正规状况阶段**，在此之前的非稳态导热阶段称为非正规状况阶段。在正规状况阶段，物体内各点的温度都按式(9－64)的规律变化，这是非稳态导热正规状况阶段的特点之一。

将式(9－64)两边对时间求导，可得

$$\frac{1}{\theta}\frac{\partial\theta}{\partial\tau}=-m=-\beta_1^2\frac{a}{\delta^2} \tag{9-65}$$

由上式可见，m 的物理意义是过余温度对时间的相对变化率，单位是 s^{-1}，称为**冷却率**(或**加热率**)。当 $Fo\geqslant0.2$，物体的非稳态导热进入正规状况阶段后，所有各点的冷却率或加热率 m 都相同，且不随时间而变化，m 的数值取决于物体的物性参数、几何形状和尺寸大小以及表面传热系数，这是非稳态导热正规状况阶段的特点之二。

如果用 θ_m 表示平壁中心($X=x/\delta=0$)的过余温度，则由式(9－63)可得

$$\frac{\theta_m}{\theta_0}=\frac{2\sin\beta_1}{\beta_1+\sin\beta_1\cos\beta_1}e^{-\beta_1^2 Fo}=f(Bi,Fo) \tag{9-66}$$

由式(9－63)、(9－66)之比可得

$$\frac{\theta}{\theta_m}=\frac{\theta/\theta_0}{\theta_m/\theta_0}=\cos\left(\beta_1\frac{x}{\delta}\right)=f\left(Bi,\frac{x}{\delta}\right) \tag{9-67}$$

从上式可见，当 $Fo\geqslant0.2$，非稳态导热进入正规状况阶段以后，虽然 θ、θ_m 都随时间而变化，但它们的比值与时间无关，只取决于毕渥数 Bi 与几何位置 x/δ，这是正规状况阶段的另一重要特点。

认识正规状况阶段的温度变化规律对工程计算具有重要的实际意义，因为工程技术中的非稳态导热过程绝大部分时间都处于正规状况阶段。已证明，当 $Fo\geqslant0.2$ 时，其他形状物体的非稳态导热也进入正规状况阶段，表现出上述特点，具有式(9－64)、(9－65)所表示的温度变化规律，只是 m 与 $C(Bi,x/\delta)$ 的数值不同而已。

2) 毕渥数 Bi 对温度分布的影响

前面已指出，毕渥数的物理意义为物体内部的导热热阻 δ/λ 与边界处的对流换热热阻 $1/h$ 之比，所以 Bi 的大小对平壁内的温度分布有很大影响。

平壁非稳态导热第三类边界条件的表达式为

$$-\lambda\left.\frac{\partial\theta}{\partial x}\right|_{x=\pm\delta}=h\theta|_{x=\pm\delta}$$

上式可改写成

$$-\left.\frac{\partial\theta}{\partial x}\right|_{x=\pm\delta}=\frac{\theta|_{x=\pm\delta}}{\lambda/h}=\frac{\theta|_{x=\pm\delta}}{\delta/Bi}$$

对照图 9－27，从几何意义来说，上式表示在整个非稳态导热过程中平壁内过余温度分布曲线在边界处的切线都通过点($\pm\delta\pm\lambda/h,0$)，即点($\pm\delta\pm\delta/Bi,0$)。该点称为第三类边界条件的**定向点**，与平壁边界面的距离为 $\lambda/h=\delta/Bi$，如图

9 - 27 中点 O' 所示。

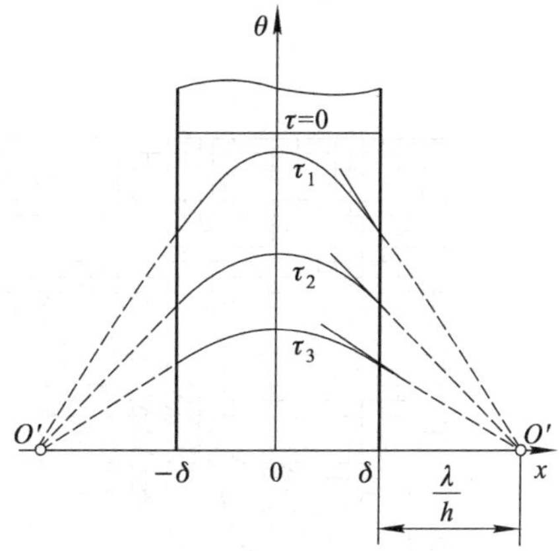

图 9 - 27 过余温度分布曲线及定向点

$Bi\to\infty$ 表明对流换热热阻趋于零，平壁表面与流体之间的温差趋于零。这意味着，非稳态导热一开始平壁的表面温度就立即变为流体温度 t_∞，平壁内部的温度变化完全取决于平壁的导热热阻。由于 t_∞ 在第三类边界条件中已给定，所以这种情况相当于给定了壁面温度，即给定了第一类边界条件。这种情况下的定向点位于平壁表面上，平壁内的过余温度分布如图 9 - 28a 所示。$Bi\to\infty$ 是一种极限情况，实际上只要 $Bi>100$，就可以近似地按这种情况处理。

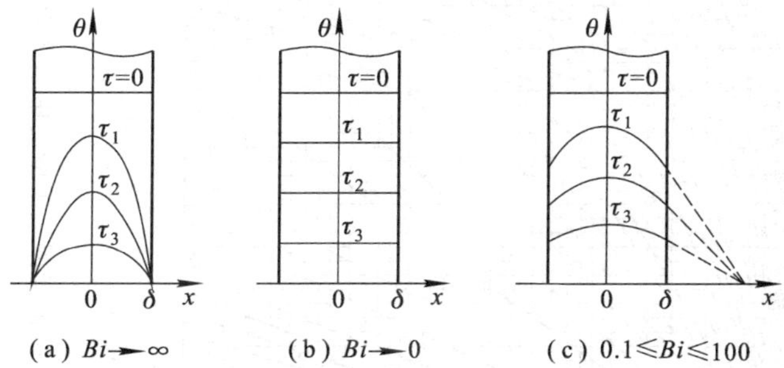

图 9 - 28 毕渥数 Bi 对温度分布影响的示意图

$Bi\to 0$ 意味着平壁的导热热阻趋于零，平壁内部各点的温度在任一时刻都趋于均匀一致，只随时间而变化，且变化的快慢完全取决于平壁表面的对流换热强度。在这种情况下，$\lambda/h=\delta/Bi\to\infty$，定向点在离平壁表面无穷远处，平壁内的过余温度分布如图 9 - 28b 所示。$Bi\to 0$ 同样是一种极限情况，工程上只要 $Bi<0.1$，就可以近似地按这种情况处理，这种情况下的非稳态导热可以采用后面介绍的集总参数法计算。

当 $0.1\leqslant Bi\leqslant 100$ 时，平壁内的过余温度分布如图 9 - 28c 所示。在这种情况下，平壁的温度变化既取决于平壁内部的导热热阻，也取决于平壁外部的对流换热热阻。

(3) 诺谟图

如上所述，当 $Fo\geqslant 0.2$ 时，可以用式(9 - 63)或式(9 - 66)、(9 - 67)近似计算平壁的过余温度分布。

为工程计算方便，式(9 - 66)、(9 - 67)已绘制成线算图——**诺谟图**，如图 9 - 29、图 9 - 30 所示，称为**海斯勒**(M. P. Heisler)**图**。

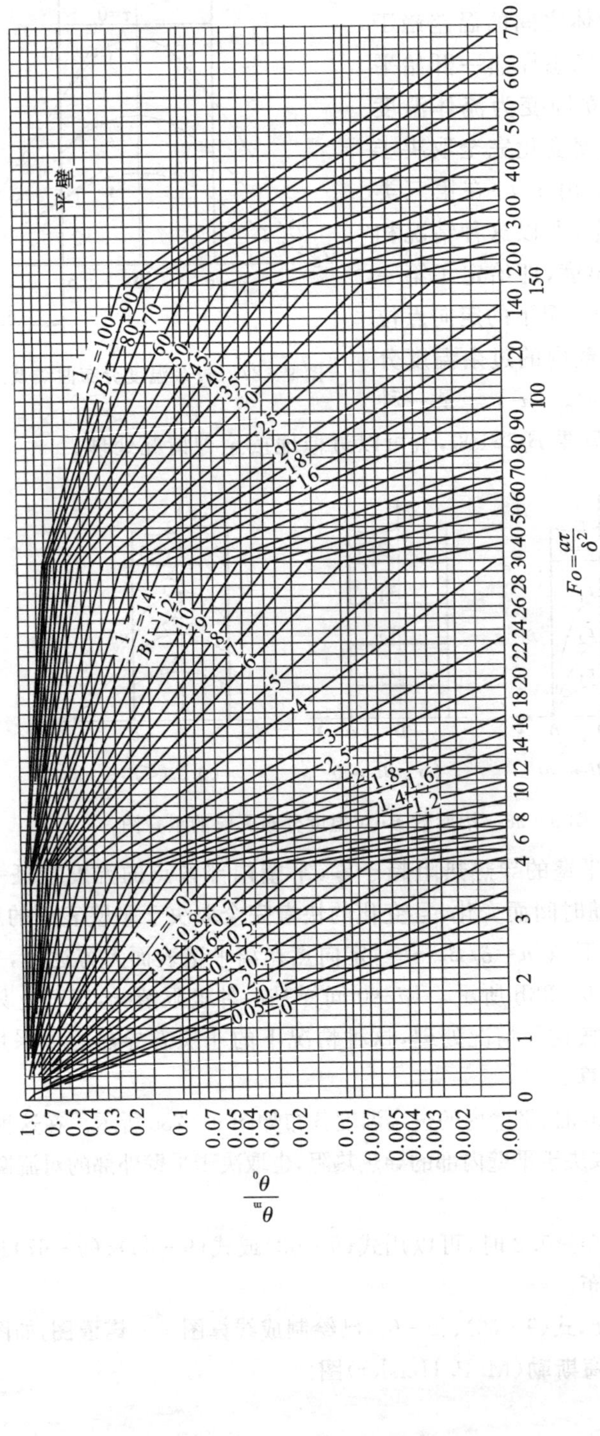

图 9-29 厚度为 2δ 的无限大平壁的中心平面温度 $\theta_m/\theta_0 = f(Bi, Fo)$

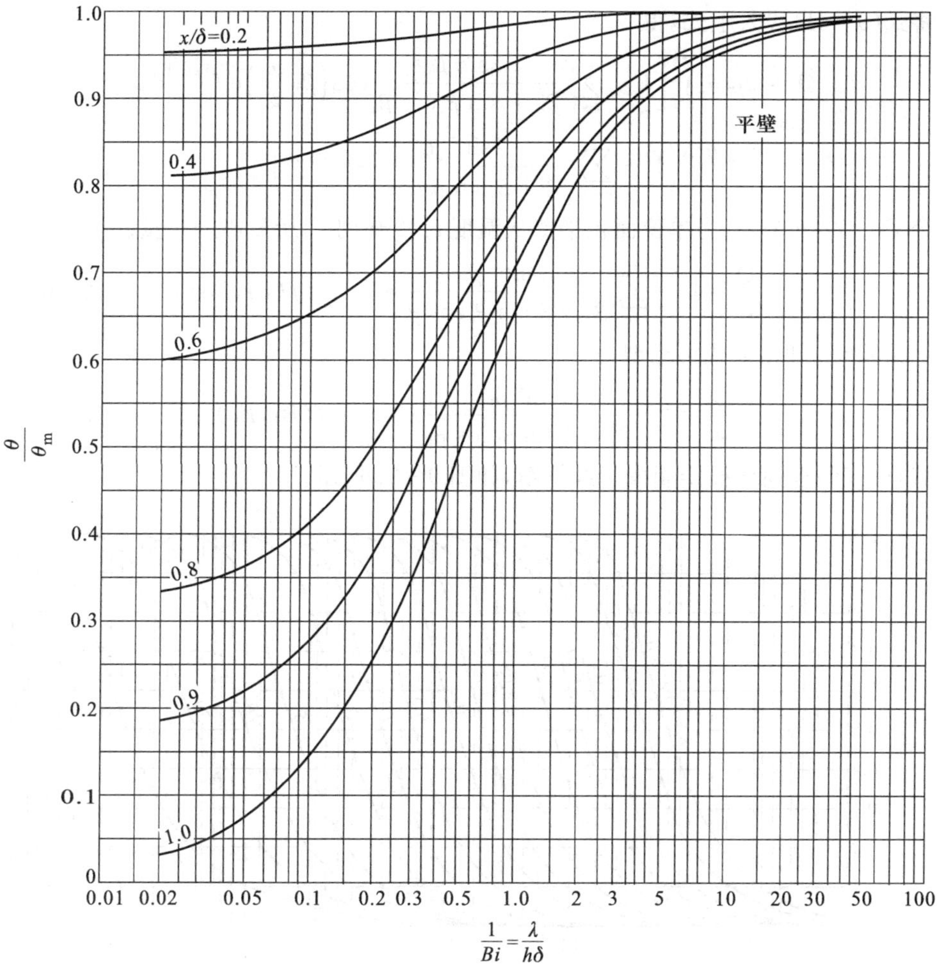

图 9－30 厚度为 2δ 的无限大平壁任意位置的温度 $\theta/\theta_m=f(Bi,x/\delta)$

图 9－29 中的参变量以及图 9－30 中的横坐标都是 $1/Bi$。计算时，可先根据已知条件算出 $1/Bi$ 和 Fo 的数值，由图 9－29 查出平壁中心无量纲过余温度 θ_m/θ_0，由 $\theta_0=t_0-t_\infty$ 算出 θ_m。平壁中其他位置 x 处的温度可由图 9－30 查出 θ/θ_m，再算出 x 处在 τ 时刻的过余温度 $\theta=t-t_\infty$，进而确定温度 t。

任意时刻 τ 的温度分布确定之后，无限大平壁在 $0\sim\tau$ 时间内与周围流体之间交换的热量即可求得。在平壁内 x 处平行于壁面取一厚度为 $\mathrm{d}x$ 的微元薄层，在 $0\sim\tau$ 时间内，单位面积微元薄层放出的热量等于其热力学能的变化，即

$$\mathrm{d}Q=\rho c(t_0-t)\mathrm{d}x=\rho c(\theta_0-\theta)\mathrm{d}x$$

于是，在 $0\sim\tau$ 时间内，单位面积平壁所放出的热量为

$$Q=\rho c\int_{-\delta}^{\delta}(\theta_0-\theta)\mathrm{d}x=2\rho c\theta_0\int_0^{\delta}\left(1-\frac{\theta}{\theta_0}\right)\mathrm{d}x$$

将式(9－61)代入上式，得

$$Q=2\rho c\theta_0\int_0^\delta\left[1-\sum_{n=1}^{\infty}\frac{2\sin\beta_n}{\beta_n+\sin\beta_n\cos\beta_n}\cos\left(\beta_n\frac{x}{\delta}\right)e^{-\beta_n^2 Fo}\right]dx$$

$$=2\rho c\theta_0\delta\left(1-\sum_{n=1}^{\infty}\frac{2\sin^2\beta_n}{\beta_n^2+\beta_n\sin\beta_n\cos\beta_n}e^{-\beta_n^2 Fo}\right)$$

令 $Q_0=2\rho c\theta_0\delta$，$Q_0$ 为单位面积平壁从温度 t_0 冷却到 t_∞ 所放出的热量。于是

$$\frac{Q}{Q_0}=1-\sum_{n=1}^{\infty}\frac{2\sin^2\beta_n}{\beta_n^2+\beta_n\sin\beta_n\cos\beta_n}e^{-\beta_n^2 Fo}=f(Bi,Fo)\tag{9-68}$$

当 $Fo\geqslant0.2$ 时，上式可近似为

$$\frac{Q_\tau}{Q_0}=1-\frac{2\sin^2\beta_1}{\beta_1^2+\beta_1\sin\beta_1\cos\beta_1}e^{-\beta_1^2 Fo}=f(Bi,Fo)\tag{9-69}$$

式(9－69)也同样被绘制成了线算图，如图 9－31 所示。

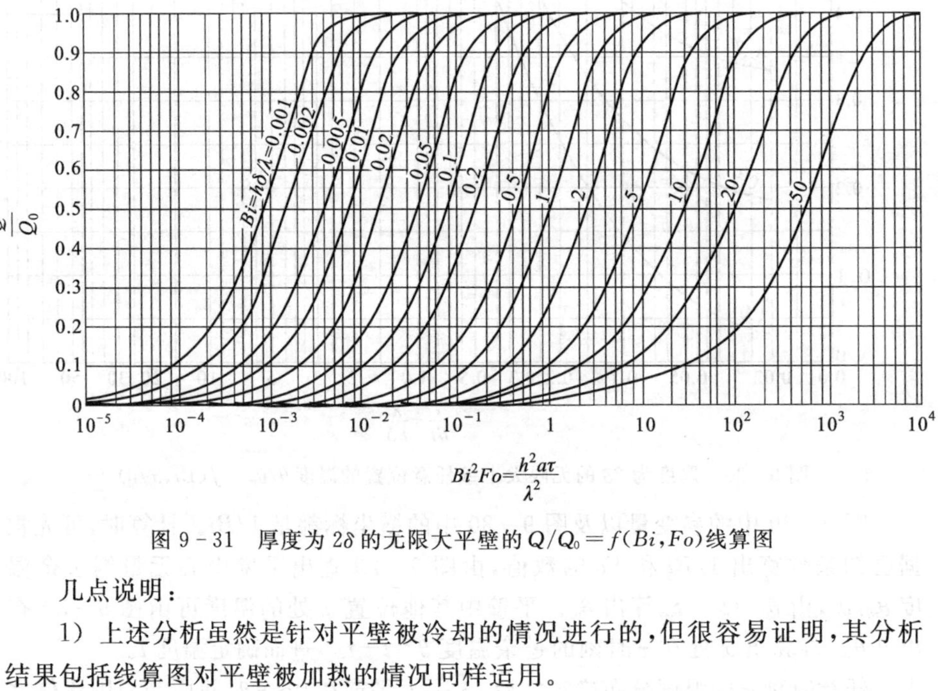

图 9－31　厚度为 2δ 的无限大平壁的 $Q/Q_0=f(Bi,Fo)$ 线算图

几点说明：

1) 上述分析虽然是针对平壁被冷却的情况进行的，但很容易证明，其分析结果包括线算图对平壁被加热的情况同样适用。

2) 由于平壁(厚度为 2δ)具有对称的第三类边界条件，温度场也必然是对称的，所以分析时只取半个平壁作为研究对象，这相当于一侧(中心面)绝热、另一侧具有第三类边界条件的情况，因此上述结果也适用于一侧绝热、另一侧具有第三类边界条件且厚度为 δ 的平壁的非稳态导热。

3) 线算图只适用于 $Fo\geqslant0.2$ 的情况。对于 $Fo<0.2$ 的情况，温度分布须用式(9－61)进行计算，换热量须用式(9－68)计算。

对于温度仅沿半径方向变化的圆柱体(如可近似按无限长圆柱处理的长圆柱或两端绝热的圆柱体)和球体在第三类边界条件下的一维非稳态导热问题，分别在柱坐标系和球坐标系下进行分析，也可以求得温度分布的分析解，解的形式和无限大平壁的分析解类似，是快速收敛的无穷级数，并且是 Bi、Fo 和 r/R 的函数，即可以表示为

$$\frac{\theta}{\theta_0}=f\left(Bi,Fo,\frac{r}{R}\right) \tag{9-70}$$

注意，式中 $Bi=\frac{hR}{\lambda}$、$Fo=\frac{a\tau}{R^2}$，R 为圆柱或球体的半径，θ_0 为圆柱或球体的初始过余温度。

分析结果表明，当 $Fo\geqslant0.2$ 时，无限长圆柱和球体的非稳态导热过程也都进入正规状况阶段，分析解可以近似地取无穷级数的第一项，近似结果也已绘制成了线算图。无限长圆柱体的一维非稳态导热诺谟图如图 9-32 至图 9-34 所示。球的一维非稳态导热诺谟图见文献[19]，该文献还给出了 $Fo\geqslant0.2$ 时无限大平壁、无限长圆柱和球的温度场及换热量的实用计算公式。

*2. 特殊多维非稳态导热的简易求解方法

实际上，有些物体可以看成是由无限大平壁、无限长圆柱垂直相交而成。如图 9-35 所示，矩形截面的无限长柱体是由两个无限大平壁垂直相交而成，矩形截面的有限长柱体(或称垂直六面体)是由三个无限大平壁垂直相交而成；有限长圆柱是由一个无限长圆柱和一个无限大平壁垂直相交而成。

对于这些物体在第一类边界条件(初始温度均匀)或第三类边界条件(表面传热系数 h 为常数)下的二维或三维的非稳态导热问题，在数学上已经证明，它们的无量纲过余温度的解等于构成这些物体的两个或三个物体在同样边界条件下一维非稳态导热问题解的连乘。例如：

对于无限长方柱

$$\frac{\theta(x,y,\tau)}{\theta_0}=\frac{\theta(x,\tau)}{\theta_0}\frac{\theta(y,\tau)}{\theta_0} \tag{9-71}$$

对于短圆柱

$$\frac{\theta(x,r,\tau)}{\theta_0}=\frac{\theta(x,\tau)}{\theta_0}\frac{\theta(r,\tau)}{\theta_0} \tag{9-72}$$

对于垂直六面体

$$\frac{\theta(x,y,z,\tau)}{\theta_0}=\frac{\theta(x,\tau)}{\theta_0}\frac{\theta(y,\tau)}{\theta_0}\frac{\theta(z,\tau)}{\theta_0} \tag{9-73}$$

这样，就可以简单地利用一维非稳态导热问题的解来求解这些特殊的多维非稳态导热问题。

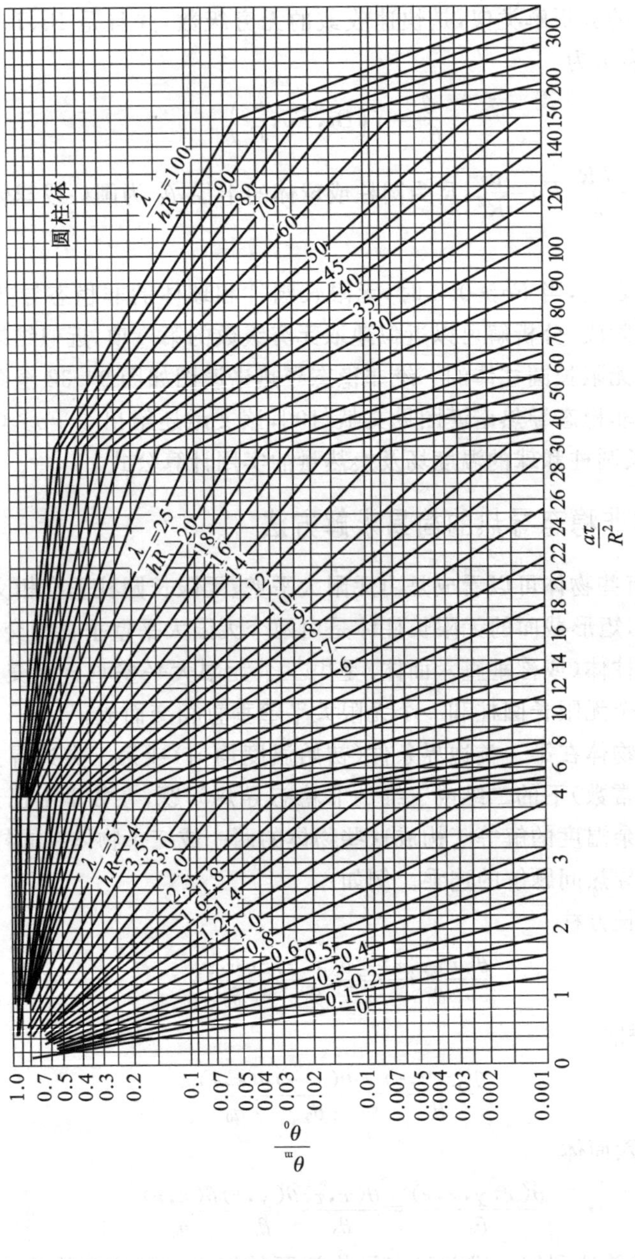

图 9-32 无限长圆柱体中心温度 θ_m/θ_0 线算图

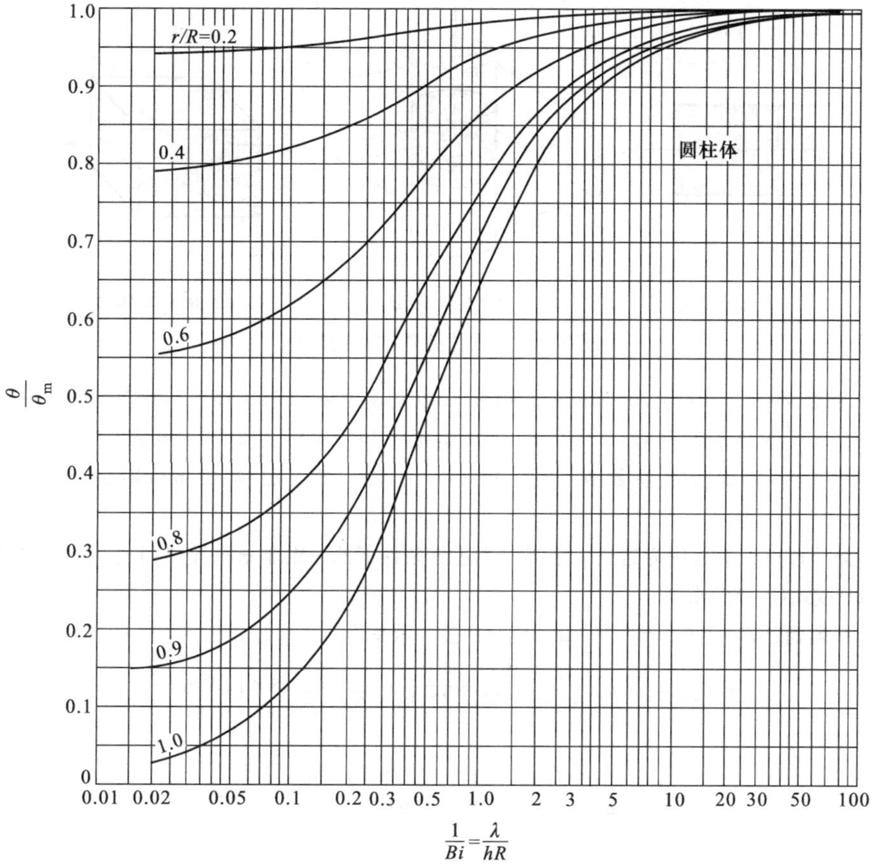

图 9-33 无限长圆柱体的 θ/θ_m 线算图

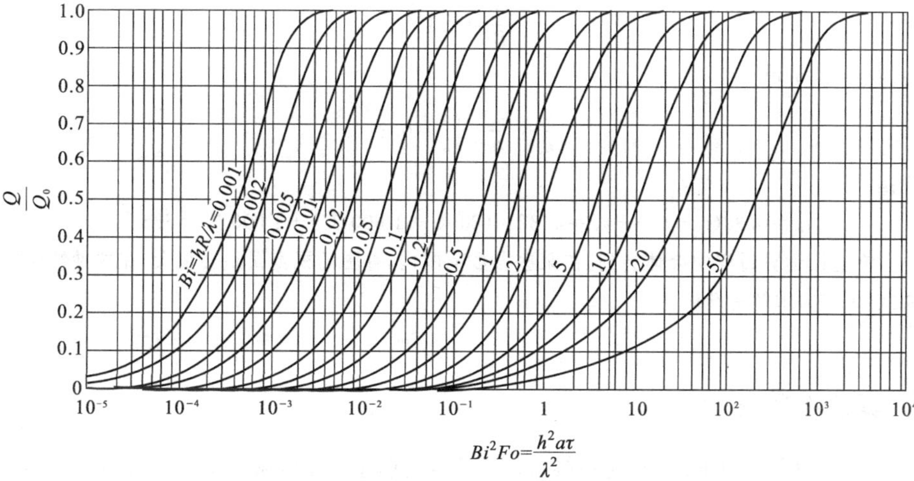

图 9-34 无限长圆柱体的 Q/Q_0 线算图

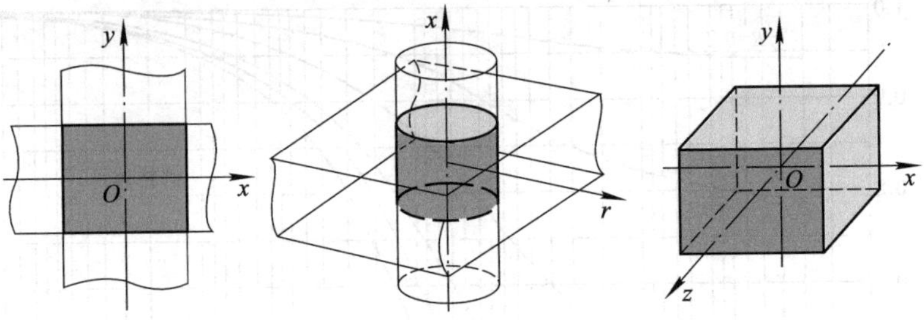

(a) 无限长方柱　　(b) 短圆柱　　(c) 正六面体

图 9-35　几种特殊构成的物体

例题 9-5　一块厚 200 mm 的大钢板，钢材的密度 $\rho=7\ 790\ \mathrm{kg/m^3}$，比热容为 $c_p=470\ \mathrm{J/(kg\cdot K)}$，导热系数为 43.2 W/(m·K)，钢板的初始温度为 20 ℃，放入1 000 ℃的加热炉中加热，表面传热系数 $h=300\ \mathrm{W/(m^2\cdot K)}$。试求加热 40 min 时的钢板中心温度。

解　可以近似地认为这是一个第三类边界条件下的一维非稳态导热问题，下面利用图 9-29 或式(9-66)求解。

根据题意，$\delta=100\ \mathrm{mm}=0.1\ \mathrm{m}$。钢材的热扩散率为

$$a=\frac{\lambda}{\rho c_p}=\frac{43.2\ \mathrm{W/(m\cdot K)}}{7\ 790\ \mathrm{kg/m^3}\times 470\ \mathrm{J/(kg\cdot K)}}=1.18\times 10^{-5}\ \mathrm{m^2/s}$$

傅里叶数为

$$Fo=\frac{a\tau}{\delta^2}=\frac{1.18\times 10^{-5}\ \mathrm{m^2/s}\times 40\times 60\ \mathrm{s}}{(0.1\ \mathrm{m})^2}=2.83$$

毕渥数为

$$Bi=\frac{h\delta}{\lambda}=\frac{300\ \mathrm{W/(m^2\cdot K)}\times 0.1\ \mathrm{m}}{43.2\ \mathrm{W/(m\cdot K)}}=0.463$$

$$\frac{1}{Bi}=2.16$$

查图 9-29 可得

$$\frac{\theta_{\mathrm{m}}}{\theta_0}=\frac{t_{\mathrm{m}}-t_\infty}{t_0-t_\infty}=0.32$$

于是

$$t_{\mathrm{m}}=0.32(t_0-t_\infty)+t_\infty=0.32\times(20\ ℃-1\ 000\ ℃)+1\ 000\ ℃=686\ ℃$$

在查图运算过程中会体会到，在某些参数范围内，查图的视觉误差会很大，在这种情况下用式(9-66)求解更准确。

3. 集总参数法

前面在讨论无限大平壁一维非稳态导热问题的分析解时曾指出，当 $Bi\leqslant 0.1$ 时，物体内部的导热热阻远小于其表面的对流换热热阻，可以忽略，物体内部各

点的温度在任一时刻都趋于均匀，物体的温度只是时间的函数，与坐标无关。对于这种情况下的非稳态导热问题，只须求出温度随时间的变化规律，以及在温度变化过程中物体放出或吸收的热量。这种忽略物体内部导热热阻的简化分析方法称为**集总参数法**。实际上，如果物体的热导率很大，几何尺寸很小，表面传热系数也不大，则物体内部的导热热阻一般都远小于其表面的对流换热热阻，都可以用集总参数法来分析。例如，小金属块在加热炉中的加热或在空气中的冷却过程，以及热电偶在测温时端部接点的升温或降温过程等。

集总参数法实质上就是直接运用能量守恒定律导出物体在非稳态导热过程中温度随时间的变化规律。说明如下：

一个任意形状的物体，如图 9－36 所示，体积为 V，表面面积为 A，密度 ρ、比热容 c 及热导率 λ 为常数，无内热源，初始温度为 t_0。突然将该物体放入温度恒定为 t_∞ 的流体之中，且 $t_0 > t_\infty$，物体表面和流体之间对流换热的表面传热系数 h 为常数，需要确定该物体在冷却过程中温度随时间的变化规律以及放出的热量。这显然是一个多维的非稳态导热问题。

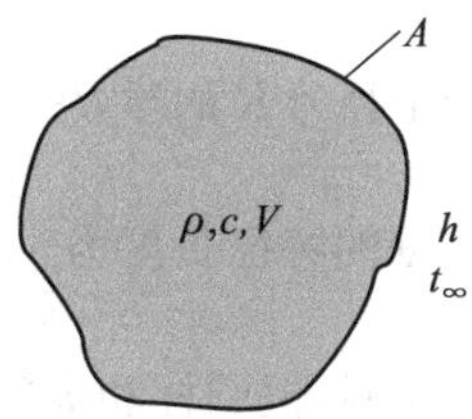

图 9－36　集总参数法分析示意图

假设该问题满足 $Bi \leqslant 0.1$ 的条件。根据能量守恒，单位时间物体热力学能的变化量应该等于物体表面与流体之间的对流换热量，即

$$\rho c V \frac{\mathrm{d}t}{\mathrm{d}\tau} = -hA(t - t_\infty) \tag{a}$$

引进过余温度 $\theta = t - t_\infty$，上式可改写为

$$\rho c V \frac{\mathrm{d}\theta}{\mathrm{d}\tau} = -hA\theta \tag{b}$$

初始条件为

$$\tau = 0, \theta = \theta_0 = t_0 - t_\infty$$

通过分离变量，式(b)可改写为

$$\frac{\mathrm{d}\theta}{\theta} = -\frac{hA}{\rho c V}\mathrm{d}\tau$$

将上式积分

$$\int_{\theta_0}^{\theta} \frac{\mathrm{d}\theta}{\theta} = -\int_0^{\tau} \frac{hA}{\rho c V}\mathrm{d}\tau$$

可得

$$\ln \frac{\theta}{\theta_0} = -\frac{hA}{\rho c V}\tau$$

即

$$\frac{\theta}{\theta_0} = \mathrm{e}^{-\frac{hA}{\rho c V}\tau} = \exp\left(-\frac{hA}{\rho c V}\tau\right) \tag{9-74}$$

式中

$$\frac{hA\tau}{\rho cV}=\frac{h(V/A)}{\lambda}\frac{\lambda}{\rho c}\frac{\tau}{(V/A)^2}$$

令 $V/A=l$，l 具有长度的量纲，称为物体的**特征长度**。于是

$$\frac{hA\tau}{\rho cV}=\frac{hl}{\lambda}\frac{\lambda}{\rho c}\frac{\tau}{l^2}=\frac{hl}{\lambda}\frac{a\tau}{l^2}=Bi_V Fo_V$$

将上式代入式(9－74)，得

$$\frac{\theta}{\theta_0}=\mathrm{e}^{-Bi_V Fo_V}=\exp(-Bi_V Fo_V) \tag{9-75}$$

注意，式中毕渥数 Bi_V 与傅里叶数 Fo_V 的下角标 V 表示以 $l=V/A$ 为特征长度。很容易计算出，对于厚度为 2δ 的无限大平壁，$l=\delta$；对于半径为 R 的圆柱，$l=\frac{1}{2}R$；对于半径为 R 的球，$l=\frac{1}{3}R$。前面介绍的分析解及诺谟图中，厚度为 2δ 的无限大平壁的特征长度为 δ，即 $Bi=\frac{h\delta}{\lambda}$、$Fo=\frac{a\tau}{\delta^2}$，与集总参数法分析结果中的 Bi_V、Fo_V 相同，但圆柱和球的特征长度都为半径 R，即 $Bi=\frac{hR}{\lambda}$、$Fo=\frac{a\tau}{R^2}$，与 Bi_V、Fo_V 不同。

分析结果表明，对于形状如平板、柱体或球这样的物体，只要满足

$$Bi_V<0.1M \tag{9-76}$$

物体内各点过余温度之间的偏差就小于 5%，就可以使用集总参数法计算。式(9－76)中的 M 是与物体形状有关的无量纲量。对于无限大平板，$M=1$；对于无限长圆柱，$M=1/2$；对于球，$M=1/3$。

式(9－74)表明，当 $Bi\leqslant 0.1$ 时，物体的过余温度 θ 按指数函数规律下降，一开始温差大，下降迅速，随着温差的减小，下降的速度越来越缓慢，如图 9－37 所示。同时也可以看出，式中指数部分中的 $\frac{\rho cV}{hA}$ 具有时间的量纲，令 $\tau_c=\frac{\rho cV}{hA}$，$\tau_c$ 称为**时间常数**，单位是 s。当物体的冷却(或加热)时间等于时间常数，即 $\tau=\tau_c$ 时，由式(9－74)可得

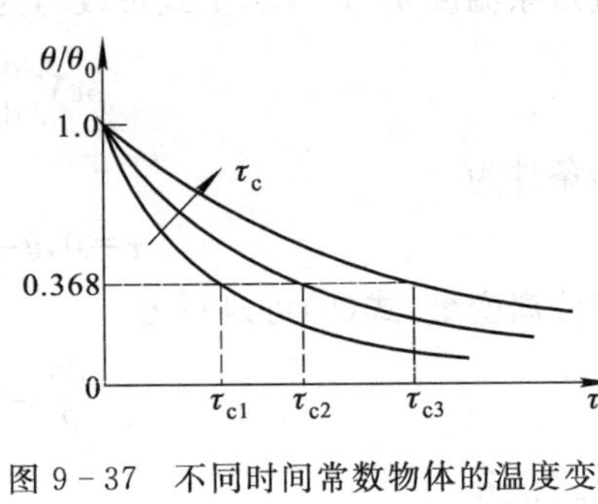

图 9－37　不同时间常数物体的温度变化

$$\frac{\theta}{\theta_0}=\mathrm{e}^{-1}=0.368=36.8\%$$

即物体的过余温度达到初始过余温度的 36.8%。这说明，时间常数反映物体对周围环境温度变化响应的快慢，时间常数越小，物体的温度变化越快，越迅速地

接近周围流体的温度，如图 9－37 所示。

由式 $\tau_c=\frac{\rho cV}{hA}$ 可见，影响时间常数大小的主要因素是物体的热容量 ρcV 和物体表面的对流换热条件 hA。物体的热容量愈小，表面的对流换热愈强，物体的时间常数愈小。利用热电偶测量流体温度，总是希望热电偶的时间常数越小越好，因为时间常数越小，热电偶越能迅速地反映被测流体的温度变化。所以，热电偶端部的接点总是做得很小，用其测量流体温度时，也总是设法强化热电偶端部的对流换热，如采用抽气式热电偶。

如果几种不同形状的物体都用同一种材料制作，并且和周围流体之间的表面传热系数 h 也都相同，都满足 $Bi\leqslant0.1$ 的条件，则由式 $\tau_c=\frac{\rho cV}{hA}$ 可以看出，单位体积的表面面积 A/V 越大的物体，时间常数越小，在初始温度相同的情况下放在温度相同的流体中被冷却(或加热)的速度越快。例如，对于用同一种材料制成的体积相同的球、长度等于直径的圆柱与正方体，可以很容易算出，三者的表面面积之比为

$$A_{球}:A_{圆柱}:A_{正方体}=1:1.146:1.242$$

正方体的表面面积最大，时间常数最小，相同条件下的冷却(或加热)速度最快，圆柱次之，球居后。但直径为 $2R$ 的球体、长度等于直径 $2R$ 的圆柱体与边长为 $2R$ 的正方体相比，三者单位体积的表面面积都相同，都为 $\frac{A}{V}=\frac{3}{R}$，三者的时间常数相同，在相同条件下的冷却(或加热)速度也相同。

物体温度随时间的变化规律确定之后，$0\sim\tau$ 时间内物体和周围环境之间交换的热量就可以计算如下：

$$\begin{aligned}Q_\tau&=\rho cV(t_0-t)=\rho cV(\theta_0-\theta)\\&=\rho cV\theta_0\left(1-\frac{\theta}{\theta_0}\right)=\rho cV\theta_0(1-\mathrm{e}^{-Bi_VFo_V})\end{aligned}$$

令 $Q_0=\rho cV\theta_0$，表示物体温度从 t_0 变化到周围流体温度 t_∞ 所放出或吸收的总热量，上式可改写成无量纲形式：

$$\frac{Q_\tau}{Q_0}=1-\mathrm{e}^{-Bi_VFo_V}\tag{9-77}$$

式(9－75)、(9－77)既适用于物体被加热的情况，也适用于物体被冷却的情况。

例题 9－6 将一个初始温度为 20 ℃、直径为 100 mm 的钢球投入 1 000 ℃的加热炉中加热，表面传热系数 $h=50\ \mathrm{W/(m^2\cdot K)}$。已知钢球的密度 $\rho=7\ 790\ \mathrm{kg/m^3}$，比定压热容为 $c_p=470\ \mathrm{J/(kg\cdot K)}$，导热系数为 $43.2\ \mathrm{W/(m\cdot K)}$，试求钢球中心温度达到 800 ℃所需要的时间。

解 首先判断能否用集总参数法求解。

毕渥数为

$$Bi_V=\frac{h(R/3)}{\lambda}=\frac{50\ \mathrm{W/(m^2\cdot K)}\times(0.05\ \mathrm{m}/3)}{43.3\ \mathrm{W/(m\cdot K)}}=0.019<\frac{0.1}{3}$$

可以用集总参数法求解。根据公式(9-74)

$$\frac{\theta}{\theta_0}=\frac{t-t_\infty}{t_0-t_\infty}=\mathrm{e}^{-Bi_V Fo_V}$$

将已知条件代入上式,得

$$\frac{800\ ℃-1\ 000\ ℃}{20\ ℃-1\ 000\ ℃}=\mathrm{e}^{-0.019Fo_V}$$

可解得 $Fo_V=83.6$,即

$$\frac{a\tau}{(R/3)^2}=83.6$$

由此可得

$$\tau=\frac{83.6(R/3)^2}{\dfrac{\lambda}{\rho c_p}}=\frac{83.6\times(0.05\ \mathrm{m^3}/3\ \mathrm{m^2})^2}{\dfrac{43.2\ \mathrm{W/(m\cdot K)}}{7\ 790\ \mathrm{kg/m^3}\times470\ \mathrm{J/(kg\cdot K)}}}=1\ 968\ \mathrm{s}\approx32.8\ \mathrm{min}$$

即钢球中心温度达到 800 ℃需要 32.8 min。

*9-4 导热问题的数值解法基础

前面分别讨论了稳态导热和非稳态导热的分析解法。分析解法的主要优点是求解过程所依据的数学分析严谨,物理概念和逻辑推理清晰,求解结果以函数的形式表示,能清楚地显示各种因素对温度分布的影响。但是,只有少数几何形状和边界条件都比较简单的导热问题才能精确地分析求解,对于工程上绝大多数稍复杂些的导热问题,分析解法无能为力。

近些年来,随着计算机的迅速发展、推广和普及以及计算方法的进步,传热问题的数值计算方法取得了重大的进展,从 20 世纪 70 年代起就已形成了传热学的一个新兴的分支——数值传热学。数值解法的优点在于,它能求解其他方法所不能解决的大量实际传热问题,并随着计算机容量、计算速度的迅速提高,数值解法的应用范围、规模、解题速度和精确度都有很大的进展,成为求解复杂传热问题的有效手段,越来越受到科技工作者的青睐。

数值解法的基本思想是:用导热问题所涉及的空间和时间区域内有限个离散点(称为**节点**)的温度近似值,来代替物体内实际连续的温度分布,将连续温度分布函数的求解问题转化为各节点温度值的求解问题,将导热微分方程的求解问题转化为节点温度代数方程的求解问题。因此,求解域的离散化、节点温度代数方程组的建立与求解是数值解法的主要内容。

数值解法求解导热问题的基本步骤如下：

(1) 对实际导热问题的几何、物理性质进行分析，做必要的、合理的简化，建立符合实际的物理模型。

(2) 根据物理模型建立完整的数学模型，即给出导热微分方程（即导热控制方程）和单值性条件。

(3) 求解域离散化。将导热问题所涉及的空间和时间区域按一定的要求划分成有限个子区域，将子区域的顶点作为需要确定其温度值的空间点或时间点（即节点），每个节点就代表以它为中心的子区域，节点温度就代表子区域的温度。

(4) 建立节点温度代数方程组。

(5) 求解节点温度代数方程组，得到所有节点的温度值。

(6) 对计算结果进行分析。若计算结果不符合实际情况，则检查上述计算步骤，修正不合理之处，重复进行计算，直到结果满意为止。

上述计算步骤中的第(1)、(2)步是导热问题所有求解方法的基础，后面 4 步是数值解法的主要步骤。

目前，求解导热问题常用的数值解法主要有有限差分法、有限元法及边界元法。就方法的成熟性和应用的广泛性而言，有限差分法占有优势，所以本书主要介绍有限差分法的基本原理，为读者今后进行导热的数值计算提供一个入门的向导。

1. 有限差分法的基本原理

有限差分法的基本原理就是用有限差分近似微分，用有限差商近似微商（导数），例如 $\Delta x \approx \mathrm{d}x$，$\dfrac{\Delta t}{\Delta x} \approx \dfrac{\mathrm{d}t}{\mathrm{d}x}$，进而将导热偏微分方程转化为节点温度的差分方程。下面以二维稳态导热为例进行说明。

(1) 求解域的离散化

1) 子区域的划分

根据导热物体的几何形状选择坐标系，利用一组与坐标轴平行的网格线将物体划分成若干个子区域。例如，在直角坐标系中，这些子区域就是一些矩形的网格，如图 9-38 所示。网格的宽度 Δx、Δy 称为步长。步长大小（即网格疏密）的选择根据问题的需要而定，虽然步长越小，网格越密，节点越多，节点温度分布越接近于连续

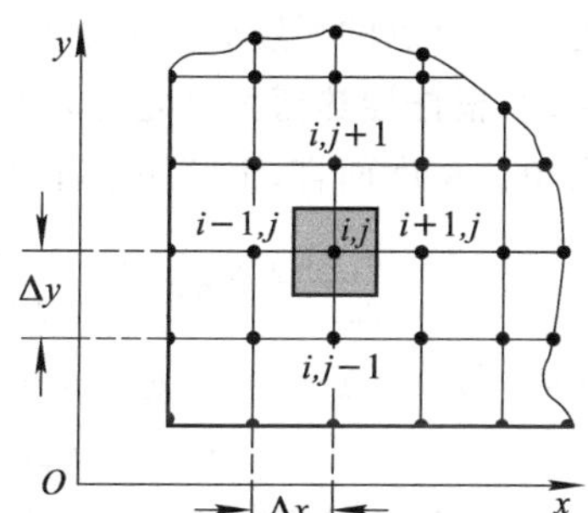

图 9-38 求解域的离散示意图

的温度分布，但也并非网格越密越好，过多的节点会带来对工程问题不必要的计算工作量的浪费。网格的划分可以采用均匀网格，也可以根据问题特点采用非均匀网格，例如在温度变化较大处采用密集网格，在温度变化较小处采用疏松网格。

对于非稳态导热问题，还要对时间域进行离散。时间步长和空间步长的选择要满足解的稳定性条件，具体内容将在非稳态导热的数值解法部分进行讨论。

2） 节点的选择

可以选择网格线交点和网格线与物体边界线的交点作为节点。每个节点代表以它为中心的子区域（或称为**控制容积**），如图 9－38 中节点(i,j)就代表涂阴影的子区域。节点的温度就是子区域的温度。如果物体内部有物性突变，例如不同材料组成的多层平壁的交接面处，节点位置的选择应该使控制容积内只含有同一种材料，没有物性的突变。节点的位置确定之后，应标明所有节点的编号，如$(i-1,j)$、(i,j)、$(i+1,j)$等。

(2) 节点温度差分方程的建立

建立节点温度差分方程的方法有两种：**泰勒级数展开法与控制容积热平衡法**，本书只介绍控制容积热平衡法。

控制容积热平衡法就是根据节点所代表的控制容积在导热过程中的能量守恒来建立节点温度差分方程。下面以无内热源的二维稳态导热为例来说明节点温度差分方程的建立方法。

1） 内部节点温度差分方程

如图 9－39 所示，内部节点(i,j)所代表的控制容积在导热过程中的热平衡可表述为：从周围相邻控制容积导入的热流量之和等于零，即

$$\Phi_w+\Phi_e+\Phi_s+\Phi_n=0$$

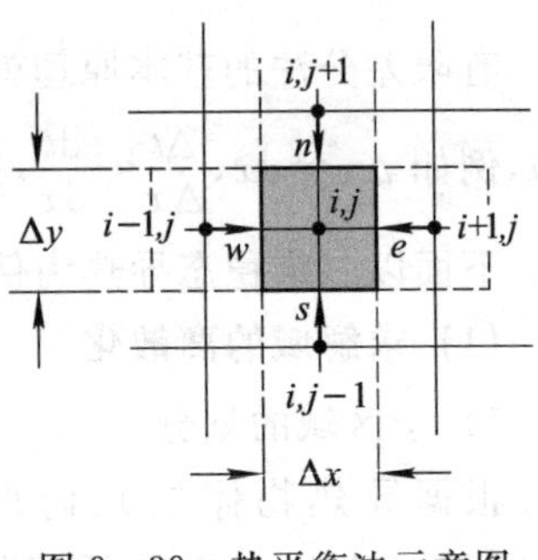

图 9－39 热平衡法示意图

因为每个节点的温度就是它所代表的控制容积的温度，根据导热傅里叶定律，对于垂直于纸面方向单位宽度而言，上式可表示为

$$\lambda\Delta y\frac{t_{i-1,j}-t_{i,j}}{\Delta x}+\lambda\Delta y\frac{t_{i+1,j}-t_{i,j}}{\Delta x}+\lambda\Delta x\frac{t_{i,j-1}-t_{i,j}}{\Delta y}+\lambda\Delta x\frac{t_{i,j+1}-t_{i,j}}{\Delta y}=0$$

如果选择步长 $\Delta x=\Delta y$，则上式可整理为

$$t_{i-1,j}+t_{i+1,j}+t_{i,j-1}+t_{i,j+1}-4t_{i,j}=0 \tag{9-78}$$

由上式可见，在这种情况下，物体内每一个节点的温度都等于它周围相邻 4 个节点温度的算术平均值。式(9－78)为无内热源的二维稳态导热在均匀步长情况

下的节点温度差分方程。

2）边界节点温度差分方程

如果是第一类边界条件，边界节点温度已知；若是第二、三类边界条件，根据边界节点所代表的控制容积的热平衡，同样可以建立边界节点温度的差分方程。

例如，图 9－40 所示的具有第三类边界条件的边界节点(i,j)代表图中阴影所示的控制容积。根据其热平衡，从四周向它传递的热量之和等于 0，由导热傅里叶定律和牛顿冷却公式，可表示为

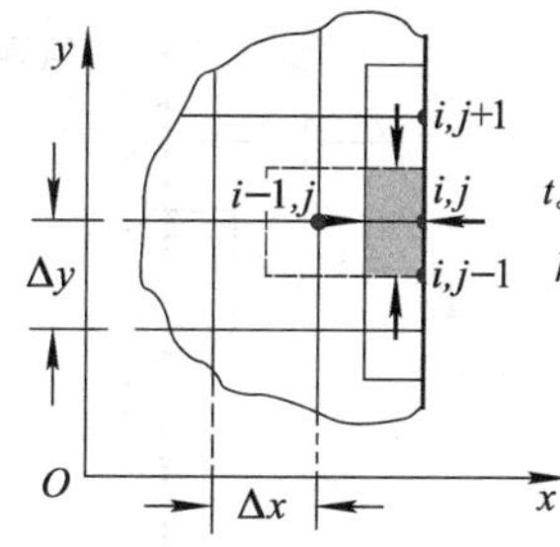

图 9－40　边界节点方程的建立

$$\lambda\Delta y\frac{t_{i-1,j}-t_{i,j}}{\Delta x}+h\Delta y(t_{\infty}-t_{i,j})+\lambda\frac{\Delta x}{2}\frac{t_{i,j-1}-t_{i,j}}{\Delta y}+\lambda\frac{\Delta x}{2}\frac{t_{i,j+1}-t_{i,j}}{\Delta y}=0$$

选择步长 $\Delta x=\Delta y$，则上式可整理为

$$t_{i-1,j}-t_{i,j}+\frac{h\Delta x}{\lambda}(t_{\infty}-t_{i,j})+\frac{1}{2}(t_{i,j-1}-t_{i,j})+\frac{1}{2}(t_{i,j+1}-t_{i,j})=0$$

令 $Bi_{\Delta}=\dfrac{h\Delta x}{\lambda}$，$Bi_{\Delta}$ 称为**网格毕渥数**。于是上式可整理成

$$2t_{i-1,j}+t_{i,j-1}+t_{i,j+1}-(2Bi_{\Delta}+4)t_{i,j}+2Bi_{\Delta}t_{\infty}=0 \tag{9-79}$$

此式即具有第三类边界条件的边界节点温度的差分方程式。

表 9－5 中列举了常物性、无内热源的二维稳态导热的几种边界节点温度的差分方程。

表 9－5　一些情况下的边界节点温度的差分方程式

节点位置	节点温度方程（$\Delta x=\Delta y$）
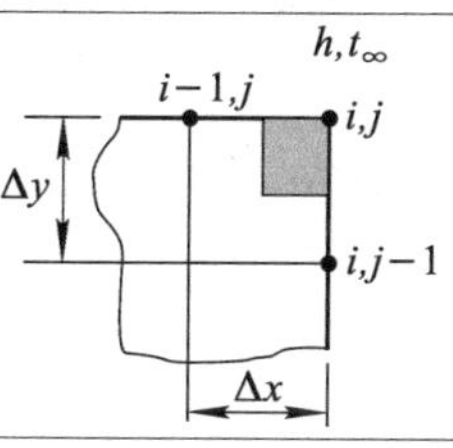	第三类边界条件下的外拐角边界节点： $(t_{i-1,j}+t_{i,j-1})-(2Bi_{\Delta}+2)t_{i,j}+2Bi_{\Delta}\cdot t_{\infty}=0$
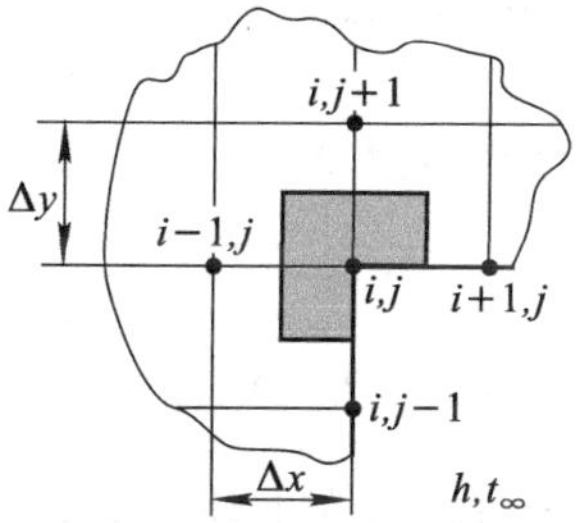	第三类边界条件下的内拐角边界节点： $(t_{i,j-1}+t_{i+1,j})+2(t_{i-1,j}+t_{i,j+1})-$ $(2Bi_{\Delta}+6)t_{i,j}+2Bi_{\Delta}\cdot t_{\infty}=0$

续表

节点位置	节点温度方程($\Delta x=\Delta y$)
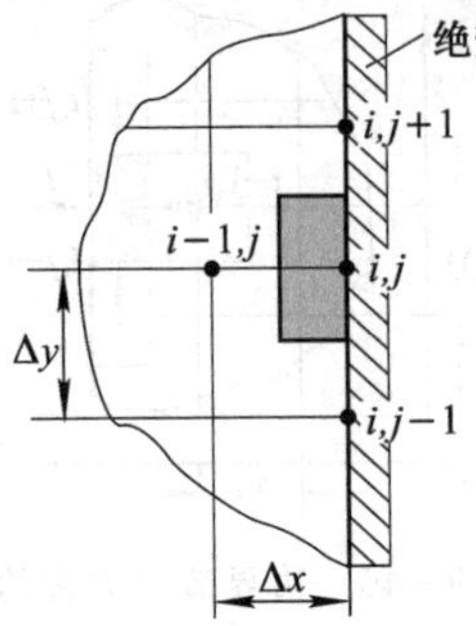	绝热边界节点：$t_{i,j-1}+t_{i,j+1}+2t_{i-1,j}-4t_{i,j}=0$

2. 节点温度差分方程组的求解方法

运用有限差分方法可以建立导热物体所有内部节点和边界节点温度的差分方程。这些节点温度的差分方程都是线性代数方程。有 n 个未知的节点温度，就可以建立 n 个节点温度差分方程，构成一个线性代数方程组。求解该方程组，就可以求得节点温度的数值。

有关线性代数方程组的求解方法(如消元法、矩阵求逆法、迭代法等)在线性代数、计算方法等教科书中已有详细论述，不属于本书的基本内容，这里仅简单介绍在导热的数值计算中常用的迭代法。

(1) 简单迭代法

设节点温度差分方程的形式为

$$\begin{cases} a_{11}t_1+a_{12}t_2+\cdots+a_{1j}t_j+\cdots+a_{1n}t_n=b_1 \\ a_{21}t_1+a_{22}t_2+\cdots+a_{2j}t_j+\cdots+a_{2n}t_n=b_2 \\ \cdots\cdots\cdots\cdots \\ a_{n1}t_1+a_{n2}t_2+\cdots+a_{nj}t_j+\cdots+a_{nn}t_n=b_n \end{cases}$$

其中 a_{ij}、b_i 为常数，且 $a_{ii}\neq 0$。

将该方程组改写为 $t_1,t_2,\cdots,t_n$ 的显函数的形式：

$$\begin{cases} t_1=\dfrac{1}{a_{11}}(b_1-a_{12}t_2-\cdots-a_{1j}t_j-\cdots-a_{1n}t_n) \\ t_2=\dfrac{1}{a_{22}}(b_2-a_{21}t_1-\cdots-a_{2j}t_j-\cdots-a_{2n}t_n) \\ \cdots\cdots\cdots\cdots \\ t_n=\dfrac{1}{a_{nn}}(b_n-a_{n1}t_1-\cdots-a_{nj}t_j-\cdots-a_{n(n-1)}t_{n-1}) \end{cases}$$

先合理地假设一组节点温度的初始值 $t_1^0,t_2^0,\cdots,t_n^0$，代入上述方程组，求得

一组节点温度值 $t_1^1, t_2^1, \cdots, t_n^1$；再将 $t_1^1, t_2^1, \cdots, t_n^1$ 代入上述方程组，又求得一组新的节点温度值 $t_1^2, t_2^2, \cdots, t_n^2$。以此类推，每次都将新求得的节点温度值代回方程组，求得一组更新的节点温度值。其中节点温度的上角标表示迭代次数，例如，经 k 次迭代得到的节点 i 的温度表示为 t_i^k。将这种迭代运算反复进行，直至前后相邻两组对应节点温度值间的最大偏差小于预先规定的允许偏差 ε 为止，即

$$\max|t_i^k - t_i^{k-1}| < \varepsilon \quad 或 \quad \max\left|\frac{t_i^k - t_i^{k-1}}{t_i^k}\right| < \varepsilon$$

这时认为迭代运算已经收敛。

(2) 高斯-塞德尔迭代法

高斯-塞德尔迭代法是在简单迭代法的基础上加以改进的迭代运算方法。它与简单迭代法的主要区别是，在迭代运算过程中总使用最新算出的数据。例如，在假设一组节点温度的初始值 $t_1^0, t_2^0, \cdots, t_n^0$ 后代入方程组进行第一次迭代运算时，由第一个方程求出了节点温度 t_1^1，于是在用第二个方程计算节点温度 t_2^1 时，直接将 t_1^1（而不是 t_1^0）代入方程；在用第三个方程计算节点温度 t_3^1 时，直接利用 t_1^1、t_2^1。依此类推，如下式：

$$\begin{cases} t_1^1 = \dfrac{1}{a_{11}}(b_1 - a_{12}t_2^0 - \cdots - a_{1j}t_j^0 - \cdots - a_{1n}t_n^0) \\ t_2^1 = \dfrac{1}{a_{22}}(b_2 - a_{21}t_1^1 - \cdots - a_{2j}t_j^0 - \cdots - a_{2n}t_n^0) \\ \cdots\cdots\cdots\cdots \\ t_n^1 = \dfrac{1}{a_{nn}}(b_n - a_{n1}t_1^1 - \cdots - a_{nj}t_j^1 - \cdots - a_{n(n-1)}t_{n-i}^1) \end{cases}$$

高斯-塞德尔迭代法比简单迭代法收敛速度快。

3. 非稳态导热问题的数值解法

非稳态导热问题的数值解法与稳态导热的主要区别在于以下四点：

1）非稳态导热问题的控制方程比稳态导热多了非稳态项，因此单值性条件中增加了初始条件。

2）除了与稳态导热问题一样需要对空间域进行离散外，还需要对时间域进行离散。

3）在利用热平衡法导出节点温度方程时需要考虑控制容积的热力学能随时间的变化。

4）由于时间和空间同时离散，会带来节点温度方程求解的稳定性问题，有些情况下空间步长和时间步长不能任意选择。

下面以第三类边界条件下无内热源的无限大平壁的一维非稳态导热问题为例，说明非稳态导热问题的数值求解方法。

(1) 求解域的离散

如图 9-41 所示，横坐标表示空间，纵坐标表示时间。将空间域($0\sim\delta$)划分为 n 小段，步长为 Δx，得到 $0,1,2,\cdots,i,\cdots,n$ 共 $n+1$ 个空间节点；将时间域($0\sim\tau$)划分为 m 个时间间隔，步长为 $\Delta\tau$，得到 $0,1,2,\cdots,k,\cdots,m$ 共 $m+1$ 个时间节点。分格线的交点(i,k)代表空间-时间域中的位置，t_i^k 表示空间节点 i 在 $k\Delta\tau$ 时刻（简称 k 时刻）的节点温度。

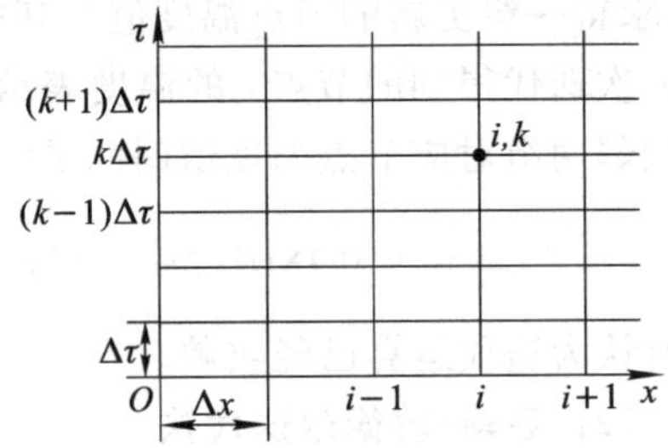

图 9-41　一维非稳态导热空间域和时间域的离散

空间和时间步长的大小要看问题的具体情况而定，有时不能任意选择，需要考虑节点温度方程求解的稳定性问题。这种情况将在下面进行讨论。

(2) 节点温度差分方程的建立

与稳态导热一样，运用热平衡法可以建立非稳态导热物体内部节点和边界节点温度的差分方程。

1) 内部节点温度差分方程

如图 9-42 所示，对于常物性、无内热源的无限大平壁的一维非稳态导热问题，内部节点 i 所代表的控制容积（图中阴影部分）的热平衡可表述为：在 k 时刻，单位时间内从相邻控制容积 $i-1$ 与 $i+1$ 分别导入的热流量 Φ'_λ 与 Φ''_λ 之和等于该控制容积热力学能的增加 $\mathrm{d}U$，即

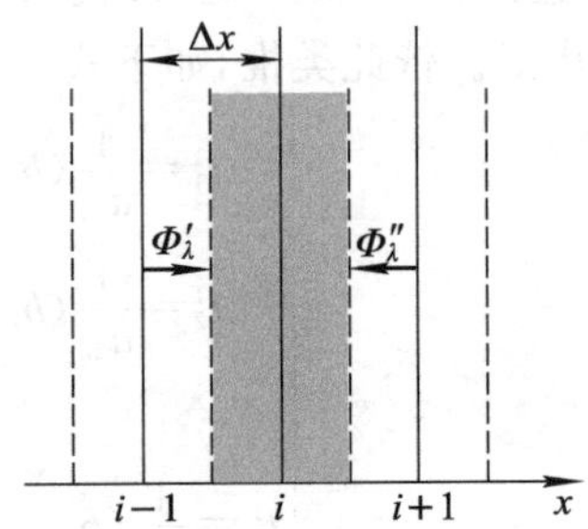

图 9-42　一维非稳态导热内部节点温度差分方程的建立

$$\Phi'_\lambda+\Phi''_\lambda=\mathrm{d}U \tag{a}$$

如果节点 i 的温度对时间的变化率采用**向前差分**，则热平衡方程式(a)可写成

$$A\lambda\frac{t_{i-1}^k-t_i^k}{\Delta x}+A\lambda\frac{t_{i+1}^k-t_i^k}{\Delta x}=A\Delta x\rho c\frac{t_i^{k+1}-t_i^k}{\Delta\tau} \tag{b}$$

上式可整理成

$$\frac{t_i^{k+1}-t_i^k}{\Delta\tau}=a\frac{t_{i-1}^k+t_{i+1}^k-2t_i^k}{(\Delta x)^2} \tag{c}$$

移项后变为

$$t_i^{k+1}-t_i^k=\frac{a\Delta\tau}{(\Delta x)^2}(t_{i-1}^k+t_{i+1}^k-2t_i^k) \tag{d}$$

令 $Fo_\Delta=\dfrac{a\Delta\tau}{\Delta x^2}$，$Fo_\Delta$ 称为**网格傅里叶数**。上式可整理成以下显函数的形式：

$$t_i^{k+1}=Fo_\Delta(t_{i-1}^k+t_{i+1}^k)+(1-2Fo_\Delta)t_i^k \tag{9-80}$$

该式称为一维非稳态导热内部节点温度方程的**显式差分格式**。由此式可以得出两点结论：

(a) 任意一个内部节点在某一时刻的节点温度，可以由该节点及其相邻节点在前一时刻的节点温度由上式直接求出，不必联立求解方程组，这是显式差分格式的优点。这样就可以从初始温度出发依次求出 $\Delta\tau,2\Delta\tau,\cdots,k\Delta\tau,\cdots$ 各时刻的节点温度。

(b) 式(9-80)中 t_i^k 前面的系数不能为负数，必须

$$1-2Fo_\Delta\geqslant 0$$

即

$$Fo_\Delta\leqslant\frac{1}{2} \tag{9-81}$$

上式称为一维非稳态导热物体内部节点温度方程**显式差分格式的稳定性条件**。其物理意义可以这样理解：任何一个内部节点在 $k+1$ 时刻的节点温度都取决于该节点及其周围相邻节点在 k 时刻的温度。当周围相邻节点在 k 时刻的温度确定时，该节点在 k 时刻的温度愈高，则它在 $k+1$ 时刻的温度也就愈高，因此式中 t_i^k 前面的系数不能为负数，即必须满足式(9-81)表示的稳定性条件。

稳定性条件说明，一旦空间步长 Δx 或时间步长 $\Delta\tau$ 的数值确定之后，另一个步长的数值就不能任意选择，必须满足稳定性条件。

对于常物性、无内热源的二维非稳态导热问题，若取 $\Delta x=\Delta y$，运用热平衡方法同样可以推导出内部节点温度的显式差分方程格式：

$$t_{i,j}^{k+1}=Fo_\Delta(t_{i-1,j}^k+t_{i+1,j}^k+t_{i,j-1}^k+t_{i,j+1}^k)+(1-4Fo_\Delta)t_{i,j}^k \tag{9-82}$$

稳定性条件为

$$1-4Fo_\Delta\geqslant 0 \text{ 即 } Fo_\Delta\leqslant\frac{1}{4} \tag{9-83}$$

2) 边界节点温度差分方程

以第三类边界条件下无限大平壁的一维非稳态导热为例，如图 9-43 所示。边界节点 0 所代表的控制容积(图中阴影部分)的热平衡可表述为：在 k 时刻，单位时间内从相邻控制容积 1 导入的热流量 Φ_λ 与从流体以对流换热的方式传入的热流量 Φ_h 之和，等于该控制容积热力学能的增加 dU，即

$$\Phi_\lambda+\Phi_h=dU \tag{a}$$

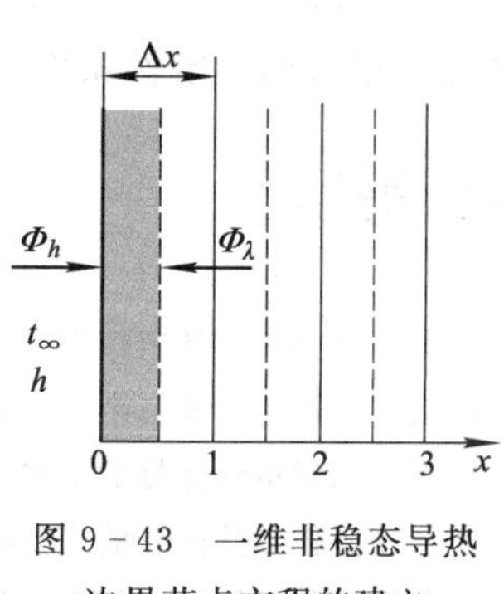

图 9-43　一维非稳态导热边界节点方程的建立

如果边界节点 0 的温度对时间的变化率采用向

前差分，则热平衡方程式(a)可写成

$$A\lambda\frac{t_1^k-t_0^k}{\Delta x}+Ah(t_\infty^k-t_0^k)=A\frac{\Delta x}{2}\rho c\frac{t_0^{k+1}-t_0^k}{\Delta\tau} \tag{b}$$

上式经过整理，并引入网格毕渥数 Bi_Δ 和网格傅里叶数 Fo_Δ，可写成显函数的形式：

$$t_0^{k+1}=2Fo_\Delta(t_1^k+Bi_\Delta t_\infty^k)+(1-2Bi_\Delta Fo_\Delta-2Fo_\Delta)t_0^k \tag{9-84}$$

该式为第三类边界条件下一维非稳态导热物体边界节点温度方程的显式差分格式。同内部节点温度方程的显式差分格式的道理一样，上式必须满足解的稳定性条件，t_0^k 的系数不能为负数，即

$$1-2Bi_\Delta Fo_\Delta-2Fo_\Delta\geqslant 0$$

或写成

$$Fo_\Delta\leqslant\frac{1}{2Bi_\Delta+2} \tag{9-85}$$

因为 $Bi_\Delta>0$，所以只要满足上式，自然满足内部节点温度方程显式差分格式的稳定性条件 $Fo_\Delta\leqslant\frac{1}{2}$。因此，式(9-85)是第三类边界条件下一维非稳态导热节点温度方程显式差分格式的稳定性条件。

对于第三类边界条件下的二维非稳态导热，用热平衡法同样可以导出边界节点温度差分方程。如果采用图9-38所示的均分网格，$\Delta x=\Delta y$，可得出下面的显式差分格式：

$$t_i^{k+1}=Fo_\Delta(2t_{i-1,j}^k+t_{i,j-1}^k+t_{i,j+1}^k+2Bi_\Delta t_\infty^k)+(1-2Bi_\Delta Fo_\Delta-4Fo_\Delta)t_{i,j}^k \tag{9-86}$$

其稳定性条件为

$$Fo_\Delta\leqslant\frac{1}{2Bi_\Delta+4} \tag{9-87}$$

只要满足上式，自然也满足内部节点温度方程显式差分格式的稳定性条件，即式(9-83)。因此，式(9-86)是第三类边界条件下二维非稳态导热节点温度方程显式差分格式的稳定性条件。

思考题

1. 写出导热傅里叶定律表达式的一般形式，说明其适用条件及式中各符号的物理意义。
2. 写出直角坐标系三个坐标方向上的傅里叶定律表达式。
3. 为什么导电性能好的金属导热性能也好？
4. 一个具体导热问题的完整数学描述应包括哪些方面？
5. 何谓导热问题的单值性条件？它包含哪些内容？

6. 试说明在什么条件下平板和圆筒壁的导热可以按一维导热处理。

7. 试用传热学观点说明为什么冰箱要定期除霜。

8. 为什么有些物体要加装肋片？加肋一定会使传热量增加吗？

9. 试说明影响肋片效率的主要因素。

10. 什么是接触热阻？接触热阻的主要影响因素有哪些？

11. 什么是非稳态导热的正规状况阶段？有什么特点？

12. 写出傅里叶数 Fo 及毕渥数 Bi 的表达式，并说明它们的物理意义。

13. 试以第三类边界条件下无限大平板的非稳态导热为例，说明傅里叶数 Fo 及毕渥数 Bi 对平板内温度分布的影响。

14. 什么是非稳态导热的集总参数法？其使用条件是什么？

15. 简要说明数值计算导热问题的有限差分法的基本思想与步骤。

16. 是否差分网格划分得越密越好？为什么？

习　题

9－1　一冷库的墙由内向外由钢板、矿渣棉和石棉板3层材料构成，各层的厚度分别为0.8 mm、150 mm和10 mm，热导率分别为45 W/(m·K)、0.07 W/(m·K)和0.1 W/(m·K)。冷库内、外气温分别为－2 ℃和30 ℃，冷库内、外壁面的表面传热系数分别为2 W/(m^2·K)和3 W/(m^2·K)。为了维持冷库内温度恒定，试确定制冷设备每小时需要从冷库内取走的热量。

9－2　炉墙由一层耐火砖和一层红砖构成，厚度都为250 mm，热导率分别为0.6 W/(m·K)和0.4 W/(m·K)，炉墙内、外壁面温度分别维持700 ℃和80 ℃不变。试求通过炉墙的热流密度；如果用热导率为0.076 W/(m·K)的珍珠岩混凝土保温层代替红砖层，并保持通过炉墙的热流密度及其他条件不变，试确定该保温层的厚度。

9－3　有一炉墙，厚度为20 cm，墙体材料的热导率为1.3 W/(m·K)，为使散热损失不超过1 500 W/m^2，紧贴墙外壁面加一层热导率为0.1 W/(m·K)的保温层。已知复合墙壁内、外两侧壁面温度分别为800 ℃和50 ℃，试确定保温层的厚度。

9－4　图9－44为比较法测量材料热导率装置的示意图。标准试件的厚度 δ_1＝15 mm，热导率 λ_1＝0.15 W/(m·K)；待测试件的厚度 δ_2＝16 mm。试件边缘绝热良好。稳态时测得壁面温度 t_{w1}＝45 ℃、t_{w2}＝23 ℃、t_{w3}＝18 ℃。忽略试件边缘的散热损失，试求待测试件的热导率 λ_2。

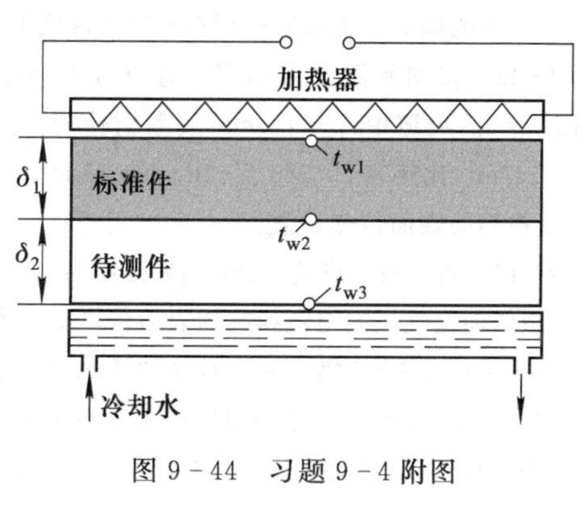

图9－44　习题9－4附图

9－5　有一3层平壁，各层材料热导率分别为常数。已测得壁面温度 t_{w1}＝600 ℃、t_{w2}＝500 ℃、t_{w3}＝250 ℃及 t_{w4}＝50 ℃，试比较各层导热热阻的大小并绘出壁内温度分布示意图。

9-6　热电厂有一外径为100 mm的过热蒸汽管道(钢管),用热导率$\lambda=0.04\ W/(m\cdot K)$的玻璃棉保温。已知钢管外壁面温度为400 ℃,要求保温层外壁面温度不超过50 ℃,并且每米长管道的散热损失要小于160 W,试确定保温层的厚度。

9-7　某过热蒸汽管道的内、外直径分别为150 mm和160 mm,管壁材料的热导率为45 W/(m·K)。管道外包两层保温材料:第一层厚度为40 mm,热导率为0.1 W/(m·K);第二层厚度为50 mm,热导率为0.16 W/(m·K)。蒸汽管道内壁面温度为400 ℃,保温层外壁面温度为50 ℃。试求:

(1) 各层导热热阻;

(2) 每米长蒸汽管道的散热损失;

(3) 各层间的接触面温度。

9-8　有一直径为d、长度为l的细长金属圆杆,其材料的热导率λ为常数,圆杆两端分别与温度为t_1和t_2的表面紧密接触,如图9-45所示。杆的侧面与周围流体进行对流换热,表面传热系数为h,流体的温度为t_f,且$t_f<t_1$及t_2。试写出圆杆内温度场的数学描述。

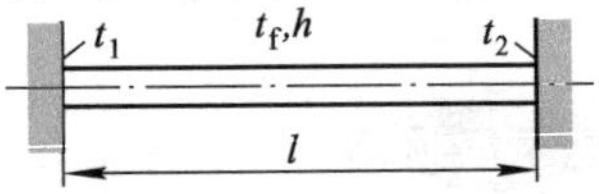

图9-45　习题9-8附图

9-9　已知习题9-8中的$d=20$ mm、$l=300$ mm、$\lambda=398\ W/(m\cdot K)$、$t_1=200$ ℃、$t_2=100$ ℃、$t_f=20$ ℃、$h=20\ W/(m^2\cdot K)$,试求每小时金属杆与周围流体间的对流换热量。

9-10　测量储气罐内空气温度的温度计套管用钢材制成,热导率$\lambda=45\ W/(m\cdot K)$,套管壁厚$\delta=1.5$ mm,长$H=120$ mm。温度计指示套管的端部温度为80 ℃,套管另一端与储气罐连接处的温度为40 ℃。已知套管与罐内空气间对流换热的表面传热系数为5 W/(m²·K),试求由于套管导热引起的测温误差。

9-11　同上题,若改用热导率$\lambda=15\ W/(m\cdot K)$、厚度为0.8 mm的不锈钢套管,其他条件不变,试求其测温误差。

9-12　热电偶的热接点可以近似地看作球形,已知其直径$d=0.5$ mm、材料的密度$\rho=8\ 500\ kg/m^3$、比热容$c=400\ J/(kg\cdot K)$。热电偶的初始温度为25 ℃,突然将其放入120 ℃的气流中,热电偶表面与气流间的表面传热系数为90 W/(m²·K),试求:

(1) 热电偶的时间常数;

(2) 热电偶的过余温度达到初始过余温度的1%时所需的时间。

9-13　将初始温度为80 ℃、直径为20 mm的紫铜棒突然横置于温度为20 ℃、流速为12 m/s的风道中冷却,5 min后紫铜棒的表面温度降为34 ℃。已知紫铜棒的密度$\rho=8\ 950\ kg/m^3$、比热容$c=380\ J/(kg\cdot K)$、热导率$\lambda=390\ W/(m\cdot K)$,试求紫铜棒表面与气体间对流换热的表面传热系数。

9-14　将一块厚度为5 cm、初始温度为250 ℃的大钢板突然放置于温度为20 ℃的气流中,钢板壁面与气流间对流换热的表面传热系数为100 W/(m²·K)。已知钢板的热导率$\lambda=47\ W/(m\cdot K)$、热扩散率$a=1.47\times10^{-5}\ m^2/s$,试求:

(1) 5 min后钢板的中心温度和距壁面1.5 cm处的温度;

(2) 钢板表面温度达到150 ℃时所需的时间。

9－15　一直径为 50 mm 的细长钢棒，在加热炉中均匀加热到温度为 400 ℃后突然取出放入温度为 30 ℃的油浴中，钢棒表面与油之间对流换热的表面传热系数为 500 $W/(m^2 \cdot K)$。已知钢棒材料的密度 ρ=8 000 kg/m^3、比热容 c=450 J/(kg·K)、热导率 λ=45 W/(m·K)，试求：

(1) 10 min 后钢棒的中心和表面温度；

(2) 钢棒中心温度达到 180 ℃时所需的时间。

9－16　如图 9－46 所示，一个横截面尺寸为 200 mm×300 mm 的二维导热物体，边界条件分别为：左边绝热；右边与接触的流体对流换热，表面传热系数 h=50 $W/(m^2 \cdot K)$，流体温度 t_f=20 ℃；上边维持均匀的温度 t_w= 400 ℃；下边被常热流加热，热流密度 q_w=1 500 W/m^2。已知该物体的热导率为 45 W/(m·K)。采用均匀网格，$\Delta x=\Delta y$=50 mm，试用数值方法计算该物体的温度分布。

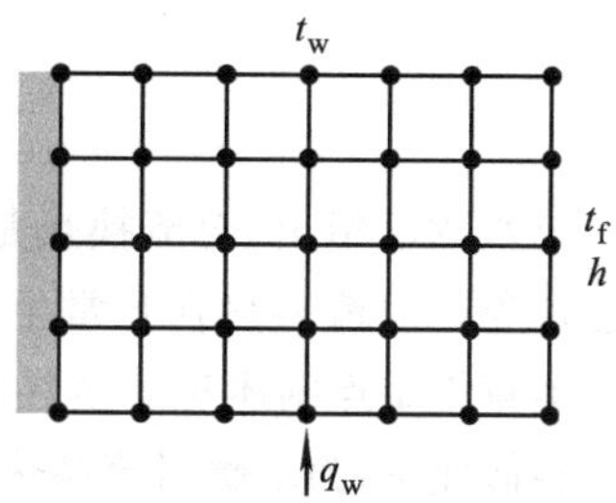

图 9－46　习题 9－16 附图

9－17　一块厚度为 200 mm 的大平壁，初始温度为 30 ℃，突然一侧壁面以每小时温升 5 ℃的规律加热，另一侧壁面绝热。已知平壁的热扩散率为 1.2×10^{-5} m^2/s，试计算平壁的非稳态导热进入正规状况阶段时平壁内的温度分布。

第十章

对 流 换 热

第八章已指出，对流换热是指流体流经固体时流体与固体表面之间的热量传递现象。对流换热在日常生活和工业上的应用极为广泛。

本章将重点阐述对流换热的基本概念、影响因素、数学描述方法及边界层理论和相似理论，为求解对流换热问题奠定必要的理论基础，并讨论一些工业和日常生活中常见的单相流体强迫对流换热、自然对流换热的特点和计算方法。对有相变的凝结和沸腾换热的特点和影响因素以及热管的工作原理，本章只作简要介绍。

10－1 概 述

1. 牛顿冷却公式

对于流体流经固体表面时的对流换热(图 10－1)，对流换热量可以用牛顿冷却公式来计算，形式如下：

$$\Phi = Ah(t_w - t_f) \qquad (10-1)$$

$$q = h(t_w - t_f) \qquad (10-2)$$

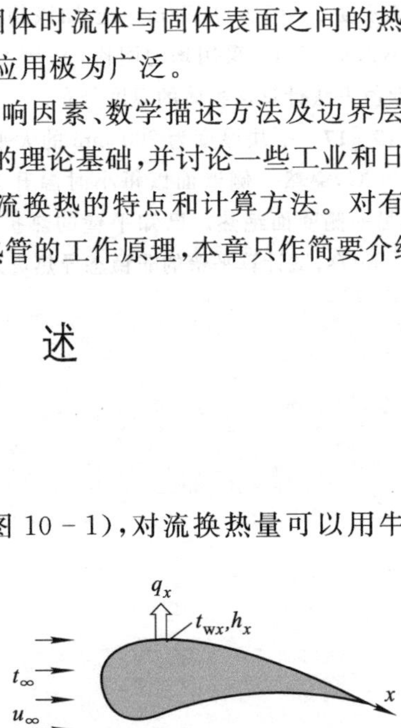

图 10－1 对流换热示意图

式中：h 为整个固体表面的**平均表面传热系数**；t_w 为固体表面的平均温度；t_f 为流体温度。对于外部绕流(如流体掠过平板、圆管等)，t_f 取流体的主流温度，即远离壁面的流体温度 t_∞；对于内部流动(如各种形状槽道内的流动)t_f 取流体的平均温度。

由于沿固体表面换热条件(如固体表面的几何条件、表面温度以及流体的流动状态等)的变化，使**局部表面传热系数** h_x、局部温差 $(t_w - t_f)_x$ 以及局部热流密度 q_x 都会沿固体表面发生变化。对于局部对流换热，牛顿冷却公式可表示为

$$q_x = h_x(t_w - t_f)_x \qquad (10-3)$$

于是，整个固体表面面积 A 上的总对流换热量可写成

$$\Phi = \int_A q_x \mathrm{d}A = \int_A h_x (t_w - t_f)_x \mathrm{d}A$$

如果固体表面温度均匀(等壁温边界),壁面各处与流体之间的温差都相同,即$(t_w - t_f)_x = t_w - t_f =$常数,则上式变为

$$\Phi = (t_w - t_f)\int_A h_x \mathrm{d}A$$

将该式与式(10-1)比较,可以得出固体表面温度均匀条件下平均表面传热系数h与局部表面传热系数h_x之间的关系式为

$$h = \frac{1}{A}\int_A h_x \mathrm{d}A \tag{10-4}$$

牛顿冷却公式描述了对流换热量与表面传热系数及温差之间的关系,是表面传热系数的定义式,形式虽然简单,但难点都集中在表面传热系数的确定上。如何确定表面传热系数的大小是对流换热的核心问题,也是本章所要讨论的主要内容。

2. 对流换热的影响因素

第八章已指出,对流换热是流体的导热和热对流两种基本传热方式共同作用的结果。因此,凡是影响流体导热和热对流的因素都将对对流换热产生影响,归纳起来,主要有以下五个方面:

(1) 流动的起因

由于流动起因不同,使流体内的速度分布、温度分布不同,对流换热的规律也不相同。根据流动的起因,对流换热主要分为强迫对流换热与自然对流换热两大类。

1) 强迫对流

强迫对流是指流体在风机、水泵或其他外部动力作用下产生的流动。

2) 自然对流

自然对流指流体在不均匀的体积力(重力、离心力及电磁力等)的作用下产生的流动。本书只涉及日常生活中最常见的在重力场作用下产生的自然对流。由于流体的密度是温度的函数,流体内部温度场不均匀会导致密度场的不均匀,在重力的作用下就会产生浮升力而促使流体发生流动,室内暖气片周围空气的流动就是这种自然对流最典型的实例。

一般地说,自然对流的流速较低,因此自然对流换热通常要比强迫对流换热弱,表面传热系数要小。例如,气体的自然对流换热表面传热系数在1~10 W/(m^2·K)范围内,而气体的强迫对流换热表面传热系数通常在10~100 W/(m^2·K)范围内。

(2) 流动的状态

由流体力学已知,流体的流动有**层流**和**湍流**两种流态。层流时流速缓慢,流体将分层地沿平行于壁面的方向流动,宏观上层与层之间互不混合,因此垂直于流动方向上的热量传递主要靠分子扩散(即导热)。湍流时,流体内存在强烈的

脉动和漩涡,使各部分流体之间迅速混合。流体湍流时的热量传递除了分子扩散之外,主要靠流体宏观的湍流脉动,因此湍流对流换热要比层流对流换热强烈,表面传热系数大。

(3) 流体有无相变

有时,在对流换热过程中流体会发生相变,如液体在对流换热过程中被加热而沸腾,由液态变为气态;蒸气在对流换热过程中被冷却而凝结,由气态变为液态。由于流体在沸腾和凝结换热过程中吸收或者放出汽化潜热(相变热),沸腾时流体还受到气泡的强烈扰动,所以流体发生相变时的对流换热规律以及换热强度和单相流体不同。

(4) 流体的物理性质

流体的物理性质(简称物性)对对流换热影响很大。由于对流换热是导热和对流两种基本传热方式共同作用的结果,所以对导热和对流产生影响的物性都将影响对流换热。在对流换热分析中所涉及的主要物性参数有:

1) 热导率 λ,单位为 $W/(m \cdot K)$。

2) 密度 ρ,单位为 kg/m^3。

3) 比热容 c,单位为 $J/(kg \cdot K)$。

4) 动力粘度 η,单位为 $Pa \cdot s\left(\text{或运动粘度 } \nu=\frac{\eta}{\rho}, m^2/s\right)$。

5) 体胀系数 α_V,单位为 K^{-1}。其定义式为

$$\alpha_V=\frac{1}{v}\left(\frac{\partial v}{\partial t}\right)_p=-\frac{1}{\rho}\left(\frac{\partial \rho}{\partial t}\right)_p$$

对于理想气体,$pv=RT$,代入上式可得 $\alpha_V=1/T$。

流体的热导率 λ 愈大,流体导热热阻愈小,对流换热愈强烈。ρc 反映单位体积流体热容量的大小,其数值愈大,通过对流所转移的热量愈多,对流换热愈强烈。从流体力学已知,流体的粘度影响速度分布与流态(层流还是湍流),因此对对流换热产生影响。体胀系数 α_V 影响重力场中的流体因密度差而产生的浮升力的大小,因此影响自然对流换热。

流体的物性参数随流体的种类、温度和压力而变化。对于同一种不可压缩牛顿流体,其物性参数的数值主要随温度变化。在分析计算对流换热时,用来确定物性参数数值的温度称为**定性温度**。定性温度的取法取决于对流换热的类型,常用的定性温度有:流体的平均温度 t_f、壁面温度 t_w 以及流体与壁面的算术平均温度 $\frac{1}{2}(t_w+t_\infty)$。

(5) 换热表面的几何因素

图 10-2 描绘了几种几何条件下的流动。换热表面的几何形状、尺寸、相对

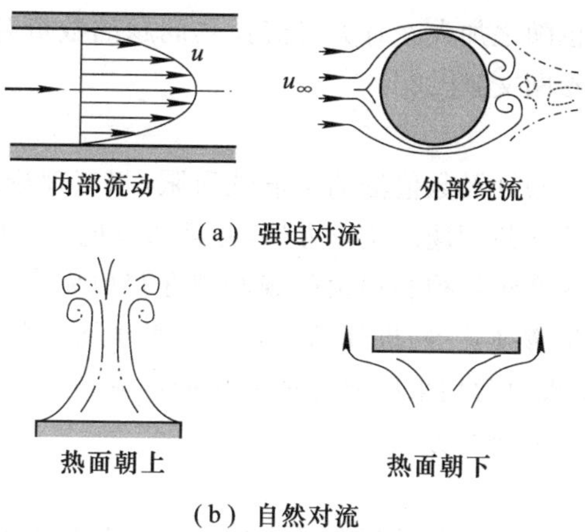

图 10-2 影响对流换热的几何因素示意图

位置以及表面粗糙度等几何因素将影响流体的流动状态，因此影响流体的速度分布和温度分布，对对流换热产生显著影响。本章将对不同几何条件下的对流换热分别进行讨论。

综上所述，影响对流换热的因素有很多，表面传热系数是很多变量的函数，一般函数关系式可表示为

$$h=f(u,t_{\mathrm{w}},t_{\mathrm{f}},\lambda,\rho,c,\eta,\alpha,l,\psi)$$

式中：l 为换热表面的**特征长度**，习惯上称为**定型尺寸**，通常是指对换热影响最大的尺寸，如管内流动时的管内径、横向外掠圆管时的圆管外径等；ψ 为换热表面的几何因素，如形状、相对位置等。

3. 对流换热的主要研究方法

研究对流换热的主要目的之一就是确定不同换热条件下表面传热系数的具体表达式，主要方法有四种：

（1）分析法

所谓分析解法，就是用数学分析的方法求解描写对流换热的微分方程或积分方程及其单值性条件。因此，根据对流换热的物理模型建立描写对流换热的数学模型是分析法的必要条件。尽管目前分析法只能求解简单的对流换热问题，但因其求解过程所依据的数学分析基础比较严谨，物理概念和逻辑推理比较清晰，求解结果以函数的形式表示，能清楚地显示各种因素对对流换热的影响，仍然是对流换热的基础内容。所以本章重点论述对流换热的数学描述方法和边界层理论，并简要介绍简单对流换热问题的分析结果。

（2）数值法

与导热问题的数值解法相比，由于对流换热控制方程的复杂性，使其数值解

法的难度和复杂性也随之加大。有关对流换热问题的数值解法本书不作介绍，感兴趣的读者可以参阅文献[22]。

(3) 实验法

由于分析法的局限性及数值法的可靠性所限，相似理论指导下的实验研究仍然是解决复杂对流换热问题的主要方法，并且随着现代测量技术的进步，以前无法进行的对流换热微细结构和现象的观测现在得以实现，对尚未解决的对流换热（如湍流换热、沸腾换热等）机理的探索发挥着关键性的作用。由于测量精确度的提高，实验结果也常用来检验其他方法的准确性。本章将重点介绍相似原理及其指导下的实验研究方法。

(4) 比拟法

所谓比拟法就是利用热量传递与动量传递在机理上的共性建立起表面传热系数与摩擦系数之间的比拟关系式，由比较容易进行的流体流动实验获得的摩擦系数数据求出对流换热表面传热系数。比拟法曾广泛用于求解湍流对流换热问题，但近些年来由于实验法和数值解法的发展而很少被应用。因为了解比拟法对掌握对流换热的基本原理很有帮助，所以本章对此加以简要介绍。

目前，理论分析、数值计算和实验研究相结合是科技工作者广泛采用的解决复杂对流换热问题的主要研究方式。

10-2 对流换热的数学描述

建立描写对流换热的数学模型（对流换热微分方程组及其单值性条件）是求解对流换热问题的基础。

1. 对流换热微分方程组及其单值性条件

(1) 对流换热微分方程

为简化分析，做下列假设：

(a) 流体为连续性介质。当流体的分子平均自由行程$\bar{l}$与换热固体壁面的特征长度 l 相比非常小，一般**克努森数** $Kn=\bar{l}/l\leqslant 10^{-3}$时，流体可近似为连续性介质。

(b) 流体的物性参数为常数，不随温度变化。

(c) 流体为不可压缩性流体。流体能否被看作不可压缩性流体，主要取决于流动过程中流体被压缩到什么程度，通常流速低于四分之一声速的流体都可以近似为不可压缩性流体。

(d) 流体为牛顿流体，即切（向）应力与应变之间的关系为线性，遵循牛顿公式 $\tau=\eta\dfrac{\partial u}{\partial y}$。

(e) 流体无内热源,忽略粘性耗散产生的耗散热。

(f) 二维对流换热,例如流体横向流过垂直于纸面方向无限长的平板或柱体,如图 10-3 所示。在直角坐标系中,取边长为 Δx、Δy 和 $\Delta z=1$ 的微元体为研究对象。

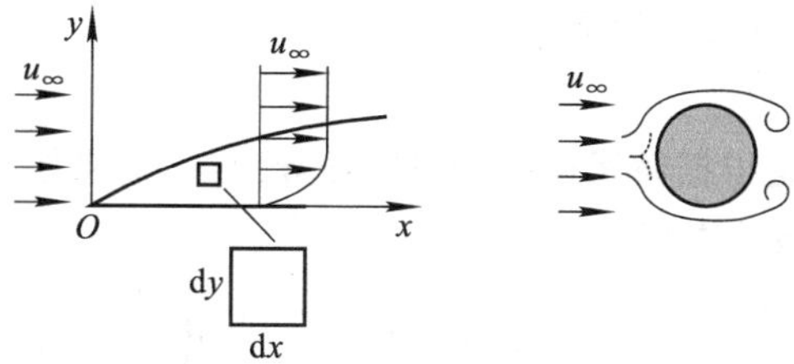

图 10-3 二维对流换热

当流体流过固体壁面时,在流体为连续性介质的假设条件下,由于粘性力的作用,紧靠壁面处的流体是静止的,无滑移流动,速度为零,因此紧靠壁面处的热量传递只能靠导热。根据导热傅里叶定律,固体壁面 x 处的局部热流密度为

$$q_x=-\lambda\frac{\partial t}{\partial y}\bigg|_{y=0,x}$$

式中,λ 为流体的热导率。按照牛顿冷却公式:

$$q_x=h_x(t_w-t_\infty)_x$$

联立上面两式,可求得局部表面传热系数

$$h_x=-\frac{\lambda}{(t_w-t_\infty)_x}\frac{\partial t}{\partial y}\bigg|_{y=0,x}$$

该式建立了表面传热系数与温度场之间的关系。式中:t_w 为固体壁面的温度,在流体为连续性介质的假设条件下,t_w 也是紧靠壁面处流体的温度;$\frac{\partial t}{\partial y}\Big|_{y=0,x}$ 为壁面 x 处 y 方向的流体温度梯度。

如果热流密度、表面传热系数、温度梯度及温差都取整个壁面的平均值,则上式可写成

$$h=-\frac{\lambda}{t_w-t_\infty}\frac{\partial t}{\partial y}\bigg|_{y=0} \tag{10-5}$$

由上式可知,要想求得表面传热系数,首先必须求出流体的温度场。而流体的温度场和速度场密切相关。由流体力学可知,流体的速度场是由连续性微分方程和动量微分方程来描写的,而温度场和速度场之间的关系将由能量微分方程描写。因此,描写对流换热的微分方程有连续性微分方程、动量微分方程和能量微分方程。因为流体力学中已有连续性微分方程、动量微分方程的详尽推导,这里不再重复,只给出推导结果。下面将重点介绍能量微分方程式的推导。

1) 连续性微分方程

连续性微分方程是根据微元体的质量守恒导出的，形式为

$$\frac{\partial u}{\partial x}+\frac{\partial v}{\partial y}=0 \tag{10-6}$$

式中，u、v 分别是 x、y 方向的速度。

2) 动量微分方程

动量微分方程是根据微元体的动量守恒导出的，结果如下：

x 方向的动量微分方程为

$$\rho\left(\frac{\partial u}{\partial \tau}+u\frac{\partial u}{\partial x}+v\frac{\partial u}{\partial y}\right)=F_x-\frac{\partial p}{\partial x}+\eta\left(\frac{\partial^2 u}{\partial x^2}+\frac{\partial^2 u}{\partial y^2}\right) \tag{10-7}$$

或表示为

$$\rho\frac{\mathrm{D}u}{\mathrm{d}\tau}=F_x-\frac{\partial p}{\partial x}+\eta\nabla^2 u \tag{10-7a}$$

y 方向动量微分方程为

$$\rho\left(\frac{\partial v}{\partial \tau}+u\frac{\partial v}{\partial x}+v\frac{\partial v}{\partial y}\right)=F_y-\frac{\partial p}{\partial y}+\eta\left(\frac{\partial^2 v}{\partial x^2}+\frac{\partial^2 v}{\partial y^2}\right) \tag{10-8}$$

或表示为

$$\rho\frac{\mathrm{D}v}{\mathrm{d}\tau}=F_y-\frac{\partial p}{\partial y}+\eta\nabla^2 v \tag{10-8a}$$

动量微分方程式表示微元体动量的变化等于作用在微元体上的外力之和。方程式等号左边表示动量的变化，也称为**惯性力项**；等号右边第一项是**体积力**(重力、离心力、电磁力等)**项**，第二项为**压力梯度项**，第三项为**粘性力项**。式(10－7)、(10－8)也称为**纳维**(N. Navier)－**斯托克斯**(G. G. Stokes)**方程**。

3) 能量微分方程

能量微分方程是根据微元体的能量守恒导出的。在上述假设条件下，如果不考虑位能和动能的变化，则微元体的能量守恒可表述为：单位时间内，由导热进入微元体的净热量 Φ_λ 和由对流进入微元体的净热量 Φ_h 之和等于微元体热力学能的增加 $\mathrm{d}U/\mathrm{d}\tau$，即

$$\Phi_\lambda+\Phi_h=\frac{\mathrm{d}U}{\mathrm{d}\tau} \tag{a}$$

单位时间内由导热进入微元体的净热量 Φ_λ 已在导热微分方程的推导中得出，即

$$\Phi_\lambda=\lambda\left(\frac{\partial^2 t}{\partial x^2}+\frac{\partial^2 t}{\partial y^2}\right)\mathrm{d}x\mathrm{d}y \tag{b}$$

单位时间内，由对流进入微元体的净热量 Φ_h 等于从 x 方向净进入微元体的质量所携带的能量 $\Phi_{h,x}$ 与从 y 方向净进入微元体的质量所携带的能量 $\Phi_{h,y}$ 之和，即

$$\Phi_h = \Phi_{h,x} + \Phi_{h,y} \tag{c}$$

参考图 10－4，单位时间从 x 方向净进入微元体的质量所携带的能量为

$$\begin{aligned}\Phi_{h,x} &= \Phi_{h,x} - \Phi_{h,x+\mathrm{d}x} = -\frac{\partial \Phi_{h,x}}{\partial x}\mathrm{d}x = -\frac{\partial(\rho c_p u t \mathrm{d}y)}{\partial x}\mathrm{d}x \\ &= -\rho c_p \frac{\partial(ut)}{\partial x}\mathrm{d}x\mathrm{d}y\end{aligned} \tag{d}$$

同理，从 y 方向净进入微元体的质量所携带的能量为

$$\Phi_{h,y} = -\rho c_p \frac{\partial(vt)}{\partial y}\mathrm{d}x\mathrm{d}y \tag{e}$$

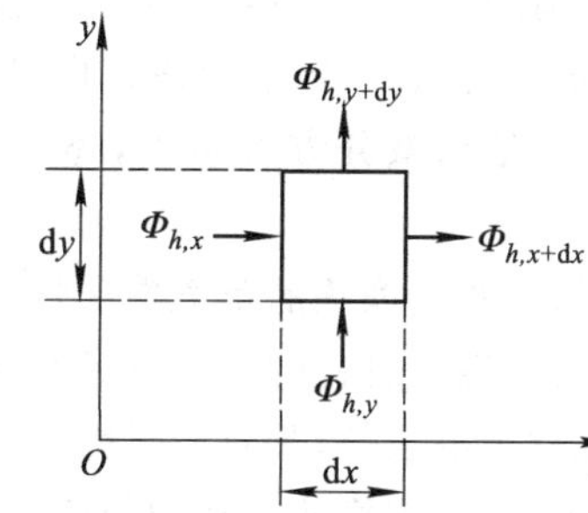

图 10－4 由对流进出微元体的能量

将式(d)、(e)代入式(c)，可得单位时间内对流进入微元体的净热量为

$$\Phi_h = -\rho c_p \left[\frac{\partial(ut)}{\partial x} + \frac{\partial(vt)}{\partial y}\right]\mathrm{d}x\mathrm{d}y \tag{f}$$

单位时间内微元体热力学能的增加为

$$\frac{\mathrm{d}U}{\mathrm{d}\tau} = \rho c_p \frac{\partial t}{\partial \tau}\mathrm{d}x\mathrm{d}y \tag{g}$$

将式(b)、(f)、(g)代入能量守恒表达式(a)，得

$$\lambda\left(\frac{\partial^2 t}{\partial x^2} + \frac{\partial^2 t}{\partial y^2}\right)\mathrm{d}x\mathrm{d}y - \rho c_p\left[\frac{\partial(ut)}{\partial x} + \frac{\partial(vt)}{\partial y}\right]\mathrm{d}x\mathrm{d}y = \rho c_p \frac{\partial t}{\partial \tau}\mathrm{d}x\mathrm{d}y$$

消去 $\mathrm{d}x\mathrm{d}y$，上式可整理成

$$\rho c_p\left[\frac{\partial t}{\partial \tau} + u\frac{\partial t}{\partial x} + v\frac{\partial t}{\partial y} + t\left(\frac{\partial u}{\partial x} + \frac{\partial v}{\partial y}\right)\right] = \lambda\left(\frac{\partial^2 t}{\partial x^2} + \frac{\partial^2 t}{\partial y^2}\right)$$

根据连续性微分方程

$$\frac{\partial u}{\partial x} + \frac{\partial v}{\partial y} = 0$$

上式可化简为

$$\rho c_p\left(\frac{\partial t}{\partial \tau} + u\frac{\partial t}{\partial x} + v\frac{\partial t}{\partial y}\right) = \lambda\left(\frac{\partial^2 t}{\partial x^2} + \frac{\partial^2 t}{\partial y^2}\right) \tag{10-9}$$

该式就是常物性、无内热源、不可压缩牛顿流体二维对流换热的能量微分方程式，也可以改写为

$$\frac{\mathrm{d}t}{\mathrm{d}\tau} = a\nabla^2 t \tag{10-9a}$$

上式对三维对流换热也是适用的。

如果流体静止，则 $u=0$、$v=0$，则能量微分方程式转化为常物性、无内热源、连续性介质的导热微分方程式：

$$\frac{\partial t}{\partial \tau} = a\nabla^2 t$$

所以说，导热微分方程式实质上就是内部无宏观运动物体的能量微分方程式。

以上连续性微分方程式(10－6)、动量微分方程式(10－7)、(10－8)和能量微分方程式(10－9)等4个微分方程组成了**对流换热微分方程组**。该方程组中含有u、v、p、t等4个未知量，所以方程组是封闭的。原则上，该方程组适用于所有满足上述假设条件的对流换热，既适用于强迫对流换热，也适用于自然对流换热；既适用于层流换热，也适用于湍流换热(湍流时，方程组中的u、v、p、t等参数都表示瞬时值)。这说明该方程组有无穷多个解。对于一个具体的对流换热过程，除了给出微分方程组外，还必须给出单值性条件，才能构成其完整的数学描述。

(2) 对流换热的单值性条件

对流换热过程的单值性条件就是使对流换热微分方程组具有唯一解的条件，也称定解条件，是对所研究的对流换热问题的所有具体特征的描述。与导热过程类似，对流换热过程的单值性条件包含以下4个方面：

1) 几何条件

说明对流换热表面的几何形状、尺寸，壁面与流体之间的相对位置，壁面的粗糙度等。

2) 物理条件

说明流体的物理性质，例如给出热物性参数(λ、ρ、c_p、a等)的数值及其变化规律等。此外，物体有无内热源以及内热源的释热规律等也属于物理条件的范畴。

一般在提出确定的对流换热问题时，几何条件和物理条件已经给定，只有这样，才能选择合适的坐标系，建立相应的对流换热微分方程。

3) 时间条件

说明对流换热过程进行的时间上的特点，例如是稳态还是非稳态。对于非稳态对流换热过程，还应该给出初始条件，即过程开始时刻的速度场与温度场。

4) 边界条件

说明所研究的对流换热在边界上的状态(如边界上的速度分布和温度分布规律)以及与周围环境之间的相互作用。常遇到的主要有两类对流换热边界条件：

第一类边界条件给出边界上的温度分布及其随时间的变化规律，即

$$t_w = f(x, y, z, \tau)$$

如果在对流换热过程中固体壁面上的温度为定值，即t_w＝常数，则称为**等壁温边界条件**。

第二类边界条件给出边界上的热流密度分布及其随时间的变化规律，即

$$q_w = f(x, y, z, \tau)$$

因为紧贴固体壁面的流体是静止的，热量传递依靠导热，根据傅里叶定律

$$-\left.\frac{\partial t}{\partial n}\right|_{w}=\frac{q_{w}}{\lambda}$$

所以第二类边界条件等于给出了边界面法线方向的流体温度变化率，但边界温度未知。如果 q_w＝常数，则称为**常热流边界条件**。

上述对流换热微分方程组和单值性条件构成了对一个具体对流换热过程的完整的数学描述。但是，由于这些微分方程的复杂性，尤其是动量微分方程的高度非线性，使方程组的分析求解非常困难。直到 1904 年，德国科学家**普朗特**(L. Prandtl)在对黏性流体的流动进行大量实验观察的基础上提出了著名的边界层概念，使微分方程组得以简化，使其分析求解成为可能。

2. 边界层理论与对流换热微分方程组的简化

(1) 边界层概念

1）流动边界层

下面以流体平行外掠平板的强迫对流换热为例，来说明流动边界层的定义、特征及其形成和发展过程。

由实验观察可知，当连续性粘性流体流过固体壁面时，由于粘性力的作用，靠壁面的一薄层流体内的速度变化最为显著，紧贴壁面（$y=0$）的流体速度为零，随着与壁面距离 y 的增加，速度越来越大，逐渐接近主流速度 u_∞，速度梯度 $\frac{\partial u}{\partial y}$越来越小，如图 10－5 所示。根据牛顿粘性应力公式 $\tau=\eta\frac{\partial u}{\partial y}$，随着与壁面距

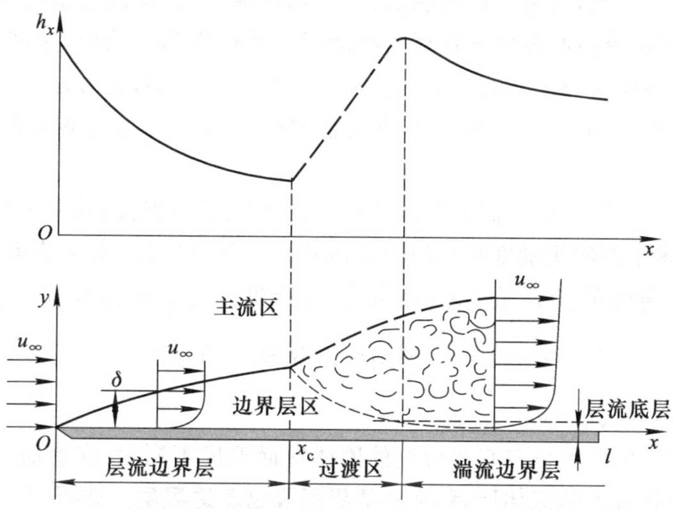

图 10－5 流体外掠平板时流动边界层的形成与发展及局部表面传热系数变化示意图

离 y 的增加，粘性力的作用也越来越小。这一速度发生明显变化的流体薄层称为**流动边界层**（或**速度边界层**）。

通常规定速度达到 $0.99\ u_\infty$ 处的 y 值作为边界层的厚度，用 δ 表示。实测表明，温度为 20 ℃的空气以 $u_\infty=10$ m/s 的速度掠过平板时，离平板前沿 100 mm 处的边界层厚度只有 1.8 mm。可见，流动边界层的厚度 δ 与流动方向的平板长度 L 相比非常小，相差一个数量级以上。

由于流动边界层的存在，流场分成了两个区：**边界层区**（$0\leqslant y\leqslant\delta$）和**主流区**（$y>\delta$）。流动边界层是存在速度梯度与粘性力的作用区，也就是发生动量传递的主要区域，流体的流动由动量微分方程来描写；边界层以外的区域称为主流区，在主流区内速度梯度趋近于零，粘性力的作用忽略，流体可近似为理想流体。主流区的流动由理想流体的欧拉方程描写。

假设来流是速度均匀分布的层流，平行流过平板。在平板的前沿 $x=0$ 处，流动边界层的厚度 $\delta=0$。随着流体向前流动，由于动量的传递，壁面处粘性力的影响逐渐向流体内部发展，流动边界层越来越厚。在距平板前沿的一段距离之内（$0<x<x_c$），边界层内的流动处于层流状态，这段边界层称为**层流边界层**。随着边界层的加厚，边界层边缘处粘性力的影响逐渐减弱，惯性力的影响相对加大。当边界层达到一定厚度之后，边界层的边缘开始出现扰动，并且随着向前流动，扰动的范围越来越大，逐渐形成旺盛的湍流区（或称为**湍流核心**），边界层过渡为**湍流边界层**。在层流边界层和湍流边界层中间存在一段**过渡区**。即使在湍流边界层内，在紧靠壁面处，粘性力与惯性力相比还是占绝对的优势，仍然有一薄层流体保持层流，称之为**层流底层**（又称**粘性底层**）。层流底层内具有很大的速度梯度，而湍流核心内由于强烈的扰动混合使速度趋于均匀，速度梯度较小。层流底层和湍流核心中间有一层从层流到湍流的过渡层，通常称为**缓冲层**。这种将湍流边界层分为三层不同流动状态的模型称为湍流边界层的三层结构模型。

边界层从层流开始向湍流过渡的距离 x_c 称为**临界距离**，其大小取决于流体的物性、固体壁面的粗糙度等几何因素以及来流的稳定度，由实验确定，通常用称为**临界雷诺数**的特征数 Re_c（量纲为 1）给出。对于流体外掠平板的流动，$Re_c=\dfrac{u_\infty x_c}{\nu}=2\times10^5\sim3\times10^6$，一般情况下取 $Re_c=5\times10^5$。

2）热边界层

当温度均匀的流体与它所流过的固体壁面温度不同时，在壁面附近会形成一层温度变化较大的流体层，称为**热边界层**或**温度边界层**。如图 10-6 所示，在热边界层内，紧贴壁面的流体温度等于壁面温度 t_w，随着远离壁面，流体温度逐渐接近主流温度 t_∞。与流动边界层类似，规定流体过余温度 $t-t_w=0.99(t_\infty-$

t_w)处到壁面的距离为热边界层的厚度，用δ_t表示。所以说，热边界层就是温度梯度存在的流体层，因此也是发生热量传递的主要区域，其温度场由能量微分方程描写。热边界层之外，温度梯度忽略不计，流体温度为主流温度t_∞。

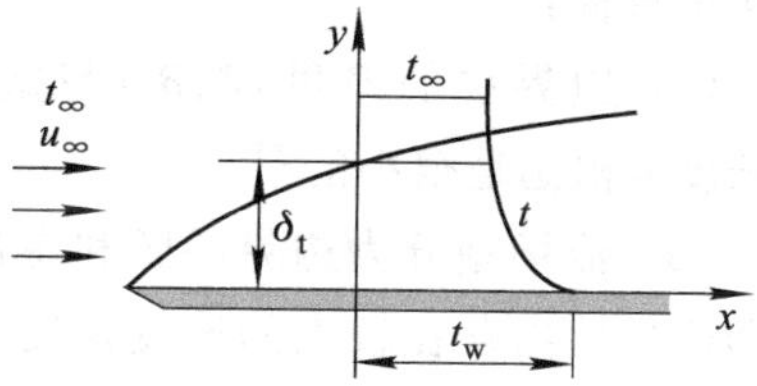

图 10－6　热边界层

前面曾指出，流体的温度场与速度场密切相关。在层流边界层内，速度梯度由大到小变化比较平缓；热边界层内温度梯度的变化也比较平缓，垂直于壁面方向上的热量传递主要依靠导热。湍流边界层内，层流底层中具有很大的速度梯度，也具有很大的温度梯度，热量传递主要靠导热；而湍流核心内由于强烈的扰动混合使速度和温度都趋于均匀，速度梯度和温度梯度都较小，热量传递主要靠对流。对于工业上和日常生活中常见流体(液态金属除外)的湍流对流换热，热阻主要在层流底层。

图 10－5 中所示的局部表面传热系数的变化趋势可以这样来理解：在层流边界层区，热量传递主要依靠导热，随着边界层的加厚，导热热阻增大，所以局部表面传热系数逐渐减小；在过渡区，随着流体扰动的加剧，对流传热方式的作用越来越大，局部表面传热系数迅速增大；而在湍流边界层区，随着湍流边界层的加厚，热阻也增大，所以局部表面传热系数随之减小。

如果整个平板都与流体进行对流换热，则热边界层和流动边界层都从平板前缘开始同时形成和发展，在同一位置，这两种边界层厚度的相对大小取决于流体的运动粘度(动量扩散率)ν与热扩散率a的相对大小。运动粘度反映流体动量扩散的能力，在其他条件相同的情况下，ν值越大，流动边界层越厚；热扩散率a反映物体热量扩散的能力，在其他条件相同的情况下，a值越大，热边界层越厚。ν与a具有相同的单位(m^2/s)，令$\frac{\nu}{a}=Pr$，Pr是一个无量纲特征数，称为**普朗特数**，其物理意义为流体的动量扩散能力与热量扩散能力之比。分析结果表明，对于层流边界层，如果热边界层和流动边界层都从平板前缘开始同时形成和发展，当$Pr \geqslant 1$时$\delta \geqslant \delta_t$；当$Pr \leqslant 1$时$\delta \leqslant \delta_t$。对于液态金属，$Pr<0.05$，热边界层的厚度要远大于流动边界层的厚度。对于液态金属以外的一般流体，$Pr=0.6 \sim 4\ 000$。气体的Pr数较小，在$0.6 \sim 0.8$范围内，所以气体的流动边界层比热边界层略薄；对于高Pr数的油类($Pr=10^2 \sim 10^3$)，流动边界层的厚度要远大于热边界层的厚度。

当平板只有局部被加热或冷却时，流动边界层和热边界层就不同时形成和发展，如图 10－7 所示。

以上分别介绍了流动边界层与热边界层的概念。综上所述，边界层具有以下几个特征：

(a) 边界层的厚度(δ、δ_t)与壁面特征长度 l 相比是很小的量。

(b) 流场划分为边界层区和主流区。流动边界层内存在较大的速度梯度，是发生动量扩散(即粘性力作用)的主要区域。在流动边界层之外的主流区，流体可近似为理想流体。热边界层内存在较大的温度梯度，是发生热量扩散的主要区域，热边界层之外的温度梯度可以忽略。

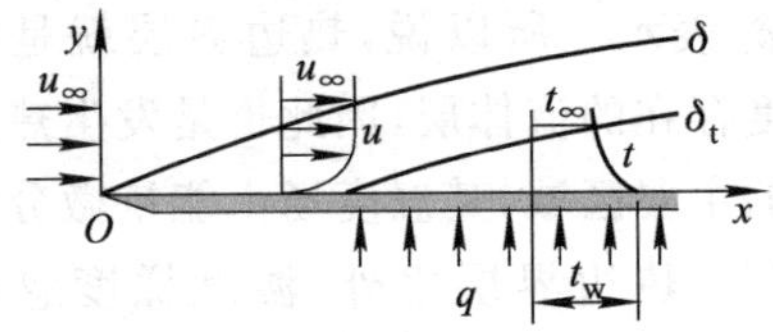

图 10-7 流动边界层与热边界层不同时发展

(c) 根据流动状态，边界层分为层流边界层和湍流边界层。湍流边界层分为层流底层、缓冲层与湍流核心三层。层流底层内的速度梯度和温度梯度远大于湍流核心。

(d) 在层流边界层与层流底层内，垂直于壁面方向上的热量传递主要靠导热。湍流边界层的主要热阻在层流底层。

以上四点也是边界层理论的基本内容。

(2) 对流换热微分方程组的简化

根据上述边界层理论的基本内容，分析对流换热微分方程中各项的数量级，忽略高阶小量，可以使对流换热微分方程组得到合理的简化，更容易分析求解。

前面对于常物性、无内热源、不可压缩牛顿流体二维的对流换热问题已给出下列 4 个方程组成的微分方程组。

连续性微分方程式(10-6)：

$$\frac{\partial u}{\partial x}+\frac{\partial v}{\partial y}=0$$

动量微分方程式(10-7)、(10-8)：

$$\rho\left(\frac{\partial u}{\partial \tau}+u\frac{\partial u}{\partial x}+v\frac{\partial u}{\partial y}\right)=F_x-\frac{\partial p}{\partial x}+\eta\left(\frac{\partial^2 u}{\partial x^2}+\frac{\partial^2 u}{\partial y^2}\right)$$

$$\rho\left(\frac{\partial v}{\partial \tau}+u\frac{\partial v}{\partial x}+v\frac{\partial v}{\partial y}\right)=F_y-\frac{\partial p}{\partial y}+\eta\left(\frac{\partial^2 v}{\partial x^2}+\frac{\partial^2 v}{\partial y^2}\right)$$

能量微分方程式(10-9)：

$$\rho c_p\left[\frac{\partial t}{\partial \tau}+u\frac{\partial t}{\partial x}+v\frac{\partial t}{\partial y}\right]=\lambda\left(\frac{\partial^2 t}{\partial x^2}+\frac{\partial^2 t}{\partial y^2}\right)$$

对于体积力可以忽略的稳态强迫对流换热，$\frac{\partial u}{\partial \tau}=\frac{\partial v}{\partial \tau}=\frac{\partial t}{\partial \tau}=0$，$F_x=F_y=0$，式(10-7)、(10-8)、(10-9)可以简化为

$$u\frac{\partial u}{\partial x}+v\frac{\partial u}{\partial y}=-\frac{1}{\rho}\frac{\partial p}{\partial x}+\nu\left(\frac{\partial^2 u}{\partial x^2}+\frac{\partial^2 u}{\partial y^2}\right) \tag{10-10}$$

$$u\frac{\partial v}{\partial x}+v\frac{\partial v}{\partial y}=-\frac{1}{\rho}\frac{\partial p}{\partial y}+\nu\left(\frac{\partial^2 v}{\partial x^2}+\frac{\partial^2 v}{\partial y^2}\right) \tag{10-11}$$

$$u\frac{\partial t}{\partial x}+v\frac{\partial t}{\partial y}=a\left(\frac{\partial^2 t}{\partial x^2}+\frac{\partial^2 t}{\partial y^2}\right) \tag{10-12}$$

根据边界层理论的主要内容可知：边界层的厚度(δ、δ_t)与壁面特征长度 l 相比是很小的量，$\delta \ll l, \delta_t \ll l, y \ll x$。依此对上述微分方程中的各项进行数量级分析，可得

$$u \gg v;\ \frac{\partial u}{\partial y} \gg \frac{\partial u}{\partial x},\ \frac{\partial u}{\partial x} \gg \frac{\partial v}{\partial x},\ \frac{\partial u}{\partial y} \gg \frac{\partial v}{\partial y};\ \frac{\partial^2 u}{\partial y^2} \gg \frac{\partial^2 u}{\partial x^2},\ \frac{\partial^2 u}{\partial x^2} \gg \frac{\partial^2 v}{\partial x^2},\ \frac{\partial^2 u}{\partial^2 y} \gg \frac{\partial^2 v}{\partial y^2};$$

$$\frac{\partial t}{\partial y} \gg \frac{\partial t}{\partial x};\ \frac{\partial^2 t}{\partial y^2} \gg \frac{\partial^2 t}{\partial x^2}$$

上述分析结果表明：y 方向动量微分方程中的各项与 x 方向动量微分方程中的各项相比很小，可以不予考虑，只保留 x 方向的动量微分方程；x 方向动量微分方程中的$\frac{\partial^2 u}{\partial x^2}$与$\frac{\partial^2 u}{\partial y^2}$相比以及能量微分方程中的$\frac{\partial^2 t}{\partial x^2}$与$\frac{\partial^2 t}{\partial y^2}$相比都很小，可以忽略，这实质是忽略边界层中 x 方向的动量扩散与能量扩散，只考虑 y 方向的动量扩散与能量扩散。于是，上述对流换热微分方程组可以简化为

$$\frac{\partial u}{\partial x}+\frac{\partial v}{\partial y}=0$$

$$u\frac{\partial u}{\partial x}+v\frac{\partial u}{\partial y}=-\frac{1}{\rho}\frac{\mathrm{d}p}{\mathrm{d}x}+\nu\frac{\partial^2 u}{\partial y^2} \tag{10-13}$$

$$u\frac{\partial t}{\partial x}+v\frac{\partial t}{\partial y}=a\frac{\partial^2 t}{\partial y^2} \tag{10-14}$$

因为 y 方向的压力变化$\frac{\partial p}{\partial y}$已随同 y 方向动量微分方程一起被忽略，边界层中的压力只沿 x 方向变化，所以 x 方向动量微分方程中的$\frac{\partial p}{\partial x}$改为$\frac{\mathrm{d}p}{\mathrm{d}x}$。

可以看到，简化后的方程组只有 3 个方程，但仍然含有 u、v、p、t 等 4 个未知量，方程组不封闭。然而，由于忽略了 y 方向的压力变化，使边界层内压力沿 x 方向变化与边界层外的主流区相同，所以压力 p 可由主流区理想流体的伯努利方程确定。如果忽略位能的变化，伯努利方程的形式为

$$p+\frac{1}{2}\rho u_\infty^2=\text{常数} \tag{10-15}$$

于是

$$\frac{\mathrm{d}p}{\mathrm{d}x}=-\rho u_\infty\frac{\mathrm{d}u_\infty}{\mathrm{d}x}$$

将上式代入动量微分方程式(10-13)，得

$$u\frac{\partial u}{\partial x}+v\frac{\partial u}{\partial y}=u_\infty\frac{\mathrm{d}u_\infty}{\mathrm{d}x}+\nu\frac{\partial^2 u}{\partial y^2} \tag{10-16}$$

通常主流速度 u_∞ 给定，这样，式(10－6)与简化后的式(10－14)、(10－16)构成一个封闭的方程组。对于简单的层流对流换热问题，该方程组可以进行分析求解。

10－3 外掠等壁温平板层流换热分析解简介

1. 对流换热特征数关联式

特征数是由一些物理量组成的无量纲的数。它具有一定的物理意义，表征物理现象或物理过程的某些特点，例如非稳态导热过程的毕渥数 Bi 和傅里叶数 Fo。对流换热也有一些特征数，如努塞尔数 Nu、雷诺数 Re、普朗特数 Pr、格拉晓夫数 Gr 等。理论分析表明，对流换热的解可以表示成特征数函数的形式，称为**特征数关联式**。通过对流换热微分方程的无量纲化或相似分析可以获得对流换热的特征数。这里先介绍通过对流换热微分方程的无量纲化导出特征数的方法，有关相似分析的内容将在下一节讨论。

对于常物性、无内热源、不可压缩牛顿流体平行外掠平板的稳态对流换热，动量微分方程式(10－16)中的 $\frac{\mathrm{d}u_\infty}{\mathrm{d}x}=0$，对流换热微分方程组可以进一步简化为

$$\begin{gathered}\frac{\partial u}{\partial x}+\frac{\partial v}{\partial y}=0\\ u\frac{\partial u}{\partial x}+v\frac{\partial u}{\partial y}=\nu\frac{\partial^2 u}{\partial y^2}\\ u\frac{\partial t}{\partial x}+v\frac{\partial t}{\partial y}=a\frac{\partial^2 t}{\partial y^2}\end{gathered} \tag{10-17}$$

为了减少变量的个数，使求解结果更具有代表性，引进下列无量纲变量，使方程组无量纲化：

$$X=\frac{x}{l},Y=\frac{y}{l},U=\frac{u}{u_\infty},V=\frac{v}{u_\infty},\Theta=\frac{t-t_\mathrm{w}}{t_\infty-t_\mathrm{w}}$$

首先将上述无量纲变量代入式(10－5)，可得

$$h=\frac{\lambda}{t_\mathrm{w}-t_\infty}\frac{t_\mathrm{w}-t_\infty}{l}\frac{\partial\Theta}{\partial Y}\bigg|_{Y=0}=\frac{\lambda}{l}\frac{\partial\Theta}{\partial Y}\bigg|_{Y=0}$$

改写成

$$\frac{hl}{\lambda}=\frac{\partial\Theta}{\partial Y}\bigg|_{Y=0} \tag{10-18}$$

上式等号左边 3 个量组成一个无量纲的特征数，令 $Nu=\frac{hl}{\lambda}$，它以平板全长 l 作

为特征长度，并含有平均表面传热系数 h，故称为**平均努塞尔数**；上式等号右边为整个平板的平均无量纲温度梯度。于是，上式可写成

$$Nu=\left.\frac{\partial \Theta}{\partial Y}\right|_{Y=0} \tag{10-19}$$

可见，平均努塞尔数等于壁面处($Y=0$)在壁面法线方向上的流体平均无量纲温度梯度，其大小反映平均对流换热的强弱。

再将上述无量纲变量分别代入式(10-6)、(10-16)、(10-14)，也可以将3个方程无量纲化为

$$\frac{\partial U}{\partial X}+\frac{\partial V}{\partial Y}=0 \tag{10-20}$$

$$U\frac{\partial U}{\partial X}+V\frac{\partial U}{\partial Y}=\frac{1}{Re}\frac{\partial^2 U}{\partial Y^2} \tag{10-21}$$

$$U\frac{\partial \Theta}{\partial X}+V\frac{\partial \Theta}{\partial Y}=\frac{1}{Re\cdot Pr}\frac{\partial^2 \Theta}{\partial Y^2} \tag{10-22}$$

式中，雷诺数 $Re=\dfrac{u_{\infty}l}{\nu}$，普朗特数 $Pr=\dfrac{\nu}{a}$。

由式(10-20)、(10-21)可以看出，流动边界层内无量纲速度分布可以表示为下列无量纲数的函数：

$$U=f(X,Y,Re) \tag{a}$$

$$V=f(X,Y,Re) \tag{b}$$

再由式(10-22)可以看出，热边界层内的无量纲温度分布可以表示为下面的无量纲数的函数：

$$\Theta=f(X,Y,U,V,Re,Pr) \tag{c}$$

于是，结合式(a)、(b)、(c)可得

$$\Theta=f(X,Y,Re,Pr) \tag{d}$$

因为整个平板的平均无量纲温度梯度 $\left.\dfrac{\partial \Theta}{\partial Y}\right|_{Y=0}$ 与 X、Y 无关，只是 Re 和 Pr 的函数，所以由式(10-19)可以看出，Nu 只取决于 Re 和 Pr，可以表示为下面的函数形式：

$$Nu=f(Re,Pr) \tag{10-23}$$

式中，Nu、Re 与 Pr 都是无量纲特征数，所以上式称为特征数关联式。严格说，X、Y、U、V、Θ 都属于无量纲特征数，因此式(10-18)、(10-19)、(10-20)也都是特征数关联式。

Nu 中含有待定的表面传热系数 h，称为**待定特征数**；Re、Pr 完全由已知的单值性条件中的物理量组成，称为**已定特征数**。

综上所述，流体平行外掠平板强迫对流换热的解可以表示成式(10-23)所

示的特征数关联式的形式。理论分析表明，所有对流换热问题的解都可以表示成特征数关联式的形式，只不过对流换热的形式不同，所涉及的特征数不同，关系式的形式不同而已。这一点将在下一节进一步讨论。

特征数关联式和表面传热系数与各影响因素之间的一般函数关系式相比，变量个数大为减少，更突出地反映相关物理量之间的依赖关系及其对对流换热的综合影响。

2. 外掠平板层流换热分析结果

对于常物性、无内热源、不可压缩牛顿流体平行外掠等壁温平板层流换热，**布拉修斯**(H. Blasius)、**波尔豪森**(E. Pohlhausen)等人在 20 世纪初用无量纲坐标、无量纲流函数及无量纲温度将动量微分方程式(10－16)和能量微分方程式(10－14)由偏微分方程转化为常微分方程，进行了求解。详细的分析求解过程请参考文献[25,33]，这里仅介绍求解结果。

(1) 速度场的求解结果

1) 流动边界层厚度

在对流换热微分方程组的分析求解过程中，由边界层动量微分方程和连续性微分方程求出了边界层的速度分布，再由速度分布求出了的流动边界层厚度计算公式：

$$\frac{\delta}{x}=5.0\ Re_x^{-1/2} \tag{10－24}$$

式中，$Re_x=\dfrac{u_\infty x}{\nu}$。

2) 摩擦系数

根据局部粘性切应力公式 $\tau_{\mathrm{w},x}=\eta\left.\dfrac{\partial u}{\partial y}\right|_{y=0,x}$ 及局部摩擦系数的定义式 $\tau_{\mathrm{w},x}=c_{\mathrm{f},x}\dfrac{\rho u_\infty^2}{2}$，由边界层的速度分布求出局部摩擦系数：

$$c_{\mathrm{f},x}=0.664\ Re_x^{-1/2} \tag{10－25}$$

整个平板的平均摩擦系数可用下式计算：

$$c_{\mathrm{f}}=\frac{1}{l}\int_0^l c_{\mathrm{f},x}\mathrm{d}x$$

由式(10－25)可以看出，$c_{\mathrm{f},x}$ 与 $x^{-1/2}$ 成正比，因此可写成 $c_{\mathrm{f},x}=Cx^{-1/2}$，其中 C 为常数。将其代入上式，可得

$$c_{\mathrm{f}}=\frac{1}{l}\int_0^l Cx^{-1/2}\mathrm{d}x=2Cl^{-1/2}=2c_{\mathrm{f},l}$$

可见，平板全长的平均摩擦系数 c_{f} 为平板末端($x=l$)局部摩擦系数 $c_{\mathrm{f},l}$ 的 2 倍。

于是由式(10－25)可得

$$c_{\mathrm{f}}=1.328\ Re^{-1/2} \tag{10-26}$$

式中,$Re=\dfrac{u_\infty l}{\nu}$。

(2) 温度场的求解结果

1) 热边界层厚度

由边界层能量微分方程求出了边界层的温度分布,于是可以确定热边界层的厚度 δ_{t}。对于 $Pr=0.6\sim15$ 的流体,可近似求得热边界层与流动边界层的厚度之比为

$$\frac{\delta_{\mathrm{t}}}{\delta}=Pr^{-1/3} \tag{10-27}$$

2) 对流换热特征数关联式

根据式(10－5),由边界层的温度分布求出局部表面传热系数 h_x,结果以无量纲特征数关联式的形式给出如下:

对于 $Pr\geqslant0.6$ 的流体

$$Nu_x=\frac{h_x x}{\lambda}=0.332\ Re_x^{1/2}Pr^{1/3} \tag{10-28}$$

式中,Nu_x 称为以 x 为特征长度的局部努塞尔数。

对于等壁温平板,平板全长的平均表面传热系数 h 为

$$h=\frac{1}{l}\int_0^l h_x\mathrm{d}x$$

由式(10－28)可以看出,h_x 与 $x^{-1/2}$ 成正比,可写成 $h_x=C'x^{-1/2}$(C' 为常数)。将其代入上式得

$$h=\frac{1}{l}\int_0^l C'x^{-1/2}\mathrm{d}x=2C'l^{-1/2}=2h_l \tag{10-29}$$

结果表明,平板全长的平均表面传热系数 h 是平板末端($x=l$)局部表面传热系数 h_l 的 2 倍。由此可得平均努塞尔数为

$$Nu=\frac{hl}{\lambda}=\frac{2h_l l}{\lambda}=2Nu_l \tag{10-30}$$

于是由式(10－28)可得

$$Nu=0.664Re^{1/2}Pr^{1/3} \tag{10-31}$$

需要指出,上述关系式仅适用于($Pr\geqslant0.6$ 的流体)外掠等壁温平板层流换热,定性温度为边界层的算术平均温度 $t_{\mathrm{m}}=\dfrac{1}{2}(t_{\mathrm{w}}+t_\infty)$。

对于 $Pr\geqslant0.6$ 的流体外掠常热流平板的层流换热,分析结果为

$$Nu_x=0.453\ Re_x^{1/2}Pr^{1/3} \tag{10-32}$$

对比式(10－28)与式(10－32)可以看出,当 Re_x、Pr 相同时,常热流情况下的局

部努塞尔数 Nu_x 要比等壁温情况大 36%左右。

在常热流情况下，$q_x=h_x(t_w-t_f)_x=q=$常数，壁面温度 t_w 是变化的，温差 $(t_w-t_f)_x$ 不等于常数。如果将平均壁面温差定义为

$$t_w-t_f=\frac{1}{l}\int_0^l (t_w-t_f)_x \mathrm{d}x=\frac{1}{l}\int_0^l \frac{q}{h_x}\mathrm{d}x=\frac{q}{l\lambda}\int_0^l \frac{x}{Nu_x}\mathrm{d}x$$

则平均努塞尔数

$$Nu=\frac{hl}{\lambda}=\frac{ql}{\lambda(t_w-t_f)}=\frac{l^2}{\int_0^l \frac{x}{Nu_x}\mathrm{d}x}$$

将式(10－32)代入上式，可以导出常热流情况下的平均努塞尔数为

$$Nu=0.680\,Re^{1/2}Pr^{1/3} \tag{10－33}$$

对比式(10－31)与式(10－33)可以看出，当 Re、Pr 相同时，常热流情况下的平均努塞尔数只比等壁温情况大 2.4%。

*3. 动量传递与热量传递的比拟简介

比较无量纲动量微分方程式(10－21)和能量微分方程式(10－22)

$$U\frac{\partial U}{\partial X}+V\frac{\partial U}{\partial Y}=\frac{1}{Re}\frac{\partial^2 U}{\partial Y^2}$$

$$U\frac{\partial \Theta}{\partial X}+V\frac{\partial \Theta}{\partial Y}=\frac{1}{Re\cdot Pr}\frac{\partial^2 \Theta}{\partial Y^2}$$

会发现，当 $Pr=1$ 时，这两个方程的形式完全相同。对于同一个对流换热现象来说，二者具有相同的几何条件和物理条件，如果再具有相同的边界条件，(例如：$Y=0$ 时 $U=0,\Theta=0$；$Y\to\infty$时 $U\to1,\Theta\to1$)，则二者具有相同的解，即具有完全相同的无量纲速度分布和无量纲温度分布。分析表明，对于 $Pr\neq1$ 的流体的层流换热和湍流换热，都存在流动边界层与热边界层的类似现象，这是由于动量传递与热量传递这两种传递现象具有完全相同的物理机理所致。层流边界层内垂直于壁面方向的动量传递和热量传递都是靠分子扩散，而湍流边界层内的动量传递和热量传递都是分子扩散与湍流扩散共同作用的结果。

根据动量传递与热量传递之间的类比性，通过理论分析建立起描述这两个传递现象的物理量之间的关系式(称为**比拟关系式**)，再由已知或比较容易获得的动量传递的规律推测出热量传递的规律，这种分析方法称为动量传递与热量传递的**比拟法**。比拟法曾被广泛用于湍流换热问题的研究。

如果引进一个新的无量纲特征数——**斯坦顿数**：

$$St_x=\frac{Nu_x}{Re_xPr}=\frac{h_x}{\rho c_p u_\infty}$$

$$St=\frac{Nu}{RePr}=\frac{h}{\rho c_p u_\infty}$$

St_x、St 分别称为局部斯坦顿数和平均斯坦顿数，则外掠等温平板层流换热特征数关联式(10－28)、(10－31)可改写为

$$St_x \cdot Pr^{2/3} = 0.332\ Re_x^{-1/2}$$

$$St \cdot Pr^{2/3} = 0.664\ Re^{-1/2}$$

将上面两式与摩擦系数表达式(10－25)、(10－26)对比，可得

$$St_x \cdot Pr^{2/3} = \frac{c_{f,x}}{2} \tag{10-34}$$

$$St \cdot Pr^{2/3} = \frac{c_f}{2} \tag{10-35}$$

上式称为**柯尔朋**(Colburn)**比拟式**，可由摩擦系数 $c_{f,x}$、c_f 求得表面传热系数 h_x、h，近似适用于 $Pr=0.6\sim60$ 的流体。

当 $Pr=1$ 时

$$St_x = \frac{c_{f,x}}{2} \tag{10-36}$$

$$St = \frac{c_f}{2} \tag{10-37}$$

上式称为**雷诺比拟式**。

上述比拟关系式虽然是从外掠平板层流换热的分析解得出，但理论分析表明，雷诺比拟式、柯尔朋比拟式既适用于层流换热，也适用于湍流换热。有关动量传递与热量传递的比拟分析见文献[19、20]。

例题 10－1 温度为 30 ℃的空气和水分别都以 0.5 m/s 的速度平行掠过长 250 mm、温度为 50 ℃的平板，试分别求出平板末端流动边界层和热边界层的厚度以及空气和水与单位宽度平板的换热量。

解 无论对空气还是水，边界层的平均温度都为

$$t_m = \frac{1}{2}(t_w + t_\infty) = 40\ ℃$$

(1) 对于空气，40 ℃时物性参数 $\nu=16.96\times10^{-6}\ m^2/s$、$\lambda=2.76\times10^{-2}\ W/(m\cdot K)$、$Pr=0.699$。在离平板前沿 250 mm 处，雷诺数为

$$Re = \frac{ul}{\nu} = \frac{0.5\ m/s\times0.25\ m}{16.96\times10^{-6}\ m^2/s} = 7.37\times10^3$$

边界层为层流。根据式(10－24)，流动边界层的厚度为

$$\delta = 5.0x\cdot Re^{-1/2} = 5\times0.25\ m\times(7.37\times10^3)^{-0.5} = 0.014\ 6\ m$$
$$= 14.6\ mm$$

由式(10－27)可求出热边界层的厚度为

$$\delta_t = \delta Pr^{-1/3} = 14.6\ mm\times0.699^{-1/3} = 16.4\ mm$$

可见，空气的热边界层比流动边界层略厚。

整个平板的平均表面传热系数可用式(10－31)计算，即

$$Nu = 0.664\,Re^{1/2}Pr^{1/3} = 0.664\times(7.37\times10^{3})^{1/2}\times0.699^{1/3} = 50.6$$

$$h = \frac{\lambda}{l}Nu = \frac{2.76\times10^{-2}\ \text{W/(m}\cdot\text{K)}}{0.25\ \text{m}}\times50.6 = 5.6\ \text{W/(m}^2\cdot\text{K)}$$

1 m 宽平板与空气的换热量为

$$\Phi = Ah(t_{\text{w}} - t_{\infty}) = 1\ \text{m}\times0.25\ \text{m}\times5.6\ \text{W/(m}^2\cdot\text{K)}\times(50-30)\ \text{K} = 28\ \text{W}$$

(2) 对于水，40 ℃时物性参数 $\nu = 0.659\times10^{-6}\ \text{m}^2/\text{s}$，$\lambda = 0.635\ \text{W/(m}\cdot\text{K)}$，$Pr = 4.31$。在离平板前沿 250 mm 处，雷诺数为

$$Re = \frac{ul}{\nu} = \frac{0.5\ \text{m/s}\times0.25\ \text{m}}{0.659\times10^{-6}\ \text{m}^2/\text{s}} = 1.9\times10^{5}$$

边界层为层流。根据式(10-24)，流动边界层的厚度为

$$\delta = 5.0xRe^{-1/2} = 5\times0.25\ \text{m}\times(1.9\times10^{5})^{-0.5} = 0.002\,9\ \text{m} = 2.9\ \text{mm}$$

可见，在同样温度及流动条件下，水的流动边界层要比空气的薄。

由式(10-27)可求出热边界层的厚度为

$$\delta_{\text{t}} = \delta Pr^{-1/3} = 2.9\ \text{mm}\times4.31^{-1/3} = 1.8\ \text{mm}$$

可见水的热边界层比流动边界层薄。

整个平板的平均表面传热系数计算如下：

$$Nu = 0.664\,Re^{1/2}Pr^{1/3} = 0.664\times(1.9\times10^{5})^{1/2}\times4.31^{1/3} = 471$$

$$h = \frac{\lambda}{l}Nu = \frac{0.635\ \text{W/(m}\cdot\text{K)}}{0.25\ \text{m}}\times471 = 1\,196\ \text{W/(m}^2\cdot\text{K)}$$

1 m 宽平板与水的换热量为

$$\Phi = Ah(t_{\text{w}} - t_{\infty}) = 1\ \text{m}\times0.25\ \text{m}\times1\,196\ \text{W/(m}^2\cdot\text{K)}\times(50-30)\ \text{K} = 5\,980\ \text{W}$$

10-4 对流换热的实验研究方法

直到目前，实验研究仍然是解决复杂对流换热问题的可靠方法。由于对流换热过程非常复杂，影响因素很多，要想通过实验找出每个因素的影响规律，就必须进行多次实验，而每次实验只改变一个影响因素，其他影响因素保持不变。这样做不仅实验次数非常多，而且往往难以实现。**相似原理**可以帮助人们克服这种困难。首先，运用相似原理可以将影响对流换热过程的各种物理量组合成无量纲的综合量。作为新的变量，这种综合量不仅能反映所包含的物理量的单独影响，而且能反映它们之间的内在联系和综合影响，其数目也大大少于影响对流换热的物理量的数目。这样就将研究众多物理量之间的函数关系转变为研究少数几个无量纲综合量之间的函数关系，大大简化了实验研究工作。这种无量

纲的综合量就是前面提到的特征数(如 Nu、Re、Pr、St 等),也称为**相似特征数**。相似原理不仅可以使人们知道如何安排实验、整理实验数据,还告诉人们如何推广应用实验研究结果。所以说,相似原理是指导实验研究的理论。

本节主要介绍相似原理的主要内容及其在对流换热实验研究中的应用。

1. 相似原理

相似原理主要包含以下内容:物理现象相似的定义、物理现象相似的性质、相似特征数之间的关系及物理现象相似的条件。

(1) 物理现象相似的定义

众所周知,任何一个物理现象(或称为物理过程)都由相关的物理量来描述。在物理现象的发生、发展过程中,相关的物理量通常都随时间和地点发生变化。换句话说,每一个物理量都有一个随时间和地点变化的物理量场,例如对流换热过程的温度场、速度场、物性(λ、η、ρ、…)场等。

如果同类物理现象之间所有同名物理量场都相似,即同名的物理量在所有对应瞬间、对应地点的数值成比例,则称物理现象相似。

这里所谓**同类**物理现象,是指那些具有相同性质、服从于同一自然规律的物理过程,它们用形式相同、内容也相同的方程式来描写。例如,强迫对流换热与自然对流换热虽然同属于对流换热,但不是同类现象,因为自然对流换热动量微分方程中包含有不可忽略的体积力项,强迫对流动量微分方程中的体积力项可以忽略,二者的形式和内容不同。再如,前面曾说过,对流换热微分方程组既适用于层流换热,也适用于湍流换热,二者具有形式完全相同的微分方程,但由于它们的本质及方程中物理量的内容不一样(参考文献[19,20]中的动量传递与热量传递的比拟一节),所以层流换热与湍流换热也不是同类现象。在讨论动量传递与热量传递的比拟(或称类比)时曾指出,当 $Pr=1$ 时,动量微分方程和能量微分方程的形式完全一样,但由于内容不同,所以不能说动量传递与热量传递现象相似。同类的对流换热过程应该由形式和内容完全相同的微分方程式来描写。

所谓**对应瞬间**,也称为**相似时间**,是指时间坐标对应成比例的瞬间。例如图 10-8 所示的两个都以正弦规律变化的温度场,周期分别为 T'、T'',τ_1' 与 τ_1''、τ_2' 与 τ_2''、τ_3' 与 τ_3'' 等分别是对应瞬间的时间坐标,则

$$\frac{\tau_1'}{\tau_1''}=\frac{\tau_2'}{\tau_2''}=\frac{\tau_3'}{\tau_3''}=\cdots=\frac{T'}{T''}=C_\tau$$

式中,C_τ 为时间坐标比例常数,或称为**时间相似倍数**。如果用各自的周期将时间坐标无量纲化,无量纲时间坐标分别为 $\frac{\tau'}{T'}$、$\frac{\tau''}{T''}$,则对应瞬间的无量纲时间坐标分别相等:

$$\frac{\tau_1'}{T'}=\frac{\tau_1''}{T''}=0.25,\frac{\tau_2'}{T'}=\frac{\tau_2''}{T''}=0.5,\frac{\tau_3'}{T'}=\frac{\tau_3''}{T''}=0.75,\cdots$$

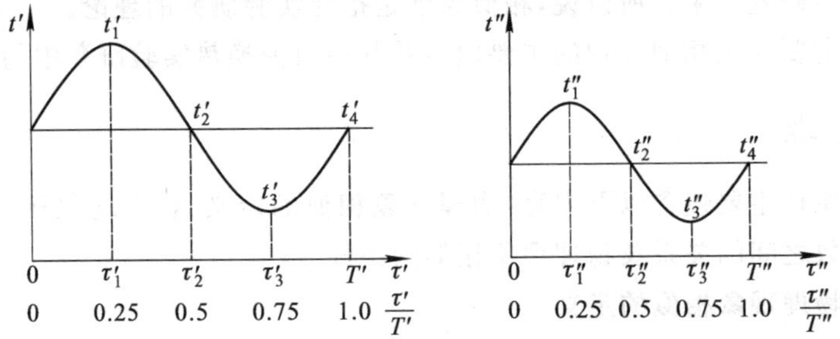

图 10-8 温度变化相似示意图

对于稳态过程，无时间相似的问题。

所谓**对应地点**，也称为**相似地点**，是指相似过程的空间坐标对应成比例的地点。例如，图 10-9 所示半径分别为 R'、R'' 的两根光滑圆管内的稳态等温层流速度场，$1'$ 与 $1''$、$2'$ 与 $2''$、$3'$ 与 $3''$ 等分别为相似地点，径向坐标分别为 r_1' 与 r_1''、r_2' 与 r_2''、r_3' 与 r_3'' 等，则

$$\frac{r_1'}{r_1''}=\frac{r_2'}{r_2''}=\frac{r_3'}{r_3''}=\cdots=\frac{R'}{R''}=\frac{d'}{d''}=\frac{l'}{l''}=C_l$$

式中，C_l 为空间坐标比例常数，或称为**几何相似倍数**。所以说，相似地点的空间坐标之比等于常数，都等于两个现象的特征长度（例如管内径）之比。如果用各自的内半径 R'、R''（或直径 d'、d''）将径向坐标无量纲化，无量纲空间坐标分别为 $\frac{r'}{R'}$、$\frac{r''}{R''}$，则相似地点的无量纲空间坐标分别相等，即

$$\frac{r_1'}{R'}=\frac{r_1''}{R''}=0.25,\frac{r_2'}{R'}=\frac{r_2''}{R''}=0.50,\frac{r_3'}{R'}=\frac{r_3''}{R''}=0.75,\cdots$$

显而易见，只有几何条件相似才有相似地点。

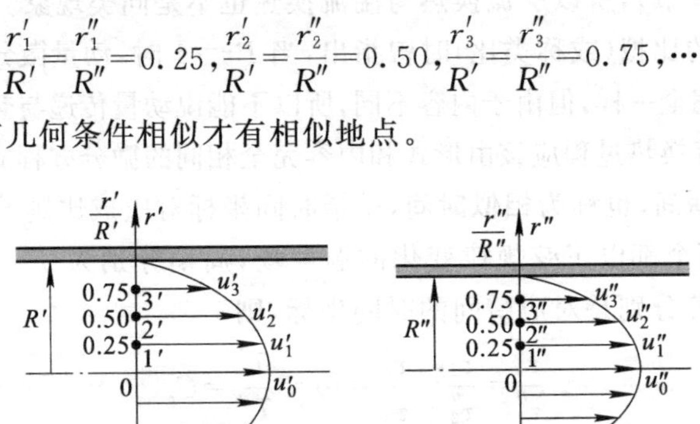

图 10-9 管内层流速度场相似示意图

如果 φ 为两个相似现象中的任意一个物理量，那么根据物理现象相似的定

义，在这两个现象的相似时间和相似地点，φ 值对应成比例，即

$$\frac{\varphi'}{\varphi''}=C_{\varphi}$$

C_{φ} 称为物理量 φ 的相似倍数。例如，在图 3－9 所示的两个相似的管内稳态层流速度场，所有相似地点的速度成比例，即

$$\frac{u_1'}{u_1''}=\frac{u_2'}{u_2''}=\frac{u_3'}{u_3''}=\cdots=\frac{u_0'}{u_0''}=C_u$$

C_u 称为**速度相似倍数**。上式还可以改写成

$$\frac{u_1'}{u_0'}=\frac{u_1''}{u_0''},\frac{u_2'}{u_0'}=\frac{u_2''}{u_0''},\frac{u_3'}{u_0'}=\frac{u_3''}{u_0''},\cdots$$

$\frac{u'}{u_0'}$、$\frac{u''}{u_0''}$分别为两个速度场的无量纲速度。上式说明，两个相似的速度场具有完全相同的无量纲速度场。

如果物理现象由 φ_A、φ_B、φ_C、$\cdots n$ 个物理量来描述，则彼此相似的物理现象就有 n 个对应相似的物理量场，即在所有对应的相似时间和相似地点

$$\frac{\varphi_A'}{\varphi_A''}=C_{\varphi_A},\frac{\varphi_B'}{\varphi_B''}=C_{\varphi_B},\frac{\varphi_C'}{\varphi_C''}=C_{\varphi_C},\cdots$$

其中 C_{φ_A}、C_{φ_B}、C_{φ_C}、$\cdots$分别为各物理量的**相似倍数**。相似倍数是无量纲的，一般对于不同的物理量，相似倍数具有不同的数值。如果所有的相似倍数都等于 1，说明两个物理现象完全相同。

类似于前面对两个相似速度场的分析，可以得出结论：**相似物理现象的所有同名无量纲物理量场完全相同**。

(2) 物理现象相似的性质

因为和物理现象相关的物理量由描写该物理现象的方程式(或方程组)联系在一起，所以相似物理现象的各物理量的相似倍数之间不是相互独立的，它们之间的关系由描写该物理现象的方程式来确定，可以通过相似分析由有关方程式推导出来。

下面以常物性、不可压缩牛顿流体外掠等壁温平板的对流换热相似为例，来分析各物理量的相似倍数之间的关系。

假设对流换热现象 A 与对流换热现象 B 相似，根据物理现象相似的定义，它们必须是同类的对流换热现象，用形式和内容完全相同的方程来描写，并且所有的物理量场必须相似。

对于现象 A $$h_{x'}'=-\frac{\lambda'}{(t_w'-t_\infty')_{x'}}\frac{\partial t'}{\partial y'}\bigg|_{y'=0,x'} \tag{a}$$

对于现象 B $$h_{x''}''=-\frac{\lambda''}{(t_w''-t_\infty'')_{x''}}\frac{\partial t''}{\partial y''}\bigg|_{y''=0,x''} \tag{b}$$

由物理量场相似的定义，有

$$\frac{x'}{x''}=\frac{y'}{y''}=\frac{l'}{l''}=C_l\text{（相似地点）}$$

$$\frac{h'_{x'}}{h''_{x''}}=\frac{h'}{h''}=C_h,\ \frac{\lambda'}{\lambda''}=C_\lambda,\ \frac{t'_{\mathrm{w}}}{t''_{\mathrm{w}}}=\frac{t'_\infty}{t''_\infty}=\frac{t'}{t''}=C_t$$

将上述相似倍数代入式(a)，经整理可得

$$\frac{C_hC_l}{C_\lambda}h''_{x''}=-\frac{\lambda''}{(t''_{\mathrm{w}}-t''_\infty)_{x''}}\left.\frac{\partial t''}{\partial y''}\right|_{y''=0,x''} \tag{c}$$

因为式(a)和式(b)的形式和内容完全相同，所以式(c)和式(b)也一定完全相同，于是必有

$$\frac{C_hC_l}{C_\lambda}=1$$

上式说明，3 个相似倍数之间不是相互独立的，存在着上式所表达的制约关系。

将$\frac{h'_{x'}}{h''_{x''}}=\frac{h}{h''}=C_h,\ \frac{\lambda'}{\lambda''}=C_\lambda,\ \frac{x'}{x''}=\frac{l'}{l''}=C_l$代入上式，整理后可得

$$\frac{h'_{x'}x'}{\lambda'}=\frac{h''_{x''}x''}{\lambda''},\ \frac{h'l'}{\lambda'}=\frac{h''l''}{\lambda''}$$

即

$$Nu'_{x'}=Nu''_{x''},\ Nu'=Nu'' \tag{d}$$

Nu_x、Nu 分别为局部努塞尔数和平均努塞尔数。上式表明，A、B 两个对流换热现象相似，努塞尔数相等。

这种由描述物理现象的方程式导出相似特征数的方法称为**相似分析**。因此，知道描述物理现象的方程式是进行相似分析的必要前提。

采用同样的相似分析方法，可由动量微分方程式(10－17)和能量微分方程式(10－15)导出

$$Re'=Re'',\ Pr'=Pr''$$

这说明，A、B 两个对流换热现象相似，雷诺数和普朗特数相等。

通过上述相似分析可以得出结论：**A、B 两个常物性、不可压缩牛顿流体外掠等壁温平板的对流换热现象相似，努塞尔数 *Nu*、雷诺数 *Re*、普朗特数 *Pr* 分别相等**。这一结论反映了物理现象相似的重要性质：**彼此相似的物理现象，同名的相似特征数相等**。

每个特征数的物理意义在前面已分别做了说明，现小结如下：

努塞尔数 $Nu=\frac{hl}{\lambda}$，表征流体在壁面外法线方向上的平均无量纲温度梯度，其大小反映对流换热的强弱。请注意努塞尔数 Nu 与毕渥数 Bi 的区别：二者表达式的形式完全相同，但具有不同的物理意义。Bi 表征第三类边界条件下的固

体导热热阻与边界处的对流换热热阻之比，表达式中的表面传热系数 h 由第三类边界条件给定，热导率 λ 是固体材料的热导率，特征长度 l 是反映固体导热温度场几何特征的尺度；而 Nu 表达式中的 h 是待定平均表面传热系数，λ 是流体的热导率，l 是反映对流换热固体边界几何特征的尺度，如外掠平板对流换热过程中沿流动方向平板的长度。

雷诺数 $Re=\frac{ul}{\nu}$，表征流体惯性力与粘性力的相对大小，Re 越大，惯性力的影响越大。人们通常根据 Re 的大小判断流态。

普朗特数 $Pr=\frac{\nu}{a}=\frac{\eta c_p}{\lambda}$，是流体的物性特征数，表征流体动量扩散能力与热量扩散能力的相对大小。对于除液态金属外的一般流体，$Pr=0.6\sim4\ 000$。因为液体的动力粘度 η 随温度变化很大，而比热容 c_p 与热导率 λ 随温度的变化很小，所以液体的普朗特数 Pr 随温度的变化规律与粘度 η 相似：通常温度升高时，液体的 Pr 迅速减小。气体的 Pr 较小，在 0.6～0.8 的范围内，并且基本上与温度、压力无关，等于常数。

通过类似的相似分析可知，对于自然对流影响可以忽略的纯强迫对流换热，只涉及 3 个特征数：Nu、Re、Pr。

(3) 相似特征数之间的关系

因为与物理现象有关的所有物理量都由描写物理现象的方程式联系在一起，所以由这些物理量构成的相似特征数之间必然存在着一定的函数关系，这种函数关系就是前面提到的特征数关联式。描写物理现象的微分方程式的解可以表示成特征数关联式的形式。这一结论在前面通过将对流换热微分方程无量纲化以及外掠平板层流换热的分析解已得到了证明。

根据物理现象相似的性质，彼此相似物理现象的同名相似特征数相等，所以可得出结论：**所有相似的物理现象的解必定用同一个特征数关联式来描写，这意味着，从一个物理现象所获得的特征数关联式适用于与其相似的所有物理现象。**

(4) 物理现象相似的条件

综合上述对物理现象相似的基本概念和性质的分析，可以得出物理现象相似的 3 个条件：

1) 同类现象

指具有相同的物理性质、用形式和内容完全相同的微分方程描写的物理现象。

2) 单值性条件相似

3) 同名已定特征数相等

通过前面的相似分析已知，单相流体的对流换热相似，已定特征数 Re、Pr

一定相等。因待定特征数 Nu 是 Re、Pr 的函数，所以 Nu 也必然相等。

以上 3 个条件是物理现象相似的充分必要条件，是判断物理现象是否相似的依据。

2. 相似原理指导下的实验研究方法

利用模型实验来模拟实际对流换热过程，探索对流换热规律，是目前求解复杂对流换热问题的主要方法。确定对流换热特征数关联式是模型实验研究的主要目的之一。相似原理回答了进行模型实验所必须解决的 3 个主要问题：如何安排试验；怎样整理实验数据；实验结果的适用范围。

(1) 实验安排

根据相似原理，实验模型中的对流换热过程必须与原型中的实际对流换热过程相似。只有这样，模型实验的研究结果才能运用到原型中去。为此，模型中进行的对流换热过程必须满足上述物理现象相似的 3 个条件，即必须是与原型同类的对流换热过程，其单值性条件必须与原型相似，已定特征数必须与原型相等。

单值性条件中的几何条件相似比较容易做到。通常实验模型是将原形按一定比例缩小的复制品，但模型不是原型外形的简单复制，必须保证所有对对流换热过程有影响的几何形状、尺寸以及壁面与流体之间的相对位置都要与原型相似。对于自然对流换热以及自然对流影响不可忽略的强迫对流换热，相对位置的影响不容忽视。此外，几何尺寸的缩小不应改变模型中对流换热过程的性质。例如，当模型的尺寸小到使模型中流体偏离连续介质的假定时，其对流换热就不能用连续介质的对流换热微分方程来描述。

在实验模型中实现物理条件相似主要指模型中流体的物性场保持与原型相似。一般情况下，模型实验都采用与原型相同的流体，对于常物性而言，物性场相似条件自然满足。如果物性随温度而变化，即使流体与原型相同，保持物性场相似也很困难，因为不同的温度范围，物性参数随温度的变化规律也有所区别，除非模型中的温度场与原型完全相同。采用选择定性温度将物性视为常数的方法可以近似满足物性场相似的条件。

如何在模型中准确地实现边界条件相似是实验研究人员特别关注的问题。常见的换热壁面处的热边界条件有等壁温和常热流两种边界条件。等壁温的边界条件可以通过另一侧流体的相变换热或者采用导热性能良好的壁面材料来实现；常热流的边界条件通常通过电加热的手段来实现。有时也会遇到导热、对流、辐射相耦合的复杂边界条件，实现起来也就更为困难。此外，还要保证模型入口处流体的速度场和温度场与原型相似。

根据第三个相似条件，模型实验还必须保证已定特征数 Re、Pr 与原型相等。由于 Re 表达式中含有特征长度 l，如果模型和原型的几何相似倍数 $C_l=$

l'/l''(l'、l''分别代表原型与模型的特征长度)已定，假设 $C_l=10$，即模型为原型的 1/10，那么要保持 Re 与原型相等，即

$$\frac{ul}{\nu''}=\frac{u''l''}{\nu''}$$

就必须改变上式中的其他物理量，使$\frac{u''}{u}\frac{\nu}{\nu''}=10$。如果模型和原型的流体相同，并且物性为常数，即 $\nu/\nu''=1$，则必须使 $u''/u'=10$，即模型中的流速必须是原型的 10 倍。

原则上允许模型实验使用与原型不同的流体，但要保持模型与原型的普朗特数相等，即 $Pr'=Pr''$，往往难以实现。如果模型和原型的流体相同，并且物性为常数，普朗特数自然相等。如果普朗特数随温度变化较大，模型和原型的温度场又不同，实现普朗特数相等就非常困难。

综上所述，要实现对流换热过程的准确相似，往往会遇到难以克服的困难，在实践中通常采用近似模拟法或局部模拟法。所谓近似模拟法，就是在模拟实验时忽略次要条件，只保持主要条件相似，例如进行气体对流换热的模拟实验时，忽略 Pr 随温度的变化，或者选择合适的定性温度将物性近似为常数。局部模拟法只保持局部的对流换热相似，例如进行流体外掠管束的对流换热实验研究时，只对管束中的一根管子加热或冷却，只研究该管子的对流换热规律。由这种近似模拟法所获得的特征数关联式一般都能满足工程计算的要求。

(2) 实验数据的测量与整理

根据相似原理，所有相似物理现象的解都用同一个特征数关联式来描写。实验研究的主要目的就是确定这种特征数关联式的具体函数形式，即待定特征数与已定特征数之间的函数关系。

对于工程上常见的无相变单相流体的强迫对流换热问题，通常根据经验将特征数关联式写成幂函数的形式：

$$Nu=f(Re,Pr)=cRe^nPr^m \tag{10-38}$$

式中，c、n 及 m 为待定常数，由实验确定。实践证明，幂函数是可以用来描写绝大多数实验曲线的最简单、最方便的函数，尤其是对于单调变化的曲线。在双对数坐标图中，幂函数曲线是直线。

由于气体的 Pr 基本上等于常数，所以对于气体的强迫对流换热，上式可简化为

$$Nu=f(Re)=c'Re^n \tag{10-39}$$

将上式两边取对数

$$\lg Nu=\lg c'+n\lg Re$$

可见，在以 $\lg Nu$ 为纵坐标、$\lg Re$ 为横坐标的坐标图上，上式为直线，$\lg c'$为直线

在 $\lg Nu$ 轴的截距，n 为直线的斜率，如图 10－10 所示。

在实验中，以 Re 为自变量，以 Nu 为因变量，通过改变实验工况来改变 Re 的数值。每改变一次工况，设定一个 Re 值，就可以确定一个对应的 Nu 数值，在对数坐标图上也就可以得到一个实验点。进行多种工况的实验，就可以得到多个实验点，最后采用最小二乘法对这些实验点进行曲线拟合，就可以获得常数 c'、n 的数值，同时还可以求出实验点的标准偏差。标准偏差的大小反映实验点的分散程度，也反映用所获得的特征数关联式表示实验结果的准确程度。

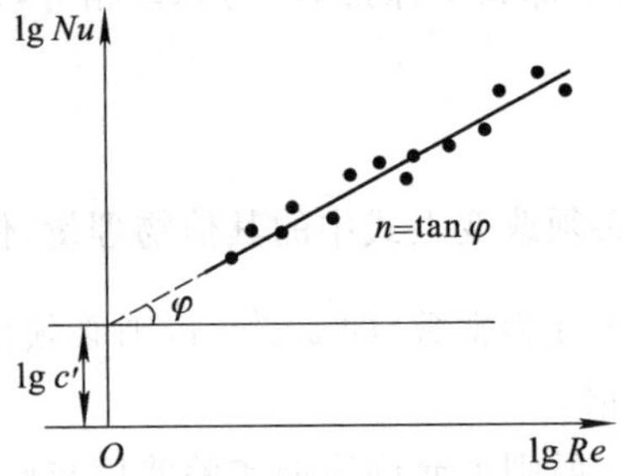

图 10－10　实验数据整理方法示意图

由表达式 $Nu=\dfrac{hl}{\lambda}$、$Re=\dfrac{ul}{\nu}$ 可以看到，要确定 Re 和 Nu 的数值，必须首先选择特征长度 l 和定性温度。通常选择对对流换热有显著影响的几何尺寸作为特征长度。例如：对于管内强迫对流换热，选择管内径作为特征长度；对于外掠圆管的对流换热，选择管外径作为特征长度。定性温度用来确定特征数 Re 和 Nu 中物性参数 λ、ν 的数值，对于管内强迫对流换热，一般选择流体的平均温度 t_f 作为定性温度。在流体温度变化不大的情况下，t_f 近似为流体进出口截面平均温度的算术平均值 $\dfrac{1}{2}(t_f'+t_f'')$。特征长度和定性温度选定之后，λ、ν 的数值可定，就可以通过改变气体的流速 u 来改变 Re，通过测量平均表面传热系数 h 来确定 Nu。

平均表面传热系数 h 可以根据牛顿冷却公式确定：

$$h=\frac{\Phi}{A(t_w-t_f)}$$

需要测量实验段的热流量 Φ、实验段的换热面积 A、实验段管内壁的平均温度 t_w、流体的平均温度 t_f。

为了确定一般流体的强迫对流换热特征数关联式

$$Nu=cRe^nPr^m$$

原则上可以首先用 Pr 不同的流体在相同的 Re 下进行实验，将实验点描绘在以 $\lg Nu$ 为纵坐标、$\lg Pr$ 为横坐标的双对数坐标图上，同样用最小二乘法确定 m 的数值。但由于用 Pr 不同且变化范围较大的多种流体进行实验有较大的难度，所以通常直接采用前人通过理论分析或实验研究已经获得的数据。例如：对于层流，取 $m=1/3$；对于湍流，取 $m=0.4$ 或其他数值。然后再用同一种流体在不同的 Re 下进行实验，用与上述相同的方法确定 c 和 n 的数值。

(3) 特征数关联式的适用范围

根据相似原理，彼此相似的物理现象的解可以用同一个特征数关联式来描写。这说明，从一个物理现象所获得的特征数关联式适用于与其相似的所有物理现象。所以，通过对流换热模型实验所得到的特征数关联式适用于与模型实验相似的所有对流换热过程。

由于单相流体强迫对流换热特征数关联式是在一定的 Re、Pr 变化范围内通过实验获得的，并且关系式中的常数大小还与特征长度、定性温度的选择有关，所以每一个对流换热特征数关联式应该说明它所适用的 Re、Pr 范围及特征长度与定性温度的选择方法，在此范围之外该特征数关联式不适用。

例题 10-2 一根外径 $d=100$ mm 的水管横置在高温烟道中，已知水管外壁面温度 $t_w=80$ ℃，烟气的温度 $t_f=500$ ℃，烟气的流速 $u=10$ m/s，单位长度水管的换热量 $\Phi_l=1.5\times10^4$ W/m。假设烟气的各物性参数分别为常数，试问：若将烟气的速度降低为 $u'=5$ m/s，同时水管的外径增加为 $d'=200$ mm，并维持 t_w、t_f 不变，这时单位管长的换热量为多少？

解 管外烟气侧强迫对流换热特征数关联式的形式为

$$Nu=f(Re,Pr)$$

根据题意，$u'=\dfrac{1}{2}u$，$d'=2d$，物性参数为常数，于是可得

$$Re'=\frac{u'd'}{\nu}=\frac{ud}{\nu}=Re,\ Pr'=Pr$$

烟气流速和管径改变后的对流换热与改变前的对流换热完全相似，根据相似理论或直接由特征数关联式可得

$$Nu'=Nu$$

即

$$\frac{h'd'}{\lambda}=\frac{hd}{\lambda}$$

由此可得

$$h'=\frac{d}{d'}h=\frac{1}{2}h$$

根据牛顿冷却公式

$$\begin{aligned}\Phi_l' &=\pi d'h'(t_f-t_w)=\pi\cdot 2d\ \frac{1}{2}h(t_f-t_w)=\Phi_l\\ &=1.5\times10^4\ \text{W/m}\end{aligned}$$

10-5 单相流体强迫对流换热特征数关联式

对于工程上常见的绝大多数单相流体的对流换热问题，经过科技工作者多

年的理论分析与实验研究，都已经获得了计算表面传热系数的特征数关联式。这些关联式的准确性已在大量的工程应用中得到了进一步的验证。本节重点介绍几种典型的单相流体对流换热过程及其特征数关联式，主要有：

(1) 管内强迫对流换热；

(2) 外掠壁面强迫对流换热。

熟悉它们的特点及影响因素，并且掌握利用特征数关联式进行对流换热计算的方法，这对于一般的传热工程设计具有重要的实用价值。

1. 管内强迫对流换热

单相流体管内强迫对流换热是工业上和日常生活中最常见的换热现象，如各类液体、气体管道内的对流换热以及各类换热器排管内的对流换热等。

(1) 管内强迫对流换热的特点及影响因素

1) 流态

前面在对流换热概述一节中已指出，流体的流动状态对对流换热有显著影响。由流体力学可知，单相流体管内强迫对流的流动状态不仅取决于流体的物性、管道的几何尺寸、管内壁的表面粗糙度，还与流体进入管道前的稳定程度有关。对于工业和日常生活中常用的一般光滑管道，当 $Re=\frac{u_m d}{\nu}\leqslant 2\ 300$ 时，流态为层流；当 $2\ 300<Re<10^4$ 时，流态为由层流到湍流的过渡阶段；当 $Re>10^4$ 时，流态为旺盛湍流。这种根据雷诺数 Re 的大小范围判断流态的方法不是对所有管内流动都适用的，只是常用一般光滑管道的测量结果。随着工艺水平与实验技术的发展，在 19 世纪初就已在实验中利用特制的管道将管内层流保持到 $Re\approx 4\times 10^4$，现在利用高新技术能使管内层流保持到 Re 达几十万。

2) 进口段与充分发展段

a. 流动进口段与充分发展段

当不可压缩牛顿流体以均匀的流速从大空间稳态流进圆管时，从管子的进口处开始，管内流动边界层逐渐加厚，圆管横截面上的速度分布沿流动方向(轴向)不断变化。当流动边界层的边缘在圆管的中心线汇合之后，圆管横截面上的速度分布沿轴向不再变化，这时称流体进入了**流动充分发展阶段**，在此之前的一段称为**流动进口段**，如图 10－11a 所示。

对于管内等温层流，流动充分发展阶段具有以下特征：

(a) 沿轴向的速度不变，即 $\frac{\partial u}{\partial x}=0$，其他方向的速度为零。

(b) 圆管横截面上的速度分布为抛物线形分布，可表达为

$$\frac{u(r)}{u_m}=2\left(1-\frac{r^2}{R^2}\right) \tag{10-40}$$

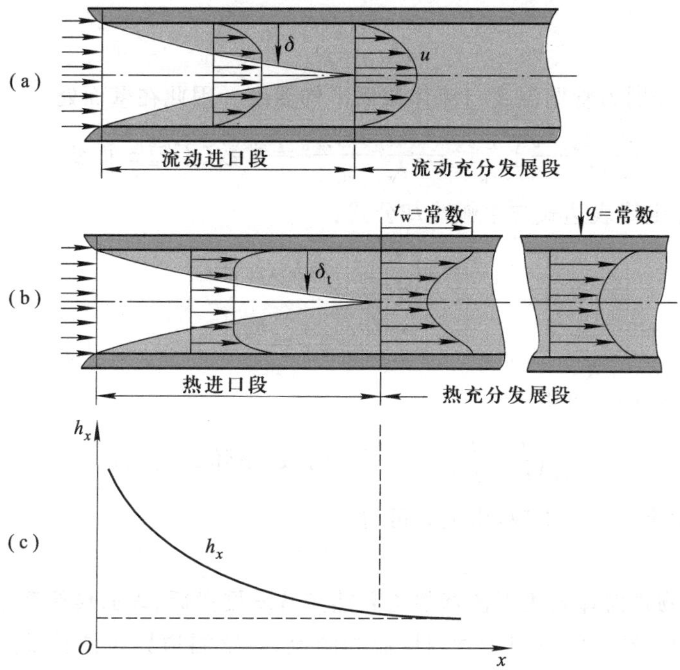

图 10-11 层流进口段与充分发展段

式中：u_m 为截面平均流速，可表示为 $u_m=\frac{2}{R^2}\int_0^R ru\mathrm{d}r$；$r$ 为径向坐标；R 为管内半径。

(c) 沿流动方向的压力梯度不变，即 $\frac{\mathrm{d}p}{\mathrm{d}x}$=常数，阻力系数 f 为常数：

$$f=\frac{64}{Re} \tag{10-41}$$

$$\Delta p=f\frac{l}{d}\frac{\rho u_m^2}{2} \tag{10-42}$$

式中：l 为管长；d 为管内径。

b. 热进口段与热充分发展段

如果流体和管壁之间有温差，流体进入管内后就会发生对流换热，热边界层就从管口处开始发展，并沿流动方向逐渐加厚，流体的温度沿 x 和 r 方向不断变化。当热边界层的边缘在圆管的中心线汇合之后，虽然流体的温度仍然沿 x 方向不断发生变化，但无量纲温度 $\frac{t_w-t}{t_w-t_f}$ 不再随 x 而变，只是 r 的函数，从这时起称管内的对流换热进入了**热充分发展阶段**，此前称为**热进口段**，如图 10-11b 所示。

因为当管内的对流换热进入热充分发展阶段之后

$$\frac{\partial}{\partial x}\left(\frac{t_{\mathrm{w}}-t}{t_{\mathrm{w}}-t_{\mathrm{f}}}\right)=0 \tag{10-43}$$

式中，t_{w}、t_{f} 分别为管壁温度与流体截面平均温度。因此在壁面处

$$\frac{\partial}{\partial r}\left(\frac{t_{\mathrm{w}}-t}{t_{\mathrm{w}}-t_{\mathrm{f}}}\right)_{r=R}=\frac{-(\partial t/\partial r)_{r=R}}{t_{\mathrm{w}}-t_{\mathrm{f}}}=\text{常数(不随 } x \text{ 而变)} \tag{a}$$

根据傅里叶定律表达式与牛顿冷却公式：

$$q=-\lambda\left(\frac{\partial t}{\partial r}\right)_{r=R}=h_x(t_{\mathrm{w}}-t_{\mathrm{f}})$$

$$\frac{-(\partial t/\partial r)_{r=R}}{t_{\mathrm{w}}-t_{\mathrm{f}}}=\frac{h_x}{\lambda}$$

将上式代入式(a)，可得

$$\frac{\partial}{\partial r}\left(\frac{t_{\mathrm{w}}-t}{t_{\mathrm{w}}-t_{\mathrm{f}}}\right)_{r=R}=\frac{h_x}{\lambda}=\text{常数(不随 } x \text{ 而变)} \tag{b}$$

对于常物性流体，λ＝常数，由上式可得

$$h_x=\text{常数} \tag{10-44}$$

这说明，**常物性流体管内对流换热进入热充分发展段后，表面传热系数沿流动方向保持不变**。这一结论对于管内层流和湍流、等壁温边界条件和常热流边界条件都适用。

进口处边界层很薄，局部表面传热系数 h_x 很大，对流换热较强。随着边界层的加厚，h_x 将沿 x 方向逐渐减小，对流换热逐渐减弱，直到进入热充分发展段后保持不变(图 10－11c)。因此在计算管内对流换热时要考虑进口段的影响，尤其是短管的对流换热。通常在特征数关联式的右端乘以一个修正系数 c_l 来考虑进口段的影响。对于工业上常见管子的管内湍流换热。c_l 可用下式计算：

$$c_l=1+\left(\frac{d}{l}\right)^{0.7} \tag{10-45}$$

研究表明，对于管内层流，流动进口段的长度可用下式计算：

$$\frac{l}{d}\approx 0.05\ Re \tag{10-46}$$

热进口段的长度可用下式计算：

$$\left(\frac{l}{d}\right)_{\mathrm{t}}\approx 0.05\ RePr \tag{10-47}$$

比较式(10－46)、(10－47)可以看出，当 $Pr>1$ 时，流动边界层的发展比热边界层快，即流动进口段的长度比热进口段小；当 $Pr<1$ 时，热边界层的发展比流动边界层快，即热进口段的长度比流动进口段小。

3）对流换热过程中管壁及管内流体温度的变化

当运用牛顿冷却公式

$$q=h(t_{\mathrm{w}}-t_{\mathrm{f}})=h\Delta t$$

计算管内强迫对流换热时，除了需要确定平均表面传热系数 h 外，还必须知道管壁与流体之间的平均温度 Δt。一般情况下，管壁温度(等壁温边界条件除外)和流体温度都沿管轴向发生变化，变化规律与边界条件有关。

对于常热流边界条件下常物性流体在等截面直管内的强迫对流换热，流体的截面平均温度 t_m 和管壁温度 t_w 沿流动方向 x 的变化如图 10－12 所示。由于单位管长的换热量相等，所以流体截面平均温度 t_m 沿流动方向 x 线性变化，整个流体的平均温度为管子进、出口流体截面平均温度的算术平均值，即

$$t_f = \frac{1}{2}(t'_m + t''_m)$$

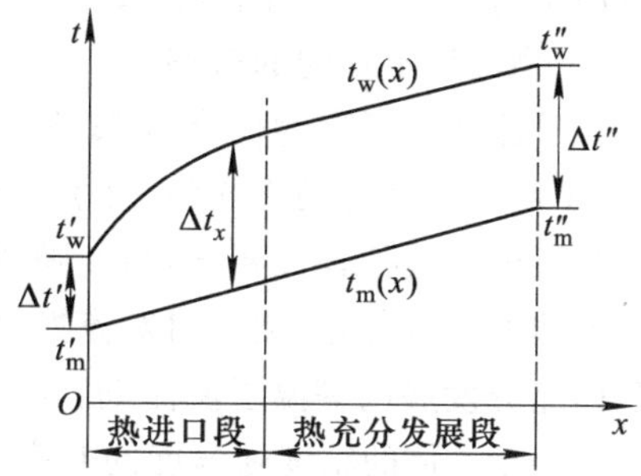

图 10－12 常热流边界条件下壁面温度与流体截面平均温度沿 x 方向的变化

流体的截面平均温度可以通过实验进行测量，方法是在管道的待测截面处加装混合段，使流体均匀混合后测得的温度即是该截面的流体平均温度。

在常热流(q_x＝常数)边界条件下，当管内对流换热进入热充分发展段以后，由于 h_x 沿流向保持不变，所以由牛顿冷却公式 $q_x = h_x \Delta t_x$ 可知，温差 Δt_x 也沿流向不变，这说明壁面温度变化曲线 $t_w(x)$和流体截面平均温度变化曲线 $t_m(x)$是两条平行直线，如图 10－12 所示。在管子进口($x=0$)处，由于边界层最薄，局部表面传热系数 h_x 最大，所以温差 Δt_x 最小。随着 h_x 沿 x 方向逐渐减小，Δt_x 逐渐增大，直到进入热充分发展段后保持不变。如果管子较长，进口段的影响可以忽略，则可取充分发展段的温差(即管子出口处的温差)作为整个管子的平均温差，即

$$\Delta t = \Delta t'' = t''_w - t''_m$$

如果管子较短，进口段的影响不能忽略，则管子的平均温差可近似地取管子进口温差 $\Delta t'$和出口温差 $\Delta t''$的算术平均值，即

$$\Delta t = \frac{1}{2}(\Delta t' + \Delta t'') \tag{10-48}$$

对于等壁温边界，分析结果表明，温差 Δt_x 沿 x 方向按指数函数规律变化，由于 t_w 为常数，所以流体截面平均温度 t_m 也按同样的指数函数规律变化，如图 10－13 所示。此时，整个管子的平均温差可按**对数平均温差**计算，即

$$\Delta t = \frac{\Delta t' - \Delta t''}{\ln \dfrac{\Delta t'}{\Delta t''}} \tag{10-49}$$

如果进口温差与出口温差相差不大，$0.5 < \Delta t'/\Delta t'' < 2$ 时，则 Δt 可近似地取管子进口温差与出口温差的算术平均值，即按式(10－48)计算，计算结果与对数平均

温差的偏差小于 4%。

在等壁温的边界条件下，流体的平均温度可用下式计算：

$$t_{\mathrm{f}}=t_{\mathrm{w}}\pm\Delta t \tag{10-50}$$

加号用于 $t_{\mathrm{w}}<t_{\mathrm{f}}$，减号用于 $t_{\mathrm{w}}>t_{\mathrm{f}}$。

4）物性场不均匀的影响

几乎流体的所有物性参数都是温度的函数。当流体在管内强迫对流换热时，由于流体温度场的不均匀，会引起物性场的不均匀，对管内对流换热产生影响。与流体的其他物性相比，粘度随温度的变化最大。粘度场的不均匀直接影响到流体的速度分布，因此对对流换热的影响最为显著。前面已提到，对于流体在管内充分发展的等温层流流动，速度分布为抛物线，如图 10－14 中的曲线 1 所示。由于气体的粘度随温度的升高而加大，液体的粘度随温度的升高而减小，所以当气体被加热或者液体被冷却时，越靠近壁面粘度越大，越不容易流动，在质量流量不变的情况下，与等温流动相比，靠近壁面处的流速会降低，管中心处的流速会升高，速度分布如图中曲线 2 所示。当气体被冷却或者液体被加热时，情况正好与此相反，速度分布曲线如图中曲线 3 所示。

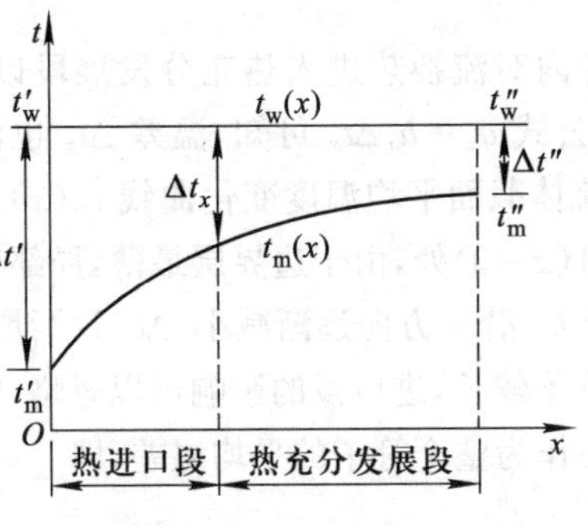

图 10－13 等壁温边界条件下流体截面平均温度沿 x 方向的变化

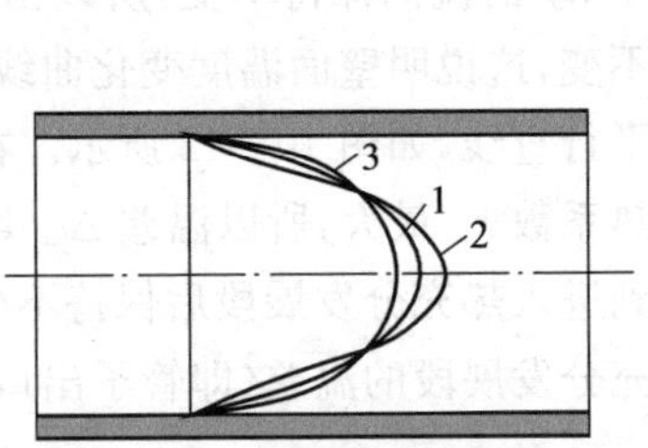

图 10－14 粘度场不均匀对速度分布的影响

1—等温流动；2—气体被加热或液体被冷却；3—气体被冷却或液体被加热

为了考虑物性场不均匀的影响，通常的做法是在特征数关联式的右端乘以一个修正系数 c_t。不同的特征数关联式所采用的修正系数 c_t 表达式的形式也有所不同。有的特征数关联式对于气体和液体采用不同的修正方法：

对于气体
$$c_t=\left(\frac{T_{\mathrm{f}}}{T_{\mathrm{w}}}\right)^n \tag{10-51}$$

对于液体
$$c_t=\left(\frac{\eta_{\mathrm{f}}}{\eta_{\mathrm{w}}}\right)^n \tag{10-52}$$

也有的特征数关联式无论对气体还是液体都采用

$$c_t=\left(\frac{Pr_{\mathrm{f}}}{Pr_{\mathrm{w}}}\right)^n \tag{10-53}$$

式中的下角标 f 和 w 表示物性参数分别是流体平均温度 t_{f} 和壁面温度 t_{w} 下的值。对于不同情况的对流换热，n 的数值会有所不同。

5）管道弯曲的影响

由于管道弯曲改变了流体的流动方向，离心力的作用会在流体内产生如图 10－15 所示的二次环流，结果增加了扰动，使对流换热得到强化。弯管的曲率半径越小，二次环流的影响越大。通常，在直管内强迫对流湍流换热特征数关联式的右端乘以一个修正系数 c_R 来考虑管道弯曲的影响。c_R 的计算公式推荐如下：

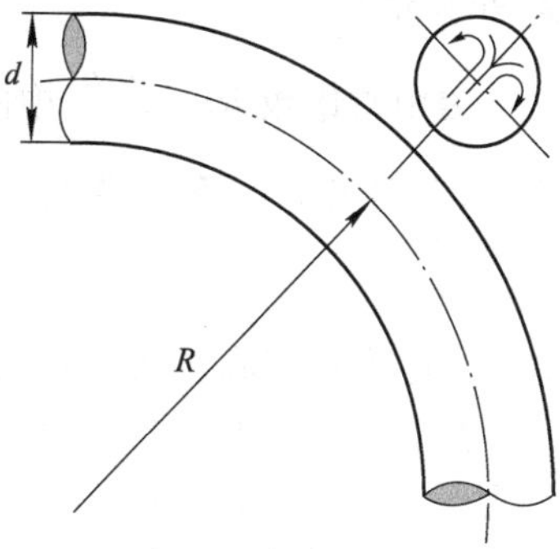

图 10－15　管道弯曲影响示意图

对于气体

$$c_R=1+1.77\frac{d}{R} \tag{10-54}$$

对于液体

$$c_R=1+10.3\left(\frac{d}{R}\right)^3 \tag{10-55}$$

对于管内层流换热，管道弯曲影响较小，可以忽略。

（2）管内强迫对流换热特征数关联式

1）层流换热

对常物性流体在光滑管道内充分发展的层流换热进行了大量的理论分析工作。表 10－1 给出了几种横截面形状的管道的分析结果。

表 10－1　截面形状不同的管道内充分发展层流换热的努塞尔数 Nu 和阻力系数 f

截面形状	$Nu=\frac{hd_e}{\lambda}$		$fRe\left(Re=\frac{u_m d_e}{\nu}\right)$
	常热流边界	等壁温边界	
圆形	4.36	3.66	64
等边三角形	3.11	2.47	53
正方形	3.61	3.98	57
正六边形	4.00	3.34	60
长方形（长 a、宽 b）：			
$a/b=2$	4.12	3.39	62
$a/b=3$	4.79	3.96	69
$a/b=4$	5.33	4.44	73
$a/b=8$	6.49	5.60	82
$a/b=\infty$	8.24	7.54	96

由表中数值可以看出，常物性流体管内充分发展的层流换热具有以下特点：

(a) Nu 的数值为常数，大小与 Re 无关；

(b) 对于同一种截面的管道，常热流边界条件下的 Nu 比等壁温边界条件高 20%左右。

表中雷诺数 $Re=\frac{u_m d_e}{\nu}$ 中的速度 u_m 为管内流体平均流速。对于非圆形截面管道，采用当量直径 d_e 作为特征长度，并用下式计算：

$$d_e=\frac{4A_c}{P} \tag{10-56}$$

式中：A_c 为管道流通截面面积；P 为管道流通截面的润湿周边的长度。

如果管子较长，进口段的影响很小，可以直接利用表中的数值进行计算。如果管子较短，进口段的影响不能忽略，则推荐采用**席德和塔特**(Sieder and Tate)提出的公式计算等壁温管内层流换热的平均努塞尔数 Nu_f：

$$Nu_f=1.86\left(Re_f Pr_f \frac{d}{l}\right)^{1/3}\left(\frac{\eta_f}{\eta_w}\right)^{0.14} \tag{10-57}$$

此式的适用条件为

$$0.48<Pr_f<16\ 700$$

$$0.004\ 4<\frac{\eta_f}{\eta_w}<9.75$$

$$\left(Re_f Pr_f \frac{d}{l}\right)^{1/3}\left(\frac{\eta_f}{\eta_w}\right)^{0.14}\geqslant 2$$

式中下角标 f 表示定性温度为流体的平均温度 t_f，但 η_w 须按壁面温度 t_w 确定。

表 10-1 中的数值及关联式(10-57)适用于不考虑自然对流影响的纯强迫对流层流换热。

2) 湍流换热

对于流体与管壁温度相差不大(例如：对于气体，$\Delta t=t_w-t_f<50$ ℃；对于水，$\Delta t<30$ ℃；对于油，$\Delta t<10$ ℃。)的情况，可采用**迪图斯和贝尔特**(Dittus and Boelter)于 1930 年提出的公式：

$$Nu_f=0.023\ Re_f^{0.8} Pr_f^n \tag{10-58}$$

适用条件

$$n=\begin{cases}0.4 & t_w>t_f \text{ 时}\\ 0.3 & t_w<t_f \text{ 时}\end{cases}$$

$$0.7\leqslant Pr_f\leqslant 160,Re_f\geqslant 10^4,l/d\geqslant 60$$

对于流体与管壁温度相差较大，流体物性场不均匀性影响较大的情况，可采用席德-塔特于 1936 年提出的公式：

$$Nu_f=0.027\ Re_f^{0.8} Pr_f^{1/3}\left(\frac{\eta_f}{\eta_w}\right)^{0.14} \tag{10-59}$$

适用条件

$$0.7 \leqslant Pr_f \leqslant 16\ 700, Re_f \geqslant 10^4, l/d \geqslant 60$$

以上两个公式适用于一般的光滑管道，对常热流和等壁温边界条件都适用，是形式比较简单的计算管内湍流换热的特征数关联式。但由于提出年代较早，实验数据的偏差较大（达 25%），因此精确度不高，可用于一般的工程计算。

格尼林斯基（Gnilinski）于 1976 年提出了精度较高的计算管内充分发展的湍流换热半经验公式：

$$Nu_f = \frac{(f/8)(Re_f - 1\ 000)Pr}{1 + 12.7(f/8)^{1/2}(Pr_f^{2/3} - 1)}\left[1 + \left(\frac{d}{l}\right)^{2/3}\right]c_t \tag{10-60}$$

适用条件

$$0.5 \leqslant Pr_f \leqslant 2\ 000, 2\ 300 \leqslant Re_f \leqslant 5 \times 10^6$$

式中，阻力系数可采用**贝图霍夫**（Petukhov）公式计算：

$$f = (0.79 \ln Re_f - 1.64)^{-2}$$

式（10－60）中的修正系数 c_t 为：

对于气体　$$c_t = \left(\frac{T_f}{T_w}\right)^{0.45}, 0.5 \leqslant \frac{T_f}{T_w} \leqslant 1.5$$

对于液体　$$c_t = \left(\frac{Pr_f}{Pr_w}\right)^{0.11}, 0.05 \leqslant \frac{Pr_f}{Pr_w} \leqslant 20$$

将式（10－60）分别用于气体和液体，可以得到下面进一步简化的公式：

对于气体

$$Nu_f = 0.021\ 4(Re_f^{0.8} - 100)Pr_f^{0.4}\left[1 + \left(\frac{d}{l}\right)^{2/3}\right]\left(\frac{T_f}{T_w}\right)^{0.45} \tag{10-61}$$

适用条件

$$0.6 < Pr_f < 1.5, 0.5 < \frac{T_f}{T_w} < 1.5, 2\ 300 < Re_f < 10^6$$

对于液体

$$Nu_f = 0.012(Re_f^{0.87} - 280)Pr_f^{0.4}\left[1 + \left(\frac{d}{l}\right)^{2/3}\right]\left(\frac{Pr_f}{Pr_w}\right)^{0.11} \tag{10-62}$$

适用条件

$$1.5 < Pr_f < 500, 0.05 < \frac{Pr_f}{Pr_w} < 20, 2\ 300 < Re_f < 10^6$$

从适用条件可见，式（10－60）、（10－61）、（10－62）不仅适用于管内旺盛湍流换热，也适用于从层流到湍流之间的过渡流换热。

前面推荐的特征数关联式只适用于普通光滑管道内的对流换热。对于粗糙管，例如工业上常用的铸造管以及为了强化传热有意加工的粗糙内表面管，如内螺纹管等，在高雷诺数（湍流）情况下，其对流换热要比一般的光滑管道强，上述公式不再适用，通常采用下面的动量传递与热量传递类比关系式进行计算：

$$St_f Pr_f^{2/3}=\frac{f}{8} \tag{10-63}$$

式中：斯坦顿数为 $St_f=\frac{Nu_f}{Re_f Pr_f}=\frac{h}{\rho c_p u_\infty}$；阻力系数 f 的数值可根据管道内表面的粗糙情况查阅有关工程手册或流体力学文献获得。

例题 10-3　在一冷凝器中，冷却水以 1 m/s 的流速流过内径为 10 mm、长度为 3 m 的铜管，冷却水的进、出口温度分别为 15 ℃和 65 ℃，试计算管内的表面传热系数。

解　由于管子细长，l/d 较大，可以忽略进口段的影响。冷却水的平均温度为

$$t_f=\frac{1}{2}\times(15\ ℃+65\ ℃)=40\ ℃$$

从附录中水的物性表中可查得

$$\lambda_f=0.635\ \mathrm{W/(m\cdot K)},\nu_f=0.659\times10^{-6}\ \mathrm{m^2/s},Pr_f=4.31$$

管内雷诺数为

$$Re_f=\frac{ud}{\nu_f}=\frac{1\ \mathrm{m/s}\times0.01\ \mathrm{m}}{0.659\times10^{-6}\ \mathrm{m^2/s}}=1.52\times10^4$$

管内流动为旺盛湍流。运用式(10-58)

$$\begin{aligned}Nu_f&=0.023\,Re_f^{0.8}Pr_f^{0.4}\\&=0.023\times(1.52\times10^4)^{0.8}\times4.31^{0.4}\\&=91.4\end{aligned}$$

$$h=\frac{\lambda_f}{d}Nu_f=\frac{0.635\ \mathrm{W/(m\cdot K)}}{0.01\ \mathrm{m}}\times91.4=5\ 804\ \mathrm{W/(m^2\cdot K)}$$

式(10-58)没考虑流体物性场不均匀的影响。如果考虑物性场不均匀的影响，应该用式(10-59)计算，为此必须求出壁面温度 t_w，以确定修正项 $(\eta_f/\eta_w)^{0.14}$。可以首先根据冷却水的温升确定换热量 Φ，再用上面计算的表面传热系数 h 由式 $\Phi=Ah(t_w-t_f)$ 计算 t_w。请读者自己计算，并将式(10-58)、(10-59)的计算结果进行比较。

2. 外掠壁面强迫对流换热

下面根据壁面几何形状的不同，分别介绍工程上常见的流体外掠平板、横掠单管与管束的对流换热。

(1) 外掠平板

1) 层流换热

如果来流是速度均匀分布的层流，平行流过平板，则在距平板前缘的一段距离之内($Re_x\leqslant5\times10^5$)形成层流边界层。对于流体外掠平板的层流换热，理论分析已经相当充分，所得结论和实验结果非常吻合。

如果从平板前缘($x=0$)就开始换热，可采用第 10-3 节介绍的公式计算局

部表面传热系数和平均表面传热系数。

对于 $0.5 \leqslant Pr \leqslant 1\ 000$ 的流体沿等壁温平板的层流换热，可采用式(10－28)、(10－31)计算，即

$$Nu_x = 0.332 Re_x^{1/2} Pr^{1/3}$$

$$Nu = 0.664 Re^{1/2} Pr^{1/3}$$

对于 $0.5 \leqslant Pr \leqslant 1\ 000$ 的流体沿常热流平板的层流换热，可采用式(10－32)、(10－33)计算，即

$$Nu_x = 0.453 Re_x^{1/2} Pr^{1/3}$$

$$Nu = 0.680 Re^{1/2} Pr^{1/3}$$

流体外掠平板层流边界层的厚度可以采用式(10－24)计算：

$$\frac{\delta}{x} = 5.0 Re_x^{-1/2}$$

如果从平板前缘($x=0$)就开始换热，热边界层的厚度可用式(10－27)计算：

$$\frac{\delta_t}{\delta} = Pr^{-1/3}$$

该式适用于 $0.6 \leqslant Pr \leqslant 15$。

层流边界层的局部摩擦系数用式(10－25)计算：

$$C_{f,x} = 0.664 Re_x^{-1/2}$$

平均摩擦系数用式(10－26)计算：

$$C_f = 2C_{f,x=L} = 1.328 Re^{-1/2}$$

2）湍流换热

当 $Re_x > 5 \times 10^5$ 时，边界层由层流过渡到湍流。根据动量传递与热量传递之间的比拟关系式(10－34)，即

$$St_x Pr^{2/3} = \frac{C_{f,x}}{2}$$

当 $5 \times 10^5 < Re_x < 10^7$ 时，湍流边界层的局部摩擦系数为

$$C_{f,x} = 0.059\ 2 Re_x^{-1/5} \tag{10-64}$$

代入式(10－34)，可得湍流边界层内局部表面传热系数的计算关联式

$$Nu_x = 0.029\ 6 Re_x^{4/5} Pr^{1/3} \tag{10-65}$$

适用条件

$$t_w = \text{常数}, 0.6 < Pr < 60, 5 \times 10^5 < Re_x < 10^7$$

对于常热流平板，湍流边界层内的局部努塞尔数比等壁温情况高约 4%，为

$$Nu_x = 0.030\ 8 Re_x^{4/5} Pr^{1/3} \tag{10-66}$$

如果流体掠过等壁温平板时先形成层流边界层后再过渡到湍流边界层，则整个平板的平均表面传热系数可按下式计算：

$$h=\frac{1}{l}\left(\int_0^{x_c}h_{x,l}\mathrm{d}x+\int_{x_c}^{l}h_{x,l}\mathrm{d}x\right)$$

如果从层流边界层向湍流边界层过渡的临界雷诺数为 $Re_{x,c}=5\times10^5$，则可从式(10－28)和(10－65)中分别解出层流段的局部表面传热系数 $h_{x,l}$ 和湍流段的局部表面传热系数 $h_{x,t}$，代入上式，经运算整理后可得

$$Nu=(0.037Re^{4/5}-871)Pr^{1/3} \tag{10-67}$$

适用条件

$$t_w=常数, 0.6<Pr<60, 5\times10^5<Re_x<10^7$$

对于流体外掠平板的强迫对流换热，牛顿冷却公式 $q=h(t_w-t_f)$ 中的 t_f 为流体的主流温度，即边界层之外的流体温度 t_∞。上述关联式中物性参数的定性温度为边界层的算术平均温度 $t_m=\frac{1}{2}(t_w+t_\infty)$。

(2) 横掠单管

由流体力学可知，当流体横向（与轴线垂直）流过单根圆管或圆柱体的表面时，其流动状态取决于雷诺数 $Re=\frac{u_\infty d}{\nu}$ 的大小，如图 10－16 所示。

$Re<5$	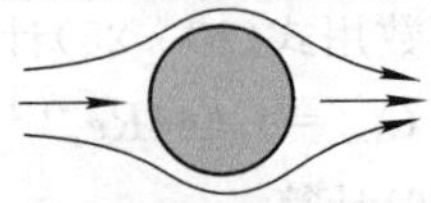	不脱体
$5\sim15<Re<40$	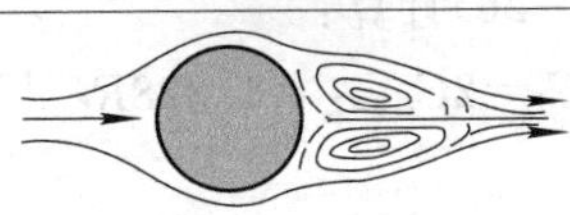	开始脱体，尾流出现涡
$40<Re<150$	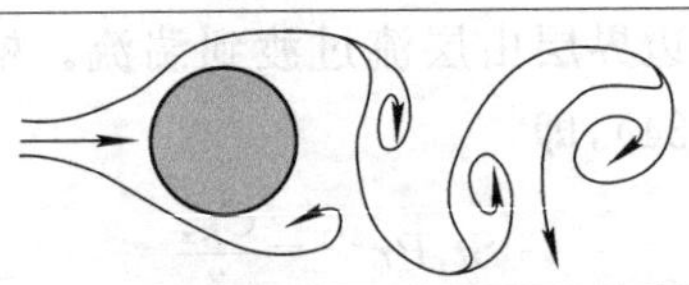	脱体，尾流形成层流涡街
$150<Re<3\times10^5$	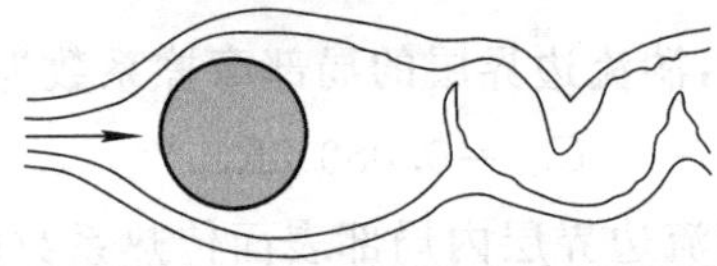	脱体前边界层保持层流，湍流涡街
$3\times10^5<Re<3.5\times10^6$	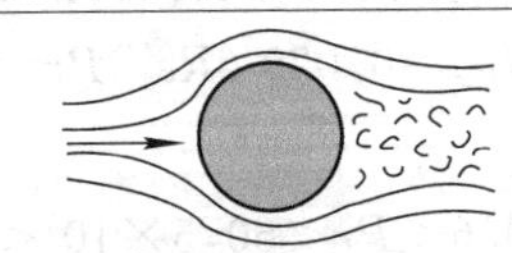	边界层从层流过渡到湍流再脱体，尾流湍乱、变窄
$Re>3.5\times10^6$	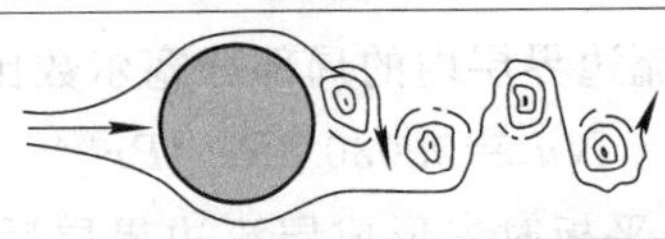	又出现湍流涡街，但比第 4 种情况狭窄

图 10－16 流体横掠单管时的流动状态

大量实验观察结果表明，如果 $Re<5$，则流体平滑、无分离地流过圆柱表面；如果 $Re>5$，则流体在绕流圆柱体时会发生边界层脱体现象，形成漩涡。这种脱体现象是由于粘性流体流过圆柱体时流速和压力的变化造成的，可以定性解释如下：

当流体流过圆柱体时，边界层之外的流体可看作理想流体。根据理想流体的伯努利方程

$$p+\frac{\rho u_\infty^2}{2}=\text{常数}$$

沿流动方向微分，可得

$$\frac{\mathrm{d}p}{\mathrm{d}x}=-\rho u_\infty\frac{\mathrm{d}u_\infty}{\mathrm{d}x} \tag{10-68}$$

在圆柱体的前半部，沿流动方向流通截面减小，流速增加，压力降低，即 $\mathrm{d}u_\infty/\mathrm{d}x>0$，$\mathrm{d}p/\mathrm{d}x<0$，压力势能转变为动能；在圆柱体的后半部，于流通截面增加，流速降低，压力增加，即 $\mathrm{d}u_\infty/\mathrm{d}x<0$，$\mathrm{d}p/\mathrm{d}x>0$，流体克服压力的增加向前流动，动能转变为压力势能。由于粘性力的作用，边界层内靠近壁面处流体的流速较低，当其动量不足以克服压力的增加保持向前流动时，就会产生反方向的流动，形成漩涡，使边界层离开壁面，即发生所谓的脱体现象。在脱体点 O，$(\partial u/\partial y)_{y=0}=0$，如图 10－17 所示。脱体点的位置取决于 Re 的大小：当 $5<Re<1.2\times10^5$ 时，边界层为层流，脱体点在 $\varphi\approx80°\sim85°$处；当 $Re>1.2\times10^5$ 时，边界层先从层流转变为湍流，脱体点向后推移到 $\varphi\approx140°$处。

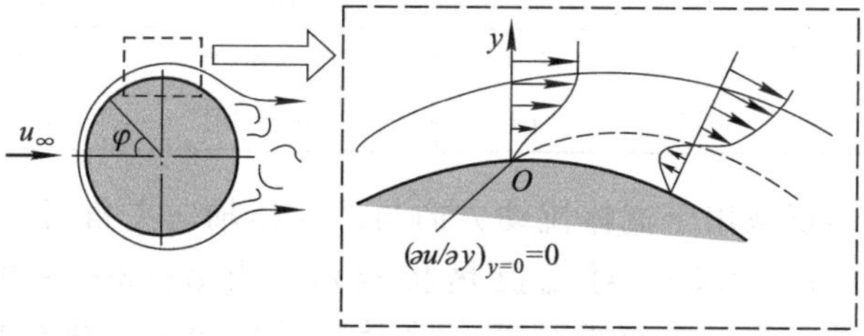

图 10－17　流体横掠单管时流动状态的示意图

流体沿圆柱体表面流动状态的变化规律决定了流体外掠圆柱体时对流换热的特点。图 10－18 所示的是**吉特**（Giedt）所测得的流体外掠常热流圆柱体表面时的局部努塞尔数 $Nu_\varphi=\frac{h_\varphi d}{\lambda}$ 随角度 φ 的变化曲线。从图中可以看出，在 $0°\leqslant\varphi<80°\sim100°$的范围内，局部努塞尔数都逐渐减小，这是由于层流边界层逐渐加厚的缘故。下面两条曲线在 80°左右开始回升，是由于雷诺数较低时层流边界层在 80°左右脱体，扰动使对流换热增强。上面三

条曲线出现两次回升，是由于雷诺数较高时边界层先由层流过渡到湍流，然后在 $\varphi\approx140°$ 处脱体。

对于流体横掠圆柱体的对流换热，**茹考思卡斯**（A. A. Zhukauskas）推荐用下面的关联式计算平均表面传热系数：

$$Nu=CRe^{n}Pr^{m}(Pr/Pr_{w})^{1/4} \tag{10-69}$$

该式的适用范围为 $0.7<Pr<500$，$1<Re<10^6$。式中，除 Pr_w 的定性温度为壁面温度 t_w 外，其他物性的定性温度为主流温度 t_∞，特征长度为圆柱体直径 d，雷诺数中的速度为来流速度 u_∞。对于 $Pr\leqslant10$ 的流体，$m=0.37$；对于 $Pr>10$ 的流体，$m=0.36$。式中常数 C 和 n 的数值列于表 10-2 中。

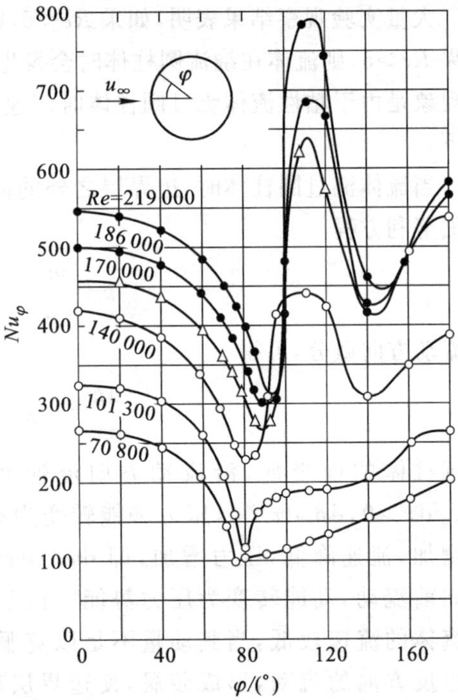

图 10-18　局部努塞尔数随角度的变化

表 10-2　式(10-69)中常数 C 和 n 的数值

Re	C	n	Re	C	n
1～40	0.75	0.4	$10^3\sim2\times10^5$	0.26	0.6
40～1 000	0.51	0.5	$2\times10^5\sim10^6$	0.076	0.7

式(10-69)仅适用于流体流动方向与圆柱体轴向夹角（称为冲击角）$\psi=90°$ 的情况。如果 $\psi<90°$，对流换热将减弱。当 $\psi=30°\sim90°$ 时，可在式(10-69)的右边乘以一个修正系数 ε_ψ 来计算平均表面传热系数。ε_ψ 可用下式近似计算：

$$\varepsilon_\psi=1-0.54\cos^2\psi \tag{10-70}$$

(3) 横掠管束

工业上许多换热设备都是由多根管子组成的管束构成，一种流体在管内流过，另一种流体在管外横向掠过管束。当流体外掠管束时，除 Re、Pr 之外，管束的排列方式、管间距以及管排数对流体和管外壁面之间的对流换热都会产生影响。管束的排列方式通常有**顺排**与**叉排**两种，如图 10-19 所示。这两种排列方式各有优缺点：叉排管束对流体的扰动比顺排剧烈，因此对流换热更强；但顺排管束的流动阻力比叉排小，管外表面的污垢比较容易清洗。由于管束中后排管的对流换热受到前排管尾流的影响，所以后排管的平均表面传热系数要大于前排，这种影响一般要延伸到10排以上。

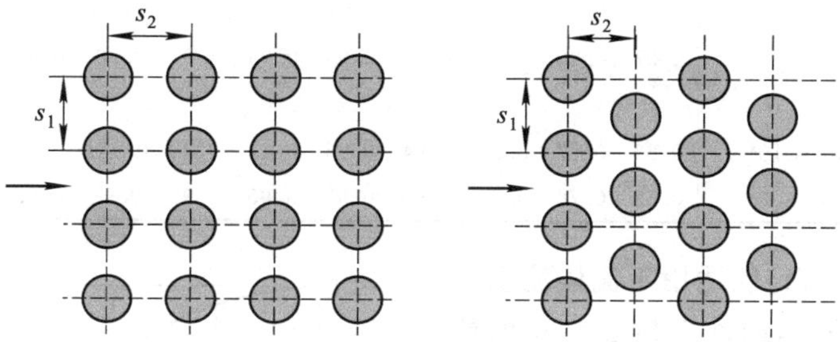

(a) 顺排　　(b) 叉排

图 10-19　管束的排列方式

对于流体外掠管束的对流换热，**茹卡乌思卡斯**汇集了大量实验数据，总结出计算管束平均表面传热系数的关联式为

$$Nu_f = CRe_f^m Pr_f^{0.36}\left(\frac{Pr_f}{Pr_w}\right)^{0.25}\varepsilon_n \tag{10-71}$$

该式的适用范围为 $1<Re_f<2\times10^6$、$0.6<Pr_f<500$。式中除 Pr_w 采用管束平均壁面温度 t_w 下的数值外，其他物性参数的定性温度为管束进出口流体的平均温度 t_f。Re_f 中的流速采用管束最窄流通截面处的平均流速。常数 C 和 m 的值列于表 10-3。ε_n 为管排数的修正系数，其数值列于表10-4。

表 10-3　关联式(10-71)中的常数 C 和 m 的数值

	Re_f	C	m
顺排	$1\sim10^2$	0.9	0.4
	$10^2\sim10^3$	0.52	0.5
	$10^3\sim2\times10^5$	0.27	0.63
	$2\times10^5\sim2\times10^6$	0.033	0.8
叉排	$1\sim5\times10^2$	1.04	0.4
	$5\times10^2\sim10^3$	0.7	0.5
	$10^3\sim2\times10^5$：		
	$\frac{s_1}{s_2}\leqslant2$	$0.35\left(\frac{s_1}{s_2}\right)^{0.2}$	0.6
	$\frac{s_1}{s_2}>2$	0.4	0.6
	$2\times10^5\sim2\times10^6$	$0.31\left(\frac{s_1}{s_2}\right)^{0.2}$	0.8

表 10-4 关联式(10-71)中的管排修正系数 ε_n

	管排数 n										
	1	2	3	4	5	7	9	10	13	15	≥16
顺排：											
$Re_f>10^3$	0.07	0.80	0.86	0.91	0.93	0.95	0.97	0.98	0.99	0.994	1.0
叉排：											
$10^2<Re_f<10^3$	0.83	0.87	0.91	0.94	0.95	0.97	0.98	0.984	0.993	0.996	1.0
$Re_f>10^3$	0.62	0.76	0.84	0.90	0.92	0.95	0.97	0.98	0.99	0.997	1.0

式(10-71)仅适用于流体流动方向与管束垂直，即冲击角 $\psi=90°$的情况。如果 $\psi<90°$，对流换热将减弱，此时可在式(10-71)的右边乘以一个修正系数 ε_ψ 来计算管束的平均表面传热系数。修正系数 ε_ψ 随冲击角的变化曲线如图 10-20 所示。

如果冲击角 $\psi=0°$，即流体纵向流过管束，可按管内强迫对流换热用公式计算，特征长度取管束间流通截面的当量直径 d_e。

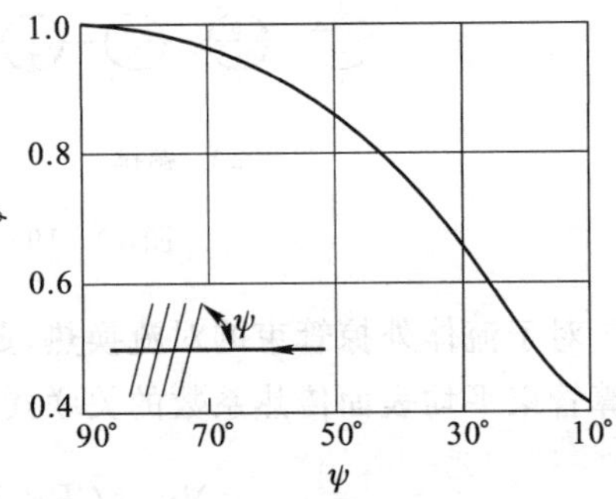

图 10-20 修正系数 ε_ψ 随冲击角的变化曲线

10-6 自然对流换热

本书只讨论最常见的在重力场中的自然对流换热，其产生原因是由于固体壁面与流体间存在温差，使流体内部温度场不均匀，导致密度场不均匀，于是在重力场作用下产生浮升力而促使流体发生流动，引起热量交换。例如，没有通风设备的室内暖气片与周围空气间的换热，冰箱后面蛇形管散热片的散热，不安装强制冷却装置的电器设备元器件的散热，以及对人类生活环境有重大影响的大气环流等。这种自然对流换热不消耗动力，在工业上和日常生活中发挥着重要作用。

在大多数情况下，只要固体表面和所接触的流体之间存在温差，就会发生自然对流换热。但有温差也并非一定会引起自然对流，例如一块温度为 t_w 大平板，水平悬空放置在大房间内，假设房间内的空气温度为 t_∞，并且没有其他原因引起的流动。如果 $t_w>t_\infty$，则大平板上边的空气会发生自然对流，下边(边缘附近除外)的空气却几乎是静止的，因为平板阻止被加热的空气向上运动，下表面与空气间的热量传递只能靠导热，如图 10-21a 所示；如果 $t_w<t_\infty$，则正好相反，

平板下边的空气发生自然对流，而上边（边缘附近除外）的空气几乎是静止的，因为平板阻止被冷却的空气向下运动，空气与上表面间的热量传递主要靠导热，如图 10－21b 所示。再如两块温度不同的水平平板夹层中的流体，当上面平板的温度低于下面平板的温度时就会发生自然对流，反之则不能。

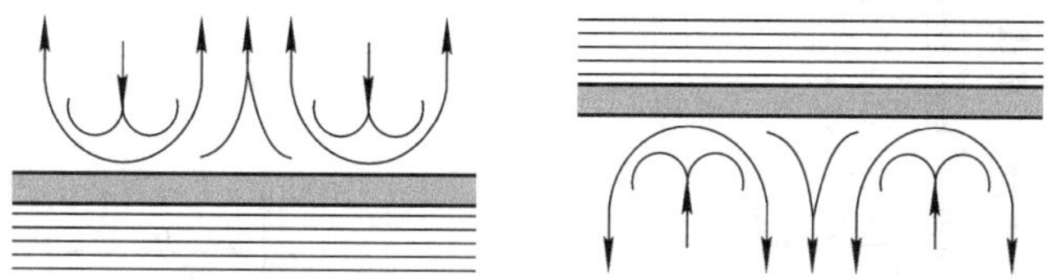

(a) $t_w > t_\infty$　　(b) $t_w < t_\infty$

图 10－21　水平大平板上、下表面不同的自然对流状态示意图

根据自然对流所在空间的大小，其他物体是否影响自然对流边界层的形成和发展，区分有**大空间自然对流**和**有限空间自然对流**。对于各种形状的封闭有限空间内的自然对流换热，科技工作者已进行了大量的研究工作，感兴趣的读者可参考有关文献。本书重点介绍大空间内的自然对流换热特点及特征数关联式。

1. 自然对流换热的数学描述

了解自然对流换热的数学模型对于掌握自然对流换热的特点和规律非常重要。

下面以大空间内沿竖直壁面的自然对流换热为例进行说明。一个具有均匀温度 t_w 的竖直壁面位于一大空间内，远离壁面处的流体处于静止状态，没有强迫对流。假设流体的温度 t_∞ 低于壁面温度，即 $t_w > t_\infty$，于是壁面与流体之间发生自然对流换热，并在紧贴壁面处形成自下而上的自然对流边界层。与流体外掠平板的强迫对流换热类似，自然对流边界层也有层流和湍流之分，从壁面的下边开始向上，由层流边界层逐渐过渡到湍流边界层。如果选取如图 10－22 所示的坐标系，则根据对流换热的数学描述一节中所做的分析，对于常物性、无内热源、不可压缩牛顿流体沿竖直壁面的二维稳态对流换热，应该由下面几个方程式描述：

$$h_x = -\frac{\lambda}{(t_w - t_\infty)_x} \frac{\partial t}{\partial y}\bigg|_{y=0,x} \tag{a}$$

$$\frac{\partial u}{\partial x} + \frac{\partial v}{\partial y} = 0 \tag{b}$$

$$\rho\left(u\frac{\partial u}{\partial x} + v\frac{\partial u}{\partial y}\right) = F_x - \frac{\mathrm{d}p}{\mathrm{d}x} + \eta\frac{\partial^2 u}{\partial y^2} \tag{c}$$

$$u\frac{\partial t}{\partial x}+v\frac{\partial t}{\partial y}=a\frac{\partial^2 t}{\partial y^2} \tag{d}$$

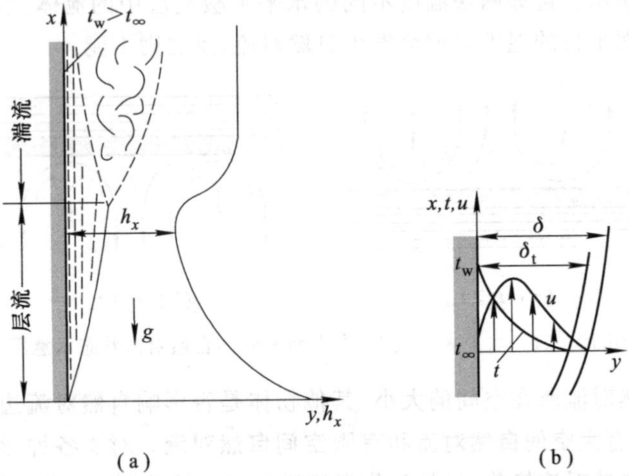

图 10-22 竖直壁面的自然对流换热示意图

原则上，该方程组既适用于沿竖直壁面的自然对流换热，也适用于流体平行外掠竖直壁面的强迫对流换热，以及自然对流与强迫对流叠加的混合对流换热，只不过在前面分析强迫对流换热时忽略了动量微分方程式(c)中的体积力项 F_x。

在重力场中，体积力项(即重力项)可表示为

$$F_x=-\rho g$$

因为在利用边界层理论对微分方程组进行数量级分析时忽略了 y 方向的动量微分方程，y 方向的压力变化 $\partial p/\partial y$ 也随之忽略，所以边界层内 x 方向的压力梯度 $\mathrm{d}p/\mathrm{d}x$ 就等于边界层外主流区的压力梯度。根据伯努利方程

$$p+\rho_\infty gx+\frac{1}{2}\rho_\infty u_\infty^2=\text{常数}$$

考虑沿平板的流动，$\frac{\mathrm{d}u_\infty}{\mathrm{d}x}=0$，所以由上式可得

$$\frac{\mathrm{d}p}{\mathrm{d}x}=-\rho_\infty g$$

可见，x 方向的压力梯度就等于流体的静压力梯度。于是，式(c)中重力项与压力梯度项之和为

$$F_x-\frac{\mathrm{d}p}{\mathrm{d}x}=-\rho g+\rho_\infty g=(\rho_\infty-\rho)g$$

动量微分方程式(c)变为

$$\rho\left(u\frac{\partial u}{\partial x}+v\frac{\partial u}{\partial y}\right)=(\rho_\infty-\rho)g+\eta\frac{\partial^2 u}{\partial y^2} \tag{10-72}$$

式中，$(\rho_\infty-\rho)g$ 就是重力场中由于密度差而产生的浮升力项。

对于不可压缩牛顿流体，密度只是温度的函数，密度差 $(\rho_\infty-\rho)$ 主要由温度差 $(t_\infty-t)$ 引起。按照**波希涅斯克**(J. Boussinesq)假设，微分方程中除浮升力项中的密度随温度线性变化外，其他各项中的密度及别的物性都可以近似地按常物性处理。再根据体胀系数 α 的定义，即

$$\alpha=\frac{1}{v}\left(\frac{\partial v}{\partial t}\right)_p=-\frac{1}{\rho}\left(\frac{\partial \rho}{\partial t}\right)_p\approx-\frac{1}{\rho}\frac{\rho_\infty-\rho}{t_\infty-t}$$

得

$$\rho_\infty-\rho\approx\alpha\rho(t-t_\infty)=\alpha\rho\theta$$

代入式(10-72)，得

$$\rho\left(u\frac{\partial u}{\partial x}+v\frac{\partial u}{\partial y}\right)=\rho g\alpha\theta+\eta\frac{\partial^2 u}{\partial y^2} \tag{10-73}$$

上式即为体积力项和压力梯度项不能忽略情况下的二维稳态对流换热动量微分方程式，式中等号左边为惯性力项，右边分别为浮升力项和粘性力项。

引进下列无量纲变量：

$$X=\frac{x}{l};Y=\frac{y}{l};U=\frac{u}{u_0};V=\frac{v}{u_0};\Theta=\frac{t-t_\infty}{t_w-t_\infty}$$

其中 u_0 为任意选择的一个参考速度，例如对于有强迫对流存在的情况，可取为远离壁面的主流速度 u_∞；对于没有强迫对流存在的情况，可取为自然对流边界层内的某一速度。

将上述无量纲量代入式(a)、(b)、(d)、(10-73)组成的微分方程组，与前面分析流体外掠平板时的强迫对流换热一样，将式(a)、(b)及(d)分别无量纲化为

$$Nu=-\left.\frac{\partial\Theta}{\partial Y}\right|_{Y=0} \tag{e}$$

$$\frac{\partial U}{\partial X}+\frac{\partial V}{\partial Y}=0 \tag{f}$$

$$U\frac{\partial\Theta}{\partial X}+V\frac{\partial\Theta}{\partial Y}=\frac{1}{RePr}\frac{\partial^2\Theta}{\partial Y^2} \tag{g}$$

而动量微分方程式(10-73)变为

$$U\frac{\partial U}{\partial X}+V\frac{\partial U}{\partial Y}=\frac{g\alpha(t_w-t_\infty)l}{u_0^2}\Theta+\frac{\nu}{u_0 l}\frac{\partial^2 U}{\partial Y^2} \tag{h}$$

式中

$$\frac{g\alpha(t_w-t_\infty)l}{u_0^2}=\frac{\dfrac{g\alpha\Delta t l^3}{\nu^2}}{\left(\dfrac{u_0 l}{\nu}\right)^2}=\frac{Gr}{Re^2}$$

其中 $Gr=\dfrac{g\alpha\Delta t l^3}{\nu^2}$ 称为**格拉晓夫数**，表征浮升力与粘性力的相对大小，反映自然对流的强弱。Gr 越大，浮升力的相对作用越大，自然对流越强。

于是式(10－73)无量纲化为

$$U\frac{\partial U}{\partial X}+V\frac{\partial U}{\partial Y}=\frac{Gr}{Re^2}\Theta+\frac{1}{Re}\frac{\partial^2 U}{\partial Y^2} \tag{10－74}$$

式中 $\dfrac{Gr}{Re^2}$ 反映了浮升力与惯性力之比，这可以通过比较式(10－73)中的浮升力项与惯性力项的数量级看出：

浮升力项 $\rho g\alpha\theta=\rho g\alpha(t-t_\infty)\sim\rho g\alpha(t_w-t_\infty)$

惯性力项 $\rho\left(u\dfrac{\partial u}{\partial x}+v\dfrac{\partial u}{\partial y}\right)\sim\rho\dfrac{u_0^2}{l}$

二者之比 $\dfrac{g\alpha(t_w-t_\infty)l}{u_0^2}=\dfrac{Gr}{Re^2}$

因此自然对流和强迫对流的相对强弱可以用 $\dfrac{Gr}{Re^2}$ 的数值大小来判断。

如果 $\dfrac{Gr}{Re^2}$ 的数值接近于1，即浮升力与惯性力的数量级相同，二者与粘性力共同决定流体的运动，形成自然对流与强迫对流叠加的**混合对流换热**。分析由式(e)、(f)、(g)、(10－74)组成的无量纲方程组可知，这种情况下的对流换热特征数关联式的形式应为

$$Nu=f(Re,Gr,Pr) \tag{10－75}$$

如果 $\dfrac{Gr}{Re^2}\ll 1$，浮升力与惯性力相比很小，式(10－74)中的 $\dfrac{Gr}{Re^2}\Theta$ 项可以忽略，认为流体只在惯性力与粘性力的作用下运动，可按纯强迫对流换热处理，特征数关联式的形式为

$$Nu=f(Re,Pr)$$

如果 $\dfrac{Gr}{Re^2}\gg 1$，惯性力与浮升力相比很小，可以忽略，流体只在浮升力与粘性力的作用下运动，可以按纯自然对流换热处理，这时的雷诺数 Re 是格拉晓夫数 Gr 的函数，特征数关联式的形式为

$$Nu=f(Gr,Pr) \tag{10－76}$$

文献[34]中按照 $\dfrac{Gr}{Re^2}$ 的数值范围近似地将一些对流换热区分为纯强迫对流换热、混合对流换热和纯自然对流换热。$\dfrac{Gr}{Re^2}$ 数值范围的划分除了与要求的精确程度有关外，还取决于流动的状况、流体的性质、边界条件等因素。

奥斯特拉赫(S. Ostrach)[34]对大空间内竖直壁面的自然对流层流换热进行了分析求解,所获得的速度分布与温度分布分别示于图 10-23。图中,η 为离壁面的无量纲距离,f' 为无量纲速度,T^* 为无量纲温度,表达式分别如下:

$$\eta=\frac{y}{x}\left(\frac{Gr_x}{4}\right)^{1/4},f'=\frac{ux}{2\nu}Gr_x^{-1/2},T^*=\frac{t-t_\infty}{t_w-t_\infty}$$

其中 $Gr_x=\dfrac{g\alpha\Delta tx^3}{\nu^2}$ 为**局部格拉晓夫数**。

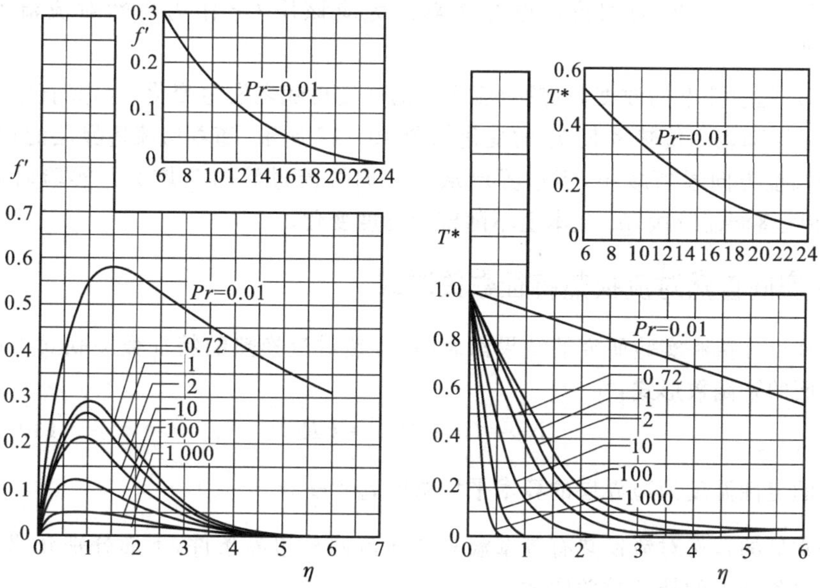

(a) 速度分布　　(b) 温度分布

图 10-23　自然对流层流边界层的速度分布与温度分布

理论分析和实验研究结果表明,大空间内竖直壁面的自然对流换热具有以下特点:

1) 浮升力是自然对流的动力,反映浮升力与粘性力相对大小的格拉晓夫数 Gr 对自然对流换热起决定作用,这也是所有自然对流换热的共同特点。

2) 自然对流边界层内的流体在浮升力与粘性力的共同作用下运动,而强迫对流边界层内的流体在惯性力与粘性力的共同作用下运动,这就决定了自然对流边界层内的速度分布与强迫对流不同:自然对流的最大速度位于边界层内部,并随着 Pr 的增大无量纲速度的最大值减小,并且位置向壁面移动,如图 10-23 所示。

3) 原则上,有温差就有密度差,就会产生浮升力使流体运动。按此说法,自然对流的热边界层厚度 δ_t 应该等于流动边界层的厚度 δ。但事实上,只有粘度非常小、$Pr\ll1$ 的流体(如液态金属),δ 才近似等于 δ_t,而其他所有流体的 δ 都大

于 δ_t。这是由于，在粘性力的作用下，热边界层内受热上升的流体携带热边界层外邻近的未受热流体一起运动的缘故。对自然对流层流换热的理论分析结果证明，δ 与 δ_t 的比值取决于 Pr。从图 10－23 可见，随着 Pr 的增大，层流边界层的厚度 δ 变化不大，但热边界层的厚度 δ_t 迅速减小，壁面处温度梯度的绝对值增大，换热增强。

4）Gr 的大小决定了自然对流的流态。绝大多数文献推荐用**瑞利数** $Ra=GrPr$ 作为流态的判据，例如对于竖直壁面的自然对流换热，当 $Ra<10^9$ 时为层流，当 $Ra>10^9$ 时为湍流。也有文献认为应该用 Gr 作为自然对流流态的判据[19]。

5）随着流态的改变，自然对流换热的强度也随之发生变化。沿竖直壁面高度方向局部表面传热系数 h_x 的变化如图 10－22 所示，随着层流边界层的加厚，h_x 沿高度方向逐渐减小，当边界层从层流向湍流过渡时又增大。实验研究表明，在旺盛湍流阶段，h_x 基本上不随壁面高度变化。

2. 大空间自然对流换热特征数关联式

理论分析和实验研究的结果都表明，自然对流换热的特征数关联式可以写成下面的幂函数形式：

$$Nu=C(GrPr)^n=CRa^n \tag{10-77}$$

该式的定性温度为边界层的算术平均温度 $t_m=\frac{1}{2}(t_w+t_\infty)$。

常见的自然对流换热有等壁温和常热流两种边界条件，下面分别介绍这两种边界条件下的特征数关联式。

(1) 等壁温

对于等壁温边界条件的自然对流换热，可直接利用式(10－77)进行计算，表 10－5 列出了几种典型的自然对流换热的常数 C 和 n 的数值。

表 10－5　式(10－77)中的常数 C 和 n 的数值

壁面形状与位置	流动情况	特征长度	C	n	$GrPr$ 适用范围
竖直平壁或竖直圆柱	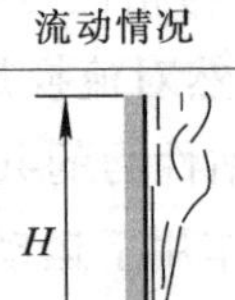	壁面高度 H	0.59 0.10	1/4 1/3	$10^4\sim10^9$ $10^9\sim10^{13}$
水平圆柱	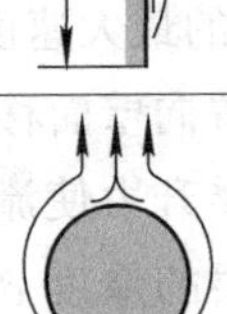	圆柱外径 d	0.85 0.48 0.125	0.188 1/4 1/3	$10^2\sim10^4$ $10^4\sim10^7$ $10^7\sim10^{12}$

续表

壁面形状与位置	流动情况	特征长度	C	n	$GrPr$ 适用范围
水平热面朝上或水平冷面朝下①	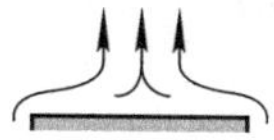 或 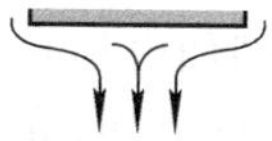	平壁面积与周长之比 A/U,圆盘取 $0.9d$	0.54 0.15	1/4 1/3	$10^4 \sim 10^7$ $10^7 \sim 10^{11}$
水平热面朝下或水平冷面朝上	 或 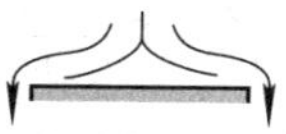	平壁面积与周长之比 A/U 圆盘取 $0.9d$	0.27	1/4	$10^5 \sim 10^{11}$

① 热壁指 $t_w > t_\infty$,冷壁指 $t_w < t_\infty$。

对于竖直圆柱,当满足式

$$\frac{d}{H} \geqslant \frac{35}{Gr^{1/4}} \tag{10-78}$$

时,可以按竖直壁面处理;否则,直径 d 将影响边界层的厚度,进而影响换热强度。这时,无论对层流还是湍流,式(10-77)中的常数 C 的值都取为 0.686,n 的值与竖直壁面的情况相同。

对于大气压下的空气,在工程和日常生活中常见的温度范围内,物性参数可近似为常数,式(10-77)可以进一步简化。对于表 10-5 中的几种典型的自然对流换热情况,简化后的公式列于表 10-6。

表 10-6 大气压下空气的大空间自然对流换热的简化公式

壁面形状与位置	特征长度	简化公式	$GrPr$ 适用范围
竖直平壁或竖直圆柱	壁面高度 H	$h=1.42(\Delta t/H)^{1/4}$ $h=1.31(\Delta t)^{1/3}$	$10^4 \sim 10^9$ $10^9 \sim 10^{13}$
水平圆柱	圆柱外径 d	$h=1.32(\Delta t/d)^{1/4}$ $h=1.24(\Delta t)^{1/3}$	$10^4 \sim 10^9$ $10^9 \sim 10^{12}$
水平热面朝上或水平冷面朝下	平壁面积与周长之比 A/U,圆盘取 $0.9d$	$h=1.32(\Delta t/l)^{1/4}$ $h=1.52(\Delta t)^{1/3}$	$10^4 \sim 10^7$ $10^7 \sim 10^{11}$
水平热面朝下或水平冷面朝上	平壁面积与周长之比 A/U,圆盘取 $0.9d$	$h=0.59(\Delta t/l)^{1/4}$	$10^5 \sim 10^{11}$

如果压力略高于或略低于大气压,可在表 10-6 所示简化公式的右边乘以一个修正系数 ε_p:

对于层流　　　　$\varepsilon_p = \left(\dfrac{p}{101.32}\right)^{1/2}$

对于湍流　　　　$\varepsilon_p = \left(\dfrac{p}{101.32}\right)^{2/3}$

式中 p 的单位为 kPa。

(2) 常热流

对于常热流边界条件下的自然对流换热，例如电加热器、电子元器件表面的散热，一般壁面热流密度 q 是给定的，但壁面温度未知，并且沿壁面分布不均匀，计算的目的往往是确定局部壁面温度 $t_{w,x}$。

对于竖直壁面，通常引进一个**修正的局部格拉晓夫数** Gr_x^*，定义为

$$Gr_x^* = Gr_x Nu_x = \frac{g\alpha\Delta t x^3}{\nu^2}\frac{h_x x}{\lambda} = \frac{g\alpha q_w x^4}{\nu^2\lambda} \tag{10-79}$$

文献推荐采用下面的关联式计算常热流边界条件下竖直壁面自然对流换热的局部表面传热系数：

$$Nu_x = 0.60(Gr_x^* Pr)^{1/5} \tag{10-80}$$

适用范围为 $10^5 < Gr_x^* Pr < 10^{11}$，层流；

$$Nu_x = 0.17(Gr_x^* Pr)^{1/4} \tag{10-81}$$

适用范围为 $2\times10^{13} < Gr_x^* Pr < 10^{16}$，湍流。

式(10-80)、(10-81)的定性温度为局部边界层平均温度 $t_{m,x} = \frac{1}{2}(t_{w,x} + t_\infty)$，但由于 $t_{w,x}$ 未知，定性温度 $t_{m,x}$ 不能确定。对于这种情况，可以采用试算法：先假设一个 $t'_{w,x}$，确定一个定性温度，再根据式(10-80)或(10-81)求得 h_x，将其代入式 $q_w = h_x(t_{w,x} - t_\infty)$ 求出 $t_{w,x}$。如果求出的 $t_{w,x}$ 与假设的 $t'_{w,x}$ 偏差太大，再重新假设，重复上述计算，直到计算结果满意为止。

需要指出，由于在常热流边界条件下，温差 $(t_{w,x} - t_\infty)$ 沿壁面高度方向是变化的，所以不能用式 $h = \frac{1}{H}\int_0^H h_x \mathrm{d}x$ 计算平均表面传热系数。

丘吉尔(Churchill)和朱(Chu)[35]在整理大量文献实验数据的基础上，提出了对等壁温和常热流边界条件下的竖直壁面自然对流换热都适用的平均表面传热系数计算公式：

$$Nu = \left\{0.825 + \frac{0.387\,Ra^{1/6}}{[1+(0.492/Pr)^{9/16}]^{8/27}}\right\}^2 \tag{10-82}$$

该式的适用范围较广，为 $10^{-1} < Ra < 10^{12}$，且对层流和湍流都适用。对于 $Ra < 10^9$ 的层流换热，利用下式计算更为精确：

$$Nu = 0.68 + \frac{0.67\,Ra^{1/4}}{[1+(0.492/Pr)^{9/16}]^{4/9}} \tag{10-83}$$

以上两式的定性温度也是边界层平均温度 $t_m=\frac{1}{2}(t_w+t_\infty)$，特征长度为壁高 H。对于常热流边界条件，t_w 未知，仍需采用试算法。

对于与竖直方向的倾斜角度 φ 小于 60° 的倾斜壁面的自然对流换热，仍然可以用式(10－82)、(10－83)进行计算，但需要将 Ra 表达式中的 g 替换成 $g\cos\varphi$。

对于水平长圆柱表面的自然对流换热，邱吉尔和朱提出了等壁温和常热流边界条件都适用的平均表面传热系数计算公式：

$$Nu=\left\{0.60+\frac{0.387\,Ra^{1/6}}{[1+(0.559/Pr)^{9/16}]^{8/27}}\right\}^2 \tag{10-84}$$

该式的适用范围是 $Ra<10^{12}$，定性温度同样是边界层平均温度 t_m，特征长度为圆柱外径 d。

对于常热流边界条件下水平壁面的自然对流换热，文献[36,37]推荐用下面的公式计算平均表面传热系数：

热面朝上或冷面朝下 $Nu=1.076(Gr^*Pr)^{1/6}$ (10－85)

热面朝下或冷面朝上：$Nu=0.747(Gr^*Pr)^{1/6}$ (10－86)

式中

$$Gr^*=GrNu=\frac{g\alpha ql^4}{\lambda\nu^2} \tag{10-87}$$

Gr^* 称为**修正的平均格拉晓夫数**。以上两式的定性温度也为 t_m，矩形壁面的特征长度取短边长，圆形壁面的特征长度取 $0.9d$，适用范围都为 $6.37\times10^5<Gr^*<1.12\times10^8$。

从上述竖直壁面和水平圆柱的自然对流湍流换热特征数关联式可以看出，无论在等壁温还是常热流边界条件下，关联式等号两边的特征长度都会消失。这说明，自然对流湍流换热的表面传热系数与特征长度无关，这一现象称为**自模化现象**。根据这一特点，可以用较小尺寸物体的自然对流湍流换热来模拟较大尺寸物体的自然对流湍流换热。

例题 10－4 热电厂中有一水平放置的蒸汽管道，保温层外径 $d=400$ mm，壁温 $t_w=50$ ℃，周围空气的温度 $t_\infty=20$ ℃。试计算蒸汽管道外壁面的对流散热损失。

解 这是一个自然对流换热问题。特征温度为

$$t_m=\frac{1}{2}(t_w+t_\infty)=\frac{1}{2}\times(50\ ℃+20\ ℃)=35\ ℃$$

按此温度从附录中查得空气的物性参数值为

$$\nu=16.58\times10^{-6}\ \mathrm{m^2/s},\lambda=2.72\times10^{-2}\ \mathrm{W/(m\cdot K)},Pr=0.7$$

$$\alpha=\frac{1}{T_m}=\frac{1}{(273+35)\mathrm{K}}=3.25\times10^{-3}\mathrm{K^{-1}}$$

$$GrPr=\frac{g\alpha\Delta td^3}{\nu^2}Pr=\frac{9.8\ \text{m/s}^2\times 3.25\times 10^{-3}\ \text{K}^{-1}\times(50-20)\text{K}\times(0.4\ \text{m})^3}{(16.58\times 10^{-6}\ \text{m}^2/\text{s})^2}\times 0.7$$

$$=1.56\times 10^8$$

从表 10－5 查得 $C=0.125$、$n=1/3$，于是根据式（10－79）有

$$Nu=0.125(GrPr)^{1/3}=0.125\times(1.56\times 10^8)^{1/3}=67.3$$

$$h=\frac{\lambda}{d}Nu=\frac{2.72\times 10^{-2}\ \text{W/(m}\cdot\text{K)}}{0.4\ \text{m}}\times 67.3=4.63\ \text{W/(m}^2\cdot\text{K)}$$

单位管长的对流散热损失为

$$\Phi_l=\pi dh(t_w-t_\infty)=\pi\times 0.4\ \text{m}\times 4.63\ \text{W/(m}^2\cdot\text{K)}\times(50-20)\text{K}=174.5\ \text{W/m}$$

如果要计算蒸汽管道的全部散热损失，还必须考虑外壁面与周围环境之间的辐射换热损失。

*10－7 凝结与沸腾换热

流体相变换热设备在工业生产实践中的应用非常广泛，如发电厂中的凝汽器、锅炉，制冷装置中的冷凝器和蒸发器，热管式换热器等。蒸气被冷却凝结成液体的换热过程称为**凝结换热**；液体被加热沸腾变成蒸气的换热过程称为**沸腾换热**。这两种换热同属于有相变的对流换热。在这两种相变换热过程中，流体都是在饱和温度下放出或者吸收汽化潜热，所以换热过程的性质以及换热强度都与单相流体的对流换热有明显的区别。一般情况下，凝结换热和沸腾换热的表面传热系数要比单相流体的对流换热高出几倍甚至几十倍。

下面分别介绍凝结换热和沸腾换热的特点和规律。

1. 凝结换热

当蒸气与低于其饱和温度的壁面接触时就会发生凝结换热。有两种凝结现象：如果凝结液能很好地润湿壁面，凝结液就会在壁面形成一层液膜，这种凝结现象称为**膜状凝结**；如果凝结液不能很好地润湿壁面，凝结液的表面张力大于它与壁面之间的附着力，则凝结液就会在壁面形成大大小小的液珠，这种凝结现象称为**珠状凝结**，如图 10－24 所示。究竟会发生哪一种凝结现象，取决于凝结液和壁面的物理性质，如凝结液的表面张力、壁面的粗糙度等。如果凝结液与壁面之间的附着力大于凝结液的表面张力，则形成膜状凝结；如果表面张力大于附着力，则形成珠状凝结。

当发生膜状凝结时，在壁面形成的凝结液膜阻碍蒸气与壁面直接接触，蒸气只能在液膜表面凝结，所放出的汽化潜热必须通过液膜才能传到壁面，液膜成为膜状凝结换热的主要阻力。因此，如何排除凝结液、减小液膜厚度就是强化膜状凝结换热时考虑的核心问题。

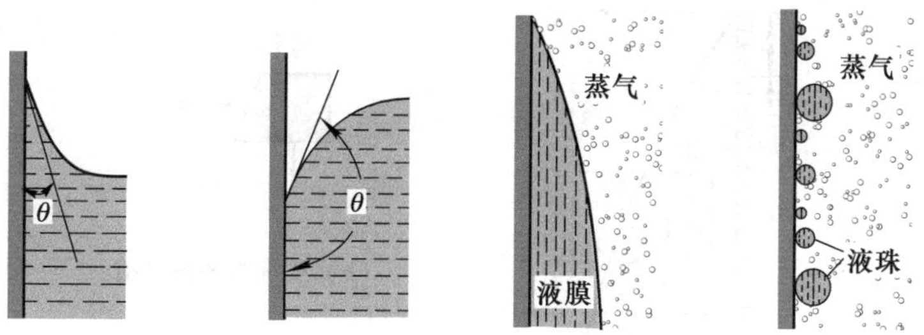

(a) 润湿能力强 (b) 润湿能力弱 (c) 膜状凝结 (d) 珠状凝结

图 10-24 不同润湿条件下的凝结形式

当发生珠状凝结时,大部分的蒸气可以与壁面直接接触凝结,所放出的汽化潜热直接传给壁面,因此珠状凝结换热与相同条件下的膜状凝结换热相比,表面传热系数要大几倍甚至一个数量级,但形成珠状凝结的条件难以长久维持。近年来,有关科技工作者对形成珠状凝结的技术措施进行了大量的研究,也取得了可喜的研究成果,但终因珠状凝结的条件保持时间有限而不能在工业上推广应用。

鉴于目前绝大多数工业设备中的凝结换热都是膜状凝结换热,所以下面重点介绍膜状凝结换热的特点、计算方法和影响因素。

(1) 层流膜状凝结换热的努塞尔理论解简介

1916 年,**努塞尔**(W. Nusselt)对层流膜状凝结换热进行了理论分析,得出了著名的努塞尔理论解。他根据层流膜状凝结换热的特点,做了以下合理假定:

1) 蒸气为纯饱和蒸气,温度均匀,忽略蒸气的过热度。

2) 蒸气是静止的,对液膜表面无粘性力作用,$\left.\frac{\mathrm{d}u}{\mathrm{d}y}\right|_{\delta}=0$。

3) 凝结液的物性参数为常数。

4) 液膜流速缓慢,忽略液膜的惯性力。

5) 忽略液膜内的热对流,液膜内部的热量传递只靠导热。在常物性条件下,液膜内的温度分布为线性,液膜表面温度等于饱和温度,即 $t_{\delta}=t_{s}$。

6) 忽略液膜的过冷度,凝结液的焓近似为饱和液的焓,这意味着传给壁面的换热量就等于蒸气在液膜表面凝结时放出的汽化潜热量。

根据上述假设,可以将层流膜状凝结的数学描述大为简化。对于图 10-25 所示的竖直壁面上的层流膜状凝结,如果忽略 y 方向的压力梯度,则液膜内 x 方向的压力梯度与蒸气内 x 方向的压力梯度相等。根据假设条件 2),蒸气是静止的,所以 x 方向的压力梯度为蒸气内的静压力梯度,即

$$\frac{\mathrm{d}p}{\mathrm{d}x}=\rho_{s}g$$

再根据假设条件 3)、4),忽略惯性力项,考虑体积力项 $F_{x}=\rho g$,于是液膜的动量

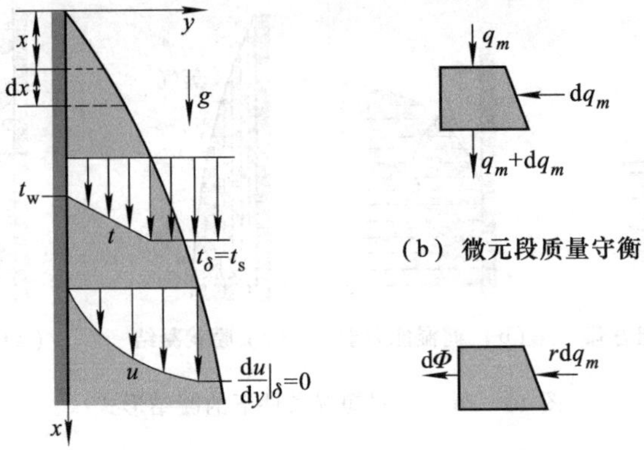

(a) 理论解示意图 (b) 微元段质量守衡 (c) 微元段热平衡

图 10-25 努塞尔理论分析示意图

微分方程式

$$\rho\left(u\frac{\partial u}{\partial x}+v\frac{\partial u}{\partial y}\right)=F_x-\frac{\mathrm{d}p}{\mathrm{d}x}+\eta\frac{\partial^2 u}{\partial y^2}$$

可简化为

$$\eta\frac{\mathrm{d}^2 u}{\mathrm{d}y^2}+(\rho-\rho_s)g=0$$

因为蒸气的密度 ρ_s 和凝结液的密度 ρ 相比很小，可以忽略，所以上式可以进一步简化为

$$\eta\frac{\mathrm{d}^2 u}{\mathrm{d}y^2}+\rho g=0 \tag{10-88}$$

根据假设条件 3)、5)，能量微分方程式

$$u\frac{\partial t}{\partial x}+v\frac{\partial t}{\partial y}=a\frac{\partial^2 t}{\partial y^2}$$

中的对流项可以忽略，凝结液膜的能量微分方程可简化为液膜在 y 方向的一维导热微分方程

$$\frac{\mathrm{d}^2 t}{\mathrm{d}y^2}=0 \tag{10-89}$$

式(10-88)、(10-89)的边界条件为

$$y=0,t=t_w,u=0;$$

$$y=\delta,t=t_s,\frac{\mathrm{d}u}{\mathrm{d}y}\bigg|_\delta=0。$$

式(10-88)、(10-89)及其边界条件就是努塞尔对层流液膜内速度场和温度场的数学描述，由此很容易求出液膜的速度分布与温度分布，再根据图 10-25 所示的微元段液膜的质量守恒和热平衡，可以求出液膜的厚度 δ_x。详细的求解过程可参阅文献[20]，这里只给出求解结果：

$$\delta_x=\left[\frac{4\eta\lambda(t_s-t_w)x}{g\rho^2 r}\right]^{1/4} \tag{10-90}$$

按照努塞尔的假设，单位时间内微元段液膜的凝结换热量就是通过微元段液膜的导热热流量，即

$$\mathrm{d}\Phi_x=h_x(t_s-t_w)\mathrm{d}x=\lambda\frac{t_s-t_w}{\delta}\mathrm{d}x$$

由此可得

$$h_x=\frac{\lambda}{\delta_x} \tag{10-91}$$

将式(10－90)代入上式，可求得层流膜状凝结换热的局部表面传热系数为

$$h_x=\left[\frac{gr\rho^2\lambda^3}{4\eta(t_s-t_w)x}\right]^{1/4} \tag{10-92}$$

由于在高度为 H 的整个竖直壁面上温差(t_s-t_w)为常数，所以整个竖直壁面的平均表面传热系数 h 可用下式计算：

$$h=\frac{1}{H}\int_0^H h_x\,\mathrm{d}x$$

将式(10－92)代入上式，可得

$$h=\frac{4}{3}h_{x=H}=0.943\left[\frac{gr\rho^2\lambda^3}{\eta H(t_s-t_w)}\right]^{1/4} \tag{10-93}$$

上式就是竖直壁面层流膜状凝结换热的努塞尔理论分析结果。对于与竖直方向的倾角为 φ 的倾斜壁面，需要将式中的 g 替换成 $g\cos\varphi$。

如果定义**膜层雷诺数**为

$$Re=\frac{u_H d_e}{\nu}=\frac{\rho u_H d_e}{\eta} \tag{10-94}$$

式中：u_H 为 $x=H$ 处液膜的平均流速；d_e 为该处液膜截面的当量直径；b 为液膜宽度，也为液膜截面的润湿周边长度，如图 10－26 所示。于是

$$d_e=\frac{4\delta b}{b}=4\delta$$

$$Re=\frac{4\rho u_H\delta}{\eta}=\frac{4q_{m,H}}{\eta} \tag{10-94a}$$

式中，$q_{m,H}$为 $x=H$ 处单位宽度液膜的质量流量。

根据液膜的热平衡，

$$rq_{m,H}=h(t_s-t_w)H$$

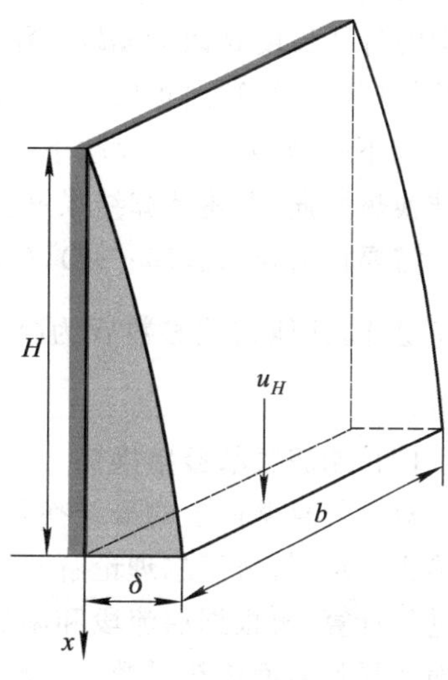

图 10－26　膜层雷诺数定义示意图

从该式解出 $q_{m,H}$ 并代入式(10－94a)，可将膜层雷诺数表示为

$$Re=\frac{4hl(t_s-t_w)}{\eta r} \tag{10-94b}$$

实验观察结果表明，当 $Re<1\ 800$ 时，液膜为层流；当 $Re>1\ 800$ 时，液膜为湍流。

实验证实，当 $Re<30$ 时，实验结果与式(10－93)表示的理论解相吻合；但当 $Re>30$ 时，由于液膜表面的波动增强了液膜的传热，实际平均表面传热系数的数值要比式(10－93)的计算结果大 20%左右，所以在工程计算时将该式的系数加大 20%，改为

$$h=1.13\left[\frac{gr\rho^2\lambda^3}{\eta H(t_s-t_w)}\right]^{1/4} \tag{10-95}$$

努塞尔的理论分析方法可以推广应用到水平圆管外壁面上的层流膜状凝结换热。对于单根水平圆管，所得的平均表面传热系数计算公式为

$$h=0.729\left[\frac{gr\rho^2\lambda^3}{\eta d(t_s-t_w)}\right]^{1/4} \tag{10-96}$$

如果管子竖直放置，则需按竖直壁面层流膜状凝结换热的计算公式(10－93)或(10－95)计算。比较式(10－93)与(10－96)可知，当 $H/d=50$ 时，水平管的平均表面传热系数要比竖直管高一倍，所以冷凝器的管子一般都采用水平布置。

工业上的绝大多数冷凝器都由多排水平圆管组成的管束构成。当竖直方向的管间距比较小时，上下管壁上的液膜连在一起，并且从上向下液膜逐渐增厚，如图 10－27 所示。如果液膜保持层流状态，则仍可以用式(10－96)计算平均表面传热系数，但需要将式中的特征长度 d 改为 nd，n 为竖直方向层流液膜流经的管排数。当管间距较大时，上一排管子的凝结液会滴到下一排管子上，扰动下一排管子上的液膜，使凝结换热增强，上述计算结果就会偏低。

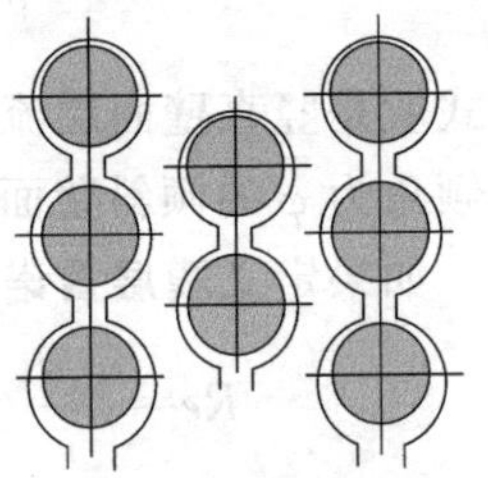

图 10－27　水平管束的层流膜状凝结

需要指出，在式(10－93)、(10－95)、(10－96)中，除汽化潜热 r 按饱和温度 t_s 确定外，其他物性参数皆为凝结液在液膜平均温度 $t_m=\frac{1}{2}(t_s+t_w)$ 下的物性参数。

(2) 湍流膜状凝结换热

对于竖直壁面上的凝结换热，当 $Re>1\ 800$ 时，液膜由层流变为湍流，凝结换热大为增强，努塞尔理论解不再适用。这时，可以对液膜的层流段和湍流段分别进行计算，再根据层流段和湍流段的高度将求得的结果加权平均，以求得整个壁面的平均表面传热系数。文献[47]推荐用下面的特征数关联式计算整个竖直壁面的平均表面传热系数：

$$Nu=Ga^{1/3}\frac{Re}{58Pr^{-1/2}\left(\frac{Pr_w}{Pr_s}\right)^{1/4}(Re^{3/4}-253)+9\ 200} \tag{10-97}$$

式中：$Nu=hl/\lambda$；$Ga=gl^3/\nu^2$，称为**伽利略**（Galileo）**数**。式中各物性参数都是凝结液的，除 Pr_w 用壁面温度 t_w 作为定性温度外，其余都采用饱和温度 t_s 作为定性温度。式中的特征长度为竖直壁面的高度，即 $l=H$。

因为一般水平管上的液膜达不到湍流阶段，所以不存在湍流凝结换热的问题。

（3）膜状凝结换热的影响因素

由上述分析可知，流体的种类（关系到凝结液的物性、饱和温度 t_s），换热面的几何形状、尺寸和位置，蒸气的压力（决定饱和温度 t_s 的大小）以及温差（t_s-t_w）都是影响膜状凝结换热的主要因素。工程实际的凝结换热过程往往比较复杂，除上述因素之外，对膜状凝结换热产生重要影响的因素还有：

1）不凝结气体

当蒸气中含有不凝结气体（如空气）时，即使是微量的，也会对凝结换热产生十分有害的影响。一方面，随着蒸气的凝结，不凝结气体会越来越多地汇集在换热面附近，阻碍蒸气靠近；另一方面，换热面附近的蒸气分压力会逐渐下降，饱和温度 t_s 降低，凝结换热温差（t_s-t_w）减小。这两方面的原因使凝结换热大大削弱。例如工程实际证实，如果水蒸气中含有 1%的空气，就会使凝结表面传热系数降低 60%。因此，排除冷凝器中的不凝结气体是保证冷凝器高效工作的重要措施。

2）蒸气流速

前面介绍的努塞尔对层流膜状凝结换热进行的理论分析中假设蒸气是静止的。而实际上蒸气具有一定的流速，当流速较高时会对凝结换热产生明显的影响。由于蒸气与液膜表面之间的粘性切应力作用，当蒸气与液膜的流动方向相同时，液膜会被拉薄，使热阻减小；而当蒸气与液膜的流动方向相反时，液膜会被变厚，使热阻增加。当然，蒸气流速较高时会使凝结液膜产生波动，甚至会吹落液膜，使凝结换热大大强化。

3）蒸气过热

努塞尔的理论解是在假设蒸气为饱和蒸气的情况下得出的。如果蒸气过热，在它凝结换热的过程中会首先放出显热，冷却到饱和温度，然后再凝结，放出汽化潜热。过热蒸气的膜状凝结换热仍然可以用上述公式计算，但须将公式中的汽化潜热 r 改为过热蒸气与饱和液的焓差。

（4）膜状凝结换热的强化

通过上述分析可知，液膜的导热热阻是膜状凝结换热的主要热阻。因此，强化膜状凝结换热的关键措施就是设法将凝结液从换热面排走，并尽可能减小液膜厚度。例如，目前工业上由水平管束构成的冷凝器都采用低肋管或锯齿形肋片管，利用凝结液的表面张力将凝结液拉入肋间槽内，使肋端部表面直接和蒸气接触，达到强化凝结换热的目的。有关凝结换热强化方法的详细论述请参阅文献[38]。

2. 沸腾换热

当液体与高于其饱和温度的壁面接触时，液体被加热汽化并产生大量汽泡的现象称为**沸腾**。

沸腾的形式有多种：如果液体的主体温度低于饱和温度，汽泡在固体壁面上生成、长大，脱离壁面后又会在液体中凝结消失，这样的沸腾称为**过冷沸腾**；若液体的主体温度达到或超过饱和温度，汽泡脱离壁面后会在液体中继续长大，直至冲出液体表面，这样的沸腾称为**饱和沸腾**。如果液体具有自由表面，不存在外力作用下的整体运动，这样的沸腾又称为**大容器沸腾**（或**池沸腾**）；如果液体沸腾时处于强迫对流运动状态，则称之为**强迫对流沸腾**，如大型锅炉和制冷机蒸发器的管内沸腾。

本书只简要介绍大容器沸腾换热的特点、影响因素与计算方法。

(1) 大容器饱和沸腾曲线

通过对水在一个大气压（1.013×10^5 Pa）下的大容器饱和沸腾换热过程的实验观察，可以画出图 10－28 所示的曲线，称为**饱和沸腾曲线**。曲线的横坐标为**沸腾温差** $\Delta t=t_w-t_s$，或称为加热面的**过热度**；纵坐标为热流密度 q。

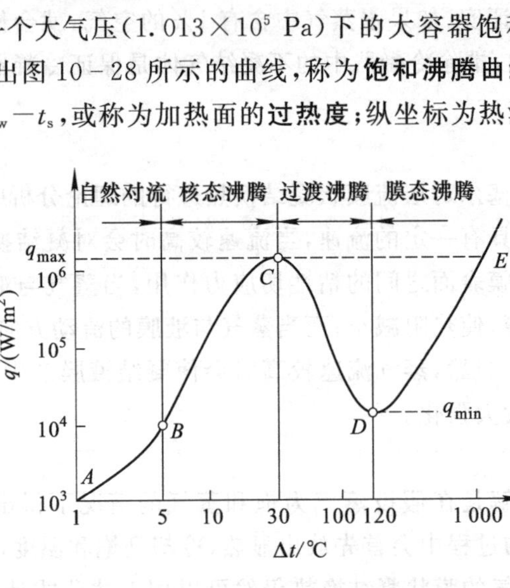

图 10－28　水在压力 $p=1.013\times10^5$ Pa 下的饱和沸腾曲线

如果控制加热面的温度，使 Δt 缓慢增加，可以观察到以下四种不同的换热状态。

1) 自然对流

当沸腾温差 Δt 比较小时(图中 AB 段),加热面上只有少量汽泡产生,并且不脱离壁面,看不到明显的沸腾现象,热量传递主要靠液体的自然对流,因此可近似地按自然对流换热规律计算。

2) 核态沸腾

如果沸腾温差 Δt 继续增加,加热面上产生的汽泡将迅速增多,并逐渐长大,直到在浮升力的作用下脱离加热面,进入液体。这时的液体已达到饱和,并具有一定的过热度,因此汽泡在穿过液体时会继续被加热而长大,直至冲出液体表面,进入气相空间。由于加热面处液体的大量汽化以及液体被汽泡剧烈地扰动,换热非常强烈,热流密度 q 随 Δt 迅速增加,直至峰值 q_{max}(图中点 C)。因为从 B 到 C 这一阶段,汽泡的生成、长大及运动对换热起决定作用,所以这一阶段的换热状态被称为**核态沸腾**(或**泡态沸腾**)。由于核态沸腾温差小、换热强,因此在工业上被广泛应用。

3) 过渡沸腾

如果从点 C 继续提高沸腾温差 Δt,热流密度 q 不仅不增加,反而迅速降低至一极小值 q_{min}(图中点 D)。这是由于产生的汽泡过多而连在一起形成汽膜,覆盖在加热面上不易脱离,使换热条件恶化。这时的汽膜时而破裂成大汽泡脱离壁面,所以从点 C 到点 D 这一阶段的换热状态是不稳定的,称为**过渡沸腾**。

4) 膜态沸腾

在点 D 之后,随着沸腾温差 Δt 的继续提高,加热面上开始形成一层稳定的汽膜,汽化在汽液界面上进行,热量除了以导热和对流的方式从加热面通过汽膜传到汽液界面外,热辐射传热方式的作用也随着 Δt 的增加而加大,因此热流密度也随之增大。点 D 以后的换热状态称为**膜态沸腾**。

包含上述四个换热状态的饱和沸腾曲线是在实验中通过调节加热功率、控制加热面温度得到的。如果加热功率不变,例如用电加热器加热,则一旦热流密度达到并超过峰值 q_{max},工况将非常迅速地由点 C 沿虚线跳到膜态沸腾线上的点 E,壁面温度会急剧升高到 1 000 ℃以上,导致加热面因温度过高而烧毁。因此,热流密度峰值 q_{max} 是非常危险的数值,也称为**临界热流密度**。为了保证安全的核态沸腾换热,必须控制热流密度低于临界热流密度。

前面介绍了在一个大气压下水的大容器饱和沸腾曲线。对于其他液体在不同的压力下的大容器饱和沸腾,都会得出类似的饱和沸腾曲线,即所有液体的大容器饱和沸腾现象都遵循类似的规律,只是各参数数值不同而已。

(2) 核态沸腾换热的主要影响因素

由核态沸腾的特点可以看出,汽泡的生成、长大及脱离加热面的运动对核态沸腾换热起决定作用。汽泡的数量越多,越容易脱离加热面,核态沸腾换热就越强烈。

加热面的材料与表面状况、加热面的过热度、液体所在空间的压力以及液体的物性是影响核态沸腾换热的主要因素。科技工作者经过大量的实验观察研究和对汽泡的生长过程所进行的理论分析，一致认为汽泡是在加热面上所谓的**汽化核心**处生成的，而形成汽化核心的最佳位置是加热面上的凹缝、孔隙处。这里残留着微量气体，最容易生成汽泡核(即微小汽泡)，如图 10－29 所示。加热面的过热度越大，压力越高，能够长成汽泡的汽泡核越多，核态沸腾换热就越强烈。

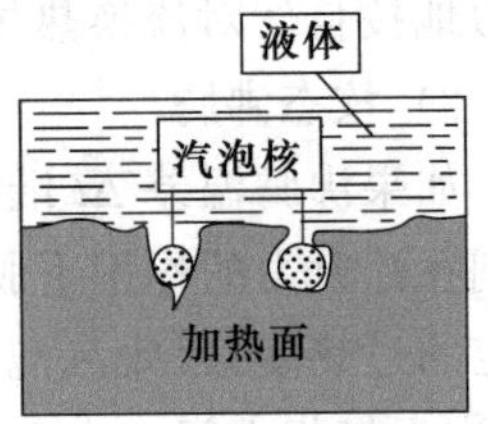

图 10－29　汽化核心示意图

工业上采用的强化核态沸腾换热的主要措施就是用烧结、钎焊、喷涂、机加工等方法在换热表面上造成一层多孔结构，如图 10－30 所示，以利于形成更多的汽化核心。经过这种处理的换热面的沸腾换热表面传热系数，要比未经处理的光滑表面提高几倍甚至十几倍。有关强化核态沸腾换热措施的详细论述请参阅文献[38]。

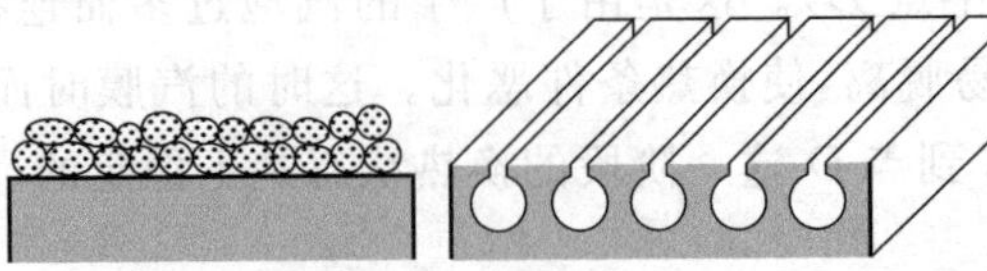
图 10－30　强化沸腾换热的加热面结构示意图

(3) 大容器饱和核态沸腾换热的计算公式

1）米海耶夫关联式

对于水在 $10^5 \sim 4\times10^6$ Pa 压力范围内的大容器饱和沸腾换热，**米海耶夫**(Михеев М. А)推荐用下式计算核态沸腾换热表面传热系数：

$$h=0.122\,4\Delta t^{2.33}p^{0.5} \tag{10-98}$$

因为 $q=h\Delta t$，上式可改变为

$$h=0.533\,5q^{0.7}p^{0.15} \tag{10-99}$$

以上两式中：h 为沸腾换热表面传热系数，W/(m^2 · K)；Δt 为沸腾温差，℃；p 为沸腾绝对压力，Pa；q 为热流密度，W/m^2。

2）罗森诺关联式

基于核态沸腾换热主要是汽泡强烈扰动的对流换热的设想，罗森诺[39,40](W. M. Rohsenow)推荐下面适用性较广的关联式：

$$q=\eta_l r\left[\frac{g(\rho_l-\rho_v)}{\sigma}\right]^{1/2}\left(\frac{c_{pl}\Delta t}{C_{wl}rPr_l^s}\right)^3 \tag{10-100}$$

式中：η_l 为饱和液体的动力粘度，Pa·s。r 为汽化潜热，J/kg。g 为重力加速度，m/s^2。ρ_l、ρ_v 分别为饱和液体和饱和蒸气的密度，kg/m^3。σ 为蒸气-液体界面的表面张力，N/m。c_{pl} 为饱和液体的比定压热容，J/(kg·K)。Δt 为沸腾温差，℃。Pr_l 为饱和液体的普朗特数，$Pr_l=\frac{c_{pl}\eta_l}{\lambda_l}$。$s$ 为经验指数，对于水，$s=1$；对于其他液体，$s=1.7$。C_{wl} 为取决于加热面与液体组合情况的经验常数。C_{wl} 由实验确定，一些加热面-液体组合的 C_{wl} 值列于表 10-7 中。

表 10-7 一些加热面-液体组合的 C_{wl} 值

加热面-液体组合	C_{wl}	加热面-液体组合	C_{wl}
水-抛光的铜	0.013	水-化学腐蚀的不锈钢	0.013
水-粗糙表面的铜	0.006 8	水-研磨并抛光的不锈钢	0.006 0
水-黄铜	0.006 0	乙醇-铬	0.002 7
水-铂	0.013	苯-铬	0.010
水-机械抛光的不锈钢	0.013		

3）大容器沸腾临界热流密度的计算公式

在文献[41]中，**朱泊**(N. Zuber)推荐下面的半经验公式用来计算大容器饱和沸腾临界热流密度 q_{max}：

$$q_{max}=\frac{\pi}{24}r\rho_v^{1/2}\left[g\sigma(\rho_l-\rho_v)\right]^{1/4} \tag{10-101}$$

3. 热管的工作原理

热管是 20 世纪 70 年代发展起来的高效传热元件，它将沸腾和凝结两种相变换热过程巧妙地结合在一起，具有较高的传热性能，在现代工程及科学技术中得到了广泛的应用，其结构及工作原理如图 10-31 所示。

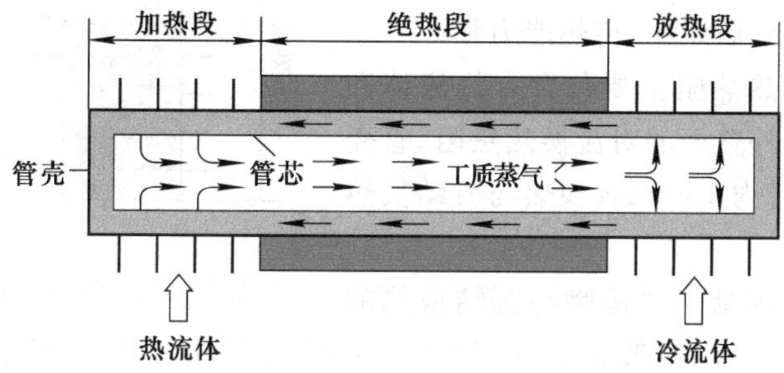

图 10-31 热管结构及工作原理示意图

热管是由管壳、管芯和工质组成的一个封闭系统。管壳一般由铜、不锈钢、镍等金属材料制成。管壳材料的选择除了考虑工作温度、强度、耐腐蚀性等因素外，还要考虑与工质的相容性。如果热管材料会被工质腐蚀，或者在工作过程中会与工质反应生成不凝气体而破坏热管的正常工作，则称管壳材料与工质不相容。管芯是由金属丝网、玻璃纤维或金属粉末烧结做成的多孔材料毛细液芯层，其作用是利用毛细力输送液态工质。热管所用的工质主要根据热管的工作温度范围来选择，此外还要考虑和管壳、管芯材料的相容性以及液体工质能否浸润管芯等因素。常用的工质有氨、甲醇、水、导热姆、液态金属等。

根据工作原理，热管在整体上可分为三段：加热段（蒸发段）、绝热段与放热段（冷凝段）。热管工作时，加热段被管外的热流体加热，液态工质在加热段吸收汽化潜热而汽化，其蒸气流经绝热段到达放热段后被管外的冷流体冷却，放出汽化潜热而凝结，凝结液在毛细力的作用下沿管芯又回到加热段，至此工质完成一个工作循环。通过热管内工质不间断的沸腾与凝结的换热过程，实现热量从热流体传递给冷流体。

由于管芯的毛细力是热管内凝结液回流的驱动力，也就是热管工质工作循环的驱动力，因此对热管的形状与位置没有限制，可以根据工作环境需要做成各种形状。但这种热管制造成本较高，多用于航天器的热控制和电子器件冷却等较为特殊的应用环境。对于工业上大量使用的热管式换热器，通常采用结构简单、依靠重力驱动凝结液回流的重力热管，其结构如图10-32所示。既然重力热管的凝结液是靠重力由冷凝段流回蒸发段，工作时必须使加热段在下，放热段在上。

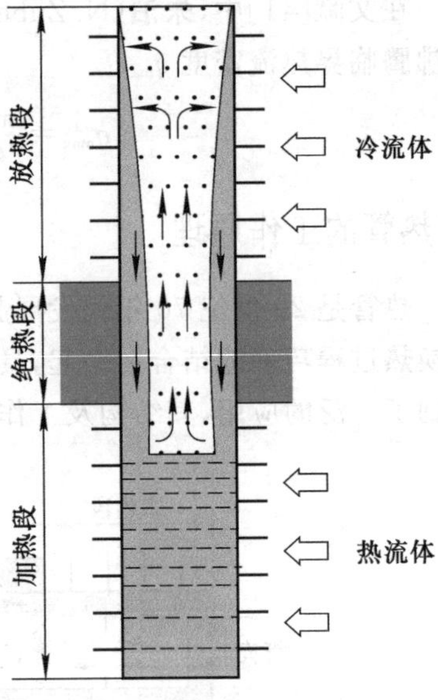

图 10-32 重力热管示意图

热管的工作原理决定了热管传热具有下述主要特点：

1）热阻小、温差小、传热能力强

热管的传热热阻主要包含有热流体和冷流体与热管外壁面的对流换热热阻、管壳的导热热阻、管内工质沸腾换热与凝结换热的热阻。

因为热管内部工质沸腾与凝结换热的表面传热系数很大，一般在5 000 W/(m^2·K)以上，所以热阻很小。由于沸腾和凝结同处于一个热管空腔内，加热段与冷凝段的温差（即工质的饱和温度之差）是由工质蒸气的流动阻力导致的两端压力差所引起。在热管不太长的情况下，由于蒸气的流动阻力很小，因此热管两端的温差很小，对应的热阻也很小，一般情况下可以忽略不计。因此，温差小、热阻小是热管重要的传热特性。由于实现了小温差传热，大大减少了传递热量的不可逆损失。计算表明，一根内、外径分别为 21 mm、25 mm，加热段、冷凝段长度都为 1 m 的钢-水重力热管的热阻（管外对流换热热阻除外）是直径相同、长度为 2 m 的紫铜棒导热热阻的 1/1 500，即这种热管的传热能力是紫铜棒的 1 500 倍。可见，热管是非常优良的传热元件。

2）适应温度范围广、工作温度可调

通过选择不同的热管工质和相容的管壳材料，可以使热管在 −200～2 000 ℃温度范围内工作。对于同一种热管，还可以通过调整管内压力达到调整工质饱和温度（即工作温度）的目的。

表 10－8 列举了一些常用的热管工质、相容管壳材料以及适用的温度范围。

表 10－8 热管工质和相容管壳材料及适用温度范围

工质	相容管壳材料	适用温度范围/℃
甲醇	铜、镍、不锈钢	−45～120
水	铜、镍、碳钢（表面处理）	5～230
导热姆 A		150～350
钾	碳钢、铜、不锈钢	400～800
钠	镍、不锈钢	500～900
锂	镍、不锈钢	900～1 500
	铌＋1%锆	

3）热流密度可调

热管蒸发段和冷凝段的热流密度可以通过改变蒸发段和冷凝段的长度或管外传热面积（如加装肋片）进行调节。

由于热管具有上述特性，因此在现代工业和航天、电子等高科技领域获得了广泛的应用。但热管的传热能力也受到热流密度、工质的流动阻力以及管芯毛细力等因素的限制，存在工作极限。有关热管的详细论述，请参阅文献[48]。

思考题

1. 何谓表面传热系数？请写出其定义式并说明其物理意义。
2. 用实例简要说明对流换热的主要影响因素。
3. 对流换热微分方程组由几个方程组成？各自导出的理论依据是什么？
4. 何谓流动边界层和热边界层？它们的厚度是如何规定的？
5. 简述边界层理论的基本内容。

6. 边界层理论对求解对流换热问题有何意义？

7. 层流边界层和湍流边界层在传热机理上有何区别？

8. 何谓两个物理现象相似？

9. 简述相似理论的主要内容。

10. 如何判断两个现象是否相似？

11. 相似理论对解决对流换热问题有何指导意义？

12. 分别写出努塞尔数 Nu、雷诺数 Re、普朗特数 Pr、格拉晓夫数 Gr 的表达式，并说明它们的物理意义。

13. 努塞尔数 Nu 和毕渥数 Bi 的表达式的形式完全相同，二者有何区别？

14. 何谓管内流动充分发展段和热充分发展段？有何特点？

15. 试说明在运用特征数关联式计算对流换热问题时应该注意哪些问题。

16. 试说明大空间内沿竖直壁面的自然对流换热的数学描述与沿竖直壁面的强迫对流换热的数学描述的共同点与不同点。

17. 大空间内沿竖直壁面的自然对流换热的边界层速度分布与沿竖直壁面的强迫对流换热的边界层速度分布有何区别？

18. 夏季和冬季顶层天棚内表面处、房屋外墙外表面处的对流换热有何不同？

19. 试说明膜状凝结和珠状凝结的形成条件。

20. 膜状凝结的努塞尔理论解主要做了哪些简化假定？

21. 试定性绘出大容器饱和沸腾曲线的形状，并说明各阶段的换热机理。

22. 简述凝结换热和沸腾换热的影响因素及主要强化措施。

习 题

10-1 水和空气均以 $u_\infty=1$ m/s 的速度分别平行流过平板，边界层的平均温度均为 50 ℃，试求距平板前沿 100 mm 处流动边界层及热边界层的厚度。

10-2 试求水平行流过长度为 0.4 m 的平板时沿程 $x=0.1$ m、0.2 m、0.3 m、0.4 m 处的局部表面传热系数。已知水的来流温度 $t_\infty=20$ ℃，速度 $u_\infty=1$ m/s，平板的壁面温度 $t_w=$ 60 ℃。

10-3 如果将上题中的水改为空气，其他参数保持不变，试计算整个平板的平均表面传热系数以及单位宽度平板的换热量，并对比这两种情况的计算结果。

10-4 如果用特征长度为原型 1/5 的模型来模拟原型中速度为 6 m/s、温度为 200 ℃的空气强迫对流换热，模型中空气的温度为 20 ℃。试问模型中空气的速度应为多少？如果测得模型中对流换热的平均表面传热系数为 200 W/(m^2·K)，求原型中的平均表面传热系数值。

10-5 水在换热器管内被加热，管内径为 14 mm，管长为 2.5 m，管壁温度保持为 110 ℃，水的进口温度为 50 ℃，流速为 1.3 m/s，试求水通过换热器后的温度。

10-6 用内径为 0.016 m、长为 2.5 m 的不锈钢管进行管内对流换热实验，实验时直接对不锈钢管通以直流电加热，电压为 5 V，电流为 900 A，水的进口温度为 20 ℃，流速为

0.5 m/s，管外用保温材料保温，忽略热损失。试求管内对流换热的表面传热系数及换热温差。

10-7 空气以 1.3 m/s 速度在内径为 22 mm、长为 2.25 m 的管内流动，空气的平均温度为 38.5 ℃，管壁温度为 58 ℃，试求管内对流换热的表面传热系数。

10-8 如果上题中空气的流速增加到 3.5 m/s，空气的平均温度为 58 ℃，管壁温度为 90 ℃，试求管内对流换热的表面传热系数。

10-9 水以 2 m/s 的速度流过长度为 5 m、内径为 20 mm、壁面温度均匀的直管，水温从 25 ℃被加热到 35 ℃，试求管内对流换热的表面传热系数。

10-10 一套管式换热器，内管外径 $d_1=12$ mm，外管内径 $d_2=16$ mm，管长为 400 mm，在内外管之间的环形通道内水的流速 $u=2.4$ m/s、平均温度 $t_f=73$ ℃，内管壁温 $t_w=96$ ℃，试求内管外表面处对流换热的表面传热系数。

10-11 有一外径为 25 mm、长为 200 mm 的水平圆管横置在风洞之中进行空气横掠的对流换热实验，管内用电加热器加热。已测得圆管外壁面的平均温度为 100 ℃，来流空气温度为 20 ℃、流速为 5 m/s，试计算圆管外壁面对流换热的表面传热系数和电加热器的功率。

10-12 在一锅炉烟道中有一 6 排管顺排构成的换热器。已知管外径 $d=60$ mm，管间距 $s_1/d=s_2/d=2$，管壁平均温度 $t_w=100$ ℃，烟气平均温度 $t_f=500$ ℃，管间最窄通道处的烟气流速 $u=8$ m/s，试求管束外壁面和烟气间对流换热的平均表面传热系数。

10-13 室内有一外径为 76 mm 的水平暖气管道，壁面温度为 80 ℃，室内空气温度为 20 ℃，试求暖气管外壁面处自然对流换热的表面传热系数及单位管长的散热量。

10-14 室内火炉上烟囱的外径为 15 cm，竖直段高度为 1.6 m，壁面平均温度为 150 ℃，水平段长度为 5 m，壁面平均温度为 100 ℃。室内空气温度为 18 ℃。试求每小时烟囱与室内空气间的对流换热量。

10-15 一块面积为 $0.2\times0.2\ \mathrm{m}^2$ 的正方形薄板竖直置于室内空气温度为 20 ℃的大房间中，薄板内镶嵌一块大小与薄板一样、功率为 120 W 的电加热片，对薄板均匀加热(即热流密度均匀分布)，试确定薄板的最高温度。(提示：在常热流条件下壁面温度是不均匀的，首先应判断何处温度最高；由于壁面温度未知，定性温度无法确定，可采用试算法，首先假设一定性温度。)

第十一章

辐射换热

第八章已指出，热辐射是热量传递的基本方式之一，以热辐射方式进行的热量交换称为辐射换热。辐射换热在热能动力工程、核能工程、冶金、化工、航天、太阳能利用、干燥技术，以及日常生活中的加热、供暖等方面具有非常广泛的应用。

本章主要从宏观的角度介绍热辐射的基本概念、基本定律以及辐射换热的计算方法。

11－1 热辐射的基本概念

辐射换热计算必然要涉及物体本身对热辐射的发射、吸收、反射及透射特性以及辐射能的定量描述，这一节主要介绍与此有关的一些基本概念。

1. 吸收、反射与透射

与可见光的情况一样，当热辐射能投射到实际物体表面上时，将有一部分被物体表面反射，有一部分被物体吸收，其余部分透过物体，如图 11－1 所示。

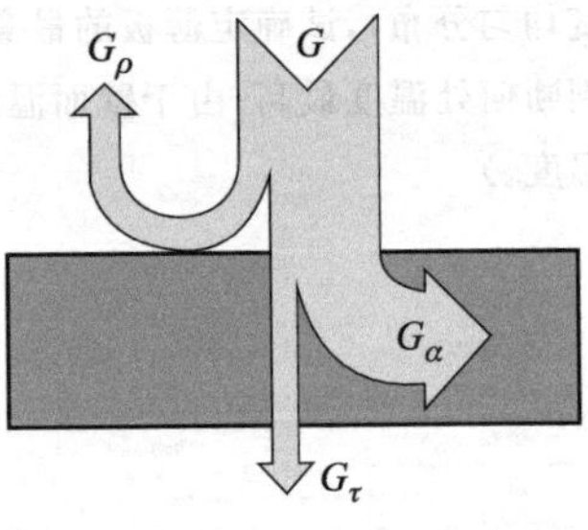

图 11－1 物体对热辐射的吸收、反射与透射示意图

单位时间内投射到单位面积物体表面上的全波长范围内的辐射能称为**投入辐射**，用 G 表示，单位为 W/m^2。其中被物体吸收、反射和透射的部分分别为 G_α、G_ρ 和 G_τ，则 G_α、G_ρ、G_τ 在投入辐射 G 中所占的份额分别为

$$\alpha=\frac{G_\alpha}{G}、\rho=\frac{G_\rho}{G}、\tau=\frac{G_\tau}{G}$$

式中，α、ρ、τ 分别称为物体对投射辐射能的**吸收比**、**反射比**与**透射比**。根据能量守恒，$G_\alpha+G_\rho+G_\tau=G$，于是有

$$\alpha+\rho+\tau=1 \tag{11-1}$$

如果投入辐射是某一波长 λ 的辐射能 G_λ，其中被物体吸收、反射和透射的部分分别为 $G_{\lambda\alpha}$、$G_{\lambda\rho}$ 和 $G_{\tau\lambda}$，则其所占的份额分别为

$$\alpha_\lambda=\frac{G_{\alpha\lambda}}{G_\lambda},\rho_\lambda=\frac{G_{\rho\lambda}}{G_\lambda},\tau_\lambda=\frac{G_{\tau\lambda}}{G_\lambda}$$

式中，α_λ、ρ_λ、τ_λ 分别称为物体对该波长辐射能的**光谱吸收比**、**光谱反射比**和**光谱透射比**。与式(11－1)类似，有

$$\alpha_\lambda+\rho_\lambda+\tau_\lambda=1 \tag{11－2}$$

α_λ、ρ_λ、τ_λ 属于物体的光谱辐射特性，取决于物体的种类、温度和表面状况，一般是波长 λ 的函数。但 α、ρ、τ 不仅取决于物体的性质，还与投射辐射能的波长分布有关，这从下述关系式可以看出：

$$\alpha=\frac{\int_0^\infty\alpha_\lambda G_\lambda\,\mathrm{d}\lambda}{\int_0^\infty G_\lambda\,\mathrm{d}\lambda},\rho=\frac{\int_0^\infty\rho_\lambda G_\lambda\,\mathrm{d}\lambda}{\int_0^\infty G_\lambda\,\mathrm{d}\lambda},\tau=\frac{\int_0^\infty\tau_\lambda G_\lambda\,\mathrm{d}\lambda}{\int_0^\infty G_\lambda\,\mathrm{d}\lambda}$$

实际上，当热辐射投射到固体或液体表面时，一部分被反射，其余部分在很薄的表面层内就被完全吸收了。对于金属，这一表面层的厚度只有 1 μm 的量级；对于绝大多数非金属材料，这一表面层的厚度也小于 1 mm。因此，对于固体和液体，可以认为对热辐射的透射比为零，式(11－1)简化为

$$\alpha+\rho=1 \tag{11－3}$$

物体表面对热辐射的反射有两种现象：**镜反射**与**漫反射**。镜反射的特点是反射角等于入射角，如图 11－2a 所示。漫反射时被反射的辐射能在物体表面上方空间各个方向上均匀分布，如图 11－2b 所示。物体表面对热辐射的反射情况取决于物体表面的粗糙程度和投射辐射能的波长。当物体表面粗糙尺度小于投射辐射能的波长时，就会产生镜反射，例如高度抛光的金属表面就会产生镜反射；当物体表面的粗糙尺度大于投射辐射能的波长时，就会产生漫反射。对全波长范围的热辐射能完全镜反射或完全漫反射的实际物体是不存在的，绝大多数工程材料对热辐射的反射都近似于漫反射。

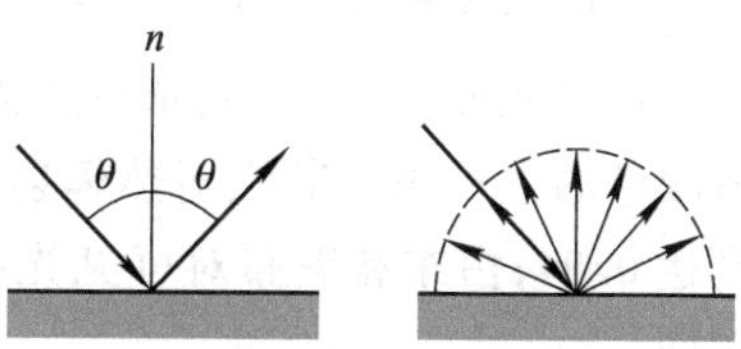

(a) 镜反射　(b) 漫反射

图 11－2　镜反射与漫反射示意图

2. 灰体与黑体

物体的光谱辐射特性随波长的变化给辐射换热分析带来很大的困难。为了工程上分析计算简便，引进**灰体**的概念。所谓灰体，是指光谱辐射特性不随波长而变化的假想物体，即 α_λ、ρ_λ、τ_λ 分别等于常数。对于灰体，由前面 α 与 α_λ、ρ 与 ρ_λ 以及 τ 与 τ_λ 的关系式可得

$$\alpha=\alpha_\lambda,\rho=\rho_\lambda,\tau=\tau_\lambda \tag{11-4}$$

即灰体的吸收比、反射比、透射比分别等于光谱吸收比、光谱反射比、光谱透射比，大小与波长无关，只取决于灰体本身的性质。在热辐射的波长范围内，绝大多数工程材料都可以近似地作为灰体处理。

吸收比 $\alpha=1$ 的物体称为**绝对黑体**，简称**黑体**。黑体将所有投射在它上面的辐射能全部吸收，在所有物体之中，它吸收热辐射的能力最强。后面将证明，在温度相同的物体之中，黑体发射辐射能的能力也最强。黑体和灰体一样，是一种理想物体，在自然界是不存在的，但可以人工制造出接近于黑体的模型。图 11－3 所示的是一个**人工黑体模型**：一个内表面吸收比较高的空腔，空腔的壁面上有一个小孔。只要小孔的尺寸与空腔相比足够小，则从小孔进入空腔的辐射能经过空腔壁面的多次吸收和反射后，几乎全部被吸收，相当于小孔的吸收比接近于 1，即接近于黑体。

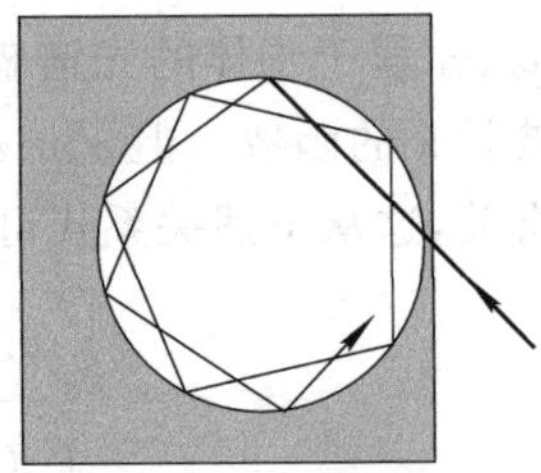

图 11－3 人工黑体示意图

黑体的引进对热辐射规律的研究具有重要意义：由于实际物体的热辐射特性和规律非常复杂，黑体辐射相对简单，所以人们首先研究黑体辐射的性质和规律，再把实际物体的辐射特性与之比较，找出与黑体辐射的区别，就可以将黑体辐射的规律进行修正后用于实际物体。

反射比 $\rho=1$ 的物体称为**镜体**（漫反射时称为**白体**）。透射比 $\tau=1$ 的物体称为**绝对透明体**。镜体、绝对透明体与灰体、黑体一样，都是理想物体，自然界中并不存在。

这里所说的黑体、白体与日常生活中所说的白色物体与黑色物体不同，颜色只是对可见光而言，而可见光在热辐射的波长范围中只占很小部分，所以不能凭物体颜色的黑白来判断它对热辐射吸收比的大小。例如，白雪对红外线的吸收比高达 0.94；白布和黑布对可见光的吸收比差别很大，但对红外线的吸收比基本相同。

3. 辐射强度

为了说明物体表面发射的辐射能在空间各个方向上的分布规律，引进**辐射强度**的概念。因为涉及**立体角**的定义，所以下面先对此加以解释。

在平面几何中，一个半径为 r、弧长为 s 的圆弧所对应的圆心角是平面角，大小为 $\theta=s/r$，单位是 rad（弧度）。而半径为 r 的球面上，面积 A 与球心所对应的是一个空间角度，用 Ω 表示，称为立体角，其大小定义为

$$\Omega=\frac{A}{r^2} \tag{11-5}$$

立体角的单位叫**球面度**，用 sr 表示。由上式可以算出，半个球面所对应的立体角为 2πsr。

如图 11-4 所示，在微元面积 dA_1 上方半径为 r 的球面上，在(θ,φ)方向上有一个由经、纬线切割的微元面积 dA_2，面积为

$$dA_2=rd\theta\cdot r\sin\theta d\varphi=r^2\sin\theta d\theta d\varphi$$

dA_2 对球心所张的微元立体角为

$$d\Omega=\frac{dA_2}{r^2}=\sin\theta d\theta d\varphi \tag{11-5a}$$

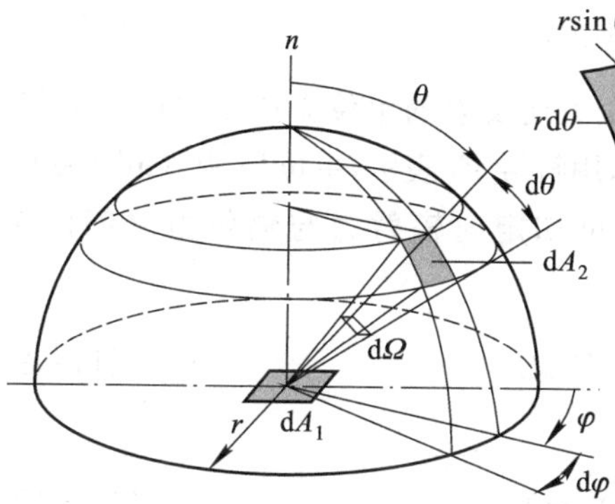

图 11-4 立体角定义示意图

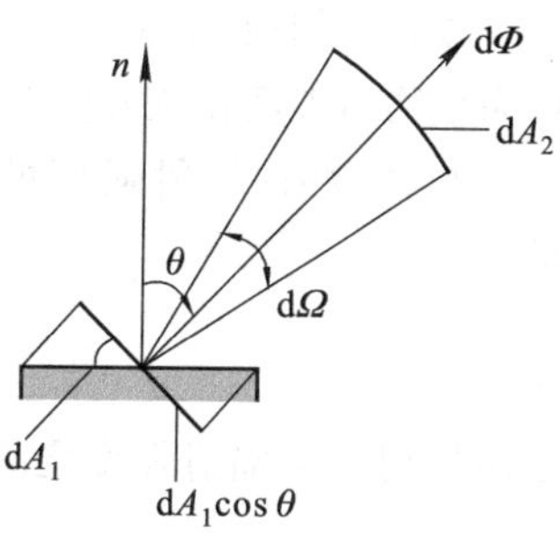

图 11-5 辐射强度定义示意图

如图 11-5 所示，若单位时间内微元面 dA_1 向 dA_2 所发射的辐射能为 $d\Phi$，dA_1 在 θ 方向的投影面积为 $dA_1\cos\theta$，则单位投影面积所发出的包含在单位立体角内的所有波长的辐射能可表示为

$$L(\theta,\varphi)=\frac{d\Phi}{dA_1\cos\theta d\Omega} \tag{11-6}$$

$L(\theta,\varphi)$称为 dA_1 在(θ,φ)方向的**辐射强度**，或称为**定向辐射强度**，单位为 W/($m^2\cdot$sr)。因为 $dA_1\cos\theta$ 就是从 θ 方向看过来 dA_1 可见面积的大小，所以辐射强度也可以说是单位时间内从单位可见面积上发出的包含在单位立体角内所有波长的辐射能。

辐射强度的大小不仅取决于物体种类、表面性质、温度，还与方向有关，对于各向同性的物体表面，辐射强度与 φ 角无关，$L(\theta,\varphi)=L(\theta)$。以下的讨论仅限于各向同性物体表面。

针对某一波长辐射能引进**光谱辐射强度**的概念，用符号 $L_\lambda(\theta)$表示。辐射强度与光谱辐射强度之间的关系可表示为

$$L(\theta)=\int_0^{\infty} L_{\lambda}(\theta)\mathrm{d}\lambda \tag{11-7}$$

如果波长的单位用 m，则光谱辐射强度的单位是 $W/(m^3 \cdot sr)$，如果波长的单位用 μm，则光谱辐射强度单位为 $W/(m^2 \cdot \mu m \cdot sr)$。

4. 辐射力

单位时间内，单位面积的物体表面向半球空间发射的全部波长的辐射能的总和称为该物体表面的**辐射力**，用符号 E 表示，单位为 W/m^2。

同样，针对某一波长的辐射能引进**光谱辐射力**的概念，用符号 E_{λ} 表示，单位为 W/m^3。辐射力与光谱辐射力之间的关系可表示为

$$E=\int_0^{\infty} E_{\lambda}\mathrm{d}\lambda \tag{11-8}$$

单位时间内，单位面积物体表面向某个方向发射的单位立体角内的辐射能，称为该物体表面在该方向上的**定向辐射力**，用符号 E_{θ} 表示，单位是 $W/(m^2 \cdot sr)$。

与辐射力、辐射强度的定义相对比，可知定向辐射力与辐射力之间的关系为

$$E=\int_{\Omega=2\pi} E_{\theta}\mathrm{d}\Omega \tag{11-9}$$

定向辐射力与辐射强度之间的关系为

$$E_{\theta}=L(\theta)\cos\theta \tag{11-10}$$

于是，辐射力与辐射强度之间的关系可表示为

$$E=\int_{\Omega=2\pi} L(\theta)\cos\theta\mathrm{d}\Omega \tag{11-11}$$

11-2 黑体辐射的基本定律

1. 普朗克定律

1900 年，**普朗克**(M. Planck)在量子假设的基础上，从理论上确定了黑体辐射的光谱分布规律，给出了黑体的光谱辐射力 $E_{b\lambda}$ 与热力学温度 T、波长 λ 之间的函数关系，称之为**普朗克定律**：

$$E_{b\lambda}=\frac{C_1\lambda^{-5}}{e^{C_2/(\lambda T)}-1} \tag{11-12}$$

式中：λ 为波长，m；T 为热力学温度，K；C_1 为普朗克第一常数，$C_1=3.742\times 10^{-16}\ W \cdot m^2$；$C_2$ 为普朗克第二常数，$C_2=1.439\times10^{-2}\ m \cdot K$。

不同温度下黑体的光谱辐射力随波长的变化如图 11-6 所示。可以看出，

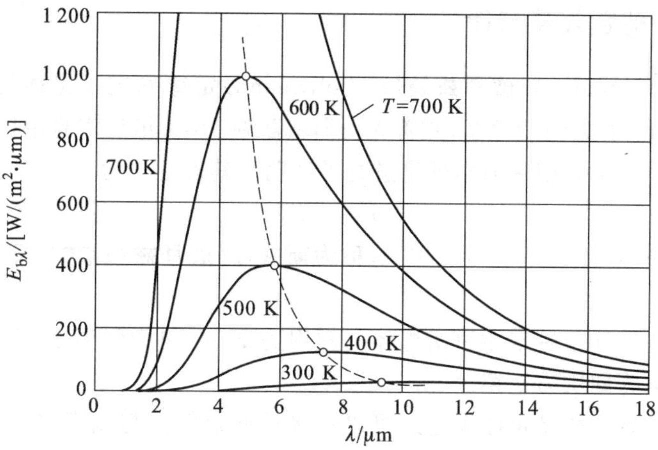

图 11 - 6　黑体的光谱辐射力 $E_{b\lambda}=f(\lambda,T)$

黑体的光谱辐射力随波长和温度的变化具有下述特点：

(1) 温度愈高，同一波长下的光谱辐射力愈大；

(2) 在一定的温度下，黑体的光谱辐射力随波长连续变化，并在某一波长下具有最大值；

(3) 随着温度的升高，光谱辐射力取得最大值的波长 λ_{max} 愈来愈小，即在 λ 坐标中的位置向短波方向移动。

在温度不变的情况下，由普朗克定律表达式(11 - 12)求极值，可以确定黑体的光谱辐射力取得最大值的波长 λ_{max} 与热力学温度 T 之间的关系为

$$\lambda_{max}T=2.897\ 6\times10^{-3}\approx2.9\times10^{-3}\ \text{m}\cdot\text{K} \tag{11-13}$$

此关系式称为**维恩(Wien)位移定律**。

根据维恩位移定律，可以确定任一温度下黑体的光谱辐射力取得最大值的波长。例如，太阳辐射可以近似为表面温度约为 5 800 K 的黑体辐射，由上式可求得太阳光谱辐射力取得最大值的波长 $\lambda_{max}=0.5\ \mu$m，位于可见光的范围内。所以，可见光的波长范围虽然很窄(0.38～0.76 μm)，但所占太阳辐射能的份额却很大(约为 44.6%)。再如，工业上常见的高温一般低于 2 000 K，由上式可以确定，2 000 K 温度下黑体的光谱辐射力取得最大值的波长 $\lambda_{max}=1.45\ \mu$m，处于红外线范围内。加热炉中铁块升温过程中颜色的变化也能体现黑体辐射的特点：当铁块的温度低于 800 K 时，所发射的热辐射主要是红外线，人的眼睛感受不到，看起来还是暗黑色的。随着温度的升高，铁块的颜色逐渐变为暗红色、鲜红色、橘黄色、亮白色，这是由于随着温度的升高，铁块发射的热辐射中可见光的比例逐渐增大的缘故。

2. 斯忒藩-玻耳兹曼定律

斯忒藩(J. Stefan)-**玻耳兹曼**(D. Boltzmann)定律确定了黑体的辐射力 E_b 与热力学温度 T 之间的关系,它首先由斯忒藩在 1879 年从实验中得出,后来玻耳兹曼于 1884 年运用热力学理论进行了证明。其表达式为

$$E_b=\sigma T^4 \tag{11-14}$$

式中,$\sigma=5.67\times10^{-8}$ W/(m^2 · K^4),称为**斯忒藩-玻耳兹曼常数**,又称为**黑体辐射常数**。

斯忒藩-玻耳兹曼定律说明黑体的辐射力 E_b 与热力学温度 T 的四次方成正比,故又称为**四次方定律**。

斯忒藩-玻耳兹曼定律表达式可以直接根据辐射力与光谱辐射力之间的关系式(11-8)由普朗克定律表达式导出:

$$E_b=\int_0^\infty E_{b\lambda}\mathrm{d}\lambda=\int_0^\infty \frac{C_1\lambda^{-5}}{e^{C_2/(\lambda T)}-1}\mathrm{d}\lambda$$

在工程上或其他实际问题中,常常需要计算黑体在一定的温度下发射的某一波长范围(或称波段)$\lambda_1\sim\lambda_2$ 内的辐射能 $E_{b(\lambda_1-\lambda_2)}$(也称为**波段辐射力**),如图 11-7 所示。根据积分运算得

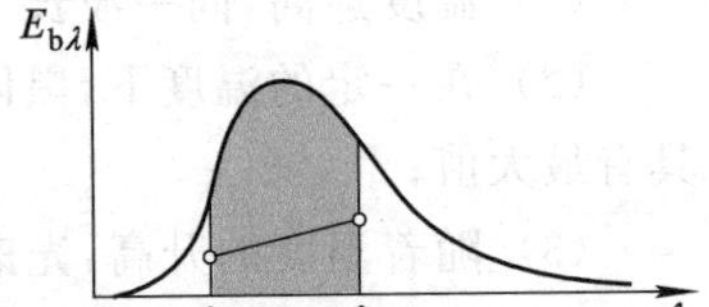

图 11-7 黑体在波段 $\lambda_1\sim\lambda_2$ 内的辐射力示意图

$$E_{b(\lambda_1-\lambda_2)}=\int_{\lambda_1}^{\lambda_2} E_{b\lambda}\mathrm{d}\lambda=\int_0^{\lambda_2} E_{b\lambda}\mathrm{d}\lambda-\int_0^{\lambda_1} E_{b\lambda}\mathrm{d}\lambda$$

这一波段的辐射能占黑体辐射力 E_b 的百分数为

$$F_{b(\lambda_1-\lambda_2)}=\frac{E_{b(\lambda_1-\lambda_2)}}{E_b}=\frac{\int_0^{\lambda_2} E_{b\lambda}\mathrm{d}\lambda}{E_b}-\frac{\int_0^{\lambda_1} E_{b\lambda}\mathrm{d}\lambda}{E_b}=F_{b(0-\lambda_2)}-F_{b(0-\lambda_1)}$$

式中,$F_{b(0-\lambda_1)}$、$F_{b(0-\lambda_2)}$ 分别为波段 $0\sim\lambda_1$、$0\sim\lambda_2$ 的辐射能所占同温度下黑体辐射力的百分数。根据普朗克定律表达式

$$F_{b(0-\lambda)}=\frac{\int_0^{\lambda} E_{b\lambda}\mathrm{d}\lambda}{\sigma T^4}=\frac{\int_0^{\lambda}\frac{C_1\lambda^{-5}}{e^{C_2/(\lambda T)}-1}\mathrm{d}\lambda}{\sigma T^4}$$

$$=\frac{1}{\sigma}\int_0^{\lambda T}\frac{C_1(\lambda T)^{-5}}{e^{C_2/(\lambda T)}-1}\mathrm{d}(\lambda T)=f(\lambda T) \tag{11-15}$$

式中,$F_{b(0-\lambda)}=f(\lambda T)$ 称为**黑体辐射函数**,表示温度为 T 的黑体所发射的在波段 $0\sim\lambda$ 内的辐射能占同温度下黑体辐射力的百分数。黑体辐射函数的具体数值列在表 11-1 中。

表 11-1 黑体辐射函数

$\lambda T/(\mu m \cdot K)$	$F_{b(0-\lambda)}/\%$	$\lambda T/(\mu m \cdot K)$	$F_{b(0-\lambda)}/\%$
1 000	0.032 3	6 500	77.66
1 100	0.091 6	7 000	80.83
1 200	0.214	7 500	83.46
1 300	0.434	8 000	85.64
1 400	0.782	8 500	87.47
1 500	1.290	9 000	89.07
1 600	1.979	9 500	90.32
1 700	2.862	10 000	91.43
1 800	3.946	12 000	94.51
1 900	5.225	14 000	96.29
2 000	6.690	16 000	97.38
2 200	10.11	18 000	98.08
2 400	14.05	20 000	98.56
2 600	18.34	22 000	98.89
2 800	22.82	24 000	99.12
3 000	27.36	26 000	99.30
3 200	31.85	28 000	99.43
3 400	36.21	30 000	99.53
3 600	40.40	35 000	99.70
3 800	44.38	40 000	99.79
4 000	48.13	45 000	99.85
4 200	51.64	50 000	99.89
4 400	54.92	55 000	99.92
4 600	57.96	60 000	99.94
4 800	60.79	70 000	99.96
5 000	63.41	80 000	99.97
5 500	69.12	90 000	99.98
6 000	73.81	100 000	99.99

利用黑体辐射函数表，可以很容易地用下式计算黑体在某一温度下发射的任意波段的波段辐射力：

$$E_{b(\lambda_1-\lambda_2)}=[F_{b(0-\lambda_2)}-F_{b(0-\lambda_1)}]E_b \tag{11-16}$$

例题 11-1 试计算太阳辐射中可见光所占的比例。

解 太阳辐射可认为是表面温度为 $T=5\ 762$ K 的黑体辐射，可见光的波长范围是 0.38～0.76 μm，即 $\lambda_1=0.38\ \mu m$，$\lambda_2=0.76\ \mu m$。于是

$$\lambda_1 T=2\ 190\ \mu m \cdot K\ ,\lambda_2 T=4\ 380\ \mu m \cdot K$$

由黑体辐射函数表查得

$$F_{b(0-\lambda_1)}=9.94\%, F_{b(0-\lambda_2)}=54.59\%$$

于是可见光所占的比例为

$$F_{b(\lambda_1-\lambda_2)}=F_{b(0-\lambda_2)}-F_{b(0-\lambda_1)}=44.65\%$$

从上述结果可以看出，太阳辐射中可见光所占的比例很大。

3. 兰贝特定律

理论上可以证明，黑体的辐射强度与方向无关，即半球空间各方向上的辐射强度都相等。这种黑体辐射强度所遵循的空间均匀分布规律称为**兰贝特**(Lambert)**定律**。

辐射强度在空间各个方向上都相等的物体也称为**漫发射体**。对于漫发射体

$$L(\theta)=L=\text{常数} \tag{11-17}$$

根据定向辐射力 E_θ 与辐射强度的关系式(11-10)，有

$$E_\theta=L\cos\theta=E_n\cos\theta \tag{11-18}$$

E_n 为表面法线方向的定向辐射力。上面两式称为兰贝特定律表达式。因为定向辐射力 E_θ 随方向角 θ 按余弦规律变化，所以兰贝特定律也称为**余弦定律**。

对于漫发射体，根据辐射力与辐射强度之间的关系式(4-11)与式(4-5a)，有

$$\begin{aligned}E&=\int_0^{2\pi}\mathrm{d}\varphi\int_0^{\pi/2}L\sin\theta\cos\theta\mathrm{d}\theta\\&=L\int_0^{2\pi}\mathrm{d}\varphi\int_0^{\pi/2}\sin\theta\cos\theta\mathrm{d}\theta\\&=\pi L\end{aligned} \tag{11-19}$$

即漫发射体的辐射力是辐射强度的 π 倍。

既漫发射又漫反射的物体称为漫射体。

11-3　实际物体的辐射特性，基尔霍夫定律

实际物体的辐射特性与黑体有很大的区别，下面分别介绍实际物体的发射特性和吸收特性以及二者之间的关系。

1. 实际物体的发射特性

为了说明实际物体的发射特性，引入发射率的概念：实际物体的辐射力与同温度下黑体的辐射力之比称为该物体的**发射率**(习惯上称为**黑度**)，用符号 ε 表示，即

$$\varepsilon=\frac{E}{E_b} \tag{11-20}$$

发射率的大小反映了物体发射辐射能的能力的大小。

实际物体的光谱辐射力与同温度下黑体的光谱辐射力之比称为该物体的**光谱发射率**(或称为**光谱黑度**),用符号 ε_λ 表示:

$$\varepsilon_\lambda=\frac{E_\lambda}{E_{b\lambda}} \tag{11-21}$$

发射率与光谱发射率之间的关系为

$$\varepsilon=\frac{\int_0^\infty \varepsilon_\lambda E_{b\lambda}\mathrm{d}\lambda}{E_b}$$

对于灰体,光谱辐射特性不随波长而变化,ε_λ=常数,由上式可得

$$\varepsilon=\frac{\varepsilon_\lambda\int_0^\infty E_{b\lambda}\mathrm{d}\lambda}{E_b}=\varepsilon_\lambda \tag{11-22}$$

因此,灰体的光谱辐射力随波长的变化趋势与黑体相同。

实际物体光谱辐射力随波长的变化较大。图 11-8 是同温度下黑体、灰体和实际物体的光谱辐射力随波长变化的示意图。可以看出,实际物体的光谱辐射力随波长的变化规律完全不同于黑体和灰体。图 11-9 是黑体、灰体和实际物体的光谱发射率随波长变化的示意图。

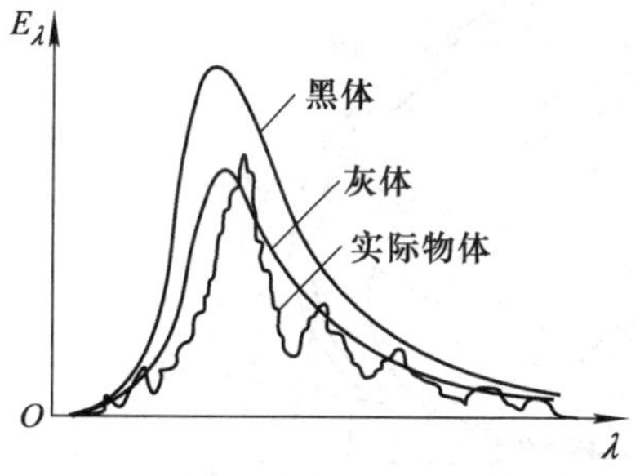

图 11-8　光谱辐射力随波长变化的示意图

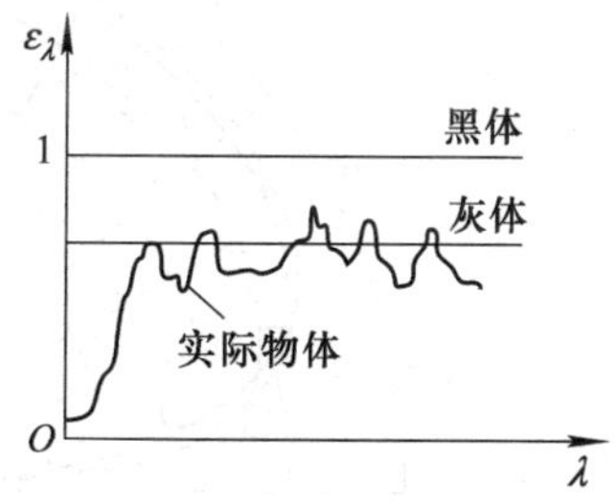

图 11-9　光谱发射率随波长的变化

在工程计算中,实际物体的辐射力 E 可以根据发射率的定义式(11-20)由下式计算:

$$E=\varepsilon E_b=\varepsilon\sigma T^4 \tag{11-23}$$

应该指出,实际物体的辐射力并不严格与热力学温度的四次方成正比,所存在的偏差包含在由实验确定的发射率 ε 数值之中。

实际物体也不是漫发射体,即辐射强度在空间各个方向的分布不遵循兰贝

特定律，是方向角 θ 的函数。为了说明实际物体辐射强度的方向性，引入定向发射率的定义：实际物体在 θ 方向上的定向辐射力 E_θ 与同温度下黑体在该方向的定向辐射力 $E_{b\theta}$ 之比称为该物体在 θ 方向的**定向发射率**(或称为**定向黑度**)，用 ε_θ 表示，即

$$\varepsilon_\theta=\frac{E_\theta}{E_{b\theta}}=\frac{L(\theta)}{L_b} \tag{11-24}$$

实际物体的定向发射率与方向有关，是方向角 θ 的函数。对于漫发射体，各方向的定向发射率相等。图 11-10 与图 11-11 中分别描绘了几种金属和非金属材料表面的定向发射率随方向角 θ 的变化。

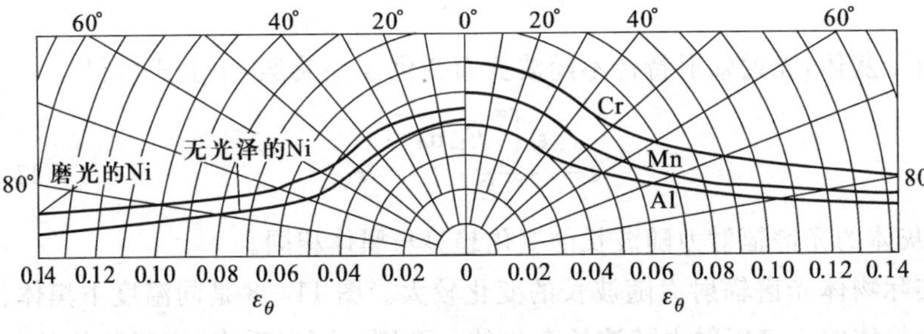

图 11-10 几种金属材料的定向发射率 ε_θ(t=150 ℃)

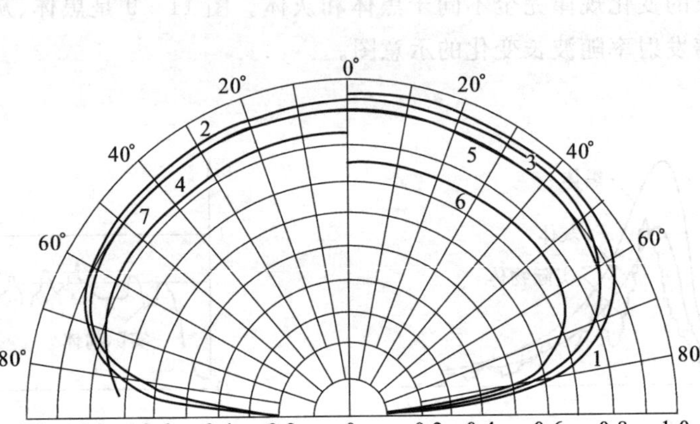

图 11-11 几种非金属材料的定向发射率 ε_θ(t=0～93.3 ℃)

1—潮湿的冰；2—木材；3—玻璃；4—纸；5—黏土；6—氧化铜；7—氧化铝

由图可见，金属材料的 ε_θ 在 $\theta\leqslant40°$ 的范围内几乎不变；当 $\theta>40°$ 时，ε_θ 随着 θ 的增大迅速增大，直到 θ 接近 90°时 ε_θ 又迅速减小，趋近于零(因范围太小，图中并未画出)。而非金属材料的 ε_θ 在 $\theta\leqslant60°$ 的范围内约为常数；当 $\theta>60°$ 时，ε_θ 随着 θ 的增大迅速减小，逐渐趋近于零。实测表明，半球总发射率 ε 与 $\theta=0°$ 时

的法向发射率 ε_n 相比变化不大，对于金属，$\frac{\varepsilon}{\varepsilon_n}=1.0\sim1.2$；对于非金属 $\frac{\varepsilon}{\varepsilon_n}=0.95\sim1.0$。

对于工程设计中遇到的绝大多数材料，都可以忽略 ε_θ 随 θ 的变化，而近似地看作漫发射体。

发射率数值的大小取决于材料的种类、温度和表面状况，通常由实验测定。表 11－2 中列举了一些常用材料的法向发射率值。

表 11－2 常用材料的法向发射率 ε_n 值

材料类别与表面状况	温度/℃	法向发射率 ε_n
铝：高度抛光，纯度 98%	50～500	0.04～0.06
工业用铝板	100	0.09
严重氧化的	100～150	0.2～0.31
黄铜：高度抛光的	260	0.03
无光泽的	40～260	0.22
氧化的	40～260	0.46～0.56
铜：高度抛光的电解铜	100	0.02
轻微抛光的	40	0.12
氧化变黑的	40	0.76
金：高度抛光的纯金	100～600	0.02～0.035
钢：抛光的	40～260	0.07～0.1
轧制的钢板	40	0.65
严重氧化的钢板	40	0.8
铸铁：抛光的	200	0.21
新车削的	40	0.44
氧化的	40～260	0.57～0.68
不锈钢：抛光的	40	0.07～017
铬：抛光板	40～550	0.08～0.27
红砖	20	0.88～0.93
耐火砖	500～1 000	0.80～0.90
玻璃	40	0.94
各种颜色的油漆	40	0.92～0.96
雪	−12～0	0.82
水（厚度大小 0.1 mm）	0～100	0.96
人体皮肤	32	0.98

2. 实际物体的吸收特性

实际物体的光谱吸收比 α_λ 也与黑体、灰体不同，是波长的函数。图 11－12、图 11－13 分别绘出了一些金属和非金属材料在室温下的光谱吸收比随波长的

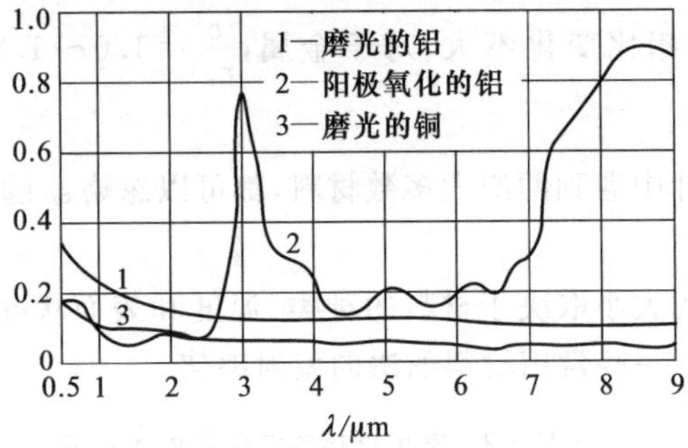

图 11-12　一些金属材料的光谱吸收比

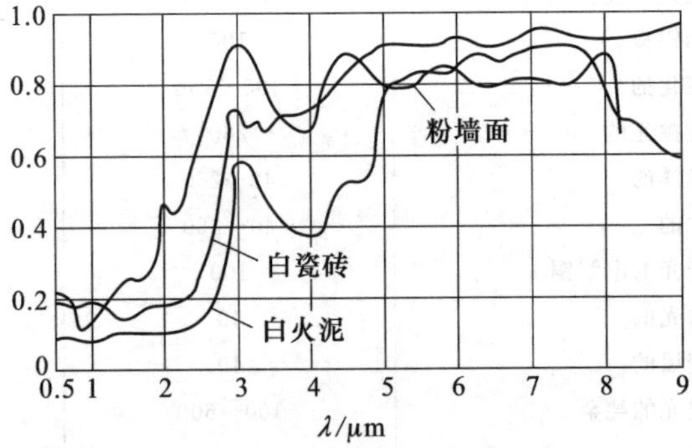

图 11-13　一些非金属材料的光谱吸收比

变化。可以看出：有些材料，如磨光的铜和铝，光谱吸收比随波长变化不大；但有些材料，如阳极氧化的铝、粉墙面、白瓷砖等，光谱吸收比随波长变化很大。这种辐射特性随波长变化的性质称为辐射特性对波长的选择性。人们经常利用这种选择性来为工农业生产服务。例如，温室就是利用玻璃对阳光吸收较少而对红外线吸收较多的特性，使大部分太阳能穿过玻璃进入室内，而阻止室内物体发射的辐射能透过玻璃散到室外，达到保温的目的。

正是由于实际物体的光谱吸收比对波长具有选择性，使实际物体的吸收比 α 不仅取决于物体本身材料的种类、温度及表面性质，还和投入辐射的波长分布有关，因此和投入辐射能的发射体温度有关。图 11-14 示出了一些材料在室温（T_1＝293 K）下对黑体辐射的吸收比随黑体温度 T_2 的变化。

实际物体光谱辐射特性随波长的变化给辐射换热计算带来很大的困难，因此引入光谱辐射特性不随波长变化的假想物体——灰体的概念。由于工程上的热辐射主要位于 0.76～10 μm 的红外波长范围内，绝大多数工程材料的光谱辐射特性在此波长范围内变化不大，因此在工程计算时可以近似地当作灰体处理，不会产生很大的误差。

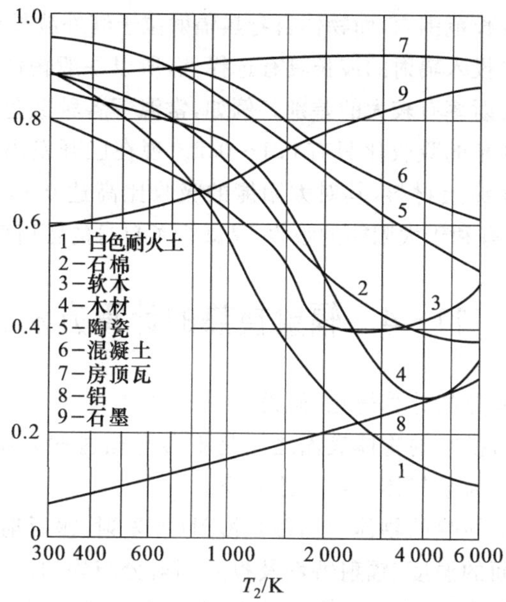

图 11-14 一些材料对黑体辐射的吸收比随黑体温度的变化

3. 基尔霍夫定律

1860 年，**基尔霍夫**(G. R. Kirchhoff)揭示了物体吸收辐射能的能力与发射辐射能的能力之间的关系，称为**基尔霍夫定律**，其表达式如下：

$$\alpha_\lambda(\theta,\varphi,T)=\varepsilon_\lambda(\theta,\varphi,T) \tag{11-25}$$

即任何一个温度为 T 的物体在(θ,φ)方向上的光谱吸收比，等于该物体在相同温度、相同方向、相同波长的光谱发射率。这说明，吸收辐射能的能力愈强的物体，发射辐射能的能力也就愈强。在温度相同的物体中，黑体吸收辐射能的能力最强，发射辐射能的能力也最强。

对于漫射体，辐射特性与方向无关，基尔霍夫定律表达式为

$$\alpha_\lambda(T)=\varepsilon_\lambda(T) \tag{11-26}$$

对于漫射、灰体，辐射特性既与方向无关也与波长无关，$\varepsilon=\varepsilon_\lambda$、$\alpha=\alpha_\lambda$，由上式可得

$$\alpha(T)=\varepsilon(T) \tag{11-27}$$

对于工程上常见的温度范围($T\leqslant 2\ 000$ K)，大部分辐射能都处于红外波长范围内，绝大多数工程材料都可以近似为漫射、灰体，已知发射率的数值就可以由上式确定吸收比的数值，不会引起较大的误差。但在太阳能利用中研究物体表面对太阳能的吸收和本身的热辐射时，就不能简单地将物体当作灰体，不能错误地认为对太阳能的吸收比等于自身辐射的发射率。这是因为，近 50%的太阳辐

射位于可见光的波长范围内，而物体自身热辐射位于红外波长范围内，由于实际物体的光谱吸收比对投入辐射的波长具有选择性，所以一般物体对太阳辐射的吸收比与自身辐射的发射率有较大的差别。例如，常温下各种颜色油漆的发射率约为 0.9，但白漆对可见光的吸收比只有 0.1～0.2。现在已开发出应用于太阳能集热器上的选择性表面涂层材料，其对太阳能的吸收比高达 0.9，而自身发射率只有 0.1 左右。这样既有利于太阳能的吸收，又减少了自身的辐射散热损失。

11-4 辐射换热的计算方法

为了使辐射换热的计算简化，假设：

(1) 进行辐射换热的物体表面之间是不参与辐射的介质（如单原子或具有对称分子结构的双原子气体、空气）或真空；

(2) 参与辐射换热的物体表面都是漫射（漫发射、漫反射）灰体或黑体表面；

(3) 每个表面的温度、辐射特性及投入辐射分布均匀。

实际上，能严格满足上述条件的情况很少，但工程上为了计算简便，常近似地认为满足上述条件，因此计算结果会有一定的误差。

1. 角系数

物体间的辐射换热必然与物体表面的几何形状、大小及相对位置有关，角系数是反映这些几何因素对辐射换热影响的重要参数。

(1) 角系数的定义

对于如图 11-15 所示的两个任意位置的表面 1、2，从表面 1 离开（自身发射与反射）的总辐射能中直接投射到表面 2 上的辐射能所占的百分数称为表面 1 对表面 2 的**角系数**，用符号 $X_{1,2}$ 表示。同样，表面 2 对表面 1 的角系数用 $X_{2,1}$ 表示。

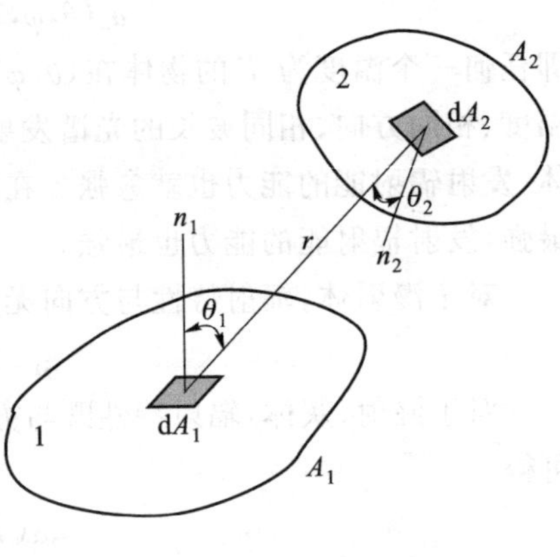

图 11-15 任意位置的两个表面之间的辐射换热

假设表面 1、2 都是黑体表面，面积分别为 A_1、A_2。dA_1、dA_2 分别为表面 1、2 上的微元面积，距离为 r，两个微元表面的方向角分别为 θ_1、θ_2。根据辐射强度的定义，单位时间内从 dA_1 发射到 dA_2 上的辐射能为

$$d\Phi_{1\rightarrow 2}=L_{b1}dA_1\cos\theta_1\frac{dA_2\cos\theta_2}{r^2}$$

式中：L_{b1}为表面 1 的辐射强度；$\frac{dA_2\cos\theta_2}{r^2}$为 dA_2 所对应的立体角。根据辐射强度与辐射力之间的关系

$$L_b=\frac{E_b}{\pi}$$

代入上式，可得

$$d\Phi_{1\to2}=E_{b1}\frac{\cos\theta_1\cos\theta_2}{\pi r^2}dA_1dA_2$$

将上式对这两个表面积分，可得到从整个表面 1 发射到表面 2 的辐射能为

$$\begin{aligned}\Phi_{1\to2}&=\int_{A_1}\int_{A_2}E_{b1}\frac{\cos\theta_1\cos\theta_2}{\pi r^2}dA_1dA_2\\&=E_{b1}\int_{A_1}\int_{A_2}\frac{\cos\theta_1\cos\theta_2}{\pi r^2}dA_1dA_2\end{aligned}$$

在上述假设条件下，每个表面的辐射力都均匀分布，于是从表面 1 向半球空间发射的总辐射能为 A_1E_{b1}。根据角系数的定义，表面 1 对表面 2 的角系数为

$$X_{1,2}=\frac{\Phi_{1\to2}}{A_1E_{b1}}=\frac{1}{A_1}\int_{A_1}\int_{A_2}\frac{\cos\theta_1\cos\theta_2}{\pi r^2}dA_1dA_2 \tag{11-28}$$

同样，表面 2 对表面 1 的角系数为

$$X_{2,1}=\frac{\Phi_{2\to1}}{A_2E_{b2}}=\frac{1}{A_2}\int_{A_1}\int_{A_2}\frac{\cos\theta_1\cos\theta_2}{\pi r^2}dA_1dA_2 \tag{11-29}$$

从上面两式可以看出，在上述假设条件下，角系数是几何量，只取决于两个物体表面的几何形状、大小和相对位置。

(2) 角系数的性质

角系数具有下列性质：

1) 相对性

对比式(11-28)、(11-29)可得

$$A_1X_{1,2}=A_2X_{2,1} \tag{11-30}$$

该式描述了两个任意位置的漫射表面之间角系数的相互关系，称为角系数的**相对性**(或**互换性**)。只要知道其中一个角系数，就可以根据相对性求出另一个角系数。

2) 完整性

从辐射换热的角度看，任何物体都处于其他物体(实际物体或假想物体，如太空背景)的包围之中。换句话说，任何物体都与其他所有参与辐射换热的物体构成一个封闭空腔。它所发出的辐射能百分之百地落在封闭空腔的各个表面之上，也就是说，它对构成封闭空腔的所有表面的角系数之和等于 1，即下式成立：

$$\sum_{j=1}^{n}X_{i,j}=X_{i,1}+X_{i,2}+\cdots+X_{i,i}+\cdots+X_{i,n}=1 \tag{11-31}$$

该式称为角系数的**完整性**。对于非凹表面，$X_{i,i}=0$。

3）可加性

角系数的可加性实质上是辐射能的可加性，体现能量守恒。对于图 11－16a 所示的系统，下面的关系式成立：

$$A_1X_{1,2}=A_1X_{1,a}+A_1X_{1,b}$$

即

$$X_{1,2}=X_{1,a}+X_{1,b} \tag{11-32}$$

对于图 11－16b 所示的系统，下面的关系式成立：

$$A_1X_{1,(2+3)}=A_1X_{1,2}+A_1X_{1,3}$$

即

$$X_{1,(2+3)}=X_{1,2}+X_{1,3} \tag{11-33}$$

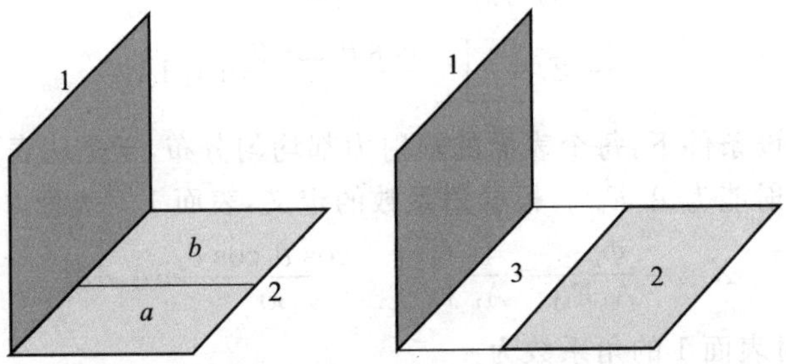

图 11－16 角系数的可加性示意图

(3) 角系数的计算方法

角系数的确定方法有多种，有积分法、代数法、图解法（或投影法）、光模拟、电模拟法等。对于积分法，只做简单介绍，并给出几种简单几何系统的计算结果。这里重点讨论代数法。

1）积分法

所谓积分法就是根据角系数积分表达式(11－28)通过积分运算求得角系数的方法。对于几何形状和相对位置复杂一些的系统，积分运算将会非常繁琐和困难。为了工程计算方便，已将常见几何系统的角系数计算结果用公式或线算图的形式给出，表 11－3 中列出了几种简单几何系统的角系数计算公式。

2）代数法

代数法是利用角系数的定义及性质，通过代数运算确定角系数的方法。下面举例说明如何利用代数法确定角系数。

对于图 11－17a 所示的由一个非凹表面 1 与一个凹形表面 2 构成的封闭空腔和图 11－17b 所示的由凸表面物体 1 与包壳 2 构成的封闭空腔，由于角系数 $X_{1,2}=1$，所以根据角系数的相对性，有

$$A_1X_{1,2}=A_2X_{2,1}$$

表 11-3　几种几何系统的角系数 $X_{1,2}$ 计算公式

几何系统	角系数 $X_{1,2}$
两个同样大小、平行相对的矩形表面 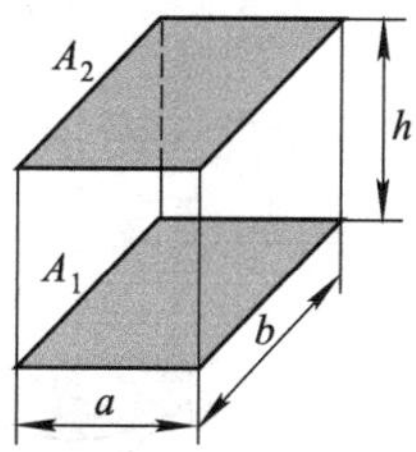 	$x=a/h, y=b/h$ $X_{1,2}=\frac{2}{\pi xy}\Big[\frac{1}{2}\ln\frac{(1+x^2)(1+y^2)}{1+x^2+y^2}-$ $x\arctan x+x\sqrt{1+y^2}\arctan\frac{x}{\sqrt{1+y^2}}-$ $y\arctan y+y\sqrt{1+x^2}\arctan\frac{y}{\sqrt{1+x^2}}\Big]$
两个相互垂直、具有一条公共边的矩形表面 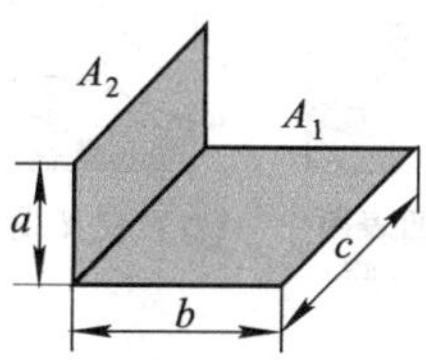 	$x=b/c, y=a/c$ $X_{1,2}=\frac{1}{\pi x}\Big[x\cdot\arctan\frac{1}{x}+y\cdot\arctan\frac{1}{y}-$ $\sqrt{x^2+y^2}\arctan\frac{1}{\sqrt{x^2+y^2}}+\frac{1}{4}\ln\frac{(1+x^2)(1+y^2)}{1+x^2+y^2}+$ $\frac{x^2}{4}\ln\frac{x^2(1+x^2+y^2)}{(1+x^2)(1+y^2)}+\frac{y^2}{4}\ln\frac{y^2(1+x^2+y^2)}{(1+x^2)(1+y^2)}\Big]$
两个相互垂直、具有公共中垂线的圆盘 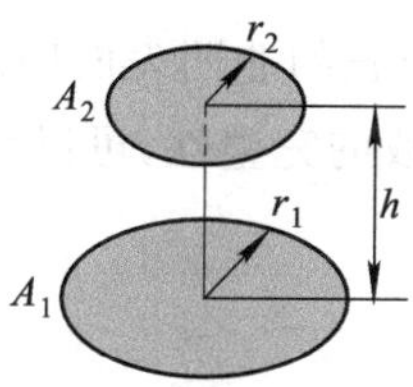 	$x=r_1/h, y=r_2/h, z=1+(1+y^2)/x^2$ $X_{1,2}=\frac{1}{2}\left[z-\sqrt{z^2-4(y/x)^2}\right]$
一个圆盘和一个中心在其中垂线上的球 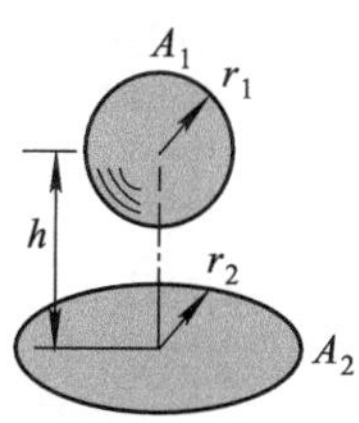 	$X_{1,2}=\frac{1}{2}\left(1-\frac{1}{\sqrt{1+(r_2/h)^2}}\right)$

很容易求出

$$X_{2,1}=\frac{A_1}{A_2} \tag{11-34}$$

对于图 11-17c 所示的两个凹形表面 1、2 构成的封闭空腔，若求角系数 $X_{1,2}$，可做一假想平面 2_a，因为从表面 1 投射到表面 2 上的辐射能也都全部穿过假想表面 2_a，因此根据角系数的定义很容易得出 $X_{1,2}=X_{1,2_a}$。对于表面 1 与假想表面 2_a 构成的封闭空腔，根据式(11-34)可得

$$X_{1,2}=X_{1,2_a}=\frac{A_{2_a}}{A_1} \tag{11-35}$$

对于图 11－17d 所示的两块距离很近的大平壁，如果忽略通过边缘缝隙与其他物体的辐射换热，可得

$$X_{1,2}=X_{2,1}=1 \tag{11-36}$$

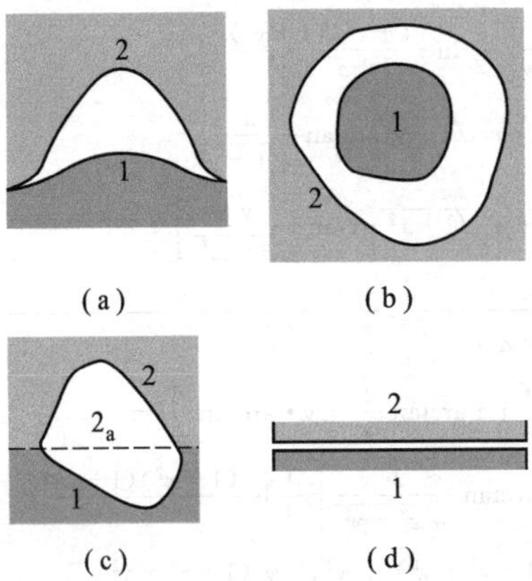

图 11－17 两个表面构成的封闭空腔

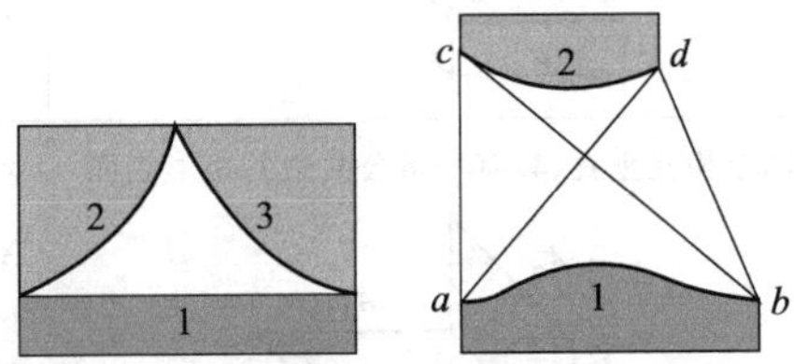

（a）三个非凹表面构成的封闭空腔 （b）交叉线法示意图

图 11－18

图 11－18a 所示的是由三个垂直于纸面方向无限长的非凹表面构成的封闭空腔，三个表面的面积分别为 A_1、A_2、A_3。根据角系数的完整性，可以写出

$$A_1X_{1,2}+A_1X_{1,3}=A_1 \tag{a}$$

$$A_2X_{2,1}+A_2X_{2,3}=A_2 \tag{b}$$

$$A_3X_{3,1}+A_3X_{3,2}=A_3 \tag{c}$$

再根据角系数的相对性，还可以写出

$$A_1X_{1,2}=A_2X_{2,1} \tag{d}$$

$$A_1X_{1,3}=A_3X_{3,1} \tag{e}$$

$$A_2X_{2,3}=A_3X_{3,2} \tag{f}$$

将式(a)、(b)、(c)相加，并考虑式(d)、(e)、(f)，可得

$$A_1X_{1,2}+A_1X_{1,3}+A_2X_{2,3}=\frac{1}{2}(A_1+A_2+A_3) \tag{g}$$

将上式分别减去式(a)、(b)、(c)，整理后可得

$$X_{1,2}=\frac{A_1+A_2-A_3}{2A_1}=\frac{l_1+l_2-l_3}{2l_1} \tag{11-37}$$

$$X_{1,3}=\frac{A_1+A_3-A_2}{2A_1}=\frac{l_1+l_3-l_2}{2l_1} \tag{11-37a}$$

$$X_{2,3}=\frac{A_2+A_3-A_1}{2A_2}=\frac{l_2+l_3-l_1}{2l_2} \tag{11-37b}$$

式中，l_1、l_2、l_3 分别为表面 1、2、3 的横断面交线长度。

图 11 - 18b 所示是两个在垂直于纸面方向无限长的非凹表面 1、2，横断面线长度分别为 ab、cd。为求角系数 $X_{1,2}$，可以做辅助线 ac、bd、ad、bc，它们分别代表 4 个同样垂直于纸面方向无限长的辅助平面。对于表面 1、2 与辅助平面 ac、bd 构成的封闭空腔 $abcd$，根据角系数的完整性，可得

$$X_{1,2}=1-X_{1,ac}-X_{1,bd} \tag{a}$$

对于表面 1 与辅助平面 ac、bc 构成的封闭空腔 abc，以及表面 1 与辅助平面 ad、bd 构成的封闭空腔 abd，根据前面三个非凹表面构成的封闭空腔的计算结果，可得

$$X_{1,ac}=\frac{ab+ac-bc}{2ab} \tag{b}$$

$$X_{1,bd}=\frac{ab+bd-ad}{2ab} \tag{c}$$

将式(b)、(c)代入式(1)，得

$$X_{1,2}=\frac{(ad+bc)-(ac+bd)}{2ab} \tag{11-38}$$

上式也可以用文字表述为

$$X_{1,2}=\frac{\text{交叉线长度之和}-\text{非交叉线长度之和}}{2\text{ 倍表面 1 的横断面线长度}} \tag{11-39}$$

这种确定角系数的方法称为**交叉线法**，适用于求解无限长延伸表面间的角系数。

2. 黑体表面之间的辐射换热

对于如图 11 - 15 所示的任意位置的两个黑体表面 1、2，根据角系数的定义，从表面 1 发出并直接投射到表面 2 上的辐射能为

$$\Phi_{1\to2}=A_1X_{1,2}E_{b1}$$

同时从表面 2 发出并直接投射到表面 1 上的辐射能为

$$\Phi_{2\to1}=A_2X_{2,1}E_{b2}$$

由于两个表面都是黑体表面，落在它们上面的辐射能会被各自全部吸收，所以两个表面之间的直接辐射换热量为

$$\begin{aligned}\Phi_{1,2}&=\Phi_{1\to2}-\Phi_{2\to1}\\&=A_1X_{1,2}E_{b1}-A_2X_{2,1}E_{b2}\end{aligned}$$

根据角系数的相对性，$A_1X_{1,2}=A_2X_{2,1}$，上式可写成

$$\begin{aligned}\Phi_{1,2}&=A_1X_{1,2}(E_{b1}-E_{b2})\\&=A_2X_{2,1}(E_{b1}-E_{b2})\end{aligned} \tag{11-40}$$

上式可以写成电学中欧姆定律表达式的形式：

$$\Phi_{1,2}=\frac{E_{b1}-E_{b2}}{\dfrac{1}{A_1X_{1,2}}} \tag{11-41}$$

式中：分子 $E_{b1}-E_{b2}$ 相当于电势差；分母 $\frac{1}{A_1 X_{1,2}}$ 相当于电阻，称为**空间辐射热阻**，单位为 m^{-2}，可以理解为由于两个表面的几何形状、大小及相对位置产生它们之间辐射换热的阻力。

需要指出，式(11－41)计算的是两个任意位置的黑体表面 1、2 之间直接的辐射换热量，$\Phi_{1,2}$ 并不等于表面 1 净损失的辐射能量或表面 2 净获得的辐射能量，因为它们还要和周围其他表面之间进行辐射交换。

如果两个黑体表面构成封闭空腔（如图 11－17 所示封闭腔的表面为黑体），则式(11－41)计算的辐射换热量 $\Phi_{1,2}$ 既是表面 1 净损失的热量，也是表面 2 净获得的热量。表面 1、2 之间的辐射换热可以用图 11－19 所示的辐射网络来表示，其中的 E_{b1}、E_{b2} 相当于直流电源。

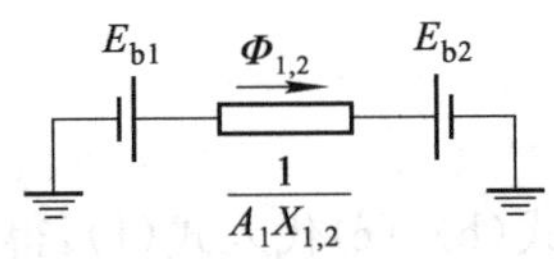

图 11－19　二个黑体表面构成封闭空腔的辐射换热网络

如果由 n 个黑体表面构成封闭空腔，那么每个表面的净辐射换热量应该是该表面与封闭空腔的所有表面之间辐射换热量的代数和，即

$$\Phi_i=\sum_{j=1}^{n}\Phi_{i,j}=\sum_{j=1}^{n}A_iX_{i,j}(E_{bi}-E_{bj}) \tag{11-42}$$

3. 漫灰表面之间的辐射换热

(1) 有效辐射

漫射灰体表面（简称漫灰表面）之间的辐射换热要比黑体表面复杂，因为投射到漫灰表面上的辐射能只有一部分被吸收，其余部分则被反射出去，结果形成辐射能在表面之间多次吸收和反射的现象。如果采用射线跟踪法，即跟踪一部分辐射能，累计它每次被吸收和反射的数量，计算就显得非常繁琐。对于漫灰表面，它自身发射和反射的辐射能都是漫分布的，所以在计算辐射换热时没有必要分别考虑，引进**有效辐射**的概念，可以使计算大为简化。

所谓有效辐射，是指单位时间内离开单位面积表面的总辐射能，用符号 J 表示，单位为 W/m^2。如图 11－20 所示，有效辐射是单位面积表面自身的辐射力 $E=\varepsilon E_b$ 与反射的投入辐射 ρG 之和，即

$$J=E+\rho G=\varepsilon E_b+(1-\alpha)G \tag{11-43}$$

根据表面的辐射平衡，单位面积的辐射换热量应该等于有效辐射与投入辐射之差，即

$$\frac{\Phi}{A}=J-G \tag{a}$$

同时也等于自身辐射力与吸收的投入辐射能之差，即

$$\frac{\Phi}{A}=\varepsilon E_b-\alpha G \tag{b}$$

从式(11－43)解出 G，代入式(a)或(b)，并考虑到漫灰表面的 $\alpha=\varepsilon$，可得

$$\Phi=\frac{A\varepsilon}{1-\varepsilon}(E_b-J)=\frac{E_b-J}{\dfrac{1-\varepsilon}{A\varepsilon}} \tag{11-44}$$

上式在形式上与电路欧姆定律表达式相同，分子 E_b-J 相当于电势差，分母 $\frac{1-\varepsilon}{A\varepsilon}$ 相当于电阻，称为**表面辐射热阻**，单位为 m^{-2}。所以，对于每一个参与辐射换热的漫灰表面，都可以用式(11－44)计算净辐射换热损失，可以绘出图 11－21 所示的表面辐射热阻网络单元。对于黑体表面，$\varepsilon=1$，表面辐射热阻为零，$J=E_b$。

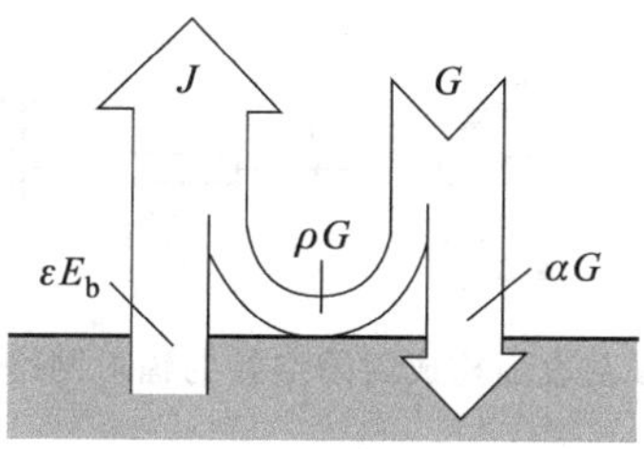

图 11－20 有效辐射示意图

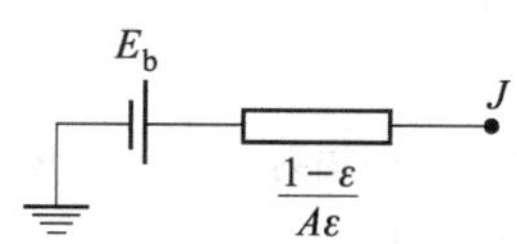

图 11－21 表面辐射热阻网络单元

(2) 两个漫灰表面构成的封闭空腔中的辐射换热

若两个漫灰表面 1、2 构成一个封闭空腔，如图 11－17 所示，并假设 $T_1>T_2$，则根据式(11－44)，表面 1 净损失的热量为

$$\Phi_1=\frac{E_{b1}-J_1}{\dfrac{1-\varepsilon_1}{A_1\varepsilon_1}} \tag{a}$$

表面 2 净获得的热量为

$$\Phi_2=\frac{J_2-E_{b2}}{\dfrac{1-\varepsilon_2}{A_2\varepsilon_2}} \tag{b}$$

根据有效辐射的定义及角系数的相对性，表面 1、2 之间净辐射换热量为

$$\begin{aligned}\Phi_{1,2}&=A_1X_{1,2}J_1-A_2X_{2,1}J_2\\&=A_1X_{1,2}(J_1-J_2)\end{aligned}$$

将上式写成

$$\Phi_{1,2}=\frac{J_1-J_2}{\dfrac{1}{A_1X_{1,2}}} \tag{c}$$

式中，$\dfrac{1}{A_1 X_{1,2}}$称为表面 1、2 之间的**空间辐射热阻**。由上式可以绘出空间辐射热阻网络单元，如图 11－22 所示。

由于表面 1、2 构成一个封闭空腔，所以

$$\Phi_1 = \Phi_2 = \Phi_{12}$$

于是，联立式(a)、(b)、(c)，可得

$$\Phi_{1,2} = \frac{E_{b1} - E_{b2}}{\dfrac{1-\varepsilon_1}{A_1\varepsilon_1} + \dfrac{1}{A_1 X_{1,2}} + \dfrac{1-\varepsilon_2}{A_2\varepsilon_2}} \tag{11-45}$$

式(11－45)是构成封闭空腔的两个漫灰表面 1、2 之间辐射换热的一般计算公式。可见，两个漫灰表面之间的辐射换热热阻由三个串联的辐射热阻组成：两个表面辐射热阻$\dfrac{1-\varepsilon_1}{A_1\varepsilon_1}$与$\dfrac{1-\varepsilon_2}{A_2\varepsilon_2}$，一个空间辐射热阻$\dfrac{1}{A_1 X_{1,2}}$，可以用图 11－23 所示的辐射网络来表示。

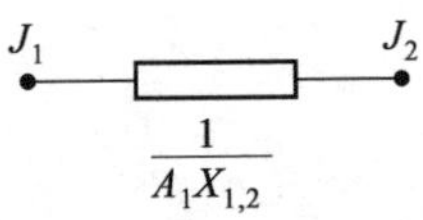

图 11－22 空间辐射热阻网络单元

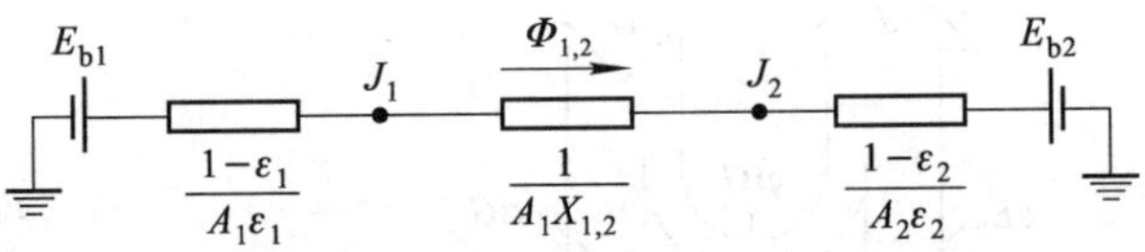

图 11－23 两个漫灰表面构成封闭空腔的辐射网络

对于图 11－17d 所示的两块漫灰平行壁面构成的封闭空腔，由于 $A_1 = A_2 = A$，$X_{1,2} = X_{2,1} = 1$，式(11－45)可简化为

$$\Phi_{1,2} = \frac{A(E_{b1} - E_{b2})}{\dfrac{1}{\varepsilon_1} + \dfrac{1}{\varepsilon_2} - 1} = A\varepsilon_{1,2}(E_{b1} - E_{b2}) \tag{11-46}$$

式中，$\varepsilon_{1,2} = \dfrac{1}{\dfrac{1}{\varepsilon_1} + \dfrac{1}{\varepsilon_2} - 1}$称为**系统黑度**。

对于图 11－17b 所示的凸型小物体 1 和包壳 2 之间的辐射换热，$X_{1,2} = 1$，式(11－45)可简化为

$$\Phi_{1,2} = \frac{A_1(E_{b1} - E_{b2})}{\dfrac{1}{\varepsilon_1} + \dfrac{A_1}{A_2}\left(\dfrac{1}{\varepsilon_2} - 1\right)} \tag{11-47}$$

当 $A_1 \ll A_2$ 时，上式又可进一步简化为

$$\Phi_{1,2} = A_1\varepsilon_1(E_{b1} - E_{b2}) \tag{11-48}$$

(3) 多个漫灰表面构成的封闭空腔中的辐射换热

运用有效辐射的概念，可以计算多个漫灰表面构成的封闭空腔内的辐射换热。根据式(11－44)，封闭空腔内的任意一个表面 i 净损失的辐射热流量为

$$\Phi_i=\frac{E_{bi}-J_i}{\dfrac{1-\varepsilon_i}{A_i\varepsilon_i}}$$

它应该等于表面 i 与封闭空腔中所有其他表面间分别交换的辐射热流量的代数和，即

$$\Phi_i=\sum_{j=1}^{n}A_iX_{i,j}(J_i-J_j)=\sum_{j=1}^{n}\frac{J_i-J_j}{\dfrac{1}{A_iX_{i,j}}}$$

于是可得

$$\frac{E_{bi}-J_i}{\dfrac{1-\varepsilon_i}{A_i\varepsilon_i}}=\sum_{j=1}^{n}\frac{J_i-J_j}{\dfrac{1}{A_iX_{i,j}}}\tag{11-49}$$

上式与电学中直流电路的节点电流方程式具有相同的形式，因此可以绘出如图 11－24 所示的辐射网络。

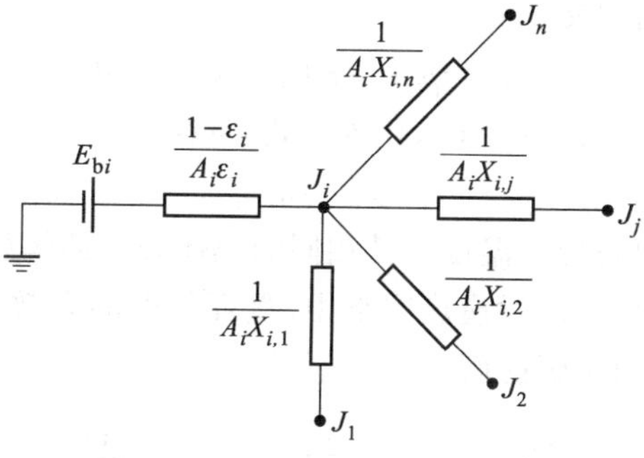

图 11－24　空腔内表面 i 与其他表面之间的辐射换热网络

不难看出，只要利用相应的空间辐射热阻网络单元将封闭空腔内所有的表面辐射热阻网络单元中的有效辐射节点 J_1、J_2、…、J_n 连接起来，就构成了完整的封闭空腔辐射换热网络，进而可以运用电学中直流电路的求解方法，根据式(11－49)列出所有节点的节点方程，解出各节点的有效辐射，就可以利用式(11－44)求出各表面的净辐射换热量。这种求解辐射换热的方法称为**辐射网络法**。当构成封闭空腔的表面数量很少时，可以绘出清楚、直观的辐射网络。例如，由三个漫灰表面组成的封闭空腔的辐射换热网络如图 11－25 所示。

如果封闭空腔中某个表面 i 的净辐射换热量等于零，有效辐射等于投入辐射，即 $J_i=G_i$，则称该表面为**辐射绝热面**。它相当于从各方向投入的辐射能又被如数发射出去，所以这种表面也称为**重辐射面**，如熔炉中的反射拱、保温良好的炉墙等。重辐射面的存在改变了封闭空腔中辐射能的光谱分布，因为重辐射面的温度与其他表面的温度不同，所以其有效辐射的光谱与投入辐射的光谱不一样。但

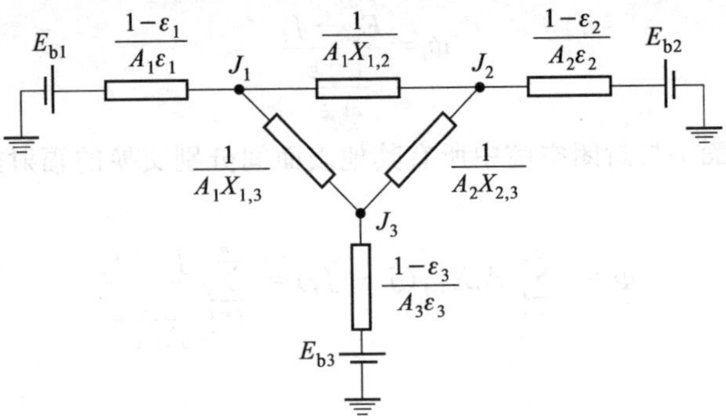

图 11-25 三个漫灰表面构成封闭空腔的辐射换热网络

对于由漫灰表面构成的封闭空腔来说，光谱的变化对系统的辐射换热没有影响，因为各表面的辐射特性都与波长无关。重辐射面的存在也改变了辐射能的方向分布，所以重辐射面的几何形状、尺寸及相对位置将影响整个系统的辐射换热。

根据有效辐射的定义，

$$J_i = E_i + \rho_i G_i = \varepsilon_i E_{bi} + (1-\alpha_i) G_i$$

对于灰体重辐射面，$\varepsilon_i = \alpha_i$、$J_i = G_i$，代入上式，可得

$$J_i = E_{bi}$$

即重辐射面的有效辐射等于温度与其相同的黑体表面的辐射力。根据重辐射面的上述特点可以得出，在辐射换热网络中，重辐射面的有效辐射节点是浮动的，如图 11-26 中所示的重辐射面 3。

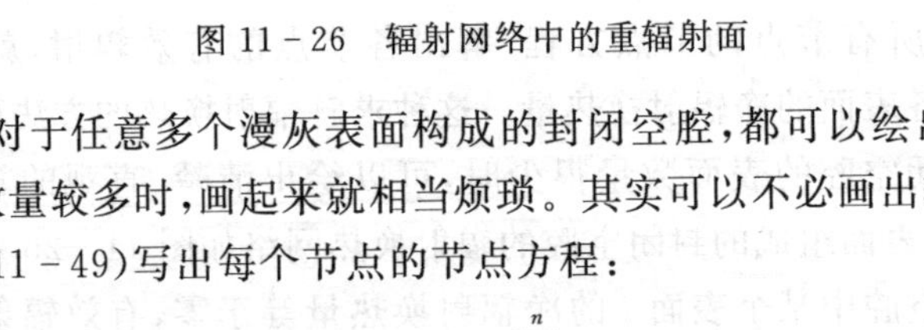

图 11-26 辐射网络中的重辐射面

原则上，对于任意多个漫灰表面构成的封闭空腔，都可以绘出辐射网络，但是当表面的数量较多时，画起来就相当烦琐。其实可以不必画出辐射网络，而是直接根据式(11-49)写出每个节点的节点方程：

$$J_i = E_{bi} - (1/\varepsilon_i - 1) \sum_{j=1}^{n} X_{i,j}(J_i - J_j) \tag{11-50}$$

或直接根据有效辐射的定义式(11-43)写出

$$J_i = \varepsilon_i E_{bi} - (1-\varepsilon_i) \sum_{j=1}^{n} X_{i,j} J_j \tag{11-51}$$

对于 n 个表面构成的封闭空腔，可以写出 n 个节点方程，组成关于 n 个有效辐射 J_1、J_2、…、J_n 的线性方程组。只要每个表面的温度、发射率已知，相关角系数可求，就可以通过求解线性方程组得到各表面的有效辐射，进而由式(11-44)求得每个表面的净辐射换热量。

例题 11-2　一黑体炉如图 11-27 所示，圆柱形炉腔的直径 $d=10$ cm、深度 $l=40$ cm，炉腔内壁面黑度 $\varepsilon=0.9$，炉内温度为 1 000 ℃。试问：

(1) 如果室内壁面温度为 27 ℃，炉门打开时，单位时间内从炉门的净辐射散热损失为多少？

(2) 单位时间内从炉门发射出多少辐射能？

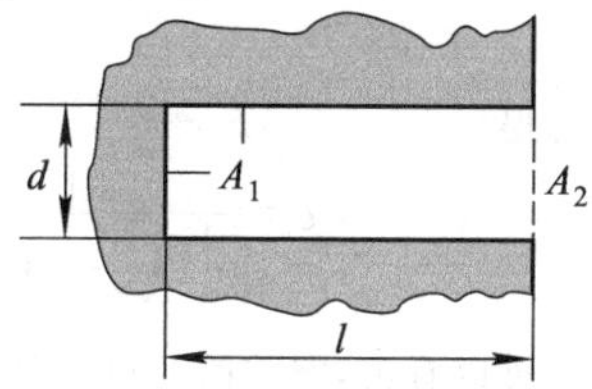

图 11-27　例题 11-2 附图

解　(1) 因为从炉内发射出的辐射能几乎全部被室内的物体吸收，所以可以将炉门开口假想为一黑体表面 A_2，温度为 27 ℃。因此，从炉门的净辐射散热损失就等于炉腔内壁面 A_1 与 A_2 间的辐射换热量。根据式(11-45)

$$\Phi_{1,2}=\frac{E_{b1}-E_{b2}}{\dfrac{1-\varepsilon_1}{A_1\varepsilon_1}+\dfrac{1}{A_1X_{1,2}}+\dfrac{1-\varepsilon_2}{A_2\varepsilon_2}}$$

因为 $\varepsilon_2=1$，$X_{1,2}=\dfrac{A_2}{A_1}X_{2,1}=\dfrac{A_2}{A_1}$，所以上式可简化为

$$\Phi_{1,2}=\frac{E_{b1}-E_{b2}}{\dfrac{1-\varepsilon_1}{A_1\varepsilon_1}+\dfrac{1}{A_2}}=\frac{\sigma(T_1^4-T_2^4)}{\dfrac{1-\varepsilon_1}{A_1\varepsilon_1}+\dfrac{1}{A_2}}$$

由题意，$T_1=(273+1\,000)\text{K}=1\,273\text{ K}$，$T_2=(273+27)\text{K}=300\text{ K}$

$$A_1=\pi dl+\frac{1}{4}\pi d^2=\pi\times0.1\text{ m}\times0.4\text{ m}+\frac{1}{4}\times\pi\times(0.1\text{ m})^2=13.36\times10^{-2}\text{ m}^2$$

$$A_2=0.79\times10^{-2}\text{ m}^2,\sigma=5.67\times10^{-8}\text{ W/(m}^2\cdot\text{K}^4)$$

代入上式，可得

$$\Phi_{12}=\frac{5.67\times10^{-8}\text{ W/(m}^2\cdot\text{K}^4)\times[(1\,273\text{ K})^4-(300\text{ K})^4]}{\dfrac{1-0.9}{13.36\times10^{-2}\text{ m}^2\times0.9}+\dfrac{1}{0.79\times10^{-2}\text{ m}^2}}=536\text{ W}$$

(2) 如果假想黑体表面 A_2 的热力学温度为 0 K，则 A_1 与 A_2 之间的辐射换热量就等于从炉门发射出的辐射能量，即

$$\Phi_{1,2}=\frac{E_{b1}-E_{b2}}{\dfrac{1-\varepsilon_1}{A_1\varepsilon_1}+\dfrac{1}{A_2}}=\frac{\sigma T_1^4}{\dfrac{1-\varepsilon_1}{A_1\varepsilon_1}+\dfrac{1}{A_2}}$$

$$=\frac{5.67\times10^{-8}\text{ W/(m}^2\cdot\text{K}^4)\times(1\,273\text{ K})^4}{\dfrac{1-0.9}{13.36\times10^{-2}\text{ m}^2\times0.9}+\dfrac{1}{0.79\times10^{-2}\text{ m}^2}}=538\text{ W}$$

例题 11-3　设计一个开口半径 $r=1$ cm、开口发射率 $\varepsilon_2=0.999$ 的球型人工黑体腔(图 11-28)，已知空腔内壁材料表面黑度为 0.9，试确定黑体腔半径 R 的大小。

解　根据发射率的定义

$$\varepsilon_2=\frac{E}{E_b}$$

式中：E 为人工黑体腔开口的辐射力；E_b 为温度等于人工黑体腔温度的黑体的辐射力。借鉴例题 11－2 的分析，从人工黑体腔开口发射出去的辐射能为

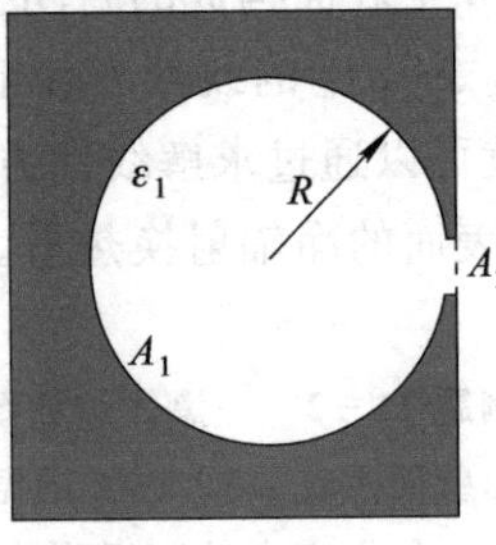

图 11－28　例题 11－3 附图

$$A_2E=A_2\varepsilon_2E_{b1}=\frac{E_b}{\dfrac{1-\varepsilon_1}{A_1\varepsilon_1}+\dfrac{1}{A_2}}$$

由此可得

$$\varepsilon_2=\frac{1}{\dfrac{A_2}{A_1}\left(\dfrac{1}{\varepsilon_1}-1\right)+1}$$

由上式可以看出，空腔的开口相对于空腔内表面积愈小，内壁面发射率愈大，人工黑体愈接近于绝对黑体。由上式可得

$$\frac{A_2}{A_1}=\frac{r^2}{4R^2}=\frac{\dfrac{1}{\varepsilon_2}-1}{\dfrac{1}{\varepsilon_1}-1}=\frac{\varepsilon_1(1-\varepsilon_2)}{\varepsilon_2(1-\varepsilon_1)}=\frac{0.9\times(1-0.999)}{0.999\times(1-0.9)}=\frac{1}{111}$$

由上式解得

$$R=5.27\ \text{cm}$$

11－5　遮热板原理

在现代隔热保温技术中，遮热板的应用比较广泛，例如炼钢工人的遮热面罩、航天器的多层真空舱壁、低温技术中的多层隔热容器以及测温技术中测温元件的辐射屏蔽等，遮热板的主要作用是削弱辐射换热。下面以两块靠得很近的大平壁间的辐射换热为例来说明遮热板的工作原理。

参照图 11－29a，大平壁 1、2 的温度分别为 T_1、T_2，表面发射率都为 ε，面积为 A。当没有遮热板时，两块平壁间的辐射换热量可按式(11－46)算得：

$$\Phi_{1,2}=\frac{A(E_{b1}-E_{b2})}{\dfrac{1}{\varepsilon_1}+\dfrac{1}{\varepsilon_2}-1}=\frac{A\sigma(T_1^4-T_2^4)}{\dfrac{2}{\varepsilon}-1}$$

平壁间的辐射换热可以用图 11－29b 所示辐射网络表示，有 2 个表面辐射热阻、1 个空间辐射热阻。

在两块平壁之间加一块大小相同、表面发射率相同的遮热板 3，如图 11－29a 所示。因为通常遮热板为金属薄片，导热热阻很小，可以忽略，遮热板两面的温度基本相同，所以加一块遮热板相当于给两块平壁之间的辐射换热增加了两个表面辐射热阻、一个空间辐射热阻，如图 11－29c 所示。与未加遮热板相比，加

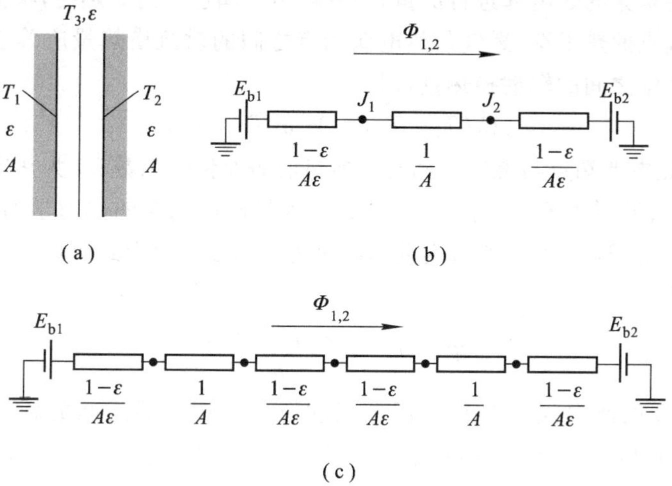

图 11-29　遮热板原理示意图

1 块遮热板后，总辐射热阻增加了 1 倍，在平壁温度保持不变的情况下，辐射换热量减少为原来的 1/2，即

$$\Phi_{1,2}^{(1)}=\frac{1}{2}\Phi_{1,2}$$

依此类推，如果加 n 层同样的遮热板，则辐射热阻将增大 n 倍，辐射换热量将减少为

$$\Phi_{1,2}^{(n)}=\frac{1}{n+1}\Phi_{1,2}$$

实际上，遮热板通常采用表面反射率高、发射率小的材料，如表面高度抛光的薄铝板，使表面辐射热阻很大，削弱辐射换热的效果要比上式的计算结果好得多。

如上所述，遮热板的作用是增加辐射换热热阻，削弱辐射换热。由于在辐射换热的同时，还往往存在导热和对流换热，所以在工程中，为了增加隔热保温的效果，通常在多层遮热板中间抽真空，将导热和对流换热减少到最低限度。这种隔热保温技术在航天、低温工程中应用广泛。

遮热板在测温技术中也得到应用。在用热电偶测量高温气体的温度时，为了减少辐射换热产生的测温误差，需要给热电偶加装辐射屏蔽(遮热罩)。图 11-30 是用热电偶测量高温燃气管道中的燃气温度的示意图。

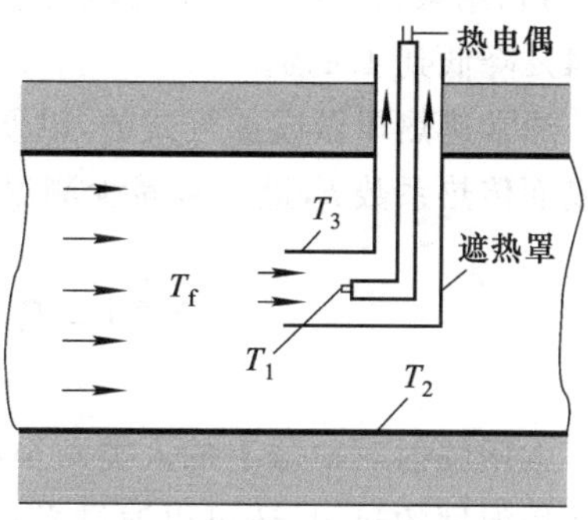

图 11-30　带遮热罩的抽气式热电偶测温示意图

如果用裸露的热电偶进行测量，当忽略热电偶连线的导热时，根据稳态情况下热电偶端点的热平衡，燃气与热电偶端点之间的对流换热量应等于热电偶端点与周围管壁之间的辐射换热量，即

$$Ah(T_f - T_1) = A\varepsilon_1\sigma(T_1^4 - T_2^4)$$

式中：h 为热电偶端点与燃气之间对流换热的表面传热系数；ε_1 为热电偶端点的表面发射率；T_f 为燃气的热力学温度；T_1 为热电偶端点的热力学温度，即热电偶的测量结果；T_2 为燃气通道内壁面的热力学温度。由上式可以得出热电偶的测温误差为

$$T_f - T_1 = \frac{\varepsilon_1\sigma(T_1^4 - T_2^4)}{h}$$

可见，热电偶的测温误差与热电偶端点和燃气通道壁面之间的辐射换热量成正比，与表面传热系数 h 成反比。当 $T_f = 1\ 000$ K、$T_2 = 800$ K、$\varepsilon_1 = 0.8$、$h = 40$ W/(m^2·K)时，测温误差可达 144 K。

如果给热电偶加一个表面发射率为 $\varepsilon_3 = 0.2$ 的遮热罩，如图 11－30 所示，假设热电偶端点与燃气和遮热罩间对流换热的表面传热系数都为 $h = 40$ W/(m^2·K)，则热电偶端点的热平衡表达式为

$$h(T_f - T_1) = \varepsilon_1\sigma(T_1^4 - T_3^4) \tag{11-52}$$

上式含有 2 个未知数，即热电偶温度 T_1 和遮热罩温度 T_3，所以还必须考虑遮热罩的热平衡。由于热电偶端点与遮热罩之间的辐射换热量和遮热罩与燃气之间的对流换热量及遮热罩与管道壁面之间的辐射换热量相比非常小，可以忽略，所以遮热罩内、外壁面与燃气的对流换热量应等于遮热罩外壁面与燃气管道壁面之间的辐射换热量，即

$$2h(T_f - T_3) = \varepsilon_3\sigma(T_3^4 - T_2^4) \tag{11-53}$$

由式(11－53)可求得遮热罩壁温 T_3，然后代入式(11－52)，可求得测温误差 $T_f - T_1$，结果为 44 K。可见，加遮热罩后，相对测温误差由未加遮热罩时的 14.4％降低到 4.4％。

通常遮热罩做成抽气式的，以便强化燃气与热电偶端点之间的对流换热，提高表面传热系数 h，进一步减少测温误差。

*11－6　太阳辐射

太阳辐射对地球上的人类乃至所有生命都是极为重要的。它是维持地球生存环境温度的热源，还可以通过光合作用转变为化学能储存在食物和燃料之中供人类使用，也可以转变为热能或通过光电效应转变为电能加以利用，是人类赖以生存的主要能源。

太阳是一个半径约为 1.392×10^{6} km 的球体辐射源，位于地球椭圆形轨道的焦点上，离地球的平均距离约 1.496×10^{8} km。由于距离遥远，所以到达地球的太阳射线近似于平行。

实测结果表明，在太阳和地球的平均距离上，在地球大气层外缘与太阳射线垂直的单位面积上接收到的太阳辐射能为

$$S_c = 1\ 367\ \mathrm{W/m^2} \pm 1.6\ \mathrm{W/m^2} \tag{11-54}$$

S_c 称为**太阳常数**①，其值与地理位置和时间无关。根据太阳常数，可算得地球大气层外缘受到的太阳辐射相当于温度为 5 762 K 的黑体辐射，其光谱辐射力取得最大值的波长约为 0.5 μm，位于可见光范围内。太阳辐射能中紫外线（$\lambda = 4\times10^{-3} \sim 0.38$ μm）约占 8.7%，可见光（$\lambda = 0.38 \sim 0.76$ μm）约占 44.6%，红外线（$\lambda = 0.76 \sim 10^{3}$ μm）约占 45.4%。约 98% 的太阳辐射位于 $\lambda = 0.2 \sim 3.0$ μm 的波长范围内。大气层外缘太阳辐射的光谱分布如图 11-31 所示。

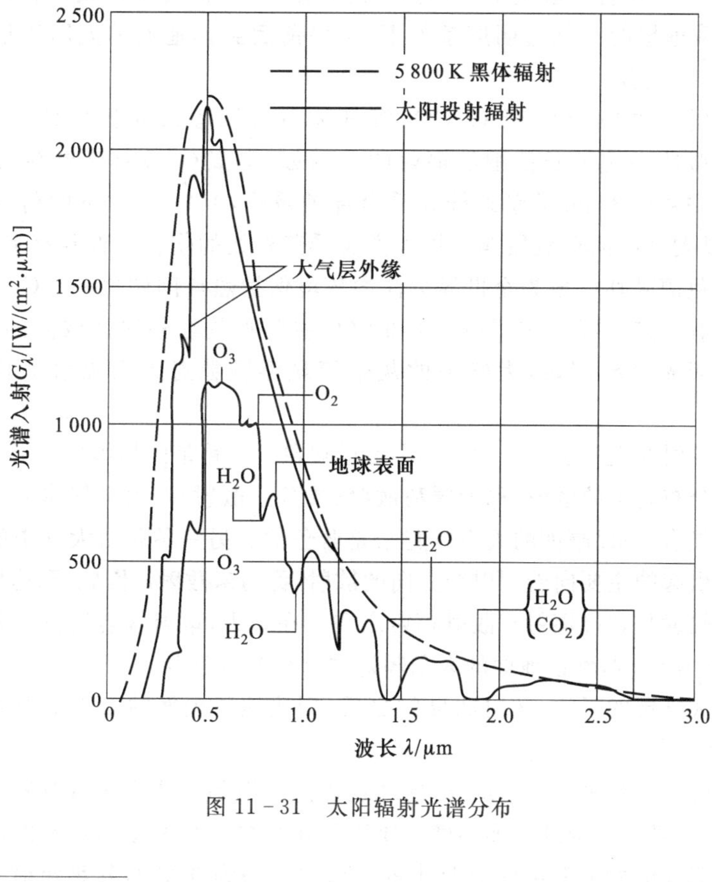

图 11-31 太阳辐射光谱分布

① 这里给出的太阳常数数值是世界气象学会（WMO）1981 年确认的最佳值[42]。

参照图 11－32，地球大气层外缘某区域水平面上单位面积所接受到的太阳辐射能为

$$G_{s,0}=S_c f\cos\theta \qquad (11-55)$$

式中：f 为考虑地球绕太阳运行轨道是椭圆形而加的修正系数，$f=0.97\sim1.03$；θ 为太阳射线与水平面法线的夹角，称为**天顶角**。

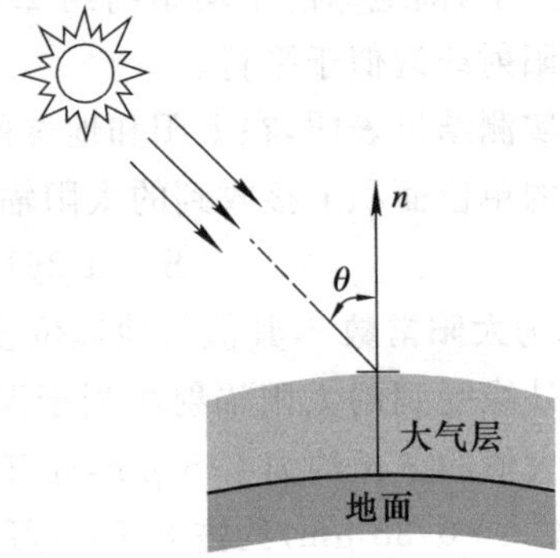

图 11－32　大气层外缘太阳辐射示意图

太阳射线在穿过大气层时，沿程被大气层中的 O_3（臭氧）、O_2、H_2O、CO_2 以及尘埃等吸收、散射和反射，强度逐渐减弱，减弱程度与太阳射线在大气中的行程长度、大气的成分及被污染的程度有关，而射线行程长度又取决于一年四季的日期、一天的时间以及所在的地球纬度。在夏季理想的大气透明度条件下，中午前后到达地面的太阳辐射能约为 1 000 W/m^2 左右。

大气层中的 O_3、O_2、H_2O、CO_2 等气体对太阳辐射的吸收具有选择性，它们只能吸收一定波长范围的辐射能。例如：臭氧（O_3）对紫外线有强烈地吸收作用，$\lambda<0.3\ \mu$m 的紫外线几乎全部被吸收，0.4 μm 以下的射线被大大衰减，所以大气中的臭氧层能保护人类免受紫外线的伤害。近些年来，如何保护臭氧层免遭破坏已成为全世界关注的环境保护热点问题之一。O_3 和 O_2 对可见光也有一定的吸收作用；H_2O 和 CO_2 主要吸收红外线区域内的辐射能。在整个太阳光谱范围内，大气中的灰尘等悬浮颗粒对太阳辐射都具有吸收作用。

太阳辐射在大气层中会发生两种散射现象。一种是由气体分子引起的几乎各个方向分布均匀的散射，称为**瑞利散射**（或分子散射）。由于气体分子对短波辐射散射强烈，所以晴朗的天空看起来是蓝色的。另一种是由大气中的灰尘和悬浮颗粒引起的主要向着原射线方向的散射，称为**米散射**。因此，到达地球表面的太阳总辐射是直接辐射与散射辐射之和。在晴天，散射辐射约占太阳总辐射的 10%；而阴天时，到达地面的太阳辐射主要是散射辐射。

经过大气层的吸收、散射和反射之后，到达地球表面的太阳辐射光谱如图 11－31 所示。

太阳辐射将热量传递给地球，地球也以热辐射的方式将热量散发到太空中去，热平衡的结果使地球表面温度一年四季在大约 250 K 至 320 K 的范围内变化。地球表面的发射率接近于 1（水的发射率大约为 0.97），其热辐射主要是波长范围为 4～40 μm 之间的红外辐射，光谱辐射力的最大值约在 10 μm 左右。

近些年来，随着世界各国工业化的发展，大量的工业废气、汽车尾气排向空中，使大气中的 CO_2、SO_2 及氮氧化物等气体的含量增多。由于它们对地球表面红外辐射的强烈吸收作用，使地球向太空辐射的热量减少，形成所谓的大气层“温室效应”，使地球表面的温度升高，带来气候的变化和一系列的自然灾害。因此，降低 CO_2 等有害气体的排放量，减少对大气的污染，也是世界环境保护的热点问题之一。

太阳辐射是一种无污染的清洁能源，太阳能的开发利用越来越受到人类的重视。太阳能干燥器、热水器、太阳灶、太阳能电池等已经是比较成熟并得到推广的太阳能利用设备，小型的太阳能发电设备已在航天领域得到了广泛的应用，大中型的太阳能发电、空调、制冷、海水淡化等技术也正处于开发、完善和实用化阶段。

太阳能集热器是将太阳能转换成热能的设备，常用的有平板式集热器和玻璃真空管式集热器。玻璃和选择性表面涂层是制造太阳能集热器的两种重要材料。普通玻璃对可见光和 $\lambda<3\ \mu m$ 的红外辐射有很大的透射比，而对 $\lambda>3\ \mu m$ 的红外辐射的透射比却很小，如图 11－33 所示。于是，绝大部分的太阳辐射可以穿过太阳能集热器的玻璃罩到达吸热面，而常温下吸热面所发射的长波红外辐射却不能从玻璃罩透射出去，使集热器既吸收了太阳辐射又减少了本身的辐射散热损失。同样道理，太阳辐射可以通过玻璃窗进入室内，而室内常温物体所发射的长波红外辐射却不能从玻璃窗透射出去，形成了所谓的**温室效应**。

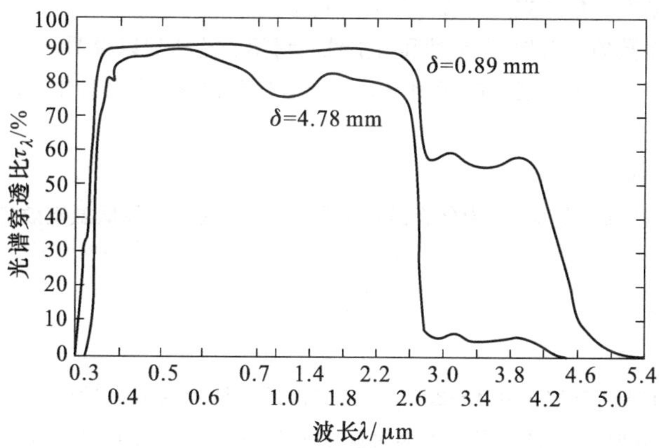

图 11－33 普通玻璃的光谱穿透比

选择性表面涂层是涂在太阳能集热器吸热面上的表面材料，它对几乎全部集中在 0.3～3 μm 波长范围内的太阳辐射具有较高的光谱吸收比，而对 $\lambda>3\ \mu m$的红外辐射具有很低的光谱吸收比，也就是说在常温下具有很低的光谱发射率。这意味着，选择性表面涂层能吸收较多的太阳辐射能，而自身的辐射散热损失又很少。例如，铜材上的黑镍镀层对太阳辐射的吸收比可达 0.97，而常温下的自身发射率只有 0.07～0.11。

实际上，一般材料表面对太阳辐射的吸收比与常温下的发射率都有较大的差别。例如，涂在金属板上的白漆对太阳辐射的吸收比为 0.21，300 K 温度下的发射率为 0.96；无光泽的不锈钢对太阳辐射的吸收比为 0.5，而 300 K 温度下的发射率为 0.21；雪对太阳辐射的吸收比为 0.28，而发射率为 0.97。

思考题

1. 何谓黑体、灰体？引入黑体、灰体的概念对热辐射理论及辐射换热计算有何意义？

2. 何谓发射率(黑度)、吸收比？写出其定义式。

3. 何谓辐射力、辐射强度、有效辐射？

4. 何谓光谱辐射力？写出它与辐射力之间的关系式。

5. 何谓漫发射表面？漫发射表面的辐射力与辐射强度有何关系？

6. 简述普朗克定律、维恩位移定律的主要内容。

7. 请写出斯忒藩-玻耳兹曼定律的表达式。

8. 简述基尔霍夫定律的主要内容，写出表达式，说明其适用条件。

9. 有人说："颜色愈黑的物体发射率愈大"，正确吗？并说明为什么。

10. 太阳能集热器表面一般涂黑色，以加强对太阳辐射的吸收，是否可以将暖器片表面涂成黑色来增加其辐射散热量？

11. 何谓角系数？角系数是物理量还是几何量？

12. 何谓角系数的相对性、完整性和可加性？请用表达式加以说明。

13. 绘出 3 个灰体表面组成的封闭空腔的辐射换热网络，并说明什么是表面辐射热阻、空间辐射热阻？

14. 简述遮热板的原理。

15. 何谓大气"温室效应"？为什么减小 CO_2 的排放就可以降低温室效应？

习题

11-1　某种玻璃对波长 0.4～2.5 μm 范围内的射线的透射比近似为 0.95，而对其他波长射线的透射比近似为 0，试计算此玻璃对温度为 1 500 K、2 000 K 和 6 000 K 的黑体辐射的透射比。

11-2　某黑体辐射最大光谱辐射力的波长 $\lambda_{max}=5.8$ μm，试计算该黑体辐射在波长 1～5 μm 范围内的辐射能份额。

11-3　碘钨灯的灯丝温度约为 2 000 ℃，灯丝可看作黑体，试计算它所发射的可见光占其总辐射能的份额。

11-4　钢块在炉内加热时，随着温度的升高，其颜色逐渐由暗变亮，由暗红变成亮白。假设钢块表面可看作黑体，试分别计算其温度为 700 ℃、900 ℃和 1 100 ℃时所发射的可见光占其全波长辐射能的份额。

11-5　某温室的窗玻璃对波长 0.4～2.5 μm 范围内的辐射线的透射比约为 0.95，而对其他波长射线的透射比近似为 0(图 11-34)。太阳可近似成温度为 5 800 K 的黑体，温室内的物体可看作温度为 30 ℃的黑体，试分别计算太阳辐射和室内物体辐射透过窗玻璃的部分占其总辐射的份额。

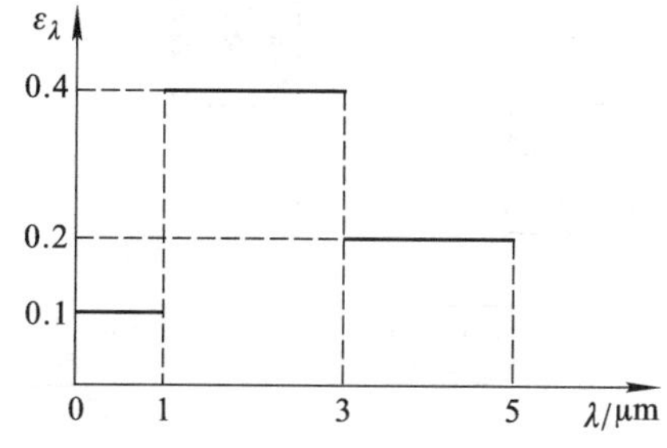

图 11-34　习题 11-5 附图

11-6　有一漫射物体，表面温度为 1 200 ℃，其光谱发射率 ε_λ 随波长的变化如图 11-34 所示，试计算该物体表面在全波长范围的发射率 ε 和辐射力 E。

11-7　秋天的夜晚，天空晴朗，室外空气温度为 2 ℃，太空背景辐射温度约为 3 K。有一块钢板面向太空，下面绝热。如果板面和空气之间对流换热的表面传热系数为 10 W/(m² · K)，板面黑度为 0.9，试计算钢板的温度。

11-8　一炉膛内的火焰的平均温度为 1 400 K。炉墙上有一看火孔。试计算当看火孔打开时由看火孔向外的辐射力及光谱辐射力取得最大值的波长。

11-9　试确定图 11-35 中的角系数 $X_{1,2}$。

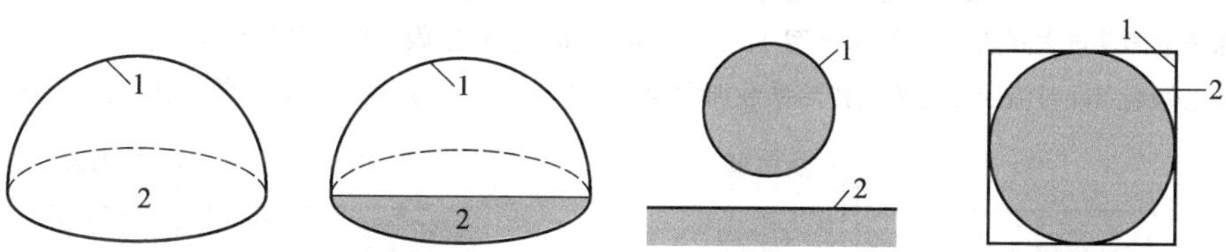

(a) 半球内表面与底面　(b) 半球内表面与1/4底面　(c) 球与无限大平面　(d) 正方盒内表面与内切球面

图 11-35　习题 11-9 附图

11-10　有一直径和高度都为 20 cm 的圆桶，如图 11-36 所示，试求桶底和侧壁之间的角系数 $X_{1,2}$。

11-11　有两块相互垂直的正方形表面，位置分别如图 11-37a、b 所示，试求角系数 $X_{1,2}$。

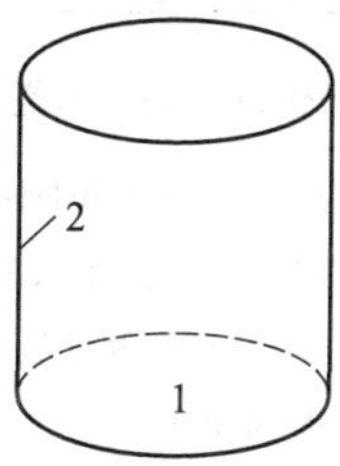

图 11-36　习题 11-10 附图

11-12　有两块平行放置的大平板，板间距远小于板的长度和宽度，温度分别为 400 ℃和 50 ℃，表面发射率均为 0.8，试计算两块平板间单位面积的辐射换热量。

11-13　如果在上题中的两块平板之间放一块表面发射率为 0.1 的遮热板，而两块平板的温度维持不变，试计算加遮热板后这两块平板之间的辐射换热量。

11-14 两块面积均为 1 m^2、表面发射率均为 0.9 的正方形平板(图 11-38),平行对应地放置在一大房间之中,两板之间的距离为 1 m,两板背面绝热。两块平板的温度分别为 500 ℃和 200 ℃,房间的表面温度为 20℃,试计算每块平板的净辐射换热量。

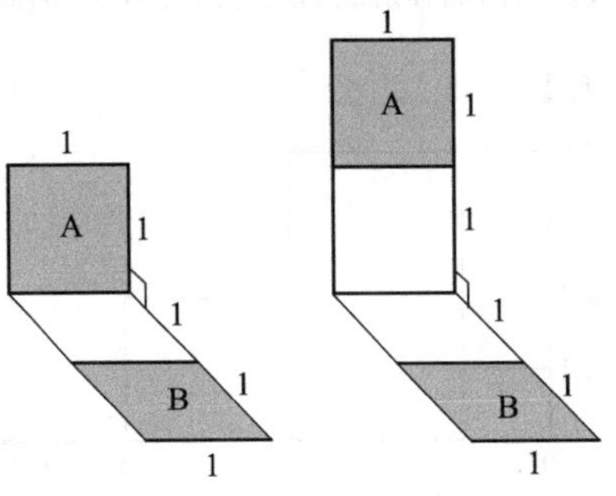

图 11-37 习题 11-11 附图

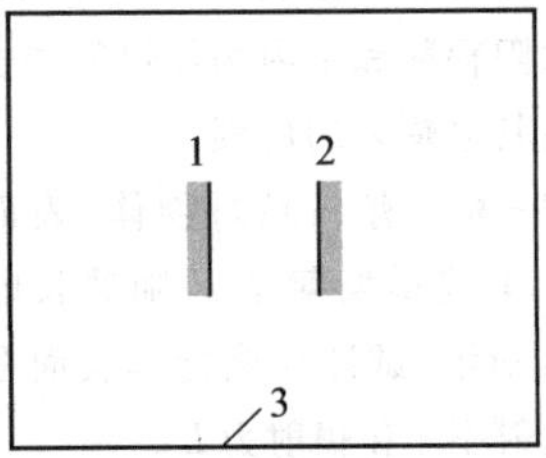

图 11-38 习题 11-14 附图

11-15 用裸露热电偶测量管道内高温烟气的温度,如图 11-39 所示。热电偶的指示温度 t_1=700 ℃,烟道内壁面温度 t_2=550 ℃,热电偶端点和烟道壁面的发射率均为 0.8,烟气和热电偶端点之间对流换热的表面传热系数 h=40 W/(m^2·K)。忽略热电偶线的导热,试确定由于热电偶端点和烟道壁面之间的辐射换热所引起的测温误差及烟气的真实温度。

11-16 为了减小上题中的测温误差,给热电偶加装遮热罩,同时安装抽气装置,以强化烟气和热电偶端点之间的对流换热,如图 11-40 所示。如果遮热罩内外壁面的发射率均为 0.2,烟气和热电偶端点间对流换热的表面传热系数加大为 80 W/(m^2·K),其他参数如上题,试确定测温误差。

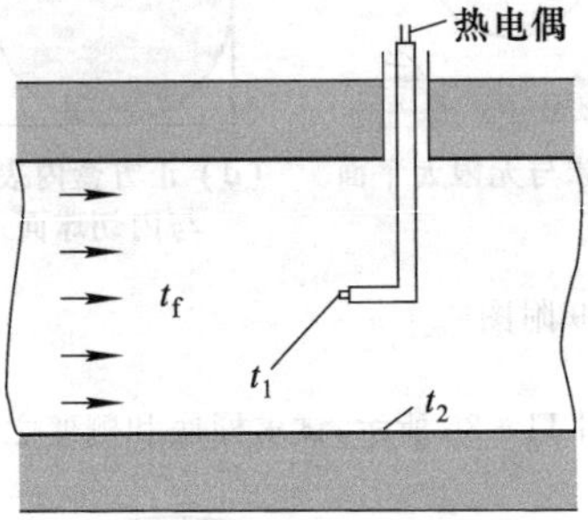

图 11-39 习题 11-15 附图

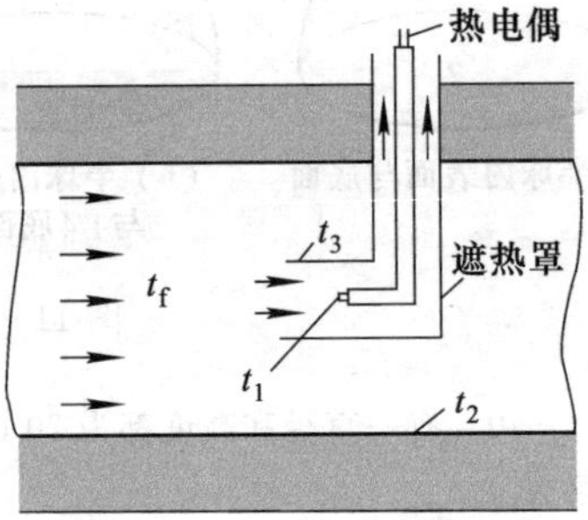

图 11-40 习题 11-16 附图

11-17 一建筑物的屋顶覆盖一层镀锌铁皮,其表面对太阳投入辐射的吸收比为 0.5,自身发射率 0.2。如果夏天中午太阳的投入辐射为 1 000 W/m^2,室外空气温度为 35 ℃,有风天空气与屋顶表面对流换热的表面传热系数为 20 W/(m^2·K)。假设铁皮下面绝热良好,试确定铁皮的温度。

第十二章 传热过程与换热器

第八章已指出，传热过程是指热量从固体壁面一侧的流体传递到另一侧流体的过程，它广泛存在于各种类型的换热设备之中。本章将讨论通过平壁、圆管壁和肋壁等的几种常见传热过程以及强化或者削弱传热过程的方法。

换热器是实现冷、热流体间热量交换的设备，本章将介绍一些工业上常见的换热器的基本结构与特点，并重点讨论换热器的传热计算方法。

12-1 传热过程

1. 通过平壁的传热过程

第八章已经给出了通过单层平壁的传热过程计算公式。对于一个无内热源、热导率 λ 为常数、厚度为 δ 的单层无限大平壁、两侧流体温度分别为 t_{f1} 和 t_{f2}，表面传热系数分别为 h_1 和 h_2 的稳态的传热过程，通过平壁的热流量可由下式计算：

$$\Phi=\frac{t_{f1}-t_{f2}}{\dfrac{1}{Ah_1}+\dfrac{\delta}{A\lambda}+\dfrac{1}{Ah_2}}=\frac{t_{f1}-t_{f2}}{R_{h1}+R_{\lambda}+R_{h2}}=\frac{t_{f1}-t_{f2}}{R_k} \tag{12-1}$$

或写成

$$\Phi=Ak(t_{f1}-t_{f2})=Ak\Delta t \tag{12-2}$$

式中总传热系数

$$k=\frac{1}{\dfrac{1}{h_1}+\dfrac{\delta}{\lambda}+\dfrac{1}{h_2}} \tag{12-3}$$

对于通过无内热源的多层平壁的稳态传热过程，利用热阻的概念，可以很容易地写出热流量的计算公式。假设各层平壁材料的热导率 λ_1、λ_2、…、λ_n 都为常数，厚度分别为 δ_1、δ_2、…、δ_n，层与层之间接触良好，无接触热阻，则通过多层平壁的传热热流量为

$$\Phi = \frac{t_{f1} - t_{f2}}{R_{h1} + \sum_{i=1}^{n} R_{\lambda i} + R_{h2}} = \frac{t_{f1} - t_{f2}}{R_k} \tag{12-4}$$

或写成式(12－2)的形式

$$\Phi = Ak(t_{f1} - t_{f2}) = Ak\Delta t$$

总传热系数

$$k = \frac{1}{\frac{1}{h_1} + \sum_{i=1}^{n} \frac{\delta_i}{\lambda_i} + \frac{1}{h_2}} \tag{12-5}$$

2. 通过圆管壁的传热过程

如图 12－1 所示，一单层圆管，内、外半径分别为 r_1、r_2，长度为 l，热导率 λ 为常数，无内热源，圆管内、外两侧的流体温度分别为 t_{f1}、t_{f2}，且 $t_{f1} > t_{f2}$，两侧的表面传热系数分别为 h_1、h_2。

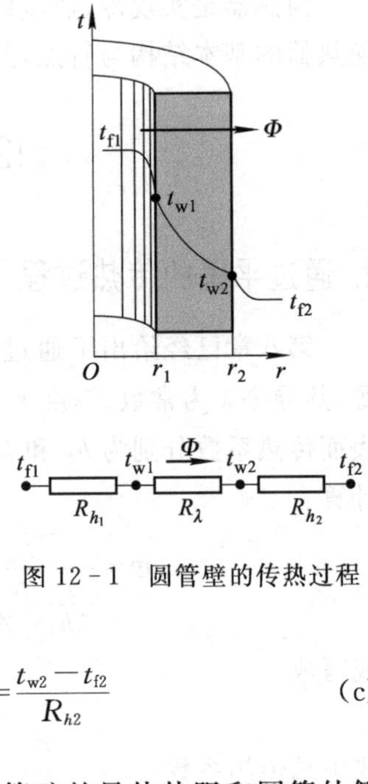

图 12－1 圆管壁的传热过程

很显然，这是一个由圆管内侧的对流换热、圆管壁的导热及圆管外侧的对流换热三个热量传递环节组成的传热过程。在稳态情况下，运用热阻概念很容易求出通过圆管的热流量。根据牛顿冷却公式以及圆管壁的稳态导热计算公式，通过圆管的热流量可以分别表示为

$$\Phi = \pi d_1 l h_1 (t_{f1} - t_{w1}) = \frac{t_{f1} - t_{w1}}{\frac{1}{\pi d_1 l h_1}} = \frac{t_{f1} - t_{w1}}{R_{h1}} \tag{a}$$

$$\Phi = \frac{t_{w1} - t_{w2}}{\frac{1}{2\pi\lambda l}\ln\frac{d_2}{d_1}} = \frac{t_{w1} - t_{w2}}{R_\lambda} \tag{b}$$

$$\Phi = \pi d_2 l h_2 (t_{w2} - t_{f2}) = \frac{t_{w2} - t_{f2}}{\frac{1}{\pi d_2 l h_2}} = \frac{t_{w2} - t_{f2}}{R_{h2}} \tag{c}$$

式中，R_{h1}、R_λ、R_{h2} 分别为圆管内侧的对流换热热阻、管壁的导热热阻和圆管外侧的对流换热热阻。在稳态情况下，式(a)、(b)、(c)中的 Φ 是相同的，于是可得

$$\Phi = \frac{t_{f1} - t_{f2}}{\frac{1}{\pi d_1 l h_1} + \frac{1}{2\pi\lambda l}\ln\frac{d_2}{d_1} + \frac{1}{\pi d_2 l h_2}} = \frac{t_{f1} - t_{f2}}{R_{h1} + R_\lambda + R_{h2}} = \frac{t_{f1} - t_{f2}}{R_k} \tag{12-6}$$

式中，R_k 为传热热阻，单位为 K/W，是三个串联的热阻之和，如图 12－1 中的热阻网络所示。上式还可以写成

$$\Phi=\pi d_2 l k_o (t_{f1}-t_{f2})=\pi d_2 l k_o \Delta t \tag{12-7}$$

式中，k_o 为以圆管外壁面面积为基准计算的总传热系数。对比式(12－6)、(12－7)可得

$$k_o=\frac{1}{\dfrac{d_2}{d_1}\dfrac{1}{h_1}+\dfrac{d_2}{2\lambda}\ln\dfrac{d_2}{d_1}+\dfrac{1}{h_2}} \tag{12-8}$$

工程上，一般都以圆管外壁面面积为基准计算总传热系数。

对于通过 n 层不同材料组成的无内热源的多层圆管的稳态传热过程，如果圆管内、外直径分别为 d_1、d_{n+1}，各层材料的热导率均为常数，层与层之间无接触热阻，则总传热热阻为相互串联的各热阻之和，于是可直接写出热流量的表达式：

$$\Phi=\frac{t_{f1}-t_{f2}}{R_{h1}+\sum\limits_{i=1}^{n}R_{\lambda i}+R_{h2}}=\frac{t_{f1}-t_{f2}}{\dfrac{1}{\pi d_1 l h_1}+\sum\limits_{i=1}^{n}\dfrac{1}{2\pi\lambda_i l}\ln\dfrac{d_{i+1}}{d_i}+\dfrac{1}{\pi d_{n+1} l h_2}} \tag{12-9}$$

*3. 临界热绝缘直径

工程上，为了减少热流体输送管道的散热损失，通常用保温材料在管道外面加一层或多层保温层。同时，为了劳动保护的需要，一般使管道外表面的温度低于 50 ℃。如何选择保温材料和保温层的厚度是需要解决的主要问题。由上述对圆管壁的稳态传热过程分析可知，在热流体和周围环境温度不变，又不考虑辐射换热的情况下，加一层保温层的管道散热过程是一个通过二层圆管壁的稳态传热过程。假设管壁材料的热导率为 λ_1，保温材料的热导率为 λ_x，如图 12－2a 所示。

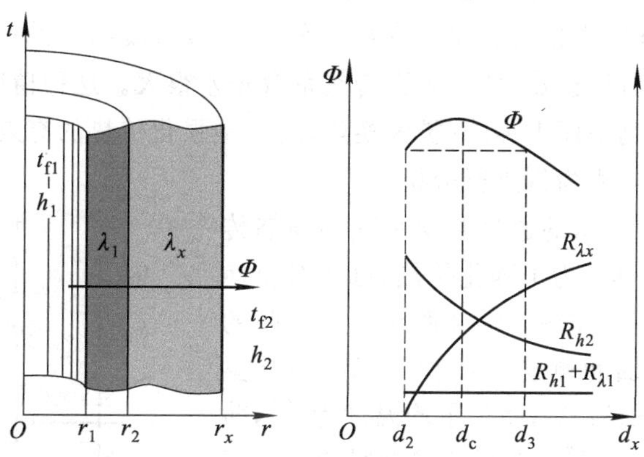

图 12－2 临界热绝缘直径分析示意图

根据前面对通过圆管的传热过程的分析可知，二层圆管的传热热阻为 4 个热阻之和，即

$$
\begin{aligned}
R_k &= R_{h1} + R_{\lambda 1} + R_{\lambda x} + R_{h2} \\
&= \frac{1}{\pi d_1 l h_1} + \frac{1}{2\pi\lambda_1 l}\ln\frac{d_2}{d_1} + \frac{1}{2\pi\lambda_x l}\ln\frac{d_x}{d_2} + \frac{1}{\pi d_x l h_2}
\end{aligned}
\tag{12-10}
$$

由上式可见，随着保温层厚度的增加，即 d_x 的增大，管内对流换热热阻与管壁导热热阻之和（$R_{h1}+R_{\lambda 1}$）保持不变，保温层的导热热阻 $R_{\lambda x}$ 随之加大，但保温层外侧的对流换热热阻 R_{h2} 却随之减小。当 d_2 较小时，有可能总热阻 R_k 先随着 d_x 的增大而减小，然后再随着 d_x 的增大而增大，中间出现极小值，相应热流量 Φ 出现极大值，如图 12－2b 所示。总热阻 R_k 取得极小值时的保温层外径称为**临界绝缘直径**，用 d_c 表示，可由下式求出：

$$
\frac{\mathrm{d}R_k}{\mathrm{d}d_x} = 0
$$

得

$$
d_x = \frac{2\lambda_x}{h_2} = d_c \tag{12-11}
$$

从图 12－2b 可以看出，当管道外径 d_2 大于 d_c 时，加保温层总会起到隔热保温的作用，但管道外径 d_2 小于 d_c 时，必须考虑临界绝缘直径的问题。在这种情况下，只有当保温层外径大于 d_3 时，保温层才起到减少散热损失的作用。工程上，绝大多数需要加保温层的管道外径都大于临界绝缘直径，只有当管径很小，保温材料的热导率又较大时，才会考虑临界绝缘直径的问题。

4. 通过肋壁的传热过程

工程上常遇到壁两侧对流换热的表面传热系数相差较大的传热过程。例如，一侧是单相液体强迫对流换热或相变换热（沸腾或凝结），另一侧是气体强迫对流换热或自然对流换热，两侧表面传热系数相差很大。这种情况下，在表面传热系数较小的一侧壁面上加肋（扩大换热面积）是强化传热的有效措施。下面以通过平壁的传热过程为例进行分析。

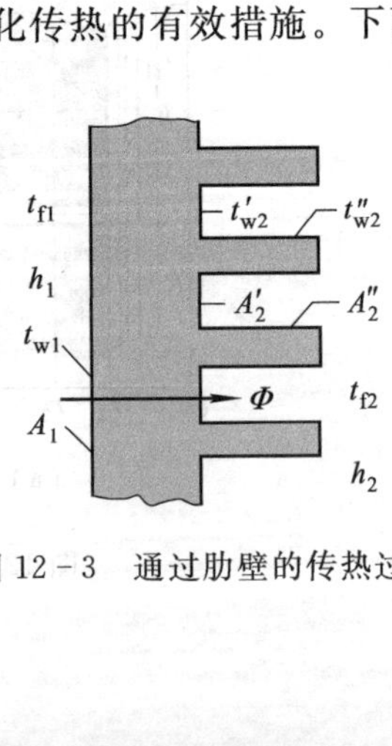

图 12－3 通过肋壁的传热过程

对于图 8－4 所示的通过单层平壁的稳态传热过程，假设 $h_1 \gg h_2$，为了强化传热，可在对流换热较弱的右侧加肋，如图 12－3 所示。未加肋的左侧面积为 A_1，加肋侧肋基面积为 A'_2，肋基温度为 t'_{w2}，肋片面积为 A''_2，肋片平均温度为 t''_{w2}，肋侧总面积 $A_2 = A'_2 + A''_2$。假设肋壁材料的热导率 λ 为常数，肋侧表面传热系数 h_2 为常数。在稳态情况下，对于传热过程的三个环节可以分别写出

下面三个热流量 Φ 的计算公式：

对于左侧对流换热

$$\Phi=A_1h_1(t_{f1}-t_{w1})=\frac{t_{f1}-t_{w1}}{\dfrac{1}{A_1h_1}} \tag{a}$$

对于壁的导热

$$\Phi=\frac{t_{w1}-t_{w2}}{\dfrac{\delta}{A_1\lambda}} \tag{b}$$

对于肋侧对流换热

$$\Phi=A_2'h_2(t_{w2}'-t_{f2})+A_2''h_2(t_{w2}''-t_{f2}) \tag{c}$$

根据肋片效率的定义式

$$\eta_f=\frac{A_2''h_2(t_{w2}''-t_{f2})}{A_2''h_2(t_{w2}'-t_{f2})}=\frac{t_{w2}''-t_{f2}}{t_{w2}'-t_{f2}} \tag{d}$$

可将式(c)改写为

$$\Phi=(A_2'+A_2''\eta_f)h_2(t_{w2}'-t_{f2})=A_2\eta h_2(t_{w2}'-t_{f2})=\frac{t_{w2}'-t_{f2}}{\dfrac{1}{A_2\eta h_2}} \tag{e}$$

式中，$\eta=(A_2'+A_2''\eta_f)/A_2$，称为**肋面总效率**。一般情况下，$A_2''\gg A_2'$、$A_2\approx A_2''$，所以 $\eta\approx\eta_f$。

联立式(a)、(b)、(e)，可得通过肋壁的传热热流量计算公式为

$$\Phi=\frac{t_{f1}-t_{f2}}{\dfrac{1}{A_1h_1}+\dfrac{\delta}{A_1\lambda}+\dfrac{1}{A_2\eta h_2}} \tag{12-12}$$

上式还可以改写成

$$\begin{aligned}\Phi&=A_1\frac{t_{f1}-t_{f2}}{\dfrac{1}{h_1}+\dfrac{\delta}{\lambda}+\dfrac{A_1}{A_2}\dfrac{1}{\eta h_2}}=A_1\frac{t_{f1}-t_{f2}}{\dfrac{1}{h_1}+\dfrac{\delta}{\lambda}+\dfrac{1}{\beta\eta h_2}}\\&=A_1k_1(t_{f1}-t_{f2})=A_1k_1\Delta t\end{aligned} \tag{12-13}$$

式中，k_1 称为以光壁表面积为基准的总传热系数，其表达式为

$$k_1=\frac{1}{\dfrac{1}{h_1}+\dfrac{\delta}{\lambda}+\dfrac{1}{\beta\eta h_2}} \tag{12-14}$$

式中，$\beta=A_2/A_1$，称为**肋化系数**。从上式可见，加肋后，肋侧的对流换热热阻为 $\dfrac{1}{\beta\eta h_2}$，而未加肋时为 $\dfrac{1}{h_2}$，加肋后热阻减小的程度与 $\beta\eta$ 有关。从肋化系数的定义可知，$\beta>1$，其大小取决于肋高与肋间距。增加肋高可以加大 β，但增加肋高会使肋片效率 η_f 降低，从而使肋面总效率 η 降低。减小肋间距，使肋片加密也可

以加大 β,但肋间距过小会增大流体的流动阻力,使肋间流体的温度升高,降低传热温差,不利于传热。一般肋间距应大于 2 倍边界层最大厚度。应该合理地选择肋高和肋间距,使 $\frac{1}{\beta\eta h_2}$ 及总传热系数 k_1 具有最佳值。工程上,当 $h_1/h_2=3\sim5$ 时,一般选择 β 较小的低肋;当 $h_1/h_2>10$ 时,一般选择 β 较大的高肋。为了有效地强化传热,肋片应该加在总表面传热系数较小的一侧。

工程上,通常采用以肋侧表面积为基准的总传热系数 k_2 来计算,此时式(12－12)可以改写成

$$\Phi=A_2k_2\Delta t \tag{12-15}$$

式中 k_2 的表达式为

$$k_2=\frac{1}{\frac{1}{h_1}\beta+\frac{\delta}{\lambda}\beta+\frac{1}{\eta h_2}} \tag{12-16}$$

5. 复合换热

以上对通过平壁、圆管壁及肋壁传热过程的讨论并没有涉及辐射换热。有些情况下壁面与流体或周围环境之间存在较强的辐射换热,不可以忽略,这种对流换热与辐射换热同时存在的换热过程称为**复合换热**。对于复合换热,工程上为了计算方便,通常将辐射换热量折合成对流换热量,引进**辐射换热表面传热系数** h_r,定义如下:

$$h_r=\frac{\Phi_r}{A(t_w-t_f)} \tag{12-17}$$

式中,Φ_r 为辐射换热量。于是,复合换热表面传热系数 h 为对流换热表面传热系数 h_c 与辐射换热表面传热系数 h_r 之和,即

$$h=h_c+h_r \tag{12-18}$$

总换热量 Φ 为对流换热量 Φ_c 与辐射换热量 Φ_r 之和,即

$$\Phi=\Phi_c+\Phi_r=(h_c+h_r)A(t_w-t_f)=hA(t_w-t_f)$$

在复合换热情况下,前面讨论的传热过程计算公式中的表面传热系数 h 应为复合换热表面传热系数。

例题 12－1 热电厂中有一水平放置的蒸汽管道,内径 $d_1=100$ mm,壁厚 $\delta_1=4$ mm,钢管材料的导热系数 $\lambda_1=40$ W/(m·K),外包厚度 $\delta_2=70$ mm 厚的保温层,保温材料的导热系数 $\lambda_2=0.05$ W/(m·K)。管内蒸汽温度 $t_{f1}=300$ ℃,管内表面传热系数 $h_1=200$ W/(m^2·K),保温层外壁面复合换热表面传热系数 $h_2=8$ W/(m^2·K),周围空气的温度 $t_\infty=20$ ℃。试计算单位长度蒸汽管道的散热损失 Φ_l 及管道外壁面与周围环境辐射换热的表面传热系数 h_{r2}。

解　这是一个通过两层圆管的传热过程。根据式(12-9)有

$$\Phi_l=\frac{t_{f1}-t_{f2}}{\dfrac{1}{\pi d_1 h_1}+\dfrac{1}{2\pi\lambda_1}\ln\dfrac{d_2}{d_1}+\dfrac{1}{2\pi\lambda_2}\ln\dfrac{d_3}{d_2}+\dfrac{1}{\pi d_3 h_2}}$$

式中

$$\frac{1}{\pi d_1 h_1}=\frac{1}{\pi\times 0.1\ \mathrm{m}\times 200\ \mathrm{W/(m^2\cdot K)}}=1.59\times 10^{-2}\ \mathrm{m\cdot K/W}$$

$$\frac{1}{2\pi\lambda_2}\ln\frac{d_2}{d_1}=\frac{1}{2\times\pi\times 40\ \mathrm{W/(m\cdot K)}}\ln\frac{108\ \mathrm{mm}}{100\ \mathrm{mm}}=3.06\times 10^{-4}\ \mathrm{m\cdot K/W}$$

$$\frac{1}{2\pi\lambda_1}\ln\frac{d_3}{d_2}=\frac{1}{2\times\pi\times 0.05\ \mathrm{W/(m\cdot K)}}\ln\frac{248\ \mathrm{mm}}{108\ \mathrm{mm}}=2.646\ \mathrm{m\cdot K/W}$$

$$\frac{1}{\pi d_3 h_2}=\frac{1}{\pi\times 0.248\ \mathrm{m}\times 8\ \mathrm{W/(m^2\cdot K)}}=0.160\ \mathrm{m\cdot K/W}$$

所以

$$\Phi_l=\frac{280\ \mathrm{K}}{(1.59\times 10^{-2}+3.06\times 10^{-4}+2.646+0.160)\ \mathrm{m\cdot K/W}}=99.2\ \mathrm{W/m}$$

由式

$$\Phi_l=\pi d_3 h_2(t_{w3}-t_{f2})$$

可求得管道外壁面温度为

$$t_{w3}=t_{f2}+\frac{\Phi_l}{\pi d_3 h_2}=20\ ℃+\frac{99.2\ \mathrm{W/m}}{\pi\times 0.248\ \mathrm{m}\times 8\ \mathrm{W/(m^2\cdot K)}}=36\ ℃$$

至此，可以利用自然对流换热的特征数关联式确定管道外侧对流换热表面传热系数。特征温度为

$$t_m=\frac{1}{2}(t_w+t_{f2})=\frac{1}{2}(36+20)\ ℃=28\ ℃$$

按此温度从附录中查得空气的物性参数值：

$$\nu=15.8\times 10^{-6}\ \mathrm{m^2/s},\lambda=2.65\times 10^{-2}\ \mathrm{W/(m\cdot K)},Pr=0.701$$

$$\alpha=\frac{1}{T_m}=\frac{1}{(273+28)\ \mathrm{K}}=3.32\times 10^{-3}\mathrm{K^{-1}}$$

$$\begin{aligned}GrPr&=\frac{g\alpha\Delta t d^3}{\nu^2}Pr\\&=\frac{9.8\ \mathrm{m/s^2}\times 3.32\times 10^{-3}\ \mathrm{K^{-1}}\times(36-20)\ \mathrm{K}\times(0.248\ \mathrm{m})^3}{(15.8\times 10^{-6}\ \mathrm{m^2/s})^2}\times 0.701\\&=2.23\times 10^7\end{aligned}$$

从表10-5可查得 $C=0.125,n=1/3$。于是，根据式(10-77)得

$$Nu=0.125(GrPr)^{1/3}=0.125\times(2.23\times 10^7)^{1/3}=35.2$$

可得

$$h_{c2}=\frac{\lambda}{d_3}Nu=\frac{2.65\times 10^{-2}\ \mathrm{W/(m\cdot K)}}{0.248\ \mathrm{m}}\times 35.2=3.8\ \mathrm{W/(m^2\cdot K)}$$

于是可得辐射换热表面传热系数为

$$h_{r2}=h_2-h_{c2}=(8-3.8)\mathrm{W/(m^2\cdot K)}=4.2\ \mathrm{W/(m^2\cdot K)}$$

可见，在这种情况下，辐射散热损失大于对流散热损失。为了减少辐射散热损失，工程上常在管道外面包一层表面发射率很小的镀锌铁皮，同时也起到保护保温层的作用。

12-2 换 热 器

用来实现热量从热流体传递到冷流体的装置称为**换热器**。换热器是工业上各行各业以及日常生活中应用非常广泛的热量交换设备。

1. 换热器的分类

换热器的种类繁多，按照其工作原理，可分为**混合式**、**蓄热式**及**间壁式**三大类。

混合式换热器的工作特点是，冷、热流体通过直接接触、互相混合来实现热量交换，例如火力发电厂中的大型冷却水塔及空调系统中的中小型冷却水塔、化工厂中的洗涤塔等。混合式换热器一般用于冷、热流体是同一种物质（如冷水和热水、水和水蒸气等）的情况，有时也用于冷、热流体虽然不是同一种物质，但混合换热后非常容易分离（如水和空气）的情况。在工程实际中，绝大多数情况下冷、热流体不能相互混合，所以混合式换热器在应用上受到限制。

蓄热式换热器的工作特点是，冷、热两种流体依次交替地流过同一换热面（蓄热体），热流体流过时换热面吸收并积蓄热流体放出的热量，冷流体流过时，换热面又将热量释放给冷流体，通过换热面这种交替式的吸、放热过程实现冷、热流体间的热量交换。显然，这种换热器的热量传递过程是非稳态的。火力发电厂大型锅炉中的蓄热式空气预热器就是这种换热器。

间壁式换热器的特点是冷、热流体由壁面隔开，热量由热流体到冷流体的传递过程是前面所讨论的传热过程。

在以上几种类型的换热器中，间壁式换热器的应用最为广泛，下面重点予以介绍。

间壁式换热器的形式很多，按照其结构可分为以下几种。

(1) 管壳式换热器

顾名思义，管壳式换热器是由管子和外壳构成的换热装置。图 12-4 是最简单的管壳式换热器，也称为套管式换热器。它由一根管子套上一根直径较大的管子组成，冷、热流体分别在内管和夹层中流过。根据冷、热流体的相对流动

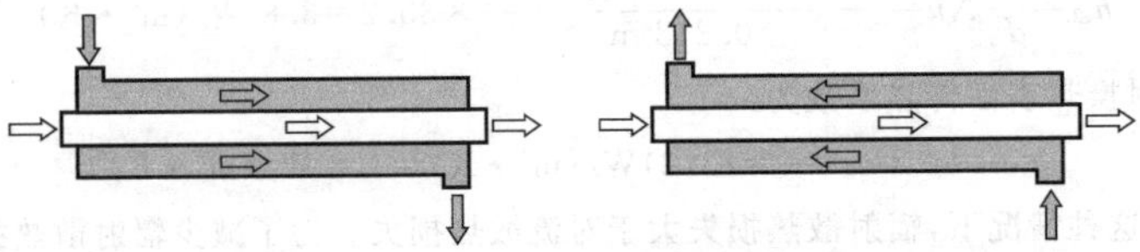

(a) 顺流　　(b) 逆流

图 12-4　套管式换热器示意图

方向不同又有顺流及逆流之别。由于套管式换热器的换热面较小,因此适用于传热量不大或流体流量较小的情形。

工业上常用的管壳式换热器的换热面由管束构成,管束由管板和折流挡板固定在外壳之中,一种流体在管内流动,另一种流体外掠管束流动。管内流体从换热器的一端封头流进管内,在另一端的封头流出,称作流经一个**管程**。可以根据需要在封头内加装隔板,将管束分成管数相同的几组,使流体依次流经几个管程之后再流出换热器。折流挡板的作用是控制管外流体的流向,使其能比较均匀地横向冲刷管束,改善换热条件。图 12－5 所示的是一种 2 管程换热器。工程上常常根据需要将几个管壳式换热器串联起来,形成多管程多**壳程**的管壳式换热器,如图 12－6 所示。

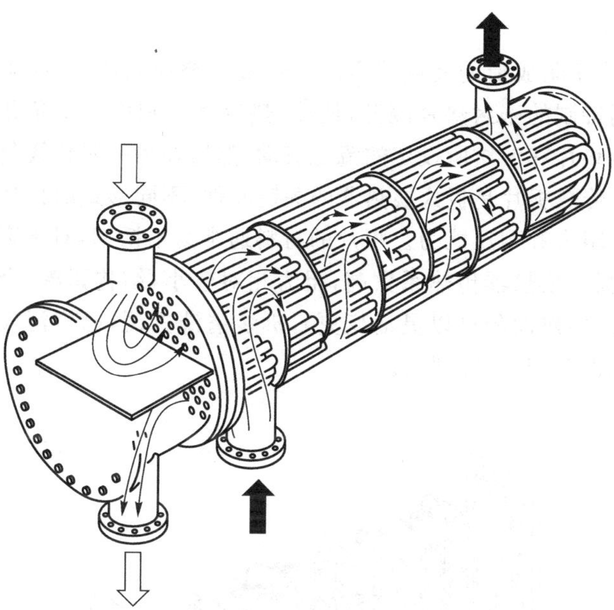

图 12－5　管壳式换热器结构示意图

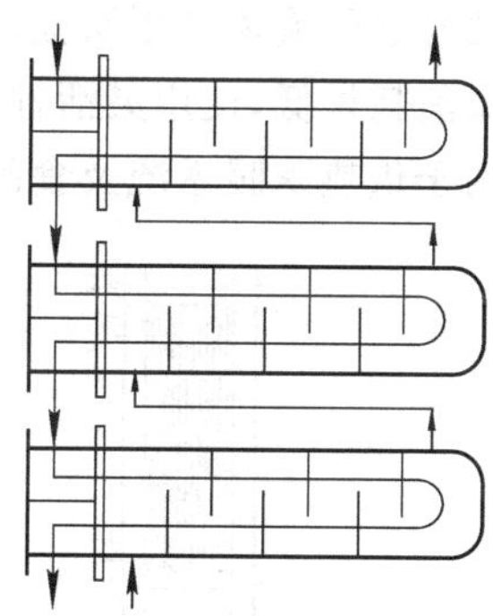

图 12－6　6 管程 3 壳程换热器示意图

(2) 肋片管式换热器

肋片管式换热器也称为翅片管式换热器,由带肋片的管束构成,如图 12－7 所示。这类换热器适用于管内液体和管外气体之间的换热,且两侧表面传热系数相差较大的场合,如汽车水箱散热器、空调系统的蒸发器、冷凝器等。由于肋片管的肋片加在管子外壁空气侧,肋化系数可达 25 左右,大大增加了空气侧的换热面积,强化了传热。肋片的形状和结构及其在管壁上的镶嵌方式通常是肋片管式换热器的设计人员最关注的问题。

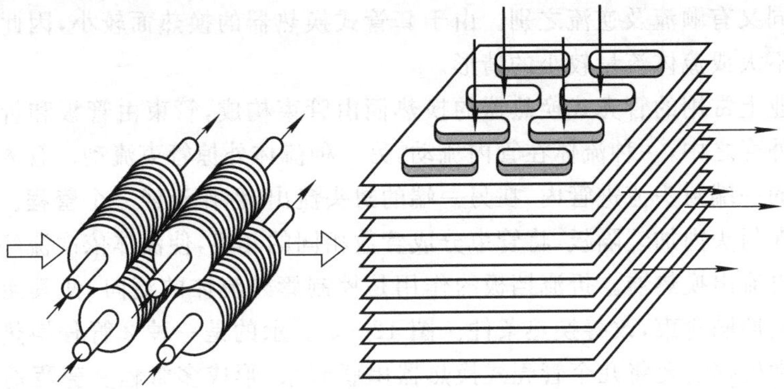

图 12-7 肋片管式换热器示意图

(3) 板式换热器

板式换热器是由若干片压制成形的波纹状金属传热板片叠加而成，板四角开有角孔，相邻板片之间用特制的密封垫片隔开，使冷、热流体分别由一个角孔流入，间隔地在板间沿着由垫片和波纹所设定的流道流动，然后在另一对角线角孔流出，如图 12-8 所示。传热板片是板式换热器的关键元件，不同形式的板片直接影响到传热系数、流动阻力和耐压能力。板片的材料通常为不锈钢，对于腐蚀性强的流体可用钛板。板式换热器传热系数高，阻力相对较小，结构紧凑，金属消耗量低，使用灵活性大(传热面积可以灵活变更)，拆装清洗方便，已广泛应用于供热采暖系统及食品、医药、化工等部门。

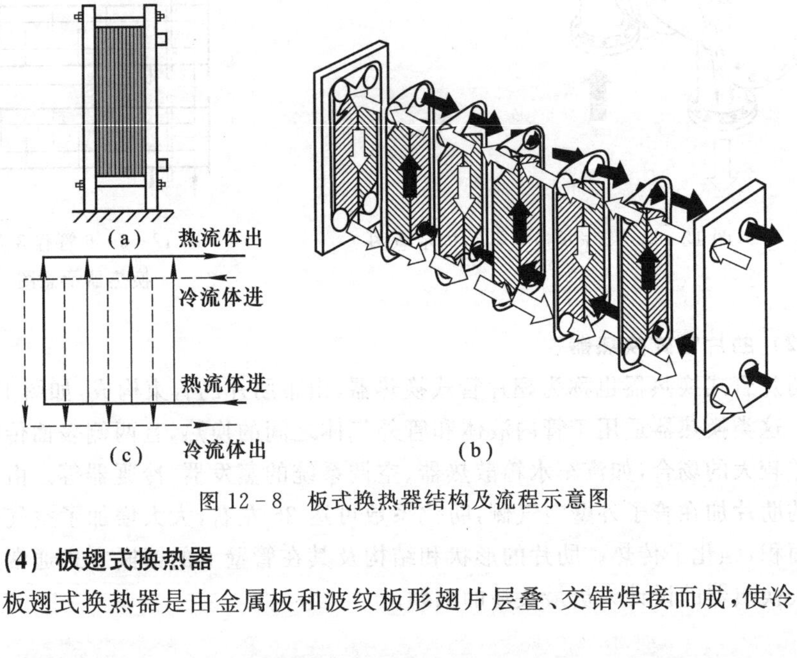

图 12-8 板式换热器结构及流程示意图

(4) 板翅式换热器

板翅式换热器是由金属板和波纹板形翅片层叠、交错焊接而成，使冷、热流体的流向交叉，如图 12－9 所示。这种换热器结构紧凑，单位体积的换热面积大，但清洗困难，不易检修，适用于清洁无腐蚀性流体间的换热。

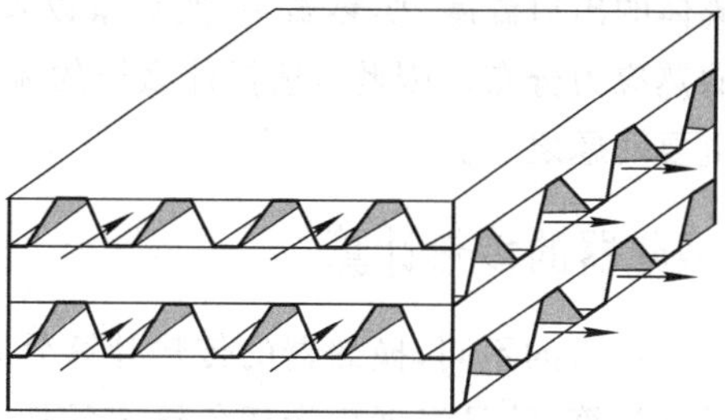

图 12－9　板翅式换热器结构示意图

(5) 螺旋板式换热器

螺旋板式换热器的换热面是由两块平行金属板卷制而成，构成两个螺旋通道，分别供冷、热流体在其中流动，如图 12－10 所示。螺旋板式换热器的优点是结构与制造工艺简单，价格低廉，流通阻力小；缺点是不易清洗，承压能力低。

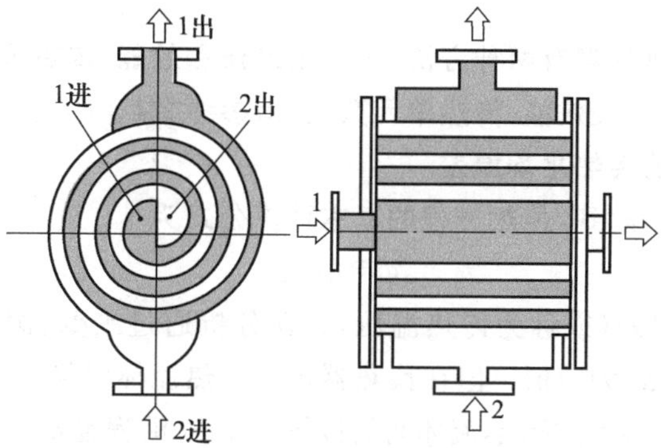

图 12－10　螺旋板式换热器结构示意图

以上分别介绍了 5 种典型的间壁式换热器，可以根据不同的应用条件(冷、热流体的性质、温度及压力范围、污染程度等)加以选择。

冷、热流体在间壁式换热器中的相对流动方向可分为顺流、逆流、交叉流及混合流(即顺流或逆流与交叉流混合)4 种流动形式，如图 12－11 所示。在冷、

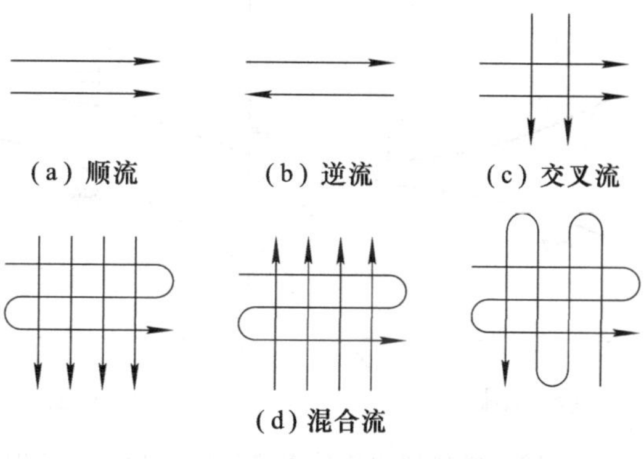

图 12－11　流动形式示意图

热流体进口温度相同、流量相同、换热面面积相同的情况下，流动形式将影响冷、热流体的出口温度、换热温差、换热量以及换热器内的温度分布，进而影响换热器的热应力分布。因此，选择什么样的流动型式是进行换热器设计时必须考虑的重要问题之一。

2. 换热器的传热计算

根据目的不同，换热器的传热计算分为两种类型：**设计计算与校核计算**。所谓设计计算，就是根据生产任务给定的换热条件和要求，设计一台新的换热器，为此需要确定换热器的形式、结构及换热面积。而校核计算是对已有的换热器进行核算，看其能否满足一定的换热要求，一般需要计算流体的出口温度、换热量以及流动阻力等。

换热器的传热计算有两种方法：**平均温差法**和**效能-传热单元数法**。本书只介绍平均温差法，有关效能-传热单元数法，请参考文献[19]。

(1) 换热器的传热平均温差

从上一节已了解到，传热过程的基本计算公式为

$$\Phi = kA\Delta t$$

式中，Δt 为传热温差（或称为传热温压）。在分析通过平壁、圆管壁及肋壁的传热过程时都假设 Δt 为定值。但在换热器内，冷、热流体沿换热面不断换热，它们的温度沿流向不断变化，冷、热流体间的传热温差 Δt 沿程也发生变化，如图 12-12 所示。因此，对于换热器的传热计算，上式中的传热温差应该是整个换热器

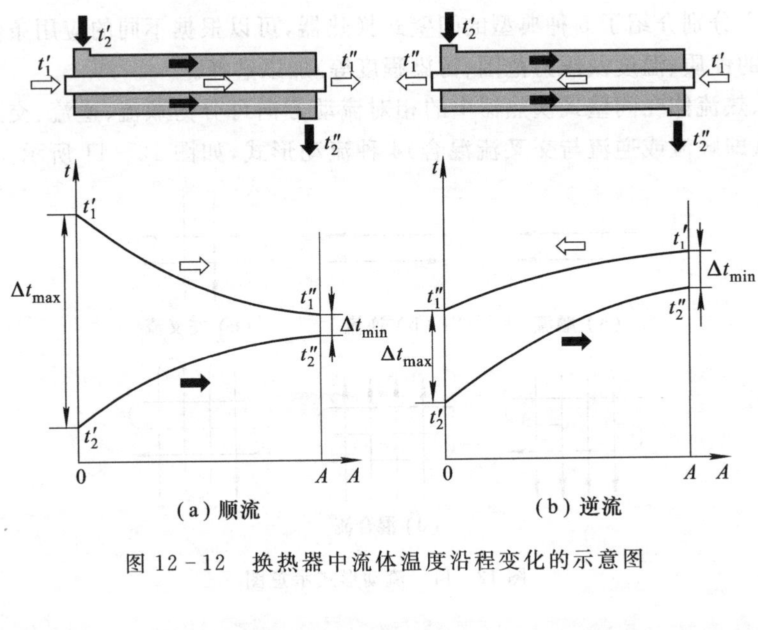

图 12-12 换热器中流体温度沿程变化的示意图

传热面的**平均温差**（或称为**平均温压**）Δt_m。于是，换热器传热方程式的形式应为

$$\Phi = kA\Delta t_m \tag{12-19}$$

图 12-12 中，t_1'、t_1''分别表示热流体的进、出口温度，t_2'、t_2''分别表示冷流体的进、出口温度。对于顺流换热器，进、出口两端的传热温差分别为 $\Delta t' = t_1' - t_2'$、$\Delta t'' = t_1'' - t_2''$；对于逆流情况，换热器两端的传热温差分别为 $\Delta t' = t_1'' - t_2'$、$\Delta t'' = t_1' - t_2''$。如果用 Δt_{max}、Δt_{min}分别表示 $\Delta t'$、$\Delta t''$中的最大和最小者，则分析表明，无论是顺流还是逆流，都可以统一用下面的公式计算换热器的平均温差：

$$\Delta t_m = \frac{\Delta t_{max} - \Delta t_{min}}{\ln \dfrac{\Delta t_{max}}{\Delta t_{min}}} \tag{12-20}$$

因为上式中出现对数运算，所以由上式计算的温差称为**对数平均温差**。

工程上，当 $\Delta t_{max}/\Delta t_{min} \leqslant 2$ 时，可以采用算术平均温差，即

$$\Delta t_m = \frac{\Delta t_{max} + \Delta t_{min}}{2} \tag{12-21}$$

在进、出口温度相同的情况下，算术平均温差的数值略大于对数平均温差，偏差小于 4%。

在各种流动形式中，顺流和逆流是两种最简单的流动情况。在冷、热流体进、出口温度相同的情况下，逆流的平均温差最大，顺流的平均温差最小。从图 12-12 可以看出，顺流时冷流体的出口温度 t_2''总是低于热流体的出口温度 t_1''，而逆流时 t_2''却可以大于 t_1''，因此从强化传热的角度出发，换热器应当尽量布置成逆流。但逆流的缺点是热流体和冷流体的最高温度 t_1'、t_2''和最低温度 t_1''、t_2'分别集中在换热器的两端，使换热器的温度分布乃至热应力分布极不均匀，不利于换热器的安全运行，尤其对于高温换热器来说，这种情况应该避免。

在蒸发器或冷凝器中，冷流体或热流体发生相变，如果忽略相变流体压力的变化，则相变流体在整个换热面上保持其饱和温度。在此情况下，由于一侧流体温度恒定不变，所以无论顺流还是逆流，换热器的平均传热温差都相同，如图 12-13 所示。

对于其他流动形式，可以看作介于顺流和逆流之间，其平均传热温差可以采用下式计算：

$$\Delta t_m = \Psi (\Delta t_m)_{cf} \tag{12-22}$$

式中：$(\Delta t_m)_{cf}$为冷、热流体进、出口温度相同情况下逆流时的对数平均温差；Ψ为小于 1 的修正系数，其数值取决于流动型式和下面两个无量纲参数：

$$P = \frac{t_2'' - t_2'}{t_1' - t_2'}, \quad R = \frac{t_1' - t_1''}{t_2'' - t_2'} \tag{12-23}$$

为了工程上计算方便，对于常见的流动形式，已绘制成线算图，在有关传热

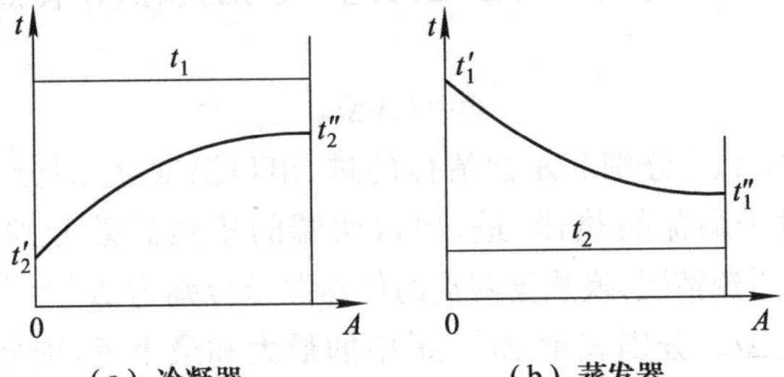

(a) 冷凝器　　(b) 蒸发器

图 12-13 有相变时换热器内流体温度变化的示意图

学或换热器设计手册中可以查到。

图 12-14 至图 12-17 列举了 4 种流动型式的线算图。可以看出，当 R 接近或大于 4 时，Ψ 随 P 变化剧烈，查图容易产生较大的误差，这时可用 $1/R$ 代替 R、用 PR 代替 P 来查有关线算图。

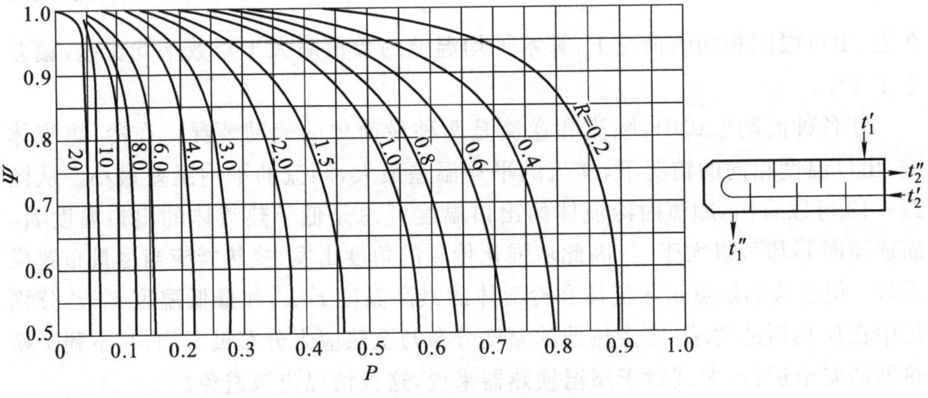

图 12-14 1 壳程，2、4、6、8 等管程的 Ψ 值

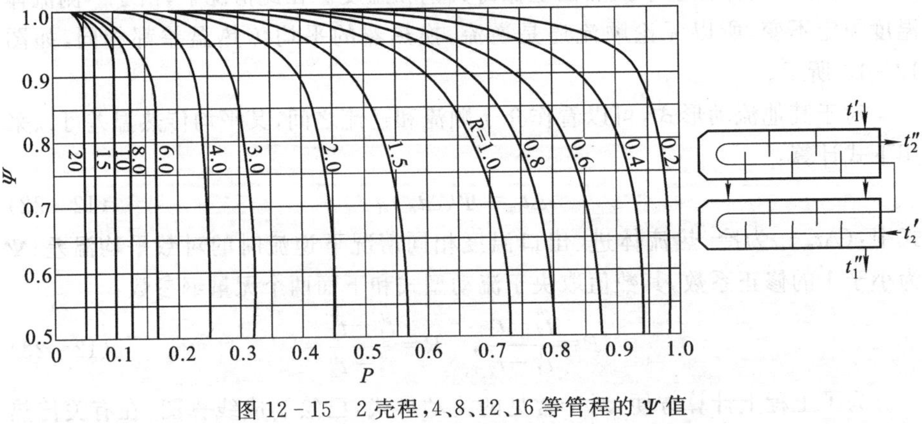

图 12-15 2 壳程，4、8、12、16 等管程的 Ψ 值

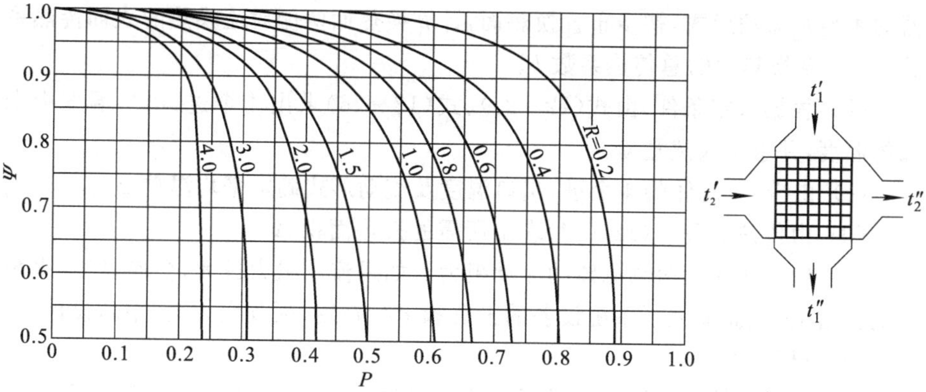

图 12-16　一次交叉流、两种流体各自不混合时的 Ψ 值

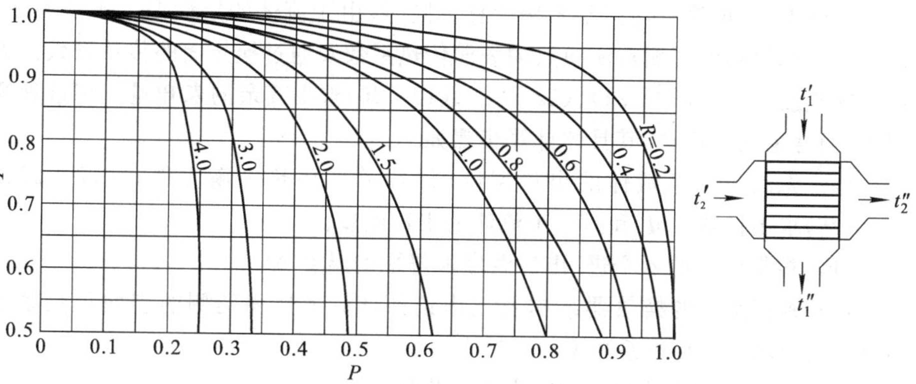

图 12-17　一次交叉流，一种流体混合、另一种流体不混合时的 Ψ 值

(2) 换热器传热计算的平均温差法

换热器传热计算有三个基本公式：

$$\Phi = kA\Delta t_{\mathrm{m}} \tag{12-24}$$

$$\Phi = q_{m1}c_{p1}(t_1' - t_1'') \tag{12-25}$$

$$\Phi = q_{m2}c_{p2}(t_2'' - t_2') \tag{12-26}$$

式中：q_{m1}、q_{m2}分别为热、冷流体的质量流量；c_{p1}、c_{p2}分别为热、冷流体的比定压热容。如果 c_{p1}、c_{p2} 已知，则以上 3 个方程中共有 8 个独立变量，即 Φ、k、A、q_{m1}、q_{m2}，以及 t_1'、t_1''、t_2'、t_2'' 中的 3 个，只要知道其中 5 个变量，就可以算出其他 3 个。

1) 设计计算

进行设计计算时，一般是根据生产任务的要求，给定流体的质量流量 q_{m1}、q_{m2} 和 4 个进、出口温度中的 3 个，需要确定换热器的型式、结构，计算总传热系数 k 及换热面积 A。计算步骤如下：

(a) 根据给定的换热条件、流体的性质、温度和压力范围等条件，选择换热器的类型及流动形式，初步布置换热面，计算换热面两侧对流换热的表面传热系数 h_1、h_2 及换热面的总传热系数 k。

(b) 根据给定条件，由式(12－25)、式(12－26)求出 4 个进、出口温度中未知的温度，并求出换热量 Φ。

(c) 由冷、热流体的 4 个进、出口温度及流动形式确定平均温差 Δt_m。

(d) 由传热方程式(12－24)求出所需的换热面积 A。

(e) 计算换热面两侧流体的流动阻力。如果流动阻力过大，会使风机、水泵的电耗增加，从而加大了系统设备的投资和运行费用，须改变方案，重新设计。

2) 校核计算

对已有或设计好的换热器进行校核计算时，一般已知换热器的换热面积 A、两侧流体的质量流量 q_{m1} 和 q_{m2}、进口温度 t_1' 和 t_2' 等 5 个参数。由于两侧流体的出口温度未知，传热平均温差无法计算。同时，由于流体的定性温度不能确定，也无法计算换热面两侧对流换热的表面传热系数及通过换热面的传热系数。因此不能直接利用式(12－24)、(12－25)、(12－26)求出其余的未知量。在这种情况下，通常采用试算法，其具体计算步骤如下：

(a) 先假设一个流体的出口温度 t_1''（或 t_2''），用热平衡方程式(12－25)、(12－26)求出换热量 Φ' 和另一个流体的出口温度。

(b) 根据流体的 4 个进、出口温度求得平均温度 Δt_m。

(c) 根据给定的换热器结构及工作条件计算换热面两侧的表面传热系数 h_1、h_2，进而求得总传热系数 k。

(d) 由传热方程式(12－24)求出换热量 Φ''。

(e) 比较 Φ' 和 Φ''。如果两者相差较大(如大于 2%或 5%)，说明步骤(a)中假设的温度值不符合实际，再重新假设一个流体出口温度，重复上述计算步骤，直到 Φ' 和 Φ'' 值的偏差小到满意为止。至于两者偏差应小到何种程度，则取决于要求的计算精度，一般认为应小于 2%～5%。

实际试算过程通常采用迭代法，可以利用计算机进行运算。

例题 12－2 一台逆流式换热器，刚投入工作时的运行参数为 $t_1'=360$ ℃、$t_1''=300$ ℃、$t_2'=30$ ℃、$t_2''=200$ ℃。已知 $q_{m1}c_{p1}=2\,500$ W/K，$k=800$ W/(m² · K)。运行一年后发现，在 $q_{m1}c_{p1}$、$q_{m2}c_{p2}$ 及 t_1'、t_2' 保持不变的情况下，由于结垢使得冷流体只能被加热到 162 ℃，而热流体的出口温度则高于 300 ℃。试确定此情况下的热流体出口温度及污垢热阻。

解 如果忽略换热器的散热损失，根据冷、热流体的热平衡有

$$\begin{aligned}\Phi &= q_{m1}c_{p1}(t_1'-t_1'')=q_{m2}c_{p2}(t_2''-t_2')\\ &=2\,500\ \text{W/K}\times(360-300)\text{K}=1.5\times10^5\ \text{W}\end{aligned}$$

$$q_{m2}c_{p2}=\frac{\Phi}{t_2''-t_2'}=\frac{1.5\times10^5\ \text{W}}{(200-30)\text{K}}=882\ \text{W/K}$$

对数平均温差为

$$\Delta t_{\mathrm{m}}=\frac{\Delta t_{\max}-\Delta t_{\min}}{\ln\dfrac{\Delta t_{\max}}{\Delta t_{\min}}}=\frac{(300-30)℃-(360-200)℃}{\ln\dfrac{(300-30)℃}{(360-200)℃}}=210\ ℃$$

结垢后的传热量为

$$\Phi'=q_{m2}c_{p2}[(t_2'')'-t_2']=882\ \mathrm{W/K}\times(162-30)\mathrm{K}=1.164\times10^5\ \mathrm{W}$$

结垢后热流体的出口温度为

$$(t_2'')'=t_1'-\frac{\Phi}{q_{m1}c_{p1}}=360\ ℃-\frac{1.164\times10^5\ \mathrm{W}}{2\ 500\ \mathrm{W/}℃}=313\ ℃$$

结垢后的对数平均温差为

$$(\Delta t_{\mathrm{m}})'=\frac{(313-30)℃-(360-162)℃}{\ln\dfrac{(313-30)℃}{(360-162)℃}}=238\ ℃$$

根据

$$\Phi=Ak\Delta t_{\mathrm{m}}=\frac{\Delta t_{\mathrm{m}}}{\dfrac{1}{Ak}}=\frac{\Delta t_{\mathrm{m}}}{R_k}$$

$$\Phi'=Ak'(\Delta t_{\mathrm{m}})'=\frac{(\Delta t_{\mathrm{m}})'}{\dfrac{1}{Ak'}}=\frac{(\Delta t_{\mathrm{m}})'}{(R_k)'}$$

式中 R_k、$(R_k)'$分别为结垢前、后的换热器的传热热阻，污垢热阻为二者之差，即

$$R'=(R_k)'-R_k=\frac{(\Delta t_{\mathrm{m}})'}{\Phi'}-\frac{\Delta t_{\mathrm{m}}}{\Phi}$$

$$=\frac{238\ \mathrm{K}}{1.164\times10^5\ \mathrm{W}}-\frac{210\ \mathrm{K}}{1.5\times10^5\ \mathrm{W}}=0.64\times10^{-3}\ \mathrm{K/W}$$

12-3　传热的强化与削弱

传热工程技术是根据现代工业生产和科学实践的需要而蓬勃发展起来的先进科学与工程技术，在电力、冶金、动力机械、石油、化工、低温、建筑以及航空航天等许多领域发挥极其重要的作用，其主要任务是按照工业生产和科学实践的要求来控制和优化热量传递过程。根据应用目的不同，对热量传递过程的控制形成了两种方向截然相反的技术：**强化传热技术**与**削弱传热技术**(又称**隔热保温技术**)。

强化传热的主要目的是：(1)增大传热量；(2)减少传热面积、缩小设备尺寸、降低材料消耗；(3)降低高温部件的温度，例如各类发动机、核反应堆、电力、电子设备中元器件的冷却，保证设备安全运行；(4)降低载热流体的输送功率。

削弱传热的主要目的是：(1)减少热力设备、载热流体的热损失，节约能源，例如火力发电厂锅炉、汽轮机以及过热蒸汽输送管道的保温等；(2)维护低温工程中的人工低温环境，防止外界热量的传入，例如冷冻仓库、冷藏车、储液罐以及

电冰箱的隔热等；(3)保护工程技术人员的人身安全，避免遭受热或冷的伤害，创造温度适宜的工作和生活环境。例如各类航天器在重返大气层时，由于其表面和大气的摩擦，会产生几千摄氏度以上的高温，因此必须采取隔热措施，避免航天器烧毁。再如载人航天器在太空飞行时，面对太阳的高温辐射以及自身向温度约为 3 K 的低温太空环境的热辐射，如何保证宇航员座舱内近 20 ℃的工作、生活环境，是隔热保温技术必须解决的问题。

无论导热、热对流、热辐射哪一种热量传递方式，传热量的大小都取决于传热温差与热阻。通常，传热温差往往被客观环境、生产工艺及设备条件所限定，所以无论是强化传热还是削弱传热一般都是从改变热阻入手。在前几章对导热、对流换热、辐射换热的分析讨论时已经分别介绍了各种热阻的主要影响因素和改善方法。通过对热阻的影响因素进行分析，找出其中的关键因素，由此确定改变热阻的最佳途径和技术措施，这正是传热控制技术的主要任务。

有关强化传热与隔热保温技术的详细论述，请读者参阅文献[43,44]。这里仅以前面讨论的传热过程为例，对强化传热过程的方法进行一般性的讨论。

传热过程的基本计算公式为

$$\Phi=kA\Delta t_{\mathrm{m}}=\frac{\Delta t_{\mathrm{m}}}{\dfrac{1}{kA}}=\frac{\Delta t_{\mathrm{m}}}{R_k}=\frac{\Delta t_{\mathrm{m}}}{R_{h1}+R_{\lambda}+R_{h2}}$$

从上式可以看出，传热过程的强化有如下两条途径。

(1) 加大传热温差 Δt_{m}

在对换热器进行分析时已指出，在冷、热流体进、出口温度相同的情况下，逆流的平均温差最大，顺流的平均温差最小，因此从强化传热的角度出发，换热器应当尽量布置成逆流。但从热能利用的角度上看，热力学第二定律已指出，传热是不可逆过程，传热温差越大，可用能损失就越大。大多数情况下，传热温差往往被客观条件所限定，所以通过加大传热温差来强化传热的途径没有太多考虑的余地。

(2) 减小传热热阻 R_k

增加总传热面积 A，即多布置一些换热面，可以降低传热热阻 R_k，增加传热量。但换热面的增加往往受到空间尺度的限制，换热面布置过密又会增加流体的流动阻力，也会使对流换热的表面传热系数降低，进而对传热产生不利影响。

从上面传热过程的基本计算公式可以看到，在不考虑辐射换热的情况下，传热热阻 R_k 包含 3 个相互串联的热阻：2 个对流换热热阻 R_{h1}、R_{h2} 和一个导热热阻 R_{λ}。原则上，减小哪一个热阻都可以使总热阻减小，但效果最显著的做法是抓住主要矛盾，减小其中最大的热阻。

工程上，绝大多数换热设备的换热面都是由导热系数较高的金属材料制造，又比较薄，所以在没有污垢的情况下，其导热热阻与对流换热热阻相比较小，一般可以忽略。由于污垢的导热系数很小，一旦换热面有了污垢（如水垢、油垢或灰垢），污垢的导热热阻就不可忽视。例如：1 mm 厚水垢的导热热阻相当于约 40 mm 厚普通钢板的导热热阻；1 mm 厚灰垢的导热热阻相当于约 400 mm 厚普通钢板的导热热阻。所以。防止和及时清除污垢是保证换热设备正常高效运行的重要技术措施。

强化对流换热技术是近些年来国内外强化传热研究的重点，其基本原则是，根据影响对流换热的主要因素，寻找改善对流换热的方法与技术措施。目前已开发出的强化对流换热方法主要有以下几个方面：

1） 扩展换热面

由对流换热热阻表达式 $R_h=\dfrac{1}{hA}$ 可以看出，增加换热面积 A（例如给换热表面加装肋片）可以减小对流换热热阻。合理地扩展换热表面还会使表面传热系数增加，同样可以起到减小热阻的作用，因此扩展换热面是工程技术中容易实施、采用最为广泛的强化传热措施。例如肋片管式换热器、板翅式换热器等各种形式的紧凑式换热器，通过加装肋片等方法扩展换热面，取得了高效紧凑的效果。

2） 改变换热面的形状、大小和位置

以管内湍流对流换热为例，表面传热系数 h 与 $d^{0.2}$（d 为管内径）成反比，采用直径小的管子，或者在管内流通截面面积相同的情况下用椭圆管代替圆管来减小当量直径，都可以取得强化对流换热的效果。再如管外自然对流换热和凝结换热，管子水平放置时的表面传热系数一般要高于竖直放置。

3） 改变表面状况

如前文所述，增加换热面的表面粗糙度，可以强化单相流体的湍流换热，有利于沸腾换热和高雷诺数的凝结换热。用烧结、钎焊、火焰喷涂、机加工等工艺在换热表面形成一层多孔层可以强化沸腾换热。用切削、轧制等机加工工艺在换热面上形成沟槽或螺纹（图 12－18）是强化凝结换热的实用技术。对换热表面进行处理，形成珠状凝结，是正处于研究开发阶段的强化凝结换热技术。再如，改变表面黑度可以强化辐射换热等。

4） 改变流体的流动状况

在对流换热一章已指出，流体的流动状况对对流换热有很大影响：在其他条件相同的情况下，湍流换热强度要大于层流，对流换热热阻主要集中在边界层；湍流换热的主要热阻在层流底层等。基于上述认识，采取增加流速，将换热面加工成波纹状，在流道中加入金属螺旋环、麻花铁、涡流发生器等扰流装置（如图

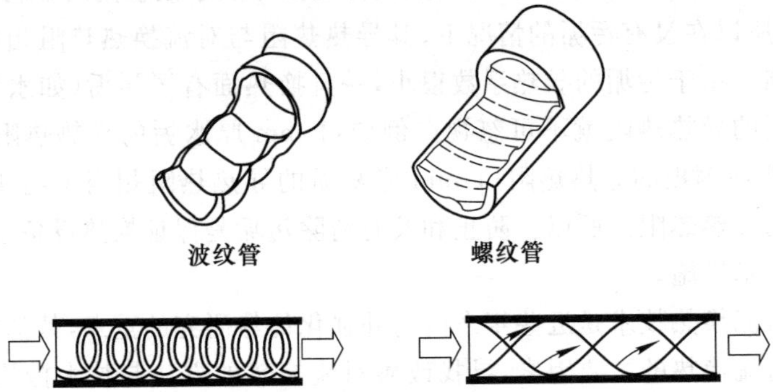

波纹管　　螺纹管

扰流子

图 12-18 强化对流换热措施示意图

12-18 所示)，利用机械、声波等使换热面发生振动或使流体振荡等方法，增强流体扰动、破坏边界层，以达到强化对流换热的目的。在有些应用场合，也可用射流直接冲击换热面来获得较高的局部表面传热系数。

有关强化传热的详细讨论，请读者参阅文献[43]。

思考题

1. 何谓传热过程？它与导热、对流换热、辐射换热有何关系？

2. 请写出传热过程的一般计算公式，并说明传热系数与哪些因素有关，是否与传热面积的大小无关。

3. 写出通过多层平壁、多层圆筒壁的传热热阻表达式。

4. 何谓临界绝缘直径？其大小与哪些因素有关？是否任何管道保温都存在临界绝缘直径的问题？

5. 举例说明什么样的传热过程需要加肋来强化传热？

6. 何谓肋化系数？是否肋化系数愈高对传热愈有利？

7. 写出换热器传热计算的基本方程式。

8. 试比较顺流式换热器和逆流式换热器的优缺点。

9. 写出顺流式和逆流式换热器对数平均温差的计算公式。

习题

12-1 一锅炉炉墙由三层平壁构成，内层是耐火砖，厚度 $\delta_1=0.23$ m，热导率 $\lambda_1=1.2$ W/(m·K)；中间是石棉隔热层，厚度 $\delta_2=0.05$ m，热导率 $\lambda_2=0.095$ W/(m·K)；外层是红砖，厚度 $\delta_3=0.24$ m，热导率 $\lambda_3=1.2$ W/(m·K)。炉墙内烟气温度 $t_{f1}=600$ ℃，烟气侧

表面传热系数 $h_1=40\ W/(m^2\cdot K)$；炉外空气温度 $t_{f2}=25$ ℃，空气侧表面传热系数 $h_2=10\ W/(m^2\cdot K)$。试求通过炉墙的散热损失和炉墙内、外壁面的温度。

12-2 一内径为 0.16 m 的蒸汽管道，壁厚为 8 mm，管外包有厚度为 200 mm 的保温层。已知管材的热导率 $\lambda_1=45\ W/(m\cdot K)$，保温材料的热导率 $\lambda_2=0.1\ W/(m\cdot K)$。管内蒸汽温度 $t_{f1}=300$ ℃，蒸汽与管壁间对流换热的表面传热系数 $h_1=150\ W/(m^2\cdot K)$。周围空气温度 $t_{f2}=20$ ℃，空气与保温层外表面对流换热的表面传热系数 $h_1=10\ W/(m^2\cdot K)$。试求单位管长的散热损失和保温层外表面的温度。

12-3 平均温度为 80 ℃的热水以 5 m/s 的速度流过一内径为 80 mm、壁厚为 10 mm 的水平钢管。管壁材料的热导率为 45 W/(m·K)，管子周围空气温度为 20 ℃。如果不考虑管壁与周围环境间的辐射换热，试计算单位管长的散热损失和外壁面温度。

12-4 为了将上题中的散热损失减少为原来的 1/5，计划给钢管加保温层。如果选用的保温材料的热导率为 0.1 W/(m·K)，试确定保温层的厚度。

12-5 如果习题 12-3 中的钢管置于一大房间中，房内空气和周围壁面的温度均为 20 ℃，钢管管壁的发射率为 0.9，其他条件与习题 12-3 相同，试计算单位管长的散热损失和外壁面温度。

12-6 一钢板两侧分别是水和空气，钢板材料的热导率为 45 W/(m·K)，水与钢板间对流换热的表面传热系数为 300 $W/(m^2\cdot K)$，空气与钢板间对流换热的表面传热系数为 10 $W/(m^2\cdot K)$。为强化传热，在空气侧加装厚度为 2 mm、高度为 30 mm、中心间距为 10 mm、材料与钢板相同的直肋，试求加肋后传热量提高的百分比。

12-7 已知热-冷流体的进、出口温度分别为 $t_1'=300$ ℃、$t_1''=200$ ℃和 $t_2'=30$ ℃、$t_2''=120$ ℃，试计算下列流动布置时换热器的对数平均温差：

(1) 顺流；

(2) 逆流；

(3) 一次交叉流(两种流体各自不混合)；

(4) 一次交叉流(一种流体混合，另一种流体不混合)。

12-8 有一台逆流式油-水换热器，已知油的进口温度 $t_1'=100$ ℃，出口温度 $t_1''=60$ ℃，油的密度 $\rho_1=860\ kg/m^3$，比热容 $c_p=2.1\ kJ/(kg\cdot K)$；冷却水的进口温度 $t'_2=20$ ℃，出口温度 $t_2''=50$ ℃，流量 $q_{m2}=3$ kg/s。换热器的传热系数 $k=300\ W/(m^2\cdot K)$，试求：

(1) 油的流量；

(2) 换热器的换热量；

(3) 换热器的传热面积。

12-9 有一套管式换热器，热流体流量 $q_{m1}=0.125$ kg/s，比定压热容 $c_{p1}=2\ 100\ J/(kg\cdot K)$，进口温度 $t_1'=200$ ℃；冷流体流量 $q_{m2}=0.25$ kg/s，比定压热容 $c_{p2}=4\ 200\ J/(kg\cdot K)$，进口温度 $t_2'=20$ ℃，出口温度 $t_2''=40$ ℃。换热器的总传热系数 $k=500\ W/(m^2\cdot K)$，试求：

(1) 换热器的换热量；

(2) 热流体的出口温度；

(3) 冷、热流体顺流时所需的换热面积；

(4) 冷、热流体逆流时所需的换热面积。

12-10 一台逆流式换热器,已知油的流量 $q_{m1}=4$ kg/s,密度 $\rho_1=860$ kg/m^3,比热容 $c_p=2.1$ kJ/(kg·K),进口温度 $t_1'=80$ ℃,出口温度 $t_1''=60$ ℃;水的进口温度 $t_2'=20$ ℃,出口温度 $t_2''=50$ ℃。换热器的总传热系数 $k=500$ W/(m^2·K),试求换热器的传热面积。如果换热器使用一段时间后产生污垢,污垢热阻为 0.005 K/W,冷、热流体的进口温度、流量及传热系数保持不变,试求冷、热流体的出口温度。

附　　录

附表 1　常用单位换算[21]

序号	物理量	符号	定义式	我国法定单位	米制工程单位		备注
1	质量	m		kg 1 9.807	$kgf \cdot s^2/m$ 0.102 0 1		
2	温度	T 或 t		K $T=t+T_0$	℃ $t=T-T_0$		$T_0=273.15$ K
3	力	F	ma	N 1 9.807	kgf 0.102 0 1		
4	压力（即压强）	p	$\frac{F}{A}$	Pa 1 9.807×10^4	at 或 kgf/cm^2 $1.019\ 7\times10^{-5}$ 1		1 atm=1.033 at $=1.033\times10^4\ kgf/m^2$ $=1.013\times10^5$ Pa
5	密度	ρ	$\frac{m}{V}$	kg/m^3 1 9.807	$kgf \cdot s^2/m^4$ 0.102 0 1		
6	能量 功量 热量	W 或 Q	Fr 或 $\Phi\tau$	J 1×10^3 4.187×10^3	kcal 0.238 8 1		
7	功率 热流量	P 或 Φ	W/τ 或 Q/τ	W 1 9.807 1.163	$kgf \cdot m/s$ 0.102 0 1 0.118 6	kcal/h 0.859 8 8.434 1	
8	比热容	c	$\frac{Q}{m\Delta t}$	$J/(kg \cdot K)$ 1 4.187	$kcal/(kg \cdot ℃)$ 0.238 8 1		
9	动力粘度	η	$\rho\nu$	$Pa \cdot s$ 或 $kg/(m \cdot s)$ 1 9.807	$kgf \cdot s/m^2$ 0.102 0 1		ν:运动粘度， 单位均为 m^2/s
10	热导率	λ	$\frac{\Phi\Delta l}{A\Delta t}$	$W/(m \cdot K)$ 1 1.163	$kcal/(m \cdot h \cdot ℃)$ 0.859 8 1		
11	表面传热系数 总传热系数	h K	$\frac{\Phi}{A\Delta t}$	$W/(m^2 \cdot K)$ 1 1.163	$kcal/(m^2 \cdot h \cdot ℃)$ 0.859 8 1		

续表

序号	物理量	符号	定义式	我国法定单位	米制工程单位	备注
12	热流密度	q	$\frac{\Phi}{A}$	W/m^2 1 1.163	$kcal/(m^2 \cdot h)$ 0.859 8 1	

附表 2 常用气体的平均比定压热容[14]

$c_p|_{0\ ℃}^{t}/[kJ/(kg \cdot K)]$

温度/℃ \ 气体	O_2	N_2	CO	CO_2	H_2O	SO_2	空气
0	0.915	1.039	1.040	0.815	1.859	0.607	1.004
100	0.923	1.040	1.042	0.866	1.873	0.636	1.006
200	0.935	1.043	1.046	0.910	1.894	0.662	1.012
300	0.950	1.049	1.054	0.949	1.919	0.687	1.019
400	0.965	1.057	1.063	0.983	1.948	0.708	1.028
500	0.979	1.066	1.075	1.013	1.978	0.724	1.039
600	0.993	1.076	1.086	1.040	2.009	0.737	1.050
700	1.005	1.087	1.098	1.064	2.042	0.754	1.061
800	1.016	1.097	1.109	1.085	2.075	0.762	1.071
900	1.026	1.108	1.120	1.104	2.110	0.775	1.081
1 000	1.035	1.118	1.130	1.122	2.144	0.783	1.091
1 100	1.043	1.127	1.140	1.138	2.177	0.791	1.100
1 200	1.051	1.136	1.149	1.153	2.211	0.795	1.108
1 300	1.058	1.145	1.158	1.166	2.243	—	1.117
1 400	1.065	1.153	1.166	1.178	2.274	—	1.124
1 500	1.071	1.160	1.173	1.189	2.305	—	1.131
1 600	1.077	1.167	1.180	1.200	2.335	—	1.138
1 700	1.083	1.174	1.187	1.209	2.363	—	1.144
1 800	1.089	1.180	1.192	1.218	2.391	—	1.150
1 900	1.094	1.186	1.198	1.226	2.417	—	1.156
2 000	1.099	1.191	1.203	1.233	2.442	—	1.161
2 100	1.104	1.197	1.208	1.241	2.466	—	1.166
2 200	1.109	1.201	1.213	1.247	2.489	—	1.171
2 300	1.114	1.206	1.218	1.253	2.512	—	1.176
2 400	1.118	1.210	1.222	1.259	2.533	—	1.180
2 500	1.123	1.214	1.226	1.264	2.554	—	1.184
2 600	1.127	—	—	—	2.574	—	—
2 700	1.131	—	—	—	2.594	—	—
2 800	—	—	—	—	2.612	—	—
2 900	—	—	—	—	2.630	—	—
3 000	—	—	—	—	—	—	—

附表 3　常用气体的平均比定容热容[14]

$c_V|_{0\,°C}^{t}$/[kJ/(kg·K)]

温度/℃ \ 气体	O_2	N_2	CO	CO_2	H_2O	SO_2	空气
0	0.655	0.742	0.743	0.626	1.398	0.477	0.716
100	0.663	0.744	0.745	0.677	1.411	0.507	0.719
200	0.675	0.747	0.749	0.721	1.432	0.532	0.724
300	0.690	0.752	0.757	0.760	1.457	0.557	0.732
400	0.705	0.760	0.767	0.794	1.486	0.578	0.741
500	0.719	0.769	0.777	0.824	1.516	0.595	0.752
600	0.733	0.779	0.789	0.851	1.547	0.607	0.762
700	0.745	0.790	0.801	0.875	1.581	0.621	0.773
800	0.756	0.801	0.812	0.896	1.614	0.632	0.784
900	0.766	0.811	0.823	0.916	1.618	0.615	0.794
1 000	0.775	0.821	0.834	0.933	1.682	0.653	0.804
1 100	0.783	0.830	0.843	0.950	1.716	0.662	0.813
1 200	0.791	0.839	0.857	0.964	1.749	0.666	0.821
1 300	0.798	0.848	0.861	0.977	1.781	—	0.829
1 400	0.805	0.856	0.869	0.989	1.813	—	0.837
1 500	0.811	0.863	0.876	1.001	1.843	—	0.844
1 600	0.817	0.870	0.883	1.011	1.873	—	0.851
1 700	0.823	0.877	0.889	1.020	1.902	—	0.857
1 800	0.829	0.883	0.896	1.029	1.929	—	0.863
1 900	0.834	0.889	0.901	1.037	1.955	—	0.869
2 000	0.839	0.894	0.906	1.045	1.980	—	0.874
2 100	0.844	0.900	0.911	1.052	2.005	—	0.879
2 200	0.849	0.905	0.916	1.058	2.028	—	0.884
2 300	0.854	0.909	0.921	1.064	2.050	—	0.889
2 400	0.858	0.914	0.925	1.070	2.072	—	0.893
2 500	0.863	0.918	0.929	1.075	2.093	—	0.897
2 600	0.868	—	—	—	2.113	—	—
2 700	0.872	—	—	—	2.132	—	—
2 800	—	—	—	—	2.151	—	—
2 900	—	—	—	—	2.168	—	—
3 000	—	—	—	—	—	—	—

附表 4 空气的热力性质[14]

T/K	t/℃	h/(kJ/kg)	u/(kJ/kg)	s^0/[kJ/(kg·K)]
200	−73.15	200.13	142.72	6.295 0
220	−53.15	220.18	157.03	6.390 5
240	−33.15	240.22	171.34	6.477 7
260	−13.15	260.28	185.65	6.558 0
280	6.85	280.35	199.98	6.632 3
300	26.85	300.43	214.32	6.701 6
320	46.85	320.53	228.68	6.766 5
340	66.85	340.66	243.07	6.827 5
360	86.85	360.81	257.48	6.885 1
380	106.85	381.01	271.94	6.939 7
400	126.85	401.25	286.43	6.991 6
450	176.85	452.07	322.91	7.111 3
500	226.85	503.30	359.79	7.219 3
550	276.85	555.01	397.15	7.317 8
600	326.85	607.26	435.04	7.408 7
650	376.85	660.09	473.52	7.493 3
700	426.85	713.51	512.59	7.572 5
750	476.85	767.53	552.26	7.647 0
800	526.85	822.15	592.53	7.717 5
850	576.85	877.35	633.37	7.784 4
900	626.85	933.10	674.77	7.848 2
950	676.85	989.38	716.70	7.909 0
1 000	726.85	1 046.16	759.13	7.967 3
1 200	926.85	1 277.73	933.29	8.178 3
1 400	1 126.85	1 515.18	1 113.34	8.361 2
1 600	1 326.85	1 757.19	1 297.94	8.522 8
1 800	1 526.85	2 002.78	1 486.12	8.667 4
2 000	1 726.85	2 251.28	1 677.22	8.798 3
2 200	1 926.85	2 502.20	1 870.73	8.917 9
2 400	2 126.85	2 755.17	2 066.29	9.027 9
2 600	2 326.85	3 009.91	2 263.63	9.129 9
2 800	2 526.85	3 266.21	2 462.52	9.224 8
3 000	2 726.85	3 523.87	2 662.78	9.313 7
3 200	2 926.85	3 782.75	2 864.25	9.397 2
3 400	3 126.85	4 042.71	3 066.80	9.476 2

附表 5 饱和水与饱和水蒸气的热力性质(按温度排列)[14]

温度	压力	比体积		比焓		汽化潜热	比熵	
		液体	蒸汽	液体	蒸汽		液体	蒸汽
t	p	v'	v''	h'	h''	r	s'	s''
℃	MPa	$\frac{m^3}{kg}$	$\frac{m^3}{kg}$	$\frac{kJ}{kg}$	$\frac{kJ}{kg}$	$\frac{kJ}{kg}$	$\frac{kJ}{kg \cdot K}$	$\frac{kJ}{kg \cdot K}$
0.00	0.000 611 2	0.001 000 22	206.154	−0.05	2 500.51	2 500.6	−0.000 2	9.154 4
0.01	0.000 611 7	0.001 000 21	206.012	0.00①	2 500.53	2 500.5	0.000 0	9.154 1
1	0.000 657 1	0.001 000 18	192.464	4.18	2 502.35	2 498.2	0.015 3	9.127 8
2	0.000 705 9	0.001 000 13	179.787	8.39	2 504.19	2 495.8	0.030 6	9.101 4
3	0.000 758 0	0.001 000 09	168.041	12.61	2 506.03	2 493.4	0.045 9	9.075 2
4	0.000 813 5	0.001 000 08	157.151	16.82	2 507.87	2 491.1	0.061 1	9.049 3
5	0.000 872 5	0.001 000 08	147.048	21.02	2 509.71	2 488.7	0.076 3	9.023 6
6	0.000 935 2	0.001 000 10	137.670	25.22	2 511.55	2 486.3	0.091 3	8.998 2
7	0.001 001 9	0.001 000 14	128.961	29.42	2 513.39	2 484.0	0.106 3	8.973 0
8	0.001 072 8	0.001 000 19	120.868	33.62	2 515.23	2 481.6	0.121 3	8.948 0
9	0.001 148 0	0.001 000 26	113.342	37.81	2 517.06	2 479.3	0.136 2	8.923 3
10	0.001 227 9	0.001 000 34	106.341	42.00	2 518.90	2 476.9	0.151 0	8.898 8
11	0.001 312 6	0.001 000 43	99.825	46.19	2 520.74	2 474.5	0.165 8	8.874 5
12	0.001 402 5	0.001 000 54	93.756	50.38	2 522.57	2 472.2	0.180 5	8.850 4
13	0.001 497 7	0.001 000 66	88.101	54.57	2 524.41	2 469.8	0.195 2	8.826 5
14	0.001 598 5	0.001 000 80	82.828	58.76	2 526.24	2 467.5	0.209 8	8.802 9
15	0.001 705 3	0.001 000 94	77.910	62.95	2 528.07	2 465.1	0.224 3	8.779 4

续表

温度	压力	比体积		比焓		汽化潜热	比熵	
		液体	蒸汽	液体	蒸汽		液体	蒸汽
t	p	v'	v''	h'	h''	r	s'	s''
℃	MPa	$\frac{m^3}{kg}$	$\frac{m^3}{kg}$	$\frac{kJ}{kg}$	$\frac{kJ}{kg}$	$\frac{kJ}{kg}$	$\frac{kJ}{kg \cdot K}$	$\frac{kJ}{kg \cdot K}$
16	0.001 818 3	0.001 001 10	73.320	67.13	2 529.90	2 462.8	0.238 8	8.756 2
17	0.001 937 7	0.001 001 27	69.034	71.32	2 531.72	2 460.4	0.253 3	8.733 1
18	0.002 064 0	0.001 001 45	65.029	75.50	2 533.55	2 458.1	0.267 7	8.710 3
19	0.002 197 5	0.001 001 65	61.287	79.68	2 535.37	2 455.7	0.282 0	8.687 7
20	0.002 338 5	0.001 001 85	57.786	83.86	2 537.20	2 453.3	0.296 3	8.665 2
22	0.002 644 4	0.001 002 29	51.445	92.23	2 540.84	2 448.6	0.324 7	8.621 0
24	0.002 984 6	0.001 002 76	45.884	100.59	2 544.47	2 443.9	0.353 0	8.577 4
26	0.003 362 5	0.001 003 28	40.997	108.95	2 548.10	2 439.2	0.381 0	8.534 7
28	0.003 781 4	0.001 003 83	36.694	117.32	2 551.73	2 434.4	0.408 9	8.492 7
30	0.004 245 1	0.001 004 42	32.899	125.68	2 555.35	2 429.7	0.436 6	8.451 4
35	0.005 626 3	0.001 006 05	25.222	146.59	2 564.38	2 417.8	0.505 0	8.351 1
40	0.007 381 1	0.001 007 89	19.529	167.50	2 573.36	2 405.9	0.572 3	8.255 1
45	0.009 589 7	0.001 009 93	15.263 6	188.42	2 582.30	2 393.9	0.638 6	8.163 0
50	0.012 344 6	0.001 012 16	12.036 5	209.33	2 591.19	2 381.9	0.703 8	8.074 5
55	0.015 752	0.001 014 55	9.572 3	230.24	2 600.02	2 369.8	0.768 0	7.989 6
60	0.019 933	0.001 017 13	7.674 0	251.15	2 608.79	2 357.6	0.831 2	7.908 0
65	0.025 024	0.001 019 86	6.199 2	272.08	2 617.48	2 345.4	0.893 5	7.829 5
70	0.031 178	0.001 022 76	5.044 3	293.01	2 626.10	2 333.1	0.955 0	7.754 0

续表

温度	压力	比体积		比焓		汽化潜热	比熵	
		液体	蒸汽	液体	蒸汽		液体	蒸汽
t	p	v'	v''	h'	h''	r	s'	s''
℃	MPa	$\frac{m^3}{kg}$	$\frac{m^3}{kg}$	$\frac{kJ}{kg}$	$\frac{kJ}{kg}$	$\frac{kJ}{kg}$	$\frac{kJ}{kg \cdot K}$	$\frac{kJ}{kg \cdot K}$
75	0.038 565	0.001 025 82	4.133 0	313.96	2 634.63	2 320.7	1.015 6	7.681 2
80	0.047 376	0.001 029 03	3.408 6	334.93	2 643.06	2 308.1	1.075 3	7.611 2
85	0.057 818	0.001 032 40	2.828 8	355.92	2 651.40	2 295.5	1.134 3	7.543 6
90	0.070 121	0.001 035 93	2.361 6	376.94	2 659.63	2 282.7	1.192 6	7.478 3
95	0.084 533	0.001 039 61	1.982 7	397.98	2 667.73	2 269.7	1.250 1	7.415 4
100	0.101 325	0.001 043 44	1.673 6	419.06	2 675.71	2 256.6	1.306 9	7.354 5
110	0.143 243	0.001 051 56	1.210 6	461.33	2 691.26	2 229.9	1.418 6	7.238 6
120	0.198 483	0.001 060 31	0.892 19	503.76	2 706.18	2 202.4	1.527 7	7.129 7
130	0.270 018	0.001 069 68	0.668 73	546.38	2 720.39	2 174.0	1.634 6	7.027 2
140	0.361 190	0.001 079 72	0.509 00	589.21	2 733.81	2 144.6	1.739 3	6.930 2
150	0.475 71	0.001 090 46	0.392 86	632.28	2 746.35	2 114.1	1.842 0	6.838 1
160	0.617 66	0.001 101 93	0.307 09	675.62	2 757.92	2 082.3	1.942 9	6.750 2
170	0.791 47	0.001 114 20	0.242 83	719.25	2 768.42	2 049.2	2.042 0	6.666 1
180	1.001 93	0.001 127 32	0.194 03	763.22	2 777.74	2 014.5	2.139 6	6.585 2
190	1.254 17	0.001 141 36	0.156 50	807.56	2 785.80	1 978.2	2.235 8	6.507 1
200	1.553 66	0.001 156 41	0.127 32	852.34	2 792.47	1 940.1	2.330 7	6.431 2
210	1.906 17	0.001 172 58	0.104 38	897.62	2 797.65	1 900.0	2.424 5	6.357 1
220	2.317 83	0.001 190 00	0.086 157	943.46	2 801.20	1 857.7	2.517 5	6.284 6

续表

温度	压力	比体积		比焓		汽化潜热	比熵	
		液体	蒸汽	液体	蒸汽		液体	蒸汽
t	p	v'	v''	h'	h''	r	s'	s''
℃	MPa	$\frac{m^3}{kg}$	$\frac{m^3}{kg}$	$\frac{kJ}{kg}$	$\frac{kJ}{kg}$	$\frac{kJ}{kg}$	$\frac{kJ}{kg\cdot K}$	$\frac{kJ}{kg\cdot K}$
230	2.795 05	0.001 208 82	0.071 553	989.95	2 803.00	1 813.0	2.609 6	6.213 0
240	3.344 59	0.001 229 22	0.059 743	1 037.2	2 802.88	1 765.7	2.701 3	6.142 2
250	3.973 51	0.001 251 45	0.050 112	1 085.3	2 800.66	1 715.4	2.792 6	6.071 6
260	4.689 23	0.001 275 79	0.042 195	1 134.3	2 796.14	1 661.8	2.883 7	6.000 7
270	5.499 56	0.001 302 62	0.035 637	1 184.5	2 789.05	1 604.5	2.975 1	5.929 2
280	6.412 73	0.001 332 42	0.030 165	1 236.0	2 779.08	1 543.1	3.066 8	5.856 4
290	7.437 46	0.001 365 82	0.025 565	1 289.1	2 765.81	1 476.7	3.159 4	5.781 7
300	8.583 08	0.001 403 69	0.021 669	1 344.0	2 748.71	1 404.7	3.253 3	5.704 2
310	9.859 70	0.001 447 28	0.018 343	1 401.2	2 727.01	1 325.9	3.349 0	5.622 6
320	11.278	0.001 498 44	0.015 479	1 461.2	2 699.72	1 238.5	3.447 5	5.535 6
330	12.851	0.001 560 08	0.012 987	1 524.9	2 665.30	1 140.4	3.550 0	5.440 8
340	14.593	0.001 637 28	0.010 790	1 593.7	2 621.32	1 027.6	3.658 6	5.334 5
350	16.521	0.001 740 08	0.008 812	1 670.3	2 563.39	893.0	3.777 3	5.210 4
360	18.657	0.001 894 23	0.006 958	1 761.1	2 481.68	720.6	3.915 5	5.053 6
370	21.033	0.002 214 80	0.004 982	1 891.7	2 338.79	447.1	4.112 5	4.807 6
371	21.286	0.002 279 69	0.004 735	1 911.8	2 314.11	402.3	4.142 9	4.767 4
372	21.542	0.002 365 30	0.004 451	1 936.1	2 282.99	346.9	4.179 6	4.717 3
373	21.802	0.002 496 00	0.004 087	1 968.8	2 237.98	269.2	4.229 2	4.645 8
373.99	22.064	0.003 106 00	0.003 106	2 085.9	2 085.9	0.0	4.409 2	4.409 2

临界参数：$T_{cr}=647.14$ K，$h_{cr}=2\ 085.9$ kJ/kg，$p_{cr}=22.064$ MPa，$s_{cr}=4.409\ 2$ kJ/(kg·K)，$v_{cr}=0.003\ 106\ m^3/kg$

① 精确值应为 0.000 612 kJ/kg。

附表 6　饱和水与饱和水蒸气的热力性质(按压力排列)[14]

压力	温度	比体积		比焓		汽化潜热	比熵	
		液体	蒸汽	液体	蒸汽		液体	蒸汽
p	t	v'	v''	h'	h''	r	s'	s''
MPa	℃	$\frac{m^3}{kg}$	$\frac{m^3}{kg}$	$\frac{kJ}{kg}$	$\frac{kJ}{kg}$	$\frac{kJ}{kg}$	$\frac{kJ}{kg \cdot K}$	$\frac{kJ}{kg \cdot K}$
0.001 0	6.949 1	0.001 000 1	129.185	29.21	2 513.29	2 484.1	0.105 6	8.973 5
0.002 0	17.540 3	0.001 001 4	67.008	73.58	2 532.71	2 459.1	0.261 1	8.722 0
0.003 0	24.114 2	0.001 002 8	45.666	101.07	2 544.68	2 443.6	0.354 6	8.575 8
0.004 0	28.953 3	0.001 004 1	34.796	121.30	2 553.45	2 432.2	0.422 1	8.472 5
0.005 0	32.879 3	0.001 005 3	28.191	137.72	2 560.55	2 422.8	0.476 1	8.393 0
0.006 0	36.166 3	0.001 006 5	23.738	151.47	2 566.48	2 415.0	0.520 8	8.328 3
0.007 0	38.996 7	0.001 007 5	20.528	163.31	2 571.56	2 408.3	0.558 9	8.273 7
0.008 0	41.507 5	0.001 008 5	18.102	173.81	2 576.06	2 402.3	0.592 4	8.226 6
0.009 0	43.790 1	0.001 009 4	16.204	183.36	2 580.15	2 396.8	0.622 6	8.185 4
0.010	45.798 8	0.001 010 3	14.673	191.76	2 583.72	2 392.0	0.649 0	8.148 1
0.015	53.970 5	0.001 014 0	10.022	225.93	2 598.21	2 372.3	0.754 8	8.006 5
0.020	60.065 0	0.001 017 2	7.649 7	251.43	2 608.90	2 357.5	0.832 0	7.906 8
0.025	64.972 6	0.001 019 8	6.204 7	271.96	2 617.43	2 345.5	0.893 2	7.829 8
0.030	69.104 1	0.001 022 2	5.229 6	289.26	2 624.56	2 335.3	0.944 0	7.767 1
0.040	75.872 0	0.001 026 4	3.993 9	317.61	2 636.10	2 318.5	1.026 0	7.668 8
0.050	81.338 8	0.001 029 9	3.240 9	340.55	2 645.31	2 304.8	1.091 2	7.592 8
0.060	85.949 6	0.001 033 1	2.732 4	359.91	2 652.97	2 293.1	1.145 4	7.531 0

续表

压力	温度	比体积		比焓		汽化潜热	比熵	
		液体	蒸汽	液体	蒸汽		液体	蒸汽
p	t	v'	v''	h'	h''	r	s'	s''
MPa	℃	$\frac{m^3}{kg}$	$\frac{m^3}{kg}$	$\frac{kJ}{kg}$	$\frac{kJ}{kg}$	$\frac{kJ}{kg}$	$\frac{kJ}{kg \cdot K}$	$\frac{kJ}{kg \cdot K}$
0.070	89.955 6	0.001 035 9	2.365 4	376.75	2 659.55	2 282.8	1.192 1	7.478 9
0.080	93.510 7	0.001 038 5	2.087 6	391.71	2 665.33	2 273.6	1.233 0	7.433 9
0.090	96.712 1	0.001 040 9	1.869 8	405.20	2 670.48	2 265.3	1.269 6	7.394 3
0.10	99.634	0.001 043 2	1.694 3	417.52	2 675.14	2 257.6	1.302 8	7.358 9
0.12	104.810	0.001 047 3	1.428 7	439.37	2 683.26	2 243.9	1.360 9	7.297 8
0.14	109.318	0.001 051 0	1.236 8	458.44	2 690.22	2 231.8	1.411 0	7.246 2
0.16	113.326	0.001 054 4	1.091 59	475.42	2 696.29	2 220.9	1.455 2	7.201 6
0.18	116.941	0.001 057 6	0.977 67	490.76	2 701.69	2 210.9	1.494 6	7.162 3
0.20	120.240	0.001 060 5	0.885 85	504.78	2 706.53	2 201.7	1.530 3	7.127 2
0.25	127.444	0.001 067 2	0.718 79	535.47	2 716.83	2 181.4	1.607 5	7.052 8
0.30	133.556	0.001 073 2	0.605 87	561.58	2 725.26	2 163.7	1.672 1	6.992 1
0.35	138.891	0.001 078 6	0.524 27	584.45	2 732.37	2 147.9	1.727 8	6.940 7
0.40	143.642	0.001 083 5	0.462 46	604.87	2 738.49	2 133.6	1.776 9	6.896 1
0.50	151.867	0.001 092 5	0.374 86	640.35	2 748.59	2 108.2	1.861 0	6.821 4
0.60	158.863	0.001 100 6	0.315 63	670.67	2 756.66	2 086.0	1.931 5	6.760 0
0.70	164.983	0.001 107 9	0.272 81	697.32	2 763.29	2 066.0	1.992 5	6.707 9
0.80	170.444	0.001 114 8	0.240 37	721.20	2 768.86	2 047.7	2.046 4	6.662 5
0.90	175.389	0.001 121 2	0.214 91	742.90	2 773.59	2 030.7	2.094 8	6.622 2

续表

压力	温度	比体积		比焓		汽化潜热	比熵	
		液体	蒸汽	液体	蒸汽		液体	蒸汽
p	t	v'	v''	h'	h''	r	s'	s''
MPa	℃	$\frac{m^3}{kg}$	$\frac{m^3}{kg}$	$\frac{kJ}{kg}$	$\frac{kJ}{kg}$	$\frac{kJ}{kg}$	$\frac{kJ}{kg \cdot K}$	$\frac{kJ}{kg \cdot K}$
1.00	179.916	0.001 127 2	0.194 38	762.84	2 777.67	2 014.8	2.138 8	6.585 9
1.10	184.100	0.001 133 0	0.177 47	781.35	2 781.21	1 999.9	2.179 2	6.552 9
1.20	187.995	0.001 138 5	0.163 28	798.64	2 784.29	1 985.7	2.216 6	6.522 5
1.30	191.644	0.001 143 8	0.151 20	814.89	2 786.99	1 927.1	2.251 5	6.494 4
1.40	195.078	0.001 148 9	0.140 79	830.24	2 789.37	1 959.1	2.284 1	6.468 3
1.50	198.327	0.001 153 8	0.131 72	844.82	2 791.46	1 946.6	2.314 9	6.443 7
1.60	201.410	0.001 158 6	0.123 75	858.69	2 793.29	1 934.6	2.344 0	6.420 6
1.70	204.346	0.001 163 3	0.116 68	871.96	2 794.91	1 923.0	2.371 6	6.398 8
1.80	207.151	0.001 167 9	0.110 37	884.67	2 796.33	1 911.7	2.397 9	6.378 1
1.90	209.838	0.001 172 3	0.104 707	896.88	2 797.58	1 900.7	2.423 0	6.358 3
2.00	212.417	0.001 176 7	0.099 588	908.64	2 798.66	1 890.0	2.447 1	6.339 5
2.20	217.289	0.001 185 1	0.090 700	930.97	2 800.41	1 869.4	2.492 4	6.304 1
2.40	221.829	0.001 193 3	0.083 244	951.91	2 801.67	1 849.8	2.534 4	6.271 4
2.60	226.085	0.001 201 3	0.076 898	971.67	2 802.51	1 830.8	2.573 6	6.240 9
2.80	230.096	0.001 209 0	0.071 427	990.41	2 803.01	1 812.6	2.610 5	6.212 3
3.00	233.893	0.001 216 6	0.066 662	1 008.2	2 803.19	1 794.9	2.645 4	6.185 4
3.50	242.597	0.001 234 8	0.057 054	1 049.6	2 802.51	1 752.9	2.725 0	6.123 8
4.00	250.394	0.001 252 4	0.049 771	1 087.2	2 800.53	1 713.4	2.796 2	6.068 8

续表

压力	温度	比体积		比焓		汽化潜热	比熵	
		液体	蒸汽	液体	蒸汽		液体	蒸汽
p	t	v'	v''	h'	h''	r	s'	s''
MPa	℃	$\frac{m^3}{kg}$	$\frac{m^3}{kg}$	$\frac{kJ}{kg}$	$\frac{kJ}{kg}$	$\frac{kJ}{kg}$	$\frac{kJ}{kg \cdot K}$	$\frac{kJ}{kg \cdot K}$
5.00	263.980	0.001 286 2	0.039 439	1 154.2	2 793.64	1 639.5	2.920 1	5.972 4
6.00	275.625	0.001 319 0	0.032 440	1 213.3	2 783.82	1 570.5	3.026 6	5.888 5
7.00	285.869	0.001 351 5	0.027 371	1 266.9	2 771.72	1 504.8	3.121 0	5.812 9
8.00	295.048	0.001 384 3	0.023 520	1 316.5	2 757.70	1 441.2	3.206 6	5.743 0
9.00	303.385	0.001 417 7	0.020 485	1 363.1	2 741.92	1 378.9	3.285 4	5.677 1
10.0	311.037	0.001 452 2	0.018 026	1 407.2	2 724.46	1 317.2	3.359 1	5.613 9
11.0	318.118	0.001 488 1	0.015 987	1 449.6	2 705.34	1 255.7	3.428 7	5.552 5
12.0	324.715	0.001 526 0	0.014 263	1 490.7	2 684.50	1 193.8	3.495 2	5.492 0
13.0	330.894	0.001 566 2	0.012 780	1 530.8	2 661.80	1 131.0	3.559 4	5.431 8
14.0	336.707	0.001 609 7	0.011 486	1 570.4	2 637.07	1 066.7	3.622 0	5.371 1
15.0	342.196	0.001 657 1	0.010 340	1 609.8	2 610.01	1 000.2	3.683 6	5.309 1
16.0	347.396	0.001 709 9	0.009 311	1 649.4	2 580.21	930.8	3.745 1	5.245 0
17.0	352.334	0.001 770 1	0.008 373	1 690.0	2 547.01	857.1	3.807 3	5.177 6
18.0	357.034	0.001 840 2	0.007 503	1 732.0	2 509.45	777.4	3.871 5	5.105 1
19.0	361.514	0.001 925 8	0.006 679	1 776.9	2 465.87	688.9	3.939 5	5.025 0
20.0	365.789	0.002 037 9	0.005 870	1 827.2	2 413.05	585.9	4.015 3	4.932 2
21.0	369.868	0.002 207 3	0.005 012	1 889.2	2 341.67	352.4	4.108 8	4.812 4
22.0	373.752	0.002 704 0	0.003 684	2 013.0	2 084.02	71.0	4.296 9	4.406 6
22.064	373.99	0.003 106	0.003 106	2 085.9	2 085.9	0.0	4.409 2	4.409 2

附表 7 未饱和水与过热水蒸气的热力性质[14]

p	0.001 MPa(t_s=6.949 ℃)			0.005 MPa(t_s=32.879 ℃)		
	v'	h'	s'	v'	h'	s'
	0.001 001	29.21	0.105 6	0.001 005 3	137.72	0.476 1
	m^3/kg	kJ/kg	kJ/(kg·K)	m^3/kg	kJ/kg	kJ/(kg·K)
	v''	h''	s''	v''	h''	s''
	129.185	2 513.3	8.973 5	28.191	2 560.6	8.393 0
	m^3/kg	kJ/kg	kJ/(kg·K)	m^3/kg	kJ/kg	kJ/(kg·K)
t	v	h	s	v	h	s
℃	$\frac{m^3}{kg}$	$\frac{kJ}{kg}$	$\frac{kJ}{kg \cdot K}$	$\frac{m^3}{kg}$	$\frac{kJ}{kg}$	$\frac{kJ}{kg \cdot K}$
0	0.001 002	−0.05	−0.000 2	0.001 000 2	−0.05	−0.000 2
10	130.598	2 519.0	8.993 8	0.001 000 3	42.01	0.151 0
20	135.226	2 537.7	9.058 8	0.001 001 8	83.87	0.296 3
40	144.475	2 575.2	9.182 3	28.854	2 574.0	8.436 6
60	153.717	2 612.7	9.298 4	30.712	2 611.8	8.553 7
80	162.956	2 650.3	9.408 0	32.566	2 649.7	8.663 9
100	172.192	2 688.0	9.512 0	34.418	2 687.5	8.768 2
120	181.426	2 725.9	9.610 9	36.269	2 725.5	8.867 4
140	190.660	2 764.0	9.705 4	38.118	2 763.7	8.962 0
160	199.893	2 802.3	9.795 9	39.967	2 802.0	9.052 6
180	209.126	2 840.7	9.882 7	41.815	2 840.5	9.139 6
200	218.358	2 879.4	9.966 2	43.662	2 879.2	9.223 2
220	227.590	2 918.3	10.046 8	45.510	2 918.2	9.303 8
240	236.821	2 957.5	10.124 6	47.357	2 957.3	9.381 6
260	246.053	2 996.8	10.199 8	49.204	2 996.7	9.456 9
280	255.284	3 036.4	10.272 7	51.051	3 036.3	9.529 8
300	264.515	3 076.2	10.343 4	52.898	3 076.1	9.600 5
350	287.592	3 176.8	10.511 7	57.514	3 176.7	9.768 8
400	310.669	3 278.9	10.669 2	62.131	3 278.8	9.926 4
450	333.746	3 382.4	10.817 6	66.747	3 382.4	10.074 7
500	356.823	3 487.5	10.958 1	71.362	3 487.5	10.215 3
550	379.900	3 594.4	11.092 1	75.978	3 594.4	10.349 3
600	402.976	3 703.4	11.220 6	80.594	3 703.4	10.477 8

续表

p	0.010 MPa(t_s=45.799 ℃)			0.10 MPa(t_s=99.634 ℃)		
	v' 0.001 010 3 m³/kg	h' 191.76 kJ/kg	s' 0.649 0 kJ/(kg·K)	v' 0.001 043 1 m³/kg	h' 417.52 kJ/kg	s' 1.302 8 kJ/(kg·K)
	v'' 14.673 m³/kg	h'' 2 583.7 kJ/kg	s'' 8.148 1 kJ/(kg·K)	v'' 1.694 3 m³/kg	h'' 2 675.1 kJ/kg	s'' 7.358 9 kJ/(kg·K)
t	v	h	s	v	h	s
℃	$\frac{m^3}{kg}$	$\frac{kJ}{kg}$	$\frac{kJ}{kg \cdot K}$	$\frac{m^3}{kg}$	$\frac{kJ}{kg}$	$\frac{kJ}{kg \cdot K}$
0	0.001 000 2	−0.04	−0.000 2	0.001 000 2	0.05	−0.000 2
10	0.001 000 3	42.01	0.151 0	0.001 000 3	42.10	0.151 0
20	0.001 001 8	83.87	0.296 3	0.001 001 8	83.96	0.296 3
40	0.001 007 9	167.51	0.572 3	0.001 007 8	167.59	0.572 3
60	15.336	2 610.8	8.231 3	0.001 017 1	251.22	0.831 2
80	16.268	2 648.9	8.342 2	0.001 029 0	334.97	1.075 3
100	17.196	2 686.9	8.447 1	1.696 1	2 675.9	7.360 9
120	18.124	2 725.1	8.546 6	1.793 1	2 716.3	7.466 5
140	19.050	2 763.3	8.641 4	1.888 9	2 756.2	7.565 4
160	19.976	2 801.7	8.732 2	1.983 8	2 795.8	7.659 0
180	20.901	2 840.2	8.819 2	2.078 3	2 835.3	7.748 2
200	21.826	2 879.0	8.902 9	2.172 3	2 874.8	7.833 4
220	22.750	2 918.0	8.983 5	2.265 9	2 914.3	7.915 2
240	23.674	2 957.1	9.061 4	2.359 4	2 953.9	7.994 0
260	24.598	2 996.5	9.136 7	2.452 7	2 993.7	8.070 1
280	25.522	3 036.2	9.209 7	2.545 8	3 033.6	8.143 6
300	26.446	3 076.0	9.280 5	2.638 8	3 073.8	8.214 8
350	28.755	3 176.6	9.448 8	2.870 9	3 174.9	8.384 0
400	31.063	3 278.7	9.606 4	3.102 7	3 277.3	8.542 2
450	33.372	3 382.3	9.754 8	3.334 2	3 381.2	8.690 9
500	35.680	3 487.4	9.895 3	3.565 6	3 486.5	8.831 7
550	37.988	3 594.3	10.029 3	3.796 8	3 593.5	8.965 9
600	40.296	3 703.4	10.157 9	4.027 9	3 702.7	9.094 6

续表

p	0.5 MPa(t_s=151.867 ℃)			1 MPa(t_s=179.916 ℃)		
	v' 0.001 092 5 m³/kg	h' 640.35 kJ/kg	s' 1.861 0 kJ/(kg·K)	v' 0.001 127 2 m³/kg	h' 762.84 kJ/kg	s' 2.138 8 kJ/(kg·K)
	v'' 0.374 90 m³/kg	h'' 2 748.6 kJ/kg	s'' 6.821 4 kJ/(kg·K)	v'' 0.194 40 m³/kg	h'' 2 777.7 kJ/kg	s'' 6.585 9 kJ/(kg·K)
t	v	h	s	v	h	s
℃	$\frac{m^3}{kg}$	$\frac{kJ}{kg}$	$\frac{kJ}{kg \cdot K}$	$\frac{m^3}{kg}$	$\frac{kJ}{kg}$	$\frac{kJ}{kg \cdot K}$
0	0.001 000 0	0.46	−0.000 1	0.000 999 7	0.97	−0.000 1
10	0.001 000 1	42.49	0.151 0	0.000 999 9	42.98	0.150 9
20	0.001 001 6	84.33	0.296 2	0.001 001 4	84.80	0.296 1
40	0.001 007 7	167.94	0.572 1	0.001 007 4	168.38	0.571 9
60	0.001 016 9	251.56	0.831 0	0.001 016 7	251.98	0.830 7
80	0.001 028 8	335.29	1.075 0	0.001 028 6	335.69	1.074 7
100	0.001 043 2	419.36	1.306 6	0.001 043 0	419.74	1.306 2
120	0.001 060 1	503.97	1.527 5	0.001 059 9	504.32	1.527 0
140	0.001 079 6	589.30	1.739 2	0.001 078 3	589.62	1.738 6
160	0.383 58	2 767.2	6.864 7	0.001 101 7	675.84	1.942 4
180	0.404 50	2 811.7	6.965 1	0.194 43	2 777.9	6.586 4
200	0.424 87	2 854.9	7.058 5	0.205 90	2 827.3	6.693 1
220	0.444 85	2 897.3	7.146 2	0.216 86	2 874.2	6.790 3
240	0.464 55	2 939.2	7.229 5	0.227 45	2 919.6	6.880 4
260	0.484 04	2 980.8	7.309 1	0.237 79	2 963.8	6.965 0
280	0.503 36	3 022.2	7.385 3	0.247 93	3 007.3	7.045 1
300	0.522 55	3 063.6	7.458 8	0.257 93	3 050.4	7.121 6
350	0.570 12	3 167.0	7.631 9	0.282 47	3 157.0	7.299 9
400	0.617 29	3 271.1	7.792 4	0.306 58	3 263.1	7.463 8
420	0.636 08	3 312.9	7.853 7	0.316 15	3 305.6	7.526 0
440	0.654 83	3 354.9	7.913 5	0.325 68	3 348.2	7.586 6
450	0.664 20	3 376.0	7.942 8	0.330 43	3 369.6	7.616 3
460	0.673 56	3 397.2	7.971 9	0.335 18	3 390.9	7.645 6
480	0.692 26	3 439.6	8.028 9	0.344 65	3 433.8	7.703 3
500	0.710 94	3 482.2	8.084 8	0.354 10	3 476.8	7.759 7
550	0.757 55	3 589.9	8.219 8	0.377 64	3 585.4	7.895 8
600	0.804 08	3 699.6	8.349 1	0.401 09	3 695.7	8.025 9

续表

p	3 MPa(t_s=233.893 ℃)			5 MPa(t_s=263.980 ℃)		
	v' 0.001 216 6 m^3/kg	h' 1 008.2 kJ/kg	s' 2.645 4 kJ/(kg·K)	v' 0.001 286 1 m^3/kg	h' 1 154.2 kJ/kg	s' 2.920 0 kJ/(kg·K)
	v'' 0.066 700 m^3/kg	h'' 2 803.2 kJ/kg	s'' 6.185 4 kJ/(kg·K)	v'' 0.039 400 m^3/kg	h'' 2 793.6 kJ/kg	s'' 5.972 4 kJ/(kg·K)
t	v	h	s	v	h	s
℃	$\frac{m^3}{kg}$	$\frac{kJ}{kg}$	$\frac{kJ}{kg \cdot K}$	$\frac{m^3}{kg}$	$\frac{kJ}{kg}$	$\frac{kJ}{kg \cdot K}$
0	0.000 998 7	3.01	0.000 0	0.000 997 7	5.04	0.000 2
10	0.000 998 9	44.92	0.150 7	0.000 997 9	46.87	0.150 6
20	0.001 000 5	86.68	0.295 7	0.000 999 6	88.55	0.295 2
40	0.001 006 6	170.15	0.571 1	0.001 005 7	171.92	0.570 4
60	0.001 015 8	253.66	0.829 6	0.001 014 9	255.34	0.828 6
80	0.001 027 6	377.28	1.073 4	0.001 026 7	338.87	1.072 1
100	0.001 042 0	421.24	1.304 7	0.001 041 0	422.75	1.303 1
120	0.001 058 7	505.73	1.525 2	0.001 057 6	507.14	1.523 4
140	0.001 078 1	590.92	1.736 6	0.001 076 8	592.23	1.734 5
160	0.001 100 2	677.01	1.940 0	0.001 098 8	678.19	1.937 7
180	0.001 125 6	764.23	2.136 9	0.001 124 0	765.25	2.134 2
200	0.001 154 9	852.93	2.328 4	0.001 152 9	853.75	2.325 3
220	0.001 189 1	943.65	2.516 2	0.001 186 7	944.21	2.512 5
240	0.068 184	2 823.4	6.225 0	0.001 226 6	1 037.3	2.697 6
260	0.072 828	2 884.4	6.341 7	0.001 275 1	1 134.3	2.882 9
280	0.077 101	2 940.1	6.444 3	0.042 228	2 855.8	6.086 4
300	0.084 191	2 992.4	6.537 1	0.045 301	2 923.3	6.206 4
350	0.090 520	3 114.4	6.741 4	0.051 932	3 067.4	6.447 7
400	0.099 352	3 230.1	6.919 9	0.057 804	3 194.9	6.644 6
420	0.102 787	3 275.4	6.986 4	0.060 033	3 243.6	6.715 9
440	0.106 180	3 320.5	7.050 5	0.062 216	3 291.5	6.784 0
450	0.107 864	3 343.0	7.081 7	0.063 291	3 315.2	6.817 0
460	0.109 540	3 365.4	7.112 5	0.064 358	3 338.8	6.849 4
480	0.112 870	3 410.1	7.172 8	0.066 469	3 385.6	6.912 5
500	0.116 174	3 454.9	7.231 4	0.068 552	3 432.2	6.973 5
550	0.124 349	3 566.9	7.371 8	0.073 664	3 548.0	7.118 7
600	0.132 427	3 679.9	7.505 1	0.078 675	3 663.9	7.255 3

续表

p	7 MPa(t_s=285.869 ℃)			10 MPa(t_s=311.037 ℃)		
	v' 0.001 351 5 m^3/kg	h' 1 266.9 kJ/kg	s' 3.121 0 kJ/(kg·K)	v' 0.001 452 2 m^3/kg	h' 1 407.2 kJ/kg	s' 3.359 1 kJ/(kg·K)
	v'' 0.027 400 m^3/kg	h'' 2 771.7 kJ/kg	s'' 5.812 9 kJ/(kg·K)	v'' 0.018 000 m^3/kg	h'' 2 724.5 kJ/kg	s'' 5.613 9 kJ/(kg·K)
t	v	h	s	v	h	s
℃	$\frac{m^3}{kg}$	$\frac{kJ}{kg}$	$\frac{kJ}{kg \cdot K}$	$\frac{m^3}{kg}$	$\frac{kJ}{kg}$	$\frac{kJ}{kg \cdot K}$
0	0.000 996 7	7.07	0.000 3	0.000 995 2	10.09	0.000 4
10	0.000 997 0	48.80	0.150 4	0.000 995 6	51.70	0.150 0
20	0.000 998 6	90.42	0.294 8	0.000 997 3	93.22	0.294 2
40	0.001 004 8	173.69	0.569 6	0.001 003 5	176.34	0.568 4
60	0.001 014 0	257.01	0.827 5	0.001 012 7	259.53	0.825 9
80	0.001 025 8	340.46	1.070 8	0.001 024 4	342.85	1.068 8
100	0.001 039 9	424.25	1.301 6	0.001 038 5	426.51	1.299 3
120	0.001 056 5	508.55	1.521 6	0.001 054 9	510.68	1.519 0
140	0.001 075 6	593.54	1.732 5	0.001 073 8	595.50	1.729 4
160	0.001 097 4	679.37	1.935 3	0.001 095 3	681.16	1.931 9
180	0.001 122 3	766.28	2.131 5	0.001 119 9	767.84	2.127 5
200	0.001 151 0	854.59	2.322 2	0.001 148 1	855.88	2.317 6
220	0.001 184 2	944.79	2.508 9	0.001 180 7	945.71	2.503 6
240	0.001 223 5	1 037.6	2.693 3	0.001 219 0	1 038.0	2.687 0
260	0.001 271 0	1 134.0	2.877 6	0.001 265 0	1 133.6	2.869 8
280	0.001 330 7	1 235.7	3.064 8	0.001 322 2	1 234.2	3.054 9
300	0.029 457	2 837.5	5.929 1	0.001 397 5	1 342.3	3.246 9
350	0.035 225	3 014.8	6.226 5	0.022 415	2 922.1	5.942 3
400	0.039 917	3 157.3	6.446 5	0.026 402	3 095.8	6.210 9
450	0.044 143	3 286.2	6.631 4	0.029 735	3 240.5	6.418 4
500	0.048 110	3 408.9	6.795 4	0.032 750	3 372.8	6.595 4
520	0.049 649	3 457.0	6.856 9	0.033 900	3 423.8	6.660 5
540	0.051 166	3 504.8	6.916 4	0.035 027	3 474.1	6.723 2
550	0.051 917	3 528.7	6.945 6	0.035 582	3 499.1	6.753 7
560	0.052 664	3 552.4	6.974 3	0.036 133	3 523.9	6.783 7
580	0.054 147	3 600.0	7.030 6	0.037 222	3 573.3	6.842 3
600	0.055 617	3 647.5	7.085 7	0.038 297	3 622.5	6.899 2

续表

p	14.0 MPa(t_s=336.707 ℃)			20.0 MPa(t_s=365.789 ℃)		
	v' 0.001 609 7 m³/kg	h' 1 570.4 kJ/kg	s' 3.622 0 kJ/(kg·K)	v' 0.002 037 9 m³/kg	h' 1 827.2 kJ/kg	s' 4.015 3 kJ/(kg·K)
	v'' 0.011 500 m³/kg	h'' 2 637.1 kJ/kg	s'' 5.371 1 kJ/(kg·K)	v'' 0.005 870 2 m³/kg	h'' 2 413.1 kJ/kg	s'' 4.932 2 kJ/(kg·K)
t	v	h	s	v	h	s
℃	$\frac{m^3}{kg}$	$\frac{kJ}{kg}$	$\frac{kJ}{kg\cdot K}$	$\frac{m^3}{kg}$	$\frac{kJ}{kg}$	$\frac{kJ}{kg\cdot K}$
0	0.000 993 3	14.10	0.000 5	0.000 990 4	20.08	0.000 6
10	0.000 993 8	55.55	0.149 6	0.000 991 1	61.29	0.148 8
20	0.000 995 5	96.95	0.293 2	0.000 992 9	102.50	0.291 9
40	0.001 001 8	179.86	0.566 9	0.000 999 2	185.13	0.564 5
60	0.001 010 9	262.88	0.823 9	0.001 008 4	267.90	0.820 7
80	0.001 022 6	346.04	1.066 3	0.001 019 9	350.82	1.062 4
100	0.001 036 5	429.53	1.296 2	0.001 033 6	434.06	1.291 7
120	0.001 052 7	513.52	1.515 5	0.001 049 6	517.79	1.510 3
140	0.001 071 4	598.14	1.725 4	0.001 067 9	602.12	1.719 5
160	0.001 092 6	683.56	1.927 3	0.001 088 6	687.20	1.920 6
180	0.001 116 7	769.96	2.122 3	0.001 112 1	773.19	2.114 7
200	0.001 144 3	857.63	2.311 6	0.001 138 9	860.36	2.302 9
220	0.001 176 1	947.00	2.496 6	0.001 169 5	949.07	2.486 5
240	0.001 213 2	1 038.6	2.678 8	0.001 205 1	1 039.8	2.667 0
260	0.001 257 4	1 133.4	2.859 9	0.001 246 9	1 133.4	2.845 7
280	0.001 311 7	1 232.5	3.042 4	0.001 297 4	1 230.7	3.024 9
300	0.001 381 4	1 338.2	3.230 0	0.001 360 5	1 333.4	3.207 2
350	0.013 218	2 751.2	5.556 4	0.001 664 5	1 645.3	3.727 5
400	0.017 218	3 001.1	5.943 6	0.009 945 8	2 816.8	5.552 0
450	0.020 074	3 174.2	6.191 9	0.012 701 3	3 060.7	5.902 5
500	0.022 512	3 322.3	6.390 0	0.014 768 1	3 239.3	6.141 5
520	0.023 418	3 377.9	6.461 0	0.015 504 6	3 303.0	6.222 9
540	0.024 295	3 432.1	6.528 5	0.016 206 7	3 364.0	6.298 9
550	0.024 724	3 458.7	6.561 1	0.016 547 1	3 393.7	6.335 2
560	0.025 147	3 485.2	6.593 1	0.016 881 1	3 422.9	6.370 5
580	0.025 978	3 537.5	6.655 1	0.017 532 8	3 480.3	6.438 5
600	0.026 792	3 589.1	6.714 9	0.018 165 5	3 536.3	6.503 5

续表

p	25 MPa			30 MPa		
t	v	h	s	v	h	s
℃	$\frac{m^3}{kg}$	$\frac{kJ}{kg}$	$\frac{kJ}{kg \cdot K}$	$\frac{m^3}{kg}$	$\frac{kJ}{kg}$	$\frac{kJ}{kg \cdot K}$
0	0.000 988 0	25.01	0.000 6	0.000 985 7	29.92	0.000 5
10	0.000 988 8	66.04	0.148 1	0.000 986 6	70.77	0.147 4
20	0.000 990 8	107.11	0.290 7	0.000 988 7	111.71	0.289 5
40	0.000 997 2	189.51	0.562 6	0.000 995 1	193.87	0.560 6
60	0.001 006 3	272.08	0.818 2	0.001 004 2	276.25	0.815 6
80	0.001 017 7	354.80	1.059 3	0.001 015 5	358.78	1.056 2
100	0.001 031 3	437.85	1.288 0	0.001 029 0	441.64	1.284 4
120	0.001 047 0	521.36	1.506 1	0.001 044 5	524.95	1.501 9
140	0.001 065 0	605.46	1.714 7	0.001 062 2	608.82	1.710 0
160	0.001 085 4	690.27	1.915 2	0.001 082 2	693.36	1.909 8
180	0.001 108 4	775.94	2.108 5	0.001 104 8	778.72	2.102 4
200	0.001 134 5	862.71	2.295 9	0.001 130 3	865.12	2.289 0
220	0.001 164 3	950.91	2.478 5	0.001 159 3	952.85	2.470 6
240	0.001 198 6	1 041.0	2.657 5	0.001 192 5	1 042.3	2.648 5
260	0.001 238 7	1 133.6	2.834 6	0.001 231 1	1 134.1	2.823 9
280	0.001 286 6	1 229.6	3.011 3	0.001 276 6	1 229.0	2.998 5
300	0.001 345 3	1 330.3	3.190 1	0.001 331 7	1 327.9	3.174 2
350	0.001 598 1	1 623.1	3.678 8	0.001 552 2	1 608.0	3.642 0
400	0.006 001 4	2 578.0	5.138 6	0.002 792 9	2 150.6	4.472 1
450	0.009 166 6	2 950.5	5.675 4	0.006 736 3	2 822.1	5.443 3
500	0.011 122 9	3 164.1	5.961 4	0.008 676 1	3 083.3	5.793 4
520	0.011 789 7	3 236.1	6.053 4	0.009 303 3	3 165.4	5.898 2
540	0.012 415 6	3 303.8	6.137 7	0.009 882 5	3 240.8	5.992 1
550	0.012 716 1	3 336.4	6.177 5	0.010 158 0	3 276.6	6.035 9
560	0.013 009 5	3 368.2	6.216 0	0.010 425 4	3 311.4	6.078 0
580	0.013 577 8	3 430.2	6.289 5	0.010 939 7	3 378.5	6.157 6
600	0.014 124 9	3 490.2	6.359 1	0.011 431 0	3 442.9	6.232 1

说明：粗水平线之上为未饱和水，粗水平线之下为过热水蒸气。

附表 8　氨(NH_3)饱和液与饱和蒸气的热力性质[14]

t/℃	p/kPa	比焓 kJ/kg		比熵 kJ/(kg·K)		比体积 L/kg	
		h_f	h_g	s_f	s_g	v_f	v_g
−60	21.99	−69.533 0	1 373.19	−0.109 09	6.659 2	1.401 0	3 685.08
−55	30.29	−47.506 2	1 382.01	−0.007 17	6.545 4	1.412 6	3 474.22
−50	41.03	−25.434 2	1 390.64	0.092 64	6.438 2	1.424 5	2 616.51
−45	54.74	−3.302 0	1 399.07	0.190 49	6.336 9	1.436 7	1 998.91
−40	72.01	18.902 4	1 407.26	0.286 51	6.241 0	1.449 3	1 547.36
−35	93.49	41.188 3	1 415.20	0.380 82	6.150 1	1.462 3	1 212.49
−30	119.90	63.562 9	1 422.86	0.473 51	6.063 6	1.475 7	960.867
−28	132.02	72.538 7	1 425.84	0.510 15	6.030 2	1.481 1	878.100
−26	145.11	81.530 0	1 428.76	0.546 55	5.997 4	1.486 7	803.761
−24	159.22	90.537 0	1 431.64	0.582 72	5.965 2	1.492 3	736.868
−22	174.41	99.560 0	1 434.46	0.618 65	5.933 6	1.498 0	676.570
−20	190.74	108.599	1 432.23	0.654 36	5.902 5	1.503 7	622.122
−18	208.26	117.656	1 439.94	0.689 84	5.872 0	1.509 6	572.875
−16	227.04	126.729	1 442.60	0.725 11	5.842 0	1.515 5	528.257
−14	247.14	135.820	1 445.20	0.760 16	5.812 5	1.521 5	487.769
−12	268.63	144.929	1 447.74	0.795 01	5.783 5	1.527 6	450.971
−10	291.57	154.056	1 450.22	0.829 65	5.755 0	1.533 8	417.477
−9	303.60	158.628	1 451.44	0.846 90	5.740 9	1.536 9	401.860
−8	316.02	163.204	1 452.64	0.864 10	5.726 9	1.540 0	386.944
−7	328.84	167.785	1 453.83	0.881 25	5.713 1	1.543 2	372.692
−6	342.07	172.371	1 455.00	0.898 35	5.699 3	1.546 4	359.071
−5	355.71	176.962	1 456.15	0.915 41	5.685 6	1.549 6	346.046
−4	369.77	181.559	1 457.29	0.932 42	5.672 1	1.552 8	333.589
−3	384.26	186.161	1 458.42	0.949 38	5.658 6	1.556 1	321.670
−2	399.20	190.768	1 459.53	0.966 30	5.645 3	1.559 4	310.263
−1	414.58	195.381	1 460.62	0.983 17	5.632 0	1.562 7	299.340
0	430.43	200.000	1 461.70	1.000 00	5.618 9	1.566 0	288.880
1	446.74	204.625	1 462.76	1.016 79	5.605 8	1.569 4	278.858

续表

t/℃	p/kPa	比焓 kJ/kg		比熵 kJ/(kg·K)		比体积 L/kg	
		h_f	h_g	s_f	s_g	v_f	v_g
2	463.53	209.256	1 463.80	1.033 54	5.592 9	1.572 7	269.253
3	480.81	213.892	1 464.83	1.050 24	5.580 0	1.576 2	260.046
4	498.59	218.535	1 465.84	1.066 91	5.567 2	1.579 6	251.216
5	516.87	223.185	1 466.84	1.083 53	5.554 5	1.583 1	242.745
6	535.67	227.841	1 467.82	1.100 12	5.541 9	1.586 6	234.618
7	555.00	232.503	1 468.78	1.116 67	5.529 4	1.590 1	226.817
8	574.87	237.172	1 469.72	1.133 17	5.517 0	1.593 6	219.326
9	595.28	241.848	1 470.64	1.149 64	5.504 6	1.597 2	212.132
10	616.25	246.531	1 471.57	1.166 07	5.492 4	1.600 8	205.221
11	637.78	251.221	1 472.46	1.182 46	5.480 2	1.604 5	198.580
12	659.89	255.918	1 473.34	1.198 82	5.468 1	1.608 1	192.196
13	682.59	260.622	1 474.20	1.215 15	5.456 1	1.611 8	186.058
14	705.88	265.334	1 475.05	1.231 44	5.444 1	1.615 6	180.154
15	729.79	270.053	1 475.88	1.247 69	5.432 2	1.619 3	174.475
16	754.31	274.779	1 476.69	1.263 91	5.420 4	1.623 1	169.009
17	779.46	279.513	1 477.48	1.280 10	5.408 7	1.626 9	163.748
18	805.25	284.255	1 478.25	1.296 26	5.397 1	1.630 8	158.683
19	831.69	289.005	1 479.01	1.312 38	5.385 5	1.634 7	153.804
20	858.79	293.762	1 479.75	1.328 47	5.374 0	1.638 6	149.106
21	880.57	298.527	1 480.48	1.344 52	5.362 6	1.642 6	144.578
22	915.03	303.300	1 481.18	1.360 55	5.351 2	1.646 6	140.214
23	944.18	308.081	1 481.87	1.376 54	5.339 9	1.650 7	136.006
24	974.03	312.870	1 482.53	1.392 50	5.328 6	1.654 7	131.950
25	1 004.6	317.667	1 483.18	1.408 43	5.317 5	1.658 8	128.037
26	1 035.9	322.471	1 483.81	1.424 33	5.306 3	1.663 0	124.261
27	1 068.0	327.284	1 484.42	1.440 20	5.295 3	1.667 2	120.619
28	1 100.7	332.104	1 485.01	1.456 04	5.284 3	1.671 4	117.103
29	1 134.3	336.933	1 485.59	1.471 85	5.273 3	1.675 7	113.708

附表 9 氟利昂 12(CCl_2F_2)饱和液与饱和蒸气的热力性质[8]

温度	压力	比容		焓		汽化潜热	熵	
		液体	蒸气	液体	蒸气		液体	蒸气
t/℃	p/bar	v'	v''	h'	h''	r	s'	s''
		$\frac{m^3}{kg}$	$\frac{m^3}{kg}$	$\frac{kJ}{kg}$	$\frac{kJ}{kg}$	$\frac{kJ}{kg}$	$\frac{kJ}{kg \cdot K}$	$\frac{kJ}{kg \cdot K}$
−70	0.123 36	0.623 4	1.125 9	359.394	539.594	179.613	3.937 68	4.823 98
−60	0.227 02	0.634 9	0.639 4	367.098	544.284	177.185	3.975 19	4.806 69
−50	0.392 16	0.646 8	0.385 4	375.095	549.224	174.129	4.011 95	4.792 54
−40	0.642 43	0.659 2	0.244 1	383.301	554.164	170.863	4.048 00	4.781 03
−30	1.004 69	0.672 5	0.161 3	391.758	559.105	167.346	4.083 46	4.771 90
−25	1.237 20	0.679 3	0.133 1	396.113	561.575	165.462	4.100 97	4.767 88
−20	1.506 88	0.686 8	0.110 7	400.467	564.003	163.536	4.118 34	4.764 49
−15	1.826 19	0.694 0	0.096 8	404.947	566.432	161.484	4.135 63	4.761 35
−10	2.191 00	0.701 8	0.078 1	409.469	568.860	159.391	4.152 80	4.758 59
−5	2.608 76	0.709 2	0.066 3	414.032	571.205	157.172	4.169 84	4.756 12
0	3.085 66	0.717 3	0.056 7	418.680	573.549	154.869	4.186 80	4.753 94
5	3.624 43	0.725 7	0.048 6	423.369	575.852	152.483	4.203 63	4.751 89
10	4.230 09	0.734 2	0.042 0	428.142	578.113	149.971	4.220 40	4.750 13
20	5.667 06	0.752 4	0.031 7	437.897	582.467	144.570	4.253 70	4.746 91
30	7.434 42	0.773 4	0.024 3	447.861	586.486	138.624	4.286 73	4.744 06
40	9.581 78	0.796 8	0.018 8	458.077	590.087	132.009	4.319 39	4.740 96

附表 10　氟利昂 134a 饱和液与饱和蒸气的热力性质（按温度排列）[14]

t/℃	p_s/kPa	v''	v'	h''	h'	s''	s'	e''_x	e'_x
		$m^3/kg\times10^{-3}$		kJ/kg		kJ/(kg·K)		kJ/kg	
−85.00	2.56	5 899.997	0.648 84	345.37	94.12	1.870 2	0.534 8	−112.877	34.014
−80.00	3.87	4 045.366	0.655 01	348.41	99.89	1.853 5	0.566 8	−104.855	30.243
−75.00	5.72	2 816.477	0.661 06	351.48	105.68	1.837 9	0.597 4	−97.131	26.914
−70.00	8.27	2 004.070	0.667 19	354.57	111.46	1.823 9	0.627 2	−89.867	23.818
−65.00	11.72	1 442.296	0.673 27	357.68	117.38	1.810 7	0.656 2	−82.815	21.091
−60.00	16.29	1 055.363	0.679 47	360.81	123.37	1.798 7	0.684 7	−76.104	18.584
−55.00	22.24	785.161	0.685 83	363.95	129.42	1.787 8	0.712 7	−69.740	16.266
−50.00	29.90	593.412	0.692 38	367.10	135.54	1.778 2	0.740 5	−63.706	14.122
−45.00	39.58	454.926	0.699 16	370.25	141.72	1.769 5	0.767 8	−57.971	12.145
−40.00	51.69	353.529	0.706 19	373.40	147.96	1.761 8	0.794 9	−52.521	10.329
−35.00	66.63	278.087	0.713 48	376.54	154.26	1.754 9	0.821 6	−47.328	8.671
−30.00	84.85	221.302	0.721 05	379.67	160.62	1.748 8	0.847 9	−42.382	7.168
−25.00	106.86	177.937	0.728 92	382.79	167.04	1.743 4	0.874 0	−37.656	5.815
−20.00	133.18	144.450	0.737 12	385.89	173.52	1.738 7	0.899 7	−33.138	4.611
−15.00	164.36	118.481	0.745 72	388.97	180.04	1.734 6	0.925 3	−28.847	3.528
−10.00	201.00	97.832	0.754 63	392.01	186.63	1.730 9	0.950 4	−24.704	2.614
−5.00	243.71	81.304	0.763 88	395.01	193.29	1.727 6	0.975 3	−20.709	1.858
0.00	293.14	68.164	0.773 65	397.98	200.00	1.724 8	1.000 0	−16.915	1.203
5.00	349.96	57.470	0.783 84	400.90	206.78	1.722 3	1.024 4	−13.258	0.701

续表

t/℃	p_s/kPa	v''	v'	h''	h'	s''	s'	e''_x	e'_x
		$m^3/kg\times10^{-3}$		kJ/kg		kJ/(kg·K)		kJ/kg	
10.00	414.88	48.721	0.794 53	403.76	213.63	1.720 1	1.048 6	−9.740	0.331
15.00	488.60	41.532	0.805 77	406.57	220.55	1.718 2	1.072 7	−6.363	0.091
20.00	571.88	35.576	0.817 62	409.30	227.55	1.716 5	1.096 5	−3.120	−0.018
25.00	665.49	30.603	0.830 17	411.96	234.63	1.714 9	1.120 2	−0.001	0.000
30.00	770.21	26.424	0.843 47	414.52	241.80	1.713 5	1.143 7	2.995	0.148
35.00	886.87	22.899	0.857 68	416.99	249.07	1.712 1	1.167 2	5.868	0.419
40.00	1 016.32	19.893	0.872 84	419.34	256.44	1.710 8	1.190 6	8.629	0.828
45.00	1 159.45	17.320	0.889 19	421.55	263.94	1.709 3	1.213 9	11.274	1.364
50.00	1 317.19	15.112	0.906 94	423.62	271.57	1.707 8	1.237 3	13.795	2.031
55.00	1 490.52	13.203	0.926 34	425.51	279.36	1.706 1	1.260 7	16.195	2.834
60.00	1 680.47	11.538	0.947 75	427.18	287.33	1.704 1	1.284 2	18.471	3.780
65.00	1 888.17	10.080	0.971 75	428.61	295.51	1.701 6	1.308 0	20.612	4.869
70.00	2 114.81	8.788	0.999 02	429.70	303.94	1.698 6	1.332 1	22.609	6.119
75.00	2 361.75	7.638	1.030 73	430.38	312.71	1.694 8	1.356 8	24.440	7.539
80.00	2 630.48	6.601	1.068 69	430.53	321.92	1.689 8	1.382 2	26.073	9.158
85.00	2 922.80	5.647	1.116 21	429.86	331.74	1.682 9	1.408 9	27.454	11.014
90.00	3 240.89	4.751	1.180 24	427.99	342.54	1.673 2	1.437 9	28.483	13.189
95.00	3 587.80	3.851	1.279 26	423.70	355.23	1.657 4	1.471 4	28.900	15.883
100.00	3 969.25	2.779	1.534 10	412.19	375.04	1.623 0	1.523 4	27.656	20.192
101.00	4 051.31	2.382	1.968 10	404.50	392.88	1.601 8	1.570 7	26.276	23.917
101.15	4 064.00	1.969	1.968 50	393.07	393.07	1.571 2	1.571 2	23.976	23.976

此表引自:朱明善等著《绿色环保制冷剂 HFC—134a 热物理性质》,科学出版社,1995。

附表 11　氟利昂 134a 饱和液与饱和蒸气的热力性质(按压力排列)[14]

p_s/kPa	t/℃	v''	v'	h''	h'	s''	s'	e''_x	e'_x
		m³/kg×10⁻³		kJ/kg		kJ/(kg·K)		kJ/kg	
10.00	−67.32	1 676.284	0.670 44	356.24	114.63	1.816 6	0.642 8	−86.039	22.331
20.00	−56.74	868.908	0.683 529	362.86	127.30	1.791 5	0.703 0	−71.922	17.053
30.00	−49.94	591.338	0.692 47	367.14	135.62	1.778 0	0.740 8	−63.631	14.095
40.00	−44.81	450.539	0.699 42	370.37	141.95	1.769 2	0.768 8	−57.762	12.074
50.00	−40.64	364.782	0.705 27	373.00	147.16	1.762 7	0.791 4	−53.199	10.553
60.00	−37.08	306.836	0.710 41	375.24	151.64	1.757 7	0.810 5	−49.457	9.342
80.00	−31.25	234.033	0.719 13	378.90	159.04	1.750 3	0.841 4	−43.593	7.528
100.00	−26.45	189.737	0.726 67	381.89	165.15	1.745 1	0.866 5	−39.050	6.157
120.00	−22.37	159.324	0.733 19	384.42	170.43	1.740 9	0.887 5	−35.262	5.165
140.00	−18.82	137.972	0.739 20	386.63	175.04	1.737 8	0.905 9	−32.146	4.306
160.00	−15.64	121.490	0.744 61	388.58	179.20	1.735 1	0.922 0	−29.390	3.654
180.00	−12.79	108.637	0.749 55	390.31	182.95	1.732 8	0.936 4	−26.969	3.130
200.00	−10.14	98.326	0.754 38	391.93	186.45	1.731 0	0.949 7	−24.813	2.636
250.00	−4.35	79.485	0.765 17	395.41	194.16	1.727 3	0.978 6	−20.221	1.750
300.00	0.63	66.694	0.774 92	398.36	200.85	1.724 5	1.003 1	−16.447	1.132
350.00	5.00	57.477	0.783 83	400.90	206.77	1.722 3	1.024 4	−13.260	0.701
400.00	8.93	50.444	0.792 20	403.16	212.16	1.720 6	1.043 5	−10.478	0.399
450.00	12.44	45.016	0.799 92	405.14	217.00	1.719 1	1.060 4	−8.064	0.205
500.00	15.72	40.612	0.807 44	406.96	221.55	1.718 0	1.076 1	−5.892	0.066

续表

p_s/kPa	t/℃	v''	v'	h''	h'	s''	s'	e''_x	e'_x
		$m^3/kg\times10^{-3}$		kJ/kg		kJ/(kg·K)		kJ/kg	
550.00	18.75	36.955	0.814 61	408.62	225.79	1.716 9	1.090 6	−3.914	−0.003
600.00	21.55	33.870	0.821 29	410.11	229.74	1.715 8	1.103 8	−2.104	0.006
650.00	24.21	31.327	0.828 13	411.54	233.50	1.715 2	1.116 4	−0.483	−0.012
700.00	26.72	29.081	0.834 65	412.85	237.09	1.714 4	1.128 3	1.045	0.038
800.00	31.32	25.428	0.847 14	415.18	243.71	1.713 1	1.150 0	3.771	0.208
900.00	35.50	22.569	0.859 11	417.22	249.80	1.712 0	1.169 5	6.154	0.459
1 000.00	39.39	20.228	0.870 91	419.05	255.53	1.710 9	1.187 7	8.303	0.773
1 200.00	46.31	16.708	0.893 71	422.11	265.93	1.708 9	1.220 1	11.948	1.526
1 400.00	52.48	14.130	0.916 33	424.58	275.42	1.706 9	1.248 9	15.002	2.413
1 600.00	57.94	12.198	0.938 64	426.52	284.01	1.704 9	1.274 5	17.547	3.371
1 800.00	62.92	10.664	0.961 40	428.04	292.07	1.702 7	1.298 1	19.737	4.396
2 000.00	67.56	9.398	0.985 26	429.21	299.80	1.700 2	1.320 3	21.656	5.490
2 200.00	71.74	8.375	1.009 48	429.99	306.95	1.697 4	1.340 6	23.265	6.592
2 400.00	75.72	7.482	1.035 76	430.45	314.01	1.694 1	1.360 4	24.689	7.761
2 600.00	79.42	6.714	1.063 91	430.54	320.83	1.690 4	1.379 2	25.896	8.960
2 800.00	82.93	6.036	1.095 10	430.28	327.59	1.686 1	1.397 7	26.919	10.214
3 000.00	86.25	5.421	1.130 32	429.55	334.34	1.680 9	1.415 9	27.752	11.525
3 200.00	89.39	4.860	1.171 07	428.32	341.14	1.674 6	1.434 2	28.381	12.900
3 400.00	92.33	4.340	1.219 92	426.45	348.12	1.667 0	1.452 7	28.784	14.357
4 064.00	101.15	1.969	1.968 50	393.07	393.07	1.571 2	1.571 2	23.976	23.976

附表 12　氟利昂 134a 过热蒸气的热力性质(按温度排列)[14]

t/℃	p=0.05 MPa(t_s=−40.64 ℃)			p=0.10 MPa(t_s=−26.45 ℃)		
	v	h	s	v	h	s
	m³/kg	kJ/kg	kJ/(kg·K)	m³/kg	kJ/kg	kJ/(kg·K)
−20.0	0.404 77	388.69	1.828 2	0.193 79	383.10	1.751 0
−10.0	0.421 95	396.49	1.858 4	0.207 42	395.08	1.797 5
0.0	0.438 98	404.43	1.888 0	0.216 33	403.20	1.828 2
10.0	0.455 86	412.53	1.917 1	0.225 08	411.44	1.857 8
20.0	0.472 73	420.79	1.945 8	0.233 79	419.81	1.886 8
30.0	0.489 45	429.21	1.974 0	0.242 42	428.32	1.915 4
40.0	0.506 17	437.79	2.001 9	0.250 94	436.98	1.943 5
50.0	0.522 81	446.53	2.029 4	0.259 45	445.79	1.971 2
60.0	0.539 45	455.43	2.056 5	0.267 93	454.76	1.998 5
70.0	0.556 02	464.50	2.083 3	0.276 37	463.88	2.025 5
80.0	0.572 58	473.73	2.109 8	0.284 77	473.15	2.052 1
90.0	0.589 06	483.12	2.136 0	0.293 13	482.58	2.078 4

t/℃	p=0.15 MPa(t_s=−17.20 ℃)			p=0.20 MPa(t_s=−10.14 ℃)		
	v	h	s	v	h	s
	m³/kg	kJ/kg	kJ/(kg·K)	m³/kg	kJ/kg	kJ/(kg·K)
−10.0	0.135 84	393.63	1.760 7	0.099 98	392.14	1.732 9
0.0	0.142 03	401.93	1.791 6	0.104 86	400.63	1.764 6
10.0	0.148 13	410.32	1.821 8	0.109 61	409.17	1.795 3
20.0	0.154 10	418.81	1.851 2	0.114 26	417.79	1.825 2
30.0	0.160 02	427.42	1.880 1	0.118 81	426.51	1.854 5
40.0	0.165 86	436.17	1.908 5	0.123 32	435.34	1.883 1
50.0	0.171 68	445.05	1.936 5	0.127 75	444.30	1.911 3
60.0	0.177 42	454.08	1.964 0	0.132 15	453.39	1.939 0
70.0	0.183 13	463.25	1.991 1	0.136 52	462.62	1.966 3
80.0	0.188 83	472.57	2.017 9	0.140 86	471.98	1.993 2
90.0	0.194 49	482.04	2.044 3	0.145 16	481.50	2.019 7
100.0	0.200 16	491.66	2.070 4	0.149 45	491.15	2.046 0

t/℃	p=0.25 MPa(t_s=−4.35 ℃)			p=0.30 MPa(t_s=0.63 ℃)		
	v	h	s	v	h	s
	m³/kg	kJ/kg	kJ/(kg·K)	m³/kg	kJ/kg	kJ/(kg·K)
0.0	0.082 53	399.30	1.742 7			
10.0	0.086 47	408.00	1.774 0	0.071 03	406.81	1.756 0
20.0	0.090 31	416.76	1.804 4	0.074 34	415.70	1.786 8
30.0	0.094 06	425.58	1.834 0	0.077 56	424.64	1.816 8
40.0	0.097 77	434.51	1.863 0	0.080 72	433.66	1.846 1
50.0	0.101 41	443.54	1.891 4	0.083 81	442.77	1.874 7
60.0	0.104 98	452.69	1.919 2	0.086 88	451.99	1.902 8
70.0	0.108 54	461.98	1.946 7	0.089 89	461.33	1.930 5
80.0	0.112 07	471.39	1.973 8	0.092 88	470.80	1.957 6
90.0	0.115 57	480.95	2.000 4	0.095 83	480.40	1.984 4
100.0	0.119 04	490.64	2.026 8	0.098 75	490.13	2.010 9
110.0	0.122 50	500.48	2.052 8	0.101 68	500.00	2.037 0

续表

t/℃	p=0.40 MPa(t_s=8.93 ℃)			p=0.50 MPa(t_s=15.72 ℃)		
	v	h	s	v	h	s
	m³/kg	kJ/kg	kJ/(kg·K)	m³/kg	kJ/kg	kJ/(kg·K)
20.0	0.054 33	413.51	1.757 8	0.042 27	411.22	1.733 6
30.0	0.056 89	422.70	1.788 6	0.044 45	420.68	1.765 3
40.0	0.059 39	431.92	1.818 5	0.046 56	430.12	1.796 0
50.0	0.061 83	441.20	1.847 7	0.048 60	439.58	1.825 7
60.0	0.064 20	450.56	1.876 2	0.050 59	449.09	1.854 7
70.0	0.066 55	460.02	1.904 2	0.052 53	458.68	1.883 0
80.0	0.068 86	469.59	1.931 6	0.054 44	468.36	1.910 8
90.0	0.071 14	479.28	1.958 7	0.056 32	478.14	1.938 2
100.0	0.073 41	489.09	1.985 4	0.058 17	488.04	1.965 1
110.0	0.075 64	499.03	2.011 7	0.060 00	498.05	1.991 5
120.0	0.077 86	509.11	2.037 6	0.061 83	508.19	2.017 7
130.0	0.080 06	519.31	2.063 2	0.063 63	518.46	2.043 5

t/℃	p=0.60 MPa(t_s=21.55 ℃)			p=0.70 MPa(t_s=26.72 ℃)		
	v	h	s	v	h	s
	m³/kg	kJ/kg	kJ/(kg·K)	m³/kg	kJ/kg	kJ/(kg·K)
30.0	0.036 13	418.58	1.745 2	0.030 13	416.37	1.727 0
40.0	0.037 98	428.26	1.776 6	0.031 83	426.32	1.759 3
50.0	0.039 77	437.91	1.807 0	0.033 44	436.19	1.790 4
60.0	0.041 49	447.58	1.836 4	0.034 98	446.04	1.820 4
70.0	0.043 17	457.31	1.865 2	0.036 48	455.91	1.849 6
80.0	0.044 82	467.10	1.893 3	0.037 94	465.82	1.878 0
90.0	0.046 44	476.99	1.920 9	0.039 36	475.81	1.905 9
100.0	0.048 02	486.97	1.948 0	0.040 76	485.89	1.933 3
110.0	0.049 59	497.06	1.974 7	0.042 13	496.06	1.960 2
120.0	0.051 13	507.27	2.001 0	0.043 48	506.33	1.986 7
130.0	0.052 66	517.59	2.027 0	0.044 83	516.72	2.012 8
140.0	0.054 17	528.04	2.052 6	0.046 15	527.23	2.038 5

t/℃	p=0.80 MPa(t_s=31.32 ℃)			p=0.90 MPa(t_s=35.50 ℃)		
	v	h	s	v	h	s
	m³/kg	kJ/kg	kJ/(kg·K)	m³/kg	kJ/kg	kJ/(kg·K)
40.0	0.027 18	424.31	1.743 5	0.023 55	422.19	1.728 7
50.0	0.028 67	434.41	1.775 3	0.024 94	432.57	1.761 3
60.0	0.030 09	444.45	1.805 9	0.026 26	442.81	1.792 5
70.0	0.031 45	454.47	1.835 5	0.027 52	453.00	1.822 7
80.0	0.032 77	464.52	1.864 4	0.028 74	463.19	1.851 9
90.0	0.034 06	474.62	1.892 6	0.029 92	473.40	1.880 4
100.0	0.035 31	484.79	1.920 2	0.031 06	483.67	1.908 3
110.0	0.036 54	495.04	1.947 3	0.032 19	494.01	1.937 5
120.0	0.037 75	505.39	1.974 0	0.033 29	504.43	1.962 5
130.0	0.038 95	515.84	2.000 2	0.034 38	514.95	1.988 9
140.0	0.040 13	526.40	2.026 1	0.035 44	525.57	2.015 0

续表

t/℃	p=1.0 MPa(t_s=39.39 ℃)			p=1.1 MPa(t_s=42.99 ℃)		
	v	h	s	v	h	s
	m³/kg	kJ/kg	kJ/(kg·K)	m³/kg	kJ/kg	kJ/(kg·K)
40.0	0.020 61	419.97	1.714 5			
50.0	0.021 94	430.64	1.748 1	0.019 47	428.64	1.735 5
60.0	0.023 19	441.12	1.780 0	0.020 66	439.37	1.768 2
70.0	0.024 37	451.49	1.810 7	0.021 78	449.93	1.799 4
80.0	0.025 51	461.82	1.840 4	0.022 85	460.42	1.829 6
90.0	0.026 60	472.16	1.869 2	0.023 88	470.89	1.858 8
100.0	0.027 66	482.53	1.897 4	0.024 88	481.37	1.887 3
110.0	0.028 70	492.96	1.925 0	0.025 84	491.89	1.915 1
120.0	0.029 71	503.46	1.952 0	0.026 79	502.48	1.942 4
130.0	0.030 71	514.05	1.978 7	0.027 71	513.14	1.969 2
140.0	0.031 69	524.73	2.004 8	0.028 62	523.88	1.995 5
150.0	0.032 65	535.52	2.030 6	0.029 51	534.72	2.021 4

t/℃	p=1.2 MPa(t_s=46.31 ℃)			p=1.3 MPa(t_s=49.44 ℃)		
	v	h	s	v	h	s
	m³/kg	kJ/kg	kJ/(kg·K)	m³/kg	kJ/kg	kJ/(kg·K)
50.0	0.017 39	426.53	1.723 3	0.015 59	424.30	1.711 3
60.0	0.018 54	437.55	1.756 9	0.016 73	435.65	1.745 9
70.0	0.019 62	448.33	1.788 8	0.017 78	446.68	1.778 5
80.0	0.020 64	458.99	1.819 4	0.018 75	457.52	1.809 6
90.0	0.021 61	469.60	1.849 0	0.019 68	468.28	1.839 7
100.0	0.022 55	480.19	1.877 8	0.020 57	478.99	1.868 8
110.0	0.023 46	490.81	1.905 9	0.021 44	489.72	1.897 2
120.0	0.024 34	501.48	1.933 4	0.022 27	500.47	1.924 9
130.0	0.025 21	512.21	1.960 3	0.023 09	511.28	1.952 0
140.0	0.026 06	523.02	1.986 8	0.023 88	522.16	1.978 7
150.0	0.026 89	533.92	2.012 9	0.024 67	533.12	2.004 9

t/℃	p=1.4 MPa(t_s=52.48 ℃)			p=1.5 MPa(t_s=55.23 ℃)		
	v	h	s	v	h	s
	m³/kg	kJ/kg	kJ/(kg·K)	m³/kg	kJ/kg	kJ/(kg·K)
60.0	0.015 16	433.66	1.735 1	0.013 79	431.57	1.724 5
70.0	0.016 18	444.96	1.768 5	0.014 79	443.17	1.758 8
80.0	0.017 13	456.01	1.800 3	0.015 72	454.45	1.791 2
90.0	0.018 02	466.92	1.830 8	0.016 58	465.54	1.822 2
100.0	0.018 88	477.77	1.860 2	0.017 41	476.52	1.852 0
110.0	0.019 70	488.60	1.888 9	0.018 19	487.47	1.881 0
120.0	0.020 50	499.45	1.916 8	0.018 95	498.41	1.909 2
130.0	0.021 27	510.34	1.944 2	0.019 69	509.38	1.936 7
140.0	0.022 02	521.28	1.971 0	0.020 41	520.40	1.963 7
150.0	0.022 76	532.30	1.997 3	0.021 11	531.48	1.990 2

续表

t/℃	p=1.6 MPa(t_s=57.94 ℃)			p=1.7 MPa(t_s=60.45 ℃)		
	v	h	s	v	h	s
	m^3/kg	kJ/kg	kJ/(kg·K)	m^3/kg	kJ/kg	kJ/(kg·K)
60.0	0.012 56	429.36	1.713 9			
70.0	0.013 56	441.32	1.749 3	0.012 47	439.37	1.739 8
80.0	0.014 47	452.84	1.782 4	0.013 36	451.17	1.773 8
90.0	0.015 32	464.11	1.813 9	0.014 19	462.65	1.805 8
100.0	0.016 11	475.25	1.844 1	0.014 97	473.94	1.836 5
110.0	0.016 87	486.31	1.873 4	0.015 70	485.14	1.866 1
120.0	0.017 60	497.36	1.901 8	0.016 41	496.29	1.894 8
130.0	0.018 31	508.41	1.929 6	0.017 09	507.43	1.922 8
140.0	0.019 00	519.50	1.956 8	0.017 75	518.60	1.950 2
150.0	0.019 66	530.65	1.983 4	0.018 39	529.81	1.977 0

t/℃	p=2.0 MPa(t_s=67.57 ℃)			p=3.0 MPa(t_s=86.26 ℃)		
	v	h	s	v	h	s
	m^3/kg	kJ/kg	kJ/(kg·K)	m^3/kg	kJ/kg	kJ/(kg·K)
70.0	0.009 75	432.85	1.711 2			
80.0	0.010 65	445.76	1.748 3			
90.0	0.011 46	457.99	1.782 4	0.005 85	436.84	1.701 1
100.0	0.012 19	469.84	1.814 6	0.006 69	452.92	1.744 8
110.0	0.012 88	481.47	1.845 4	0.007 37	467.11	1.782 4
120.0	0.013 52	492.97	1.875 0	0.007 96	480.41	1.816 6
130.0	0.014 15	504.40	1.903 7	0.008 50	493.22	1.848 8
140.0	0.014 74	515.82	1.931 7	0.008 99	505.72	1.879 4
150.0	0.015 32	527.24	1.959 0	0.009 46	518.04	1.908 9

t/℃	p=4.0 MPa(t_s=100.35 ℃)			p=5.0 MPa		
	v	h	s	v	h	s
	m^3/kg	kJ/kg	kJ/(kg·K)	m^3/kg	kJ/kg	kJ/(kg·K)
60.0				0.000 92	285.68	1.270 0
70.0				0.000 96	301.31	1.316 3
80.0				0.001 00	317.85	1.363 8
90.0				0.001 08	335.94	1.414 3
100.0				0.001 22	357.51	1.472 8
110.0	0.004 24	445.56	1.711 2	0.001 71	394.74	1.571 1
120.0	0.004 98	463.93	1.758 6	0.002 89	437.91	1.682 5
130.0	0.005 54	479.52	1.797 7	0.003 63	461.41	1.741 6
140.0	0.006 03	493.90	1.833 0	0.004 17	479.51	1.785 9
150.0	0.006 47	507.59	1.865 7	0.004 62	495.48	1.824 1
160.0	0.006 87	520.87	1.896 7	0.005 02	510.34	1.858 8
170.0	0.007 25	533.88	1.926 4	0.005 37	524.53	1.891 2

附表 13 金属材料的密度、比热容和热导率[19]

材料名称	20 ℃			热导率 λ/[W/(m·K)]									
	密度 ρ	比定压热容 c_p	热导率 λ	温度/℃									
	kg/m³	J/(kg·K)	W/(m·K)	−100	0	100	200	300	400	600	800	1 000	1 200
纯铝	2 710	902	236	243	236	240	238	234	228	215			
杜拉铝(96Al－4Cu,微量 Mg)	2 790	881	169	124	160	188	188	193					
铝合金(92Al－8Mg)	2 610	904	107	86	102	123	148						
铝合金(87Al－13Si)	2 660	871	162	139	158	173	176	180					
铍	1 850	1 758	219	382	218	170	145	129	118				
纯铜	8 930	386	398	421	401	393	389	384	379	366	352		
铝青铜(90Cu－10Al)	8 360	420	56		49	57	66						
青铜(89Cu－11Sn)	8 800	343	24.8		24	28.4	33.2						
黄铜(70Cu－30Zn)	8 440	377	109	90	106	131	143	145	148				
铜合金(60Cu－40Ni)	8 920	410	22.2	19	22.2	23.4							
黄金	19 300	127	315	331	318	313	310	305	300	287			
纯铁	7 870	455	81.1	96.7	83.5	72.1	63.5	56.5	50.3	39.4	29.6	29.4	31.6
阿姆口铁	7 860	455	73.2	82.9	74.7	67.5	61.0	54.8	49.9	38.6	29.3	29.3	31.1
灰铸铁($w_C\approx3\%$)	7 570	470	39.2		28.5	32.4	35.8	37.2	36.6	20.8	19.2		
碳钢($w_C\approx0.5\%$)	7 840	465	49.8		50.5	47.5	44.8	42.0	39.4	34.0	29.0		
碳钢($w_C\approx1.0\%$)	7 790	470	43.2		43.0	42.8	42.2	41.5	40.6	36.7	32.2		
碳钢($w_C\approx1.5\%$)	7 750	470	36.7		36.8	36.6	36.2	35.7	34.7	31.7	27.8		
铬钢($w_{Cr}\approx5\%$)	7 830	460	36.1		36.3	35.2	34.7	33.5	31.4	28.0	27.2	27.2	27.2
铬钢($w_{Cr}\approx13\%$)	7 740	460	26.8		26.5	27.0	27.0	27.0	27.6	28.4	29.0	29.0	
铬钢($w_{Cr}\approx17\%$)	7 710	460	22		22	22.2	22.6	22.6	23.3	24.0	24.8	25.5	
铬钢($w_{Cr}\approx26\%$)	7 650	460	22.6		22.6	23.8	25.5	27.2	28.5	31.8	35.1	38	

续表

材料名称	20 ℃			热导率 λ/[W/(m·K)]									
	密度 ρ	比定压热容 c_p	热导率 λ	温度/℃									
	kg/m³	J/(kg·K)	W/(m·K)	−100	0	100	200	300	400	600	800	1 000	1 200
铬镍钢(18－20Cr/8－12Ni)	7 820	460	15.2	12.2	14.7	16.6	18.0	19.4	20.8	23.5	26.3		
铬镍钢(17－19Cr/9－13Ni)	7 830	460	14.7	11.8	14.3	16.1	17.5	18.8	20.2	22.8	25.5	28.2	30.9
镍钢(w_{Ni}≈1%)	7 900	460	45.5	40.8	45.2	46.8	46.1	44.1	41.2	35.7			
镍钢(w_{Ni}≈3.5%)	7 910	460	36.5	30.7	36.0	38.8	39.7	39.2	37.8				
镍钢(w_{Ni}≈25%)	8 030	460	13.0										
镍钢(w_{Ni}≈35%)	8 110	460	13.8	10.9	13.4	15.4	17.1	18.6	20.1	23.1			
镍钢(w_{Ni}≈44%)	8 190	460	15.8		15.7	16.1	16.5	16.9	17.1	17.8	18.4		
镍钢(w_{Ni}≈50%)	8 260	460	19.6	17.3	19.4	20.5	21.0	21.1	21.3	22.5			
锰钢(w_{Mn}≈12%～13%，w_{Ni}≈3%)	7 800	487	13.6			14.8	16.0	17.1	18.3				
锰钢(w_{Mn}≈0.4%)	7 860	440	51.2			51.0	50.0	47.0	43.5	35.5	27		
钨钢(w_W≈5%～6%)	8 070	436	18.7		18.4	19.7	21.0	22.3	23.6	24.9	26.3		
铅	11 340	128	35.3	37.2	35.5	34.3	32.8	31.5					
镁	1 730	1 020	156	160	157	154	152	150					
钼	9 590	255	138	146	139	135	131	127	123	116	109	103	93.7
镍	8 900	444	91.4	144	94	82.8	74.2	67.3	64.6	69.0	73.3	77.6	81.9
铂	21 450	133	71.4	73.3	71.5	71.6	72.0	72.8	73.6	76.6	80.0	84.2	88.9
银	10 500	234	427	431	428	422	415	407	399	384			
锡	7 310	228	67	75	68.2	63.2	60.9						
钛	4 500	520	22	23.3	22.4	20.7	19.9	19.5	19.4	19.9			
铀	19 070	116	27.4	24.3	27	29.1	31.1	33.4	35.7	40.6	45.6		
锌	7 140	388	121	123	122	117	112						
锆	6 570	276	22.9	26.5	23.2	21.8	21.2	20.9	21.4	22.3	24.5	26.4	28.0
钨	19 350	134	179	204	182	166	153	142	134	125	119	114	110

附表 14 保温、建筑及其他材料的密度和热导率[19]

材料名称	温度 t	密度 ρ	热导率 λ
	℃	kg/m^3	W/(m·K)
膨胀珍珠岩散料	25	60～300	0.021～0.062
沥青膨胀珍珠岩	31	233～282	0.069～0.076
磷酸盐膨胀珍珠岩制品	20	200～250	0.044～0.052
水玻璃膨胀珍珠岩制品	20	200～300	0.056～0.065
岩棉制品	20	80～150	0.035～0.038
膨胀蛭石	20	100～130	0.051～0.07
沥青蛭石板管	20	350～400	0.081～0.10
石棉粉	22	744～1 400	0.099～0.19
石棉砖	21	384	0.099
石棉绳		590～730	0.10～0.21
石棉绒		35～230	0.055～0.077
石棉板	30	770～1 045	0.10～0.14
碳酸镁石棉灰		240～490	0.077～0.086
硅藻土石棉灰		280～380	0.085～0.11
粉煤灰砖	27	458～589	0.12～0.22
矿渣棉	30	207	0.058
玻璃丝	35	120～492	0.058～0.07
玻璃棉毡	28	18.4～38.3	0.043
软木板	20	105～437	0.044～0.079
木丝纤维板	25	245	0.048
稻草浆板	20	325～365	0.068～0.084
麻秆板	25	108～147	0.056～0.11
甘蔗板	20	282	0.067～0.072
葵芯板	20	95.5	0.05
玉米梗板	22	25.2	0.065
棉花	20	117	0.049
丝	20	57.7	0.036
锯木屑	20	179	0.083
硬泡沫塑料	30	29.5～56.3	0.041～0.048
软泡沫塑料	30	41～162	0.043～0.056
铝箔间隔层(5 层)	21		0.042
红砖(营造状态)	25	1 860	0.87
红砖	35	1 560	0.49
松木(垂直木纹)	15	496	0.15
松木(平行木纹)	21	527	0.35
水泥	30	1 900	0.30
混凝土板	35	1 930	0.79

续表

材料名称	温度 t	密度 ρ	热导率 λ
	℃	kg/m^3	W/(m·K)
耐酸混凝土板	30	2 250	1.5～1.6
黄砂	30	1 580～1 700	0.28～0.34
泥土	20		0.83
瓷砖	37	2 090	1.1
玻璃	45	2 500	0.65～0.71
聚苯乙烯	30	24.7～37.8	0.04～0.043
花岗石		2 643	1.73～3.98
大理石		2 499～2 707	2.70
云母		290	0.58
水垢	65		1.31～3.14
冰	0	913	2.22
黏土	27	1 460	1.3

附表 15　几种保温、耐火材料的热导率与温度的关系[19]

材料名称	材料最高允许温度 t	密度 ρ	热导率 λ
	℃	kg/m^3	W/(m·K)
超细玻璃棉毡、管	400	18～20	0.033+0.000 23$\{t\}_{℃}$①
矿渣棉	550～600	350	0.067 4+0.000 215$\{t\}_{℃}$
水泥蛭石制品	800	400～450	0.103+0.000 198$\{t\}_{℃}$
水泥珍珠岩制品	600	300～400	0.065 1+0.000 105$\{t\}_{℃}$
粉煤灰泡沫砖	300	500	0.099+0.000 2$\{t\}_{℃}$
岩棉玻璃布缝板	600	100	0.031 4+0.000 198$\{t\}_{℃}$
A 级硅藻土制品	900	500	0.039 5+0.000 19$\{t\}_{℃}$
B 级硅藻土制品	900	550	0.047 7+0.000 2$\{t\}_{℃}$
膨胀珍珠岩	1 000	55	0.042 4+0.000 137$\{t\}_{℃}$
微孔硅酸钙制品	650	≯250	0.041+0.000 2$\{t\}_{℃}$
耐火黏土砖	1 350～1 450	1 800～2 040	(0.7～0.84)+0.000 58$\{t\}_{℃}$
轻质耐火黏土砖	1 250～1 300	800～1 300	(0.29～0.41)+0.000 26$\{t\}_{℃}$
超轻质耐火黏土砖	1 150～1 300	540～610	0.093+0.000 16$\{t\}_{℃}$
超轻质耐火黏土砖	1 100	270～330	0.058+0.000 17$\{t\}_{℃}$
硅砖	1 700	1 900～1 950	0.93+0.000 7$\{t\}_{℃}$
镁砖	1 600～1 700	2 300～2 600	2.1+0.000 19$\{t\}_{℃}$
铬砖	1 600～1 700	2 600～2 800	4.7+0.000 17$\{t\}_{℃}$

① $\{t\}_{℃}$表示材料的平均温度的数值。

附表 16　干空气的热物理性质 ($p=1.013\ 25\times10^5$ Pa①)[19]

t/℃	ρ	c_p	$\lambda\times10^2$	$a\times10^6$	$\mu\times10^6$	$\nu\times10^6$	Pr
	kg/m³	kJ/(kg·K)	W/(m·K)	m²/s	kg/(m·s)	m²/s	
−50	1.584	1.013	2.04	12.7	14.6	9.23	0.728
−40	1.515	1.013	2.12	13.8	15.2	10.04	0.728
−30	1.453	1.013	2.20	14.9	15.7	10.80	0.723
−20	1.395	1.009	2.28	16.2	16.2	11.61	0.716
−10	1.342	1.009	2.36	17.4	16.7	12.43	0.712
0	1.293	1.005	2.44	18.8	17.2	13.28	0.707
10	1.247	1.005	2.51	20.0	17.6	14.16	0.705
20	1.205	1.005	2.59	21.4	18.1	15.06	0.703
30	1.165	1.005	2.67	22.9	18.6	16.00	0.701
40	1.128	1.005	2.76	24.3	19.1	16.96	0.699
50	1.093	1.005	2.83	25.7	19.6	17.95	0.698
60	1.060	1.005	2.90	27.2	20.1	18.97	0.696
70	1.029	1.009	2.96	28.6	20.6	20.02	0.694
80	1.000	1.009	3.05	30.2	21.1	21.09	0.692
90	0.972	1.009	3.13	31.9	21.5	22.10	0.690
100	0.946	1.009	3.21	33.6	21.9	23.13	0.688
120	0.898	1.009	3.34	36.8	22.8	25.45	0.686
140	0.854	1.013	3.49	40.3	23.7	27.80	0.684
160	0.815	1.017	3.64	43.9	24.5	30.09	0.682
180	0.779	1.022	3.78	47.5	25.3	32.49	0.681
200	0.746	1.026	3.93	51.4	26.0	34.85	0.680
250	0.674	1.038	4.27	61.0	27.4	40.61	0.677
300	0.615	1.047	4.60	71.6	29.7	48.33	0.674
350	0.566	1.059	4.91	81.9	31.4	55.46	0.676
400	0.524	1.068	5.21	93.1	33.0	63.09	0.678
500	0.456	1.093	5.74	115.3	36.2	79.38	0.687
600	0.404	1.114	6.22	138.3	39.1	96.89	0.699
700	0.362	1.135	6.71	163.4	41.8	115.4	0.706
800	0.329	1.156	7.18	188.8	44.3	134.8	0.713
900	0.301	1.172	7.63	216.2	46.7	155.1	0.717
1 000	0.277	1.185	8.07	245.9	49.0	177.1	0.719
1 100	0.257	1.197	8.50	276.2	51.2	199.3	0.722
1 200	0.239	1.210	9.15	316.5	53.5	233.7	0.724

① $1.013\ 25\times10^5$ Pa=760 mmHg，下同。

附表 17 大气压力($p=1.013\ 25\times10^5$ Pa)下烟气的热物理性质[19]

(烟气中组成成分的质量分数:$w_{CO_2}=0.13$;$w_{H_2O}=0.11$;$w_{N_2}=0.76$)

t/℃	ρ	c_p	$\lambda\times10^2$	$a\times10^6$	$\eta\times10^6$	$\nu\times10^6$	Pr
	kg/m³	kJ/(kg·K)	W/(m·K)	m²/s	kg/(m·s)	m²/s	
0	1.295	1.042	2.28	16.9	15.8	12.20	0.72
100	0.950	1.068	3.13	30.8	20.4	21.54	0.69
200	0.748	1.097	4.01	48.9	24.5	32.80	0.67
300	0.617	1.122	4.84	69.9	28.2	45.81	0.65
400	0.525	1.151	5.70	94.3	31.7	60.38	0.64
500	0.457	1.185	6.56	121.1	34.8	76.30	0.63
600	0.405	1.214	7.42	150.9	37.9	93.61	0.62
700	0.363	1.239	8.27	183.8	40.7	112.1	0.61
800	0.330	1.264	9.15	219.7	43.4	131.8	0.60
900	0.301	1.290	10.00	258.0	45.9	152.5	0.59
1 000	0.275	1.306	10.90	303.4	48.4	174.3	0.58
1 100	0.257	1.323	11.75	345.5	50.7	197.1	0.57
1 200	0.240	1.340	12.62	392.4	53.0	221.0	0.56

附表 18 饱和水的热物理性质[19]

t/℃	$p\times10^{-5}$	ρ	h'	c_p	$\lambda\times10^2$	$a\times10^6$	$\eta\times10^6$	$\nu\times10^6$	$\alpha\times10^4$	$\gamma\times10^4$	Pr
	Pa	kg/m³	kJ/kg	kJ/(kg·K)	W/(m·K)	m²/s	kg/(m·s)	m²/s	K⁻¹	N/m	
0	0.006 11	999.8	−0.05	4.212	55.1	13.1	1 788	1.789	−0.81	756.4	13.67
10	0.012 28	999.7	42.00	4.191	57.4	13.7	1 306	1.306	+0.87	741.6	9.52
20	0.023 38	998.2	83.90	4.183	59.9	14.3	1 004	1.006	2.09	726.9	7.02
30	0.042 45	995.6	125.7	4.174	61.8	14.9	801.5	0.805	3.05	712.2	5.42
40	0.073 81	992.2	167.5	4.174	63.5	15.3	653.3	0.659	3.86	696.5	4.31
50	0.123 45	988.0	209.3	4.174	64.8	15.7	549.4	0.556	4.57	676.9	3.54
60	0.199 33	983.2	251.1	4.179	65.9	16.0	469.9	0.478	5.22	662.2	2.99
70	0.311 8	977.7	293.0	4.187	66.8	16.3	406.1	0.415	5.83	643.5	2.55
80	0.473 8	971.8	354.9	4.195	67.4	16.6	355.1	0.365	6.40	625.9	2.21
90	0.701 2	965.3	376.9	4.208	68.0	16.8	314.9	0.326	6.96	607.2	1.95

续表

t/℃	$p\times10^{-5}$	ρ	h'	c_p	$\lambda\times10^2$	$a\times10^6$	$\eta\times10^6$	$\nu\times10^6$	$\alpha\times10^4$	$\gamma\times10^4$	Pr
	Pa	kg/m³	kJ/kg	kJ/(kg·K)	W/(m·K)	m²/s	kg/(m·s)	m²/s	K^{-1}	N/m	
100	1.013	958.4	419.1	4.220	68.3	16.9	282.5	0.295	7.50	588.6	1.75
110	1.43	950.9	461.3	4.233	68.5	17.0	259.0	0.272	8.04	569.0	1.60
120	1.98	943.1	503.8	4.250	68.6	17.1	237.4	0.252	8.58	548.4	1.47
130	2.70	934.9	546.4	4.266	68.6	17.2	217.8	0.233	9.12	528.8	1.36
140	3.61	926.2	589.2	4.287	68.5	17.2	201.1	0.217	9.68	507.2	1.26
150	4.76	917.0	632.3	4.313	68.4	17.3	186.4	0.203	10.26	486.6	1.17
160	6.18	907.5	675.6	4.346	68.3	17.3	173.6	0.191	10.87	466.0	1.10
170	7.91	897.5	719.3	4.380	67.9	17.3	162.8	0.181	11.52	443.4	1.05
180	10.02	887.1	763.2	4.417	67.4	17.2	153.0	0.173	12.21	422.8	1.00
190	12.54	876.6	807.6	4.459	67.0	17.1	144.2	0.165	12.96	400.2	0.96
200	15.54	864.8	852.3	4.505	66.3	17.0	136.4	0.158	13.77	376.7	0.93
210	19.06	852.8	897.6	4.555	65.5	16.9	130.5	0.153	14.67	354.1	0.91
220	23.18	840.3	943.5	4.614	64.5	16.6	124.6	0.148	15.67	331.6	0.89
230	27.95	827.3	990.0	4.681	63.7	16.4	119.7	0.145	16.80	310.0	0.88
240	33.45	813.6	1 037.2	4.756	62.8	16.2	114.8	0.141	18.08	285.5	0.87
250	39.74	799.0	1 085.3	4.844	61.8	15.9	109.9	0.137	19.55	261.9	0.86
260	46.89	783.8	1 134.3	4.949	60.5	15.6	105.9	0.135	21.27	237.4	0.87
270	55.00	767.7	1 184.5	5.070	59.0	15.1	102.0	0.133	23.31	214.8	0.88
280	64.13	750.5	1 236.0	5.230	57.4	14.6	98.1	0.131	25.79	191.3	0.90
290	74.37	732.2	1 289.1	5.485	55.8	13.9	94.2	0.129	28.84	168.7	0.93
300	85.83	712.4	1 344.0	5.736	54.0	13.2	91.2	0.128	32.73	144.2	0.97
310	98.60	691.0	1 401.2	6.071	52.3	12.5	88.3	0.128	37.85	120.7	1.03
320	112.78	667.4	1 461.2	6.574	50.6	11.5	85.3	0.128	44.91	98.10	1.11
330	128.51	641.0	1 524.9	7.244	48.4	10.4	81.4	0.127	55.31	76.71	1.22
340	145.93	610.8	1 593.1	8.165	45.7	9.17	77.5	0.127	72.10	56.70	1.39
350	165.21	574.7	1 670.3	9.504	43.0	7.88	72.6	0.126	103.7	38.16	1.60
360	186.57	527.9	1 761.1	13.984	39.5	5.36	66.7	0.126	182.9	20.21	2.35
370	210.33	451.5	1 891.7	40.321	33.7	1.86	56.9	0.126	676.7	4.709	6.79

附表 19 干饱和水蒸气的热物理性质[19]

t/℃	$p\times10^{-5}$	ρ''	h''	r	c_p	$\lambda\times10^2$	$a\times10^3$	$\eta\times10^6$	$\nu\times10^6$	Pr
	Pa	kg/m³	kJ/kg	kJ/kg	kJ/(kg·K)	W/(m·K)	m²/h	kg/(m·s)	m²/s	
0	0.006 11	0.004 851	2 500.5	2 500.6	1.854 3	1.83	7 313.0	8.022	1 655.01	0.815
10	0.012 28	0.009 404	2 518.9	2 476.9	1.859 4	1.88	3 881.3	8.424	896.54	0.831
20	0.023 38	0.017 31	2 537.2	2 453.3	1.866 1	1.94	2 167.2	8.84	509.90	0.847
30	0.042 45	0.030 40	2 555.4	2 429.7	1.874 4	2.00	1 265.1	9.218	303.53	0.863
40	0.073 81	0.051 21	2 573.4	2 405.9	1.885 3	2.06	768.45	9.620	188.04	0.883
50	0.123 45	0.083 08	2 591.2	2 381.9	1.898 7	2.12	483.59	10.022	120.72	0.896
60	0.199 33	0.130 3	2 608.8	2 357.6	1.915 5	2.19	315.55	10.424	80.07	0.913
70	0.311 8	0.198 2	2 626.1	2 333.1	1.936 4	2.25	210.57	10.817	54.57	0.930
80	0.473 8	0.293 4	2 643.1	2 308.1	1.961 5	2.33	145.53	11.219	38.25	0.947
90	0.701 2	0.423 4	2 659.6	2 282.7	1.992 1	2.40	102.22	11.621	27.44	0.966
100	1.013 3	0.597 5	2 675.7	2 256.6	2.028 1	2.48	73.57	12.023	20.12	0.984
110	1.432 4	0.826 0	2 691.3	2 229.9	2.070 4	2.56	53.83	12.425	15.03	1.00
120	1.984 8	1.121	2 703.2	2 202.4	2.119 8	2.65	40.15	12.798	11.41	1.02
130	2.700 2	1.495	2 720.4	2 174.0	2.176 3	2.76	30.46	13.170	8.80	1.04
140	3.612	1.965	2 733.8	2 144.6	2.240 8	2.85	23.28	13.543	6.89	1.06
150	4.757	2.545	2 746.4	2 114.1	2.314 5	2.97	18.10	13.896	5.45	1.08
160	6.177	3.256	2 757.9	2 085.3	2.397 4	3.08	14.20	14.249	4.37	1.11
170	7.915	4.118	2 768.4	2 049.2	2.491 1	3.21	11.25	14.612	3.54	1.13
180	10.019	5.154	2 777.7	2 014.5	2.595 8	3.36	9.03	14.965	2.90	1.15

续表

t/℃	$p\times10^{-5}$	ρ''	h''	r	c_p	$\lambda\times10^2$	$a\times10^3$	$\eta\times10^6$	$\nu\times10^6$	Pr
	Pa	kg/m³	kJ/kg	kJ/kg	kJ/(kg·K)	W/(m·K)	m²/h	kg/(m·s)	m²/s	
190	12.502	6.390	2 785.8	1 978.2	2.712 6	3.51	7.29	15.298	2.39	1.18
200	15.537	7.854	2 792.5	1 940.1	2.842 8	3.68	5.92	15.651	1.99	1.21
210	19.062	9.580	2 797.7	1 900.0	2.987 7	3.87	4.86	15.995	1.67	1.24
220	23.178	11.61	2 801.2	1 857.7	3.149 7	4.07	4.00	16.338	1.41	1.26
230	27.951	13.98	2 803.0	1 813.0	3.331 0	4.30	3.32	16.701	1.19	1.29
240	33.446	16.74	2 802.9	1 765.7	3.536 6	4.54	2.76	17.073	1.02	1.33
250	39.735	19.96	2 800.7	1 715.4	3.772 3	4.84	2.31	17.446	0.873	1.36
260	46.892	23.70	2 796.1	1 661.8	4.047 0	5.18	1.94	17.848	0.752	1.40
270	54.496	28.06	2 789.1	1 604.5	4.373 5	5.55	1.63	18.280	0.651	1.44
280	64.127	33.15	2 779.1	1 543.1	4.767 5	6.00	1.37	18.750	0.565	1.49
290	74.375	39.12	2 765.8	1 476.7	5.252 8	6.55	1.15	19.270	0.492	1.54
300	85.831	46.15	2 748.7	1 404.7	5.863 2	7.22	0.96	19.839	0.430	1.61
310	98.557	54.52	2 727.0	1 325.9	6.650 3	8.06	0.80	20.691	0.380	1.71
320	112.78	64.60	2 699.7	1 238.5	7.721 7	8.65	0.62	21.691	0.336	1.94
330	128.81	77.00	2 665.3	1 140.4	9.361 3	9.61	0.48	23.093	0.300	2.24
340	145.93	92.68	2 621.3	1 027.6	12.210 8	10.70	0.34	24.692	0.266	2.82
350	165.21	113.5	2 563.4	893.0	17.150 4	11.90	0.22	26.594	0.234	3.83
360	186.57	143.7	2 481.7	720.6	25.116 2	13.70	0.14	29.193	0.203	5.34
370	210.33	200.7	2 338.8	447.1	76.915 7	16.60	0.04	33.989	0.169	15.7
373.99	220.64	321.9	2 085.9	0.0	∞	23.79	0.0	44.992	0.143	∞

附表 20　几种饱和液体的热物理性质[19]

液体	t/℃	ρ	c_p	λ	$a\times10^8$	$\nu\times10^6$	$\alpha\times10^3$	r	Pr
		kg/m³	kJ/(kg·K)	W/(m·K)	m²/s	m²/s	K⁻¹	kJ/kg	
	−50	702.0	4.354	0.620 7	20.31	0.474 5	1.69	1 416.34	2.337
	−40	689.9	4.396	0.601 4	19.83	0.416 0	1.78	1 388.81	2.098
	−30	677.5	4.448	0.581 0	19.28	0.370 0	1.88	1 359.74	1.919
	−20	664.9	4.501	0.560 7	18.74	0.332 8	1.96	1 328.97	1.776
	−10	652.0	4.556	0.540 5	18.20	0.301 8	2.04	1 296.39	1.659
NH_3	0	638.6	4.617	0.520 2	17.64	0.275 3	2.16	1 261.81	1.560
	10	624.8	4.683	0.499 8	17.08	0.252 2	2.28	1 225.04	1.477
	20	610.4	4.758	0.479 2	16.50	0.232 0	2.42	1 185.82	1.406
	30	595.4	4.843	0.458 3	15.89	0.214 3	2.57	1 143.85	1.348
	40	579.5	4.943	0.437 1	15.26	0.198 8	2.76	1 098.71	1.303
	50	562.9	5.066	0.415 6	14.57	0.185 3	3.07	1 049.91	1.271
	−50	1 544.3	0.863	0.095 9	7.20	0.293 9	1.732	173.91	4.083
	−40	1 516.1	0.873	0.092 1	6.96	0.266 6	1.815	170.02	3.831
	−30	1 487.2	0.884	0.088 3	6.72	0.242 2	1.915	166.00	3.606
	−20	1 457.6	0.896	0.084 5	6.47	0.220 6	2.039	161.81	3.409
	−10	1 427.1	0.911	0.080 8	6.21	0.201 5	2.189	157.39	3.241
R12	0	1 395.6	0.928	0.077 1	5.95	0.184 7	2.374	152.38	3.103
	10	1 362.8	0.948	0.073 5	5.69	0.170 1	2.602	147.64	2.990
	20	1 328.6	0.971	0.069 8	5.41	0.157 3	2.887	142.20	2.907
	30	1 292.5	0.998	0.066 3	5.14	0.146 3	3.248	136.27	2.846
	40	1 254.2	1.030	0.062 7	4.85	0.136 8	3.712	129.78	2.819
	50	1 213.0	1.071	0.059 2	4.56	0.128 9	4.327	122.56	2.828
	−50	1 435.5	1.083	0.118 4	7.62		1.942	239.48	
	−40	1 406.8	1.093	0.113 8	7.40		2.043	233.29	
	−30	1 377.3	1.107	0.109 2	7.16		2.167	226.81	
	−20	1 346.8	1.125	0.104 8	6.92	0.193	2.322	219.97	2.792
	−10	1 315.0	1.146	0.100 4	6.66	0.178	2.515	212.69	2.672
R22	0	1 281.8	1.171	0.096 2	6.41	0.164	2.754	204.87	2.557
	10	1 246.9	1.202	0.092 0	6.14	0.151	3.057	196.44	2.463
	20	1 210.0	1.238	0.087 8	5.86	0.140	3.447	187.28	2.384
	30	1 170.7	1.282	0.083 8	5.58	0.130	3.956	177.24	2.321
	40	1 128.4	1.338	0.079 8	5.29	0.121	4.644	166.16	2.285
	50	1 082.1	1.414				5.610	153.76	
	−50	1 063.3	1.560			0.382 2	1.625	351.69	
R152a	−40	1 043.5	1.590			0.337 4	1.718	343.54	
	−30	1 023.3	1.617			0.300 7	1.830	335.01	
	−20	1 002.5	1.645	0.127 2	7.71	0.270 3	1.964	326.06	3.505

续表

液体	t/℃	ρ	c_p	λ	$a\times10^8$	$\nu\times10^6$	$\alpha\times10^3$	r	Pr
		kg/m³	kJ/(kg·K)	W/(m·K)	m²/s	m²/s	K⁻¹	kJ/kg	
R152a	−10	981.1	1.674	0.121 3	7.39	0.244 9	2.123	316.63	3.316
	0	958.9	1.707	0.115 5	7.06	0.223 5	2.317	306.66	3.167
	10	935.9	1.743	0.109 7	6.73	0.205 2	2.550	296.04	3.051
	20	911.7	1.785	0.103 9	6.38	0.189 3	2.838	284.67	2.965
	30	886.3	1.834	0.098 2	6.04	0.175 6	3.194	272.77	2.906
	40	859.4	1.891	0.092 6	5.70	0.163 5	3.641	259.15	2.869
	50	830.6	1.963	0.087 2	5.35	0.152 8	4.221	244.58	2.857
R134a	−50	1 443.1	1.229	0.116 5	6.57	0.411 8	1.881	231.62	6.269
	−40	1 414.8	1.243	0.111 9	6.36	0.355 0	1.977	225.59	5.579
	−30	1 385.9	1.260	0.107 3	6.14	0.310 6	2.094	219.35	5.054
	−20	1 356.2	1.282	0.102 6	5.90	0.275 1	2.237	212.84	4.662
	−10	1 325.6	1.306	0.098 0	5.66	0.246 2	2.414	205.97	4.348
	0	1 293.7	1.335	0.093 4	5.41	0.222 2	2.633	198.68	4.108
	10	1 260.2	1.367	0.088 8	5.15	0.201 8	2.905	190.87	3.915
	20	1 224.9	1.404	0.084 2	4.90	0.184 3	3.252	182.44	3.765
	30	1 187.2	1.447	0.079 6	4.63	0.169 1	3.698	173.29	3.648
	40	1 146.2	1.500	0.075 0	4.36	0.155 4	4.286	163.23	3.564
	50	1 102.0	1.569	0.070 4	4.07	0.143 1	5.093	152.04	3.515
11号润滑油	0	905.0	1.834	0.144 9	8.73	1 336			15 310
	10	898.8	1.872	0.144 1	8.56	564.2			6 591
	20	892.7	1.909	0.143 2	8.40	280.2	0.69		3 335
	30	886.6	1.947	0.142 3	8.24	153.2			1 859
	40	880.6	1.985	0.141 4	8.09	90.7			1 121
	50	874.6	2.022	0.140 5	7.94	57.4			723
	60	868.8	2.064	0.139 6	7.78	38.4			493
	70	863.1	2.106	0.138 7	7.63	27.0			354
	80	857.4	2.148	0.137 9	7.49	19.7			263
	90	851.8	2.190	0.137 0	7.34	14.9			203
	100	846.2	2.236	0.136 1	7.19	11.5			160
14号润滑油	0	905.2	1.866	0.149 3	8.84	2 237			253 10
	10	899.0	1.909	0.148 5	8.65	863.2			9 979
	20	892.8	1.915	0.147 7	8.48	410.9	0.69		4 846
	30	886.7	1.993	0.147 0	8.32	216.5			2 603
	40	880.7	2.035	0.146 2	8.16	124.2			1 522
	50	874.8	2.077	0.145 4	8.00	76.5			956
	60	869.0	2.114	0.144 6	7.87	50.5			462
	70	863.2	2.156	0.143 9	7.73	34.3			444
	80	857.5	2.194	0.143 1	7.61	24.6			323
	90	851.9	2.227	0.142 4	7.51	18.3			244
	100	846.4	2.265	0.141 6	7.39	14.0			190

附表 21　一些气体的摩尔质量、气体常数、低压下的比热容和摩尔热容[14]

物质	M	c_p	$C_{p,m}$	c_V	$C_{V,m}$	R_g	γ
	$\frac{kg}{kmol}$	$\frac{kJ}{kg \cdot K}$	$\frac{J}{mol \cdot K}$	$\frac{kJ}{kg \cdot K}$	$\frac{J}{mol \cdot K}$	$\frac{kJ}{kg \cdot K}$	c_p/c_V
氩 Ar	39.94	0.523	20.89	0.315	12.57	0.208	1.67
氦 He	4.003	5.200	20.81	3.123	12.50	2.077	1.67
氢 H_2	2.016	14.32	28.86	10.19	20.55	4.124	1.40
氮 N_2	28.02	1.038	29.08	0.742	20.77	0.297	1.40
氧 O_2	32.00	0.917	29.34	0.657	21.03	0.260	1.39
一氧化碳 CO	28.01	1.042	29.19	0.745	20.88	0.297	1.40
空气	28.97	1.004	29.09	0.717	20.78	0.287	1.40
水蒸气 H_2O	18.016	1.867	33.64	1.406	25.33	0.461	1.33
二氧化碳 CO_2	44.01	0.845	37.19	0.656	28.88	0.189	1.29
二氧化硫 SO_2	64.07	0.644	41.26	0.514	32.94	0.130	1.25
甲烷 CH_4	16.04	2.227	35.72	1.709	27.41	0.519	1.30
丙烷 C_3H_8	44.09	1.691	74.56	1.502	66.25	0.189	1.13

说明：$R_g = R/M$，$R = 8.314\ 510 J/(mol \cdot K)$，$c_V = c_p - R_g$。

附表 22　大气压力($p = 1.013\ 25 \times 10^5$ Pa)下过热水蒸气的热物理性质[19]

T/K	ρ	c_p	$\eta \times 10^5$	$\nu \times 10^5$	λ	$a \times 10^5$	Pr
	kg/m³	kJ/(kg·K)	kg/(m·s)	m²/s	W/(m·K)	m²/s	
380	0.586 3	2.060	1.271	2.16	0.024 6	2.036	1.060
400	0.554 2	2.014	1.344	2.42	0.026 1	2.338	1.040
450	0.490 2	1.980	1.525	3.11	0.029 9	3.07	1.010
500	0.440 5	1.985	1.704	3.86	0.033 9	3.87	0.996
550	0.400 5	1.997	1.884	4.70	0.037 9	4.75	0.991
600	0.385 2	2.026	2.067	5.66	0.042 2	5.73	0.986
650	0.338 0	2.056	2.247	6.64	0.046 4	6.66	0.995
700	0.314 0	2.085	2.426	7.72	0.050 5	7.72	1.000
750	0.293 1	2.119	2.604	8.88	0.054 9	8.33	1.005
800	0.273 0	2.152	2.786	10.20	0.059 2	10.01	1.010
850	0.257 9	2.186	2.969	11.52	0.063 7	11.30	1.019

附图　湿空气的 $h-d$ 图（压力 p=0.1 MPa）

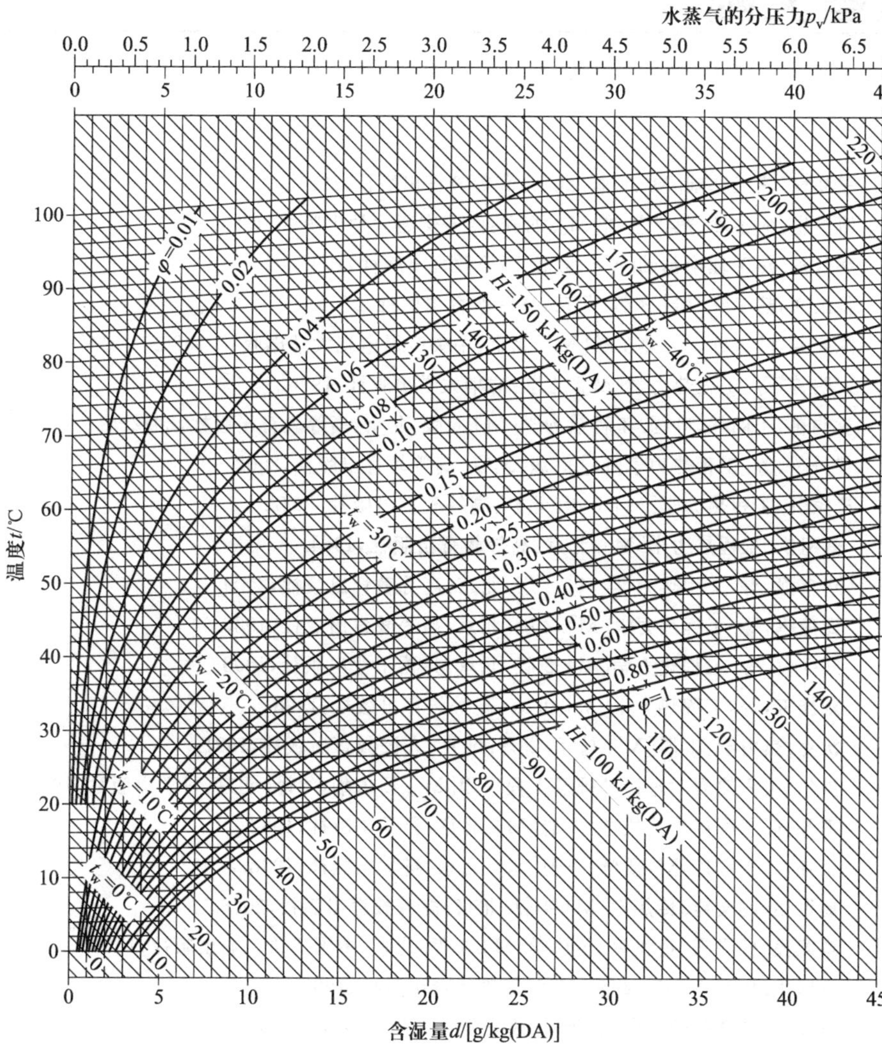

参考文献

[1] 王补宣.热工基础[M].4版.北京:高等教育出版社,1981.

[2] 傅秦生,何雅玲.热工基础[M].西安:西安交通大学出版社,1995.

[3] 郝玉福.热工理论基础[M].北京:高等教育出版社,1992.

[4] 蒋汉文,热工学[M].3版.北京:高等教育出版社,2004.

[5] 陈宏芳,陆家钦,等.热工学[M].北京:中央广播电视大学出版社,1986.

[6] 朱明善,等.工程热力学[M].北京:清华大学出版社,1995.

[7] 童钧耕,王丽伟,叶强.工程热力学[M].6版.北京:高等教育出版社,2022.

[8] 曾丹苓,等.工程热力学[M].3版.北京:高等教育出版社,2002.

[9] 严家騄.工程热力学[M].6版.北京:高等教育出版社,2022.

[10] 蔡祖恢.工程热力学[M].北京:高等教育出版社,1994.

[11] 华自强,等.工程热力学[M].4版.北京:高等教育出版社,2009.

[12] 庞麓鸣,等.工程热力学[M].2版.北京:高等教育出版社,1986.

[13] 郑令仪,等.工程热力学[M].2版.北京:兵器工业出版社,1993.

[14] 刘桂玉,等.工程热力学[M].北京:高等教育出版社,1998.

[15] 沃克.热力学:上册[M].马元,等译.北京:人民教育出版社,1981.

[16] 贝尔.工程热力学理论基础及工程应用[M].杨东华,等译.北京:科学出版社,1983.

[17] 王补宣.工程传热传质学:上册[M].北京:科学出版社,1982.

[18] 王补宣.工程传热传质学:下册[M].北京:科学出版社,1998.

[19] 杨世铭,陶文铨.传热学[M].4版.北京:高等教育出版社,2006.

[20] 章熙民,任泽霈.梅飞鸣.传热学[M].3版.北京:中国建筑工业出版社,1993.

[21] 戴锅生.传热学[M].2版.北京:高等教育出版社,1999.

[22] 陶文铨.数值传热学[M].西安:西安交通大学出版社,1988.

[23] 俞佐平,陆煜.传热学[M].3版.北京:高等教育出版社,1995.

[24] 张洪济.热传导[M].北京:高等教育出版社,1992.

[25] 任泽霈.对流换热[M].北京:高等教育出版社,1998.

[26] 王启杰.对流传热与传质分析[M].西安:西安交通大学出版社,1991.

[27] 王丰.相似理论及其在传热学中的应用[M].北京:高等教育出版社,1990.

[28] 伊萨琴科,等.传热学[M].王丰,等译.北京:高等教育出版社,1987.

[29] HOLMAN J P. Heat Transfer[M]. 8th ed. New York:McGraw-Hill Companiens,1997.

[30] INCROPERA F P, DEWITT D P. Introduction to heat transfer[M]. 3rd ed. New York: John Wiley & Sons, 1996.

[31] INCROPERA F P, DEWITT D P. Fundamentals of heat and mass transfer[M]. 3rd ed. New York: John Wiley & Sons, 1990.

[32] 黄素逸. 能源科学导论[M]. 北京:中国电力工业出版社, 1999.

[33] BURMEISTER L C. Convective heat transfer[M]. New York: John Wiley & Sons, 1983.

[34] 罗森诺, 等. 传热学基础手册: 上册[M]. 齐欣译. 北京:科学出版社, 1992.

[35] CHURCHILL S W, CHU H H S. Correlating equations for laminar and turbulent free Convection from a vertical plate[J]. Int J Heat Mass Transfer, 1975, 18: 1323.

[36] SPARROW E M, CARLSON L K. Local and average natural convection Nusselt numbers for a uniformly heated, shrouded or unshrouded horizontal plat[J]. Int J Heat Mass Transfer, 1986, 29: 369 - 380.

[37] CHAMBER B, LEE T Y T. A numerical study of local and average natural convection Nusselt numbers for simultaneously convection above and below a uniformly horizontal thin plat[J]. ASME J Heat Transfer, 1997, 119: 102 - 108.

[38] 施明恒, 甘永平, 马重芳. 沸腾和凝结[M]. 北京:高等教育出版社, 1995.

[39] 罗森诺, 等. 传热学基础手册: 下册[M]. 齐欣译. 北京:科学出版社, 1992.

[40] INCROPERA F P, DEWITT D P. Introduction to heat transfer[M]. 3rd ed. New York: John Wiley & Sons, 1996.

[41] ZUBER N. On the stability of boiling heat transfer[J]. Trans ASME, 1958, 80(3): 711 -716.

[42] BAEHR H D, STEPHAN K. Wärme-und Stoffübertragung[M]. Berlin: Springer-Verlag, 1994.

[43] 顾维藻, 神家锐, 马重芳, 等. 强化传热[M]. 北京:科学出版社, 1990.

[44] 徐烈, 方荣生, 马庆芳, 等. 绝热技术[M]. 北京:国防工业出版社, 1990.

[45] 埃克特, 德雷克. 传热传质分析[M]. 航青译. 北京:科学出版社, 1983.

[46] 姜任秋. 热传导、质扩散与动量传递中的瞬态冲击效应[M]. 北京:科学出版社, 1997.

[47] LABUNTZOV D A. Heat transfer at film condensation of pure vapors on vertical surface and horizontal pipes[J]. Thermal Energy(in Russian), 1957(7): 72 - 82.

[48] 马同泽, 侯增祺, 吴文铣. 热管[M]. 北京:科学出版社, 1985.

网络增值服务使用说明

本书配套多媒体课件，可扫描以下二维码登录网站下载使用。

如有问题，请发邮件至：abook@hep.com.cn。

多媒体课件